21世纪应用型本科土木建筑系列实用规划教材

理论力学(第2版)

主　编　张俊彦　赵荣国
参　编　康颖安

北京大学出版社
PEKING UNIVERSITY PRESS

内容简介

本书是根据全国高等学校土木工程专业指导委员会制订的土木工程专业本科培养目标组织编写的。为适应新世纪教学改革的形势，在沿用传统体系的基础上，对部分内容进行了精简，加强了与专业及工程应用的结合，强调实用性。本书内容包括三部分：静力学、运动学和动力学。第1～4章为静力学，包括静力学公理和受力分析、平面力系、空间力系和摩擦；第5～8章为运动学，包括点的运动学、刚体的简单运动、点的合成运动和刚体的平面运动；第9～14章为动力学，包括质点动力学基本方程、动量定理、动量矩定理和动能定理、达朗伯原理和虚位移原理。全书配有大量思考题和习题，并附有习题参考答案。

本书可作为高等院校土建类的建筑学、城市规划、土木工程、建筑环境与设备工程、给水排水工程等专业的理论力学(中、少学时)教材，也可供水利、机械等其他专业和有关工程技术人员参考。

图书在版编目(CIP)数据

理论力学/张俊彦，赵荣国主编. —2版. —北京：北京大学出版社，2012.1

(21世纪应用型本科土木建筑系列实用规划教材)

ISBN 978-7-301-19845-2

Ⅰ. ①理…　Ⅱ. ①张…②赵…　Ⅲ. ①理论力学—高等学校—教材　Ⅳ. ①O31

中国版本图书馆CIP数据核字(2011)第252254号

书　　名：理论力学(第2版)
著作责任者：张俊彦　赵荣国　主编
策划编辑：吴　迪　卢　东
责任编辑：伍大维
标准书号：ISBN 978-7-301-19845-2/TU·0197
出 版 者：北京大学出版社
地　　址：北京市海淀区成府路205号　100871
网　　址：http://www.pup.cn　http://www.pup6.cn
电　　话：邮购部010-62752015　发行部010-62750672　编辑部010-62750667
电子邮箱：pup_6@163.com
印 刷 者：北京虎彩文化传播有限公司
发 行 者：北京大学出版社
经 销 者：新华书店
787毫米×1092毫米　16开本　21.25印张　500千字
2006年1月第1版
2012年1月第2版　2021年8月第7次印刷
定　　价：40.00元

第 2 版前言

本书从 2006 年出版以来，经有关院校使用，受到了广大教师和学生的欢迎。为适应我国不断发展的科学技术和生产建设的需要，更好地开展教学，满足广大学生学习的要求，我们通过 5 年的教学实践，根据很多老师和学生的宝贵意见和建议，对本书第 1 版进行了修订。

本版仍保留前一版的风格和体系，坚持理论严谨、逻辑清晰、由浅入深的原则。静力学部分第 1～2 章、运动学部分第 5～8 章进行了重新编写；新增了部分例题、习题，增加了部分图片，图文并茂，更有利于理解和掌握基本概念、理论和方法；将第 1 版的第 2 章平面汇交力系与平面力偶系、第 3 章平面任意力系合并为现在的第 2 章平面力系，结构更加紧凑；全书的版式进行了全新的编排，每章前都设有教学目标、教学要求，教学要求分为知识要点、能力要求和相关知识，增加了基本概念、引例，章后加了小结，便于读者自学。

本书由张俊彦教授(绪论、第 3～4 章、第 9～12 章)和赵荣国副教授主编(第 1～2 章、第 5～8 章)，康颖安副教授参编(第 13～14 章)。

本书编写人员长期担任理论力学的教学工作，书中融合了多年的教学经验与体会，是集体智慧的结晶。但由于水平有限、时间仓促，不妥之处在所难免，衷心希望广大读者批评指正。

编　者

2011 年 9 月

第 1 版前言

理论力学是现代工程技术的基础，是高等学校各工科专业一门重要的技术基础课，并在许多工程技术领域中有着广泛的应用，其重要性不言而喻。通过学习，要求学生掌握质点、质点系和刚体机械运动(包括平衡)的基本规律和研究方法，学会应用理论力学的理论和方法分析、解决一些简单的工程实际问题；同时培养学生建立力学模型的初步能力和辩证唯物主义的世界观。

本书是根据全国高等学校土木工程专业指导委员会 2001 年 11 月制定的土木工程专业本科培养目标组织编写的，包含静力学——研究物体平衡时作用力之间的关系；运动学——研究运动物体的几何性质(如轨迹、速度和加速度等)；动力学——研究作用于物体上的力与运动变化之间的关系共三部分内容。在沿用传统体系的基础上，对部分内容进行了精简，加强了与专业及工程应用相结合，强调实用性。内容安排上，由浅入深、循序渐进。章前有教学提示和教学要求，章后有大量精选习题，附有答案，便于教学和自学。本教材适用于中、少学时(60～80 学时)，少学时可根据需要取舍。

本书由湘潭大学张俊彦担任第一主编，江西科技师范学院黄宁宁担任第二主编，长江大学蒋元平、南昌工程学院徐春艳担任副主编，参编的有山西大学刘宏、洪彩霞，湖南工程学院康颖安、江西科技师范学院段朝程。具体分工如下，张俊彦编写第 12、13 章和全书统稿；黄宁宁编写绪论、第 2、5 章；蒋元平编写第 10、11 章；徐春艳编写第 8、9 章；刘宏编写第 3、4 章；洪彩霞编写第 6、7 章；康颖安编写第 14、15 章；段朝程编写第 1 章。

全书由湘潭大学张淳源教授主审。在本书的编写过程中，湘潭大学张平教授提出了许多宝贵意见，特此致谢。

本书编写人员长期担任理论力学的教学工作，书中融合了多年的教学经验与体会，是集体智慧的结晶。但由于水平有限，时间仓促，不妥之处在所难免，衷心希望广大读者批评指正。

编　者

2005 年 9 月

目　录

绪　论

1. 理论力学的研究对象

理论力学是研究物体机械运动一般规律的一门学科。所谓机械运动是指物体的空间位置随时间的变动，例如天体的运行，车辆、船只的行驶，各种机器的运转，空气、河水的流动，等等。平衡则是机械运动的特殊情况。

现代哲学指出，运动是物质存在的形式，是物质的固有属性，它包括宇宙中所发生的一切变化与过程。因此，物质的运动形式是多种多样的。除机械运动外，物理中的发热、发光和电磁现象，化学中的化合与分解，以及人的思维活动，等等都是物质的运动形式。在多种多样的运动形式中，机械运动是自然界和工程中最常见、最简单的一种。而在更为高级和复杂的运动中，往往也会伴随着机械运动。所以，理论力学的概念、规律和方法在一定程度上也被应用于自然科学的其他领域中，对它们的发展起到了积极的作用。

理论力学所研究的内容是以伽利略和牛顿所建立的基本定律为基础的，属于古典力学范畴。在全部科学中，古典力学最能成功地把来自经验的物理理论，系统地表达成数学抽象的简明形式(定律)，从而在一定程度上奠定了科学大厦的基础。这些定律就是理论力学课程的科学根据。尽管在 20 世纪初，由于物理学的重大发展，产生了相对论力学和量子力学，证明古典力学的定律不适用于物体运动速度接近于光速的情况，也不适用于微观粒子的运动。但在一般工程实际问题中，即使是一些尖端技术如火箭、宇宙航行等，我们研究的也还是宏观物体的低速(与光速比较)运动，古典力学仍然是既方便又足够精确的理论，一直未失去其应用价值。

为了便于研究，理论力学通常分为以下三部分。

静力学——研究物体平衡时作用力之间的关系。

运动学——研究运动物体的几何性质(如轨迹、速度和加速度等)，而不考虑作用于物体上的力。

动力学——研究作用于物体上的力与运动变化之间的关系。

2. 理论力学的研究方法

任何一门科学的研究方法都不能离开认识过程的客观规律，理论力学也毫不例外。概括地说，理论力学的研究方法是从对事物的观察、实践和科学实验出发，经过分析、综合归纳和抽象化，建立力学模型，形成力学最基本的概念和定律；在基本定律的基础上，经过逻辑推理和数学演绎，得出具有物理意义和实用意义的结论和定理，从而将通过实践得来的大量感性认识上升为理性认识，构成力学的理论体系；然后再回到实践中验证理论的正确性，并在更高的水平上指导实践，同时从这个过程中获得新的材料、新的认识，再进一步完善和发展理论力学。

理论力学有着严密的逻辑系统，它与数学的关系非常密切，数学不仅是推理的工具，同时也是计算的工具。力学现象之间的关系总是通过数量表示的。因此，计算技术在力学的应用和发展上有巨大的作用。现代电子计算机的出现，为计算技术在工程技术问题中的应用开辟了广阔的前景，大大促进了数学在力学中的应用。处理力学问题的一般途径是：先将所研究的问题抽象为力学模型，这些模型既要能反映问题的矛盾主体，又要便于求解；再按力学的基本原理和各力学量间的数学关系建立方程；然后运用一定的数学工具求解；最后根据具体问题，对数学解进行分析讨论，甚至确定取舍。其中，建立力学模型的抽象化过程是很重要的一步，它包含对所研究的问题和对象的认真周密的观察和了解，确定问题的要点，忽略问题的次要因素，用一理想的模型来反映客观事物的本质。当然，力学模型的建立也并非是绝对的。同一事物、同一问题，由于在不同情况下着重反映它本质的不同方面，因而也就可能建立起不同的力学模型。

3. 理论力学的学习目的

既然机械运动是自然界和工程中最常见的一种运动，那么也就不难理解理论力学对现代自然科学和工程技术起着何等重要的作用。掌握了物体机械运动的规律，就可以解决在工程上所遇到的有关问题。当然，有些工程问题可以直接应用理论力学的基本理论去解决，有些则需要用理论力学和其他专门知识来共同解决。因此，学习理论力学是为了解决工程问题打下一定的基础。

由于理论力学是现代工程技术的基础，所以它是工科院校各专业的教学计划中的一门重要的技术基础课，它为学习一系列后继课程打下基础。例如，材料力学、机械原理、机械设计、结构力学、弹塑性力学、流体力学、飞行力学、振动理论以及许多专业课程等，都要以理论力学为基础。另外，随着现代科学技术的发展，力学与其他学科相互渗透，形成了许多边缘学科，它们也都是以理论力学为基础的。可见学习理论力学，也有助于学习其他的基础理论，掌握新的科学技术。

此外，理论力学的分析和研究方法在科学研究中有一定的典型性，有助于培养学生对工程实际问题抽象、简化和正确地进行分析的能力；有助于培养学生的辩证唯物主义世界观，树立正确的思想方法，并能自觉地运用科学规律来改造自然，提高分析问题和解决问题的能力，为以后参加生产实践和从事科学研究打下良好的基础。

第1章 静力学公理和受力分析

教学目标

本章主要介绍静力学的基本概念、静力学公理、约束、物体的受力分析等内容。通过本章的学习，应达到以下目标。

(1) 理解刚体、力、平衡、约束、约束反力等静力学的基本概念，掌握静力学公理及其推论。

(2) 掌握工程中常见的典型约束的基本特征及约束反力的表示方法。

(3) 熟练掌握物体的受力分析方法，能够对物体或物体系统进行正确的受力分析。

教学要求

知识要点	能力要求	相关知识
静力学公理	(1) 理解刚体、力、力系、平衡等基本概念 (2) 掌握静力学五个基本公理	(1) 力的平行四边形法则 (2) 二力平衡条件 (3) 加减平衡力系原理 (4) 作用和反作用定律 (5) 刚化原理
约束	(1) 理解工程中常见的约束类型 (2) 能够正确画出约束反力	(1) 柔索、链条、胶带约束 (2) 光滑接触面约束 (3) 光滑铰链约束
受力分析	(1) 掌握物体的受力分析方法 (2) 熟练画出物体或物体系统的受力图	(1) 选取研究对象或分离体 (2) 主动力和约束反力 (3) 二力平衡、三力平衡汇交定理应用

基本概念

刚体；力；力的外效应；力的内效应；主动力；约束反力；力系；等效力系；力系的简化；合力；分力；平衡力系；分离体；受力图。

引例

静力学研究作用于物体上力系的平衡。本章将介绍刚体与力的概念及静力学公理，并阐述工程中常见的约束和约束反力的分析，介绍物体或物系的受力分析方法以及受力图的画法。在静力学中，主要研究物体的受力分析、力系的等效替换或力系的简化、力系的平衡条件及其应用3个问题。物体的受力分析和受力图是解决力学问题的重要环节。力系的简化不仅是为了导出力系的平衡条件，而且也为动力学研究提供理论基础。力系的平衡条件在工程中有着广泛的应用，是结构、构件和机械零件设计静力计算的基础。

例如，平面构架由杆 AD、BE、CF 铰接而成，A 为固定铰链支座，D 为滚动支座，点 F 处用绳索系一重为 P 的物体，不计各杆及滑轮自重。试画出构架整体及各杆的受力图。

1.1 静力学基本概念

平衡是物体机械运动的一种特殊状态。在静力学中，若物体相对于惯性参考系(如地面)保持静止或作匀速直线平动，则称物体处于**平衡**(equilibrium)。静力学的基本概念、公理及物体的受力分析是研究静力学的基础。本章将介绍静力学的基本概念和公理，讨论工程中常见的约束类型及约束反力的分析，研究物体的受力分析方法及受力图的画法。

1.1.1 刚体

刚体是静力学所研究的主要对象。**刚体**(rigid)指的是在力的作用下其内部任意两点之间的距离保持不变的物体，或者说在力的作用下其大小和形状均不改变的物体。显然，任何物体在力的作用下，都会发生或多或少的变形。但是，有许多物体，如机器和工程结构的构件，在受力后所产生的变形很小，在研究力对物体的平衡问题时，其影响很小，可以忽略不计。这样就可以把物体视为不变形的刚体，使问题的研究得到简化。因此，刚体是一个经过简化和抽象后的理想模型。

需要指出的是，不能把刚体的概念绝对化，是否可以把物体抽象为刚体与所研究的问题的性质有关。在所研究的物体产生变形，而且变形是主要因素的情况下，就不能把物体视为刚体，而应视为变形体来分析。例如，在计算工程结构的位移时，就常常要考虑各种因素所引起的变形。这类问题将在材料力学、结构力学、弹性力学、塑性力学以及流体力学等学科中进行研究。

在理论力学中，由于静力学所研究的对象仅限于刚体，因而又称为刚体静力学。它是分析变形体力学的理论基础。

1.1.2 力的概念

人类对力的认识是在生活和生产的实践中产生的。经过长期实践，从感性到理性，人们逐渐建立了力的概念。**力**(force)是物体间的相互机械作用，这种作用使物体的机械运动状态发生变化，或使物体产生变形。从力的概念可知，力的效应有二：其一是使物体的机械运动状态发生变化，这种效应称为力的**运动效应**或**外效应**；其二是使物体产生变形，这种效应称为力的**变形效应**或**内效应**。对于不变形的刚体而言，力只改变其机械运动状态。理论力学只研究力的外效应。

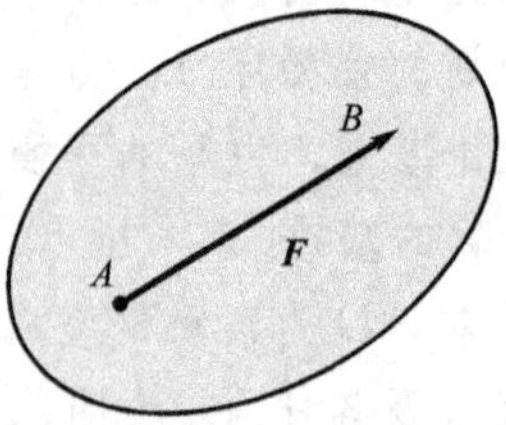

图 1.1 力的矢量表示

力的大小、方向、作用点称为力的三要素。实践表明，力对物体的作用效应，完全取决于这3个因素，若改变这3个因素的任意一个因素，都会改变力对物体的作用效应。力是一个既有大小又有方向的量，可以用矢量 $\boldsymbol{F}$ 来表示，如图1.1所示。线段的长度(按选定的比例)表示力的大小，线段的方位和箭头表示力的方向，线段的起点或终点表示力的作用点。通过力的作用点并沿着力的方位的直线，称为力的作用线。

在国际单位制(SI)中，力的单位用牛顿(N)或千牛顿(kN)表示。在工程单位制中，力的单位常用千克力(kgf)或吨力(tf)表示。两者的换算关系为

$$1\text{kgf}=9.8\text{N}$$

1.1.3 力的分类

通常将作用在物体上的力分为两类，即主动力和被动力(约束反力)。使物体运动状态发生改变或使物体有运动趋势的力称为**主动力**(active force)，如重力、风压力、水压力、土压力等。在工程上，通常把作用在结构上的主动力称为**载荷**(load)。

按分布情况进行分类，力可以分为集中力和分布力。力实际上作用在一块面积上，但是，当作用面积相对于物体很小时，可近似认为力作用在一个点上。作用一点的力，称为**集中力**(concentrated force)或**集中载荷**。例如，汽车轮胎作用在桥面上的压力，轮胎与桥面的接触面积较小，就可以视为集中载荷，如图1.2所示。若力的作用面积较大，则称为**分布力**(distributed force)或**分布载荷**。例如，建筑物承受的风压力，水工大坝迎水面承受的水压力，挡土墙承受的土压力等，都属于分布力。当载荷连续作用于整个物体的体积上时，称为**体力**(body force)或**体载荷**，如物体在重力场中所受到的重力，有加速度物体受到的惯性力等。当载荷连续作用于物体的某一表面积上时，称为**面力**(surface force)或**面载荷**，如风、雪、水等对工程构筑物的压力等。当物体所受的力，是沿着一条线连续分布且相互平行的力系，称为**线力**(line force)或**线载荷**。例如，梁的自重，可以简化为沿梁的轴线分布的线载荷，如图1.3所示。单位长度上所受的力，称为分布力在该处的载荷集度，通常用 q 表示。线载荷的载荷集度单位为N/m或kN/m。面载荷的载荷集度单位为 N/m^2 或 kN/m^2。体载荷的载荷集度单位为 N/m^3 或 kN/m^3。若载荷集度 q 为常数，则称该分布力为均布载荷，否则称为非均布载荷。

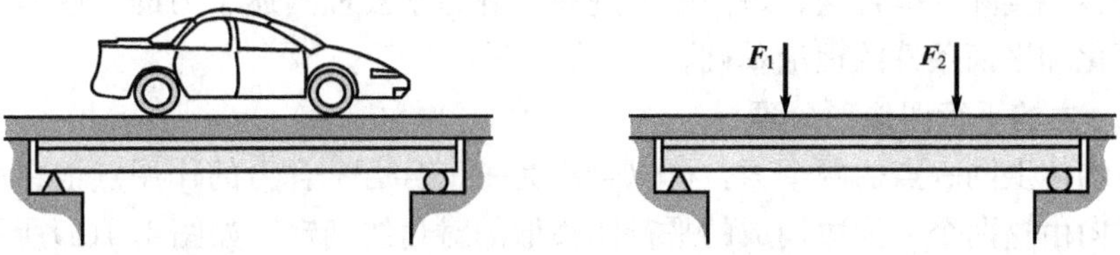

图 1.2 汽车轮胎对桥梁的压力

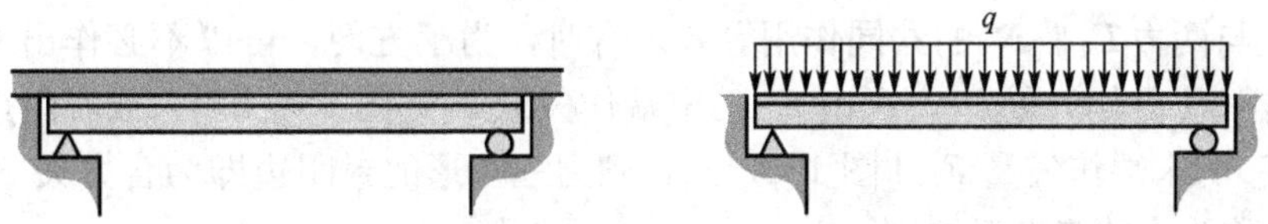

图 1.3 桥梁的自重简化为线载荷

根据载荷作用时间的长短分类，力可以分为恒载(永久载荷)和活载(可变载荷)。**恒载**(dead load)是长期作用在结构上的不变载荷，如结构的自重。**活载**(live load)是在结构施工和使用期间可能存在的可变载荷，如楼面载荷、屋面载荷、风载荷等。对结构进行计算时，恒载和大部分活载(如风载荷、雪载荷等)在结构上的作用位置可以认为是固定的，这种载荷称为**固定载荷**(fixed load)。有些活载在结构上的位置是变动的，如吊车梁上的吊车载荷，桥梁上的汽车载荷等，这种载荷称为**移动载荷**(moving load)。

根据载荷作用的性质分类，力可以分为静力载荷和动力载荷。**静力载荷**(static load)的大小、方向和作用位置不随时间变化，或者随时间变化极为缓慢，不使结构产生显著的加速度，因而惯性力可以忽略不计。**动力载荷**(dynamic load)是随时间迅速变化或在短暂时间内突然作用或消失的载荷，使结构产生显著的加速度，因而惯性力的影响不能忽略。

1.1.4 力系

作用在物体上的一群力称为**力系**(force system)。两个力系对同一物体产生的运动效应相同，则称这两个力系互为**等效力系**(equivalent force system)。在不改变作用效果的前提下，用一个简单力系代替复杂力系的过程，称为**力系的简化或力系的合成**(composition of force)。若一个力与一个力系等效，则称此力为该力系的**合力**(resultant force)，而称力系中的各个力为其合力的**分力**(component force)。合力对物体的作用效果等效于所有分力的作用效果。若作用在物体上的力系使物体处于平衡状态，则称该力系为**平衡力系**(equilibrium force system)。要使物体处于平衡状态，就必须使作用在物体上的力系满足一定的条件，这些条件称为力系的平衡条件。物体在各种力系作用下的平衡条件在建筑结构、道路桥梁以及机械工程中有着广泛的应用。

1.2 静力学公理

公理(axiom)是人们在生活和生产实践中长期积累的经验总结，又经过实践检验，被确认是符合客观实际的最普遍、最一般的规律。静力学公理阐述了力的一些基本性质，是研究力系简化和平衡条件的理论基础。

公理1　力的平行四边形公理

作用在物体上同一点的两个力，可以合成为一个合力。合力的作用点也在该点，合力的大小和方向由这两个力为边构成的平行四边形的对角线确定，如图1.4(a)所示。这种合成方法称为**力的平行四边形法则**。合力矢等于这两个力矢的几何和，即

$$\boldsymbol{F}_{\mathrm{R}}=\boldsymbol{F}_1+\boldsymbol{F}_2 \tag{1-1}$$

合力$\boldsymbol{F}$与两力$\boldsymbol{F}_1$、$\boldsymbol{F}_2$的共同作用等效。有时，为了方便，可以不必作出整个平行四边形，而是由点O作矢量$\boldsymbol{F}_1$，再由$\boldsymbol{F}_1$的末端作矢量$\boldsymbol{F}_2$［图1.4(b)］，或者由点O作矢量$\boldsymbol{F}_2$，再由$\boldsymbol{F}_2$的末端作矢量$\boldsymbol{F}_1$［图1.4(c)］，则力三角形的封闭边即为合力矢$\boldsymbol{F}_{\mathrm{R}}$。这种求合力的方法称为**力的三角形法则**。

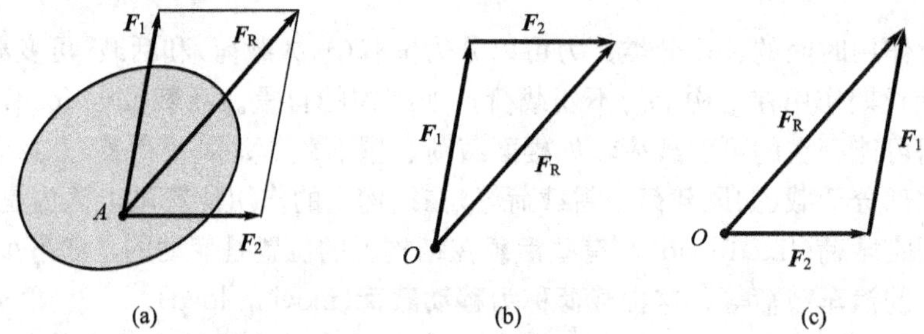

图1.4　力的平行四边形法则和三角形法则

力的平行四边形公理表明了最简单力系的简化规律，它是复杂力系简化的基础。

公理2　二力平衡公理

作用在刚体上的两个力，使刚体保持平衡的必要和充分条件是：这两个力的大小相等，方向相反，且作用在同一条直线上，如图1.5所示，即

$$\boldsymbol{F}_1=-\boldsymbol{F}_2 \tag{1-2}$$

对于只受两个力作用而处于平衡的刚体，称为**二力构件**，如图1.6所示。根据二力平衡条件可知，二力构件不论其形状如何，所受两个力的作用线必沿二力作用点的连线。若一根直杆［图1.7(a)］或曲杆［图1.7(b)］只在两点受力且处于平衡状态，则称该杆为**二力杆**(two-force member)。对于直杆，二力的作用线必与杆的轴线重合，如图1.7(a)所示。

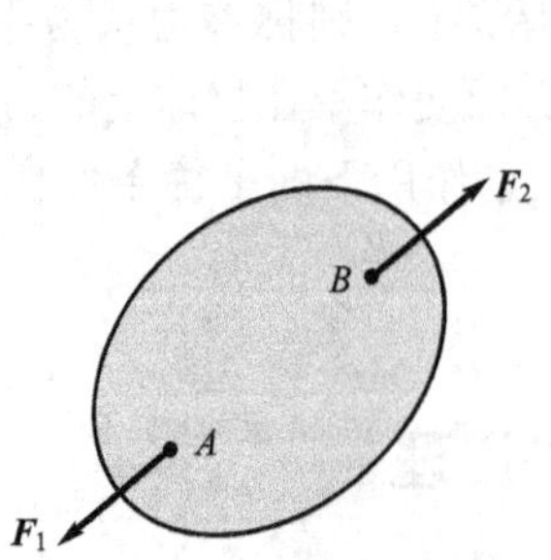

图1.5　二力平衡条件

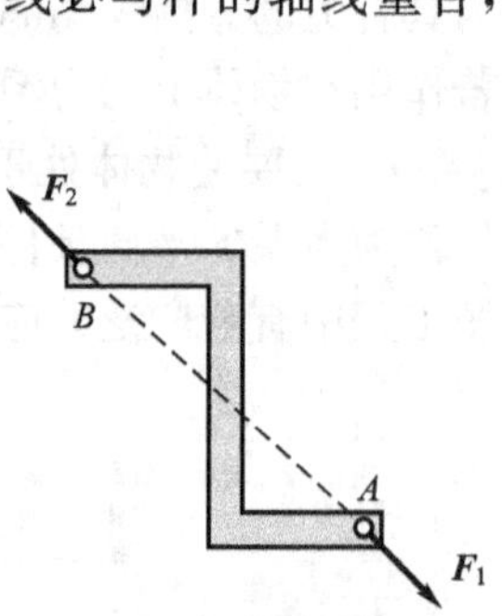

图1.6　二力构件

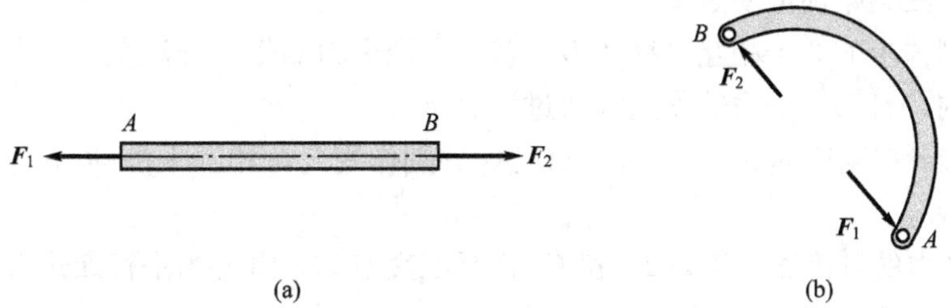

图 1.7　二力杆件

二力平衡公理表述了作用于刚体上最简单力系平衡时所需满足的条件。但是，必须指出，对于刚体来说，二力平衡条件是充分和必要的，而对于变形体来说，这个条件只是必要条件而非充分条件。例如，软绳受两个大小相等、方向相反、作用线共线的拉力时可以平衡，但是，软绳受两个大小相等、方向相反、作用线共线的压力时，就不能平衡了。

公理 3　加减平衡力系原理

在作用于刚体的任意力系上，加上或减去任意的平衡力系，不改变原力系对刚体的作用。也就是说，如果两个力系只相差一个或几个平衡力系，那么它们对刚体的作用效果是完全相同的。这个公理是研究力系等效替换的重要依据。

由加减平衡力系原理，可以导出两个重要的推论。

推论一　力的可传性

作用于刚体上某点的力，可以沿其作用线移至刚体上的任意一点，而不改变它对刚体的作用。

证明：(1) 设力 $\boldsymbol{F}$ 作用于刚体上的点 A，如图 1.8(a)所示。

(2) 根据加减平衡力系原理，在力的作用线上任取一点 B，在点 B 处加上两个相互平衡的力 $\boldsymbol{F}_1$ 和 $\boldsymbol{F}_2$，并使 $\boldsymbol{F}=\boldsymbol{F}_2=-\boldsymbol{F}_1$，如图 1.8(b)所示。

(3) 力 $\boldsymbol{F}$ 和 $\boldsymbol{F}_1$ 也是一个平衡力系，可以去除，于是只剩下作用于点 B 处的力 $\boldsymbol{F}_2$，如图 1.8(c)所示。

(4) 原来的力 $\boldsymbol{F}$ 与力 $\boldsymbol{F}_2$ 等效，即原来的力 $\boldsymbol{F}$ 沿其作用线移至点 B。

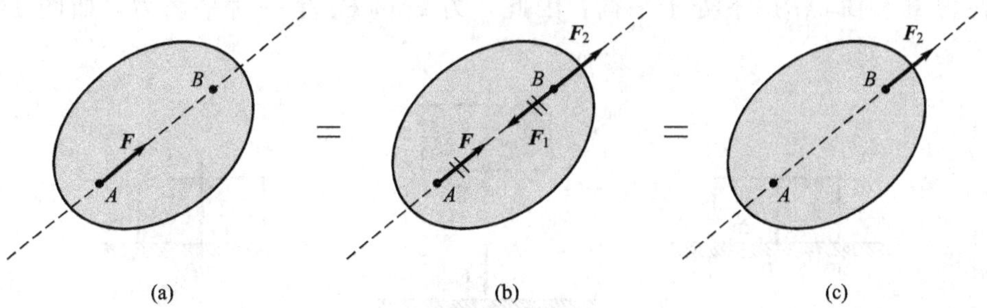

图 1.8　力的可传性

由此可见，对于刚体来说，力的作用点不是决定力的作用效应的主要因素，它已被力的作用线所取代。因此，作用在刚体上的力的三要素为：力的大小、方向和作用线。力矢量可以从它的作用线上的任一点画出，因而作用在刚体上的力为**滑动矢量**(sliding vector)。

推论二　三力平衡汇交定理

作用于刚体上的3个相互平衡的力，若其中两个力的作用线汇交于一点，则此三力必在同一平面内，且第三个力的作用线通过汇交点。

证明：(1) 在刚体的 A、B、C 三点处，分别作用3个相互平衡的力 $\boldsymbol{F}_1$、$\boldsymbol{F}_2$、$\boldsymbol{F}_3$，如图1.9(a)所示。

(2) 根据力的可传性，将力 $\boldsymbol{F}_1$ 和 $\boldsymbol{F}_2$ 移至汇交点 O，由力的平行四边形法则，得到力 $\boldsymbol{F}_1$ 和 $\boldsymbol{F}_2$ 的合力 $\boldsymbol{F}_{12}$，如图1.9(b)所示。

(3) 根据二力平衡公理，力 $\boldsymbol{F}_3$ 应与合力 $\boldsymbol{F}_{12}$ 平衡，因而 $\boldsymbol{F}_3$ 与 $\boldsymbol{F}_{12}$ 必共线，所以力 $\boldsymbol{F}_3$ 必与力 $\boldsymbol{F}_1$ 和 $\boldsymbol{F}_2$ 共面，且通过力 $\boldsymbol{F}_1$ 和 $\boldsymbol{F}_2$ 的交点 O。定理得证。

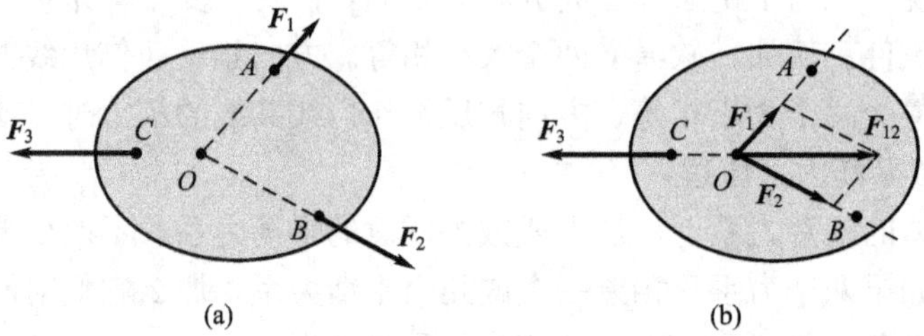

图1.9　三力平衡汇交

公理4　作用与反作用定律

两个物体之间的作用力与反作用力总是同时存在，两个力的大小相等、方向相反且沿着同一直线，分别作用在两个相互作用的物体上。

作用与反作用定律概括了自然界中物体间相互作用的关系，不论物体是处于平衡状态还是处于运动状态，也不论物体是刚体还是变形体，该定律都普遍适用。作用力和反作用力总是成对出现的，有作用力必有反作用力。

例如，地面上有一重为 P 的物体处于静止状态，如图1.10(a)所示。物体对地面有一个作用力 $\boldsymbol{F}_N'$，而地面对物体也有一个反作用力 $\boldsymbol{F}_N$，力 $\boldsymbol{F}_N'$ 和 $\boldsymbol{F}_N$ 大小相等，方向相反，沿同一条直线分别作用于地面和物体上，是一对作用力和反作用力，如图1.10(b)所示。物体在力 $\boldsymbol{P}$ 和 $\boldsymbol{F}_N$ 作用下处于平衡，因此，力 $\boldsymbol{P}$ 和 $\boldsymbol{F}_N$ 是一对平衡力，如图1.10(c)所示。

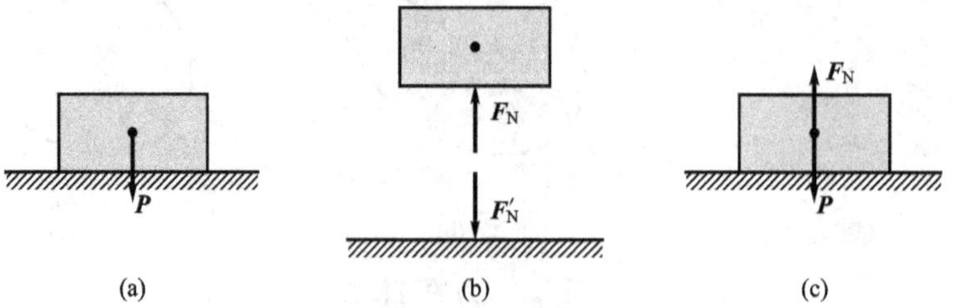

图1.10　作用力和反作用力

需要注意的是，虽然作用力与反作用力大小相等、方向相反且沿同一直线，但不能认为这两个力相互平衡。因为这两个力并不作用在同一刚体上，而是作用在两个相互作用的物体上。因此，作用与反作用关系和二力平衡条件有本质的区别。

公理 5 刚化原理

变形体在某一力系作用下处于平衡状态，则将此变形体刚化为刚体时，其平衡状态保持不变。

刚化原理为把变形体抽象为刚体提供了条件，使得刚体静力学的理论可以应用于变形体。但是，此时需考虑变形体的物理条件。绳索在等值、反向、共线的两个拉力 $\boldsymbol{F}_1$ 和 $\boldsymbol{F}_2$ 的作用下处于平衡，若将绳索刚化为刚体，则其平衡状态保持不变，如图 1.11(a)所示。反之，若在刚体两端施加两个等值、反向、共线的压力 $\boldsymbol{F}_1$ 和 $\boldsymbol{F}_2$，则刚体能保持平衡，若将刚体换成绳索，则不能保持平衡，此时绳索就不能刚化为刚体了，如图 1.11(b)所示。

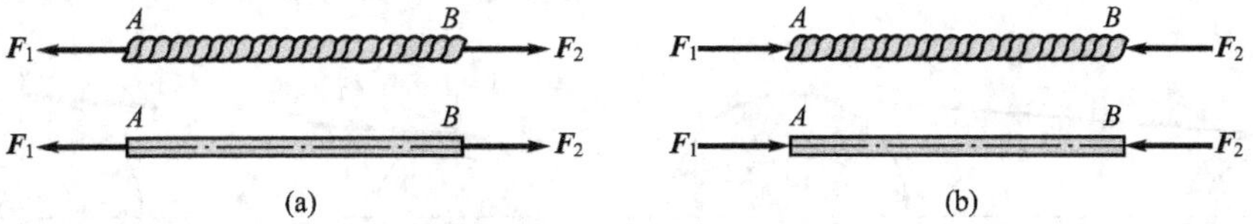

图 1.11 刚化原理

由此可见，刚体的平衡条件是变形体平衡的必要条件，而非充分条件。在刚体静力学的基础上，考虑变形体的特性，可进一步研究变形体的平衡问题。

基于上述 5 个公理，可以推导出静力学全部理论。这种演绎方法，一方面能够保证理论力学理论体系的完整性和严密性，另一方面也可以培养读者的逻辑思维能力。

1.3 约束和约束反力

在工程中，将能自由地在空间任意方向运动的物体称为**自由体**(free body)，如在空中飞行的飞机和炮弹等。然而，实际构件都会受到与之相联系的其他构件的限制，不能自由运动，这些在空间某一方向或某些方向受到限制的物体，称为**非自由体**(non free body)。例如火车受到轨道的限制，只能沿着轨道行驶；在轴承上的转子不能离开轴承，只能绕着轴转动；桥梁受到桥墩的限制，不能离开桥墩。

通常，把对非自由体的运动起限制作用的周围物体称为**约束**(constraint)。从力学角度来分析，约束对物体的作用，实际上就是力，这种力称为**约束反力**(constraint reaction)，简称**约束力**。由于约束反力是限制物体运动的，所以约束反力的作用点应在约束和被约束物体的接触位置，方向必与该约束所能阻碍的运动方向相反。应用这个准则，就能确定约束反力的方向和作用线的位置。至于约束反力的大小，一般是未知的。如前所述，通常将作用在物体上的力分为主动力和约束反力。在静力学问题中，约束反力和物体所受的主动力组成平衡力系，因此，可以应用平衡条件，求出未知的约束反力。当主动力改变时，约束反力一般也将发生改变，因此，约束反力也称被动力。

下面介绍工程中常见的几种约束和确定约束反力方向的方法。

1. 柔索约束

由柔软的绳索、胶带或链条等构成的约束，在不考虑其自重和变形时可以简化为柔索约束。绳索吊住重物，如图 1.12(a)所示。因为绳索只能限制物体沿绳的中心线离开绳索的运动，而不能限制物体在其他方向的运动，所以绳索对物体的约束反力为拉力，作用在接触点，方向沿着绳索背离物体，如图 1.12(b)所示。通常，用 $\boldsymbol{F}_{\mathrm{T}}$ 表示这类约束反力。

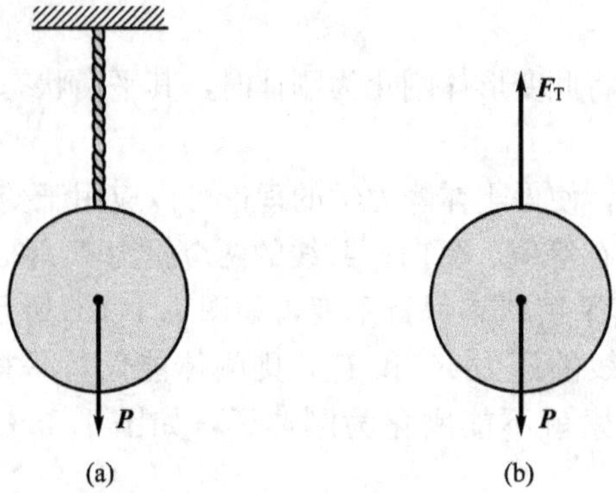

图 1.12　柔索约束

图 1.13(a)所示为胶带或链条的传动示意图。胶带或链条也只能承受拉力，它们对轮Ⅰ和轮Ⅱ的约束反力如图 1.13(b)所示。

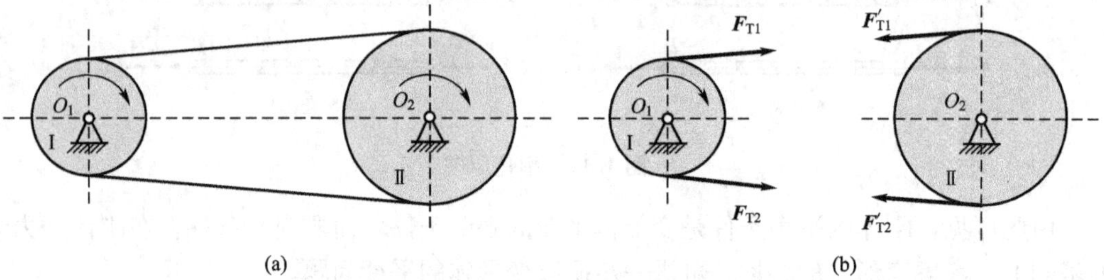

图 1.13　胶带或链条构成的柔索约束

2. 光滑接触面约束

如图 1.14(a)和(b)所示支持物体的固定面，不计摩擦时，属于光滑接触面约束。

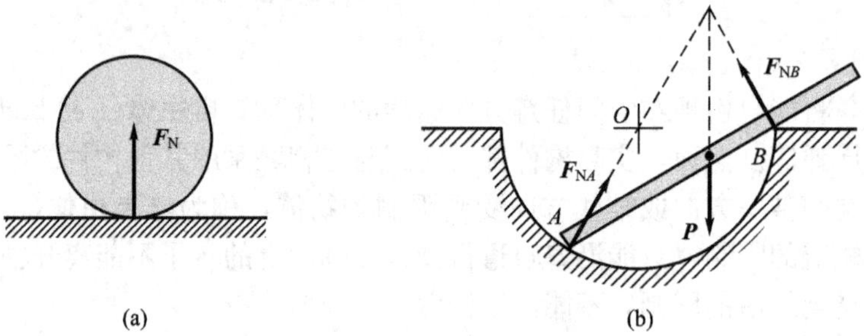

图 1.14　光滑接触面的约束反力

对于光滑接触面来说，不论接触面的形状如何，只能限制物体沿着接触面公法线方向往约束内部的运动，不能限制物体沿接触面公切线方向的运动。因此，光滑接触面对物体的约束反力，作用在接触点处，方向沿接触面的公法线，并指向被约束的物体。这种约束反力，称为法向约束反力，一般用 $\boldsymbol{F}_{\mathrm{N}}$ 表示。如图 1.14(a)和(b)所示的力 $\boldsymbol{F}_{\mathrm{N}}$、$\boldsymbol{F}_{\mathrm{N}A}$ 和 $\boldsymbol{F}_{\mathrm{N}B}$。

光滑接触面约束是一种典型的约束，在工程中经常遇到。例如，图 1.15(a)所示的啮合齿轮的齿面约束和图 1.15(b)所示的凸轮曲面对顶杆的约束。

3. 光滑铰链约束

光滑铰链约束包括圆柱铰链、固定铰链和向心轴承。光滑铰链约束实际上是轴或销钉与光滑孔内壁之间的接触形成的约束，因此，这类约束本质上与光滑接触面约束相同。

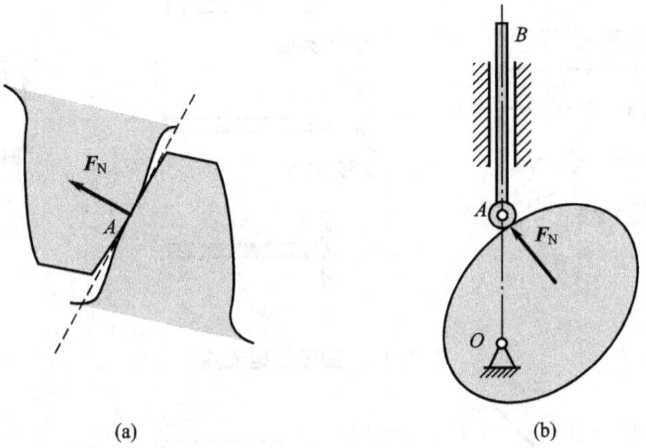

图 1.15 光滑齿面和曲面约束

1）圆柱铰链

如果在两个构件的连接处钻上圆孔，再用圆柱形的销钉串接起来，就构成了**圆柱铰链**，简称**铰链**(hinge)，如图 1.16(a)所示。此时，构件可以绕铰链中心转动，但销钉限制了构件沿径向的运动。由于在不同的主动力作用下，销钉与孔的接触点的位置不同，在忽略摩擦力的情况下，铰链对构件的约束反力必通过铰链的中心，但其方向不能确定，需取决于构件所受的主动力状态。因此，用两个过铰链中心的大小未知的正交分力 $\boldsymbol{F}_{Ax}$ 和 $\boldsymbol{F}_{Ay}$ 来表示铰链对构件的约束反力，分力的方向暂时可以任意假设。圆柱铰链约束的力学简图如图 1.16(b)所示。圆柱铰链对构件 AB 的约束反力如图 1.16(c)所示。

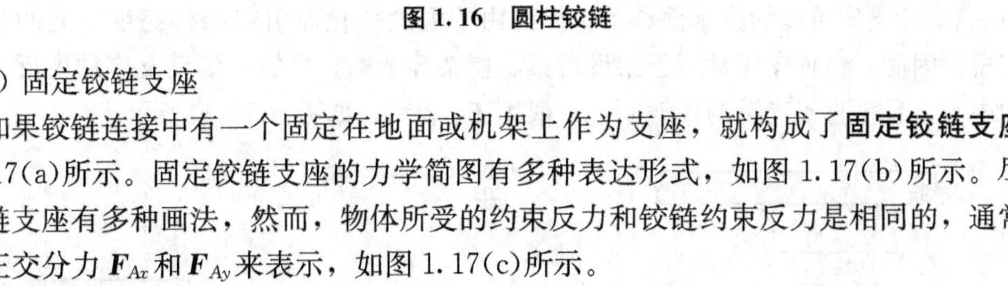

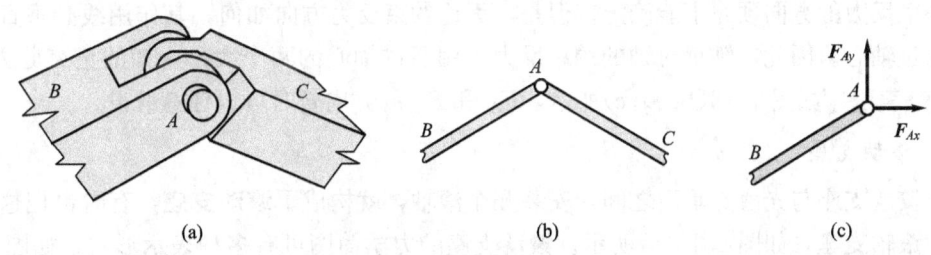

图 1.16 圆柱铰链

2）固定铰链支座

如果铰链连接中有一个固定在地面或机架上作为支座，就构成了**固定铰链支座**，如图 1.17(a)所示。固定铰链支座的力学简图有多种表达形式，如图 1.17(b)所示。尽管固定铰链支座有多种画法，然而，物体所受的约束反力和铰链约束反力是相同的，通常也用两个正交分力 $\boldsymbol{F}_{Ax}$ 和 $\boldsymbol{F}_{Ay}$ 来表示，如图 1.17(c)所示。

3）向心轴承

向心轴承也称径向轴承，是工程中常见的约束形式。若不计摩擦，则轴与轴承的接触面是两个光滑圆柱面的接触，轴可在孔内任意转动，也可以沿着孔的中心线移动，但是沿径向向外的移动会受到轴承的阻碍。因此，当轴和轴承在某点 A 光滑接触时，轴承对轴的约束反力 $\boldsymbol{F}_A$ 作用在接触点 A，且沿公法线指向轴心，如图 1.18(a)所示。

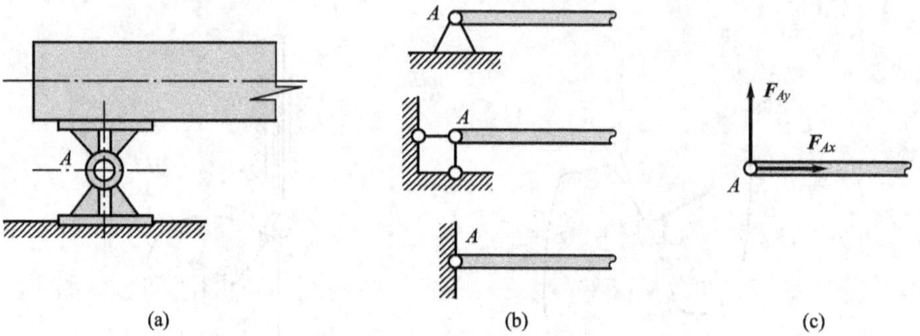

图 1.17　固定铰链支座

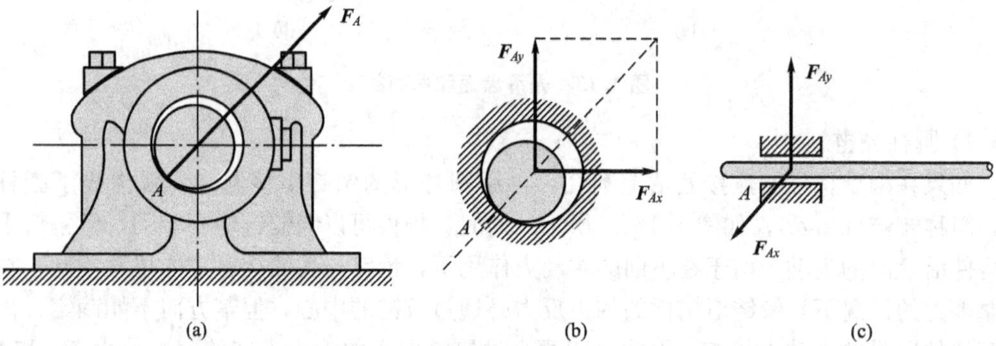

图 1.18　向心轴承

因为轴和轴承接触点的位置随轴所承受的主动力的变化而变化，所以当主动力未确定时，约束反力的方向预先不能确定。但是，无论约束反力方向如何，其作用线必垂直于轴线且通过轴心。因此，轴承对轴的约束反力可用通过轴心的两个大小未知的正交分力 $\boldsymbol{F}_{Ax}$ 和 $\boldsymbol{F}_{Ay}$ 来表示，如图 1.18(b)和(c)所示，$\boldsymbol{F}_{Ax}$ 和 $\boldsymbol{F}_{Ay}$ 的方向暂时可以任意假设。

4. 滚动支座

在铰链支座与光滑支承面之间，安装几个滚轴，就构成了**滚动支座**，有时也把这种支座称为**滚轴支座**，如图 1.19(a)所示。滚动支座的力学简图可有多种表示形式，如图 1.19(b)所示。滚动支座可以沿支承面移动，允许由于温度变化而引起结构跨度方向的自由伸长或缩短，因而，这种支座常用于架设桥梁、屋架等结构。显然，滚动支座约束反力通过滚轴的中心，且垂直于光滑的接触面，一般用 $\boldsymbol{F}_{\mathrm{N}}$ 表示，如图 1.19(c)所示。

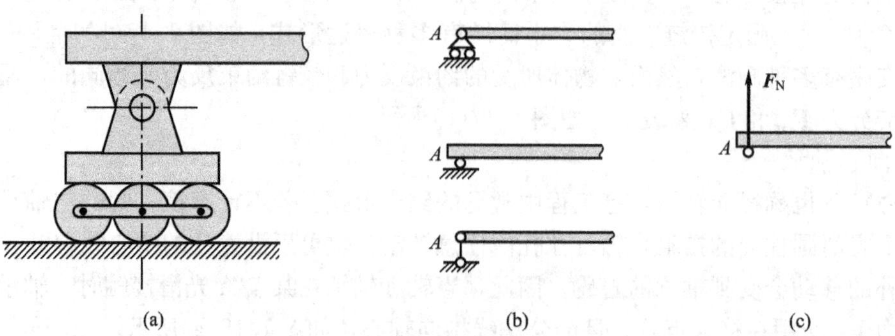

图 1.19　滚动支座

5. 球铰链

通过圆球和球壳将两个构件连接在一起的约束，称为**球铰链**，如图 1.20(a)所示。球铰链使构件的球心不能有任何位移，但构件可以绕球心转动。若不计摩擦，则球铰链对构件的约束反力为通过球心但方向不能预先确定的一个空间力，可用 3 个正交分力 $\boldsymbol{F}_{Ax}$、$\boldsymbol{F}_{Ay}$ 和 $\boldsymbol{F}_{Az}$ 表示，方向暂时可以任意假定，其力学简图和约束反力如图 1.20(b)所示。

6. 止推轴承

与径向轴承不同，**止推轴承**除了能够限制轴沿径向的运动之外，还能够限制轴沿轴向的运动。因此，止推轴承比径向轴承多一个沿轴向的约束力，即其约束反力有 3 个正交分力 $\boldsymbol{F}_{Ax}$、$\boldsymbol{F}_{Ay}$ 和 $\boldsymbol{F}_{Az}$。止推轴承的力学简图和约束反力如图 1.21 所示。

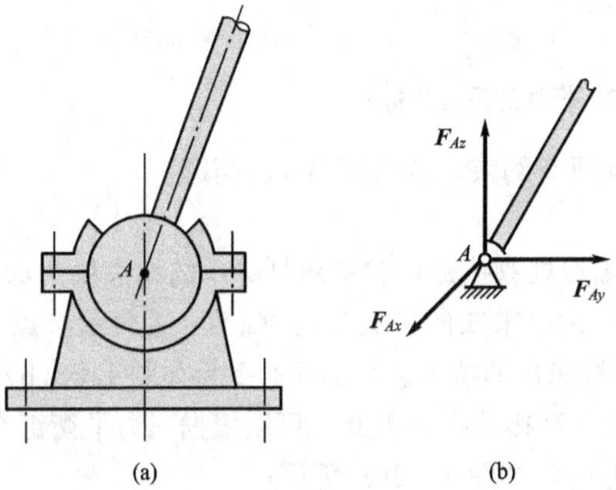

图 1.20 球铰链

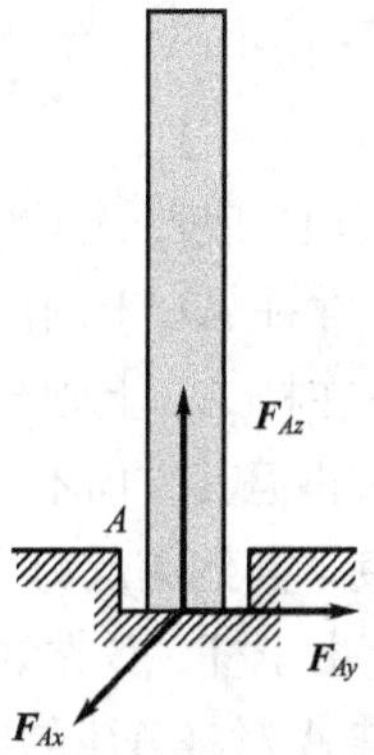

图 1.21 止推轴承

以上仅介绍了几种简单的约束，在结构工程和机械工程中，经常采用上述约束使结构与基础联系在一起(外部约束)，以及使结构内部各构件联系在一起(内部约束)。然而，工程中约束类型远不止这些，有的约束比较复杂，分析时需要加以简化或抽象化。在以后的某些章节中，再作关于其他约束的介绍。

1.4 物体的受力分析和受力图

在工程实际中，无论是研究物体平衡中力的关系，还是研究物体运动中作用力与运动的关系，都需要首先对物体进行受力分析，即确定物体所受力的个数，每个力的大小、作用位置和作用方向等。

为了清晰地表示物体的受力状态，通常的做法是：首先依据问题的要求确定需要进行分析研究的具体物体，这个过程称为选取**研究对象**；然后解除约束，将研究对象(称为**受力体**)从周围的物体(称为**施力体**)中分离出来，此时，研究对象称为**分离体**，画出分离体的简图；最后把施力物体对研究对象的作用力(包括主动力和约束反力)全部画出来。这种表示物体受力的简明图形，称为**受力图**(free body diagram)，有时也称为**分离体图**。

分析物体受力情况和画受力图是解决静力学问题的一个重要环节，其关键是根据约束的性质正确地作出约束反力。

【例 1.1】 如图 1.22(a)所示，杆 AB 的 A 端用铰链与墙体相连，B 端用绳索固定在墙面 C 点位置处，杆 AB 的自重为 $\boldsymbol{P}$。试画出杆 AB 的受力图。

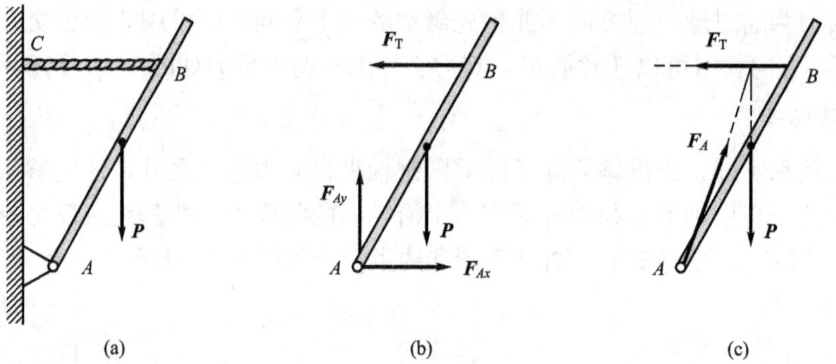

图 1.22 杆件的受力分析

解：(1) 取杆 AB 为研究对象，解除所有约束，画出杆 AB 的简图。

(2) 在杆 AB 上画出主动力 $\boldsymbol{P}$。

(3) 在杆 AB 上画出约束反力。在 A 点处有铰链，铰链对杆 AB 的约束反力必通过铰链中心 A，但其方向不能确定，可用两个大小未知的正交分力 $\boldsymbol{F}_{Ax}$ 和 $\boldsymbol{F}_{Ay}$ 表示。点 B 处有绳索约束，其约束反力为 $\boldsymbol{F}_{\mathrm{T}}$，即绳索对杆 AB 的拉力。杆 AB 的受力如图 1.22(b)所示。

(4) 由于杆 AB 在 3 个力的作用下处于平衡状态，因此，可以根据三力平衡汇交定理，确定铰链 A 对杆 AB 的约束反力 $\boldsymbol{F}_A$ 的方向，如图 1.22(c)所示。

【例 1.2】 如图 1.23(a)所示，水平梁 AB 用斜杆 CD 支撑，A、C、D 3 处均为光滑铰链连接。均质梁自重为 P_1，在梁的末端放置一台重为 P_2 的电动机。若不计杆 CD 的自重，试分别画出杆 CD 和梁 AB(包括电动机)的受力图。

解：(1) 取斜杆 CD 为研究对象，解除所有约束，画出杆 CD 的简图。由于斜杆 CD 的自重不计，根据光滑铰链的特性，C、D 处的约束反力分别通过铰链 C、D 的中心，方向暂不确定。因为斜杆 CD 仅在约束反力 $\boldsymbol{F}_C$ 和 $\boldsymbol{F}_D$ 的作用下平衡，根据二力平衡公理，这两个力必等值、反向、共线，所以 $\boldsymbol{F}_C$ 和 $\boldsymbol{F}_D$ 的作用线应沿铰链中心 C 和 D 的连线，即斜杆 CD 为二力杆，其受力图如图 1.23(b)所示。一般情况下，二力杆所受的约束反力方向不能预先确定，可事先假定杆件受拉或者受压。若根据平衡方程求出的力为正值，则表明实际的方向与假定方向相同；若求出的力为负值，则表明实际的方向与假定方向相反。

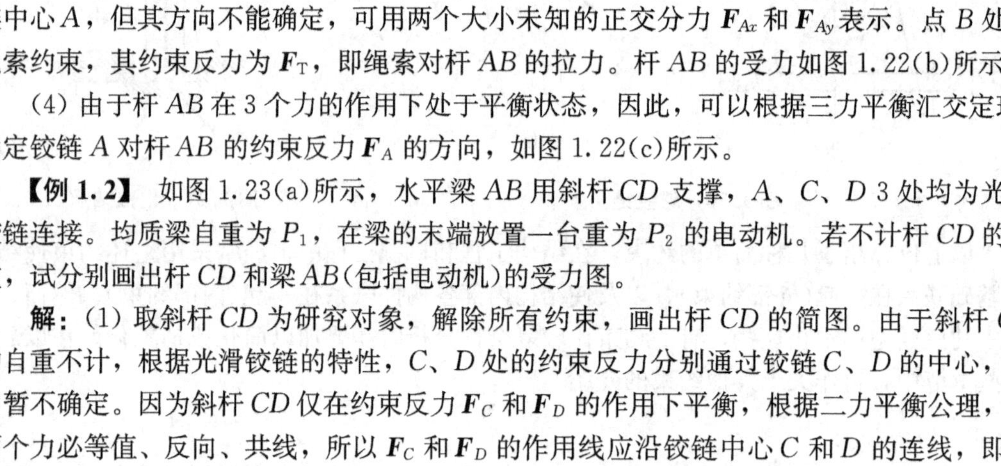

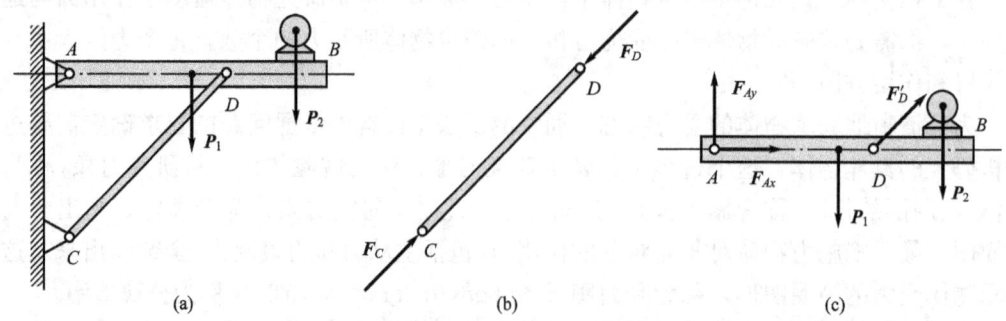

图 1.23 斜杆与梁的受力分析

(2) 取梁 AB(包括电动机)为研究对象，解除所有约束，画出梁 AB 的简图。梁 AB 受到两个主动力 $\boldsymbol{P}_1$ 和 $\boldsymbol{P}_2$ 的作用。在铰链 D 处，梁 AB 受到斜杆 CD 提供的约束反力 $\boldsymbol{F}'_D$。根据作用和反作用定律，有 $\boldsymbol{F}'_D=-\boldsymbol{F}_D$。在铰链 A 处，梁 AB 受到固定铰链支座提供的约束反力的作用，由于方向未知，可用两个大小未知的正交分力 $\boldsymbol{F}_{Ax}$ 和 $\boldsymbol{F}_{Ay}$ 表示。梁 AB 的受力图如图 1.23(c)所示。

【例 1.3】 如图 1.24(a)所示三铰拱，由左拱 AC 和右拱 BC 铰接而成，在左拱 AC 的点 D 处作用有载荷 $\boldsymbol{F}$。若不计拱的自重，试分别画出左拱 AC 和右拱 BC 的受力图。

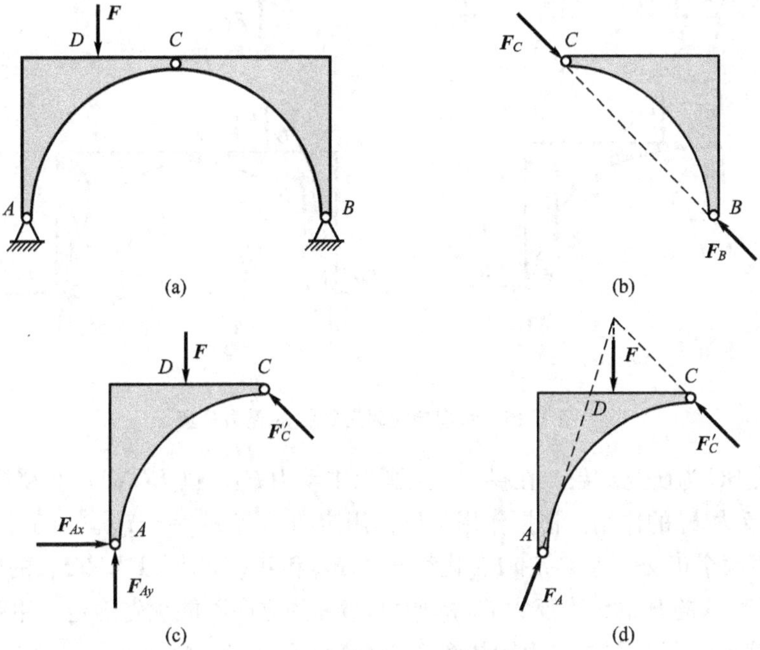

图 1.24 不计自重时三铰拱的受力分析

解： (1) 取拱 BC 为研究对象。拱 BC 仅在点 B 和点 C 处受到铰链的约束，并处于平衡状态。因此，拱 BC 为二力构件。在铰链中心 B 和 C 处的约束反力 $\boldsymbol{F}_B$ 和 $\boldsymbol{F}_C$ 的作用线必沿 BC 连线，且 $\boldsymbol{F}_B=-\boldsymbol{F}_C$，如图 1.24(b)所示。

(2) 取拱 AC 为研究对象。由于不计自重，因此主动力只有载荷 $\boldsymbol{F}$。拱 AC 在铰链 C 处受到拱 BC 提供的约束反力 $\boldsymbol{F}'_C$ 的作用，根据作用和反作用定律，$\boldsymbol{F}'_C=-\boldsymbol{F}_C$。拱 AC 在 A 处受到固定铰链支座提供的约束反力 $\boldsymbol{F}_A$ 的作用，由于 $\boldsymbol{F}_A$ 的方向未定，可用两个大小未知的正交分力 $\boldsymbol{F}_{Ax}$ 和 $\boldsymbol{F}_{Ay}$ 代替。拱 AC 的受力图如图 1.24(c)所示。进一步的分析可知，拱 AC 受 $\boldsymbol{F}$、$\boldsymbol{F}'_C$ 和 $\boldsymbol{F}_A$ 3 个力的作用而平衡，根据三力平衡汇交定理，铰链 A 的约束反力 $\boldsymbol{F}_A$ 的作用线必通过 $\boldsymbol{F}'_C$ 和 $\boldsymbol{F}$ 的汇交点，如图 1.24(d)所示。$\boldsymbol{F}_A$ 的方向可由平衡条件确定。

【例 1.4】 在例 1.3 中，若拱的自重不能忽略，且左拱 AC 自重为 P_1，右拱 BC 自重为 P_2，如图 1.25(a)所示。试分别画出左拱 AC、右拱 BC 以及三铰拱整体的受力图。

解： (1) 取拱 AC 为研究对象。在拱 AC 上画出主动力 $\boldsymbol{F}$ 和 $\boldsymbol{P}_1$。拱 AC 在 A、C 处受到铰链 A 和 C 的约束反力 $\boldsymbol{F}_A$ 和 $\boldsymbol{F}_C$ 的作用，因为 $\boldsymbol{F}_A$ 和 $\boldsymbol{F}_C$ 的方向不能预先确定，所以在

A 处用两个正交分力 $\boldsymbol{F}_{Ax}$ 和 $\boldsymbol{F}_{Ay}$ 代替 $\boldsymbol{F}_A$，在 C 处用两个正交分力 $\boldsymbol{F}_{Cx}$ 和 $\boldsymbol{F}_{Cy}$ 代替 $\boldsymbol{F}_C$。拱 AC 的受力图如图 1.25(b)所示。

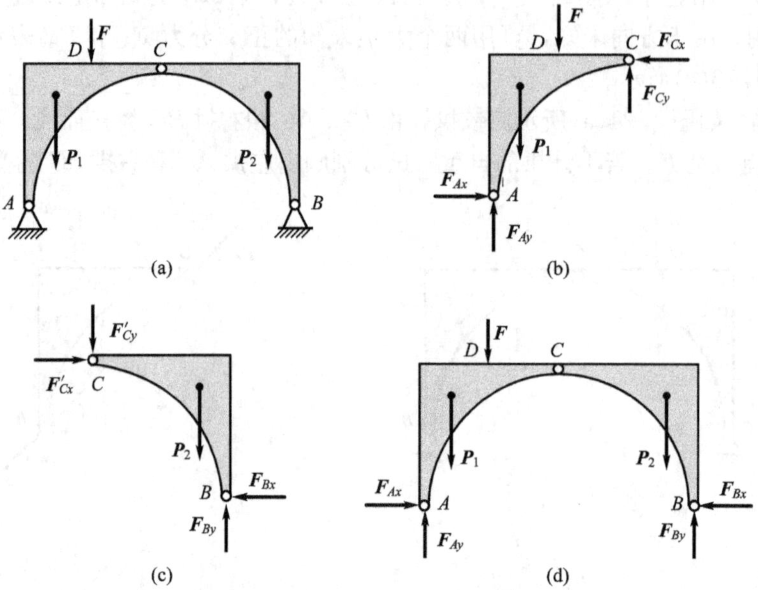

图 1.25　考虑自重时三铰拱的受力分析

(2) 取拱 BC 为研究对象。在拱 BC 上画出主动力 $\boldsymbol{P}_2$。拱 BC 在 C 处受到拱 AC(含铰链 C)的约束反力 $\boldsymbol{F}'_C$ 的作用，根据作用与反作用定律，有 $\boldsymbol{F}'_C=-\boldsymbol{F}_C$。由于 $\boldsymbol{F}'_C$ 的方向不能预先确定，用两个正交分力 $\boldsymbol{F}'_{Cx}$ 和 $\boldsymbol{F}'_{Cy}$ 代替 $\boldsymbol{F}'_C$，$\boldsymbol{F}'_{Cx}$ 和 $\boldsymbol{F}'_{Cy}$ 分别为 $\boldsymbol{F}_{Cx}$ 和 $\boldsymbol{F}_{Cy}$ 的反作用力。拱 BC 在 B 处受到铰链 B 的约束反力 $\boldsymbol{F}_B$ 的作用，$\boldsymbol{F}_B$ 的方向不能预先确定，用两个正交分力 $\boldsymbol{F}_{Bx}$ 和 $\boldsymbol{F}_{By}$ 代替 $\boldsymbol{F}_B$。拱 BC 的受力图如图 1.25(c)所示。

(3) 整个系统的受力分析。当选三铰拱整体为研究对象时，由于铰链 C 处所受的力满足 $\boldsymbol{F}_{Cx}=-\boldsymbol{F}'_{Cx}$，$\boldsymbol{F}_{Cy}=-\boldsymbol{F}'_{Cy}$，这些力成对地作用在整个系统内，称为内力(internal force)。内力对系统的作用效应相互抵消，可以除去，而不影响整个系统的平衡。因此，内力在受力图中不必画出。在受力图上只需画出系统之外的物体施加给系统的作用力，这种力称为**外力**(external force)。这里载荷 $\boldsymbol{F}$，自重 P_1 和 P_2，以及约束反力 $\boldsymbol{F}_{Ax}$ 和 $\boldsymbol{F}_{Ay}$、$\boldsymbol{F}_{Bx}$ 和 $\boldsymbol{F}_{By}$，都是作用于系统的外力。整个系统的受力如图 1.25(d)所示。

应该指出，内力和外力的区分不是绝对的。例如，选取拱 BC 为研究对象时，$\boldsymbol{F}'_{Cx}$ 和 $\boldsymbol{F}'_{Cy}$ 属于作用于拱 BC 上的外力，但是，选取三铰拱为研究对象时，$\boldsymbol{F}'_{Cx}$ 和 $\boldsymbol{F}'_{Cy}$ 又成为内力。由此可见，外力与内力的区分，仅在相对于某一确定的研究对象时才有意义。

【例 1.5】 平面构架由杆 AD、BE 和 CF 铰接而成，如图 1.26(a)所示。A 处为固定铰链支座，D 处为滚动支座，点 F 处用绳索系一重为 P 的物体。若不计各杆及滑轮的自重，试画出各杆及平面构架整体的受力图。

解： (1) 取杆 BE 为研究对象。杆 BE 仅在铰链 B 和 E 处受到约束反力 $\boldsymbol{F}_B$ 和 $\boldsymbol{F}_E$ 的作用，为二力杆件，因此，力 $\boldsymbol{F}_B$ 和 $\boldsymbol{F}_E$ 等值、反向、共线。杆 BE 的受力如图 1.26(b)所示。

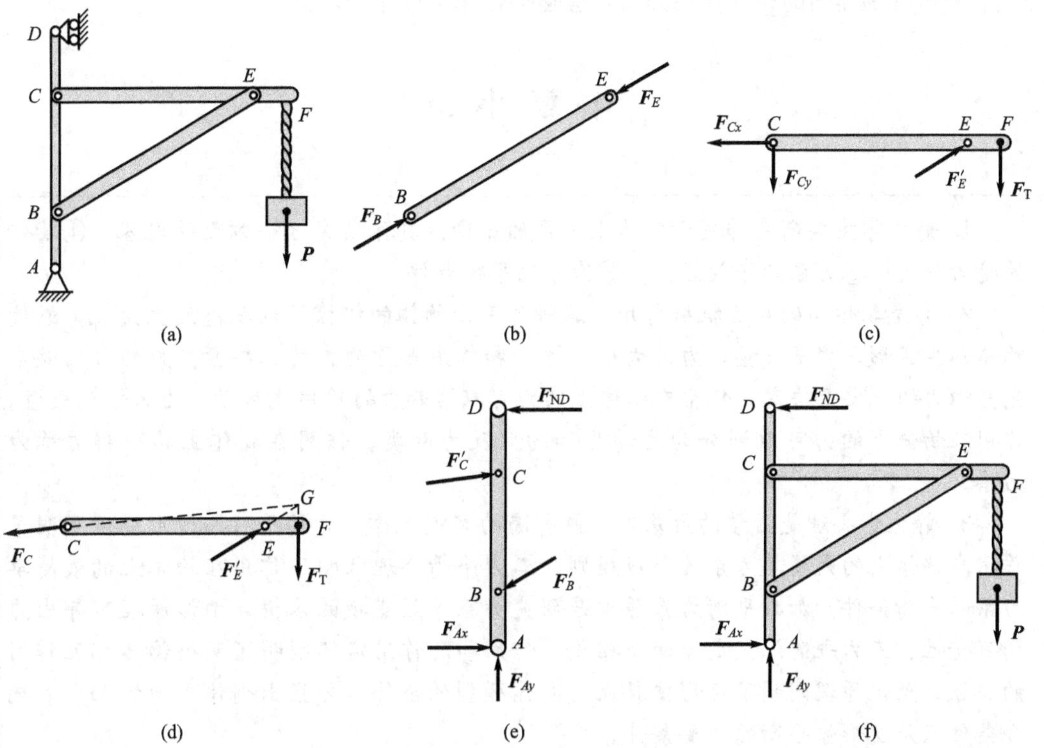

图 1.26　平面构架的受力分析

(2) 取杆 CF 为研究对象。杆 CF 受到绳索的约束反力 $\boldsymbol{F}_T$，且 $\boldsymbol{F}_T=\boldsymbol{P}$，$BE$ 杆的约束反力 $\boldsymbol{F}'_E$，以及铰 C 的约束反力 $\boldsymbol{F}_C$ 的作用。$\boldsymbol{F}'_E$和 $\boldsymbol{F}_E$ 互为作用力和反作用力。约束反力 $\boldsymbol{F}_C$ 的方向不能预先确定，可用两个正交分力 $\boldsymbol{F}_{Cx}$和 $\boldsymbol{F}_{Cy}$代替。杆 CF 的受力图如图 1.26(c)所示。进一步分析可知，杆 CF 受 $\boldsymbol{F}_T$、$\boldsymbol{F}'_E$、$\boldsymbol{F}_C$ 3 个力的作用而平衡，根据三力平衡汇交定理，力 $\boldsymbol{F}_C$ 的作用线必通过力 $\boldsymbol{F}_T$ 和 $\boldsymbol{F}'_E$的交点 G，至于 $\boldsymbol{F}_C$ 的方向，可以任意假定，也可以根据平衡条件加以确定。如图 1.26(d)所示。

(3) 取杆 AD 为研究对象。杆 AD 在固定铰链支座 A 处受到约束反力 $\boldsymbol{F}_A$ 的作用，$\boldsymbol{F}_A$ 方向不能预先确定，可用两个正交分力 $\boldsymbol{F}_{Ax}$和 $\boldsymbol{F}_{Ay}$代替。在滚动支座 D 处受到约束反力 $\boldsymbol{F}_{ND}$的作用。在圆柱铰链 B 和 C 处受到约束反力 $\boldsymbol{F}'_B$和 $\boldsymbol{F}'_C$的作用，且 $\boldsymbol{F}'_B=-\boldsymbol{F}_B$，$\boldsymbol{F}'_C=-\boldsymbol{F}_C$。杆 AD 的受力图如图 1.26(e)所示。

(4) 取构架系统为研究对象。画出主动力 $\boldsymbol{P}$。画出固定铰链支座 A 处的约束反力 $\boldsymbol{F}_{Ax}$ 和 $\boldsymbol{F}_{Ay}$，滚动支座 D 处的约束反力 $\boldsymbol{F}_{ND}$。系统整体的受力图如图 1.26(f)所示。进一步的分析可知，构架系统受 3 个力，即主动力 $\boldsymbol{P}$、约束反力 $\boldsymbol{F}_{ND}$和 $\boldsymbol{F}_A$ 的作用而平衡，根据三力平衡汇交定理，约束反力 $\boldsymbol{F}_A$ 的作用线必通过力 $\boldsymbol{P}$ 和 $\boldsymbol{F}_{ND}$的交点，$\boldsymbol{F}_A$ 的方向可以假定，也可根据平衡条件确定。有关 $\boldsymbol{F}_A$ 的作用线和方向请读者自行画出。

物体的受力图是分析和解决力学问题的基础。画受力图时需注意以下几点：①选取合适的研究对象，可根据需要选取单个物体或由多个物体组成的系统为研究对象，不同的研究对象其受力图是不同的；②确定研究对象的受力的数目，作用在研究对象上的力必须有明确的施力物体，可按先画主动力再画约束反力的方法，画出作用在研究对象上的所有外力；③分析两物体间的相互作用力时，应遵循作用与反作用定律。

本章小结

1. 静力学主要研究作用于物体上力系的平衡。具体研究3个方面的内容：①物体的受力分析；②力系的等效替换；③力系的平衡条件。

2. 力是物体间的相互机械作用，这种作用使物体的机械运动状态发生变化，或使物体产生变形。力是矢量，力的大小、方向和作用点称为力的三要素，力的作用效应完全由力的三要素决定。作用在刚体上的力可以沿着力的作用线移动，力为滑动矢量。作用在物体上的力可以划分为主动力和约束反力两类。作用在物体上的一群力称为力系。

3. 静力学公理是力学的最基本、最普遍的客观规律。力的平行四边形公理阐明了作用在物体上的最简单力系的合成规则。二力平衡公理阐明了作用在物体上的最简单力系的平衡条件。加减平衡力系原理是研究力系等效变换的依据，由该原理可导出力的可传性、三力平衡汇交定理两个推论。作用和反作用定律阐明了两个物体相互作用的关系。刚化原理阐明了变形体抽象成刚体模型的条件，并指出刚体平衡的必要和充分条件只是变形体平衡的必要条件。

4. 约束和约束反力。对非自由体的运动起限制作用的周围物体称为约束。如柔索约束、光滑接触面约束、光滑铰链约束、滚动支座、球铰链、止推轴承等。约束对非自由体施加的力称为约束反力。约束反力的方向与该约束所能阻碍物体运动的方向相反。画约束反力时，应分别根据每个约束本身的特性，确定约束反力的方向。

5. 物体的受力分析和受力图是研究物体平衡和运动的前提和基础。画物体的受力图时，首先要明确研究对象，解除约束，把研究对象同周围的物体相分离；然后画出已知的主动力；最后根据约束的类型和特性画出约束反力。

思考题

1. 力的矢量和 $\boldsymbol{F}_R=\boldsymbol{F}_1+\boldsymbol{F}_2$ 和力的代数和 $F_R=F_1+F_2$ 有何区别？

2. 试说明下列各个式子的意义和区别：(1) $\boldsymbol{F}_1=\boldsymbol{F}_2$；(2) $F_1=F_2$；(3) 力 $\boldsymbol{F}_1$ 等效于力 $\boldsymbol{F}_2$。

3. 二力平衡条件、作用和反作用定律都是说二力等值、反向、共线，两者有何区别？

4. 什么叫二力构件，分析二力构件受力时与构件的形状有无关系？

5. 在静力学五个公理和两个推论中，哪几个公理和推论只适合于刚体？

6. 若作用于刚体上的3个力共面且汇交于一点，则刚体一定平衡；反之，若作用于刚体上3个力共面，但不汇交于一点，则刚体一定不平衡。这话对吗？为什么？

7. 如图 1.27 所示，杆 AB 在点 A 和 B 处设置约束，并受主动力 $\boldsymbol{F}$ 的作用而平衡。若 A 为固定铰链支座，欲使约束反力 $\boldsymbol{F}_A$ 的作用线与 AB 成夹角 $\alpha=135°$，则 B 处应设置何种约束？该约束如何设置？试举出一种约束，并作图表示。

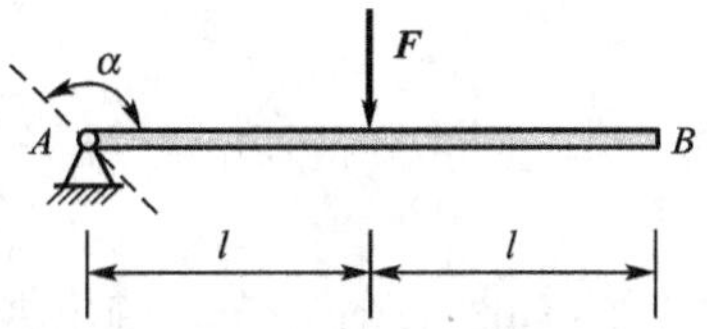

图 1.27 第 7 题图

8. 如图 1.28 所示，各物体的受力图是否有误？若有误，如何改正？

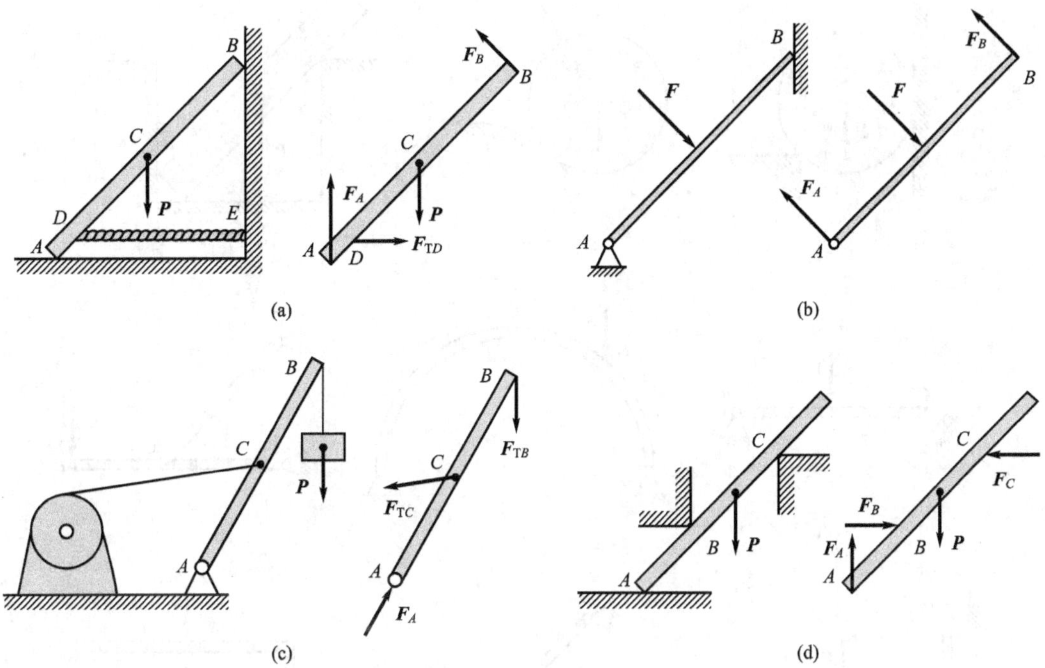

图 1.28 第 8 题图

9. 如图 1.29 所示，各物体的受力图是否有误？若有误，如何改正？

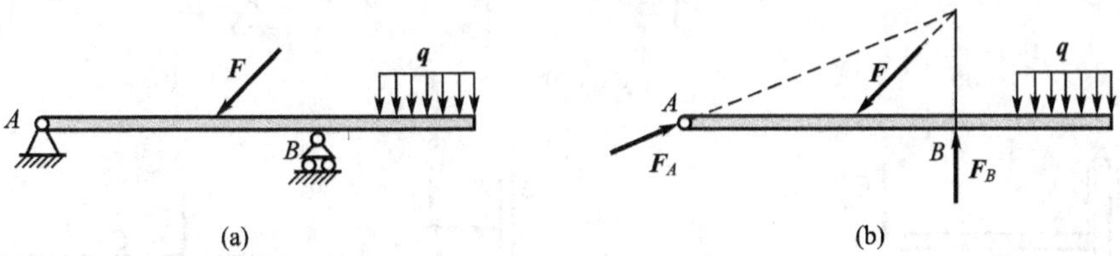

图 1.29 第 9 题图

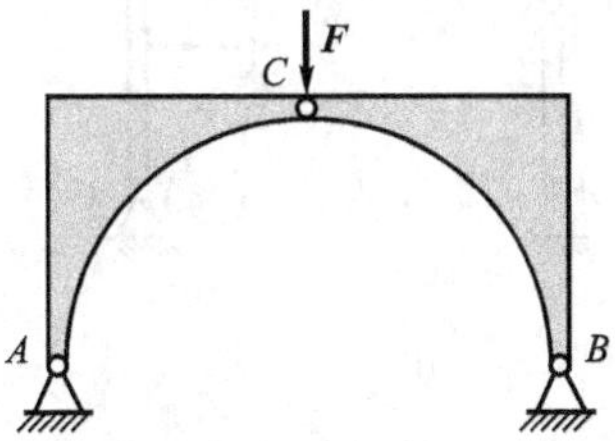

图 1.30 第 10 题图

10. 如图 1.30 所示，载荷 $\boldsymbol{F}$ 作用于三铰拱铰链 C 处，若不计三铰拱的自重，试根据以下不同的研究对象，画受力图。(1)分别画出左拱 AC、右拱 BC、销钉 C 的受力图；(2)若销钉 C 属于 AC，分别画出左拱 AC 和右拱 BC 的受力图；(3)若销钉 C 属于 BC，分别画出左拱 AC 和右拱 BC 的受力图。

习　题

1. 如图 1.31 所示，画出各图中物体 A、ABC 或构件 AB、AC、BC、CD 的受力图。图中没有画出重力的物体表示其重量忽略不计，并假设各接触面均为光滑接触面。

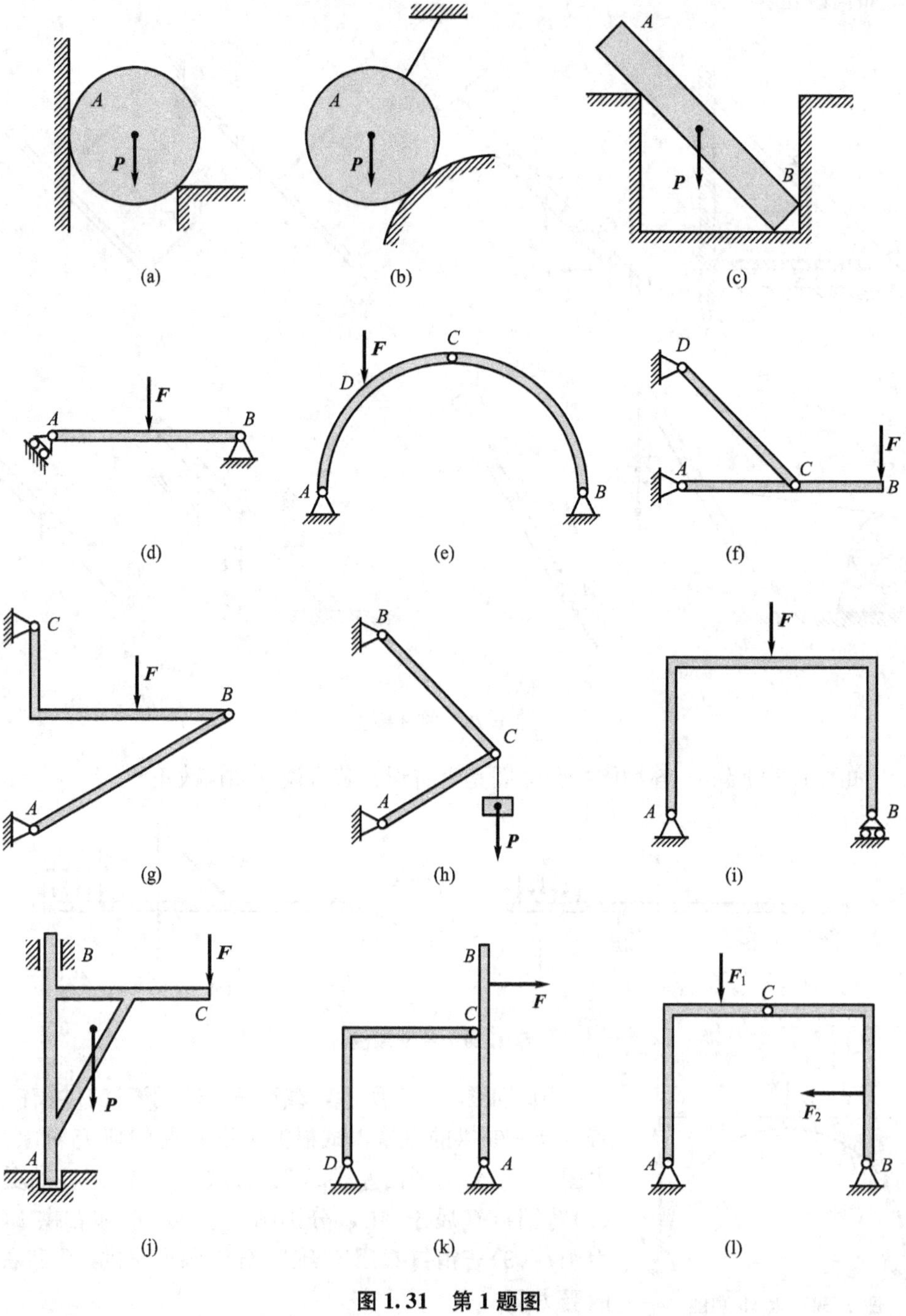

图 1.31　第 1 题图

2. 如图 1.32 所示，画出其中每个标注字母的物体的受力图。没有画重力的物体的重量忽略不计，并假设各接触面均为光滑接触面。

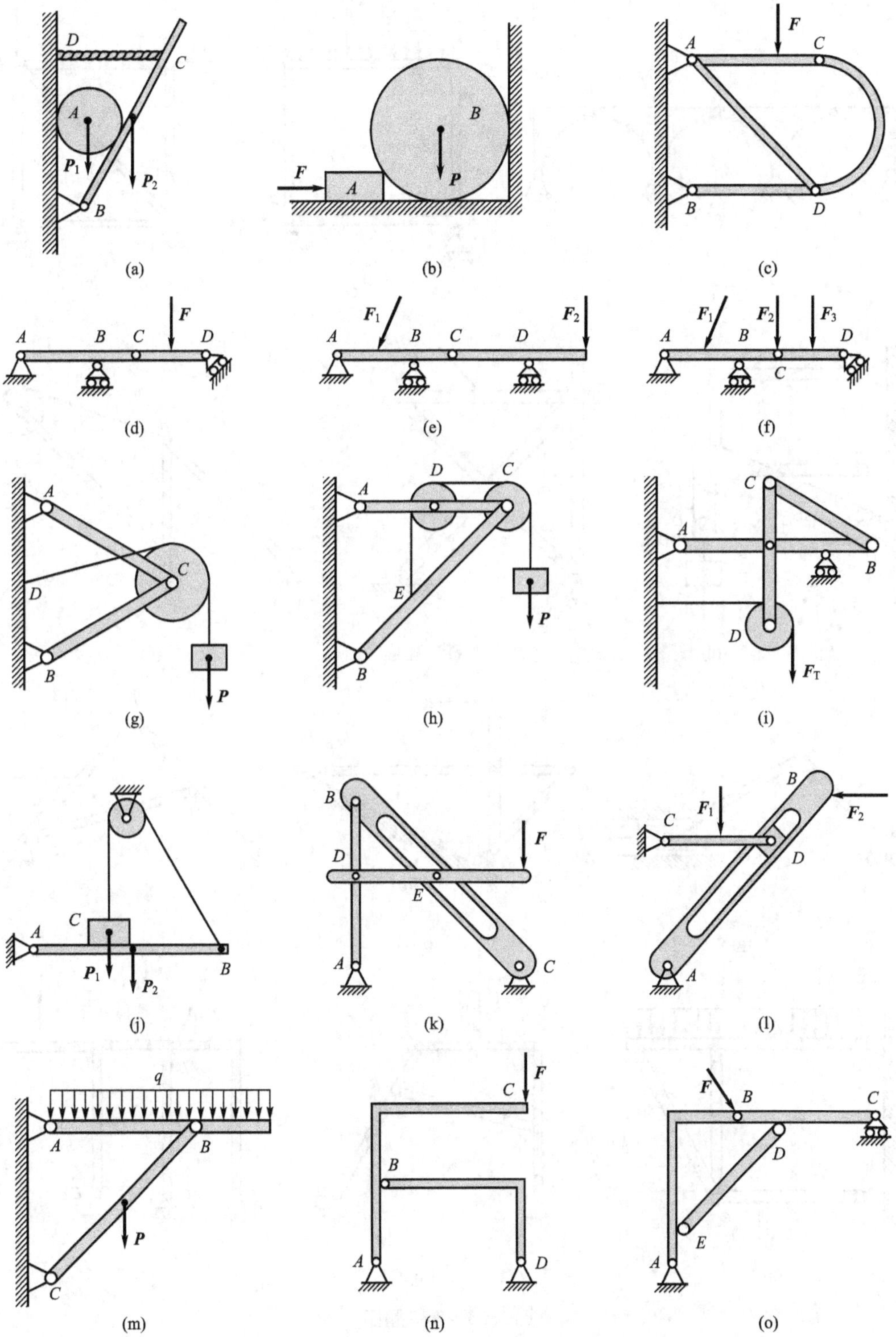

图 1.32 第 2 题图

3. 如图 1.33 所示，画出图中每个标注字母的物体的受力图及系统整体的受力图。没有画重力的物体的重量忽略不计，并假设各接触面均为光滑接触面。

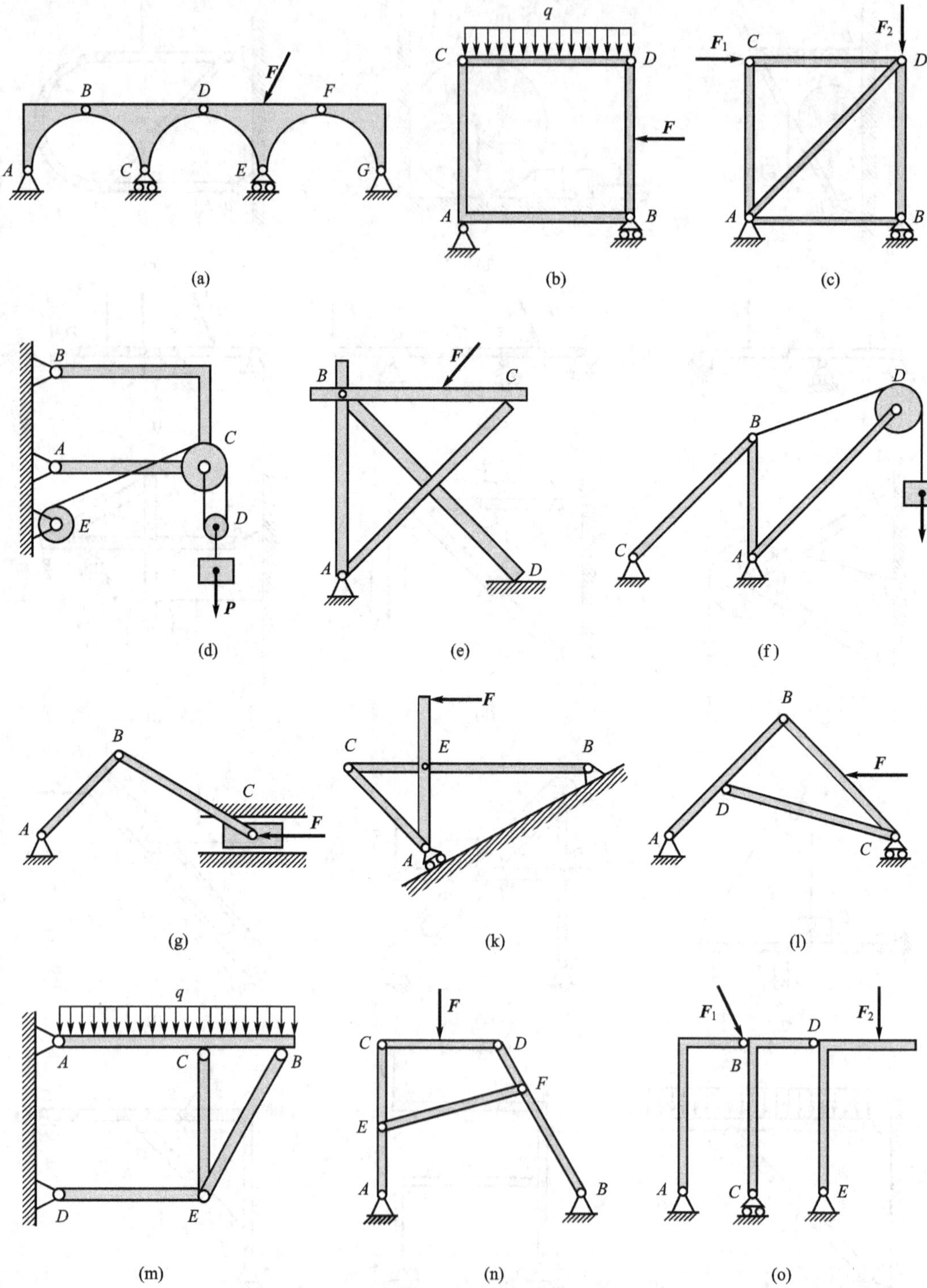

图 1.33　第 3 题图

第2章 平面力系

教学目标

本章主要介绍平面汇交力系、平面力偶系、平面平行力系和平面一般力系。通过本章的学习，应达到以下目标。

(1) 理解力矩、力偶、主矢、主矩等基本概念，理解合力投影定理、合力矩定理、力线平移定理等基本定理。

(2) 掌握平面汇交力系合成的几何法和解析法，会用平面力偶系的平衡条件求解平衡问题。

(3) 熟练掌握平面一般力系的平衡方程的3种形式及其适用条件，能够应用平衡方程求解未知力。

教学要求

知识要点	能力要求	相关知识
平面汇交力系	(1) 掌握平面汇交力系合成的几何法 (2) 理解平面汇交力系平衡的几何条件 (3) 掌握平面汇交力系合成的解析法 (4) 熟练应用平面汇交力系平衡的解析条件	(1) 平面汇交力系的基本概念 (2) 力多边形和多边形法则 (3) 力在直角坐标系上的投影 (4) 合力投影定理
力对点之矩和平面力偶	(1) 理解力对点之矩和合力矩定理 (2) 掌握平面力偶系的合成 (3) 熟练应用平面力偶系的平衡条件	(1) 力矩、力臂、力偶、力偶臂 (2) 合力矩定理 (3) 力偶等效定理
平面一般力系	(1) 理解力的平移定理、主矢和主矩等概念 (2) 熟练应用平面一般力系平衡方程解题 (3) 掌握平面桁架概念及其内力求解方法	(1) 力系向一点简化及简化结果讨论 (2) 平面一般力系的平衡条件 (3) 物体系统的平衡 (4) 静定和超静定问题

基本概念

力多边形法则；力在坐标轴上的投影；合力投影定理；力矩；合力矩定理；力偶；力偶矩；力的平移定理；主矢；主矩；静定结构；超静定结构；桁架；内力。

引例

根据力系中各力作用线的位置，力系可分为平面力系和空间力系。各力的作用线同在一个平面内的力系为平面力系，各力的作用线不在同一平面内的力系则为空间力系。在平面力系中，又分为平面汇交力系、平面力偶系、平面平行力系和平面一般力系。其中，平面汇交力系和平面力偶系是两种基本力系，其理论是研究一般力系的基础。本章将讨论平面汇交力系的合成与平衡问题，分析力偶的特性以及平面力偶系的合成和平衡问题，在介绍力的平移定理的基础上，探讨平面一般力系向一点简化的方法并分析简化结果，给出平面一般力系的平衡条件及其平衡方程。

例如，组合梁 $ACBD$ 受集中力 $\boldsymbol{P}$、力偶矩为 M 的力偶以及均布载荷 q 的作用，且有 $P=ql$，$M=Pl$。求支座 A 和 B 处的约束反力。

2.1 平面汇交力系

各力的作用线同处于一个平面内且汇交于一点的力系，称为**平面汇交力系**。力系合成与平衡的几何法是以静力学公理为依据，主要应用几何作图(简单的可结合三角关系计算)的方法，研究力系中各分力与合力的几何关系，从而得出力系合成与平衡的几何条件。由于空间力系作图不方便，所以这种方法主要适用于平面力系。对于平面汇交力系，并不要求力系中各分力的作用点位于同一点，因为根据力的可传性原理，只要这些力的作用线汇交于一点即可。

2.1.1 平面汇交力系合成的几何法

作用于任一刚体上的作用力 $\boldsymbol{F}_1$、$\boldsymbol{F}_2$、$\boldsymbol{F}_3$、$\boldsymbol{F}_4$，它们的作用线汇交于点 A，组成一平面汇交力系，如图 2.1(a)所示。由力的可传性原理，将这些力沿着它们各自的作用线移至汇交点 A，如图 2.1(b)所示。根据力的三角形法则，将各力依次合成，即从任意点 a 作矢量 $\boldsymbol{ab}$ 代表力矢 $\boldsymbol{F}_1$，在其末端 b 作矢量 $\boldsymbol{bc}$ 代表力矢 $\boldsymbol{F}_2$，则虚线 $\boldsymbol{ac}$ 表示力矢 $\boldsymbol{F}_1$ 和 $\boldsymbol{F}_2$ 的合力矢 $\boldsymbol{F}_{R1}$；然后，从点 c 作矢量 $\boldsymbol{cd}$ 代表力矢 $\boldsymbol{F}_3$，则 $\boldsymbol{ad}$ 表示 $\boldsymbol{F}_{R1}$ 和 $\boldsymbol{F}_3$ 的合力 $\boldsymbol{F}_{R2}$；最后，从点 d 作矢量 $\boldsymbol{de}$ 代表力矢 $\boldsymbol{F}_4$，则 $\boldsymbol{ae}$ 代表力矢 $\boldsymbol{F}_{R2}$ 与 $\boldsymbol{F}_4$ 的合力矢，亦即原汇交力系 $\boldsymbol{F}_1$、$\boldsymbol{F}_2$、$\boldsymbol{F}_3$、$\boldsymbol{F}_4$ 的合力矢 $\boldsymbol{F}_R$，其大小和方向如图 2.1(c)所示，合力 $\boldsymbol{F}_R$ 的作用线过汇交点 A。

实际作图时，不必画出虚线所示的中间合力 $\boldsymbol{F}_{R1}$ 和 $\boldsymbol{F}_{R2}$，只需要把各分力矢首尾相接形成一个不封闭的多边形 $abcde$，则第一个力矢 $\boldsymbol{F}_1$ 的起点 a 向最后一个力矢 $\boldsymbol{F}_4$ 的终点 e 作 ae，即得合力矢 $\boldsymbol{F}_R$。各分力矢与合力矢构成的多边形称为**力多边形**，合力矢是力多边形的封闭边。这种求合力的几何作图法称为**力多边形法则**。如图 2.1(d)所示，若改变各力矢的作图顺序，所得的力多边形的形状虽有不同，但这并不影响最后所得的封闭边的大小和方向，即不会影响力系合成或简化的最终结果。应当注意，各分力矢必须首尾相接，环绕力多边形周边的同一方向，而合力矢则逆向封闭多边形。

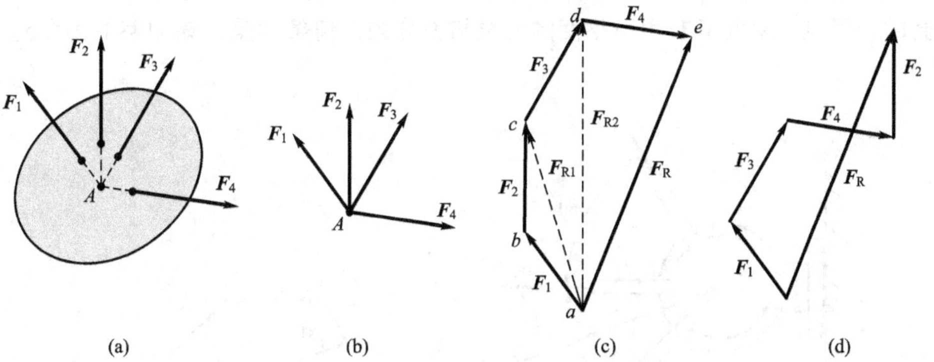

图 2.1 平面汇交力系的几何合成

将上述方法推广到由 n 个力 $\boldsymbol{F}_1$、$\boldsymbol{F}_2$、…、$\boldsymbol{F}_n$ 组成的平面汇交力系，可得结论：平面汇交力系合成的结果是一个合力，其合力的大小和方向等于各分力的矢量和(几何和)，合力的作用线通过汇交点。可用矢量式表示为

$$\boldsymbol{F}_R=\boldsymbol{F}_1+\boldsymbol{F}_2+\cdots+\boldsymbol{F}_n=\sum_{i=1}^{n}\boldsymbol{F}_i \tag{2-1}$$

若力系中各力的作用线沿同一直线，则称此力系为**共线力系**。共线力系是平面汇交力系的特殊情况，它的力多边形在同一直线上。若沿直线的某一指向为正，相反为负，则力系合力的大小与方向取决于各分力的代数和，即

$$F_R=F_1+F_2+\cdots+F_n=\sum_{i=1}^{n}F_i \tag{2-2}$$

【例 2.1】 位于同一平面内的三根钢索边连接在一固定环上，如图 2.2(a)所示，已知三钢索的拉力分别为 $F_1=500\text{N}$，$F_2=1000\text{N}$，$F_3=2000\text{N}$。试用几何作图法求三根钢索在环上作用的合力。

解：(1) 确定力的比例尺，如图 2.2 所示。

(2) 应用力多边形法则，将力矢 $\boldsymbol{F}_1$、$\boldsymbol{F}_2$ 和 $\boldsymbol{F}_3$ 首尾相接，然后从力矢 $\boldsymbol{F}_1$ 的起点 a 至力矢 $\boldsymbol{F}_3$ 的终点 d 连一直线，此封闭边矢量 $\boldsymbol{ad}$ 即合力矢 $\boldsymbol{F}_R$，如图 2.2(b)所示。

(3) 用直尺和量角器，确定合力矢 $\boldsymbol{F}_R$ 的大小和方向。$\boldsymbol{F}_R=2840\text{N}$，合力矢 $\boldsymbol{F}_R$ 与力矢 $\boldsymbol{F}_1$ 的夹角为 81°，即合力矢 $\boldsymbol{F}_R$ 与 x 轴的夹角为 21°，结果如图 2.2(a)所示。

2.1.2 平面汇交力系平衡的几何条件

平面汇交力系合成的结果是一个合力。显然，如果物体在平面汇交力系的作用下处于平衡状态，那么该力系的合力必等于零。反之，如果作用在物体上的平面汇交力系的合力等于零，那么物体必处于平衡状态。因此，**平面汇交力系平衡的必要与充分条件是：该力系的合力等于零**。即

$$F_R = \sum_{i=1}^{n} F_i = 0 \tag{2-3}$$

在几何法中，平面汇交力系的合力是由力多边形的封闭边表示的。因此，要使合力等于零，则封闭边的边长必须为零，即力多边形的起点和终点重合，这种情况称为力多边形自行封闭。可见，**平面汇交力系平衡的必要与充分的几何条件是：该力系的力多边形自行封闭。**

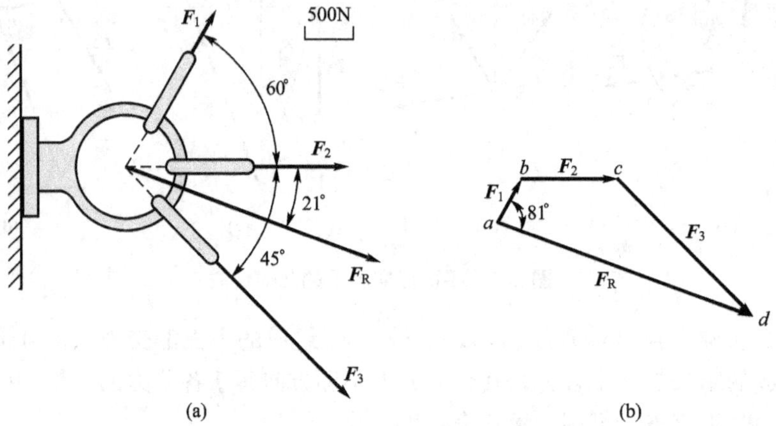

图 2.2 钢索拉力的几何合成

求解平面汇交力系的平衡问题时可用图解法，即用比例尺先画出封闭的力多边形，然后量得所要求的未知量。同时，也可根据图形的几何关系用三角公式计算所需求解的量。

【例 2.2】 水平梁 AB 的中点 C 作用着力 F_P，其大小等于 20kN，方向与梁的轴线成 60°角，支承情况如图 2.3(a)所示。若不计梁的自重，试求固定铰链支座 A 和滚动支座 B 处的约束反力。

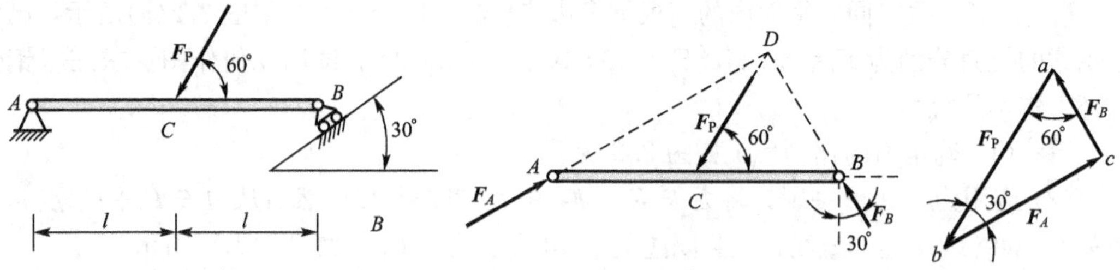

图 2.3 水平梁的受力分析

解：(1) 取梁 AB 为研究对象，解除所有约束，画出梁 AB 的简图。

(2) 画受力图。作用在梁 AB 上的力有：主动力 F_P；滚动支座 B 处的约束反力 F_B，方向垂直于支承面；固定铰链支座 A 处的约束反力 F_A，由于梁 AB 受 F_P、F_B 和 F_A 3 个力的作用而平衡，根据三力平衡汇交定理，F_A 的作用线必通过 F_P 和 P_B 的交点 D，如图 2.3(b)所示。所得的力系是平面汇交力系。

(3) 应用平衡的几何条件画出力 F_P、F_A 和 F_B 的封闭三角形。为此，先画已知力矢 F_P，然后自力矢 F_P 的起点 a 和终点 b 分别作直线平行于力矢 F_B 和 F_A，两直线相交于点

c，得力三角形 abc，矢量 $\boldsymbol{bc}$ 和 $\boldsymbol{ca}$ 分别表示力矢 $\boldsymbol{F}_A$ 和 $\boldsymbol{F}_B$ 的大小和方向，如图 2.3(c) 所示。

(4) 求得结果。由三角关系，得

$$F_A = F_P\cos 30° = 17.3\text{kN}, \quad F_B = F_P\sin 30° = 10\text{kN}$$

$\boldsymbol{F}_A$ 和 $\boldsymbol{F}_B$ 的方向如图 2.3(c)所示。

2.1.3 平面汇交力系合成的解析法

求解平面汇交力系问题的几何法，具有直观简捷的优点，但是，作图时的误差难以避免，为此，工程中常用解析法来求解力系的合成与平衡问题。解析法以力在坐标轴上的投影为基础。先介绍力在坐标轴上的投影。

设在刚体上的点 A 位置处作用力 $\boldsymbol{F}$，如图 2.4 所示。在力 $\boldsymbol{F}$ 作用的平面内建立 Oxy 坐标系，由力 $\boldsymbol{F}$ 的起点 A 和终点 B 分别向 x 轴作垂线，得垂足 a 和 b，这两条垂线在 x 轴上所截取的线段 ab，再冠以相应的正负符号，称为力矢 $\boldsymbol{F}$ 在 x 轴上的投影，用 F_x 表示。力在坐标轴上的投影是代数量，其正负号规定如下：当由 a 到 b 的方向与 x 轴的正方向一致时，力的投影为正值，反之为负值。同理，自点 A 和 B 分别向 y 轴作垂线，得垂足 a' 和 b'，则这两条垂线在 y 轴上所截取的线段 $a'b'$，称为力矢 $\boldsymbol{F}$ 在 y 轴上的投影 F_y。

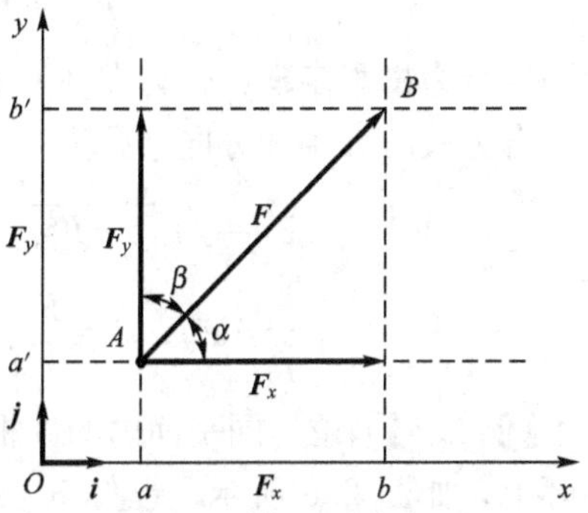

图 2.4　力矢在直角坐标轴上的投影

设 α 和 β 分别表示力矢 $\boldsymbol{F}$ 与 x 和 y 轴正向的夹角，则由图 2.4 可得

$$\left.\begin{aligned} F_x &= F\cos\alpha \\ F_y &= F\cos\beta \end{aligned}\right\} \tag{2-4}$$

又由图 2.4 可知，力矢 $\boldsymbol{F}$ 可分解为两个分力矢 $\boldsymbol{F}_x$ 和 $\boldsymbol{F}_y$，其分力与投影之间的关系为

$$\boldsymbol{F}_x = F_x\boldsymbol{i}, \quad \boldsymbol{F}_y = F_y\boldsymbol{j} \tag{2-5}$$

式中，$\boldsymbol{i}$ 和 $\boldsymbol{j}$ 分别表示沿 x 和 y 轴的单位矢量。因此，力矢 $\boldsymbol{F}$ 的解析表达式为

$$\boldsymbol{F} = F_x\boldsymbol{i} + F_y\boldsymbol{j} \tag{2-6}$$

反之，若已知力矢 $\boldsymbol{F}$ 在坐标轴上的投影 F_x 和 F_y，则该力的大小和方向余弦为

$$\left.\begin{aligned} &F = \sqrt{F_x^2 + F_y^2} \\ &\cos\alpha = F_x/F, \quad \cos\beta = F_y/F \end{aligned}\right\} \tag{2-7}$$

应该注意的是，力的投影和力的分量是两个不同的概念。力的投影是代数量，而力的分量是矢量。投影无所谓作用点，而分力作用点必须作用在原力的作用点上。此外，仅在直角坐标系中力在坐标轴上的投影的绝对值和力沿该轴分量的大小相等。

下面研究平面汇交力系合成的解析法。设一平面汇交力系如图 2.5 所示，在由几何法所得的力多边形 $ABCDE$ 的平面内建立直角坐标系 Oxy，封闭边 AE 表示该力系的合力矢 $\boldsymbol{F}_R$，在力多边形所在位置，将所有的力矢都投影到 x 轴和 y 轴上，得

$$F_{Rx} = ae, \quad F_{1x} = -ba, \quad F_{2x} = bc, \quad F_{3x} = cd, \quad F_{4x} = de$$

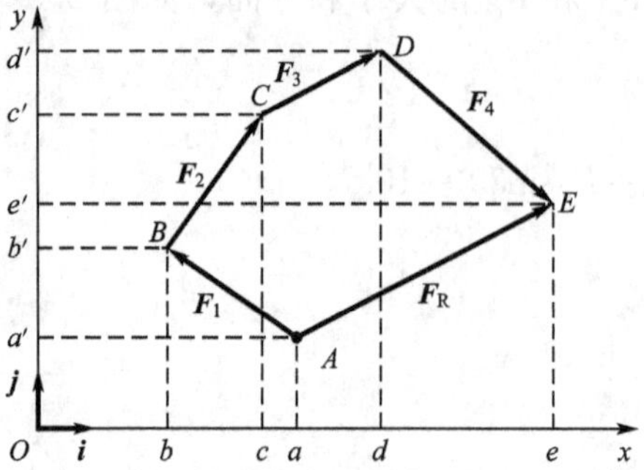

图 2.5　解析法合成平面汇交力系

$$F_{Ry}=a'e',\quad F_{1y}=a'b',\ F_{2y}=b'c',$$
$$F_{3y}=c'd',\quad F_{4y}=-e'd'$$

由图 2.5 可知

$$ae=-ba+bc+cd+de,$$
$$a'e'=a'b'+b'c'+c'd'-e'd'$$

即

$$F_{Rx}=F_{1x}+F_{2x}+F_{3x}+F_{4x},$$
$$F_{Ry}=F_{1y}+F_{2y}+F_{3y}+F_{4y}$$

将上述关系式推广到任意平面汇交力系情形，得

$$\left.\begin{aligned}F_{Rx}=F_{1x}+F_{2x}+\cdots+F_{nx}=\sum F_x\\F_{Ry}=F_{1y}+F_{2y}+\cdots+F_{ny}=\sum F_y\end{aligned}\right\}\qquad(2-8)$$

此即为**合力投影定理**：合力在任一轴上的投影，等于各分力在同一轴上投影的代数和。

合力矢的大小和方向余弦为

$$\left.\begin{aligned}&F_R=\sqrt{F_{Rx}^2+F_{Ry}^2}=\sqrt{(\sum F_x)^2+(\sum F_y)^2}\\&\cos(\boldsymbol{F}_R,\ \boldsymbol{i})=\frac{F_{Rx}}{F_R}=\frac{\sum F_x}{F_R},\quad \cos(\boldsymbol{F}_R,\ \boldsymbol{j})=\frac{F_{Ry}}{F_R}=\frac{\sum F_y}{F_R}\end{aligned}\right\}\qquad(2-9)$$

【例 2.3】 位于同平面内的 3 根钢索系于一固定环上，如图 2.6 所示，已知 3 根钢索的拉力分别为 $F_1=500\text{N}$，$F_2=1000\text{N}$，$F_3=2000\text{N}$。试用解析法求 3 根钢索在环上作用的合力。

解： 建立图 2.6 所示的直角坐标系。根据合力投影定理，有

$$F_{Rx}=F_{1x}+F_{2x}+F_{3x}=F_1\cos60^\circ+F_2+F_3\cos45^\circ=2664\text{N}$$

$$F_{Ry}=F_{1y}+F_{2y}+F_{3y}=F_1\sin60^\circ-F_3\sin45^\circ=-981\text{N}$$

由式(2-9)，得合力 $\boldsymbol{F}_R$ 的大小为

$$F_R=\sqrt{F_{Rx}^2+F_{Ry}^2}=\sqrt{2664^2+(-981)^2}=2840\text{N}$$

合力 $\boldsymbol{F}_R$ 的方向为

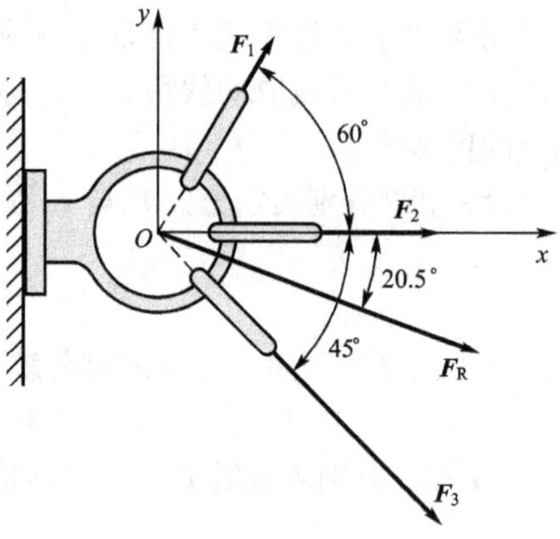

图 2.6　解析法合成钢索拉力

$$\cos\alpha=\left|\frac{F_{Rx}}{F_R}\right|=\left|\frac{2664}{2840}\right|=0.938,\quad \alpha=20.5^\circ$$

2.1.4　平面汇交力系平衡的解析条件

由式(2-3)可知，平面汇交力系平衡的必要和充分条件是：该力系的合力 $\boldsymbol{F}_R$ 等于零。根据式(2-9)，有

$$F_R=\sqrt{F_{Rx}^2+F_{Ry}^2}=\sqrt{(\sum F_x)^2+(\sum F_y)^2}=0$$

要使上式成立，必须同时满足

$$\sum F_x=0,\quad \sum F_y=0 \tag{2-10}$$

式(2-10)表明，平面汇交力系平衡的解析条件是：力系中各力在两个坐标轴上投影的代数和分别等于零。式(2-10)称为平面汇交力系的**平衡方程**(equilibrium equations)。这是两个独立的方程，因而可以求出两个未知量。

【例 2.4】 起重机可借助于绕过滑轮 B 的绳索将重 $P=20\text{kN}$ 的重物匀速吊起，绞车的绳子绕过光滑的定滑轮 D，如图 2.7(a)所示，滑轮 B 用杆 AB 和杆 BC 支撑。若不计杆 AB、杆 BC 和滑轮 B 的大小和自重，试求杆 AB 和杆 BC 所受的力。

解：(1) 取研究对象。杆 AB 和 BC 都是二力杆，假设均受拉力，如图 2.7(c)所示。若能将杆 AB 和 BC 作用于滑轮 B 的力求出，则两杆所受的力可以依据作用与反作用定律求出。同时，重物的重力和绳索的拉力都作用于滑轮上，因此取滑轮 B 为研究对象。

(2) 画受力图。重物通过绳索直接将拉力 $\boldsymbol{F}_T$ 施加于滑轮一侧，因重物匀速上升，从而拉力 $F_T=P$，而绳索又在滑轮的另一侧施加同样大小的拉力，即 $F'_T=F_T$。此外，杆 AB 和杆 BC 对滑轮的约束反力分别为 $\boldsymbol{F}_{BA}$ 和 $\boldsymbol{F}_{BC}$。因为不计滑轮的大小，所以各力组成一个平面汇交力系，如图 2.7(b)所示。

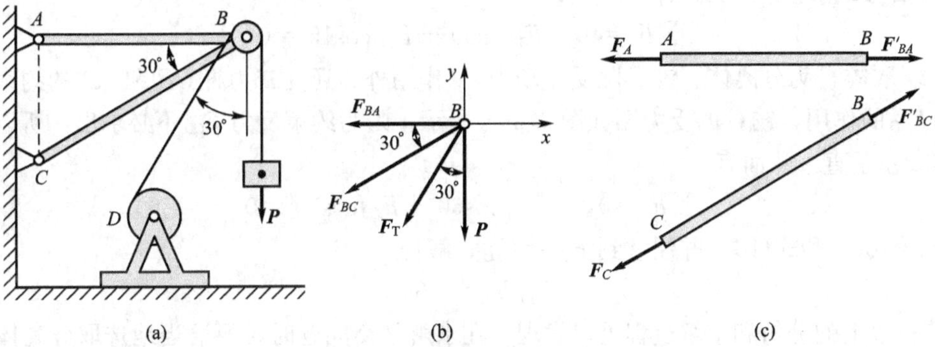

图 2.7　起重架受力分析

(3) 列平衡方程。以 B 为原点，绘制坐标系 Bxy，如图 2.7(b)所示。从而

$$\sum F_x=0,\quad -F_{BA}-F_T\sin30°-F_{BC}\cos30°=0$$

$$\sum F_y=0,\quad -P-F_T\cos30°-F_{BC}\sin30°=0$$

将 $P=F_T=20\text{kN}$ 代入上式，解得

$$F_{BA}=56.64\text{kN},\quad F_{BC}=-74.64\text{kN}$$

需要注意的是，在图 2.7(b)中，待求力 $\boldsymbol{F}_{BA}$ 和 $\boldsymbol{F}_{BC}$ 的方向是假定的。当由平衡方程求得的某一未知力的值为正时，表示原先假定的该力的方向与实际方向相同；当求得的未知力为负时，表示该力的方向与实际方向相反。在本例中，求得 $\boldsymbol{F}_{BA}$ 为正值，表明实际方向与假定方向相同，杆 AB 受拉力，杆 AB 为拉杆；求得 $\boldsymbol{F}_{BC}$ 为负值，表明实际方向与假定方向相反，杆 BC 实际受压力，杆 BC 为压杆。

【例 2.5】 平面连杆机构 $ABCD$ 如图 2.8(a)所示，各杆的自重均不计，在铰链 B 和 C 处分别受到 $\boldsymbol{F}_1$ 和 $\boldsymbol{F}_2$ 的作用。试求连杆机构处于图示位置时，力 $\boldsymbol{F}_1$ 和 $\boldsymbol{F}_2$ 的关系。

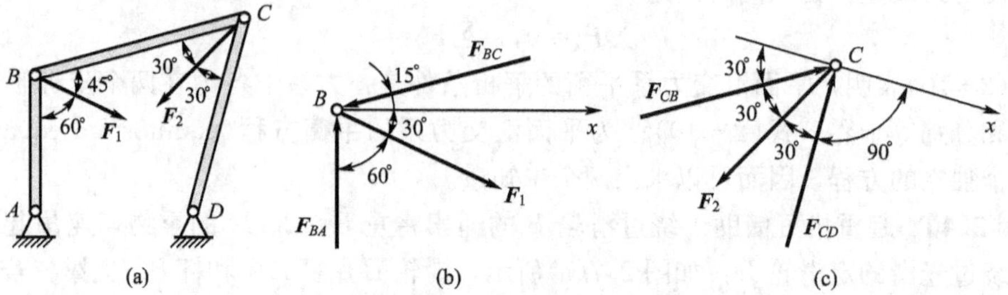

图 2.8 连杆机构受力分析

解：该题是一个物体系统平衡的问题。从系统整体来分析，平面机构受到主动力 $\boldsymbol{F}_1$ 和 $\boldsymbol{F}_2$ 以及铰链 A 和 D 处的约束反力 $\boldsymbol{F}_{AB}$ 和 $\boldsymbol{F}_{DC}$ 的作用，该力系不是平面汇交力系，因而不宜取整体为研究对象。由于未知力 $\boldsymbol{F}_1$ 和 $\boldsymbol{F}_2$ 分别作用于铰 B 和铰 C 上，铰 B 和铰 C 均受平面汇交力系的作用，所以可通过研究铰 B 和铰 C 的平衡来确定 $\boldsymbol{F}_1$ 和 $\boldsymbol{F}_2$ 的关系。

(1) 取铰 B 为分离体。铰 B 除受主动力 $\boldsymbol{F}_1$ 作用外，还受二力杆 BA 和 BC 的约束反力 $\boldsymbol{F}_{BA}$ 和 $\boldsymbol{F}_{BC}$ 的作用，铰 B 的受力图如图 2.8(b)所示。因为约束反力 $\boldsymbol{F}_{BA}$ 不必求出，所以选取 x 轴与 $\boldsymbol{F}_{BA}$ 垂直。从而有

$$\sum F_x=0, \quad F_1\cos30°-F_{BC}\cos15°=0 \tag{a}$$

(2) 取铰 C 为分离体。铰 C 除受主动力 $\boldsymbol{F}_2$ 作用外，还受二力杆 CB 和 CD 的约束反力 $\boldsymbol{F}_{CB}$ 和 $\boldsymbol{F}_{CD}$ 的作用，铰 C 的受力图如图 2.8(c)所示。因为约束反力 $\boldsymbol{F}_{CD}$ 不必求出，所以选取 x 轴与 $\boldsymbol{F}_{CD}$ 垂直。从而有

$$\sum F_x=0, \quad -F_2\cos60°+F_{CB}\cos30°=0 \tag{b}$$

比较式(a)和式(b)，并注意到 $F_{CB}=F_{BC}$，解得

$$F_1/F_2=0.644$$

通过以上的分析和求解过程可以发现，在求解平衡问题时，要恰当地选取分离体，并选择合适的坐标系，从而以最简捷和最合理的途径完成求解工作。此外，要尽量避免求解联立方程组，以提高计算效率。

2.2 力对点之矩和平面力偶

力对刚体的作用效应使刚体的运动状态发生改变。对于刚体的运动状态，不仅包括移动状态，而且包括转动状态。其中，力对刚体的移动效应可用力矢来度量，而力对刚体的转动效应可用**力对点之矩**来度量，力对点之矩简称**力矩**(moment)，即力矩是度量力对刚体转动效应的物理量。

2.2.1 力对点之矩

如图 2.9(a)所示，扳手旋转螺母，设螺母可绕点 O 转动。根据经验可知，螺母能否转动，不仅取决于作用在扳手上的力 $\boldsymbol{F}$ 的大小，而且还与点 O 到 F 的作用线的垂直距离 d

有关。因此，用力 $\boldsymbol{F}$ 与 d 的乘积作为力 $\boldsymbol{F}$ 使螺母绕点 O 转动的度量。其中，距离 d 称为 $\boldsymbol{F}$ 对点 O 的**力臂**(moment arm)，点 O 称为**矩心**(center of moment)。转动有逆时针和顺时针两个转向，一般采用正负号表示转动方向。在平面问题中，力对点之矩定义为：

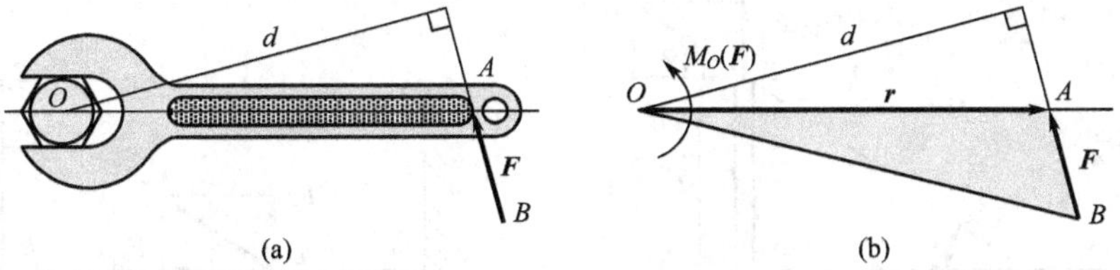

图 2.9 力对点之矩的定义

力对点的矩是一个代数量，它的绝对值等于力的大小与力臂的乘积，它的正负号通常规定为：力使物体绕矩心逆时针转动时为正，反之为负。

力对点之矩以符号 $M_O(\boldsymbol{F})$ 表示，记为

$$M_O(\boldsymbol{F}) = \pm Fd \tag{2-11}$$

由图 2.9(b)可见，力 $\boldsymbol{F}$ 对点 O 之矩的大小也可用三角形 OAB 面积的两倍来表示，即

$$M_O(\boldsymbol{F}) = \pm 2A_{\triangle OAB} \tag{2-12}$$

式中，$A_{\triangle OAB}$ 为三角形 OAB 的面积，如图 2.9(b)所示。

当力的作用线通过矩心时，该力对矩心的力矩等于零；当力沿其作用线移动时，力对点之矩保持不变。力矩的单位常用牛顿·米(N·m)或千牛顿·米(kN·m)。

2.2.2 合力矩定理

在计算力系的合力矩时，经常应用合力矩定理进行求解。**合力矩定理**表述为：平面汇交力系的合力对其平面内任一点之矩等于所有各分力对同一点之矩的代数和，即

$$M_O(\boldsymbol{F}_R) = \sum_{i=1}^{n} M_O(\boldsymbol{F}_i) \tag{2-13}$$

根据力系等效概念，式(2-13)显然成立，且式(2-13)适用于任何有合力存在的力系。

如图 2.10 所示，已知力 $\boldsymbol{F}$，作用点 $A(x, y)$及其夹角 α。欲求力 $\boldsymbol{F}$ 对坐标原点之矩，可按式(2-13)，通过其分力 $\boldsymbol{F}_x$ 和 $\boldsymbol{F}_y$ 对点 O 之矩而得到，即

$$M_O(\boldsymbol{F}) = M_O(\boldsymbol{F}_x) + M_O(\boldsymbol{F}_y) = xF\sin\alpha - yF\cos\alpha$$

或

$$M_O(\boldsymbol{F}) = xF_y - yF_x \tag{2-14}$$

式中，x 和 y 为力 $\boldsymbol{F}$ 作用点的坐标；F_x 和 F_y 为力 $\boldsymbol{F}$ 在 x 和 y 轴上的投影。式(2-14)为平面内力矩的解析表达式。

将式(2-14)代入式(2-13)，可得合力 $\boldsymbol{F}_R$ 对坐标原点的解析表达式，即

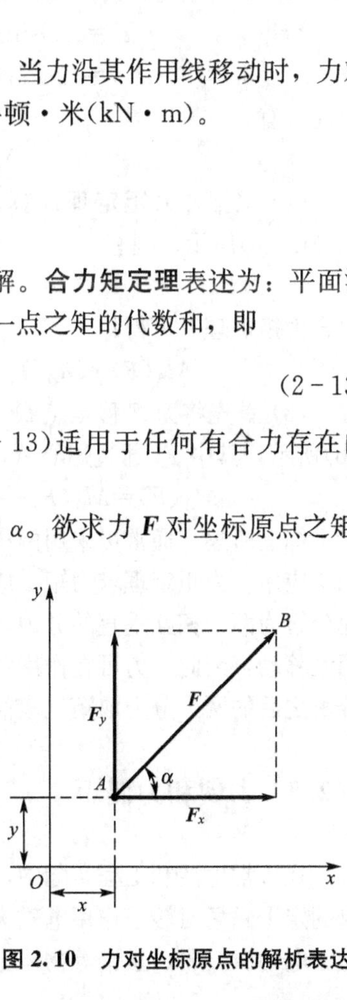

图 2.10 力对坐标原点的解析表达

$$M_O(\boldsymbol{F}_R)=\sum_{i=1}^{n}(x_iF_{yi}-y_iF_{xi}) \qquad (2-15)$$

【例 2.6】 试计算图 2.11(a)中力 $\boldsymbol{F}$ 对点 A 之矩。

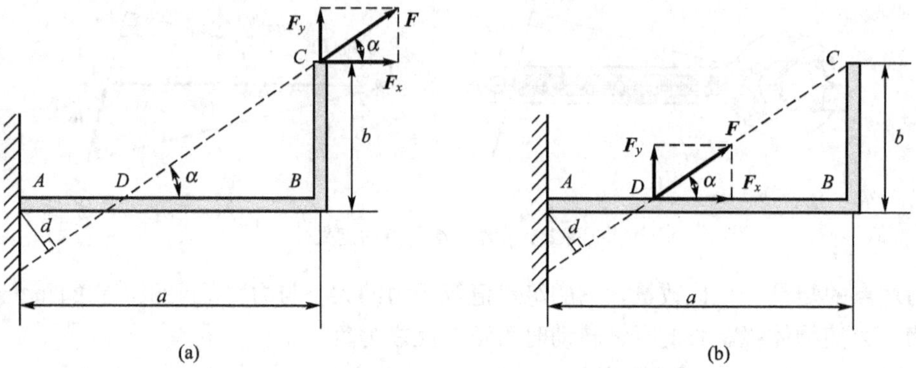

图 2.11 力对点之矩

解：该题可以用 3 种方法计算力 $\boldsymbol{F}$ 对点之矩 $M_A(\boldsymbol{F})$。

(1) 由力矩的定义计算。由图中的几何关系求力臂，即

$$d=AD\sin\alpha=(AB-DB)\sin\alpha=(AB-BC\cot\alpha)\sin\alpha$$
$$=(a-b\cot\alpha)\sin\alpha=a\sin\alpha-b\cos\alpha$$

因此，有

$$M_A(\boldsymbol{F})=Fd=F(a\sin\alpha-b\cos\alpha)$$

(2) 根据合力矩定理计算。将力 $\boldsymbol{F}$ 在点 C 处分解为两个正交的分力 $\boldsymbol{F}_x$ 和 $\boldsymbol{F}_y$，如图 2.11(a)所示，则有

$$F_x=F\cos\alpha,\quad F_y=F\sin\alpha$$

由合力矩定理，可得

$$M_A(\boldsymbol{F})=M_A(\boldsymbol{F}_x)+M_A(\boldsymbol{F}_y)=-F_xb+F_ya=F(a\sin\alpha-b\cos\alpha)$$

(3) 首先将力 $\boldsymbol{F}$ 移至点 D，然后将力 $\boldsymbol{F}$ 分解为两个正交的分力 $\boldsymbol{F}_x$ 和 $\boldsymbol{F}_y$，如图 2.11(b)所示，其中 $\boldsymbol{F}_x$ 通过矩心 A，力矩为零，由合力矩定理，可得

$$M_A(F)=M_A(F_y)=F_y\cdot AD=F\sin\alpha(a-b\cot\alpha)=F(a\sin\alpha-b\cos\alpha)$$

综上所述，通常可采用两种方法计算力矩，其一是直接计算力臂，由定义求力矩；其二是应用合力矩定理求力矩。应用合力矩定理计算时，应注意以下两点：①将一个力恰当地分解为两个相互垂直的分力，利用分力取矩，并注意取矩方向；②刚体上的力可沿其作用线移动，因此，力可在作用线上任一点分解，而具体选择哪一点进行分解，其原则是使分解之后的两个分力取矩比较简便。

2.2.3 力偶和力偶矩

在日常生活和工程实际中，常可见到汽车司机用双手转动方向盘［图 2.12(a)］、电动机的定子磁场对转子作用电磁力使之旋转［图 2.12(b)］、钳工用丝锥攻螺纹等。在方向盘、电动机转子、丝锥等物体上，都作用了成对的等值、反向且不共线的平行力。显然，

等值反向平行力的矢量和等于零，但是由于这对力不共线而不能相互平衡，它们能使物体改变转动状态。这种由两个大小相等、方向相反且不共线的平行力组成的力系，称为**力偶**(couple)，如图 2.13 所示，记作($\boldsymbol{F}$，$\boldsymbol{F}'$)。力偶的两力之间的垂直距离 d 称为**力偶臂**(arm of couple)，力偶所在的平面称为**力偶的作用面**。

力和力偶是静力学中的两个基本要素。力偶不能合成为一个力，也不能用一个力来平衡。力偶是由两个力组成的特殊力系，其作用只改变物体的转动状态。力偶对物体的转动效应可以用力偶矩来度量，即用力偶的两个力对其作用面内某点之矩的代数和来度量，如图 2.13 所示。力偶对点 O 之矩 $M_O(\boldsymbol{F},\boldsymbol{F}')$ 为

$$M_O(\boldsymbol{F},\boldsymbol{F}')=M_O(\boldsymbol{F})+M_O(\boldsymbol{F}')=Fx-F(d+x)=-Fd$$

由于矩心 O 是任选的，上式表明力偶的作用效应取决于力的大小、力偶臂的长短以及力偶的转动方向，而与矩心的选择无关。因此，在平面问题中，将力偶的大小与力偶臂的乘积并冠以正负号称为**力偶矩**，记为 $M(\boldsymbol{F},\boldsymbol{F}')$，或简单记为 M，即

$$M=M(\boldsymbol{F},\boldsymbol{F}')=\pm Fd=2A_{\triangle ABC} \tag{2-16}$$

由此可得出结论：力偶矩是一个代数量，其绝对值等于力的大小与力偶臂的乘积，正负号表示力偶的转向，通常规定逆时针转向为正，顺时针转向为负。力偶矩的单位与力矩的单位相同，也是牛顿·米(N·m)或千牛顿·米(kN·m)。另外，从几何上来分析，力偶矩在数值上等于三角形 ABC 面积的两倍，如图 2.13 所示。

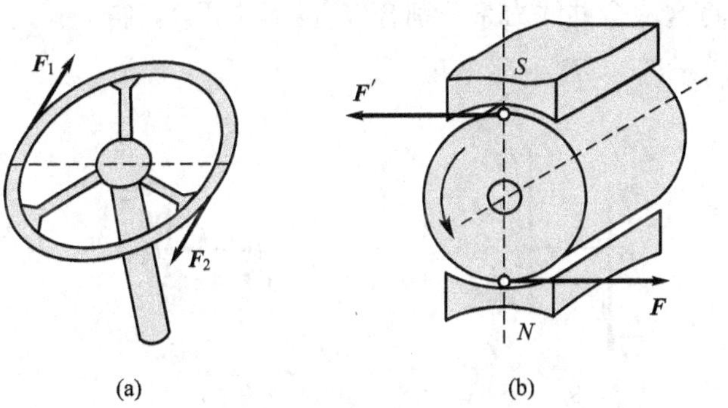

(a) (b)

图 2.12 方向盘和电动机转子受力偶作用

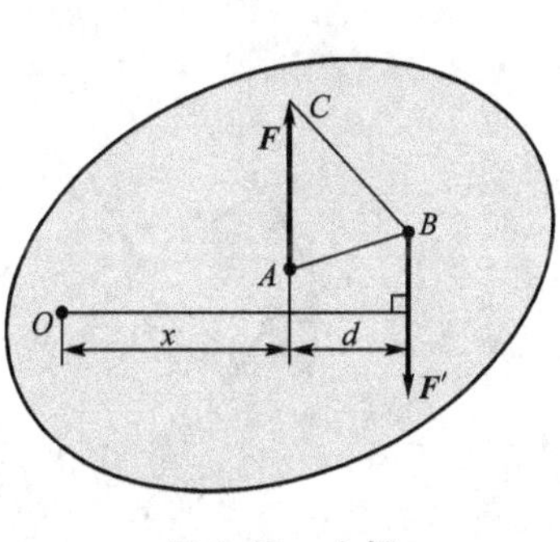

图 2.13 力偶

由于力偶对物体只能产生转动效应，而该转动效应是用力偶矩来度量的。因此，可得**力偶等效定理**：作用在刚体上同一平面内的两个力偶，若力偶矩相等，则两力偶彼此等效。

由力偶等效定理，可得关于平面力偶性质的两个推论。

(1) 力偶可在其作用面内任意移转，而不改变其对刚体的作用效果。也就是说，力偶对刚体的作用与它在作用面内的位置无关，如图 2.14(a)和(b)所示。

(2) 只要保持力偶矩的大小和力偶的转向不变，可以同时改变力偶中力的大小和力偶臂的长短，而不改变力偶对刚体的作用，如图 2.14(c)所示。

由此可见，力偶中力的大小和力偶臂的长短都不是力偶的特征量，只有力偶矩才是力偶作用效果的唯一度量。因此，工程中常用 2.14(d)所示的符号表示力偶，其中 M 表示力偶矩的大小，带箭头的圆弧表示力偶的转向。

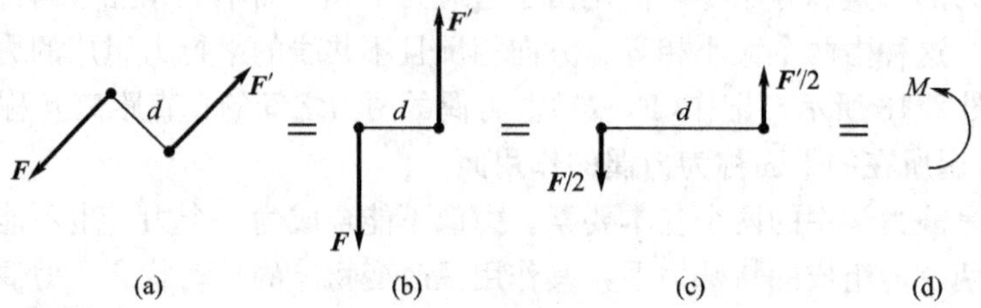

图 2.14　力偶等效

2.2.4　平面力偶系的合成与平衡条件

作用在物体同一平面内的若干力偶组成的力系，称为**平面力偶系**。平面力偶系也是一种基本力系。

设在刚体的同一平面内作用有两个力偶 M_1 和 M_2，$M_1=F_1d_1$，$M_2=-F_2d_2$，如图 2.15(a)所示，求它们的合成结果。首先，根据上述力偶的性质，在力偶作用面内任取一直线段 $AB=d$，将这两个力偶都等效地变换为以 d 为力偶臂的新力偶($\boldsymbol{F}_3$，$\boldsymbol{F}_3'$)和($\boldsymbol{F}_4$，$\boldsymbol{F}_4'$)，经变换后力偶中的力可由 $M_1=F_1d_1=F_3d$，$M_2=-F_2d_2=-F_4d$ 算出。然后，移转各力偶，使它们的力偶臂都与 AB 重合，则原平面力偶系变换为作用于点 A 和 B 的两个共线力系，如图 2.15(b)所示。最后，将这两个共线力系分别合成(设 $F_3>F_4$)，得

$$F=F_3-F_4,\quad F'=F_3'-F_4'$$

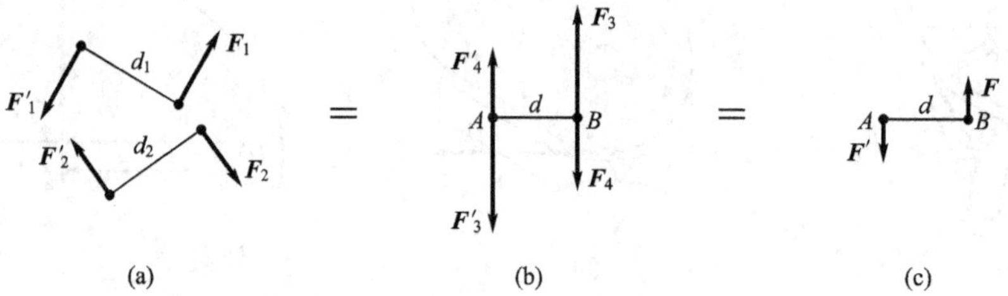

图 2.15　同平面内两力偶的合成

可见，力 $\boldsymbol{F}$ 与 $\boldsymbol{F}'$ 等值、反向、作用线平行而不共线，构成了与原力偶系等效的合力偶($\boldsymbol{F}$，$\boldsymbol{F}'$)，如图 2.15(c)所示。以 M 表示此合力偶的矩，得

$$M=Fd=(F_3-F_4)d=F_3d-F_4d=M_1+M_2$$

若有两个以上的平面力偶，仍可按照上述方法合成，即平面力偶系可以合成为一个合力偶，合力偶矩等于力偶系中各个力偶矩的代数和，可写为

$$M=M_1+M_2+\cdots+M_n=\sum_{i=1}^{n}M_i \qquad (2-17)$$

式(2-17)表明，平面力偶系可以由它的合力偶等效代替。因此，若合力偶矩等于零，则原力系必定平衡；反之，若原力偶系平衡，则合力偶矩必等于零。**平面力偶系平衡的必要与充分条件是：所有各力偶矩的代数和等于零**，即

$$\sum_{i=1}^{n} M_i = 0 \tag{2-18}$$

平面力偶系只有一个平衡方程，可以求解一个未知量。

【例 2.7】 电动机轴通过联轴器与工作轴相连，联轴器上的 4 个螺栓 A、B、C、D 的孔心均匀地分布在同一圆周上，如图 2.16 所示。该圆的直径 $d=150\text{mm}$，电动机轴传给联轴器的力偶矩 $M=2.5\text{kN}\cdot\text{m}$。试求每个螺栓所受的力。

解: (1) 取联轴器为研究对象。

(2) 画受力图。作用于联轴器上的力有电动机传给联轴器的力偶，以及螺栓的约束反力，如图 2.16 所示。因为主动力为一力偶，平衡时螺栓的反力必构成反力偶。设 4 个螺栓受力均匀，即 $F_1=F_2=F_3=F_4=F$，则组成两个力偶并与电动机传给联轴器的力偶平衡。

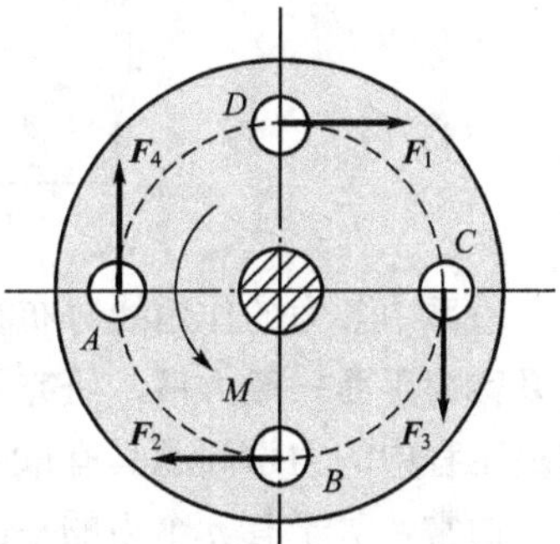

图 2.16 联轴器

(3) 列平衡方程求解。由

$$\sum M=0,\quad M-F\times AC-F\times BD=M-2Fd=0$$

解得

$$F=\frac{M}{2d}=\frac{2.5}{2\times 0.15}=8.33(\text{kN})$$

螺栓提供给联轴器的力 $\boldsymbol{F}$ 方向如图 2.16 所示。根据作用与反作用定律，联轴器施加给螺栓的力 $\boldsymbol{F}'$ 应与力 $\boldsymbol{F}$ 的方向相反，即 $\boldsymbol{F}'=-\boldsymbol{F}$。

【例 2.8】 在图 2.17(a)所示结构中，在构件 AB 上作用一力偶矩为 M 的力偶。若不计各构件的自重，试求支座 A 和 C 的约束反力。

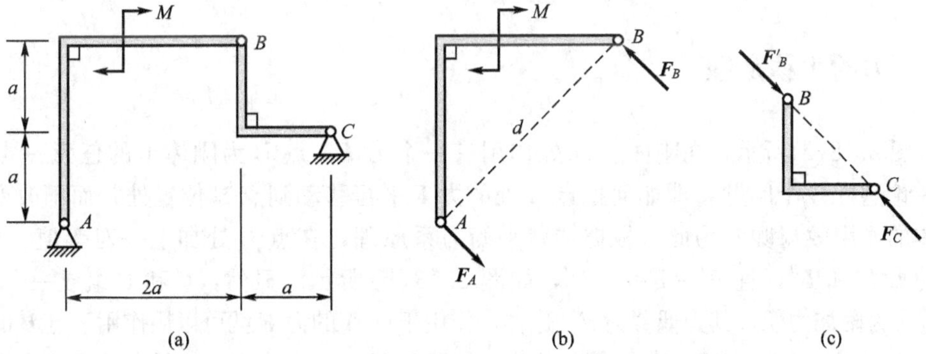

图 2.17 结构部件的受力分析

解: (1) 取杆 AB 为研究对象。

(2) 画受力图。作用于杆 AB 为一主动力偶 M，铰链 A 和 B 施加给杆 AB 的约束反力 $\boldsymbol{F}_A$ 和 $\boldsymbol{F}_B$ 组成反力偶与 M 平衡，且 $\boldsymbol{F}_A=-\boldsymbol{F}_B$。如图 2.17(b)所示。杆 BC 为二力杆，约束反力 $\boldsymbol{F}_C$ 和 $\boldsymbol{F}'_B$ 等值、反向、共线，且 $\boldsymbol{F}'_B=-\boldsymbol{F}_B$，$F_C=F'_B=F_B=F_A$，如图 2.17(c)所示。

(3) 列平衡方程求解。由

$$\sum M=0,\quad F_A d-M=0$$

其中

$$d=\sqrt{(2a)^2+(2a)^2}=2\sqrt{2}a$$

解得

$$F_A=F_C=\frac{M}{d}=\frac{M}{2\sqrt{2}a}=\frac{\sqrt{2}M}{4a}$$

约束反力 $\boldsymbol{F}_A$ 和 $\boldsymbol{F}_C$ 的方向如图 2.17(b)和图 2.17(c)所示。

2.3 平面一般力系的简化

力系中各力的作用线分布在同一平面内，但既不汇交于一点，也不相互平行，这样的力系称为**平面一般力系**。研究平面一般力系的简化及其平衡条件，对于分析构件的受力和解决工程中的力学问题具有重要意义。

通常，对于有 n 个力的平面一般力系，可以根据平行四边形法则将该力系合成为一个力。但是，当合成过程中出现前面 $n-1$ 个力的合力与第 n 个力大小相等、方向相反而作用线不共线的情况时，该力系的合成结果就是一个力偶。因此，平面一般力系的合成结果既可能是一个力，也可能是一个力偶。上述这种合成方法在理论是可行的，但实际应用起来并不方便。其一是当力系中力的数目较多时，力系的简化过程过于烦琐；其二是当力系中有两个力的作用线接近平行时，这两个力的交点在较远处而难以作出其合力。为此，需要采用一种较为简便且具普遍性的方法，即将平面一般力系向已知点简化的方法。这个方法的理论基础，就是力的平移定理。

2.3.1 力的平移定理

如图 2.18(a)所示，在刚体点 A 处作用有一个力 $\boldsymbol{F}$，点 B 为刚体上的任意一点。接下来讨论这样一个问题，即如何把点 A 处的力 $\boldsymbol{F}$ 平行移动到点 B 位置处，而不改变力 $\boldsymbol{F}$ 对刚体的作用效果呢？为此，根据加减平衡力系原理，在点 B 处加上一对等值、反向、共线的力 $\boldsymbol{F}'$ 和 $\boldsymbol{F}''$，且 $\boldsymbol{F}'=\boldsymbol{F}=-\boldsymbol{F}''$，如图 2.18(b)所示。显然，$\boldsymbol{F}''$ 和 $\boldsymbol{F}$ 组成一个力偶，该力偶称为**附加力偶**，其力偶臂为 d。这样，作用于点 A 的力 $\boldsymbol{F}$ 就可以用作用于点 B 的一个力 $\boldsymbol{F}'$ 和一个附加力偶 $M(\boldsymbol{F}, \boldsymbol{F}'')$ 来等效替代，如图 2.18(c)所示。其中，附加力偶矩为

$$M=\pm Fd=M_B(\boldsymbol{F})$$

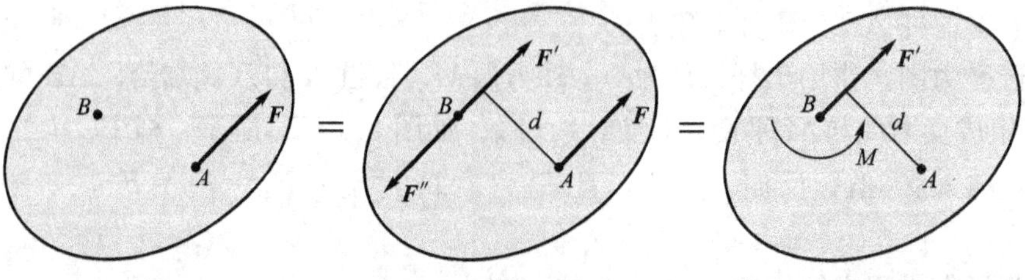

图 2.18 力的平移

于是，可得**力的平移定理**：作用于刚体上的力 $\boldsymbol{F}$ 可以从原来的作用位置平行移动到刚体内任意指定点，但必须附加一个力偶，该附加力偶的矩等于原来的力 $\boldsymbol{F}$ 对指定点的矩。

利用上述推导过程的逆步骤，也可以把作用于刚体上的力偶矩为 M 的力偶($\boldsymbol{F}$，$\boldsymbol{F}''$)和作用于同一平面内点 B 处的力 $\boldsymbol{F}'$，合成为一个作用于点 A 的力 $\boldsymbol{F}$。

力的平移定理不仅可以为力系向一点简化提供理论基础，而且也能直接用来分析和解决工程实际中的力学问题。例如，工业厂房柱子受到偏心载荷 $\boldsymbol{F}$ 的作用，如图 2.19(a)所示。为观察 $\boldsymbol{F}$ 的作用效应，可将力 $\boldsymbol{F}$ 平移至柱的轴线上，此时，除力 $\boldsymbol{F}'$之外，还有附加力偶 $M=Fe$，如图 2.19(b)所示，轴向力 $\boldsymbol{F}'$使柱子受压，而力偶矩 M 使柱受弯。

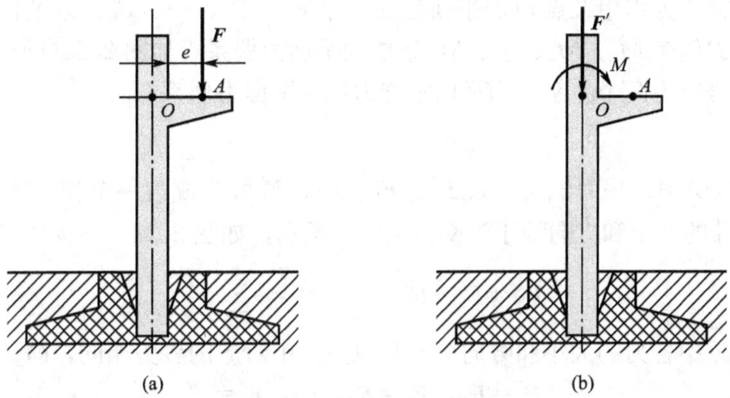

图 2.19 柱子受力示意图

再如，用丝锥攻丝时，若仅用一只手加力，如图 2.20(a)所示，即只在扳手点 B 处作用力 $\boldsymbol{F}$，虽然也能使扳手带动丝锥转动，但是易于使丝锥折断。这是因为，根据力的平移定理，作用于扳手点 B 处的力 $\boldsymbol{F}$ 等效于丝锥中点 O 处的一个力 $\boldsymbol{F}'$和一个附加力偶 M，力偶矩的大小为 Fd，如图 2.20(b)所示。力偶矩 M 使丝锥转动，而力 $\boldsymbol{F}'$是导致丝锥折断的主要原因。为了避免这种不利情况的发生，可用两手握扳手，施加一对等值反向的力，这样不仅可以延长丝锥的使用寿命，而且可以提高螺纹的加工质量。

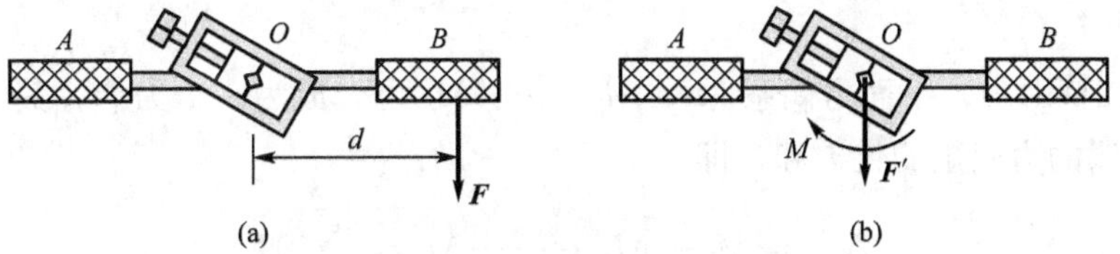

图 2.20 丝锥攻丝示意图

2.3.2 平面任意力系向作用面内一点简化

设刚体受平面一般力系 F_1、F_2、…、F_n 的作用，各力作用点的位置分别为 A_1、A_2、…、A_n，如图 2.21(a)所示。在力系所处的平面内任选一点 O，该点称为力系的简化中心。求该力系向简化中心点 O 的简化结果。

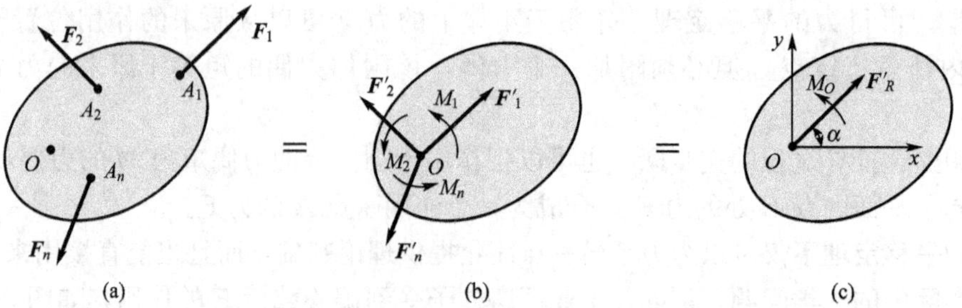

图 2.21　力系向简化中心的简化

应用力的平移定理，将各力平移至简化中心点 O 位置，同时附加相应的力偶。这样原力系就等效变换成为作用在点 O 的平面汇交力系 $\boldsymbol{F}_1'$、$\boldsymbol{F}_2'$、…、$\boldsymbol{F}_n'$，以及作用于汇交力系所在平面内的力偶矩 M_1、M_2、…、M_n 组成的平面力偶系，如图 2.21(b)所示。于是，平面一般力系被分解为两个力系，即平面汇交力系和平面力偶系。

1. 主矢

在图 2.21(b)中，平面汇交力系 $\boldsymbol{F}_1'$、$\boldsymbol{F}_2'$、…、$\boldsymbol{F}_n'$可合成为一个作用于简化中心 O 的力 $\boldsymbol{F}_R'$，合力 $\boldsymbol{F}_R'$的大小和方向等于汇交力系的矢量和，如图 2.21(c)所示。于是有

$$\boldsymbol{F}_{\mathrm{R}}'=\boldsymbol{F}_1'+\boldsymbol{F}_2'+\cdots+\boldsymbol{F}_n'=\sum_{i=1}^{n}\boldsymbol{F}'_i$$

且平面汇交力系中各力的大小和方向分别与原力系中对应的各力相同，即

$$\boldsymbol{F}_1'=\boldsymbol{F}_1,\ \boldsymbol{F}_2'=\boldsymbol{F}_2,\ \cdots,\ \boldsymbol{F}_n'=\boldsymbol{F}_n$$

因而，有

$$\boldsymbol{F}_{\mathrm{R}}'=\boldsymbol{F}_1'+\boldsymbol{F}_2'+\cdots+\boldsymbol{F}_n'=\sum_{i=1}^{n}\boldsymbol{F}_i'=\boldsymbol{F}_1+\boldsymbol{F}_2+\cdots+\boldsymbol{F}_n=\sum_{i=1}^{n}\boldsymbol{F}_i$$

通常，将平面一般力系中各力的矢量和，称为该力系的主矢，以 $\boldsymbol{F}_{\mathrm{R}}'$表示，即

$$\boldsymbol{F}_{\mathrm{R}}'=\boldsymbol{F}_1+\boldsymbol{F}_2+\cdots+\boldsymbol{F}_n=\sum_{i=1}^{n}\boldsymbol{F}_i \tag{2-19}$$

因为原力系中各力的大小和方向是一定的，所以这些力的矢量和也是一定的。因而当简化中心不同时，原力系的矢量和不变，即力系的主矢与简化中心的位置无关。

2. 主矩

在图 2.21(b)中，平面力偶系 M_1、M_2、…、M_n 可合成为一个力偶，其力偶矩 M_O 等于各附加力偶的力偶矩的代数和，即

$$M_O=M_1+M_2+\cdots+M_n=\sum_{i=1}^{n}M_i$$

而各附加力偶的力偶矩分别等于原力系中各力对简化中心点 O 的矩，即

$$M_1=M_O(\boldsymbol{F}_1),\ M_2=M_O(\boldsymbol{F}_2),\ \cdots,\ M_n=M_O(\boldsymbol{F}_n)$$

因而，有

$$M_O=M_O(\boldsymbol{F}_1)+M_O(\boldsymbol{F}_2)+\cdots+M_O(\boldsymbol{F}_n)=\sum_{i=1}^{n}M_O(\boldsymbol{F}_i)$$

通常，将原力系中各力对简化中心的矩的代数和，称为该力系对简化中心 O 的**主矩**，以 M_O 表示，即

$$M_O = \sum_{i=1}^{n} M_O(\boldsymbol{F}_i) \tag{2-20}$$

当简化中心的位置改变时，原力系中各力对简化中心的矩是不同的，对不同的简化中心的矩的代数和一般也不相等。由此可见，力系对简化中心的主矩一般与简化中心的位置有关。因此，当谈及主矩时，一般必须指出是力系对哪一点的主矩。

由上面的分析，可得以下结论：平面一般力系向平面内任意一点简化的结果一般可以得到一个力和一个力偶。该力作用于简化中心，它的矢量等于原力系中各力的矢量和，即等于原力系的主矢；该力偶的矩等于原力系各力对简化中心的矩的代数和，即等于原力系对简化中心的主矩。

3. 主矢和主矩的解析表达式

为了用解析法计算力系主矢的大小和方向，可以过点 O 作直角坐标系 Oxy，如图 2.21(c)所示。根据合力投影定理，有

$$\left.\begin{aligned} F'_{Rx} &= F_{x1}+F_{x2}+\cdots+F_{xn}=\sum F_x \\ F'_{Ry} &= F_{y1}+F_{y2}+\cdots+F_{yn}=\sum F_y \end{aligned}\right\} \tag{2-21}$$

式中，F'_{Rx}和F'_{Ry}分别为主矢在 x 和 y 轴上的投影；F_{x1}、F_{x2}、…、F_{xn}和F_{y1}、F_{y2}、…、F_{yn}分别为各分力在 x 和 y 轴上的投影。因此，主矢的大小和方向可分别由下面两式确定

$$F'_R=\sqrt{F'^2_{Rx}+F'^2_{Ry}}=\sqrt{(\sum F_x)^2+(\sum F_y)^2} \tag{2-22}$$

$$\alpha=\arctan\frac{F'_{Ry}}{F'_{Rx}}=\arctan\frac{\sum F_x}{\sum F_y} \tag{2-23}$$

式中，α 为主矢 F'_R与 x 轴间的夹角。

在平面力系的情况下，力系对简化中心的主矩是代数量，可直接由式(2-20)计算。

4. 固定端支座

第 1 章介绍了工程中常见的几种约束以及确定约束反力方向的方法。下面应用平面一般力系向平面内任一点简化的结论，分析工程中常见的另一种典型约束，即固定端支座。

图 2.22(a)表示一物体的一端完全固定在另一物体上，这种约束称为**固定端**。固定端支座对物体的作用，是在接触面上作用了一群约束力。在平面问题中，这些力为一平面任意力系，如图 2.22(b)所示。将这群力向作用平面内点 A 简化得到一个力 $\boldsymbol{F}_A$ 和一个力偶 M_A，如图 2.22(c)所示。一般情况下，这个力 $\boldsymbol{F}_A$ 的大小和方向均为未知量，可用两个未知分力 $\boldsymbol{F}_{Ax}$ 和 $\boldsymbol{F}_{Ay}$ 来代替。因此，在平面力系情况下，固定端 A 处的约束作用力可简化为两个约束力 $\boldsymbol{F}_{Ax}$、$\boldsymbol{F}_{Ay}$ 和约束力偶 M_A，如图 2.22(d)所示。可见，固定端支座既能阻碍物体在平面内沿任何方向的移动，又能阻碍物体在平面内的转动。

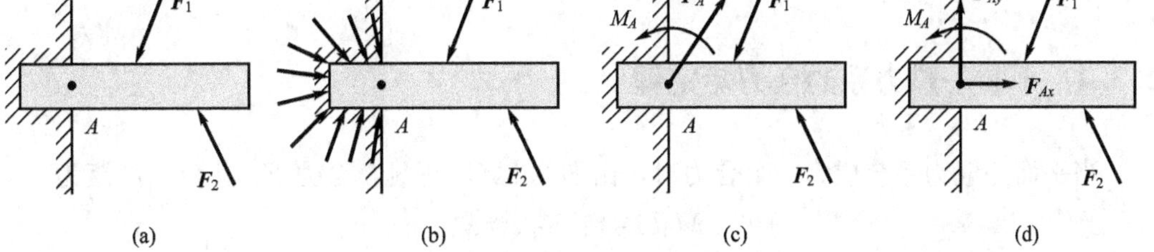

图 2.22 固定端约束反力

在实际工程结构中，常可见到这种约束形式。例如，深埋于地下的电线杆、牢固地浇筑于基础上的立柱、嵌入墙体的悬臂梁、夹紧在刀架上的车刀等，都属于固定端支座。

2.3.3 平面一般力系的简化结果分析

由上面的分析可知，平面一般力系向一点简化后，一般来说可以得到一个力和一个力偶，但这并非平面一般力系的最终简化结果。因此，有必要根据力系的主矢和主矩这两个量可能出现的几种情况，作进一步的分析和讨论。

(1) 当主矢 $\boldsymbol{F}'_R \neq 0$，主矩 $M_O \neq 0$ 时，原力系简化为作用线通过简化中心 O 的一个力和一个力偶，如图 2.23(a)所示。根据力的平移定理的逆过程，原力系最终可以简化为一个合力。为求出该合力，可将力偶矩 M_O 的力偶用一对力($\boldsymbol{F}_R$，$\boldsymbol{F}''_R$)表示，并令 $\boldsymbol{F}_R = -\boldsymbol{F}''_R = \boldsymbol{F}'_R$，如图 2.23(b)所示。再根据加减平衡力系原理，可将一个力 $\boldsymbol{F}'_R$和一个力偶 M_O 最终合成为一个力 $\boldsymbol{F}_R$，如图 2.23(c)所示。

(2) 当主矢 $\boldsymbol{F}'_R \neq 0$，主矩 $M_O = 0$ 时，原力系与一个力等效，这个力即为原力系的合力。该合力的大小和方向与原力系的主矢相同，作用线通过简化中心 O。

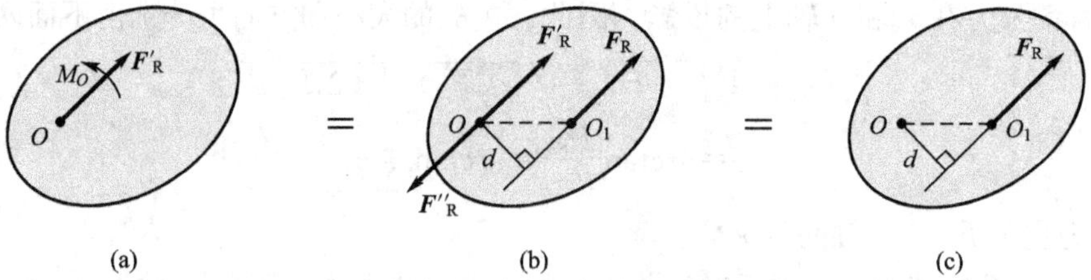

图 2.23 平面一般力系的简化结果

(3) 当主矢 $\boldsymbol{F}'_R = 0$，主矩 $M_O \neq 0$ 时，原力系简化为一个力偶。这个力偶的力偶矩等于原力系对简化中心的主矩，即等于原力系中各力对简化中心的矩的代数和。只有在这种情况下，主矩才与简化中心的位置无关，因为力偶对任一点的矩恒等于力偶矩，而与矩心的位置无关，也就是说，原力系无论向哪一点简化，其结果均为一个力偶矩保持不变的力偶。

(4) 当主矢 $\boldsymbol{F}'_R = 0$，主矩 $M_O = 0$ 时，原力系为一个平衡力系。

由上面的讨论可知，平面一般力系简化的最终结果有 3 种情况，即可能为一个力、可能为一个力偶、可能平衡。

综上所述，平面一般力系合成的解题步骤为：①任意选取一简化中心；②计算力系的主矢和对简化中心的主矩；③对简化结果进行分析，得到最终简化结果。

2.3.4 平面一般力系的合力矩定理

当平面一般力系合成为一个合力时，由图 2.23(b)可见，合力 $\boldsymbol{F}_R$ 对 O 点的矩为

$$M_O(\boldsymbol{F}_R) = F_R d = M_O$$

根据力系对点 O 的主矩的定义，即由式(2-20)，有

$$M_O = \sum_{i=1}^{n} M_O(\boldsymbol{F}_i)$$

综合上面两个式子，可得

$$M_O(\boldsymbol{F}_R) = \sum_{i=1}^{n} M_O(\boldsymbol{F}_i) \qquad (2-24)$$

式(2-24)表明，当平面一般力系可简化为一个合力时，其合力对该力系作用面内任一点的矩等于力系中各力对同一点的矩的代数和，此即为平面一般力系的**合力矩定理**。该定理无论是在理论推导方面，还是在实际应用方面，都具有非常重要的意义。

【例 2.9】 重力坝受力情况如图 2.24(a)所示，已知 $P_1=450\text{kN}$，$P_2=200\text{kN}$，$F_1=300\text{kN}$，$F_2=70\text{kN}$。求力系向点 O 简化的结果，合力与基线 OA 的交点到点 O 的距离 x，以及合力作用线方程。

解： 该重力坝受平面一般力系的作用，可先将力系向已知点简化，然后再确定合力作用线的位置。

(1) 选取点 O 为简化中心，求得力系向点 O 简化的主矢 $\boldsymbol{F}'_R$和主矩 M_O，如图 2.24(b)所示。由图 2.24(a)，有

$$\theta=\arctan(AB/CB)=16.7°$$

主矢 $\boldsymbol{F}'_R$在 x 和 y 轴上的投影为

$$F'_{Rx}=\sum F_x=F_1-F_2\cos\theta=300-70\cos16.7°=232.9\text{kN}$$

$$F'_{Ry}=\sum F_y=-P_1-P_2-F_2\sin\theta=-450-200-70\sin16.7°=-670.1\text{kN}$$

由式(2-22)，可得主矢 $\boldsymbol{F}'_R$的大小为

$$F'_R=\sqrt{(\sum F_x)^2+(\sum F_y)^2}=\sqrt{232.9^2+(-670.1)^2}=709.4\text{kN}$$

由式(2-23)，可得主矢 $\boldsymbol{F}'_R$的方向为

$$\alpha=\arctan\frac{\sum F_x}{\sum F_y}=\arctan\frac{232.9}{-670.1}=-70.84°$$

因为 F'_{Rx}为正，F'_{Ry}为负，所以主矢 F'_R应在第四象限，$\alpha=-70.84°$。由式(2-20)，可求得力系对简化中心 O 的主矩为

$$M_O = \sum_{i=1}^{n} M_O(\boldsymbol{F}_i) =-3F_1-1.5P_1-3.9P_2=-3\times300-1.5\times450-3.9\times200$$
$$=-2355(\text{kN}\cdot\text{m})$$

力系向点 O 简化的结果如图 2.24(b)所示。因为主矢和主矩均不等于零，所以力系可进一步简化为一个合力 $\boldsymbol{F}_R$，其大小和方向与主矢 $\boldsymbol{F}'_R$相同。下面确定 $\boldsymbol{F}_R$ 作用线的位置。

(2) 求合力 $\boldsymbol{F}_R$ 与基线 OA 的交点 O'到原简化中心 O 的距离 x，如图 2.24(b)所示。根据合力矩定理，并考虑到 $M_O(\boldsymbol{F}_{Rx})=0$，有

$$M_O=M_O(\boldsymbol{F}_R)=M_O(\boldsymbol{F}_{Rx})+M_O(\boldsymbol{F}_{Ry})=xF_{Ry}$$

解得

$$x=\frac{M_O}{F_{Ry}}=\frac{2355}{670.1}=3.514(\text{m})$$

(3) 设合力作用线上任一点的坐标为(x, y)，将合力作用于此点，如图 2.24(c)所示，则合力 $\boldsymbol{F}_R$ 对坐标原点的矩的解析表达式为

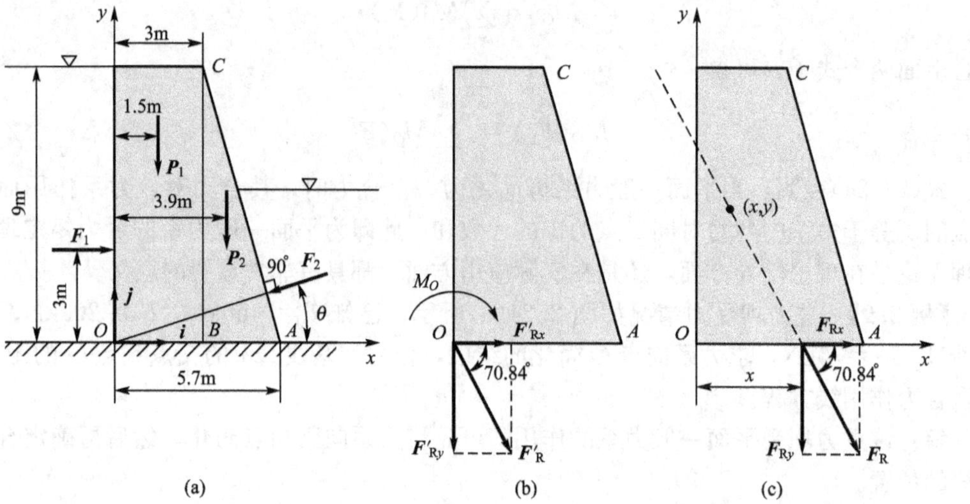

图 2.24　重力坝受力分析

$$M_O=M_O(\boldsymbol{F}_R)=xF_{Ry}-yF_{Rx}=x\sum F_y-y\sum F_x$$

将已求得的 M_O，$\boldsymbol{F}_{Rx}$，$\boldsymbol{F}_{Ry}$ 的代数值代入上式，得合力作用线方程为

$$670.1x+232.9y-2355=0$$

上式中，若令 $y=0$，可得 $x=3.514\text{m}$，与前述计算结果完全相同。

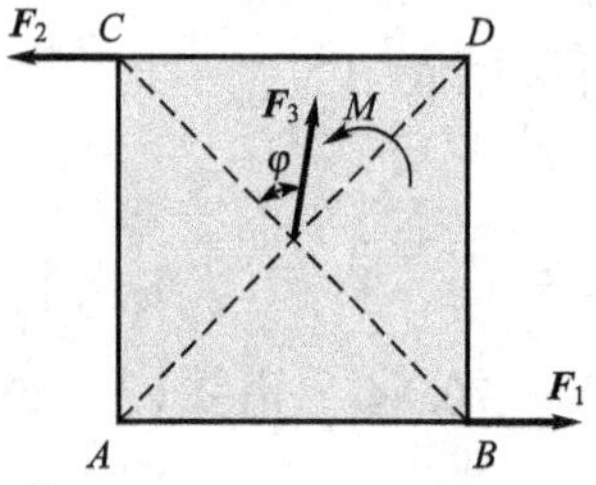

图 2.25　正方形板受力分析

【例 2.10】　如图 2.25 所示，边长为 $a=1\text{m}$ 的正方形板，受一平面力系作用，其中 $F_1=50\text{N}$，$F_2=100\text{N}$，$M=50\text{N}\cdot\text{m}$，若 $F_3=200\text{N}$，要使得力系的合力作用线通过点 D，角 φ 应为多大?

解：要使得合力过点 D，则将力系向点 D 简化后，其主矩应为零，即

$$M_D=M_D(\boldsymbol{F})=0$$

因此

$$M+F_1a-F_3\cos\varphi\frac{\sqrt{2}}{2}a=50+50\times1-200\times\cos\varphi\times\frac{\sqrt{2}}{2}\times1=0$$

解得

$$\cos\varphi=\frac{\sqrt{2}}{2},\quad \varphi=\pm45^\circ$$

由此可知，当 $\boldsymbol{F}_3$ 的作用线垂直向上或者水平向左时，力系合力的作用线通过点 D。

2.4 平面一般力系的平衡条件和平衡方程

基于平面一般力系简化结果的分析，可以获得平面一般力系的平衡条件，以及相应的平衡方程。下面分别就这两个问题加以研究。

2.4.1 平面一般力系平衡的充要条件

根据上一节关于平面一般力系简化结果的分析可知，当平面一般力系向一已知点 O 简化时，若所得主矢 $\boldsymbol{F}'_{\mathrm{R}}$ 和主矩 M_O 不同时为零，则原力系等效于一个力和一个力偶，刚体在此力系作用下不可能保持平衡。只有在刚体所受到的平面一般力系为一平衡力系时，刚体才可以处于平衡状态。因此，要保证物体在平面一般力系作用下处于平衡状态，必须使力系的主矢和对任意点的主矩均为零，即

$$F'_{\mathrm{R}}=0, \quad M_O=0 \tag{2-25}$$

于是，**平面一般力系平衡的必要和充分条件是：力系的主矢和对任一点的主矩均为零。**

2.4.2 平面一般力系的平衡方程

1. 一力矩式平衡方程

根据式(2-22)和式(2-20)，即平面一般力系主矢和主矩的解析表达式，可知

$$\sqrt{(\sum F_x)^2+(\sum F_y)^2}=0, \quad \sum M_O(\boldsymbol{F})=0 \tag{2-26}$$

由式(2-26)，得

$$\sum F_x=0, \quad \sum F_y=0, \quad \sum M_O(\boldsymbol{F})=0 \tag{2-27}$$

式(2-27)即为平面一般力系的平衡方程。它有两个投影方程和一个力矩方程，且 3 个方程相互独立，称为平面一般力系的一力矩式平衡方程，是平衡方程的基本形式。根据这 3 个方程，可以求解 3 个未知量。

在建立上述方程时，所选的两个投影轴是相互垂直的，即正交投影。事实上，选取相互垂直的坐标轴只是为了计算上的方便，同平面汇交力系解题方法相类似，在应用平面一般力系平衡方程解题时，可任意选取两个斜交的投影轴，且矩心也是可以任选的。

在应用式(2-27)求解实际问题时，往往需要联立方程求解，特别是研究物体系统的平衡问题时，由于需联立的方程数目较多，而使计算过程烦琐。因此，为了简化计算过程，可以利用力系对点的矩的特性，选择适当的平衡方程的形式。实际上，平面一般力系的平衡方程除了上述的基本形式之外，还有更便于应用的另外两种形式。

2. 二力矩式平衡方程

在平面一般力系的 3 个平衡方程中，有两个力矩方程和一个投影方程，即

$$\sum M_A(\boldsymbol{F})=0, \quad \sum M_B(\boldsymbol{F})=0, \quad \sum F_x=0 \tag{2-28}$$

该平衡方程的限制条件是，两个矩心 A 和 B 的连线不能垂直于投影轴 x 轴。

为何上述形式的平衡方程也能满足力系平衡的必要和充分条件呢？这是因为，若力系对点 A 的主矩为零，则这个力系不可能简化为一个力偶，而只可能简化为过点 A 的一个力或者平衡。若力系对另一点 B 的主矩也为零，则该力系要么简化为一个沿 A 和 B 两点连线的合力，要么平衡，如图 2.26 所示。如果再附加条件 $\sum F_x=0$，那么力系若有合力，则此合力必与 x 轴垂直。而式(2-28)的限制条件，即 x 轴不能垂直于直线 AB，排除了力

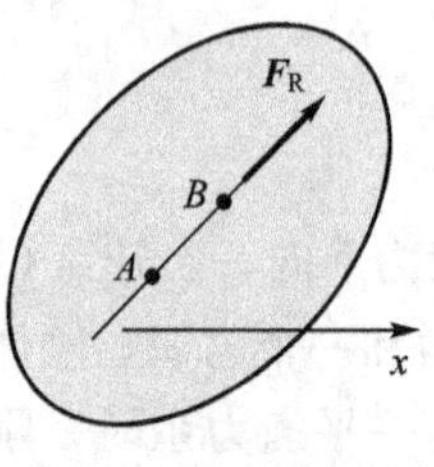

图 2.26　二力矩式平衡方程的证明

系简化为一个合力的可能性，因此，所研究的力系必然为平衡力系。

3. 三力矩式平衡方程

在平面一般力系的 3 个平衡方程中，全部为力矩方程，即

$$\sum M_A(\boldsymbol{F})=0,\ \sum M_B(\boldsymbol{F})=0,\ \sum M_C(\boldsymbol{F})=0 \qquad (2-29)$$

该平衡方程的限制条件是，3 个矩心 A、B 和 C 不在同一条直线上。为何必须有这个限制条件，读者可以参考关于二力矩式平衡方程的限制条件，得到简易的证明。

任选式(2-27)，式(2-28)和式(2-29)所表述的 3 组平衡方程中的一组，均可解决平面一般力系的平衡问题，在应用时可根据具体问题的条件来选择平衡方程。同时，选择适当的投影轴和矩心位置，也可使解题过程得到简化。例如，在解题过程中，应尽可能使所选取的坐标轴与未知力的方向垂直，将较多未知力的交点选为矩心等。这样，可使平衡方程中未知量的个数减少，联立方程求解得以简化。

对于受平面一般力系作用的单个刚体的平衡问题，只能写出 3 个独立的平衡方程，只能求解 3 个未知量。对于任何形式的第四个方程，都不是独立的平衡方程，而是 3 个独立平衡方程的线性组合。但是，可利用这个方程对计算结果的正确性进行校核。

【例 2.11】 如图 2.27(a)所示，梁 AB 的自重不计，已知其所受的外力 $P=80\text{N}$，$M=50\text{N}\cdot\text{m}$，$q=20\text{N/m}$，且 $l=1\text{m}$，$\alpha=30°$。试求支座 A 和 B 的约束反力。

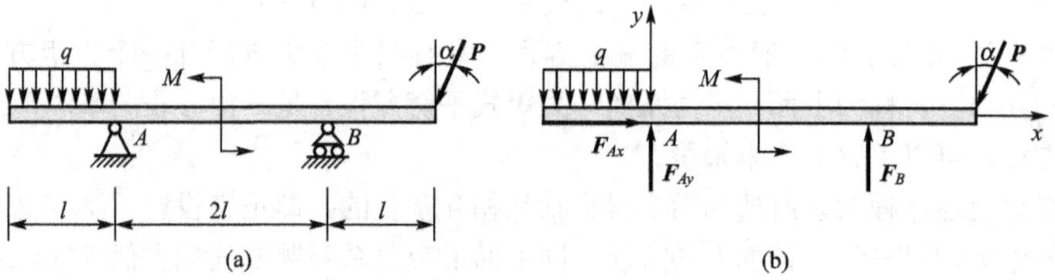

图 2.27　梁受力分析

解： 取梁 AB 为研究对象。梁所受的主动力有均布载荷 q、集中载荷 $\boldsymbol{P}$ 和力矩为 M 的集中力偶。梁所受的约束反力有固定铰链支座 A 的约束反力 $\boldsymbol{F}_A$ 和滚动支座 B 的约束反力 $\boldsymbol{F}_B$，由于 $\boldsymbol{F}_A$ 的方向预先不能确定，可用两个分力 $\boldsymbol{F}_{Ax}$ 和 $\boldsymbol{F}_{Ay}$ 代替，如图 2.27(b)所示。

选取图 2.27(b)所示坐标系，应用平面一般力系平衡方程，有

$$\sum F_x=0,\quad F_{Ax}-P\sin\alpha=0$$

$$\sum F_y=0,\quad F_{Ay}+F_B-ql-P\cos\alpha=0$$

$$\sum M_A(\boldsymbol{F})=0,\quad ql\times\frac{l}{2}+M+F_B\times 2l-P\cos\alpha\times 3l=0$$

联立上述 3 个方程，并将已知数据代入方程，解得

$$F_{Ax}=40\text{N},\quad F_{Ay}=15.4\text{N},\quad F_B=73.9\text{N}$$

由本例题可知，选取适当的坐标轴和矩心可减少方程中未知数的数目。另外，在本例中，也可利用方程 $\sum M_B(\boldsymbol{F})=0$ 取代 $\sum F_y=0$，即采用二力矩式平衡方程求解约束反力。力矩式平衡方程与投影式平衡相比，在解题过程中体现出哪些优越性？请读者思考。

【例 2.12】 如图 2.28(a)所示，一根不计自重的电线杆，A 端埋入地下，B 端作用有电线的拉力 $\boldsymbol{F}_1$，$\boldsymbol{F}_1$ 的大小为 15kN，方向与水平线间的夹角 $\alpha=5°$，在电线杆的点 C 处用钢丝绳拉紧，拉力 $F_2=18\text{kN}$，$\boldsymbol{F}_2$ 与电线杆的夹角 $\beta=45°$。试求 A 端的约束反力。

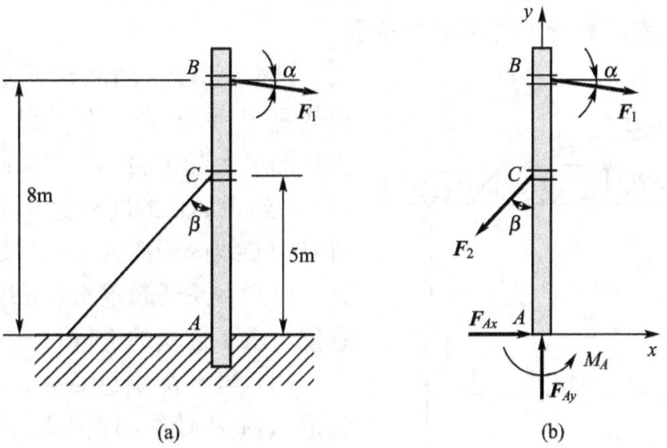

图 2.28 电线杆受力分析

解：取电线杆为研究对象。电线杆受到电线拉力 $\boldsymbol{F}_1$ 的作用。电线杆所受的约束反力除钢丝绳的拉力 $\boldsymbol{F}_2$ 之外，还有地面对电线杆的固端约束力 $\boldsymbol{F}_{Ax}$、$\boldsymbol{F}_{Ay}$ 和约束力偶 M_A。电线杆的受力图如图 2.28(b)所示。

选取图 2.28(b)所示坐标系，应用平面一般力系平衡方程，有

$$\sum F_x=0,\quad F_{Ax}+F_1\cos\alpha-F_2\sin\beta=0$$

$$\sum F_y=0,\quad F_{Ay}-F_1\sin\alpha-F_2\cos\beta=0$$

$$\sum M_A(\boldsymbol{F})=0,\quad M_A-8F_1\cos\alpha+5F_2\sin\beta=0$$

联立上述 3 个方程，解得

$$F_{Ax}=-F_1\cos\alpha+F_2\sin\beta=-15\cos5°+18\sin45°=-2.2(\text{kN})$$

$$F_{Ay}=F_1\sin\alpha+F_2\cos\beta=15\sin5°+18\cos45°=14(\text{kN})$$

$$M_A=8F_1\cos\alpha-5F_2\sin\beta=8\times15\sin5°-5\times18\sin45°=55.9(\text{kN}\cdot\text{m})$$

约束反力 F_{Ax} 为负值，表示实际方向与假设方向相反。约束反力 F_{Ay} 和约束反力偶矩 M_A 为正值，表示实际方向与假设方向相同。

2.4.3 平面平行力系的平衡方程

当平面力系的所有力的作用线均相互平行时，称该力系为**平面平行力系**。平面平行力系是平面一般力系的一种特殊形式，因此，平面平行力系的平衡方程可由平面一般力系的平衡方程导出。

如图 2.29 所示塔式起重机，选取图示坐标系，不妨使塔架所受的平面平行力系与 x 轴垂直。由图可见，无论该力系是否平衡，各力在 x 轴上的投影恒等于零，即 $\sum F_x\equiv0$。因此，平面平行力系的平衡方程的数目只有两个，即

$$\sum F_y=0,\quad \sum M_O(\boldsymbol{F})=0 \tag{2-30}$$

与平面一般力系类似，平面平行力系的平衡方程也可表示为二力矩式，即

$$\sum M_A(\boldsymbol{F})=0,\quad \sum M_B(\boldsymbol{F})=0 \tag{2-31}$$

其限制条件为：矩心 A 和 B 的连线不与各力作用线平行。否则，两个力矩方程不相互独立。此外，由式(2-30)或式(2-31)可以看出，对单个刚体来说，平面平行力系仅有两个独立的平衡方程，只能求解两个未知量。

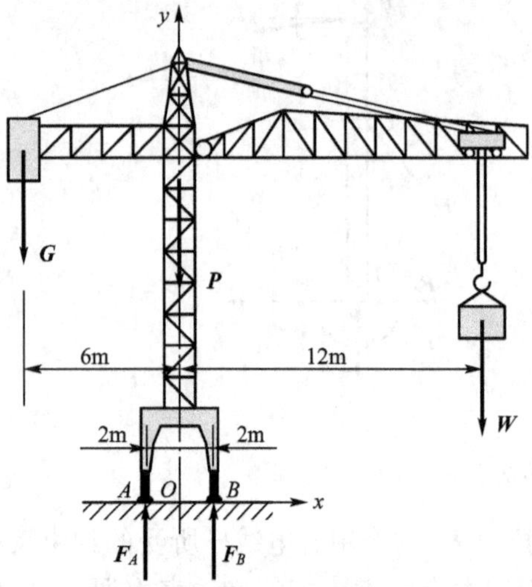

图 2.29 塔式起重机

【例 2.13】 塔式起重机如图 2.29 所示，机架重 $P=700\text{kN}$，作用线通过塔架中心。起重机的最大起重量 $W=200\text{kN}$，最大悬臂长为 12m，轨道 AB 的间距为 4m。平衡块重 G，到机身中心线的距离为 6m。试求：

(1) 为保证起重机在满载和空载时都不致翻倒，求平衡块的重量 G 应为多少？

(2) 当平衡块重 $G=180\text{kN}$ 时，求满载时轨道 A 和 B 处给起重机轮子的支座反力。

解： (1) 取起重机整体为研究对象。起重机受到一个平面平行力系的作用，其中主动力有 $\boldsymbol{P}$、$\boldsymbol{G}$ 和 $\boldsymbol{W}$，被动力有轨道的约束反力 $\boldsymbol{F}_A$ 和 $\boldsymbol{F}_B$，如图 2.29 所示。

当满载时，应保证塔身不会绕轮 B 翻转。在临界状态下，$F_A=0$，此时 G 值应有所允许的最小值 $G_{\min}$。因而有

$$\sum M_B(\boldsymbol{F})=0,\quad (6+2)\times G_{\min}+2\times P-(12-2)\times W=0$$

将 $P=700\text{kN}$，$W=200\text{kN}$ 代入上式，解得

$$G_{\min}=75\text{kN}$$

当空载时，应保证塔身不会绕轮 A 翻转。在临界状态下，$F_B=0$，此时 G 值应有所允许的最大值 $G_{\max}$。因而有

$$\sum M_A(\boldsymbol{F})=0,\quad (6-2)\times G_{\max}-2\times P=0$$

将 $P=700\text{kN}$ 代入上式，解得

$$G_{\max}=350\text{kN}$$

起重机在工作时，不允许处于上述两种极限状态，因此，为保证起重机在工作时不致翻倒，平衡块的重量 G 应处于所允许的 $G_{\min}$ 和 $G_{\max}$ 之间，即

$$75\text{kN}=G_{\min}<G<G_{\max}=350\text{kN}$$

(2) 当平衡块重 $G=180\text{kN}$ 时，取塔身整体为研究对象，由平面平行力系平衡方程，有

$$\sum M_A(\boldsymbol{F})=0,\quad 4\times F_B+(6-2)\times G-2\times P-(12+2)\times W=0$$

$$\sum M_B(\boldsymbol{F})=0,\quad 4\times F_A-(6+2)\times G-2\times P+(12-2)\times W=0$$

将 $G=180\text{kN}$，$P=700\text{kN}$，$W=200\text{kN}$ 分别代入上面两个式子，解得

$$F_A=210\text{kN},\quad F_B=870\text{kN}$$

可以利用平衡方程 $\sum F_y=0$ 来校核以上的计算结果。根据 $\sum F_y=0$，有

$$F_A+F_B-G-P-W=210+870-180-700-200=0$$

由此可见，计算结果是正确的。

2.5 物体系统的平衡·静定和超静定问题

在工程实际中，绝大多数的结构和机器设备是由若干个物体通过约束组合而成的，通常把这类系统称为**物体系统**，简称**物系**。如图 2.30 所示，三铰拱结构是由左拱 AC 和右拱 BC 通过铰链 C 连接组合而成。在研究三铰拱的平衡问题时，需要求出铰 A 和铰 B 处的约束反力，同时还要求出铰 C 处相互作用的内力。对于物系来说，其所受的外力和内力是根据选取的研究对象来加以区分的。所谓**内力**(internal force)，是指组成研究对象的各刚体间的相互作用力。所谓**外力**(external force)，是指研究对象之外的物体作用于研究对象的力。

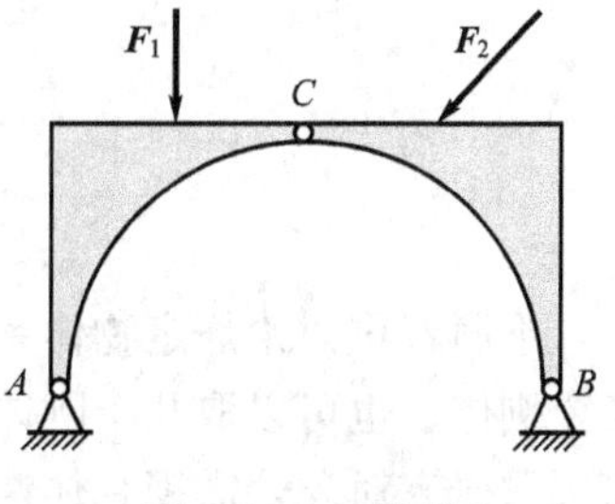

图 2.30　三铰拱

另外，即使只需求出整体结构所受的约束反力，对图 2.30 所示的三铰拱而言，在平面一般力系的作用下，也只有 3 个独立的方程，而固定铰链支座 A 和 B 处的未知约束反力有 4 个。因此，若仅取整体结构为研究对象，也无法将所有约束反力求出。此时，就必须将左拱 AC 或右拱 BC 从整体中分离出来，进行受力分析，才能求出所有未知约束反力。

一般情况下，当物体系统平衡时，组成该系统的每一个物体也处于平衡状态。也就是说，若物系整体平衡，则其局部亦平衡。而对于每一个受平面一般力系作用的物体，均可写出 3 个独立的平衡方程。若物系由 n 个物体组成，则总共有 $3n$ 个独立的平衡方程。若物系中未知量的数目与平衡方程的数目相等，则可由平衡方程求解出所有的未知量，这样的问题称为**静定**(statically determinate)问题。但是，在工程实际中，为了减小结构的过大变形、提高结构的承载能力或增强结构的稳定性，往往要给结构增加支撑，使结构具有多于维持基本平衡的约束，这样的问题称为**静不定**问题，或称**超静定**(statically indeterminate)问题。图 2.30 所示的三铰拱以及图 2.31 所示梁结构的平衡问题均为静定问题，而图 2.32所示结构的平衡问题属于静不定问题。

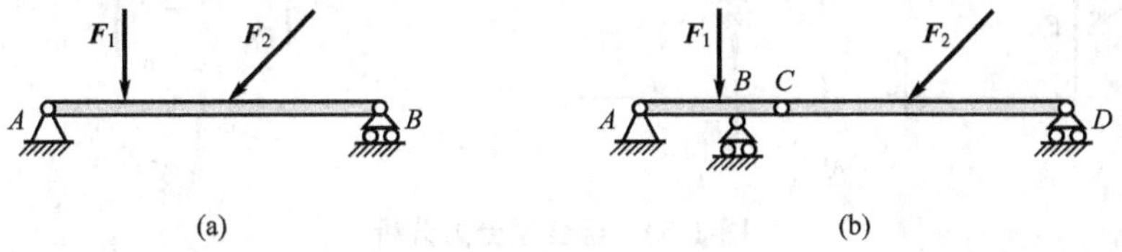

图 2.31　静定梁结构

在静不定问题中，将总未知量数与平衡方程数的差值，称为**超静定次数**。例如，图 2.32(a)、(b)和(c)中未知量数分别为 4 个、7 个和 4 个，而独立平衡方程数分别为 3 个、6 个和 3 个，所以均为一次超静定问题。对于超静定问题的求解，仅用静力学平衡方程是不够的，还需要考虑作用于物体上的外力和物体的变形关系，列出相应于静不定次数的补充方程并联立平衡方程才能解决。因为理论力学的研究对象是刚体，并不考虑物体的变形，所以静不定问题已经超出了本教材的研究范围。对于静不定问题的求解，将在后续材料力学、结构力学等课程中进行研究。

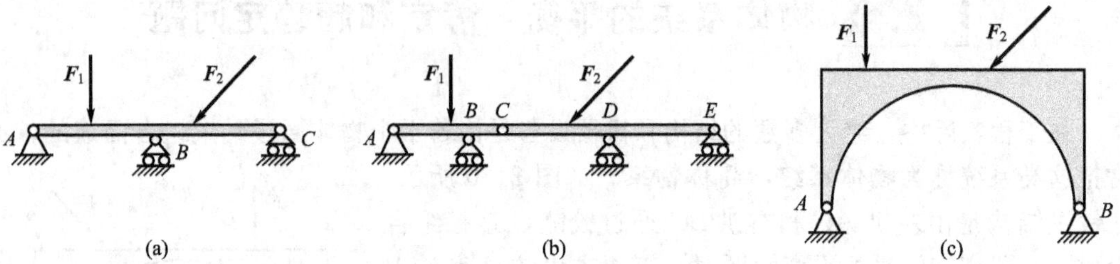

图 2.32　超静定结构

下面着重讨论静定物体系统的平衡问题。在求解物系的平衡问题时，可以取物系中的某个刚体、也可以取几个刚体的组合体为研究对象，或者取整个物系为研究对象。具体如何选取研究对象，需视具体情况来确定。总的基本原则是，使每一个方程的未知量尽可能少，最好一个方程只含一个未知量，以避免联立方程求解。

【例 2.14】 组合梁 $ACBD$，受集中力 $\boldsymbol{P}$、力偶矩为 M 的力偶以及载荷集度为 q 的均布载荷作用，且 $P=ql$，$M=Pl$，如图 2.33 所示。试求 A 和 B 处的约束反力。

解：(1) 取梁 CBD 为研究对象，受力如图 2.33(b)所示，列平衡方程

$$\sum M_C(\boldsymbol{F})=0,\quad F_B\times l+M-ql\times 1.5l=0$$

将 $P=ql$，$M=Pl$ 代入上式，解得

$$F_B=0.5P$$

(2) 取组合梁整体为研究对象，受力如图 2.33(a)所示，列平衡方程

$$\sum F_x=0,\quad F_{Ax}=0$$

$$\sum F_y=0,\quad F_{Ay}+F_B-P-ql=0$$

$$\sum M_A(\boldsymbol{F})=0,\quad M_A+M+F_B\times 2l-P\times l-ql\times 2.5l=0$$

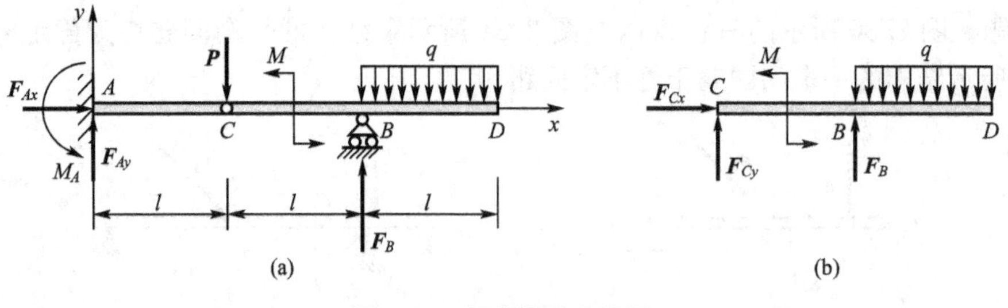

图 2.33　组合梁受力分析

将 $F_B=0.5P$ 以及 $P=ql$，$M=Pl$ 代入上述方程，解得

$$F_{Ax}=0,\quad F_{Ay}=1.5P,\quad M_A=1.5Pl$$

【例 2.15】 如图 2.34(a)所示三铰拱，受铅直方向的主动力 $\boldsymbol{P}$ 和 $2\boldsymbol{P}$ 作用，几何尺寸如图所示，不计结构的自重。试求铰链 A、B 和 C 处的约束反力。

解：三铰拱由左拱 AC 和右拱 BC 两构件组成，在铰链 A、B 和 C 处的未知力数目总共有 6 个。因此，可分别取 AC 和 BC 构件为研究对象，列平衡方程求解。

(1) 取左拱 AC 为研究对象，受力分析如图 2.34(b)所示，列平衡方程

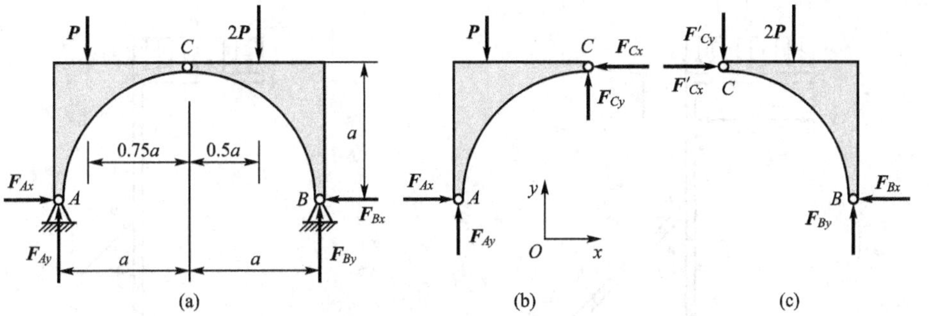

图 2.34 三铰拱受力分析

$$\sum F_x=0,\quad F_{Ax}-F_{Cx}=0$$
$$\sum F_y=0,\quad F_{Ay}+F_{Cy}-P=0$$
$$\sum M_C(\boldsymbol{F})=0,\quad F_{Ax}\times a-F_{Ay}\times a+P\times 0.75a=0$$

(2) 取右拱 BC 为研究对象，受力图如图 2.34(c)所示，列平衡方程

$$\sum F_x=0,\quad F'_{Cx}-F_{Bx}=0$$
$$\sum F_y=0,\quad F_{By}-F'_{Cy}-2P=0$$
$$\sum M_C(\boldsymbol{F})=0,\quad F_{By}\times a-F_{Bx}\times a-2P\times 0.5a=0$$

联立上述 6 个方程，并注意到 $F_{Cx}=F'_{Cx}$，$F_{Cy}=F'_{Cy}$，解得

$$F_{Ax}=F_{Bx}=F_{Cx}=\frac{5}{8}P,\quad F_{Ay}=\frac{11}{8}P,\ F_{By}=\frac{13}{8}P,\quad F_{Cy}=-\frac{3}{8}P$$

在分析物系的平衡问题时，对于同一问题，也可采用不同的方法来求解。例如，对于上述三铰拱的平衡问题，也可采用先整体后局部的分析方法，列出平衡方程求解。

首先，取整体为研究对象，受力图如图 2.34(a)所示，列平衡方程

$$\sum F_x=0,\quad F_{Ax}-F_{Bx}=0$$
$$\sum M_A(\boldsymbol{F})=0,\quad F_{By}\times 2a-2P\times 1.5a-P\times 0.25a=0$$
$$\sum M_B(\boldsymbol{F})=0,\quad F_{Ax}\times 2a-P\times 1.75a-2P\times 0.5a=0$$

由上述 3 个方程，解得

$$F_{Ax}=F_{Bx},\quad F_{Ay}=\frac{11}{8}P,\quad F_{By}=\frac{13}{8}P$$

欲求铰链 C 的约束反力，以及铰链 A 和 B 处的水平约束反力，需取三铰拱的左拱 AC 或右拱 BC 为研究对象，列平衡方程求解。如取左拱 AC 为研究对象，列平衡方程

$$\sum F_x=0,\quad F_{Ax}-F_{Cx}=0$$
$$\sum F_y=0,\quad F_{Ay}+F_{Cy}-P=0$$
$$\sum M_C(\boldsymbol{F})=0,\quad F_{Ax}\times a-F_{Ay}\times a+P\times 0.75a=0$$

联立方程，解得

$$F_{Ax}=F_{Bx}=F_{Cx}=\frac{5}{8}P,\quad F_{Cy}=-\frac{3}{8}P$$

【例 2.16】 图 2.35(a)所示构架由折杆 AC、直杆 CE 和 BD 组成，折杆水平段受载荷集度为 $\boldsymbol{q}$ 的均布载荷作用，杆件自重不计。试求构架的约束反力和 BD 杆的内力。

解： 由于构架仅受铅垂方向均布载荷的作用，可以判断固定铰链支座 E 的水平约束反力为零。因此，构架所受的约束反力为 $\boldsymbol{F}_D$ 和 $\boldsymbol{F}_E$，如图 2.35(a)所示。

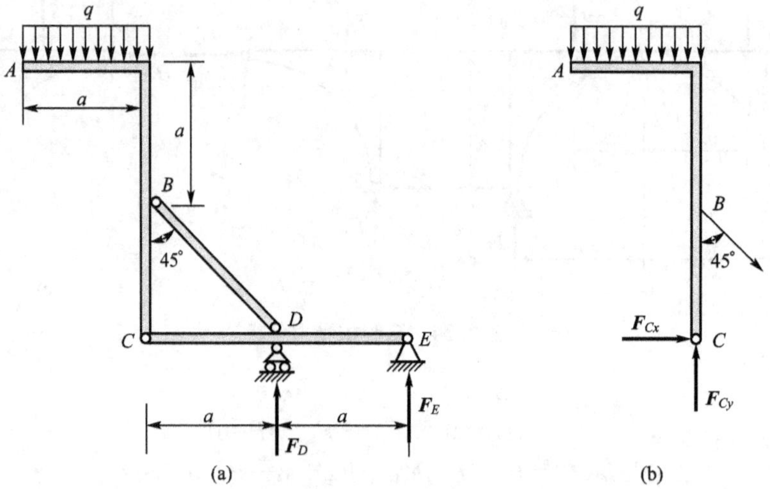

图 2.35　构架受力分析

(1) 取构架整体为研究对象，受力分析如图 2.35(a)所示，列平衡方程

$$\sum M_D(\boldsymbol{F})=0,\quad F_E\times a+qa\times 1.5a=0$$

$$\sum M_E(\boldsymbol{F})=0,\quad F_D\times a-qa\times 2.5a=0$$

解得

$$F_E=-1.5qa,\quad F_D=2.5qa$$

(2) 因为不计杆件的自重，所以 BD 杆为二力杆件。欲求 BD 杆的内力 $\boldsymbol{F}_{BD}$，可取构架某一部分为研究对象，列平衡方程求解。如取折杆 AC 为研究对象，受力分析如图 2.35(b)所示，列平衡方程

$$\sum M_C(\boldsymbol{F})=0,\quad qa\times 0.5a-F_{BD}\sin45°\times a=0$$

解得

$$F_{BD}=\frac{\sqrt{2}}{2}qa$$

此外，若取 CE 杆为研究对象，也可求出求解 $\boldsymbol{F}_{BD}$，具体计算过程请读者自行分析。

2.6 平面静定桁架的内力计算

在工程结构中，诸如屋架、桥梁、起重机架、输电铁塔等各类大型结构物都是由许多杆件组合而成，杆件和杆件之间通过焊接、铆接或螺栓螺母相互连接。对这类构架进行结构分析时，可将杆件两端所受的约束简化为铰链约束。通常，将这类由杆件彼此在两端用铰链连接而成，且受力之后几何形状保持不变的杆系结构称为**桁架**(truss)结构。桁架中杆件的铰结点称为**节点**(node)。若构成桁架的杆件的轴线处于同一平面内，则称这类桁架为**平面桁架**。若构成桁架的杆件的轴线不在同一平面内，则称为**空间桁架**。

在对桁架结构进行受力分析时，为了简化计算过程，通常可作如下假设：①杆件的轴线均为直线；②各杆件之间通过光滑的铰链连接；③杆件所受的外力(包括主动力和约束反力)均作用在节点上，对于平面桁架，各力的作用线都位于桁架所在的平面内；④杆件

的自重忽略不计，或者将杆件的自重平均分配到两端节点上。

符合上述假设条件的桁架，称为理想桁架。对于工程实际中的桁架，会与上述假设存在差别，如桁架的节点不是铰接点，杆件的中心线由于装配或制造误差也不能保证绝对是直线。但是，上述假设能够简化计算，而且所得结果可以满足工程实际的需要。根据这些假设，桁架的杆件均可视为二力杆件。因此，桁架具有如下的特点：①各杆只承受拉力或者压力；②可以充分发挥材料的力学性能；③可有效减轻结构自身的重量，使用材料比较经济合理。

按照几何组成方式，桁架可分为简单桁架、联合桁架和复杂桁架。在一个相互铰接的三角形的基础上，每增加一个节点需增加两根杆件，如此延伸而形成的几何形状不变的体系，称为**简单桁架**，如图 2.36(a)所示。由简单桁架通过一个铰结点和一根链杆组合而成的桁架，称为**联合桁架**，如图 2.36(b)所示。除上述两类桁架以外的其他形式的桁架，称为**复杂桁架**，如图 2.36(c)所示。若仅由静力平衡方程，即可将桁架的约束反力和各杆的内力全部求出，则称这类桁架为静定桁架，否则称为超静定桁架。关于各类桁架的几何构造、受力特点、计算方法等将在结构力学课程中详细讨论。本课程主要利用平面力系的平衡方程，对平面静定桁架(平面简单桁架)的内力计算作一个初步的介绍。

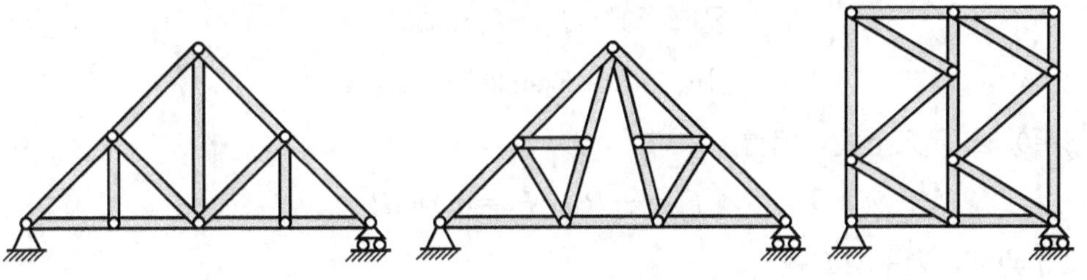

图 2.36　3 种桁架结构

下面举例说明计算桁架内力的两种基本方法，即**节点法**和**截面法**。

2.6.1　节点法

桁架的每个节点都受到一个平面汇交力系的作用。为了求每根杆件的内力，可以逐个选取节点为研究对象，由已知力求出各根杆件的内力，这种方法称为**节点法**。

【例 2.17】 图 2.37(a)所示为一平面桁架，几何尺寸如图所示。在节点 D 处受一集中力 $\boldsymbol{P}$ 的作用。试求桁架中各杆件所受的内力。

解： 欲求出各杆的内力，首先应求出桁架的约束反力，再对各节点进行受力分析，这样就可依次求出各杆的内力。

(1) 求约束反力。取整体为研究对象，列平衡方程

$$\sum F_x=0,\quad F_{Ax}=0$$
$$\sum M_A(\boldsymbol{F})=0,\quad F_B\times 2a-P\times a=0$$
$$\sum M_B(\boldsymbol{F})=0,\quad P\times a-F_{Ay}\times 2a=0$$

解得

$$F_{Ax}=0,\quad F_{Ay}=F_B=0.5P$$

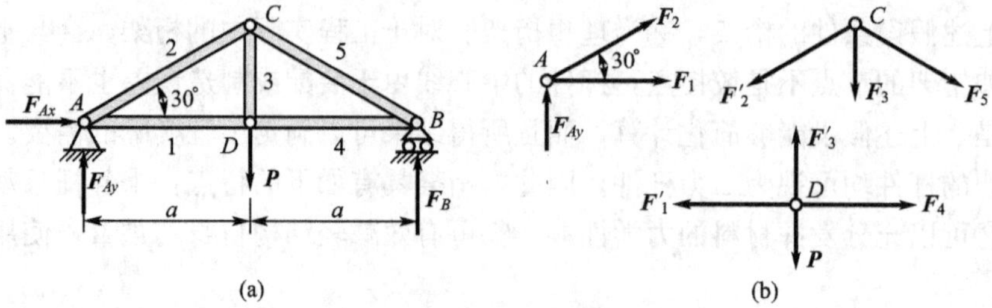

图 2.37 节点法求桁架内力

(2) 求各杆内力。在求杆件的内力时，需假设将杆件截断，再以节点为研究对象，列平衡方程求解。桁架的每个节点在外力(主动力和约束反力)和内力的作用下处于平衡，且作用于节点的力构成一个平面汇交力系。因此，对每一个节点均可列出两个独立的平衡方程，节点的未知力不能超出两个。通常，可假设各杆都受拉力。在本题中，可依次取节点 A、C 和 D 为研究对象，其受力如图 2.37(b)所示。

对节点 A，列平衡方程

$$\sum F_x=0,\quad F_1+F_2\cos 30^\circ=0$$

$$\sum F_y=0,\quad F_2\sin 30^\circ+F_{Ay}=0$$

将 $F_{Ay}=0.5P$ 代入上式，解得

$$F_2=-P,\quad F_1=0.866P$$

对节点 C，列平衡方程

$$\sum F_x=0,\quad F_5\cos 30^\circ-F_2'\cos 30^\circ=0$$

$$\sum F_y=0,\quad -F_3-F_2'\sin 30^\circ-F_5\sin 30^\circ=0$$

将 $F_2'=F_2=-P$ 代入上面两式，解得

$$F_5=-P,\quad F_3=P$$

对节点 D，只有一个未知量 F_4，列平衡方程

$$\sum F_x=0,\quad F_4-F_1'=0$$

将 $F_1'=F_1=0.866P$ 代入上式，解得

$$F_4=0.866P$$

(3) 判断各杆受力情况。原假定各杆均受拉力，计算结果 F_1、F_3 和 F_4 为正值，表明 1、3 和 4 杆承受拉力；内力 F_2 和 F_5 的计算结果为负值，表明 2 杆和 5 杆承受压力。

(4) 校核计算结果。解出各杆内力之后，可用剩余节点的平衡方程校核计算结果。在本例题中，可以选取剩余节点 B 为研究对象，列出平衡方程，并将 F_4 和 F_5 的计算结果代入，若平衡方程

$$\sum F_x=0,\quad \sum F_y=0$$

得到满足(用计算机解题时，看是否满足精度要求的微量)，则计算正确。顺便指出，对于

本例题，节点 D 只用到一个平衡方程，剩余的另一个平衡方程也可用来校核计算结果。有关校核计算结果的具体过程，请读者自行分析。

通过上述例题，可对利用节点法求桁架内力的要点和步骤总结如下。

(1) 一般情况下，应首先利用静力平衡方程求出桁架的约束反力。

(2) 依次取各节点为研究对象，列平衡方程求出各杆的内力。具体解题时遵循下面 3 条原则：节点上的已知力按实际方向画出；杆件的未知内力均假设为拉力，即力的方向背离节点；所选节点含未知量不能超过两个，否则不能求出该节点处的所有未知量。

2.6.2 截面法

当只需求解桁架内某根或某几根杆件的内力时，可适当选取一截面将桁架截开，并取截开的任一部分为研究对象，由平衡方程求出被截断杆件的内力，这种方法称为**截面法**。

【例 2.18】 试用截面法求图 2.38(a)所示桁架中指定杆 1 和杆 2 的内力，桁架承受的载荷和桁架的几何尺寸如图 2.38 所示。

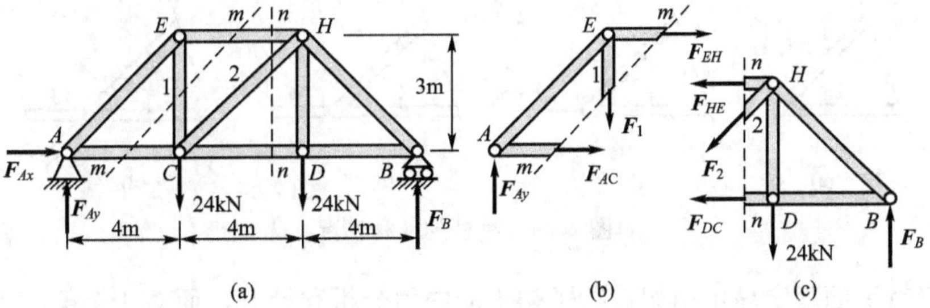

图 2.38 截面法求桁架内力

解： (1) 求约束反力。取整体为研究对象，列平衡方程

$$\sum F_x=0,\quad F_{Ax}=0$$

$$\sum M_A(\boldsymbol{F})=0,\quad F_B\times 12-24\times 8-24\times 4=0$$

$$\sum M_B(\boldsymbol{F})=0,\quad -F_{Ay}\times 12+24\times 8+24\times 4=0$$

解得

$$F_{Ax}=0,\quad F_{Ay}=F_B=24\text{kN}$$

(2) 作截面 m—m，取左边部分为研究对象，受力如图 2.38(b)所示，列平衡方程

$$\sum F_y=0,\quad -F_1+F_{Ay}=0$$

将 $F_{Ay}=24\text{kN}$ 代入上式，解得

$$F_1=24\text{kN}$$

(3) 作截面 n—n，取右边部分为研究对象，受力如图 2.38(c)所示，列平衡方程

$$\sum F_y=0,\quad -F_2\times\frac{3}{5}-24+F_B=0$$

将 $F_B=24\text{kN}$ 代入上式，解得

$$F_2=0$$

在应用截面法求解桁架的内力时，应注意以下 3 点：在选取截面时，每次最多只能截

断3根杆件，因为平面任意力系只有3个独立的平衡方程；在选取平衡方程时，需依据计算简便原则，适当选择力矩方程或投影方程；所有未知内力，均假设为拉力，若计算结果为负值，则表明杆件承受压力。

在对平面桁架进行内力分析时，不管用节点法还是截面法，都可先根据桁架的结构特性及受力特点，不需要计算就可以判断出某些杆件的内力为零，从而使计算过程简化。在桁架结构中，内力为零的杆件称为**零杆**。对零杆的判断，有以下4种情况。

(1) 若无外力作用的节点连接两根不共线的杆件，则这两根杆件均为零杆，如图2.39(a)中的1杆和2杆均为零杆。

(2) 连接两不共线的杆件的节点，若有一外力与其中一根杆件共线，则另一根杆件必为零杆，如图2.39(b)中的1杆为零杆。

(3) 无外力的节点连接3根杆件，若其中两根杆件共线，则另一根杆件必为零杆，如图2.39(c)中的1杆为零杆。

(4) 无外力作用的节点连接4根杆件，且两两共线，则共线的两杆内力相同，如图2.39(d)所示，1杆和4杆的内力相等，2杆和3杆的内力相等，即 $F_{N1}=F_{N4}$，$F_{N2}=F_{N3}$。

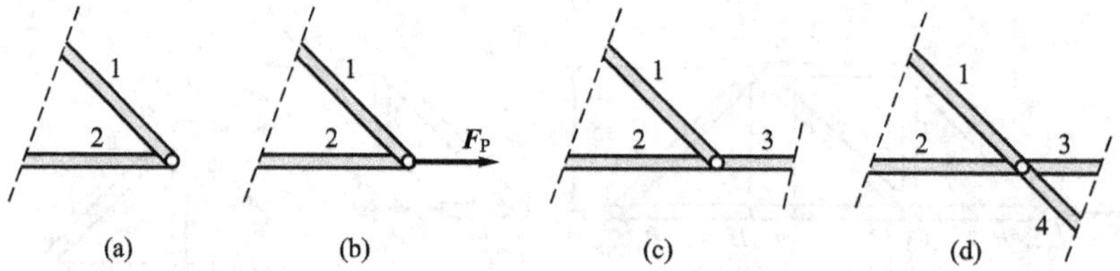

图2.39　零杆的4种情况

以上仅对平面静定简单桁架进行了初步的内力分析和计算，而对于桁架较为复杂的问题，譬如复杂桁架、超静定桁架的内力和位移的计算问题，节点单杆和截面单杆的概念以及节点法和截面法的联合应用等，将在后续结构力学课程中进行更深入的讨论。

本章小结

1. 平面汇交力系合成的两种方法

(1) 平面汇交力系合成的几何法。根据力多边形法则，求得合力的大小和方向为

$$\boldsymbol{F}_R=\boldsymbol{F}_1+\boldsymbol{F}_2+\cdots+\boldsymbol{F}_n=\sum\boldsymbol{F}$$

合力的作用线通过各力的汇交点。

(2) 平面汇交力系合成的解析法。根据合力投影定理，利用各分力在两个正交轴上的投影的代数和，求得合力的大小和方向余弦为

$$\left.\begin{aligned}&F_R=\sqrt{F_{Rx}^2+F_{Ry}^2}=\sqrt{(\sum F_x)^2+(\sum F_y)^2}\\&\cos(\boldsymbol{F}_R,\ \boldsymbol{i})=\frac{F_{Rx}}{F_R}=\frac{\sum F_x}{F_R},\quad \cos(\boldsymbol{F}_R,\ \boldsymbol{j})=\frac{F_{Ry}}{F_R}=\frac{\sum F_y}{F_R}\end{aligned}\right\}$$

合力的作用线通过各力的汇交点。

2. 平面汇交力系的平衡条件

(1) 平面汇交力系平衡的必要和充分条件：平面汇交力系的合力为零。即

$$\boldsymbol{F}_{\mathrm{R}}=\sum \boldsymbol{F}=\boldsymbol{0}$$

(2) 平面汇交力系平衡的几何条件：平面汇交力系的力多边形自行封闭。

(3) 平面汇交力系平衡的解析条件：平面汇交力系的各分力在两个坐标轴上投影的代数和分别等于零，即

$$\sum F_x=0,\quad \sum F_y=0$$

3. 平面内力对点之矩

(1) 平面内的力对点 O 之矩是代数量，记为 $M_O(\boldsymbol{F})$，且

$$M_O(\boldsymbol{F})=\pm Fd=\pm 2A_{\triangle OAB}$$

式中，F 为力的大小，d 为力臂；$A_{\triangle OAB}$ 为力矢 $\boldsymbol{AB}$ 与矩心组成三角形 OAB 的面积。一般规定逆时针转向为正，顺时针转向为负。

(2) 力矩的解析表达式为

$$M_O(\boldsymbol{F})=xF_y-yF_x$$

式中，x 和 y 分别为力作用点的坐标；F_x 和 F_y 分别为力的投影。

(3) 合力矩定理：平面汇交力系的合力对其平面内任一点之矩等于所有各分力对同一点之矩的代数和，即

$$M_O(\boldsymbol{F}_{\mathrm{R}})=\sum M_O(\boldsymbol{F})=\sum(xF_y-yF_x)$$

4. 力偶和力偶矩

(1) 力偶是由等值、反向、不共线的两个平行力组成的特殊力系。力偶既没有合力，也不能用一个力去平衡。力偶对物体的作用效应取决于力偶矩 M 的大小和转向，即

$$M=\pm Fd$$

式中，正负号表示力偶的转向，一般规定逆时针转向为正，顺时针转向为负。力偶在任一轴上的投影等于零，其对平面内任一点的矩等于力偶矩，力偶矩与矩心位置无关。

(2) 力偶等效定理：作用在刚体上同一平面内的两个力偶，若力偶矩相等，则两力偶彼此等效。力偶矩是力偶作用的唯一度量。

(3) 平面力偶系的合成与平衡：同平面内几个力偶可以合成为一个力偶，合力偶矩等于各分力偶矩的代数和，即

$$M=M_1+M_2+\cdots+M_n=\sum M$$

平面力偶系平衡的必要与充分条件是：所有各力偶矩的代数和等于零，即

$$\sum M=0$$

5. 平面一般力系的简化

(1) 力的平移定理：作用于刚体上的力可以从原来的作用位置平行移动到刚体内任意指定点，但必须附加一个力偶，该附加力偶的矩等于原来的力对指定点的矩。

(2) 平面一般力系向平面内任一点 O 简化，一般情况下，可得到一个力和一个力偶，这个力等于该力系的主矢，即

$$F'_R=\sum F=\sum F_x i+\sum F_y j$$

作用线通过简化中心O。这个力偶的矩等于该力系对点O的主矩，即

$$M_O=\sum M_O(F)=\sum(xF_y-yF_x)$$

(3) 平面一般力系向一点简化，可能出现4种情况：①$F'_R\neq0$，$M_O\neq0$，合成为一个力F_R，合力F_R作用线离简化中心的距离$d=M_O/F'_R$；②$F'_R\neq0$，$M_O=0$，合成一个力，该力为原力系的合力，合力作用线通过简化中心；③$F'_R=0$，$M_O\neq0$，简化为一个力偶，该力偶为原力系的合力偶，在这种情况下，主矩与简化中心的位置无关；④$F'_R=0$，$M_O=0$时，原力系为一个平衡力系。

6. 平面一般力系的平衡条件和平衡方程

(1) 平面一般力系平衡的必要和充分条件是：力系的主矢和对任一点的主矩都等于零，即

$$F'_R=\sum F=\mathbf{0},\quad M_O=\sum M_O(F)=0$$

(2) 平面一般力系平衡方程的基本形式，即一力矩式平衡方程

$$\sum F_x=0,\quad \sum F_y=0,\quad \sum M_O(F)=0$$

(3) 平面一般力系平衡方程的第二种形式，即二力矩式平衡方程

$$\sum F_x=0,\quad \sum M_A(F)=0,\ \sum M_B(F)=0$$

式中，x轴不得垂直于A和B两点的连线。

(4) 平面一般力系平衡方程的第三种形式，即三力矩式平衡方程

$$\sum M_A(F)=0,\quad \sum M_B(F)=0,\quad \sum M_C(F)=0$$

式中，A、B和C三点不得共线。

7. 平面平行力系的平衡方程

不妨使刚体所受的平面平行力系与x轴垂直，则各力在x轴上的投影恒等于零，即$\sum F_x\equiv0$。平面平行力系的平衡方程的数目只有两个，即

$$\sum F_y=0,\quad \sum M_O(F)=0$$

或者表示为两个力矩平衡方程的形式，即

$$\sum M_A(F)=0,\quad \sum M_B(F)=0$$

式中，矩心A和B的连线不得与各力作用线平行。

8. 桁架由二力杆铰接而成。求平面静定桁架各杆内力的方法有两种。

(1) 节点法：逐个考虑桁架中的节点的平衡，应用平面汇交力系的平衡方程求出杆中的内力。利用该方法解题时应注意每次选取的节点其未知量的数目不宜多于两个。

(2) 截面法：截断待求内力的杆件，将桁架分隔为两个部分，取出其中的一部分作为研究对象，应用平面一般力系的平衡方程求出被截开杆件的内力。利用该方法解题时应注意每次截开的内力未知的杆件的数目不宜超过3个。

思 考 题

1. 力 $\boldsymbol{F}$ 沿轴 Ox 和 Oy 的分力与力在两轴上的投影有何区别？试分别以图 2.40(a)和(b)所示的两种情况为例进行分析，另外，$\boldsymbol{F}=F_x\boldsymbol{i}+F_y\boldsymbol{j}$ 对于图 2.40(a)和(b)都成立吗？

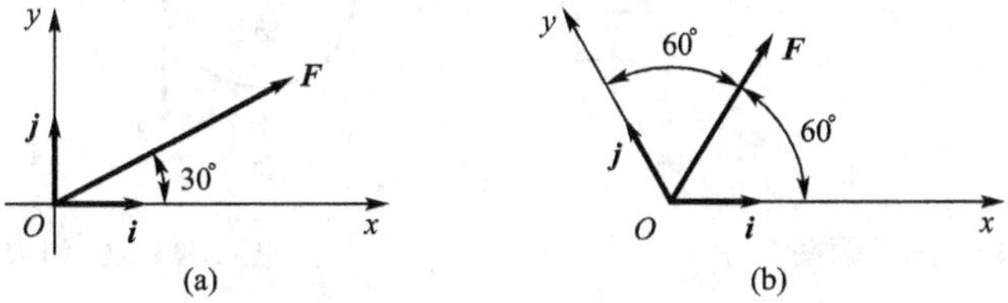

图 2.40 力矢量的投影

2. 两根电线杆之间的电线总是下垂，能否把电线拉成直线？输电线跨度 l 相同时，电线下垂 h 越小，电线越易于被拉断，为什么？

3. 在图 2.41 所示各图中，力或力偶对点 A 的矩都相等，试问它们所引起的支座约束反力是否相等？

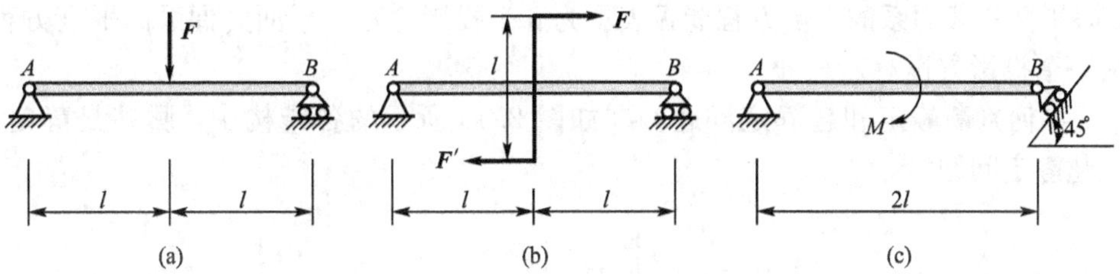

图 2.41 第 3 题图

4. 如图 2.42(a)所示，一矩形钢板放在水平地面上，钢板长 $a=4$m，宽 $b=3$m，若按图示方向加力，转动钢板需 $F=F'=500$N。试问如何加力才能使转动钢板所用的力最小，这个最小的力为多少？如图 2.42(b)所示，4 个力作用在刚体的 A、B、C、D 4 点，$ABCD$ 构成一个矩形，4 个力 $\boldsymbol{F}_1$、$\boldsymbol{F}_2$、$\boldsymbol{F}_1'$、$\boldsymbol{F}_2'$的力矢首尾相接，试问此刚体是否平衡？若 $\boldsymbol{F}_1$ 和 $\boldsymbol{F}_1'$都改变方向，如图 2.42(c)所示，此刚体是否平衡呢？

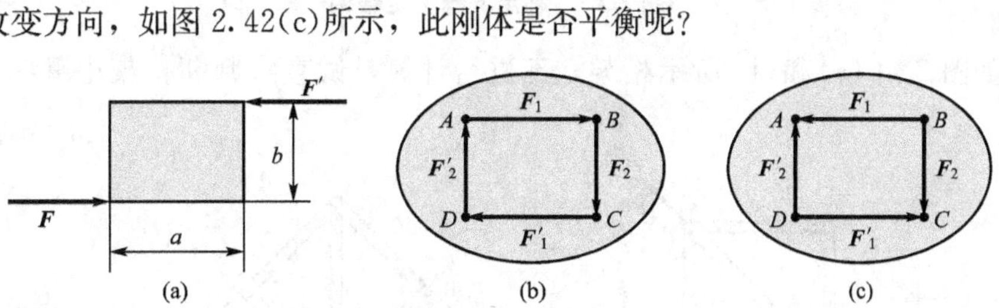

图 2.42 第 4 题图

5. 从力偶理论可知，一个力不能与力偶平衡。但是，对于如图 2.43(a)所示的螺旋压榨机，力偶却似乎可以被压榨物体的反抗力 $\boldsymbol{F}_{\rm N}$ 所平衡？再者，为什么图 2.43(b)所示的轮子上的力偶 M 似乎与物体的重力 $\boldsymbol{P}$ 平衡呢？这种说法错在何处？

6. 若$F'=F''=0.5F$，试用力的平移定理说明如图2.44(a)所示力$\boldsymbol{F}$和如图2.44(b)所示力偶($\boldsymbol{F}'$，$\boldsymbol{F}''$)对轮的作用有何不同？在轴承O和O'处的约束反力又有何不同。

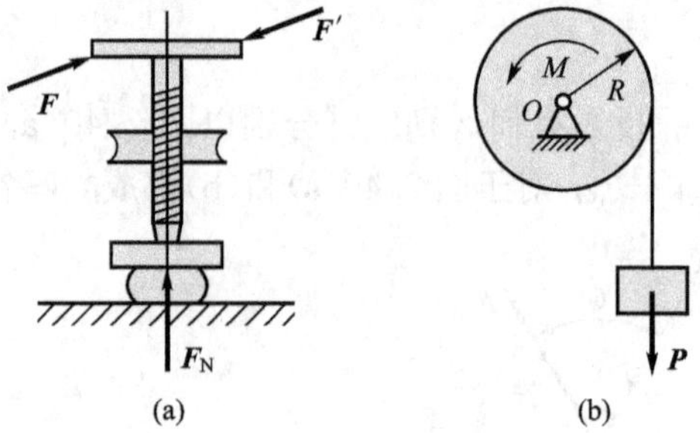

图2.43　第5题图

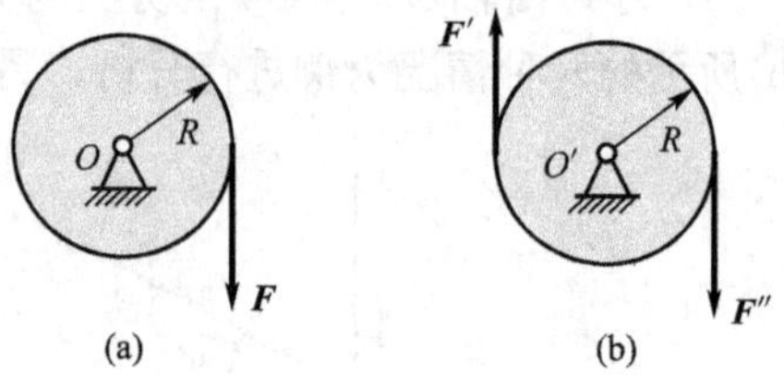

图2.44　力和力偶对轮的作用

7. 设平面一般力系向平面内某一点简化得到一个合力，若选择另外一点作为力系的简化中心，则此力系能否简化为一个力偶？

8. 某平面力系向A、B两点简化的主矩都为零，此力系简化的最终结果可能是一个力吗？可能是一个力偶吗？可能平衡吗？

9. 平面一般力系向其平面内任一点简化，若简化结果都相同，此力系简化的最终结果可能是什么？若简化结果主矩恒等于零，则该力系为何力系？

10. 平面一般力系的平衡方程能否表示为3个投影方程？平面力偶系的平衡方程能否表示为一个投影方程？

11. 如何判断静定和超静定问题？在如图2.45所示的各结构中，哪些是静定问题？哪些是超静定问题？

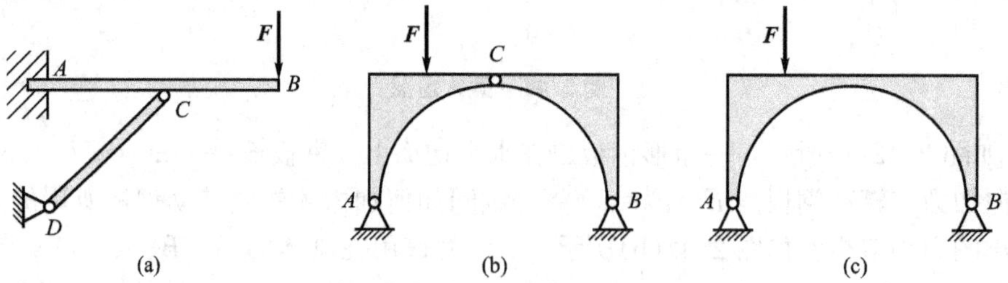

图2.45　静定和静不定结构

12. 如图2.46(a)和(b)所示桁架，不进行计算，试直接判断桁架中哪些杆件是零力杆？

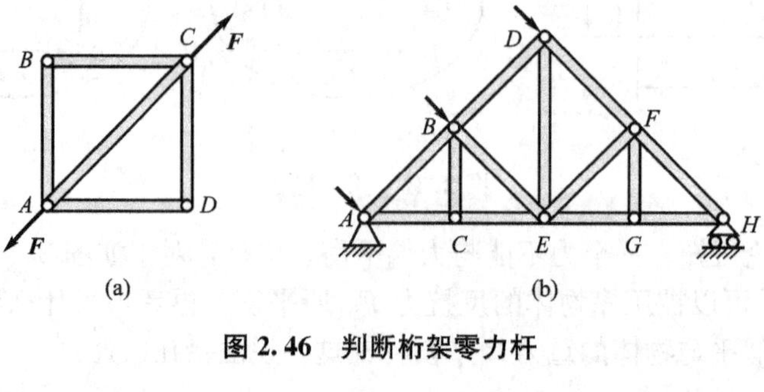

图2.46　判断桁架零力杆

习 题

1. 一钢结构节点 O 如图 2.47 所示，沿杆件轴线 OA、OB 和 OC 的方向受到 3 个力的作用，已知这 3 个力的大小分别为 $F_1=1\text{kN}$，$F_2=1.41\text{kN}$，$F_3=2\text{kN}$，试求这 3 个力的合力。

2. 如图 2.48 所示，圆柱形容器置于两个滚子上，滚子 A 和 B 处于同一水平线。已知容器重 $G=30\text{kN}$，半径 $R=500\text{mm}$，滚子半径 $r=50\text{mm}$，两滚子中心距离 $l=750\text{mm}$。试求滚子 A 和 B 所受的压力。

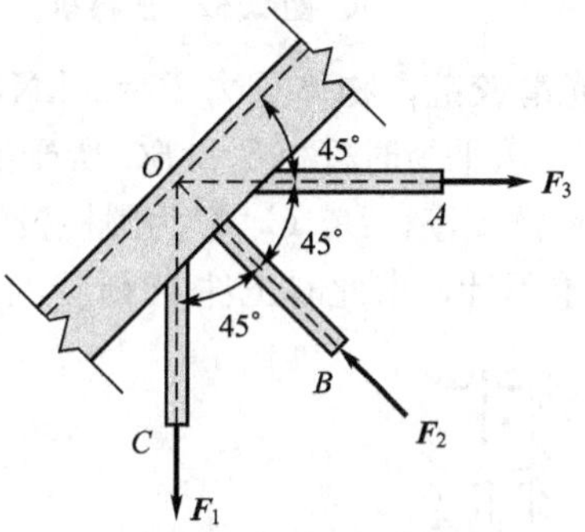

图 2.47 钢结构节点

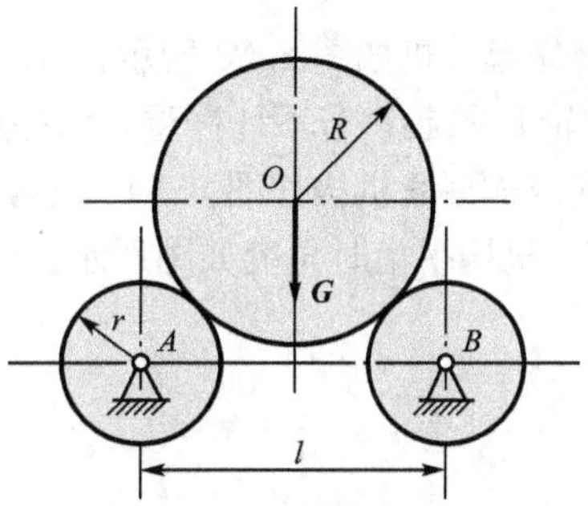

图 2.48 圆柱形容器与滚子

3. 飞机沿与水平线成 θ 角的直线作匀速飞行，如图 2.49 所示，已知发动机的推力为 $\boldsymbol{F}_1$，飞机的重力为 $\boldsymbol{P}$。求飞机的升力 $\boldsymbol{F}_2$ 和迎面阻力 $\boldsymbol{F}_Q$ 的大小。

4. 如图 2.50 所示，输电线 ACB 架在两根电线杆之间，形成一条下垂曲线，下垂距离 $CD=f=1\text{m}$，两电线杆间的距离 $AB=40\text{m}$。电线 ACB 段重 400N，可近似认为沿 AB 连线均匀分布。求电线的中点和两端的拉力。

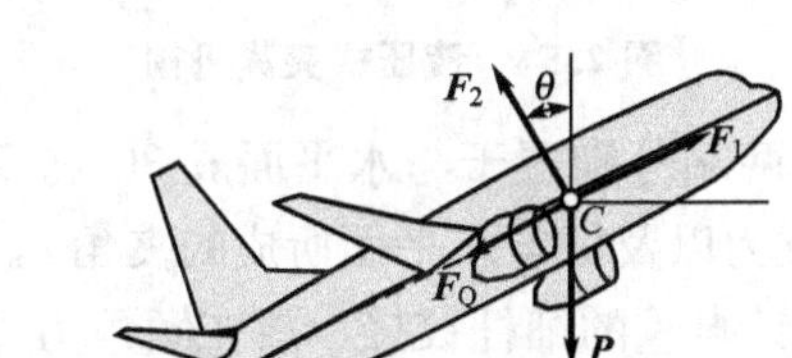

图 2.49 飞机升力和阻力

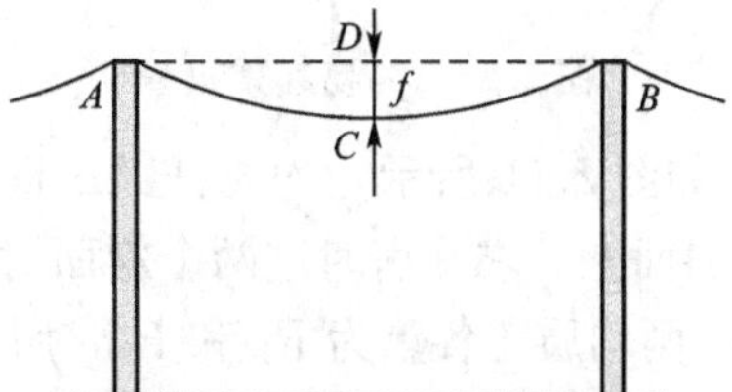

图 2.50 电线杆和输电线

5. 如图 2.51 所示，绳子一端 A 固定在墙上，另一端跨过滑轮 B 并在末端悬挂重为 W 的物体，在绳中间有一动滑轮 C，吊起重 $Q=100\text{N}$ 的物体。当物体处于平衡状态时，已知 $h=0.5\text{m}$，$l=2.4\text{m}$，试求悬挂物重量 W 为多少？

6. 图 2.52 所示压榨机 BAC，B 端为固定铰链支座，作用在铰链 C 处的水平力 $\boldsymbol{F}$ 使压块 C 压紧物体 D，假设压块 C 与机架壁之间以及压块 C 与物体 D 之间均是光滑接触，压榨机尺寸 h 和 l 如图所示，压块 C 和各杆自重均不计。试求物体 D 所受的力。

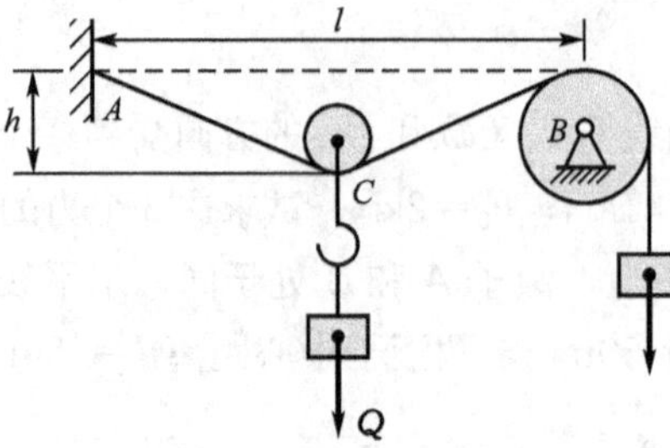

图 2.51　滑轮和悬挂物

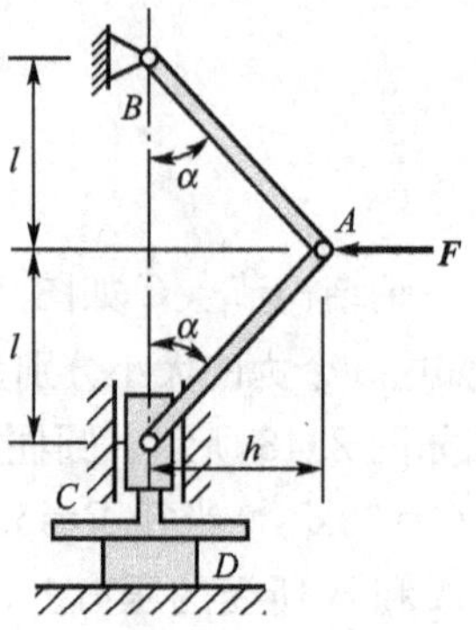

图 2.52　压榨机

7. 简易起重机如图 2.53 所示，A、B 和 C 为光滑铰链，物体重力 $P=20\text{kN}$，由绞车 D 通过滑轮 B 吊起。若不计杆重、摩擦和滑轮大小，求平衡时杆 AB 和 BC 所受的力。

8. 液压式夹紧机构如图 2.54 所示，D 为固定铰链支座，B、C、E 为圆柱铰链。已知主动力 $\boldsymbol{F}$，机构平衡时角度如图所示。若各构件自重不计，求此时工件 H 所受的力。

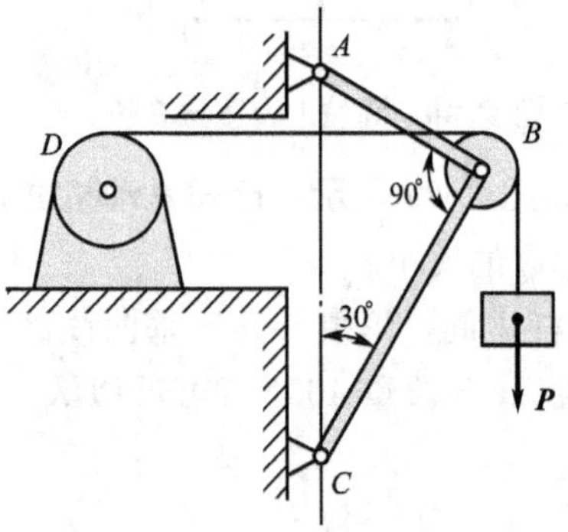

图 2.53　简易起重机

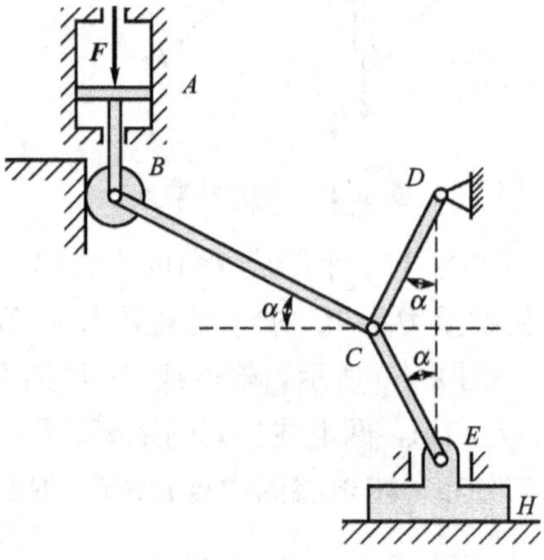

图 2.54　液压式夹紧机构

9. 如图 2.55 所示，均质杆 AB 重 $P=50\text{N}$，两端分别置于与水平面成 30°和 50°倾角的光滑斜面上。求平衡时这两个斜面对杆的约束反力以及杆与水平面所成的夹角 α。

10. 两均质轮各重为 P_1 和 P_2，用长度为 l 不计自重的细杆铰接，放在倾角为 45°的光滑斜面上，如图 2.56 所示。求系统平衡时的位置(用长度 s 表示)。

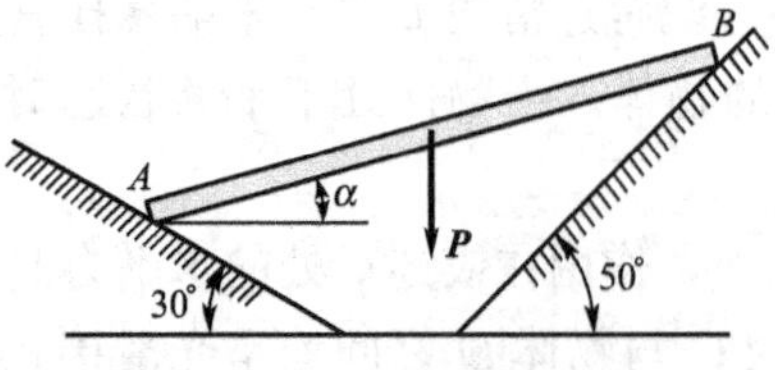

图 2.55　均质杆平衡

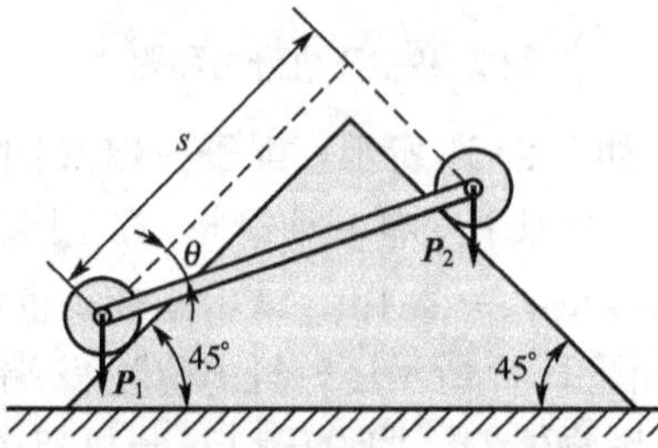

图 2.56　两均质轮平衡

11. 图 2.57 所示工件，其上作用 3 个力偶，这 3 个力偶的矩分别为 $M_1=M_2=10\text{N}\cdot\text{m}$，$M_3=20\text{N}\cdot\text{m}$，固定螺柱 A 和 B 间距 $l=200\text{mm}$。求两个光滑螺柱所受的水平力。

12. 在图 2.58 所示框架结构中，各构件的自重忽略不计，在构件 CD 上作用一力偶矩为 M 的力偶，构件的尺寸如图所示。求支座 A 的约束反力。

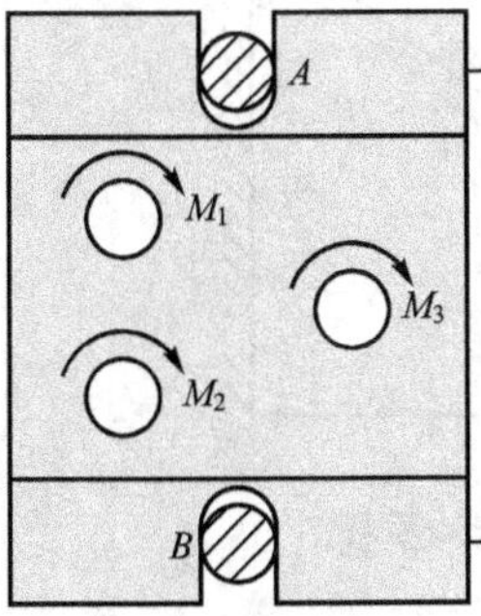

图 2.57 工件

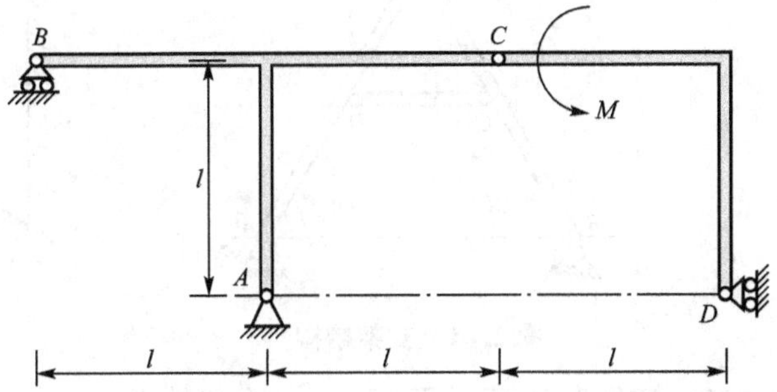

图 2.58 框架结构

13. 如图 2.59 所示，有一力偶矩为 M 的力偶作用在曲杆 AB 上。试分别求(a)和(b)所示两种支承情况下支座 A 和 B 处的约束反力。

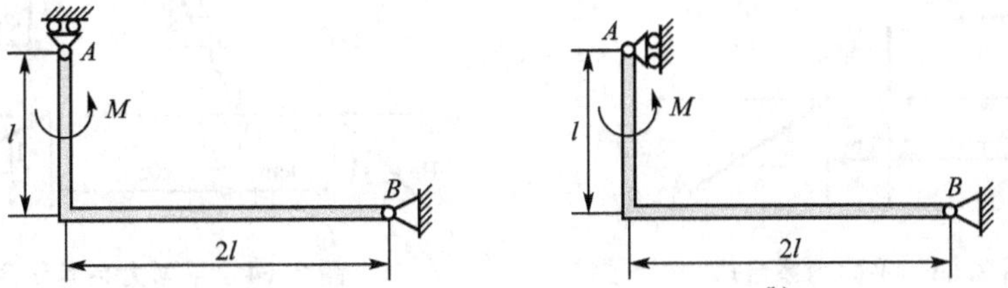

(a) (b)

图 2.59 曲杆

14. 在图 2.60 所示机构中，曲柄 OA 长 a，其上作用力偶 M，滑块 D 上作用水平力 $\boldsymbol{F}$，机构的几何尺寸如图 2.60 所示，不计各杆自重。求机构平衡时力 $\boldsymbol{F}$ 和力偶矩 M 的关系。

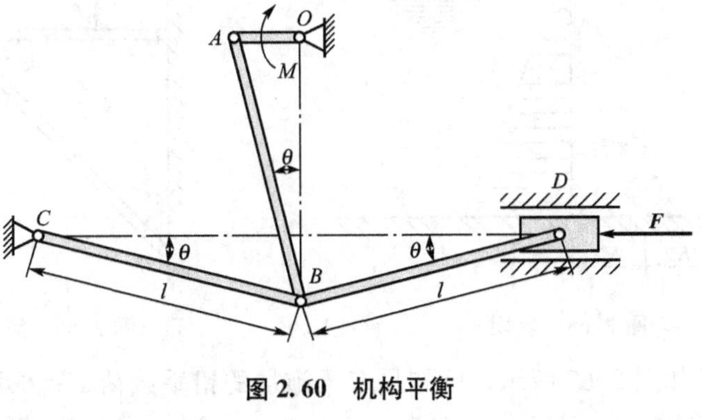

图 2.60 机构平衡

15. 在图 2.61 所示支架结构中，已知力偶矩为 M，杆 BE 长为 l，点 C 和点 D 分别为杆 AE 和杆 BE 的中点，不计各构件的自重。求支座 A 和铰链 E 的约束反力。

16. 图 2.62 所示均质杆 AB，长为 15m，重为 1500N，由绳子悬挂起来，两端与光滑铅垂墙壁接触。求点 A 和点 B 处的约束反力。

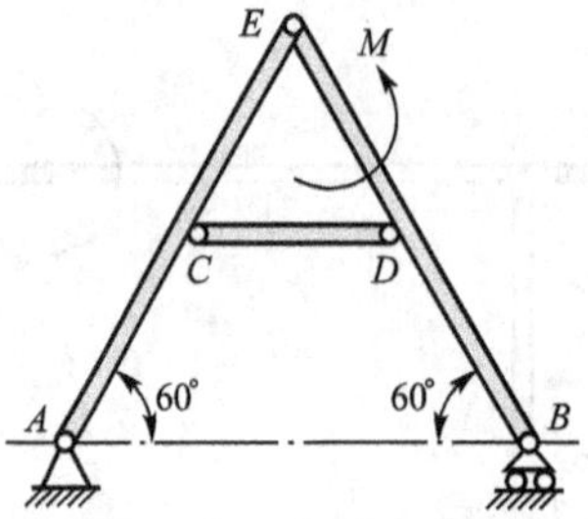

图 2.61 支架结构

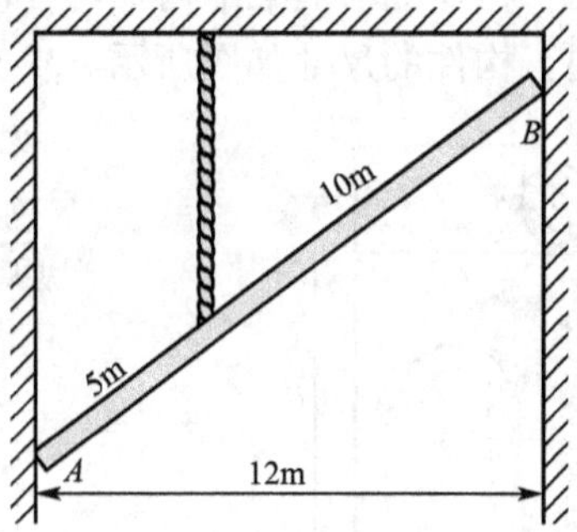

图 2.62 悬挂均质杆

17. 求图 2.63 所示平面力系的合成结果。

18. 将图 2.64 所示平面一般力系向坐标原点 O 简化，并求力系合成的大小及其与原点 O 的距离 d。已知 $P_1=150\text{N}$，$P_2=200\text{N}$，$P_3=300\text{N}$，$F_1=F_1'=200\text{N}$ 且二力平行。

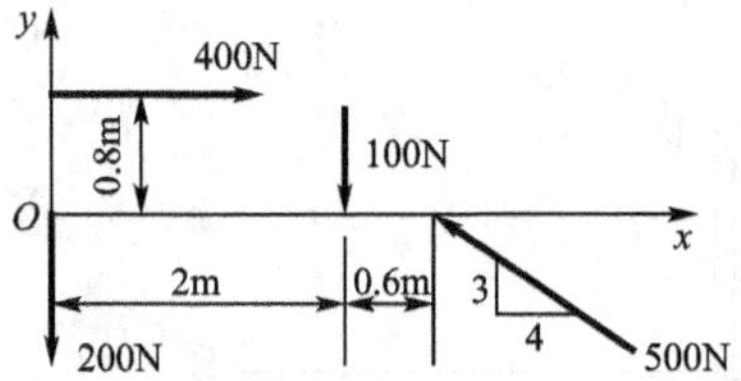

图 2.63 平面力系合成

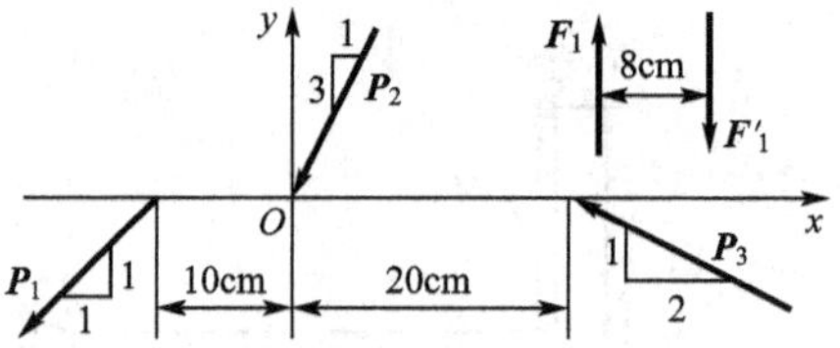

图 2.64 平面力系简化合成

19. 如图 2.65 所示，堤坝高度为 h，宽度为 b，坝前水深为 h，水和坝的单位体积重量分别为 γ 和 q，堤身绕点 A 翻倒的安全系数为 2。求堤坝的宽度 b 和高度 h 的比值。

20. 图 2.66 所示为一个简单支架 ABC，在支架上受两个力 $\boldsymbol{F}_1$ 和 $\boldsymbol{F}_2$ 的作用，且力 $\boldsymbol{F}_1$ 和 $\boldsymbol{F}_2$ 的大小均为 4.5kN。若不计各杆自重，试求支架中杆 AB 和杆 BC 所受的力。

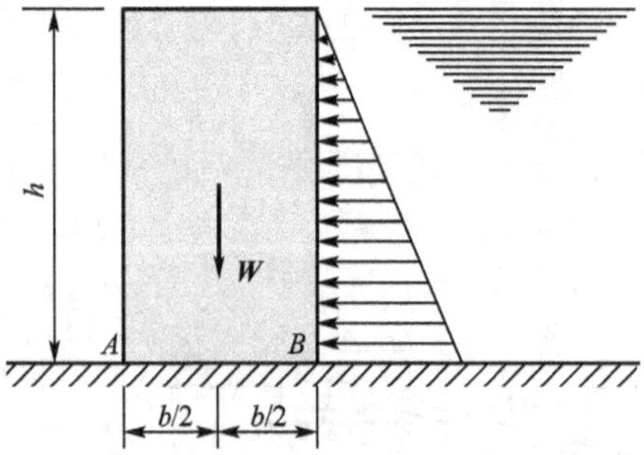

图 2.65 堤坝

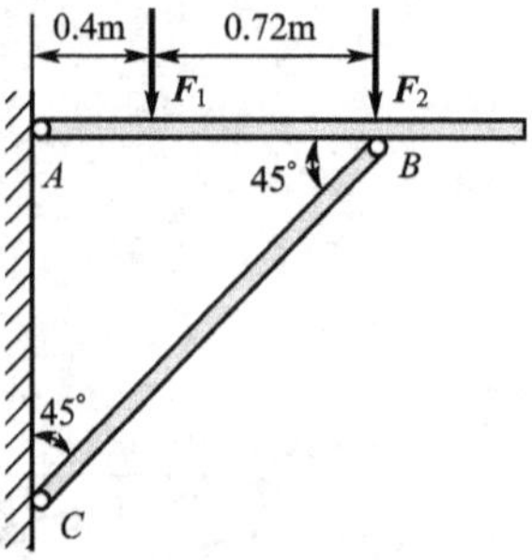

图 2.66 简单支架

21. 厂房立柱如图 2.67 所示，已知吊车梁施加的铅垂载荷 $F=60\text{kN}$，风压集度 $q=2\text{kN/m}$，且立柱自重 $G=40\text{kN}$，$a=0.5\text{m}$，$h=10\text{m}$。试求立柱固定端的约束反力。

22. 如图 2.68 所示，炼钢炉的送料机由跑车 A 和可移动的桥 B 组成。跑车可沿桥上的轨道运动，两轮之间的距离为 2m，跑车与操作架 D、平臂 OC 以及料斗 C 相连，料斗

每次装载物料重 $W=15\text{kN}$，平臂长 $OC=5\text{m}$。设跑车 A、操作架 D 和所有附件总重为 P，作用于操作架的轴线。试问 P 至少应为多大，才使料斗在满载时跑车不致翻倒？

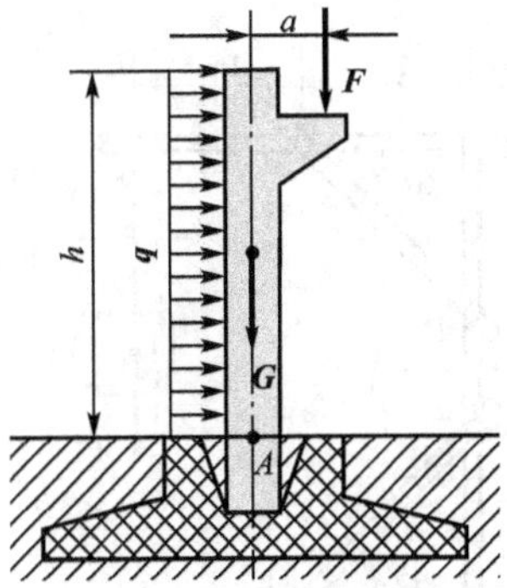

图 2.67　厂房立柱

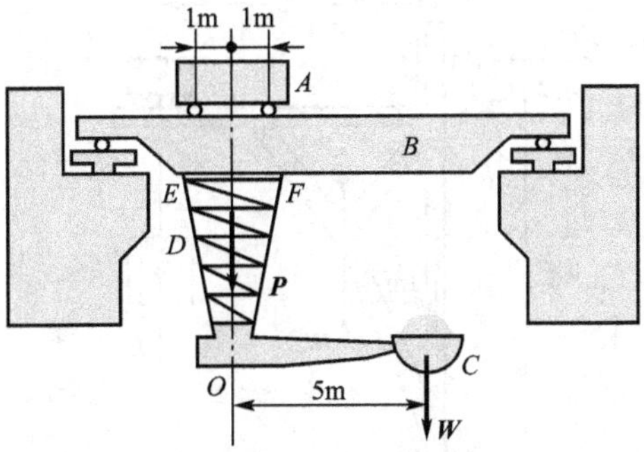

图 2.68　送料机

23. 试求图 2.69 所示各梁或刚架的约束反力。

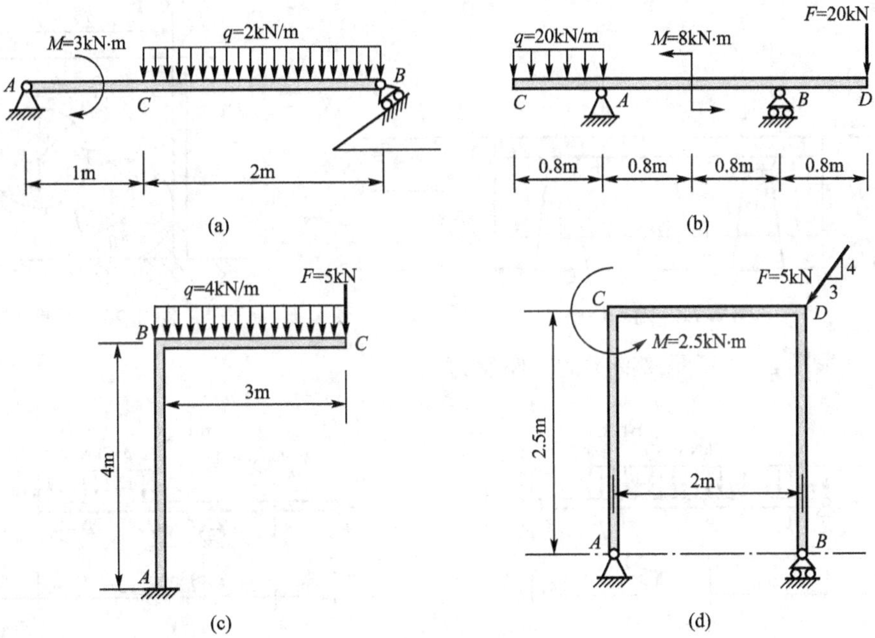

图 2.69　梁和刚架

24. 起重机 ABC 具有铅垂转动轴 AB，起重机重 $W=3.5\text{kN}$，重心在 D 处，在 C 处吊有重 $W_1=10\text{kN}$ 的物体，如图 2.70 所示。求向心轴承 A 和止推轴承 B 的约束反力。

25. 木支架结构的几何尺寸如图 2.71 所示，各杆在 A、D、E、F 处均用螺栓连接，C 和 G 处用铰链与地面连接。在水平杆 AB 的 B 端挂一重为 W 的重物。若不计各杆的自重，试求点 C、G、A、E 处的约束反力。

26. 一便桥自由地放置在支座 C 和 D 上，$CD=2d=6\text{m}$。桥面重 $(1+2/3)\text{kN/m}$，汽车的前轮和后轮负重分别为 20kN 和 40kN，前轮和后轮中间点之间的距离为 3m。试求当汽车从上面驶过而不致使桥面翻转时桥的悬臂部分的最大长度 l。

27. 如图2.73所示，两个相同的均质圆球半径为r，重为W，放置在半径为R的中空而两端开口的直圆筒内，求圆筒不致因球作用而倾倒的最小重量。

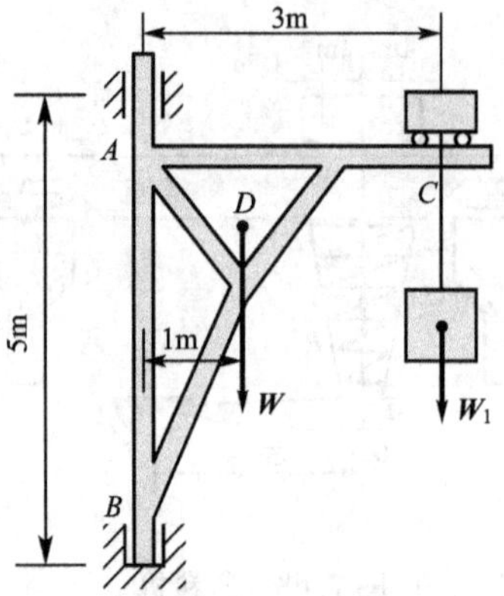

图2.70 起重机

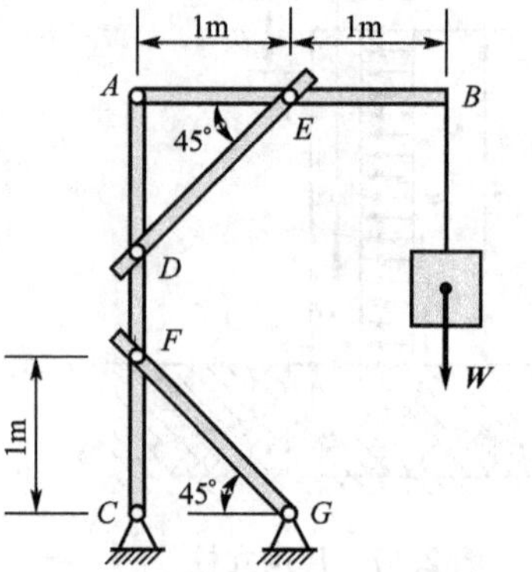

图2.71 木支架

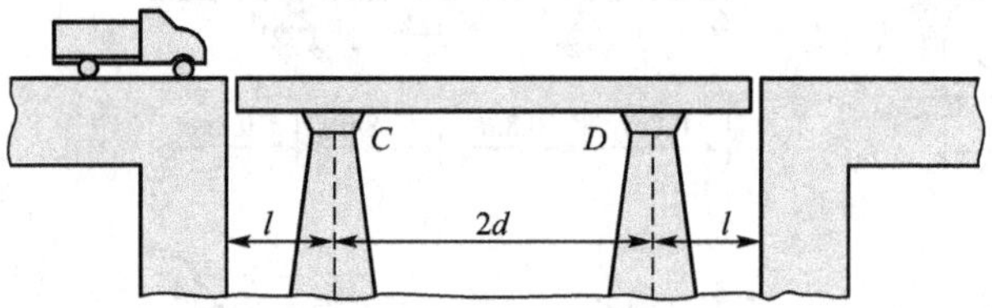

图2.72 简易便桥

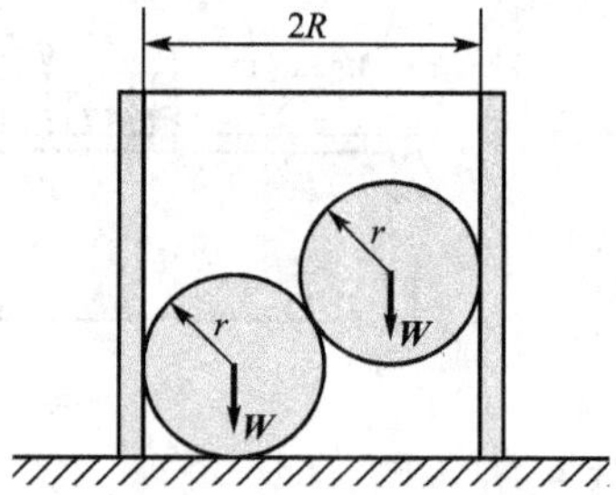

图2.73 圆筒与球

28. 试求图2.74所示多跨梁的支座反力。

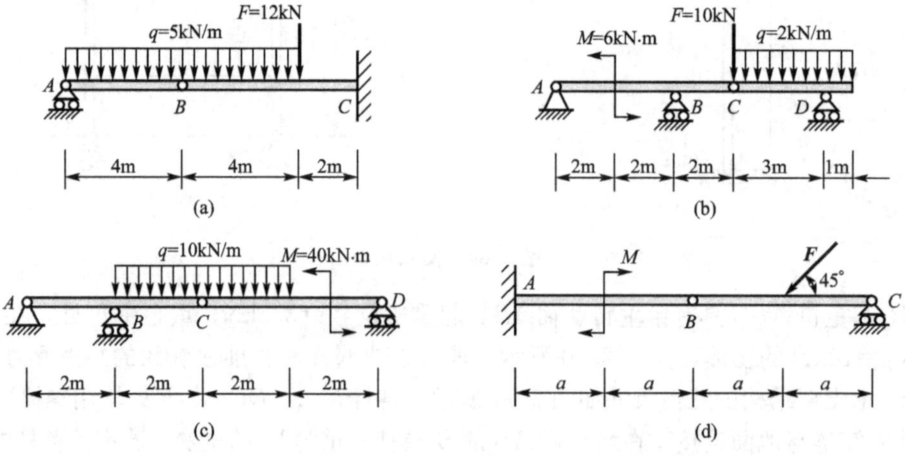

图2.74 多跨梁

29. 三铰拱由两个半拱和3个铰链构成，如图2.75所示，已知每个半拱重$W=300\text{kN}$，$l=32\text{m}$，$h=10\text{m}$。求支座A和B的约束反力。

30．厂房屋架的几何尺寸和结构形式如图 2.76 所示，其上承受铅垂均布载荷，载荷集度 $q=20\text{kN/m}$。若不计各构件自重，试求杆 AF、杆 BF 和杆 FG 所承受的力。

31．组合梁由 AC 和 CD 两段构成，起重机放在梁上，如图 2.77 所示，已知起重机重 $W_1=50\text{kN}$，重心在铅直线 EC 上，起重载荷 $W_2=10\text{kN}$。若不计梁的自重，试求支座 A、B 和 D 处的约束反力。

32．如图 2.78 所示，曲柄滑块机构处于平衡状态，已知滑块所受的力 $F=400\text{kN}$。若不计所有构件的自重，试求作用在曲柄 OA 上的力偶的矩 M。

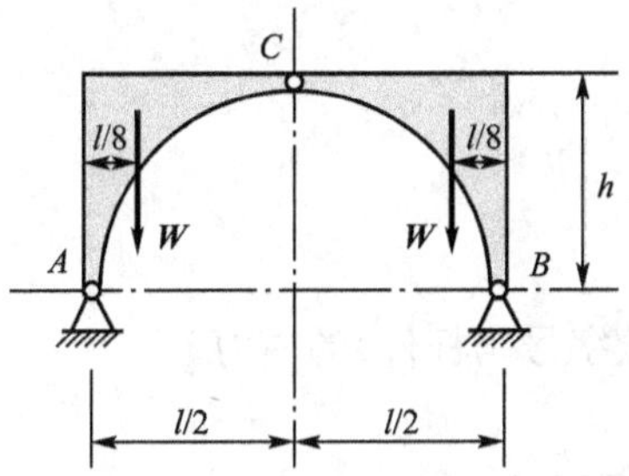

图 2.75　三铰拱

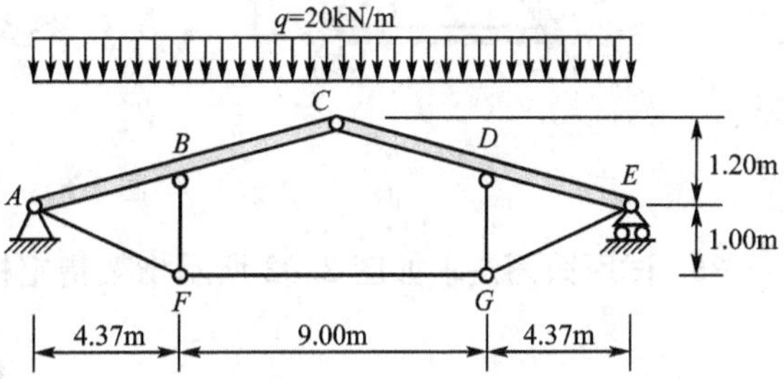

图 2.76　厂房屋架

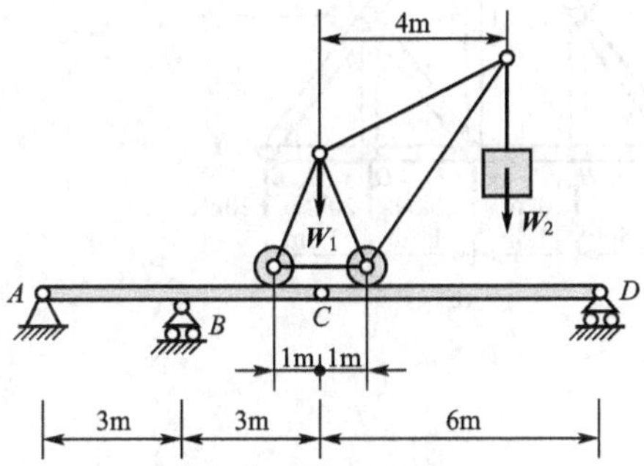

图 2.77　组合梁

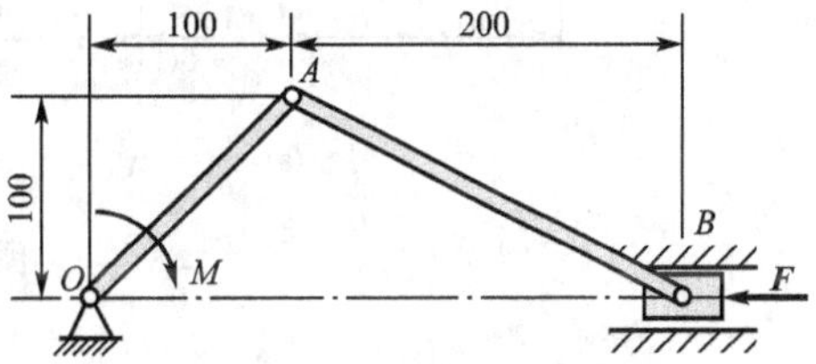

图 2.78　曲柄滑块机构

33．图 2.79 所示构架，已知 $F=1\text{kN}$，不计各杆自重，杆 ABC 与杆 DEF 平行，尺寸如图所示。试求固定铰链支座 A 和 D 处的约束反力。

34．如图 2.80 所示，杆 AB、BC 和 CE 组成的支架和滑轮 E 支持着物体 W，物体 W 重 12kN，D 处为铰链连接，结构的几何尺寸如图。试求固定铰链支座 A 和滚动支座 B 处的约束反力以及杆 BC 所受的力。

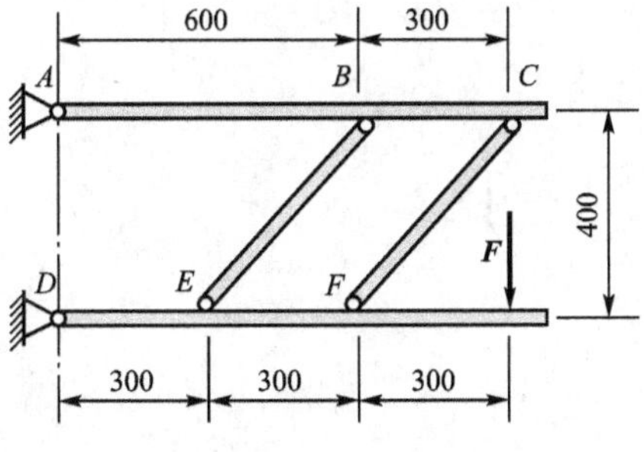

图 2.79　构架

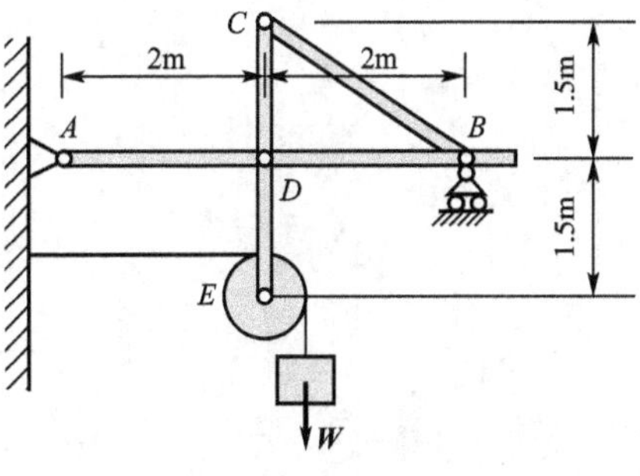

图 2.80　支架与滑轮

35. 试不需计算先确定图 2.81 所示桁架中的零杆，再用节点法求其他各杆的内力。

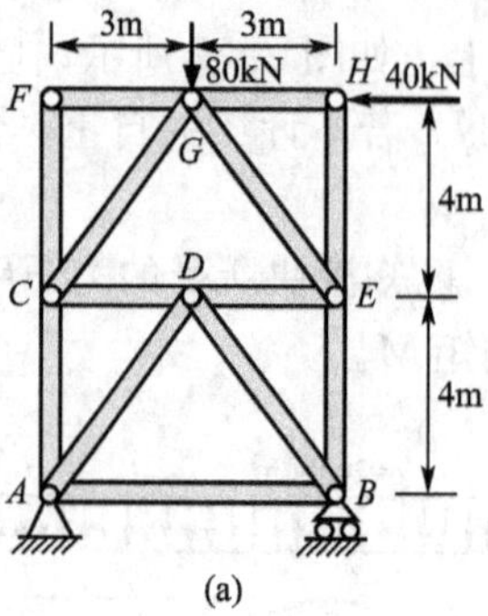

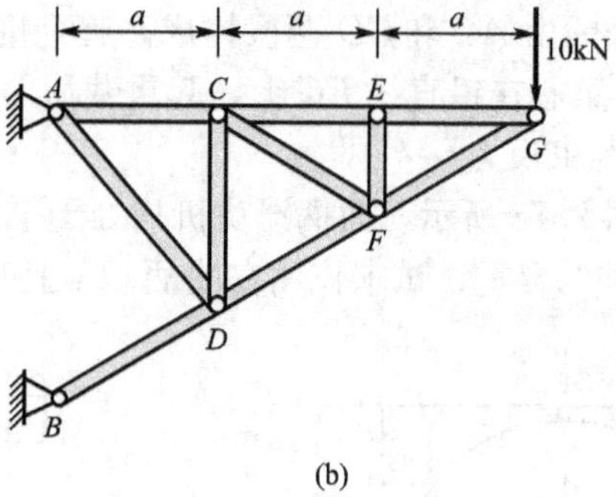

图 2.81 桁架

36. 试用截面法求如图 2.82 所示桁架指定杆件(标注数字号码杆件)的内力。

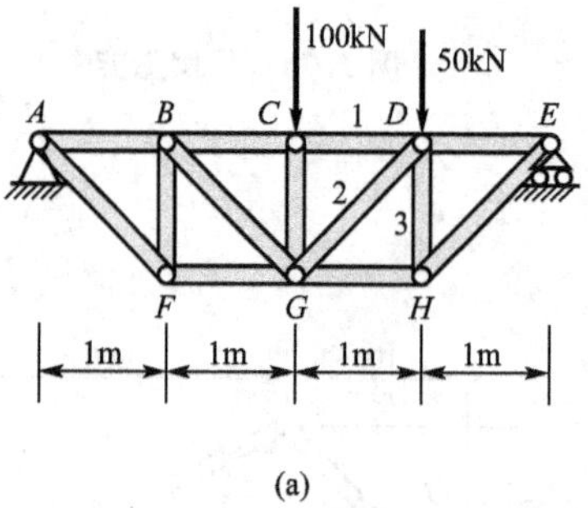

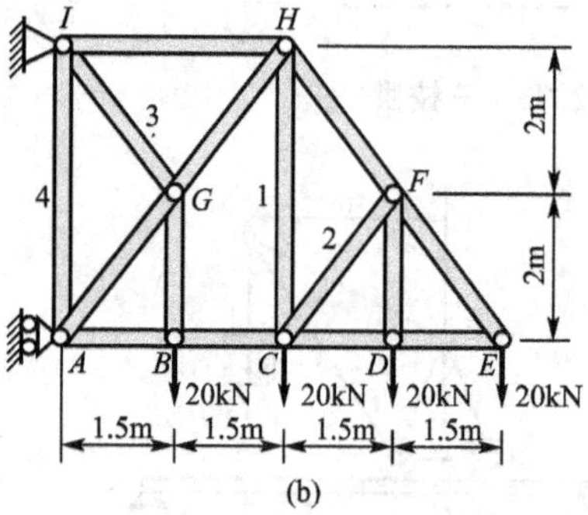

图 2.82 桁架

第3章 空间力系

教学目标

本章主要介绍力在空间坐标轴上的投影，力对轴的矩，以及空间力系的平衡方程等，以平衡方程的应用为重点。通过本章的学习，应达到以下目标。

(1) 理解主矢、主矩等基本概念，掌握力对点的矩、力对轴的矩以及两者之间的关系、合力投影定理、合力矩定理。

(2) 掌握空间特殊力系的平衡方程，能利用这些方程求解相应的平衡问题。

(3) 熟练掌握空间力系的化简、空间一般力系的平衡方程，能够应用平衡方程求解未知力。

教学要求

知识要点	能力要求	相关知识
力在空间坐标轴上的投影	理解力在空间坐标的投影与分解	(1) 一次投影法 (2) 两次投影法
力矩	(1) 掌握力对点的矩的计算 (2) 掌握力对轴的矩的计算 (3) 掌握力对点的矩和力对轴的矩之间的关系	(1) 空间问题中力对点的矩为矢量 (2) 力对轴的矩为标量 (3) 两者为投影关系
空间力系的平衡方程	(1) 理解空间力系的简化及最后简化结果 (2) 熟练掌握空间特殊力系和空间一般力系的平衡方程，并能用它们解决实际问题 (3) 熟练掌握物体重心和形心的概念及其计算方法	(1) 空间汇交力系 (2) 空间力偶系 (3) 合力投影定理、合力矩定理 (4) 空间力系的简化与平衡 (5) 平行力系的中心，物体的重心、形心和质心

基本概念

力在空间坐标上的投影；合力投影定理；力矩；合力矩定理；力偶；力偶矩；主矢；主矩；空间特殊力系；空间任意力系；空间力系平衡方程。

引例

在工程实际中，经常会遇到物体所受各力的作用线不在同一平面内，而呈空间任意分布，将这种力系称为空间任意力系，简称空间力系。它是物体所受力系最一般的情形，平面问题中的各种力系均可看作是空间力系的一种特殊情形。同平面任意力系一样，对于空间力系亦将主要解决两个问题：其一是力系的简化合成问题；其二是平衡条件及其应用问题。并且在研究方法上也同平面任意力系的方法相同。

空间力系可分为空间汇交力系、空间力偶系和空间任意力系来进行研究。

3.1 空间汇交力系

若空间力系中各力的作用线汇交于一点，称为空间汇交力系。同平面任意力系一样，我们需要在力在坐标轴上投影的基础之上来研究其合成和平衡问题。

3.1.1 力在空间直角坐标轴上的投影及分解

1. 力在空间直角坐标轴上的投影

如图 3.1(a)所示，若力 $\boldsymbol{F}$ 与 3 个直角坐标轴的夹角分别为 α、β、γ，则力在各坐标轴上的投影可由力的大小与该坐标轴的夹角余弦的乘积来计算，即

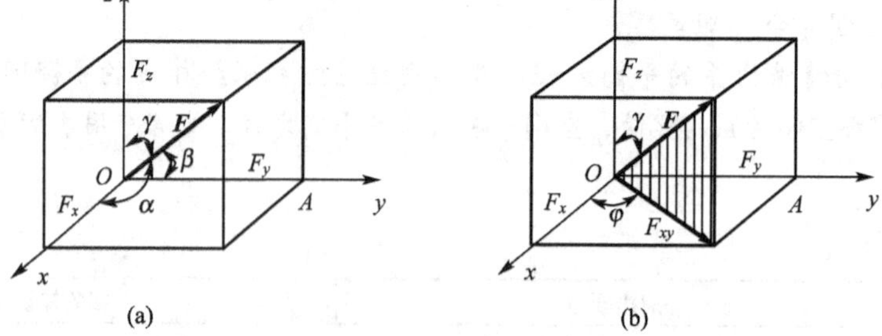

图 3.1 力 $\boldsymbol{F}$ 的投影

$$\left.\begin{aligned}F_x&=F\cos\alpha\\F_y&=F\cos\beta\\F_z&=F\cos\gamma\end{aligned}\right\}\qquad(3-1)$$

利用式(3-1)计算投影的方法称为直接投影法。而若力 $\boldsymbol{F}$ 与坐标轴 Ox 和 Oy 的夹角

α、β不易确定时，可先将力$\boldsymbol{F}$投影到Oxy平面上，得到一力在平面上的投影量F_{xy}，然后再将F_{xy}投影到x轴、y轴上。如图3.1(b)所示，当已知γ、φ角时，力在坐标轴上的投影量可由下式计算：

$$\left.\begin{aligned}F_x&=F\sin\gamma\cos\varphi\\F_y&=F\sin\gamma\sin\varphi\\F_z&=F\cos\gamma\end{aligned}\right\}\tag{3-2}$$

由式(3-2)计算投影的方法又称为二次投影法。但需注意，力在坐标轴上的投影为一代数量，而力在一平面上的投影应为一矢量，这是因为在平面上的投影量不能简单由坐标轴的正负来确定其方向。

2. 力沿坐标轴的正交分解

同力在坐标轴上的投影类似，可将力矢沿3个坐标轴方向分解为3个正交分力$\boldsymbol{F}_x$、$\boldsymbol{F}_y$、$\boldsymbol{F}_z$，如图3.2所示，则有

$$\boldsymbol{F}=\boldsymbol{F}_x+\boldsymbol{F}_y+\boldsymbol{F}_z$$

由力在坐标轴上的投影和分解的形式可知，其正交分力应与其在坐标轴上相应的投影值有如下关系

$$\left.\begin{aligned}\boldsymbol{F}_x&=F_x\boldsymbol{i}\\\boldsymbol{F}_y&=F_y\boldsymbol{j}\\\boldsymbol{F}_z&=F_z\boldsymbol{k}\end{aligned}\right\}\tag{3-3}$$

式中，$\boldsymbol{i}$、$\boldsymbol{j}$、$\boldsymbol{k}$分别为沿3个坐标轴x、y、z的单位矢量；则力矢$\boldsymbol{F}$沿直角坐标轴的解析表达式为

$$\boldsymbol{F}=F_x\boldsymbol{i}+F_y\boldsymbol{j}+F_z\boldsymbol{k}\tag{3-4}$$

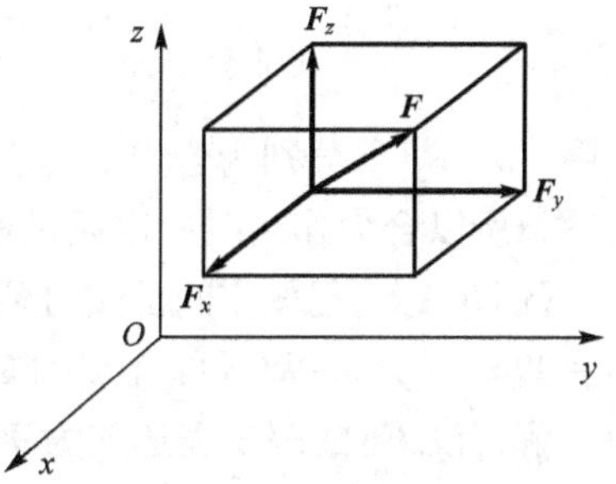

图3.2 力$\boldsymbol{F}$的正交分解

即力矢$\boldsymbol{F}$可由在直角坐标轴上的投影来表示。若已知力在坐标轴上的投影F_x、F_y、F_z，则力的大小和方向余弦可由下式确定：

$$\left.\begin{aligned}&F=\sqrt{F_x^2+F_y^2+F_z^2}\\&\cos\alpha=\frac{F_x}{F},\quad\cos\beta=\frac{F_y}{F},\quad\cos\gamma=\frac{F_z}{F}\end{aligned}\right\}\tag{3-5}$$

必须注意，由式(3-5)只能确定力矢的大小和方向，不能确定其作用线位置。而由力矢的3个分量可确定力的三要素。

3.1.2 空间汇交力系的合成与平衡

1. 空间汇交力系的合成

与平面汇交力系类似，空间汇交力系的合成方法亦有两种，即几何法和解析法。但在用几何法合成时，由于所作出的力多边形不在同一平面内，所以实际运用起来较困难，故一般不使用该方法。但由几何法可知，若有$\boldsymbol{F}_1$、$\boldsymbol{F}_2$、…、$\boldsymbol{F}_n$组成一空间汇交力系，则力系的合力$\boldsymbol{F}_{\mathrm{R}}$应等于力系中各力的矢量和，即

$$\boldsymbol{F}_{\mathrm{R}}=\boldsymbol{F}_1+\boldsymbol{F}_2+\cdots+\boldsymbol{F}_n=\sum\boldsymbol{F}\tag{3-6}$$

且合力$\boldsymbol{F}_{\mathrm{R}}$的作用线通过力系的汇交点。

在解决空间力系实际问题时，一般采用解析法进行分析。由式(3-4)可知，力系中任一力 F_i 均可表示为

$$\boldsymbol{F}_i=F_{ix}\boldsymbol{i}+F_{iy}\boldsymbol{j}+F_{iz}\boldsymbol{k} \tag{a}$$

将式(a)代入式(3-6)中，得

$$\boldsymbol{F}_{\mathrm{R}}=\sum\boldsymbol{F}=\sum F_x\boldsymbol{i}+\sum F_y\boldsymbol{j}+\sum F_z\boldsymbol{k}$$

若合力 F_{R} 在各轴上的投影分别为 $F_{\mathrm{R}x}$、$F_{\mathrm{R}y}$、$F_{\mathrm{R}z}$，则

$$\left.\begin{aligned}F_{\mathrm{R}x}&=\sum F_x\\F_{\mathrm{R}y}&=\sum F_y\\F_{\mathrm{R}z}&=\sum F_z\end{aligned}\right\} \tag{3-7}$$

上式表明：合力在某一轴上的投影，等于力系中各力在同一轴上的投影的代数和。这就是空间的合力投影定理。

由式(3-5)可知，合力的大小和方向可由下式确定：

$$\left.\begin{aligned}&F_{\mathrm{R}}=\sqrt{F_{\mathrm{R}x}^2+F_{\mathrm{R}y}^2+F_{\mathrm{R}z}^2}=\sqrt{(\sum F_x)^2+(\sum F_y)^2+(\sum F_z)^2}\\&\cos\alpha=\frac{\sum F_x}{F_{\mathrm{R}}},\quad \cos\beta=\frac{\sum F_y}{F_{\mathrm{R}}},\quad \cos\gamma=\frac{\sum F_z}{F_{\mathrm{R}}}\end{aligned}\right\} \tag{3-8}$$

式中，α、β、γ 分别为合力 F_{R} 与 x、y、z 3 个直角坐标轴的夹角。因为已知力系为一汇交力系，所以合力作用线一定通过汇交点。

【例 3.1】 已知空间汇交力系的 4 个力中 $\boldsymbol{F}_1=60\boldsymbol{i}+80\boldsymbol{j}+60\boldsymbol{k}$(N)，$\boldsymbol{F}_2=-70\boldsymbol{i}+70\boldsymbol{k}$(N)，$\boldsymbol{F}_3=30\boldsymbol{i}-40\boldsymbol{j}-50\boldsymbol{k}$(N)，合力 $\boldsymbol{F}_{\mathrm{R}}=100\boldsymbol{i}+100\boldsymbol{j}+80\boldsymbol{k}$(N)，求第四个力 $\boldsymbol{F}_4$ 的大小和方向。

解： 设 $\boldsymbol{F}_4$ 的解析表达式为 $\boldsymbol{F}_4=F_{4x}\boldsymbol{i}+F_{4y}\boldsymbol{j}+F_{4z}\boldsymbol{k}$。

由式(3-7)可知

$$F_{\mathrm{R}x}=\sum F_x=60-70+30+F_{4x}=100(\mathrm{N}) \tag{1}$$

$$F_{\mathrm{R}y}=\sum F_y=80-40+F_{4y}=100(\mathrm{N}) \tag{2}$$

$$F_{\mathrm{R}z}=\sum F_z=60+70-50+F_{4z}=80(\mathrm{N}) \tag{3}$$

解得：

$$F_{4x}=80\mathrm{N},\quad F_{4y}=60\mathrm{N},\quad F_{4z}=0,$$

即 $\boldsymbol{F}_4=80\boldsymbol{i}+60\boldsymbol{j}$

所以，力 $\boldsymbol{F}_4$ 的大小 $F_4=\sqrt{80^2+60^2}=100(\mathrm{N})$

力 $\boldsymbol{F}_4$ 的方向

$$\alpha=\cos^{-1}\frac{80}{100}=36.87^\circ$$

$$\beta=\cos^{-1}\frac{60}{100}=53.13^\circ$$

$$\gamma=\cos^{-1}\frac{0}{100}=90^\circ$$

式中，α、β、γ 为第四个力 F_4 与 x、y、z 3 个坐标轴的夹角。

2. 空间汇交力系的平衡条件

由上述讨论可知，空间汇交力系同平面汇交力系一样，其合成结果亦为一合力。所以空间汇交力系平衡的必要和充分条件是力系的合力等于零，即

$$\boldsymbol{F}_{\mathrm{R}}=\sum\boldsymbol{F}=\boldsymbol{0} \tag{3-9}$$

或可用解析式表示为

$$F_R=\sqrt{(\sum F_x)^2+(\sum F_y)^2+(\sum F_z)^2}=0$$

所以

$$\left.\begin{aligned}\sum F_x=0\\ \sum F_y=0\\ \sum F_z=0\end{aligned}\right\} \qquad (3-10)$$

上式表明，空间汇交力系平衡的充分和必要条件是：该力系中各力在3个坐标轴的每一坐标轴上的投影的代数和均等于零。式(3-10)亦称为空间汇交力系的平衡方程。

【例3.2】 如图3.3所示简易三角架起重的装置，其中AB、AC、AD三杆的两端可视为球形铰链连接。三角架的三角B、C、D构成一等边三角形，且每根杆均与地面成$\theta=65°$的倾角。已知起吊的重物重量为$W=2\text{kN}$，试求3根杆所受的压力。

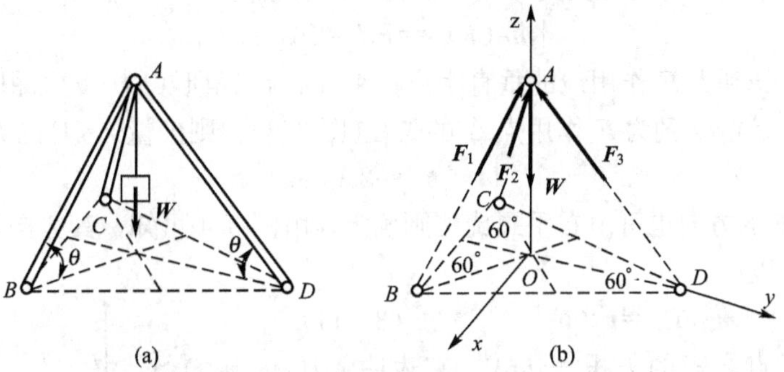

图3.3 三角架

解： 由题意可知，AB、AC、AD三杆为二力杆，设三杆所受的压力分别为$\boldsymbol{F}_1$、$\boldsymbol{F}_2$、$\boldsymbol{F}_3$，且力系为一空间汇交力系。取节点A为研究对象，受力如图3.3(b)所示，建立如图所示坐标系$Oxyz$，可列出如下平衡方程：

$$\sum F_x=0,\quad -F_1\cos\theta\cos30°+F_2\cos\theta\cos30°=0 \qquad (1)$$

$$\sum F_y=0,\quad F_1\cos\theta\sin30°+F_2\cos\theta\sin30°-F_3\cos\theta=0 \qquad (2)$$

$$\sum F_z=0,\quad F_1\sin\theta+F_2\sin\theta+F_3\sin\theta-W=0 \qquad (3)$$

联立求解可得

$$F_1=F_2=F_3=\frac{W}{3\sin\theta}$$

将$W=2\text{kN}$、$\theta=65°$代入上式得

$$F_1=F_2=F_3=\frac{W}{3\sin\theta}=\frac{2\times10^3}{3\sin65°}=737(\text{N})$$

3.2 力对点之矩和力对轴之矩

在平面任意力系中，力对点之矩可用代数量来表示。那么在空间力系中又该如何描述呢？在本节中将对这一问题进行分析。

3.2.1 空间力系中力对点之矩的矢量表示

在平面力系中，只需用一代数量即可表示出力对点之矩的全部要素，即大小和转向，这是因为力矩的作用面是一固定平面。而在空间问题中研究力对点之矩的问题时，不仅要考虑力矩的大小和方向，还要考虑力和矩心所在平面的方位。当该作用面的空间方位不同时，其对刚体的作用效果则完全不同。所以，在空间问题中，力对点之矩是由力矩的大小、力矩作用面的方位及力矩在作用面内的转向这3个要素所决定的。而用一代数量是无法将这三要素表示出来的，故须用一矢量来表示，将该矢量称为力矩矢。力 $\boldsymbol{F}$ 对点 O 之矩记作 $\boldsymbol{m}_O(\boldsymbol{F})$，如图3.4所示，该力矩矢通过矩心 O，且垂直于力矩作用面(即 $\triangle OAB$ 所在平面)，其方向可由右手螺旋法则确定：即右手四指与力 $\boldsymbol{F}$ 对点 O 之矩的转动方向一致，则拇指所指方向就为力矩矢的方向。而力矩的大小为

$$|\boldsymbol{m}_O(\boldsymbol{F})|=Fd=2A_{\triangle OAB}$$

式中，d 为矩心 O 到力 $\boldsymbol{F}$ 作用线的垂直距离；$A_{\triangle OAB}$ 为三角形 OAB 的面积。

若以 $\boldsymbol{r}$ 表示矩心 O 到力 $\boldsymbol{F}$ 作用点 A 的矢径(图3.4)，则矢量 $\boldsymbol{r}\times\boldsymbol{F}$ 的大小为

$$|\boldsymbol{r}\times\boldsymbol{F}|=2A_{\triangle OAB}$$

且矢量 $\boldsymbol{r}\times\boldsymbol{F}$ 的方向也可由右手螺旋法则确定，由图3.4可知，其方向与力矩矢 $\boldsymbol{m}_O(\boldsymbol{F})$ 的方向一致，所以

$$\boldsymbol{m}_O(\boldsymbol{F})=\boldsymbol{r}\times\boldsymbol{F} \tag{3-11}$$

上式为力对点之矩的矢积表达式。它表明：力对点的矩矢等于矩心到力的作用点的矢径与该力的矢积。

必须指出，由于力矩矢的大小和方向均与矩心的位置有关，故力矩矢的矢端必须在矩心而不可任意移动，所以，力矩矢应为一定位矢量。

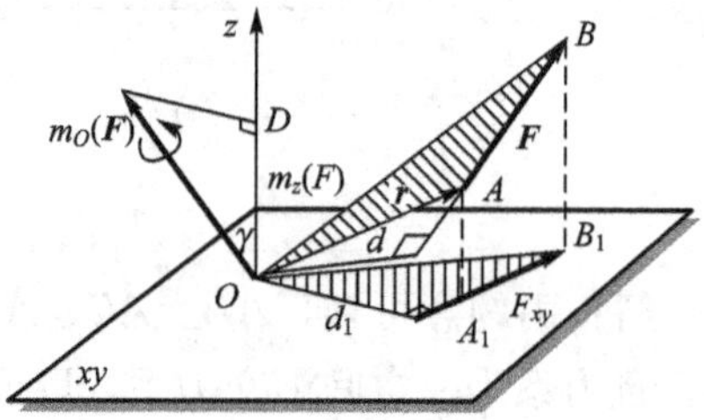

图3.4 力 F 对点 O 之矩

3.2.2 空间力系中力对轴之矩

在工程实际中，经常会遇到研究对象绕某一定轴转动的情况，这时需确定力对该定轴之矩的大小和方向。如图3.4所示，若欲求力 $\boldsymbol{F}$ 对于 z 轴之矩，可先作一与 z 轴垂直的 xy 平面，且 z 轴与 xy 平面相交于 O 点，F_{xy} 为力 $\boldsymbol{F}$ 在 xy 平面内的投影。由图3.4的空间位置关系可知，力 F 对 z 轴的矩就是其投影 F_{xy} 对 z 轴的矩，或者说是在 xy 平面内 F_{xy} 对 O 点的矩，即

$$m_z(\boldsymbol{F})=m_z(\boldsymbol{F}_{xy})=m_O(\boldsymbol{F}_{xy})$$

设 d_1 为矩心 O 到 F_{xy} 作用线的距离，则力 F 对 z 轴的矩可定义为

$$m_z(\boldsymbol{F})=\pm F_{xy}\cdot d_1=\pm 2A_{\triangle OA_1B_1} \tag{3-12}$$

上式表明：力对轴的矩为一代数量，其大小等于力在垂直于该轴平面内的投影对于轴与平面交点之矩；其转向可由式中正负决定，即从轴的正向观看，若力矩使刚体绕轴逆时针转动，则取正值，反之取负值，或者可按右手螺旋法则来确定正负号。它是力使刚体绕

该轴转动效应的度量，其单位为牛顿·米(N·m)。

须注意，由式(3-12)可知，当力与某一轴平行或相交时，或者说当力与轴在同一平面内时，力对该轴的矩为零。

3.2.3 力对点之矩与力对通过该点的轴之矩间的关系

由上述分析及图3.4所示可知，力 $\boldsymbol{F}$ 对点 O 的矩的大小为

$$|\boldsymbol{m}_O(\boldsymbol{F})|=2A_{\triangle OAB}$$

而力 F 对通过点 O 的 z 轴的矩的大小为

$$|m_z(\boldsymbol{F})|=2A_{\triangle OA_1B_1}$$

在图3.4中，由几何学知识可知

$$A_{\triangle OAB}\cdot\cos\gamma=A_{\triangle OA_1B_1}$$

式中，γ 为 $\triangle OAB$ 和 $\triangle OA_1B_1$ 所在两平面的夹角，因为力矩矢 $\boldsymbol{m}_O(\boldsymbol{F})$ 和 z 轴分别垂直于两平面，所以矢量 $\boldsymbol{m}_O(\boldsymbol{F})$ 和 z 轴的夹角亦为 γ，则

$$|\boldsymbol{m}_O(\boldsymbol{F})|\cos\gamma=|m_z(\boldsymbol{F})|$$

式中，左边即为力矩矢 $\boldsymbol{m}_O(\boldsymbol{F})$ 在 z 轴上的投影，用 $[\boldsymbol{m}_O(\boldsymbol{F})]_z$ 表示。若考虑到正负号的关系，则上式可写成

$$[\boldsymbol{m}_O(\boldsymbol{F})]_z=m_z(\boldsymbol{F}) \tag{3-13}$$

上式表明：力对一点之矩的力矩矢在通过该点的任一轴上的投影量等于力对于该轴之矩。它表明了力对点之矩与力对通过该点的轴之矩间的关系。

在图3.4中，若矢径 $\boldsymbol{r}$ 末端 A 点的坐标为(x、y、z)，可设力矢 $\boldsymbol{F}=F_x\boldsymbol{i}+F_y\boldsymbol{j}+F_z\boldsymbol{k}$，矢径 $\boldsymbol{r}=x\boldsymbol{i}+y\boldsymbol{j}+z\boldsymbol{k}$，则由式(3-11)可知力对点 O 的矩矢为

$$\boldsymbol{m}_O(\boldsymbol{F})=\boldsymbol{r}\times\boldsymbol{F}=\begin{vmatrix}\boldsymbol{i} & \boldsymbol{j} & \boldsymbol{k}\\ x & y & z\\ F_x & F_y & F_z\end{vmatrix}$$

$$=(yF_z-zF_y)\boldsymbol{i}+(zF_x-xF_z)\boldsymbol{j}+(xF_y-yF_x)\boldsymbol{k} \tag{3-14}$$

式中，单位向量 $\boldsymbol{i}$、$\boldsymbol{j}$、$\boldsymbol{k}$ 的系数即为力矩矢 $\boldsymbol{m}_O(\boldsymbol{F})$ 在 x、y、z 3个坐标轴上的投影，再由式(3-13)可知，力 $\boldsymbol{F}$ 对各坐标轴之矩的解析表达式为

$$\left.\begin{aligned}m_x(\boldsymbol{F})&=yF_z-zF_y\\ m_y(\boldsymbol{F})&=zF_x-xF_z\\ m_z(\boldsymbol{F})&=xF_y-yF_x\end{aligned}\right\} \tag{3-15}$$

3.3 空间力偶

我们已经知道，力和力偶均是两个基本的力学量。在本节中将讨论空间力偶的基本性质以及空间力偶系的合成和平衡问题。

3.3.1 空间力偶的等效定理

由平面力偶理论可知，在同一平面内两力偶等效的条件是两力偶的力偶矩的代数值相

等。而在空间问题中，两力偶若要等效除应满足平面力偶的等效条件外，还需要考虑力偶作用面改变时其对刚体作用效应的影响。首先，当力偶作用面所在空间方位不同时，其对刚体的作用效应明显不同；其次，若力偶作用面方位相同时，即力偶作用面平行时，结果会如何呢?

如图3.5所示，设平面Ⅰ内作用一力偶($\boldsymbol{F}$、$\boldsymbol{F}'$)，其力偶臂为AB。现在与平面Ⅰ平行的平面Ⅱ内作线段A_1B_1，使AB与A_1B_1平行且相等。在A_1、B_1两点处各加一对平衡力，且令

$$F_1=F_2'=F_2=F_1'=F=F'$$

即所加各平衡力的大小均与原力偶中的力$\boldsymbol{F}$相等，且各平衡力方向与力$\boldsymbol{F}$平行。由加减平衡力系公理可知，两平面内的6个力所组成的力系应与原力偶($\boldsymbol{F}$、$\boldsymbol{F}'$)等效。若将力矢$\boldsymbol{F}'$和$\boldsymbol{F}_2'$用其合力$\boldsymbol{R}'$代替，由图示可知合力$\boldsymbol{R}'$应作用于平行四边形ABB_1A_1的对角线交点O。同理，$\boldsymbol{R}$为力矢$\boldsymbol{F}$和$\boldsymbol{F}_2$的合力，其亦作用于O点。

因为

$$F'=F_2'=F=F_2$$

所以

$$R=R'$$

可知力矢$\boldsymbol{R}$和$\boldsymbol{R}'$为一对平衡力，若去掉该平衡力，则两平面内的6个力只剩下了平面Ⅱ内的力矢$\boldsymbol{F}_1$和$\boldsymbol{F}_1'$，且该二力矢组成了新的力偶($\boldsymbol{F}_1$、$\boldsymbol{F}_1'$)，且其与原力偶($\boldsymbol{F}$、$\boldsymbol{F}'$)等效。也就是说，将平面Ⅰ内的力偶($\boldsymbol{F}$、$\boldsymbol{F}'$)平行移到平面Ⅱ内，不会影响其对刚体的作用效应。

综上所述，可得空间力偶的等效条件是：若两力偶的力偶矩大小相等、转向相同，且作用面平行，则两力偶等效。

由于空间力偶对刚体的作用效应取决于力偶的力偶矩的大小、转向以及力偶作用面的方位，即空间力偶的三要素，所以也可以用一矢量来表示力偶的三要素。如图3.6所示，矢量$\boldsymbol{m}$称为表示力偶三要素的力偶矩矢。其与力偶的关系可由右手螺旋法则来确定，即右手四指与力偶的转向一致，拇指所指方向即为力偶矩矢的指向，而力偶矩的大小为

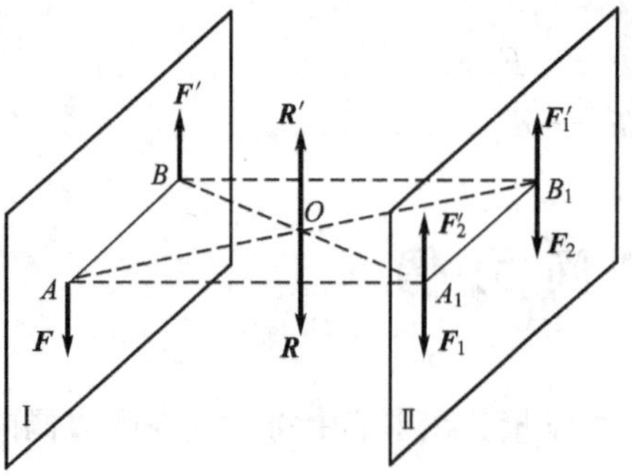

图3.5 空间力偶的等效条件

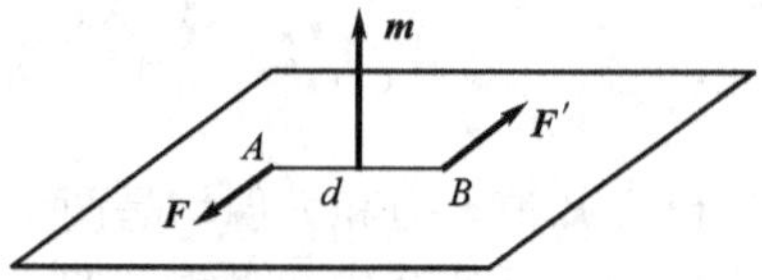

图3.6 力偶的三要素

$$|\boldsymbol{m}|=F\cdot d$$

式中，d为力偶的力偶臂。

由空间力偶的等效条件可知，力偶矩矢应为一自由矢量。

引入力偶矩矢概念后，空间力偶等效条件又可陈述为：凡力偶矩矢相等的力偶均为等效力偶。

3.3.2 空间力偶系的合成与平衡

若将空间力偶系中各力偶均用其各力偶矩矢来表示，且其均为自由矢量，所以可将空间力偶系中的各力偶矩矢简化为交于一点的矢量系，而矢量的合成应符合平行四边形法则，故最终可将其合成为一合力偶矩矢。

所以，空间力偶系可合成为一合力偶，且合力偶矩矢等于力偶系中所有各力偶矩矢的矢量和，即

$$\boldsymbol{M}=\boldsymbol{m}_1+\boldsymbol{m}_2+\cdots+\boldsymbol{m}_n=\sum\boldsymbol{m} \tag{3-16}$$

若空间力偶系处于平衡，则其合力偶矩矢必等于零，即

$$\boldsymbol{M}=\sum\boldsymbol{m}=\boldsymbol{0}$$

上式即为空间力偶系的平衡条件。若将其写成投影形式，则

$$\left.\begin{array}{l}\sum m_x=0\\ \sum m_y=0\\ \sum m_z=0\end{array}\right\} \tag{3-17}$$

式(3-17)表明，空间力偶系平衡的必要和充分条件是：力偶系中各力偶矩矢在3个坐标轴各轴上的投影的代数和等于零。式(3-17)又称为空间力偶系的平衡方程。

3.4 空间任意力系向一点的简化·主矢和主矩

对空间任意力系的简化可以采用平面任意力系的简化方法，即首先将其向一已知点简化，所以空间任意力系简化的理论依据仍为力的平移定理。如图3.7所示，将空间任意力系中各力 $\boldsymbol{F}_1$、$\boldsymbol{F}_2$、…、$\boldsymbol{F}_n$ 分别平移到简化中心 O 点，原力系将与一空间汇交力系 $\boldsymbol{F}'_1$、$\boldsymbol{F}'_2$、…、$\boldsymbol{F}'_n$ 和空间附加力偶系 $\boldsymbol{m}_1$、$\boldsymbol{m}_2$、…、$\boldsymbol{m}_n$ 等效。空间汇交力系可以合成为一作用于简化中心 O 的合力 $\boldsymbol{F}_{\mathrm{R}}$，即

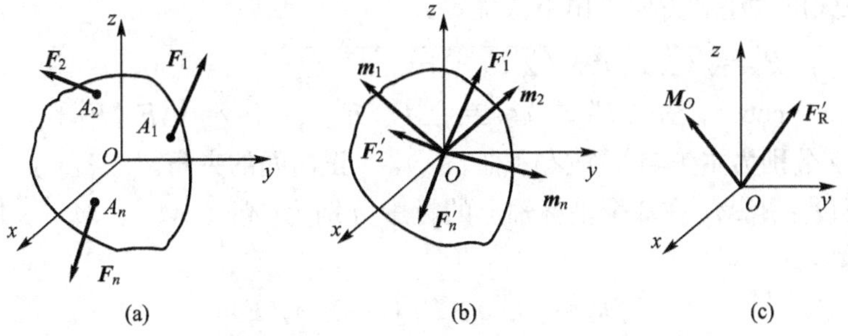

图3.7 空间任意力系的简化

$$\boldsymbol{F}_{\mathrm{R}}=\boldsymbol{F}'_1+\boldsymbol{F}'_2+\cdots+\boldsymbol{F}'_n=\sum\boldsymbol{F}'$$

因为

$$\boldsymbol{F}_1'=\boldsymbol{F}_1,\quad \boldsymbol{F}_2'=\boldsymbol{F}_2,\ \cdots,\ \boldsymbol{F}_n'=\boldsymbol{F}_n$$

所以

$$\boldsymbol{F}_{\mathrm{R}}=\sum\boldsymbol{F}'=\sum\boldsymbol{F}=\boldsymbol{F}_{\mathrm{R}}' \tag{3-18}$$

矢量 $\boldsymbol{F}_{\mathrm{R}}'$为原空间任意力系中各力的矢量和，将 $\boldsymbol{F}_{\mathrm{R}}'=\sum\boldsymbol{F}$ 称为空间任意力系的**主矢**。也就是说，空间汇交力系的合力矢 $\boldsymbol{F}_{\mathrm{R}}$ 等于原力系的主矢。同平面问题一样，空间任意力系的主矢与简化中心位置无关。另外，还需注意的是，汇交力系的合力矢 $\boldsymbol{F}_{\mathrm{R}}$ 与主矢 $\boldsymbol{F}_{\mathrm{R}}'$并不完全相同。

空间附加力偶系可合成为一合力偶，其合力偶矩矢等于各附加力偶矩矢的矢量和，即

$$\boldsymbol{M}_O=\boldsymbol{m}_1+\boldsymbol{m}_2+\cdots+\boldsymbol{m}_n=\sum\boldsymbol{m}$$

而各附加力偶的力偶矩矢分别等于原力系中各力对简化中心 O 点的矩的力矩矢，即：

$$\boldsymbol{m}_1=\boldsymbol{m}_O(\boldsymbol{F}_1),\quad \boldsymbol{m}_2=\boldsymbol{m}_O(\boldsymbol{F}_2),\ \cdots,\ \boldsymbol{m}_n=\boldsymbol{m}_O(\boldsymbol{F}_n)$$

所以

$$\boldsymbol{M}_O=\boldsymbol{m}_O(\boldsymbol{F}_1)+\boldsymbol{m}_O(\boldsymbol{F}_2)+\cdots+\boldsymbol{m}_O(\boldsymbol{F}_n)=\sum\boldsymbol{m}_O(\boldsymbol{F}) \tag{3-19}$$

将 $\boldsymbol{M}_O=\sum\boldsymbol{m}_O(\boldsymbol{F})$称为该力系对简化中心 O 的主矩，其合力矩矢等于原空间力系中各力对简化中心之矩的矢量和。且同平面问题相同，主矩一般与简化中心的位置有关。所以，说到主矩时一般必须指出是力系对哪一点的主矩。

综上所述：空间任意力系向一已知点简化的结果一般可以得到一个力和一个力偶。该力作用于简化中心，它的矢量等于原力系中各力的矢量和，即等于原力系的主矢，且主矢与简化中心的位置无关；该力偶的力偶矩矢等于原力系中各力对简化中心的矩的矢量和，即等于原力系对简化中心的主矩，且主矩一般与简化中心的位置有关。

在计算力系的主矢和主矩时，常采用其解析计算式进行计算。如图 3.7(c)所示，以简化中心 O 为坐标原点，建立图示坐标系 $Oxyz$。设 $F_{\mathrm{R}x}'$、$F_{\mathrm{R}y}'$、$F_{\mathrm{R}z}'$分别为主矢 $\boldsymbol{F}_{\mathrm{R}}'$在 3 个坐标轴上的投影，由式(3-7)可知，主矢在各轴上的投影值应等于力系中各力在同一轴上投影的代数和，即

$$\left.\begin{aligned}F_{\mathrm{R}x}'&=\sum F_x\\F_{\mathrm{R}y}'&=\sum F_y\\F_{\mathrm{R}z}'&=\sum F_z\end{aligned}\right\} \tag{3-20}$$

所以，主矢的大小和方向可由下式确定：

$$\left.\begin{aligned}&F_{\mathrm{R}}'=\sqrt{(\sum F_x)^2+(\sum F_y)^2+(\sum F_z)^2}\\&\cos\alpha=\sum F_x/F_{\mathrm{R}}',\quad \cos\beta=\sum F_y/F_{\mathrm{R}}',\quad \cos\gamma=\sum F_z/F_{\mathrm{R}}'\end{aligned}\right\} \tag{3-21}$$

式中，α、β、γ 分别为主矢与 3 个坐标轴 x、y、z 正向间的夹角。

同理，若设主矩 M_O 在 3 个坐标轴上的投影分别为 M_{Ox}、M_{Oy}、M_{Oz}，由式(3-13)及式(3-19)可得

$$\left.\begin{aligned}M_{Ox}&=[\sum\boldsymbol{m}_O(\boldsymbol{F})]_x=\sum m_x(\boldsymbol{F})\\M_{Oy}&=[\sum\boldsymbol{m}_O(\boldsymbol{F})]_y=\sum m_y(\boldsymbol{F})\\M_{Oz}&=[\sum\boldsymbol{m}_O(\boldsymbol{F})]_z=\sum m_z(\boldsymbol{F})\end{aligned}\right\} \tag{3-22}$$

则主矩的大小和方向可由下式确定：

$$\left.\begin{array}{l}M_O=\sqrt{[\sum m_x(\boldsymbol{F})]^2+[\sum m_y(\boldsymbol{F})]^2+[\sum m_z(\boldsymbol{F})]^2}\\ \cos\alpha'=\sum m_x(\boldsymbol{F})/M_O,\quad \cos\beta'=\sum m_y(\boldsymbol{F})/M_O,\quad \cos\gamma'=\sum m_z(\boldsymbol{F})/M_O\end{array}\right\}\qquad(3-23)$$

式中，α'、β'、γ'分别为主矩与 3 个坐标轴 x、y、z 正向间的夹角。

3.5 空间任意力系的简化结果分析

将空间任意力系向一已知点简化时，可得一力和一力偶，即主矢 $\boldsymbol{F}'_{\mathrm{R}}$和主矩 $\boldsymbol{M}_O$。而其最终的合成结果可有以下几种情况。

(1) $\boldsymbol{F}'_{\mathrm{R}}=0$，$\boldsymbol{M}_O\neq0$

说明原力系与一力偶等效，该力偶的力偶矩矢与原力系对简化中心 O 的主矩相等。在这种情况下，主矩与简化中心位置无关。

(2) $\boldsymbol{F}'_{\mathrm{R}}\neq0$，$\boldsymbol{M}_O=0$

说明原力系与一力等效，该力矢与原力系的主矢相等，且该力矢即为原力系的合力。

(3) $\boldsymbol{F}'_{\mathrm{R}}\neq0$，$\boldsymbol{M}_O\neq0$

此为将力系向一点简化时的一般形式。可有以下 3 种情况。

① 当 $\boldsymbol{F}'_{\mathrm{R}}\perp\boldsymbol{M}_O$ 时，如图 3.8(a)所示，主矩 $\boldsymbol{M}_O$ 可由一力偶($\boldsymbol{F}'_{\mathrm{R}}$、$\boldsymbol{F}_{\mathrm{R}''}$)表示，其作用面与主矢 $\boldsymbol{F}'_{\mathrm{R}}$在同一平面内［图 3.8(b)］，若组成力偶的力矢与主矢相等，即

$$\boldsymbol{F}'_{\mathrm{R}}=\boldsymbol{F}_{\mathrm{R}''}=\boldsymbol{F}'_{\mathrm{R}}$$

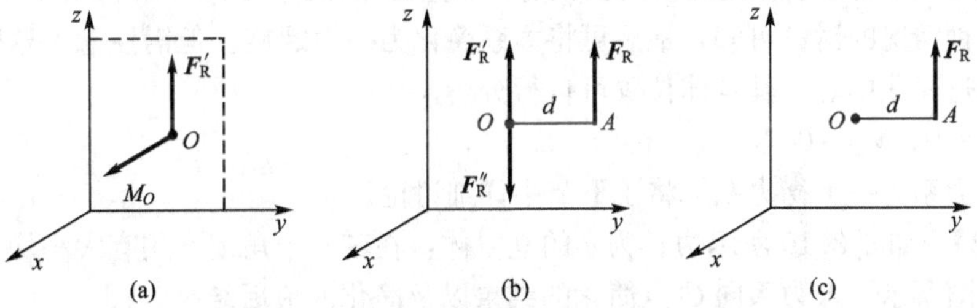

图 3.8 空间任意力系的简化结果分析

则其力偶臂 d 为

$$d=\frac{|\boldsymbol{M}_O|}{\boldsymbol{F}'_{\mathrm{R}}}$$

最终原力系可合成为一作用于 A 点的力矢 $\boldsymbol{F}_{\mathrm{R}}$，该力矢 $\boldsymbol{F}_{\mathrm{R}}$ 即为原力系的合力［图 3.8(c)］。

另外，由上述讨论可知，力系的合力 $\boldsymbol{F}_{\mathrm{R}}$ 对 O 点的矩应等于原力系对 O 点的主矩 $\boldsymbol{M}_O$，即

$$\boldsymbol{m}_O(\boldsymbol{F}_{\mathrm{R}})=\boldsymbol{M}_O$$

而由式(3-19)可知

$$\boldsymbol{M}_O=\sum\boldsymbol{m}_O(\boldsymbol{F})$$

所以

$$\boldsymbol{m}_O(\boldsymbol{F}_{\mathrm{R}})=\sum\boldsymbol{m}_O(\boldsymbol{F})\qquad(3-24)$$

上式表明：空间任意力系的合力对任一点的矩等于力系中各力对同一点的矩的矢量和。这就是空间任意力系的合力矩定理。

若将式(3-24)投影到通过 O 点的任一轴上(以 z 轴为例)，由力对点的矩和力对轴的矩的关系可得

$$m_z(\boldsymbol{F}_R)=\sum m_z(\boldsymbol{F}) \tag{3-25}$$

即空间任意力系的合力对任一轴的矩等于力系中各力对同一轴的矩的代数和。

② 当 $\boldsymbol{F}'_R /\!/ \boldsymbol{M}_O$ 时，力矢 $\boldsymbol{F}'_R$ 将垂直于力偶的作用面，如图 3.9 所示，这时力系将不能进一步简化，而为一最简单的力系。由一力和一作用面与力的作用线垂直的力偶组成的力系，称为力螺旋。若力偶的转向与力的指向符合右手螺旋法则，称为右螺旋［图 3.9(a)］；而若二者符合左手螺旋法则，称为左螺旋［图 3.9(b)］。力的作用线称为力螺旋的中心轴。例如钻床的钻头对工件作用、螺旋桨对一流体的作用等都为力螺旋。

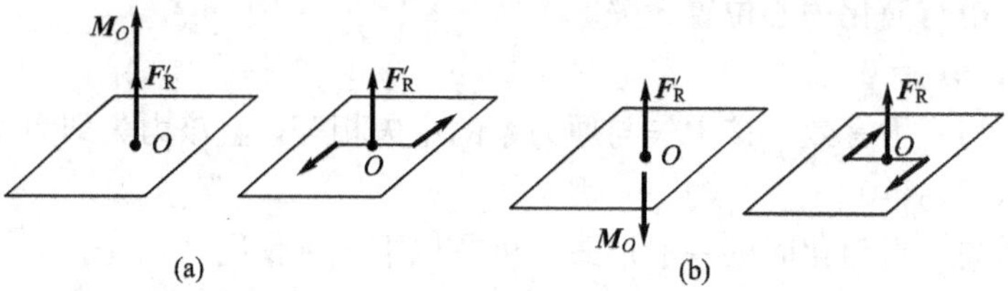

图 3.9 最简力系

③ 当 $\boldsymbol{F}'_R$ 与 $\boldsymbol{M}_O$ 成任意夹角 α 时，此为力系向已知点简化的最一般的形式。在此情况下，可将主矩 $\boldsymbol{M}_O$ 沿力的作用线和与力的作用线垂直的两个方向分解为两个分力偶矩矢，再由上述两种情况的讨论可知，最后可将力系简化为一力螺旋。但需注意，这时力螺旋的中心轴并不过简化中心，其具体位置可自行分析。

(4) $\boldsymbol{F}'_R=0$，$\boldsymbol{M}_O=0$

说明原力系为一平衡力系，将于下节中详细讨论。

【例 3.3】 如图 3.10 所示边长为 a 的立方体，在其 4 个角上作用有大小均为 F 的 4 个力，方向如图所示。求力系向 O 点简化的结果以及简化的最后结果。

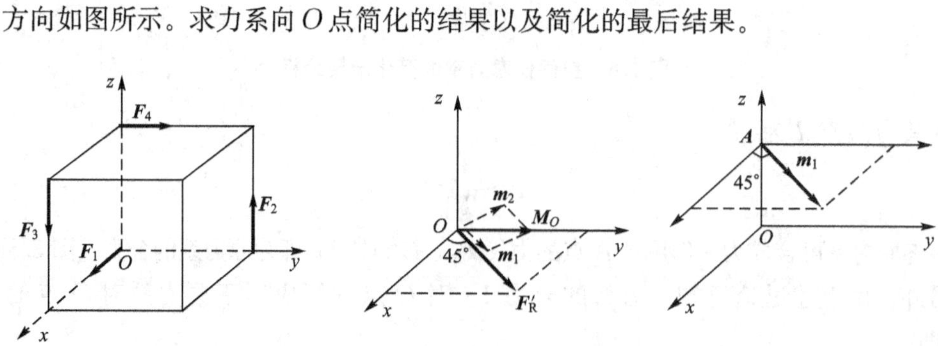

图 3.10 作用于正方体力系的简化

解： (1) 求力系向 O 点简化的结果，可先求出其主矢和主矩的大小及方向，由图 3.10(a)可知

$$\sum F_x=F_1=F$$

$$\sum F_y = F_4 = F$$

$$\sum F_z = F_2 - F_3 = 0$$

所以由式(3-21)可求出主矢的大小为

$$F'_R = \sqrt{(\sum F_x)^2 + (\sum F_y)^2 + (\sum F_z)^2} = \sqrt{2}F$$

且可知其方向如图 3.10(b)所示，$\boldsymbol{F}'_R$在 xOy 平面内，与 x 轴夹角为 45°。

又因为

$$\sum m_x(F) = F_2 \cdot a - F_4 \cdot a = 0$$

$$\sum m_y(F) = F_3 \cdot a = Fa$$

$$\sum m_z(F) = 0$$

则由式(3-23)可得主矩的大小为

$$M_O = \sqrt{[\sum m_x(F)]^2 + [\sum m_y(F)]^2 + [\sum m_z(F)]^2} = Fa$$

主矩的力偶矩矢 $\boldsymbol{M}_O$ 的方向沿 y 轴正向，如图 3.10(b)所示。

所以将原力系向 O 点简化时，可得一力和一力偶，且该力矢与力偶矩矢在 Oxy 平面内的夹角为 45°。

(2) 求力系简化的最后结果。

力系向 O 点简化的结果并不是最后结果。将主矩 $\boldsymbol{M}_O$ 沿主矢方向及与主矢垂直方向分解为两分力偶矩矢 $\boldsymbol{m}_1$ 和 $\boldsymbol{m}_2$，如图 3.10(b)所示，可知：

$$m_1 = M_O\cos45° = Fa\cos45° = \frac{\sqrt{2}}{2}Fa$$

$$m_2 = M_O\sin45° = Fa\sin45° = \frac{\sqrt{2}}{2}Fa$$

分力偶矩矢与主矢可合成为一力矢，且该力矢的作用点距 O 点的距离为

$$OA = \frac{m_2}{F'_R} = \frac{\sqrt{2}}{2}Fa/\sqrt{2}F = \frac{a}{2}$$

所以，力系简化的最后结果为一力螺旋，且力螺旋的中心轴在水平面内并通过 A 点，如图 3.10(c)所示。

3.6 空间任意力系的平衡方程

由上节的讨论可知，当空间任意力系向已知点简化时，可得一力和一力偶，即力系的主矢和对简化中心的主矩。而当其主矢和主矩均为零时，则该空间任意力系为一平衡力系。故也可以说，空间任意力系平衡的必要和充分条件是：该力系的主矢和对任一点的主矩均为零。即

$$\boldsymbol{F}'_R = \sum \boldsymbol{F} = 0$$

$$\boldsymbol{M}_O = \sum \boldsymbol{m}_O(\boldsymbol{F}) = 0$$

由式(3-21)、式(3-23)可知，上式可表示为投影形式：

$$
\left.\begin{aligned}
\sum F_x&=0\\
\sum F_y&=0\\
\sum F_z&=0\\
\sum m_x(\boldsymbol{F})&=0\\
\sum m_y(\boldsymbol{F})&=0\\
\sum m_z(\boldsymbol{F})&=0
\end{aligned}\right\}\qquad(3-26)
$$

所以，空间任意力系平衡的必要和充分条件又可表述为：力系中所有各力在 3 个坐标轴上的投影的代数和分别为零，且力系中各力对 3 个坐标轴的矩的代数和分别为零。式(3-26)又称为空间任意力系的平衡方程。

空间任意力系为所有力系中最一般的力系，所有其他形式的力系均可看作是它的特殊形式。所以，由空间任意力系又可导出其他力系的平衡方程。例如空间平行力系，若假设力系中各力与 z 轴平行，则不论该力系是否平衡，在式(3-26)中，$\sum F_x=0$，$\sum F_y=0$ 及 $\sum m_z(\boldsymbol{F})=0$ 三式将恒为零，即为恒等式，则空间平行力系只有 3 个平衡方程，即

$$
\left.\begin{aligned}
\sum F_z&=0\\
\sum m_x(\boldsymbol{F})&=0\\
\sum m_y(\boldsymbol{F})&=0
\end{aligned}\right\}\qquad(3-27)
$$

同理，对于空间汇交力系、空间力偶系以及平面任意力系的平衡方程亦可由此而得，可自行分析。

同平面任意一样，在应用式(3-26)求解空间力系问题时，还可采用其他形式的平衡方程，如四矩式、五矩式及六矩式方程，且各种形式的方程对投影轴和力矩轴均有一定的限制条件，但在应用时只需保证所列出的方程彼此独立即可。

在分析空间平衡问题时，必然会遇到空间约束。对于在平面问题中常见的约束的类型及特性在第 1 章中已作了详细的介绍，在此基础上仅对常见的空间约束的类型及其产生的约束反力的特性列于表 3-1 中，以供参考。

表 3-1　空间约束类型及约束反力特性

约束反力表示		约 束 类 型			
1	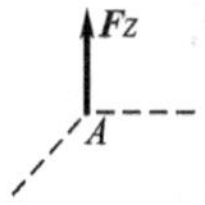	光滑表面 	滚动支座 	柔索 	二力杆 
2	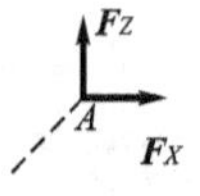	径向轴承 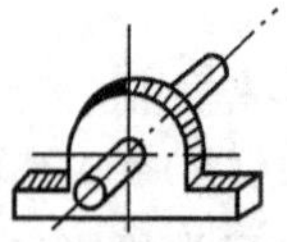	圆柱铰链 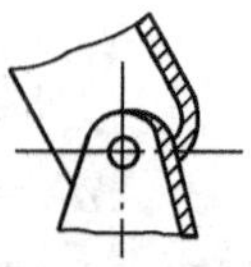	铁轨 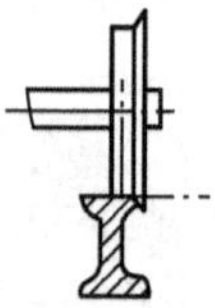	蝶铰链 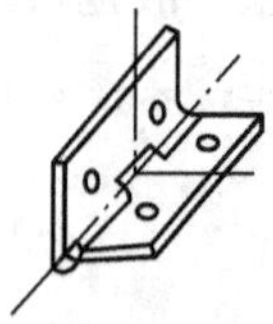

（续）

约束反力表示		约　束　类　型
3	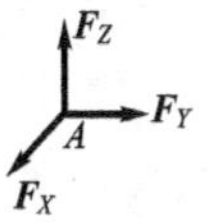	球形铰链  止推轴承 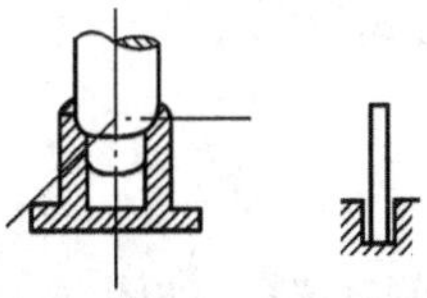
4	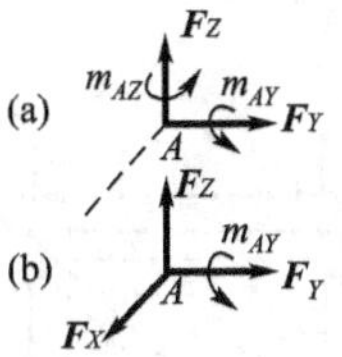	导向轴承 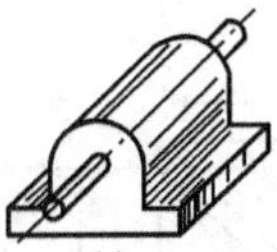 万向接头 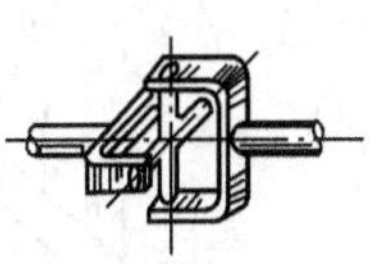
5	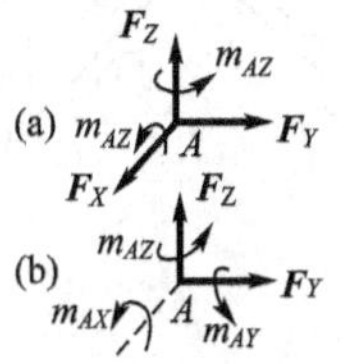	带有销子的夹板 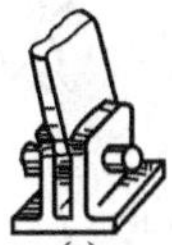 导轨 
6	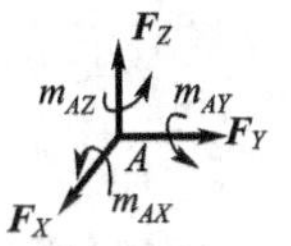	空间的固定端支座 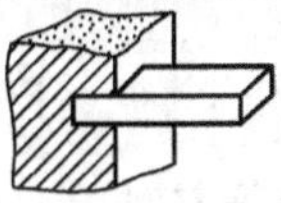

【例 3.4】 如图 3.11 所示 AB，杆长 $l=1\text{m}$，自重不计，其 A 端用球形铰支承，并在 D、H 处分别用绳子拉住，使杆保持水平。B 端作用力 $F=5\text{kN}$。已知 $AD=0.4\text{m}$，$AH=0.6\text{m}$。试求 CD、EH 两绳的拉力。

解： 取 AB 杆为研究对象，其受力如图 3.11(b)所示。而 A 点处的约束反力不需求出，所以在选择方程时应尽量避免出现。

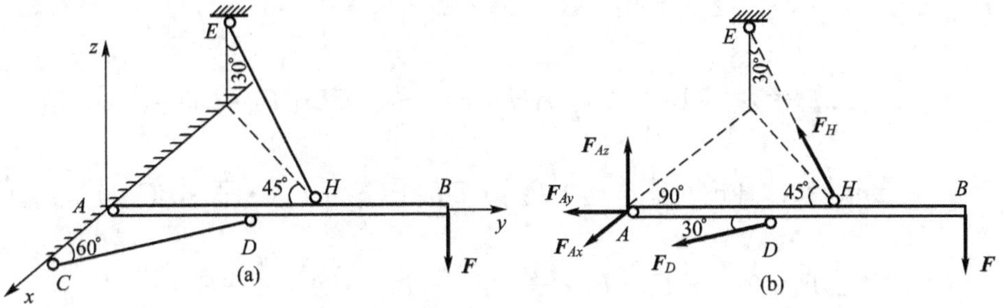

图 3.11　求拉力

由平衡方程

$$\sum m_x=0:\quad F_H\cos30°\cdot AH-F\cdot l=0 \tag{1}$$

$$\sum m_z=0:\quad F_D\sin30°\cdot AD-F_H\sin30°\cdot\sin45°\cdot AH=0 \tag{2}$$

由式(1) $$F_H=\frac{Fl}{AH\cos30°}=\frac{5000\times1}{0.6\times\sqrt{3}/2}=9622.5(\text{N})$$

由式(2) $$F_D=\frac{F_H\sin30°\cdot\sin45°\cdot AH}{\sin30°\cdot AD}$$

$$=\frac{9622.5\times0.5\times\sqrt{2}/2\times0.6}{0.5\times0.4}=10204.7(\text{N})$$

【例3.5】 如图3.12所示一平板 $ACDH$ 由6根支承杆支承，已知主动力 $P_1=1\text{kN}$，$P_2=2\text{kN}$。试求各支承杆所受的力。

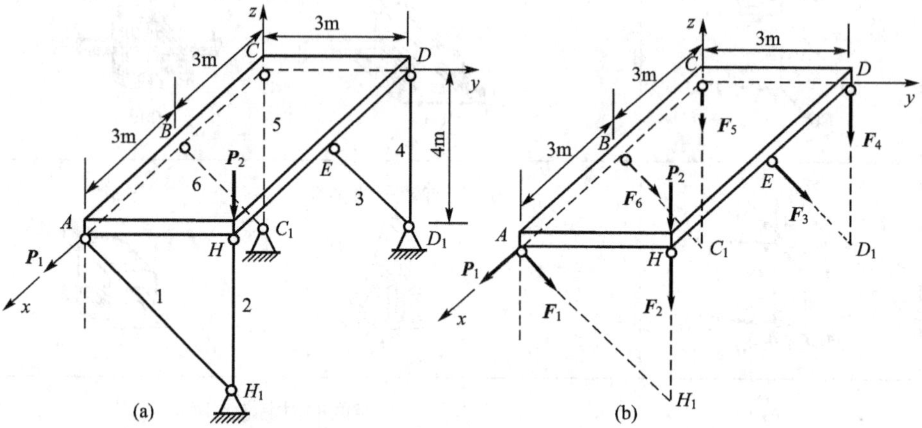

图3.12 支承杆受力分析

解： 取板 $ACDH$ 为研究对象，设各杆均受拉力，其受力如图3.12(b)所示。

由平衡方程

$$\sum m_z=0:\quad F_1\cdot\frac{3}{5}\cdot AC=0 \tag{1}$$

$$\sum m_{AA_1}=0:\quad F_3\cdot\frac{3}{5}\cdot AH=0 \tag{2}$$

$$\sum F_x=0:\quad P_1-F_3\cdot\frac{3}{5}-F_6\cdot\frac{3}{5}=0 \tag{3}$$

$$\sum m_x=0:\quad (F_2+P_2)\cdot AH+F_3\cdot\frac{4}{5}\cdot DE+F_4\cdot CD=0 \tag{4}$$

$$\sum m_y=0:\quad \left(F_1\cdot\frac{4}{5}+F_2+P_2\right)\cdot DH+(F_3+F_6)\cdot\frac{4}{5}\cdot BC=0 \tag{5}$$

$$\sum F_z=0:\quad -F_5-F_1\cdot\frac{4}{5}-F_2-(F_3+F_6)\cdot\frac{4}{5}-F_4=0 \tag{6}$$

联立求解可得

$F_1=0$， $F_3=0$， $F_6=1.67\text{kN}$， $F_2=-2.67\text{kN}$， $F_4=0.67\text{kN}$， $F_5=-1.67\text{kN}$

其中 F_2、F_5 的值为负，说明此二杆受压。

3.7 重　　心

在对工程实际中的物体进行分析研究时，经常需要确定研究对象的重力的中心，即重心。我们知道，重力是地球对物体的引力，也就是说，若将物体看作是由无穷多个质点所组成，则每个质点都会受到地球重力的作用，这些力均应汇交于地心，构成一空间汇交力系。但物体在地面附近时，由于物体几何尺寸远小于地球，所以，组成物体的各质点所受的重力可近似看作是一平行力系。而这一同向的平行力系的合力即为物体的重心，且相对物体而言其重心的位置是固定不变的。

假设图 3.13 所示的刚体是由 n 个质点组成的，C 点为刚体的重心。为研究该刚体的坐标，建立图示的与刚体固定的空间直角坐标系 $Oxyz$，刚体内一质点 M_i 为组成刚体的 n 个质点中的任一质点。设刚体和该质点的重力分别为 $\boldsymbol{G}$ 和 $\boldsymbol{G}_i$，且刚体的重心和质点的坐标分别为 $C(x_C、y_C、z_C)$和 $M_i(x_i、y_i、z_i)$。

因为刚体的重力 $\boldsymbol{G}$ 等于组成刚体的各个质点的重力 $\boldsymbol{G}_i$ 的合力，即

$$\boldsymbol{G}=\sum\boldsymbol{G}_i$$

应用对 y 轴的合力矩定理，则有

$$Gx_C=G_1x_1+G_2x_2+\cdots+G_nx_n=\sum G_ix_i$$

所以

$$x_C=\frac{\sum G_ix_i}{G}$$

同理，若应用对 x 轴的合力矩定理，则有

$$Gy_C=\sum G_iy_i$$

即

$$y_C=\frac{\sum G_iy_i}{G}$$

因为物体的重心位置与物体如何放置无关，所以可将物体连同坐标系一起绕 x 轴转动 90°，如图 3.14 所示，再应用合力矩定理对 x 轴取矩，则可得

$$z_C=\frac{\sum G_iz_i}{G}$$

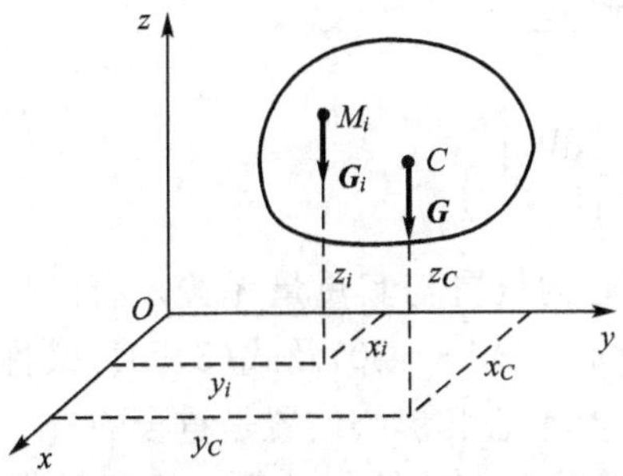

图 3.13　刚体重心

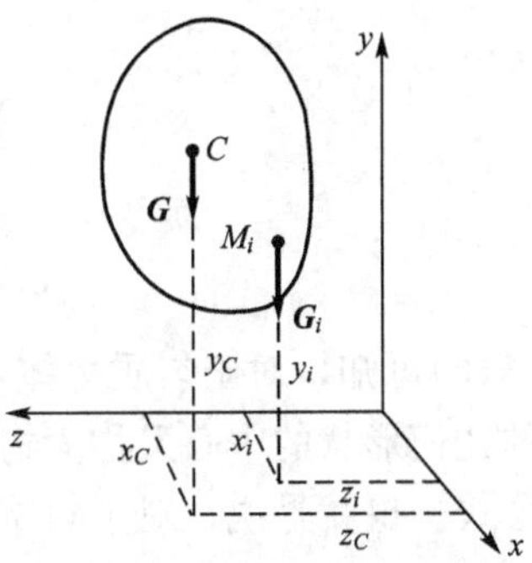

图 3.14　绕 x 轴旋转坐标系

综上所述，可知物体重心坐标计算公式为

$$\left.\begin{aligned} x_C&=\frac{\sum G_i x_i}{G} \\ y_C&=\frac{\sum G_i y_i}{G} \\ z_C&=\frac{\sum G_i z_i}{G} \end{aligned}\right\} \tag{3-28}$$

或可将上式写成矢径形式

$$\boldsymbol{r}_C=\frac{\sum G_i \boldsymbol{r}_i}{G} \tag{3-29}$$

式中，$\boldsymbol{r}_C$ 和 $\boldsymbol{r}_i$ 分别为物体重心和组成物体的任一质点对坐标原点的矢径。

对匀质物体而言，若设其密度为 γ，体积为 V，在物体内任取一微小部分的体积为 ΔV_i，则有

$$G=\gamma\cdot V,\quad G_i=\gamma\cdot \Delta V_i$$

将上式代入式(3-29)中，可得

$$\boldsymbol{r}_C=\frac{\sum \Delta V_i \boldsymbol{r}_i}{V} \tag{3-30a}$$

或用投影形式表示为

$$\left.\begin{aligned} x_C&=\frac{\sum \Delta V_i x_i}{V} \\ y_C&=\frac{\sum \Delta V_i y_i}{V} \\ z_C&=\frac{\sum \Delta V_i z_i}{V} \end{aligned}\right\} \tag{3-30b}$$

对于质量连续分布的物体，可令 ΔV_i 趋于零，则在极限的情况下可得到积分形式为

$$\boldsymbol{r}_C=\frac{\int_V \boldsymbol{r}_i \mathrm{d}V}{V} \tag{3-31a}$$

或用投影形式表示为

$$\left.\begin{aligned} x_C&=\frac{\int_V x\,\mathrm{d}V}{V} \\ y_C&=\frac{\int_V y\,\mathrm{d}V}{V} \\ z_C&=\frac{\int_V z\,\mathrm{d}V}{V} \end{aligned}\right\} \tag{3-31b}$$

由式(3.31b)可知，对于匀质物体，其重心的位置与其重量无关，而仅与其几何形状有关。物体的几何形状的中心又称为物体的形心。式(3-30)及式(3-31)又称为物体的形心坐标计算公式。也就是说，对于匀质物体，其重心和形心位置是重合的。

同理，还可以得到匀质等厚薄板及匀质等截面细长杆件的重心坐标计算公式，可见表3-2。

表 3-2 重心坐标计算公式

形式	匀质物体	匀质等厚薄板或薄壳	匀质等截面细杆
离散形式	$\left.\begin{aligned} x_C&=\frac{\sum V_i x_i}{V}\\ y_C&=\frac{\sum \Delta V_i y_i}{V}\\ z_C&=\frac{\sum \Delta V_i z_i}{V}\end{aligned}\right\}$ (3-30b)	$\left.\begin{aligned} x_C&=\frac{\sum \Delta A_i x_i}{A}\\ y_C&=\frac{\sum \Delta A_i y_i}{A}\\ z_C&=\frac{\sum \Delta A_i z_i}{A}\end{aligned}\right\}$ (3-32)	$\left.\begin{aligned} x_C&=\frac{\sum \Delta l_i x_i}{l}\\ y_C&=\frac{\sum \Delta l_i y_i}{l}\\ z_C&=\frac{\sum \Delta l_i z_i}{l}\end{aligned}\right\}$ (3-34)
积分形式	$\left.\begin{aligned} x_C&=\frac{\int_V x\mathrm{d}V}{V}\\ y_C&=\frac{\int_V y\mathrm{d}V}{V}\\ z_C&=\frac{\int_V z\mathrm{d}V}{V}\end{aligned}\right\}$ (3-31b)	$\left.\begin{aligned} x_C&=\frac{\int_A x\mathrm{d}A}{A}\\ y_C&=\frac{\int_A y\mathrm{d}A}{A}\\ z_C&=\frac{\int_A z\mathrm{d}A}{A}\end{aligned}\right\}$ (3-33)	$\left.\begin{aligned} x_C&=\frac{\int_l x\mathrm{d}l}{l}\\ y_C&=\frac{\int_l y\mathrm{d}l}{l}\\ z_C&=\frac{\int_l z\mathrm{d}l}{l}\end{aligned}\right\}$ (3-35)

对于具有对称面、对称轴或对称中心的匀质物体，其重心位置一定在此物体的对称面、对称轴或对称中心上。若物体有两个对称面或对称轴，则重心必在它们的交线或交点上。利用物体的这些特性可使求重心坐标的过程大大简化。

但需注意，重心和形心的物理意义不同，是两个不同的概念。只有当物体为匀质物体时，其重心和形心位置才是重合的。若是非匀质物体，则其重心与形心不会重合。

对于一般较为复杂的物体，确定其重心位置的方法一般有以下 3 种。

1. *积分法*

积分法是求重心位置的基本方法。对于质量连续分布的物体均可利用积分法求解。已将常用的部分简单形体的重心列于表 3-3 中，供查用。

表 3-3 部分简单形体的重心列表

图形	重心坐标	图形	重心坐标
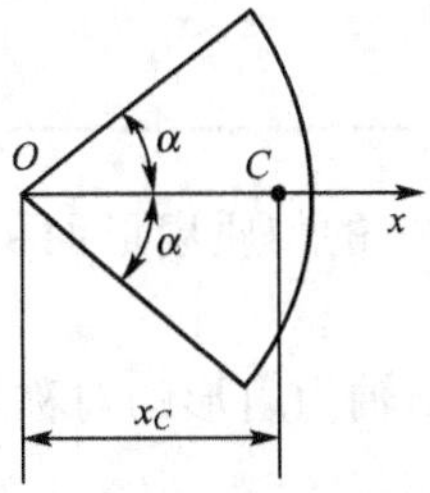	$x_C=\frac{r\sin\alpha}{\alpha}$ 对于半圆弧 $\alpha=\frac{\pi}{2}$，则 $x_C=\frac{2r}{\pi}$	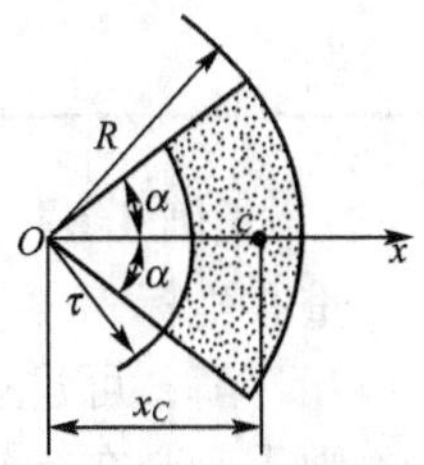	$x_C=\frac{2}{3}\frac{R^3-r^3}{R^2-r^2}\frac{\sin\alpha}{\alpha}$
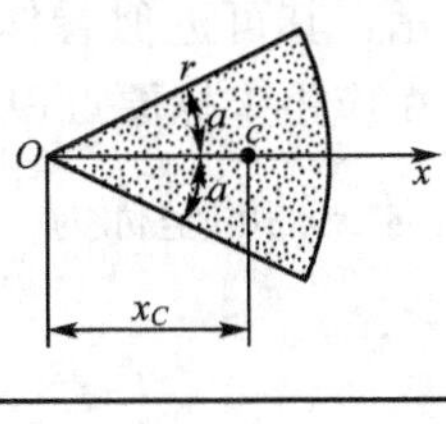	$x_C=\frac{2}{3}\frac{r\sin\alpha}{\alpha}$ 对于半圆弧 $\alpha=\frac{\pi}{2}$，则 $x_C=\frac{4r}{3\pi}$	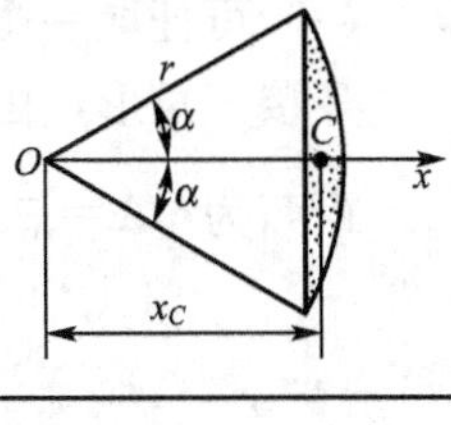	$x_C=\frac{2}{3}\frac{r^3\sin^3\alpha}{A}$ [面积 A 为： $A=\frac{r^2(2\alpha-\sin 2\alpha)}{2}$]

(续)

图形	重心坐标	图形	重心坐标
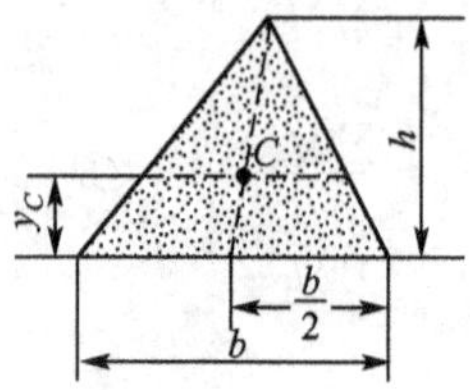	在中线的交点 $y_C=\frac{1}{3}h$	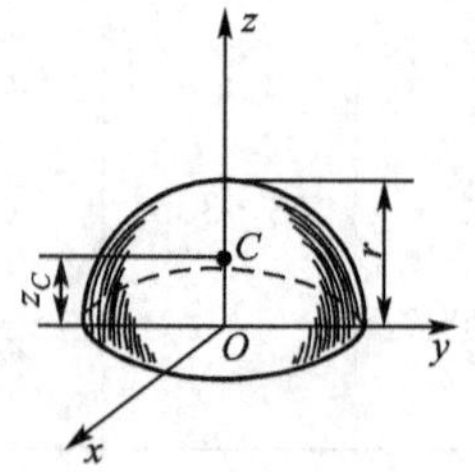	$z_C=\frac{3}{8}r$
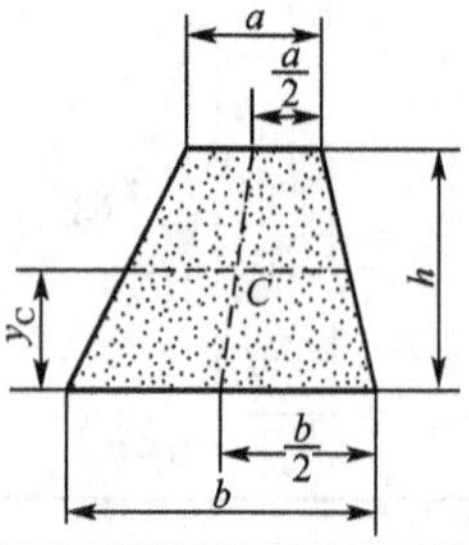	$y_C=\frac{h(2a+b)}{3(a+b)}$	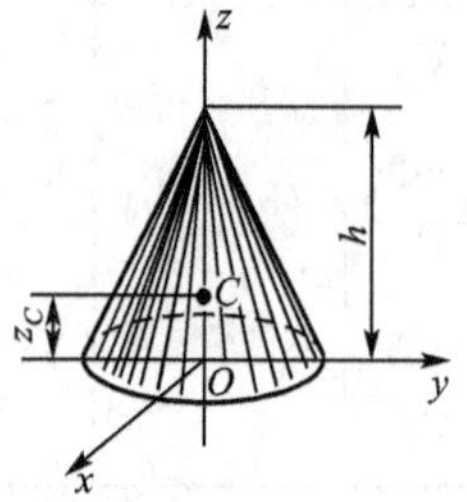	$z_C=\frac{1}{4}h$
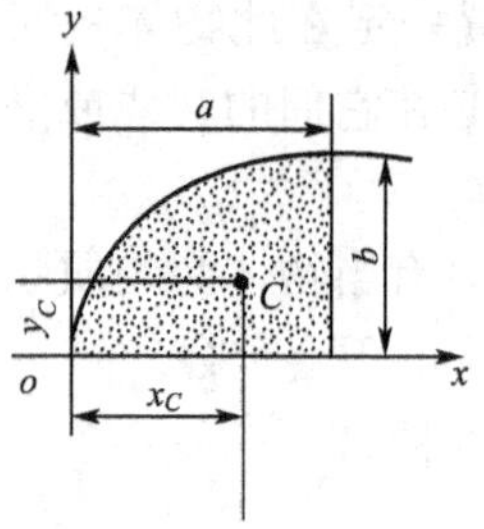	$x_C=\frac{3}{5}a$ $y_C=\frac{3}{8}b$	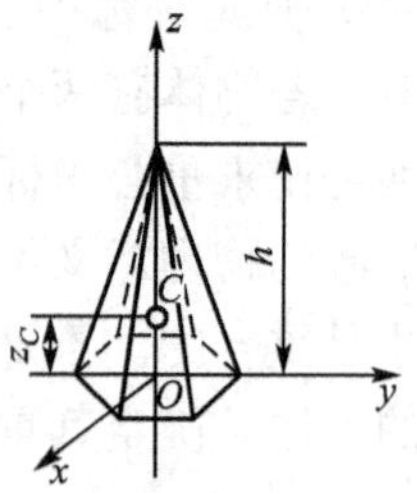	$z_C=\frac{1}{4}h$
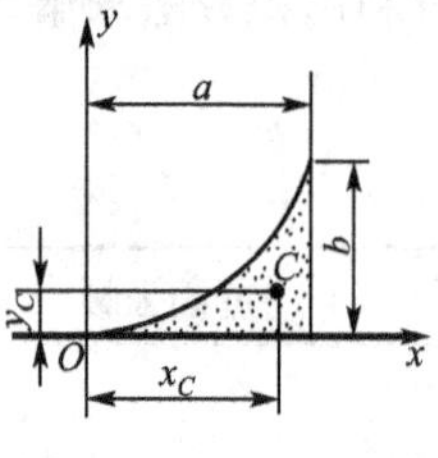	$x_C=\frac{3}{4}a$ $y_C=\frac{3}{10}b$	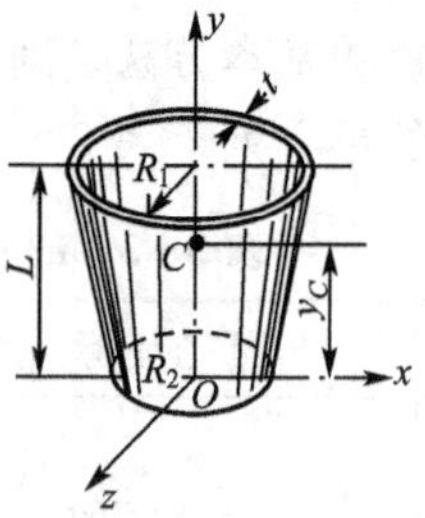	$y_C=\frac{4R_1+2R_2-3t}{6(R_1+R_2-t)}L$

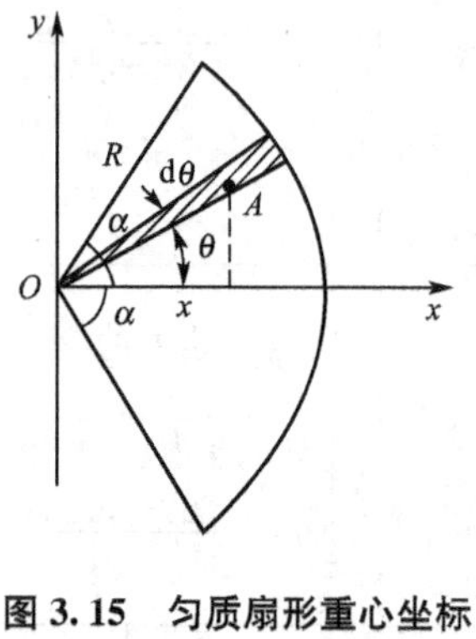

图 3.15　匀质扇形重心坐标

【例 3.6】 试求半径为 R、圆心角为 2α 的匀质扇形面积的重心坐标。

解： 可建立图 3.15 所示的坐标，取 x 轴为扇形的对称轴，则重心必在 x 轴上，即 $y_C=0$，故只需求 x_C。

可任取一微扇形，如图中阴影面积所示，其可近似看作一等腰三角形，由三角形的性质可知其重心 A 应距坐标原点 O 的距离为 $OA=\frac{2}{3}R$，则该三角形的微面积和对 x 轴的坐标为

$$dA=\frac{1}{2}R\cdot d\theta\cdot R$$

$$x=\frac{2}{3}R\cos\theta$$

由式(3-31)可得

$$x_C=\frac{\int_A x\mathrm{d}A}{A}=\frac{\int_A\left(\frac{2}{3}R\cos\theta\cdot\frac{1}{2}R^2\right)\mathrm{d}\theta}{\int_A\frac{1}{2}R^2\mathrm{d}\theta}$$

$$=\frac{\int_{-\alpha}^{\alpha}\frac{1}{3}R^3\cos\theta\mathrm{d}\theta}{\frac{1}{2}R^2\int_{-\alpha}^{\alpha}\mathrm{d}\theta}=\frac{2R\cdot 2\sin\alpha}{3\times 2\alpha}=\frac{2R\sin\alpha}{3\alpha}$$

所以，在图 3.15 所示的坐标系下，该扇形的重心坐标为

$$\begin{cases}x_C=\dfrac{2R\sin\alpha}{3\alpha}\\ y_C=0\end{cases}$$

2. 组合法

若可将一均质形体分割为几个已知其重心位置的简单图形，则可应用分割法求解该形体的重心坐标。

【例 3.7】 有一槽形匀质薄板，几何尺寸如图 3.16 所示，求它的重心坐标。

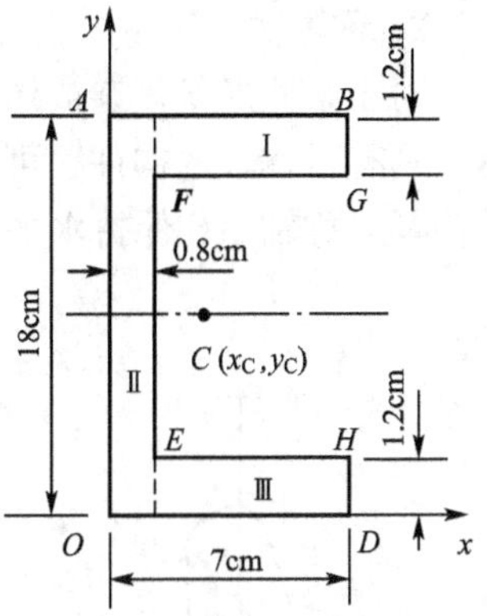

图 3.16 槽形匀质薄板

解：建立如图 3.16 所示的坐标，可将图形用虚线分割为 3 个矩形Ⅰ、Ⅱ、Ⅲ，设其面积分别为 A_1、A_2、A_3，其形心坐标分别为 $C_1(x_1, y_1)$、$C_2(x_2, y_2)$、$C_3(x_3, y_3)$，则有

$$A_1=(7-0.8)\times 1.2=7.44(\mathrm{cm}^2),\quad x_1=3.9\mathrm{cm},\quad y_1=17.4\mathrm{cm};$$

$$A_2=18\times 0.8=14.4(\mathrm{cm}^2),\quad x_1=0.4\mathrm{cm},\quad y_1=9\mathrm{cm};$$

$$A_3=(7-0.8)\times 1.2=7.44(\mathrm{cm}^2),\quad x_1=3.9\mathrm{cm},\quad y_1=0.6\mathrm{cm};$$

截面的总面积 $A=7.44+14.4+7.44=29.28(\mathrm{cm}^2)$

由表 3-2 中匀质薄板的离散形式的重心坐标计算公式(3-32)可得

$$x_C=\frac{\sum\Delta A_i\cdot x_i}{A}=\frac{7.44\times 3.9+14.4\times 0.4+7.44\times 3.9}{29.28}=2.18(\mathrm{cm})$$

$$y_C=\frac{\sum\Delta A_i\cdot y_i}{A}=\frac{7.44\times 17.4+14.4\times 9+7.44\times 0.6}{29.28}=9(\mathrm{cm})$$

上例求重心的方法称为分割法，对于物体或薄板内有孔洞或空洞的情况，也可用负面积(或负体积)法来求重心坐标，其基本原则是将被切去部分的面积取负值计算。例如在例 3.7 中，可将薄板分为 *OABD* 和 *EFGH* 两个矩形，而矩形 *EFGH* 的面积应取负值，设其面积分别为 A_1、A_2，其形心坐标分别为 $C_1(x_1, y_1)$、$C_2(x_2, y_2)$，则有

$$A_1=18\times 7=126(\mathrm{cm}^2),\quad x_1=3.5\mathrm{cm},\quad y_1=9\mathrm{cm};$$

$$A_2=-6.2\times 15.6=-96.72(\mathrm{cm}^2),\quad x_2=3.9\mathrm{cm},\quad y_2=9\mathrm{cm};$$

由公式得

$$x_C=\frac{\sum\Delta A_i\cdot x_i}{A}=\frac{126\times 3.5-96.72\times 3.9}{29.28}=2.18(\mathrm{cm})$$

$$y_C=\frac{\sum\Delta A_i\cdot y_i}{A}=\frac{126\times 9-96.72\times 9}{29.28}=9(\mathrm{cm})$$

事实上，由于在上例中薄板有一对称轴与 x 轴平行(如图中虚线所示)，可以肯定其重心一定在该对称轴上，所以其重心坐标 y_C 可以直接确定而不需求解。

3. 实验法

当物体的外形较复杂而不易由公式求其重心位置时，可利用实验的方法测出其重心的位置，一般通过实验手段得到物体重心的方法有悬挂法和称重法两种。

1) 悬挂法

对于边界较复杂的如图 3.17 所示的薄板，可先将薄板悬挂于任一点 A，根据二力平衡公理，重心 C 必在通过 A 点的铅垂线上，可先画出此铅垂线，如图 3.17(a)中虚线所示。再将薄板悬挂于另一点 B，同理又得一过 B 点的铅垂线，如图 3.17(b)所示，这两铅垂线的交点 C 即为该薄板的重心。

2) 称重法

对于某些形状复杂或体积庞大的物体，可用称重法确定其重心位置。例如图 3.18 所示一具有对称轴的构件，可先称出其重量 W，将其如图所示放置，且一端置于磅秤之上，并使其对称轴 AB 保持水平。测出值后，由平衡方程可得

$$F_B \cdot l - W \cdot b = 0$$

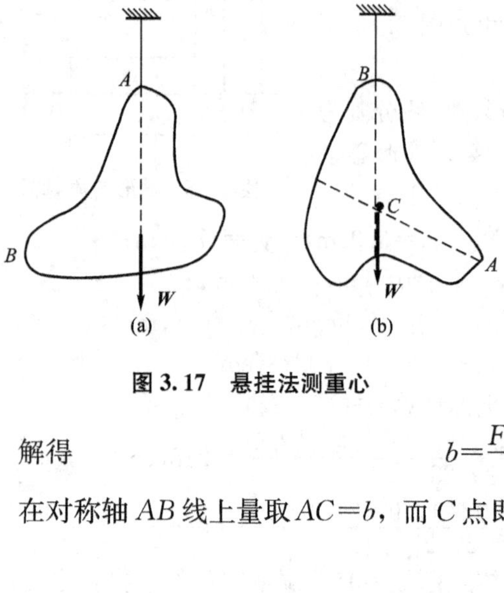

图 3.17　悬挂法测重心

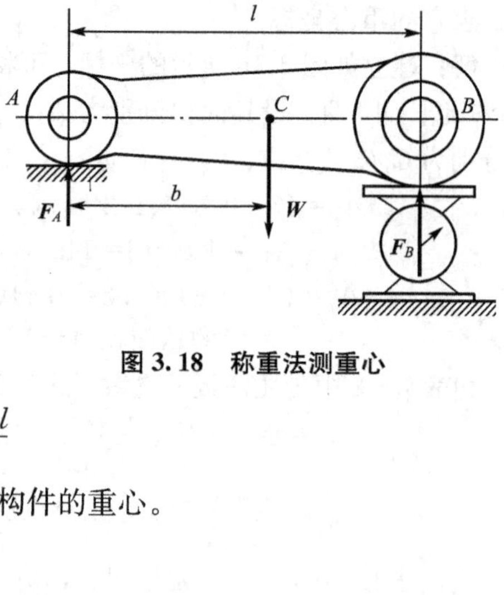

图 3.18　称重法测重心

解得
$$b = \frac{F_B \cdot l}{W}$$

在对称轴 AB 线上量取 $AC=b$，而 C 点即为构件的重心。

本章小结

1. 力在空间直角坐标轴上的投影：①直接投影法；②间接投影法。

2. 力矩的计算

(1) 力对点的矩 $\boldsymbol{m}_O(\boldsymbol{F}) = \boldsymbol{r} \times \boldsymbol{F} = \begin{vmatrix} \boldsymbol{i} & \boldsymbol{j} & \boldsymbol{k} \\ x & y & z \\ F_x & F_y & F_z \end{vmatrix}$

(2) 力对轴的矩

$$\left.\begin{aligned} m_x(\boldsymbol{F}) &= (yF_z - zF_y) \\ m_y(\boldsymbol{F}) &= (zF_x - xF_z) \\ m_z(\boldsymbol{F}) &= (xF_y - yF_x) \end{aligned}\right\}$$

(3) 两者的关系 $[m_O(\boldsymbol{F})_z] = m_z(\boldsymbol{F})$

3. 空间任意力系的合成

$$\boldsymbol{F}_R = \boldsymbol{F}_1 + \boldsymbol{F}_2 + \cdots + \boldsymbol{F}_n = \sum \boldsymbol{F}$$

$$\boldsymbol{M}_O = \boldsymbol{m}_1 + \boldsymbol{m}_2 + \cdots + \boldsymbol{m}_n = \sum \boldsymbol{m}$$

4. 空间任意力系的平衡方程

$$\left.\begin{aligned} &\sum F_x = 0 \\ &\sum F_y = 0 \\ &\sum F_z = 0 \\ &\sum m_x(\boldsymbol{F}) = 0 \\ &\sum m_y(\boldsymbol{F}) = 0 \\ &\sum m_z(\boldsymbol{F}) = 0 \end{aligned}\right\}$$

5. 空间特殊力系的平衡方程

(1) 空间汇交力系

$$\left.\begin{aligned} &\sum F_x = 0 \\ &\sum F_y = 0 \\ &\sum F_z = 0 \end{aligned}\right\}$$

(2) 空间力偶系

$$\left.\begin{aligned} &\sum m_x = 0 \\ &\sum m_y = 0 \\ &\sum m_z = 0 \end{aligned}\right\}$$

(3) 空间平行力系

$$\left.\begin{aligned} &\sum F_z = 0 \\ &\sum m_x(\boldsymbol{F}) = 0 \\ &\sum m_y(\boldsymbol{F}) = 0 \end{aligned}\right\}$$

(4) 平面任意力系 $\sum F_x = 0$ $\sum F_y = 0$ $\sum M_z(\boldsymbol{F}) = 0$

思 考 题

1. 力在空间直角坐标轴上的投影和此力沿该坐标轴的分力有何区别和联系？

2. 如图 3.19 中所示的 4 个力大小都等于 F，尺寸 a 为已知，试问哪个力对哪个坐标轴之矩为零？

3. 在正方体的顶角 A 和 B 处，分别作用力 $\boldsymbol{Q}$ 和 $\boldsymbol{P}$，如图 3.20 所示。求此两力在 x、y、z 轴上的投影和对 x、y、z 轴的矩。

4. 设有一力 $\boldsymbol{F}$，试问在什么情况下有：(1)$F_x=0$，$m_x(\boldsymbol{F})\neq0$；(2)$F_x\neq0$，$m_x(\boldsymbol{F})=0$；(3)$F_x=0$，$m_x(\boldsymbol{F})=0$；(4)$F_x\neq0$，$m_x(\boldsymbol{F})\neq0$。

5. 3 个共点力成平衡时，是否一定在同一平面内？为什么？

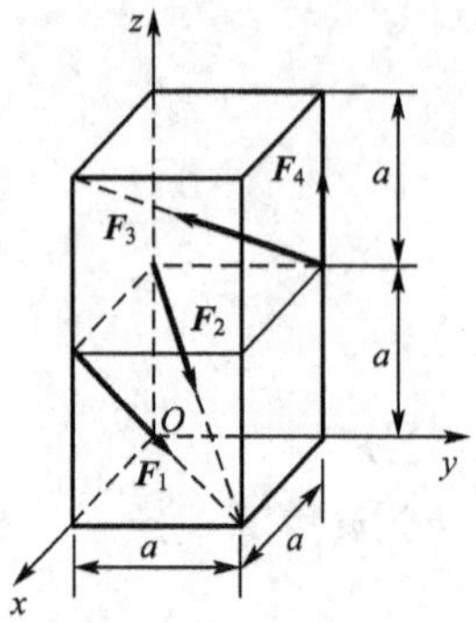

图3.19　4个等力的矩

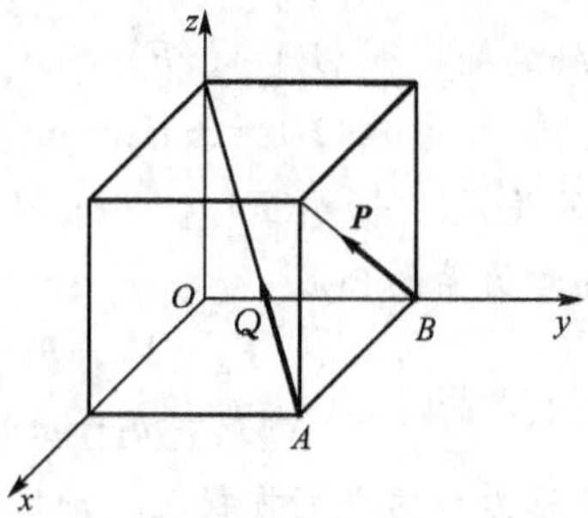

图3.20　力Q和P的投影和矩

6. 位于两相交平面内的两力偶能否等效？能否组成平衡力系？

7. 试分析下列空间任意力系的独立平衡方程数：(1)各力作用线均与一直线相交；(2)各力作用线均平行于一确定平面；(3)各力作用线分别汇交于两个固定点。

8. 物体的重心是否一定在物体上？为什么？

习　　题

1. 在边长为a的正方体上作用有3个力，如图3.21所示，已知$F_1=6\text{kN}$，$F_2=2\text{kN}$，$F_3=4\text{kN}$。试求各力在3个坐标轴上的投影。

2. 曲拐手柄如图3.22所示，已知作用于手柄上的力$F=100\text{N}$，$AB=100\text{mm}$，$BC=400\text{mm}$，$CD=200\text{mm}$，$\alpha=30°$。试求力$\boldsymbol{F}$对x、y、z轴之矩。

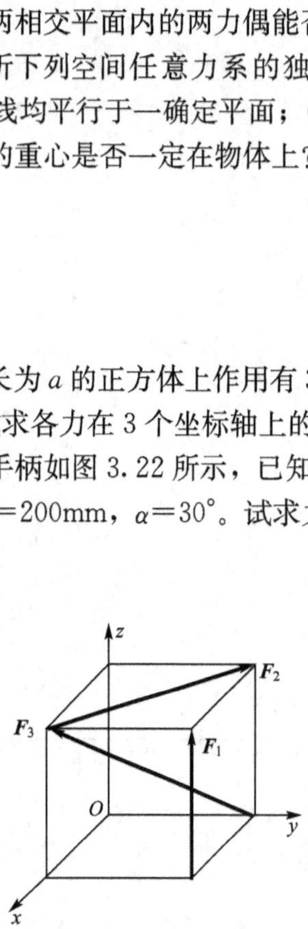

图3.21　正方体受力投影

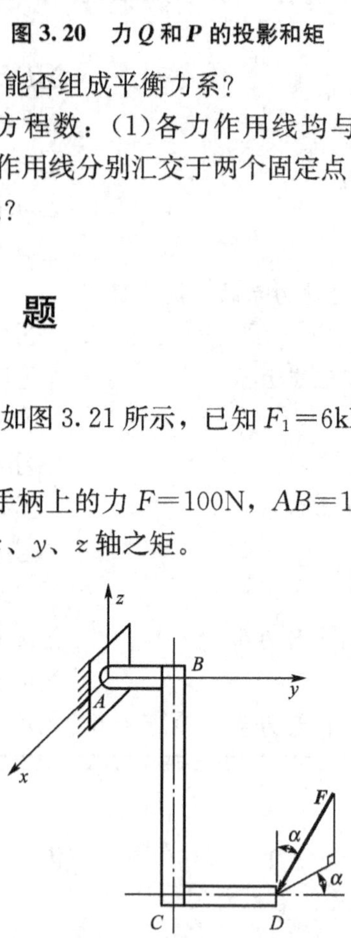

图3.22　曲拐手柄受力分析

3. 重物M放在光滑的斜面上，用沿斜面的绳AM和BM拉住，已知物重$W=1\text{kN}$，斜面的倾角$\alpha=60°$，绳与铅垂面的夹角分别为$\beta=30°$和$\gamma=60°$，如图3.23所示。如物体尺寸可不计，求重物对于斜面的压力和两绳的拉力。

4. 墙角处吊挂支架由两端铰接杆OA、OB和软绳OC构成，二杆分别垂直于墙面且由绳OC维持在水平面内，如图3.24所示。结点O处悬挂重物，其重为$W=500\text{N}$，若$OA=300\text{mm}$，$OB=400\text{mm}$，OC绳与水平面的夹角为$30°$，不计杆重。试求绳子拉力和二杆所受的压力。

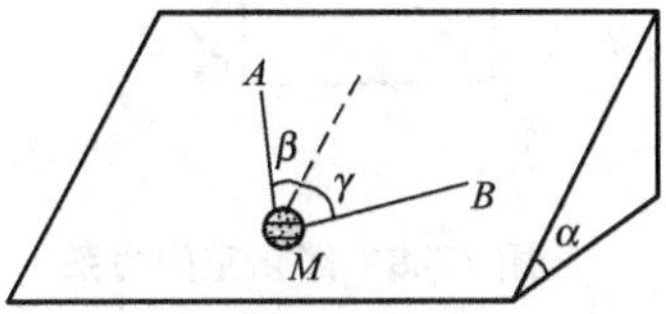

图 3.23 压力和拉力分析

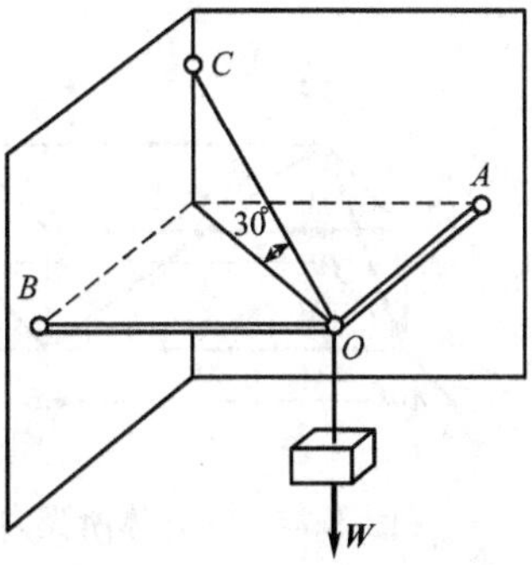

图 3.24 吊挂支架受力分析

5. 如图 3.25 所示无重曲杆 $ABCD$ 有两个直角，且平面 ABC 与平面 BCD 垂直。杆的 D 端为球铰链，A 端受轴承支承。在曲杆的 AB、BC、CD 上作用 3 个力偶，力偶所在平面分别垂直于 AB、BC 和 CD 三线段。已知力偶矩 M_2 和 M_3，求使曲杆处于平衡的力偶矩 M_1 和 A、D 处的约束反力。

6. 如图 3.26 所示，一重量 $W=1000\text{N}$ 的匀质薄板用止推轴承 A、B 和绳索 CE 支持在水平面上，可以绕水平轴 AB 转动，今在板上作用一力偶矩为 M 的力偶，并设薄板平衡。已知 $a=3\text{m}$，$h=5\text{m}$，$M=2000\text{N}\cdot\text{m}$，试求绳子的拉力和轴承 A、B 的约束力。

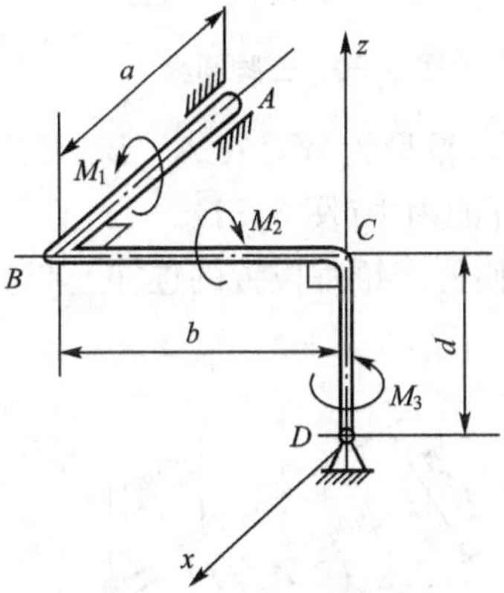

图 3.25 曲杆 ***ABCD*** 受力分析

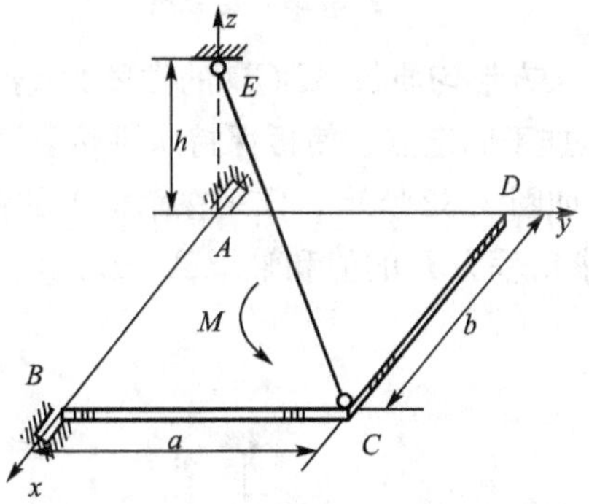

图 3.26 求绳拉力和轴承的约束力

7. 长方体的顶角 A、B 分别作用力 $\boldsymbol{F}_1$、$\boldsymbol{F}_2$，如图 3.27 所示，已知 $F_1=500\text{N}$，$F_2=700\text{N}$。试求该力系向 O 点简化的主矢和主矩。

8. 有一空间力系作用于边长为 a 的正六面体上，如图 3.28 所示，已知各力的大小均为 F。试求此力系的简化结果。

9. 如图 3.29 所示，电线杆 AB 长 10m，在其顶端受一 8.4kN 的水平力作用。杆的底端 A 可视为球形铰链，并由 BD、BE 两钢索维护杆的平衡，试求钢索的拉力和 A 点的约束力。

10. 如图 3.30 所示，三脚圆桌的半径 $r=500\text{mm}$，重 $W=600\text{N}$，圆桌的三脚 A、B 和 C 构成一等边三角形。若在中线 CD 上距离圆心为 a 的点 M 处作用铅垂力 $F=1500\text{N}$，试求使圆桌不致翻倒的最大距离 a。

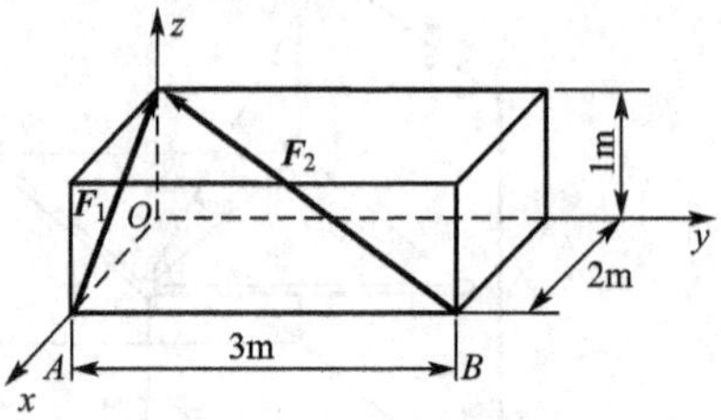

图 3.27　长方体所受力系简化

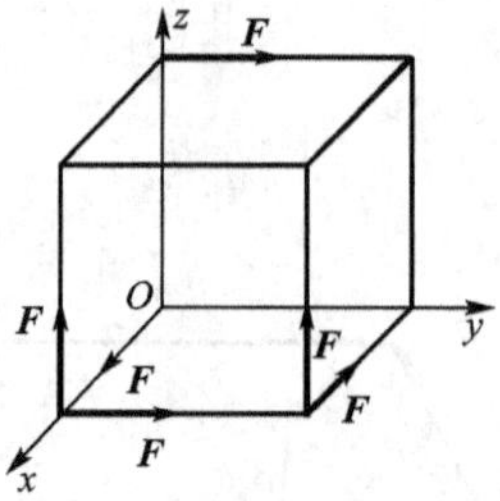

图 3.28　简化空间力系

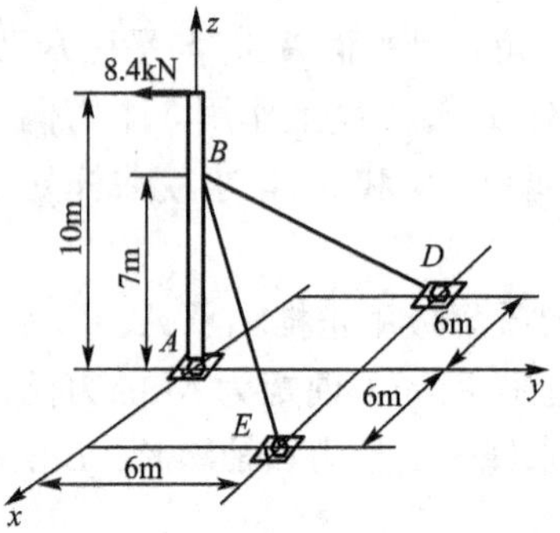

图 3.29　电线杆

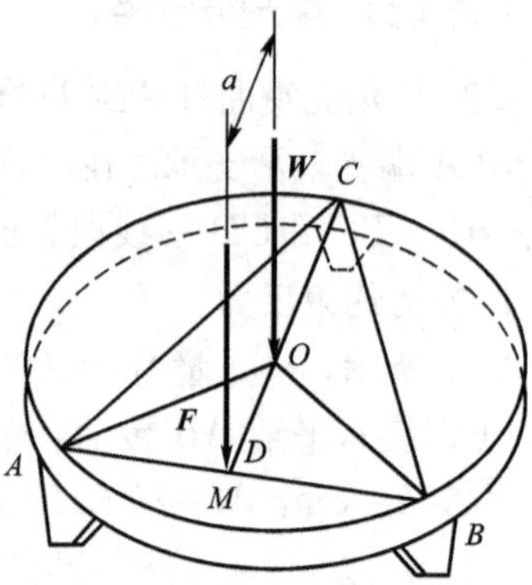

图 3.30　三脚圆桌

11. 长方形匀质板 $ABCD$ 的宽度为 a，长度为 b，重量为 W，在 A、B、C 三角用 3 个铰链杆悬挂于固定点，使板保持水平位置。求此三杆的内力(图 3.31)。

12. 如图 3.32 所示，作用在踏板上的铅垂力 $\boldsymbol{P}$ 使位于铅垂位置的连杆上产生拉力 $F=400\text{N}$。求铅垂力 P 的值和轴承 A、B 的约束反力。

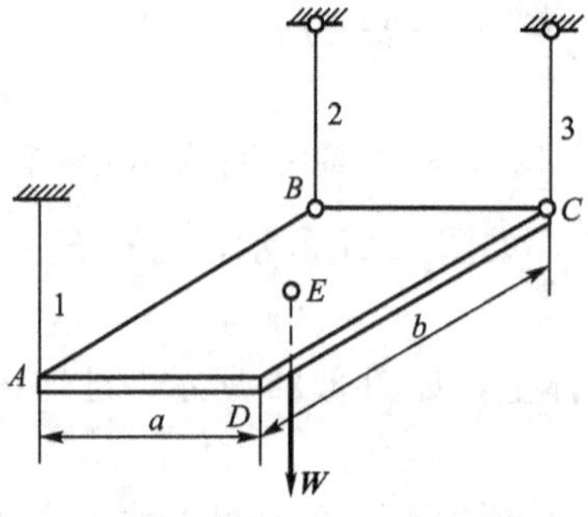

图 3.31　求挂杆内力

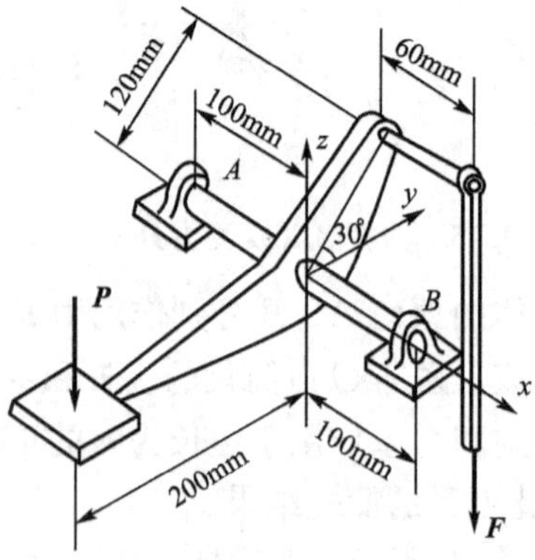

图 3.32　踏板受力分析

13. 如图 3.33 所示，匀质长方形薄板重 $P=200\text{N}$，用光滑球铰链 A 和蝶形铰链 B 固定在墙上，并用绳子 CE 维持在水平位置。求绳子的拉力和 A、B 处的约束反力。

14. 均质长方形板重 260N，通过球形铰链 A，蝶形铰链 B 以及不计自重的杆 CE 支持在水平位置上，如图 4.34 所示。试求 A、B、C 3 处的约束力。(图中尺寸单位为 cm)

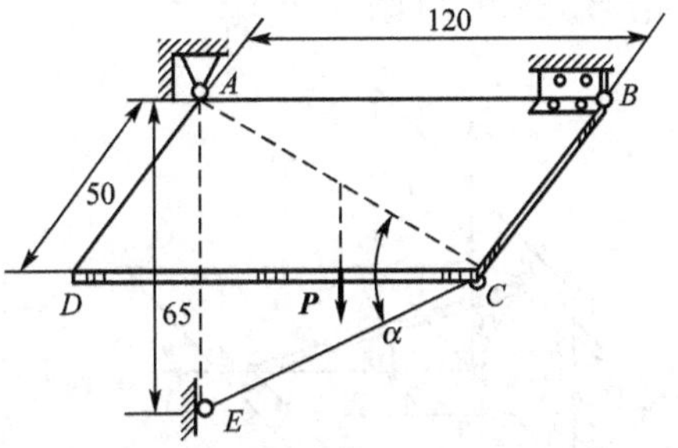

图 3.33 固定薄板的拉力和约束反力

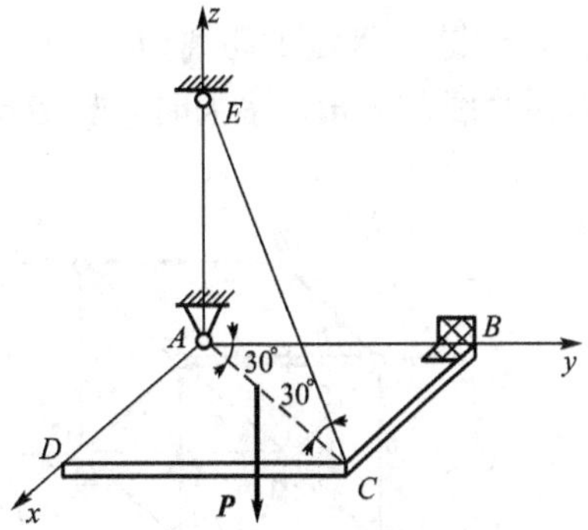

图 3.34 长方形板的约束平衡

15. 如图 3.35 所示，传动轴以 A 和 B 轴承支承，圆柱直齿轮的节圆直径 d=17.3cm，压力角 α=20°，在法兰盘上作用一力偶矩 M=1030N·m 的力偶。如轮轴的重量和摩擦不计，试求传动轴匀速转动时，A 和 B 轴承的约束力。

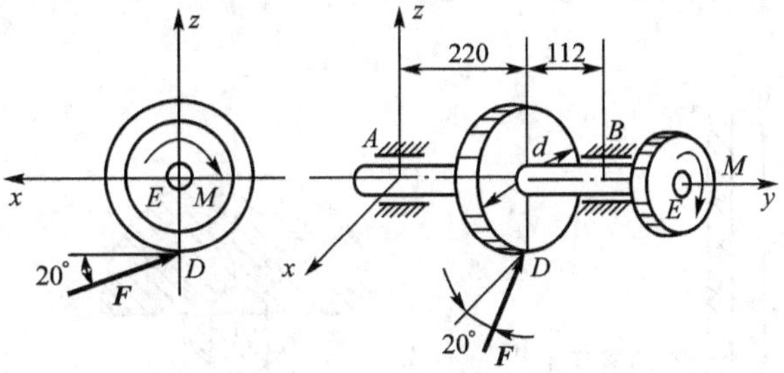

图 3.35 传动轴

16. 如图 3.36 所示装置，使重为 W_1=10kN 的小车沿斜面匀速上升。已知 W=1kN，d=24cm，4 根杠杆长均为 1m，且均垂直于轮轴。如鼓轮轴用止推轴承 A 和轴承 B 支承于铅垂位置，试求垂直加在每根杠杆上的力 $\boldsymbol{F}$ 的大小和方向以及 A、B 的约束反力。

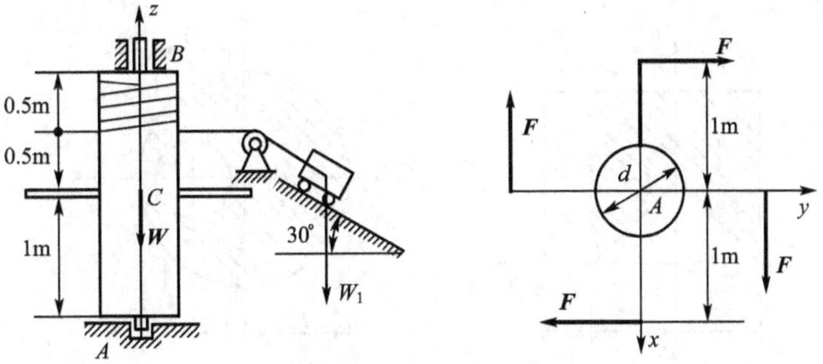

图 3.36 鼓轮轴受力分析

17. 正方形板 $ABCD$ 由 6 根直杆支撑于水平位置，若在点 A 沿 AD 方向作用水平力 F，尺寸如图 3.37 所示，不计板重和杆重。试求各杆的受力。

18. 匀质杆 AB 长 l，重为 G，一端 A 用光滑球铰链固定于地面，另一端 B 搁在铅垂的墙壁上，铰链 A 到墙的距离 $OA=a$。设杆的端点 B 和墙之间的静滑动摩擦系数为 μ。问当 OB 对铅直线的偏角 α 多大时，杆 AB 将开始沿墙壁滑动(图 3.38)。

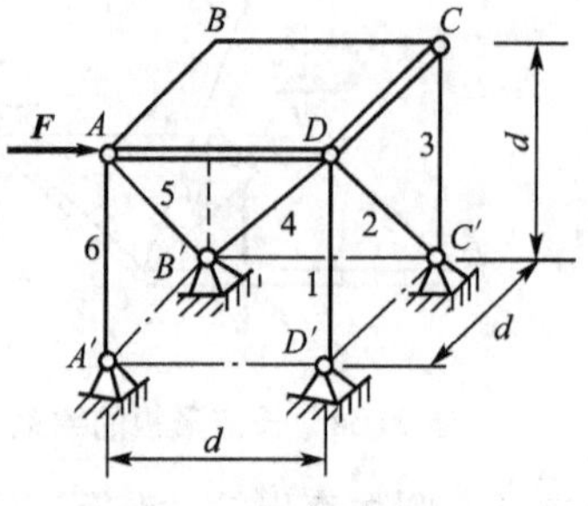

图 3.37　支撑杆受力分析

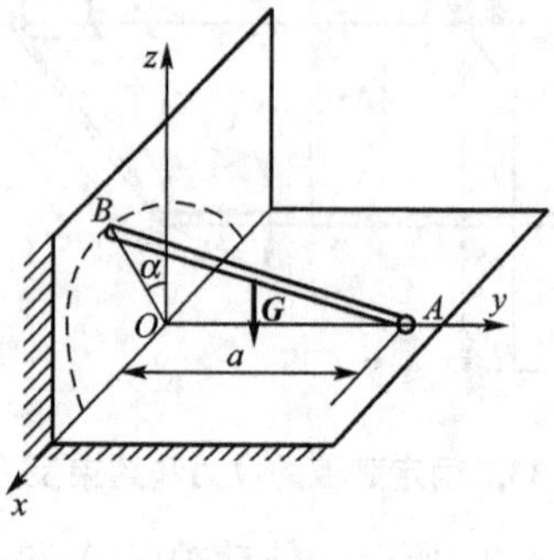

图 3.38　匀质杆 AB 受力分析

19. 试求图 3.39 所示的截面形心的位置。

20. 试求图 3.40 所示的截面形心的位置。

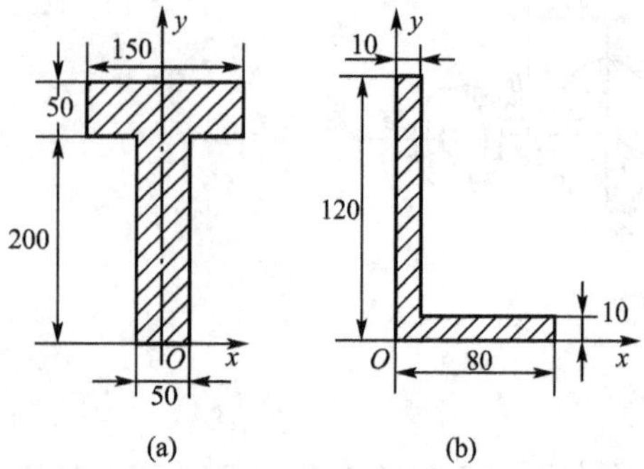

图 3.39　求截面形心

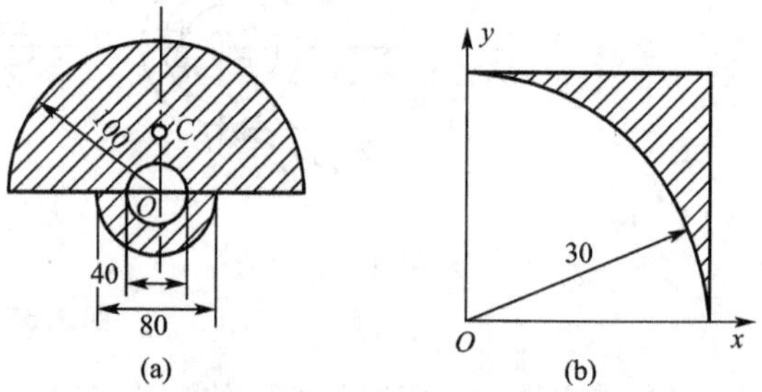

图 3.40　求截面形心位置

21. 试求图 3.41 所示的截面形心的位置。

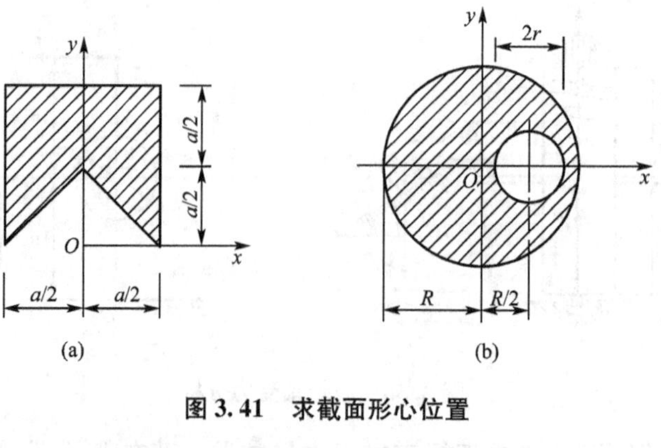

图 3.41　求截面形心位置

22. 试求图 3.42 所示的截面形心的位置。

23. 求图 3.43 所示的匀质块重心的位置。

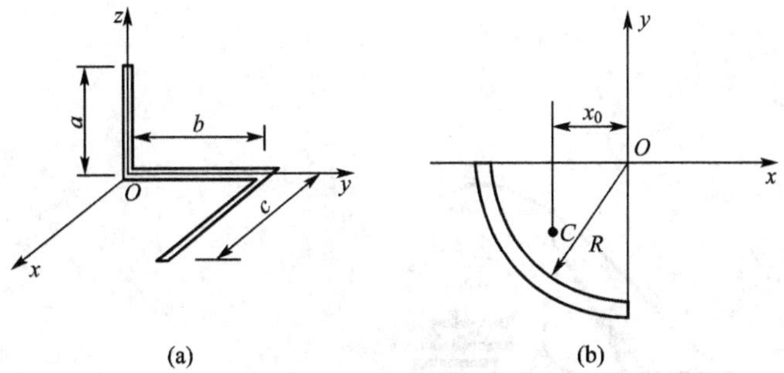

图 3.42 求截面形心位置

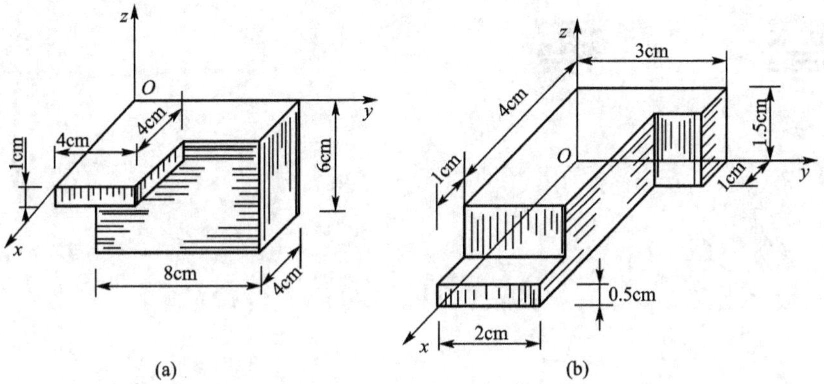

图 3.43 求匀质块重心位置

第4章 摩擦

教学目标

本章主要研究物体间摩擦和考虑摩擦时的平衡问题。通过本章的学习，应达到以下目标。

(1) 了解滑动摩擦、滚动摩擦、摩擦系数、摩擦角和自锁等基本概念。

(2) 掌握静滑动摩擦定律、动滑动摩擦定律和滚动摩擦定律。

(3) 会利用上述定律及摩擦角的概念求解考虑摩擦时物系的平衡问题。

教学要求

知识要点	能力要求	相关知识
滑动摩擦	(1) 能应用滑动摩擦定律求解含摩擦力的力系平衡问题 (2) 能应用摩擦角的概念求解力系平衡问题	(1) 静滑动摩擦定律 (2) 动滑动摩擦定律 (3) 静摩擦系数、动摩擦系数、摩擦角和自锁
滑动摩擦	(1) 理解滚动摩擦定律 (2) 能用滚动摩擦定律求解相关问题	(1) 滚动摩阻力偶矩 (2) 滚动摩阻系数

基本概念

摩擦；滑动摩擦；静滑动摩擦定律；动滑动摩擦定律；摩擦系数；摩擦角；自锁；滚动摩阻。

引例

前面几章所涉及的平衡问题，都忽略了摩擦的影响，把物体间的接触面看作是光滑的，这是依据抓主要矛盾的思想，在摩擦力不起主导作用的情况下而做的一种简化。但并不是在所有的情况下都可以忽略摩擦，例如，重力坝与挡土墙依靠摩擦力来防止坝体的滑动，带轮与摩擦轮的传动也是依靠摩擦，而汽车之所以能向前行驶，也还是依靠主动轮与地面间向前的摩擦力。这时摩擦是重要的甚至是决定性的因素，必须加以考虑。按照接触物体之间可能会相对滑动和相对滚动，摩擦可分为滑动摩擦和滚动摩擦。本章将介绍滑动摩擦及滚动摩阻定律，并重点研究有摩擦存在时物体的平衡问题。

4.1 滑动摩擦

当两物体的粗糙表面相互接触且有相对滑动或相对滑动趋势时，沿接触点的公切面彼此作用着阻碍相对滑动的力，称为滑动摩擦力，简称摩擦力。摩擦力作用在相互接触处，其方向与相对滑动(或趋势)的方向相反，其大小根据主动力作用的不同而不同。当物体之间仅出现相对滑动趋势而尚未发生运动时的摩擦称为静滑动摩擦，简称静摩擦；对已发生相对滑动的物体间的摩擦称为动滑动摩擦，简称动摩擦。

4.1.1 静滑动摩擦力与静滑动摩擦定律

设一重量为 $\boldsymbol{W}$ 的物块放置在粗糙水平面上，该物块在重力 $\boldsymbol{P}$ 和法向反力 $\boldsymbol{F}_N$ 的作用下处于静止状态，如图 4.1(a)所示。现在物块上施加一个大小可变化的水平拉力 $\boldsymbol{F}$，当力 $\boldsymbol{F}$ 由零逐渐增大，只要不超过某一定值，物体虽有向右滑动的趋势，但仍保持相对静止。由平衡条件知，这种非光滑接触面约束除对物块有法向力 $\boldsymbol{F}_N$ 外，还有一个阻碍物块右滑的切向力。此力即静滑动摩擦力，简称静摩擦力，记为 $\boldsymbol{F}_s$，其方向向左[图 4.1(b)]，其大小可由平衡方程求出。

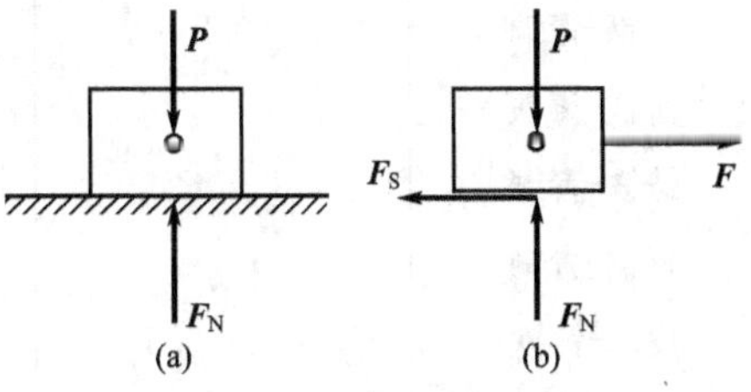

图 4.1 物块静止与静摩擦

$$\sum F_x=0, \quad F_s=F$$

可见，当物体保持相对静止时，静摩擦力 $\boldsymbol{F}_s$ 随主动力 F 的增大而增大，这是静摩擦力和一般约束反力相同的性质。

但是，静摩擦力 $\boldsymbol{F}_s$ 并不随主动力 $\boldsymbol{F}$ 的增大而无限制地增大，当水平力 $\boldsymbol{F}$ 的大小达到一定数值时，物块处于将要滑动而尚未滑动的临界状态，此时静摩擦力达到最大值，称为最大静摩擦力，记为F_{max}。此后若$\boldsymbol{F}$继续增大，而静摩擦力不能再随之增大，物块与支承面之间将产生相对滑动，静摩擦力也就变成了动摩擦力。这是静摩擦力和一般约束反力不同的性质。

综上所述，可将静摩擦力的性质概括如下。

(1) 当物体与约束面之间有正压力并有相对滑动趋势时，沿接触面切向产生静摩擦力，摩擦力的方向与物体滑动趋势的方向相反。

(2) 静摩擦力的大小由平衡条件确定，其数值在零与最大值之间，即

$$0 \leqslant F_s \leqslant F_{max} \tag{4-1}$$

当物体处于由静止到运动的临界状态时，摩擦力达到最大值。

大量实验表明：最大静摩擦力的大小与两物体间的正压力(法向反力)成正比，即

$$F_{max} = f_s F_N \tag{4-2}$$

式(4-2)称为静摩擦定律(又称库仑摩擦定律)，是工程中常用的近似理论。式中f_s是无量纲的比例常数，称为静摩擦因数。其大小需由实验测定。它与接触物体的材料和表面状况(如粗糙度、湿度和温度等)有关，而与接触面积大小无关。一般可在一些工程手册中查到。表4-1中给出了一部分常用材料的静摩擦因数。由于影响摩擦因数的因素很多，对于一些重要的工程，必须通过现场测量与试验精确地测定静摩擦因数的值作为设计计算的依据。

表4-1　常用材料的滑动摩擦因数

材料名称	静摩擦因数		动摩擦因数	
	无润滑	有润滑	无润滑	有润滑
钢-钢	0.15	0.1～0.12	0.15	0.05～0.1
钢-软钢			0.2	0.1～0.2
钢-铸铁	0.3		0.18	0.05～0.15
钢-青铜	0.15	0.1～0.15	0.15	0.1～0.15
软钢-铸铁	0.2		0.18	0.05～0.15
软钢-青铜	0.2		0.18	0.07～0.15
铸铁-铸铁		0.18	0.15	0.07～0.12
铸铁-青铜			0.15～0.2	0.07～0.15
青铜-青铜		0.1	0.2	0.07～0.1
皮革-铸铁	0.3～0.5	0.15	0.6	0.15
橡皮-铸铁			0.8	0.5
木材-木材	0.4～0.6	0.1	0.2～0.5	0.07～0.15

静摩擦定律给我们提供了利用摩擦和减少摩擦的途径，要增大最大静摩擦力，可以通过加大正压力或增大摩擦因数来实现。例如，汽车一般都用后轮发动，因为后轮正压力大于前轮，这样可以允许产生较大的向前推动的摩擦力。又如火车在下雪后行驶时，要在铁轨上撒细沙，以增加摩擦因数，避免打滑。

4.1.2 动滑动摩擦力与动滑动摩擦定律

当滑动摩擦力已经达到最大值 $\boldsymbol{F}_{max}$时，若再继续加大主动力 $\boldsymbol{F}$，物块与支承面之间将产生相对滑动。此时，接触物体之间仍有阻碍相对滑动的阻力存在，称这种阻力为动滑动摩擦力，简称动摩擦力，记为 $\boldsymbol{F}_d$。

由实验和实践的结果，可将动摩擦力的性质概括如下。

(1) 当物体与约束面之间有正压力并有相对滑动时，沿接触面切向产生动摩擦力，其方向与相对速度的方向相反。

(2) 动摩擦力的大小与接触物体间的正压力(法向反力)成正比。即

$$F_d = fF_N \tag{4-3}$$

这就是动滑动摩擦定律。式中无量纲的系数 f 称为动摩擦因数，需由实验来测定。它也与接触物体的材料和表面情况有关。

(3) 动摩擦因数一般小于静摩擦因数，即 $f < f_s$。

(4) 动摩擦因数还与接触物体间相对速度的大小有关。在多数情况下，动摩擦因数随相对速度的增大而减小。但由于它们关系复杂，通常当相对速度不大时，可近似认为动摩擦因数是个常数。部分材料的动摩擦因数见表 4-1。

在机器中，往往用降低接触表面的粗糙度或加入润滑剂等方法，使动摩擦因数降低，以减少摩擦和磨损。

4.2 考虑摩擦时的平衡问题

对于需要考虑摩擦的物体平衡问题，因为依然是平衡问题，并不需要重新建立力系的平衡条件和平衡方程，其解题方法和步骤与前几章所述基本相同，但又具有新的特点。

① 分析物体受力和画受力图时，必须考虑接触处沿切向的摩擦力 $\boldsymbol{F}_s$，其方向不能随意假设，要根据相对滑动的趋势正确判定。

② 作用于物体上的力系，除需满足静力学平衡方程外，还需满足补充方程：$F_{max} \leqslant f_s F_N$，有几处摩擦，补充几个方程。

③ 由于存在不等式，解出的结果也是一个范围，而非一个确定的值。

工程中有不少的问题只需要分析平衡的临界状态，这时静摩擦力等于其最大值，补充方程只取等号。有时为了计算方便，避免解不等式，即便求解平衡范围的问题，也先在临界状态下计算，求得结果后再根据力学概念或实践经验判断范围。

下面举例说明如何求解考虑摩擦时物体的平衡问题。

【例 4.1】 物体重 $P=980\text{N}$，放在一倾角 $\alpha=30°$的斜面上。已知接触面间的静摩擦系数为 $f_s=0.20$。有一大小为 $F=588\text{N}$ 的力沿斜面推物体，如图 4.2(a)所示，问物体在斜面上处于静止还是滑动状态？若静止，此时摩擦力多大？

解： 对于判断物体的状态这一类问题，可先假设物体处于静止状态，然后由平衡方程

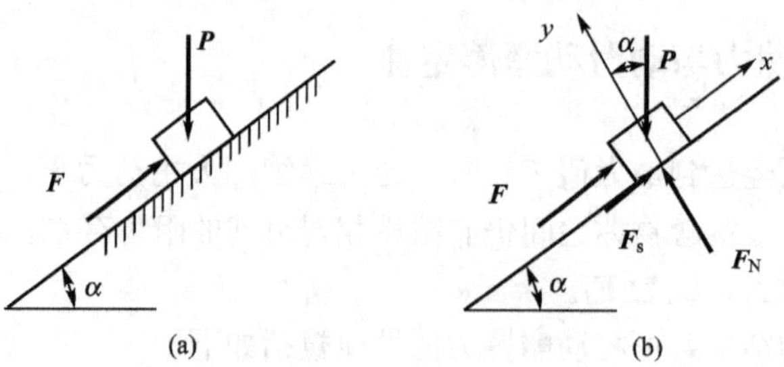

图 4.2　斜面上物体受力分析

求出物体处于静止状态时所需的静摩擦力 $\boldsymbol{F}_s$，并计算出可能产生的最大静摩擦力 F_{max}，将两者进行比较，确定力 $\boldsymbol{F}_s$ 是否满足 $F_s \leqslant F_{max}$，从而断定物体是静止的还是滑动的。

(1) 设物体静止但沿斜面有下滑的趋势，则其受力图及坐标系如图 4.2(b)所示。

(2) 列平衡方程：

$$\sum F_x=0,\quad F-P\sin\alpha+F_s=0$$

$$\sum F_y=0,\quad F_N-P\cos\alpha=0$$

解得

$$F_s=P\sin\alpha-F=980\sin30°-588=-98(\text{N})$$

$$F_N=P\cos\alpha=980\cos30°=848.7(\text{N})$$

(3) 根据静摩擦定律，可能产生的最大静摩擦力为

$$F_{max}=f_sF_N=0.2\times848.7=169.7(\text{N})$$

将 F_s 与 F_{max} 进行比较得

$$|F_s|=98\text{N}<169.7\text{N}=F_{max}$$

结果说明物体在斜面上保持静止。而此时静摩擦力 F_s 为 -98N，负号说明实际方向与假设方向相反，故物体沿斜面有上滑的趋势。

【例 4.2】　制动器结构如图 4.3 所示，若作用在飞轮上的转矩为 M，制动块与飞轮间的静摩擦因数为 f_s。求制动力 $\boldsymbol{F}$ 的大小，并解释若尺寸 b 等于 ef_s 时，会发生什么现象？

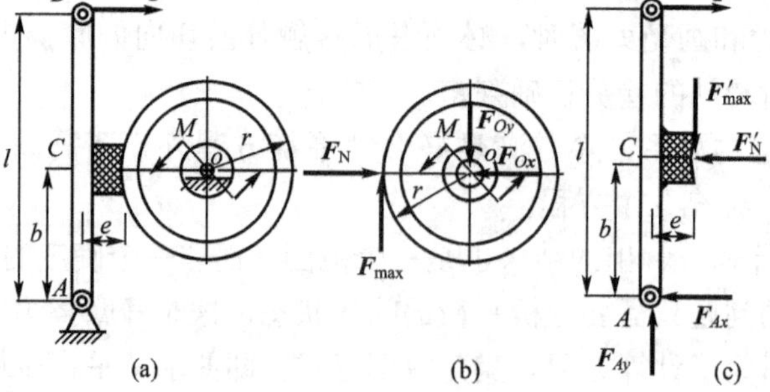

图 4.3　制动器

解：这是一个物体系的平衡问题，若取整体为研究对象，摩擦力为内力，不能求解，所以分别取飞轮和制动杆为研究对象。虽然本例的解(制动力 $\boldsymbol{F}$)对应着一个取值范围，仍可先在临界状态下计算，求得结果后再判断 $\boldsymbol{F}$ 的取值范围。

(1) 首先研究飞轮。设飞轮处于临界平衡状态，其受力如图 4.3 (b)所示。

平衡方程：

$$\sum M_O(\boldsymbol{F})=0,\quad M-F_{\max}r=0,\quad 得\quad F_{\max}=\frac{M}{r} \tag{1}$$

(2) 再研究制动杆(含制动块)，其受力如图 4.3(c)所示。

平衡方程

$$\sum M_A(\boldsymbol{F})=0,\quad F'_{\mathrm{N}}b-F'_{\max}e-Fl=0$$

$$F'_{\max}=F_{\max},\quad F'_{\mathrm{N}}=F_{\mathrm{N}}$$

补充方程

$$F_{\max}=f_{\mathrm{s}}F_{\mathrm{N}}$$

得

$$F_{\mathrm{N}}=\frac{FL}{b-ef_{\mathrm{s}}}=\frac{F_{\max}}{f_{\mathrm{s}}} \tag{2}$$

由(1)、(2)解得

$$F=\frac{M}{rl}\left(\frac{b}{f_{\mathrm{s}}}-e\right)$$

(3) 判断制动力 $\boldsymbol{F}$ 的取值范围。由式(2)知，当力 F 增大时正压力 F_{N} 也增大，从而摩擦力也增大，平衡更安全。由此所得的临界平衡状态是力 F 的下限，即制动时

$$F\geqslant\frac{M}{rl}\left(\frac{b}{f_{\mathrm{s}}}-e\right)$$

(4) 当 $b=ef_{\mathrm{s}}$ 时，由式(2)知，F_{N} 将趋近于无穷大，从而摩擦力也趋近于无穷大，飞轮将无法转动而始终处于被制动状态，此时力 $F=0$，即无需制动力了。

【例 4.3】 攀登电线杆时所用的脚套钩如图 4.4(a)、图 4.4(b)所示。套钩与杆接触处 A、B 两点间的摩擦因数均为 f_{s}。已知杆的直径为 d，套钩高度尺寸为 b，问人的脚踏处 C 距杆中心的距离 l 至少为多少时，人才不致下滑？

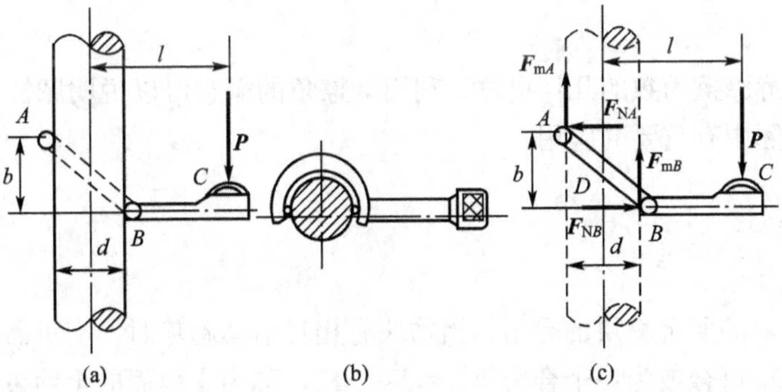

图 4.4 脚套钩

解： 本例只需要求解在平衡的临界状态下所对应的平衡位置(最小值)。

(1) 取脚套钩为研究对象，受力如图 4.4(c)所示。由于在人的重力作用下套钩有下滑的趋势，所以 A、B 两点间的摩擦力方向均向上。在平衡的临界状态，两摩擦力同时达到最大静摩擦力的数值。

(2) 由平衡方程及摩擦定律

$$\sum F_x=0,\quad F_{\mathrm{N}B}-F_{\mathrm{N}A}=0$$

$$\sum F_y=0,\quad F_{\mathrm{m}B}+F_{\mathrm{m}A}-P=0$$

$$F_{\mathrm{m}A}=f_{\mathrm{s}}F_{\mathrm{N}A},\quad F_{\mathrm{m}B}=f_{\mathrm{s}}F_{\mathrm{N}B}$$

得

$$F_{mA}=F_{mB}=\frac{P}{2},\quad F_{NA}=F_{NB}=\frac{P}{2f_s} \tag{1}$$

由对 AB 中点 D 之矩为零，即

$$\sum M_D(\boldsymbol{F})=0,\quad \frac{1}{2}bF_{NA}+\frac{1}{2}bF_{NB}-\frac{1}{2}dF_{mA}+\frac{1}{2}dF_{mB}-Pl=0,$$

得

$$F_{NA}=F_{NB}=\frac{l}{b}P \tag{2}$$

(3) 由式(1)和式(2)得

$$\frac{l}{b}P=\frac{P}{2f_s}$$

即

$$l=\frac{b}{2f_s}$$

(4) 由式(2)知，当 l 加大时 $F_{NA}(F_{NB})$ 也增大，从而 $B(A)$ 处的摩擦力也增大，平衡更安全。由此所得的临界平衡状态是 l 的下限，即

$$l_{\min}=\frac{b}{2f_s}$$

所得结果与 P 无关，即不管 P 多大，套钩都能保持平衡，这就是下一节所要介绍的摩擦自锁的特征。

4.3 摩擦角与自锁现象

摩擦角是对静摩擦因数的几何描述。利用摩擦角的概念可以说明摩擦自锁现象及自锁条件，在工程实际中有重要的应用。

4.3.1 摩擦角

考察如图 4.5(a)所示物块的受力，当物块有相对运动趋势时，支承面对物块的法向反力 $\boldsymbol{F}_N$ 和摩擦力 $\boldsymbol{F}_s$ 可合成为一个合力 $\boldsymbol{F}_{RA}=\boldsymbol{F}_N+\boldsymbol{F}_s$，称为支承面的全约束力。记全约束力

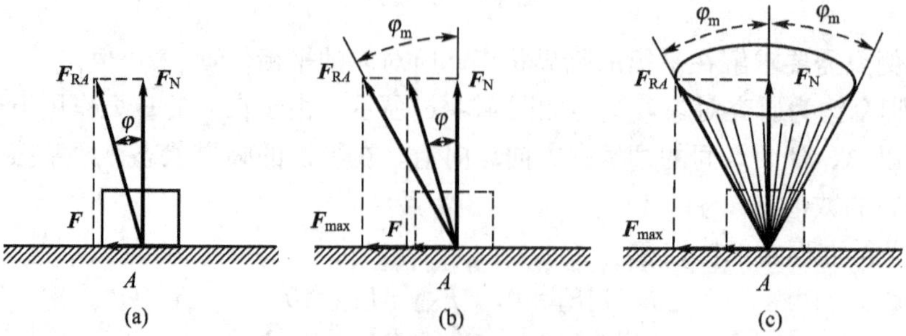

图 4.5 物块的受力情况

与接触面公法线所夹角度为 φ。由于 $F_N=G$ 为常量，故 $\boldsymbol{F}_{RA}$ 与 φ 随摩擦力 $\boldsymbol{F}_s$ 的变化而变化。当物块处于平衡的临界状态时，静摩擦力达到最大值 F_{max}，夹角 φ 也达到最大值 φ_m，全约束力与法线间夹角的最大值 φ_m 称为摩擦角，如图 4.5(b)所示。可见：

$$\tan\varphi_m=\frac{F_{max}}{F_N}=\frac{fF_N}{F_N}=f_s \tag{4-4}$$

即摩擦角的正切等于静摩擦因数。因此 φ 与 $\boldsymbol{F}_s$ 都是表示材料摩擦性质的物理量。

由于物块可以在切平面上沿任意方向滑动，而每个方向的滑动都可以找到一条与摩擦角对应的全约束力的作用线。所有方向的全约束力作用线在空间形成一个锥形，称为摩擦锥，如图 4.5(c)所示。若物块与支承面沿任何方向的静摩擦因数均相同，即摩擦角相同，则摩擦锥将是一个顶角为 $2\varphi_m$ 的正圆锥面。

4.3.2 自锁现象

考察如图 4.6(a)所示的物块在有摩擦力存在时其平衡与运动的可能性。设作用在物体上的各主动力的合力用 $\boldsymbol{F}_R$ 表示，$\boldsymbol{F}_R$ 与法线间夹角为 α。当物体处于平衡状态时，主动力合力 $\boldsymbol{F}_R$ 与全约束力 $\boldsymbol{F}_{RA}$ 应等值、反向、共线，则有 $\alpha=\varphi$。而物体平衡时，全约束力作用线不可能超出摩擦锥，即 $\varphi\leqslant\varphi_m$ [图 4.6(a)、图 4.6(b)]。因此物块平衡时必有 $\alpha\leqslant\varphi_m$，否则，物块将处于运动状态 [图 4.6(c)]。

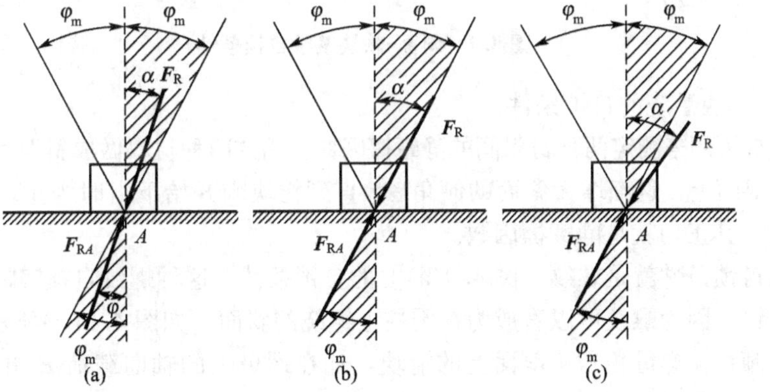

图 4.6 自锁与不自锁现象

上述讨论表明，当主动力合力的作用线落在摩擦角(锥)之内或与其边界重合时，则不论此合力有多大，总有全约束力与之平衡，物块必保持静止。这种现象称为自锁现象。反之，当主动力合力的作用线落在摩擦角(锥)之外，则不论此合力有多小，物块也必会运动。

自锁现象在工程实际中有重要的应用，如千斤顶、压榨机、圆锥销等机械和夹具就是利用自锁原理，使它们始终保持在平衡状态下工作。但有时却要避免自锁发生，如水闸门的自动启闭，变速机构中的齿轮滑移等，都不允许发生自锁(也称卡死)现象。值得注意的是，在静摩擦力达到最大值的所有问题中，都存在自锁或不自锁问题。

4.3.3 摩擦角的应用

1. 斜面与螺纹的自锁条件

在图 4.7 所示的存在摩擦力的斜面-物块系统中，设物块 A 重 $\boldsymbol{P}$，斜面倾角为 α。由前面分析可知，在斜面坡度小到一定程度后，物块总能在重力 $\boldsymbol{P}$ 与全约束力 $\boldsymbol{F}_{RA}$ 二力作用下保持平衡［图 4.7(a)、图 4.7(b)］；而在坡度增加到一定程度后，则得到相反结果［图 4.7(c)］。应用几何法，不难得出自锁时斜面倾角 α 必须满足：

$$\alpha \leqslant \varphi_m \tag{4-5}$$

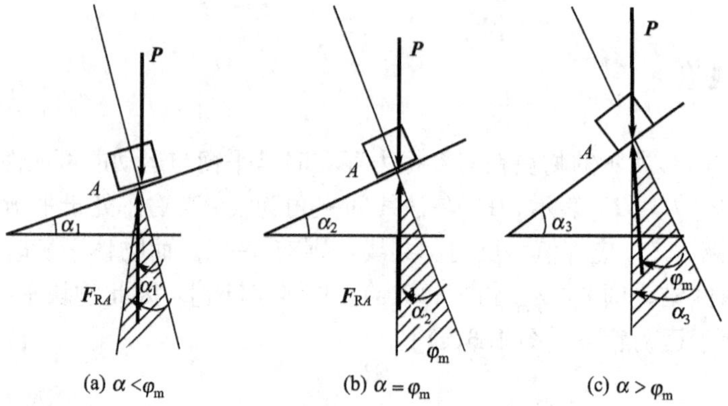

图 4.7 斜面-物块系统自锁条件

这称为斜面-物块系统的自锁条件。

上述结果可用来测定两种材料间的静摩擦因数。用这两种材料做成斜面和物块(图 4.8)，把物块放在斜面上，逐渐增大斜面的倾角 α，直到物块刚开始下滑时为止。这时的 α 角就是静摩擦角，其正切就是静摩擦因数。

斜面的自锁条件就是螺纹［图 4.9(a)］的自锁条件。这种螺纹自锁实际上就是一种变相的斜面自锁，因为螺纹可以看成为在圆柱上缠绕的斜面，如图 4.9(b)所示。螺纹升角 α 就是斜面的倾角，螺母相当于斜面上的滑块，加在螺母上的轴向载荷 $\boldsymbol{P}$ 相当于物块 A 的重力［图 4.9(c)］。要使螺纹自锁，必须使螺纹的升角 α 小于或等于摩擦角 φ_m。故螺纹的自锁条件是：

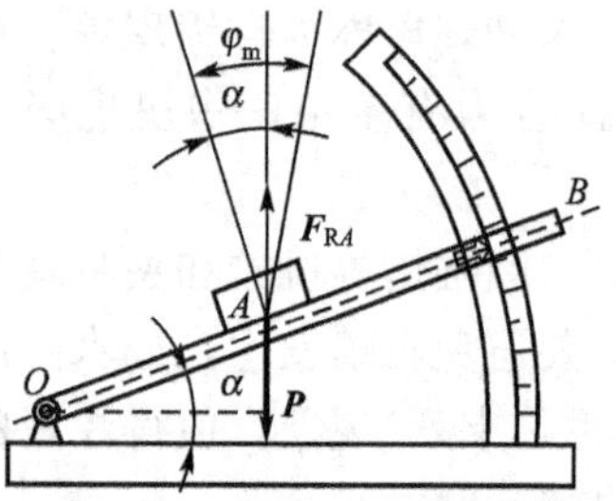

图 4.8 静摩擦角的确定

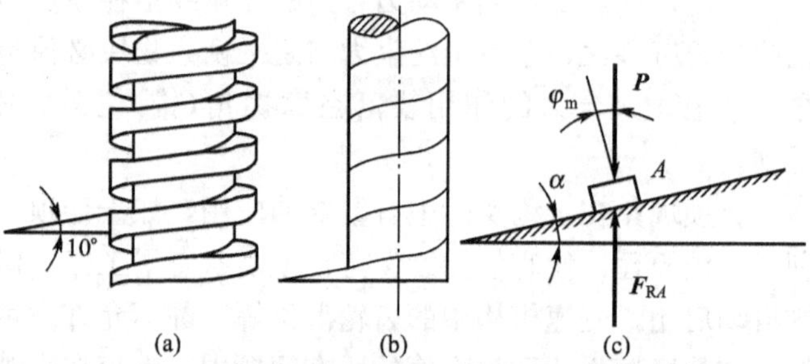

图 4.9 螺纹自锁条件

$$\alpha \leqslant \varphi_m$$

若螺旋千斤顶的螺杆与螺母之间的摩擦因数为 $f_s = 0.1$，则 $\tan\varphi_m = f_s = 0.1$，故 $\varphi_m = 5°43'$，为保证螺旋千斤顶自锁，一般取螺纹升角 $\alpha = 4° \sim 4°30'$。

2. 利用摩擦角求解平衡问题

【例 4.4】 用几何法求解例 5.3。

解：利用摩擦角与自锁的概念解本题最为便捷。由例 4.3 的图 4.4(c)可见，A、B 两处的全反力 $\boldsymbol{F}_{RA}$ 和 $\boldsymbol{F}_{RB}$ 与水平线的夹角 φ_m 就是摩擦角。在 A、B 两点作摩擦锥(由于两点全反力方向的范围已知，只需作半个锥)，两边线交于 C 点(如图 4.10 所示)。如果力 $\boldsymbol{P}$ 作用在 C 点以外，则 A、B 处必能提供适当的全反力使 $\boldsymbol{F}_{RA}$，$\boldsymbol{F}_{RB}$，$\boldsymbol{P}$ 三力汇交于一点以保持套钩平衡，而不管力 $\boldsymbol{P}$ 有多大。相反，如果力 $\boldsymbol{P}$ 作用在 C 点以内，则套钩不可能平衡。因此，C 点的位置就是 l_{min}。由几何关系得

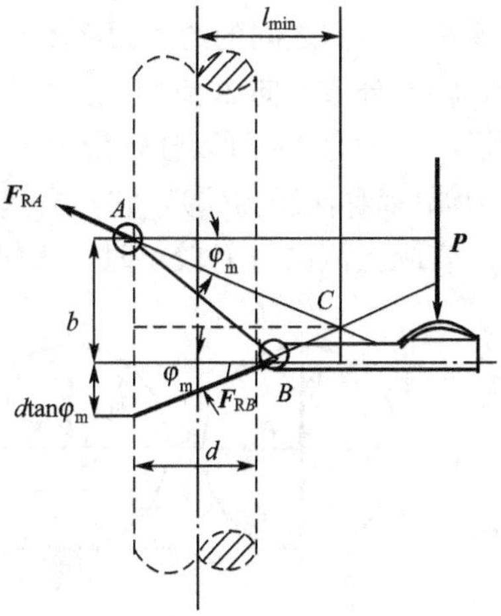

图 4.10 脚套钩攀杆示意

$$b = \left(l_{min} + \frac{d}{2}\right)\tan\varphi_m + \left(l_{min} - \frac{d}{2}\right)\tan\varphi_m = 2l_{min}\tan\varphi_m = 2l_{min}f_s$$

$$l_{min} = \frac{b}{2f_s}$$

4.4 滚动摩阻

当两个相互接触的物体有相对滚动趋势或相对滚动时，物体间产生对滚动的阻碍称为滚动摩擦。用滚动代替滑动可以大大地省力，因而被广泛地采用，如搬运沉重的物体时，在物体下安放一些小滚子(图 4.11)，轴在轴承中转动，用滚动轴承要比滑动轴承好(图 4.12)等。

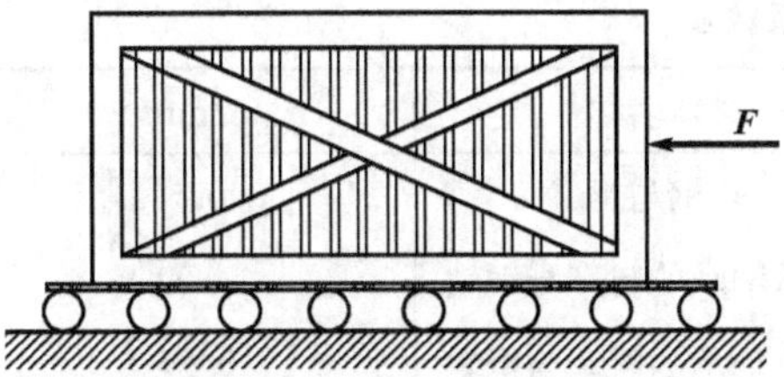

图 4.11 搬运重物用滚子

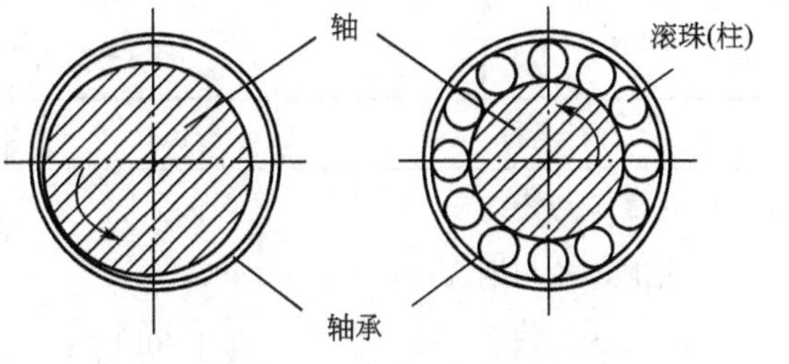

图 4.12 滚动轴承与滑动轴承

但是滚动也有一定的阻力，存在什么样的阻力？机理又是什么？这也是一个比较复杂的问题。下面通过简单的实例来分析这些问题。设在固定水平面上放置一重为 $\boldsymbol{P}$、半径为 r 的圆轮，在其中心 O 作用一水平力 $\boldsymbol{F}$，当力 $\boldsymbol{F}$ 不大时，圆轮仍保持静止。若圆轮的受力

情况如图4.13(a)所示时，则圆轮不可能保持平衡。因为静滑动摩擦力 $\boldsymbol{F}_s$ 与力 $\boldsymbol{F}$ 组成一力偶，将使圆轮发生滚动。但事实上当力 $\boldsymbol{F}$ 不大时，圆轮是可以平衡的。产生这一矛盾的原因是，圆轮和水平面实际上并不是绝对刚性的，当两者相互压紧时，一般会产生微量的接触变形，它们之间的约束力将不均匀地分布在小接触面上［图4.13(b)］。由力系简化理论，将此分布力向 A 点简化，得到一个力 $\boldsymbol{F}_R$ 和一个力偶，力偶的矩为 M_f，如图4.13(c)所示。这个力 $\boldsymbol{F}_R$ 可以分解为摩擦力 $\boldsymbol{F}_s$ 和法向约束力 $\boldsymbol{F}_N$，称这个矩为 M_f 的力偶为滚动摩阻力偶(简称滚阻力偶)，它与力偶($\boldsymbol{F}_R$，$\boldsymbol{F}_s$)平衡，转向与滚动趋势相反，如图4.13(d)所示。实际上，在力 $\boldsymbol{F}$ 较小时，圆轮没有滚动，正是这个滚动摩阻力偶在起阻碍作用。

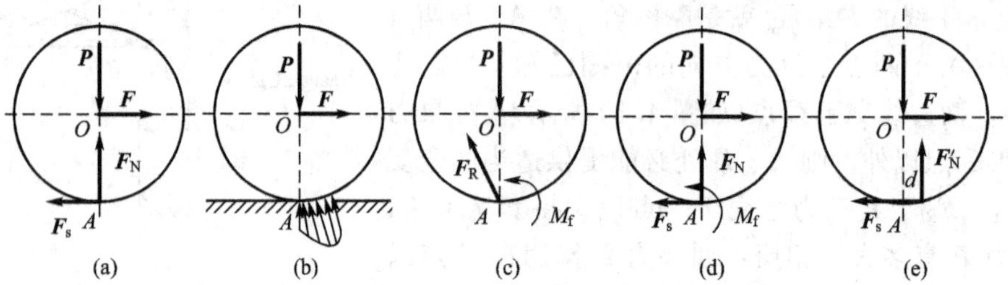

图4.13 圆轮受力情况

与静滑动摩擦力相似，滚动摩阻力偶矩 M_f 随着主动力的增加而增大，当力 $\boldsymbol{F}$ 增加到某个值时，圆轮处于将滚未滚的临界平衡状态；这时，滚动摩阻力偶矩达到最大值，称为最大滚动摩阻力偶矩，用 M_{max} 表示。若力 $\boldsymbol{F}$ 再增大一点时，圆轮就会滚动。在滚动过程中，滚动摩阻力偶矩近似等于 M_{max}。由此可知，滚动摩阻力偶矩 M_f 的大小介于零与最大值之间，即：

$$0 \leqslant M_f \leqslant M_{max} \tag{4-6}$$

实验表明：最大滚动摩阻力偶矩 M_{max} 与支承面的正压力(法向约束力) $\boldsymbol{F}_N$ 成正比，即

$$M_{max} = \delta F_N \tag{4-7}$$

称此为滚动摩擦定律。式中 δ 是比例常数，称为滚动摩阻系数，简称滚阻系数。由式(4-7)知，滚动摩阻系数具有长度的量纲，其单位一般采用mm。该系数由实验测定，与圆轮和支承面的材料性质和表面状况(硬度、光洁度、温度、湿度等)有关，与轮的半径无关。表4-2列出了几种材料的滚动摩阻系数的值。

表4-2 滚动摩阻系数 δ

材料名称	δ/mm	材料名称	δ/mm
铸铁与铸铁	0.5	软钢与钢	0.5
钢质车轮与钢轨	0.05	有滚珠轴承的料车与钢轨	0.09
木与钢	0.3～0.4	无滚珠轴承的料车与钢轨	0.21
木与木	0.5～0.8	钢质车轮与木面	1.5～2.5
软木与软木	1.5	轮胎与路面	2～10
淬火钢珠与钢珠	0.01		

滚动摩阻系数具有某种物理意义，解释如下：圆轮在即将滚动的临界平衡状态时的受力如图 4.13(d)所示，根据力的平移定理的逆定理，$\boldsymbol{F}_N$ 与 M_f 可用一力 $\boldsymbol{F}'_N$等效，如图 4.13(e) 所示。

力 $\boldsymbol{F}'_N$的作用线距 A 点的距离为 d，且有

$$M_{max}=dF'_N=dF_N=\delta F_N$$

因此，$\delta=d$，即滚动摩阻系数 δ 可看成在即将滚动时，法向约束力 $\boldsymbol{F}'_N$离中心线 AO 的最远距离，也就是最大滚动摩阻力偶矩的力偶臂，故它具有长度的量纲。

由图 4.13(d)可知，可以分别计算出使圆轮滚动或滑动所需要的水平拉力 $\boldsymbol{F}$，以分析究竟是使圆轮滚动还是滑动更省力。

由平衡方程$\sum M_A(\boldsymbol{F})=0$，可以求得

$$F_{滚}=\frac{M_{max}}{R}=\frac{\delta F_N}{R}=\frac{\delta}{R}P$$

由平衡方程$\sum F_x=0$，可以求得

$$F_{滑}=F_{max}=f_sF_N=f_sP$$

一般情况下，$\frac{\delta}{R}\ll f_s$，故有

$$F_{滚}\ll F_{滑}$$

以半径为 450mm 的充气橡胶轮胎在混凝土路面上滚动为例，若 $\delta\approx3.15$mm，$f_s=0.7$，则有

$$\frac{F_{滑}}{F_{滚}}=\frac{f_sR}{\delta}=\frac{0.7\times450}{3.15}\approx100$$

这表明使轮开始滑动的力比滚动的力约大 100 倍。可见滚动比滑动省力得多。

由于滚动摩阻系数较小，因此，在大多数情况下，滚动摩阻是可以忽略不计的。

【例 4.5】 卷线轮重 $\boldsymbol{P}$，静止地放在粗糙水平面上，缠在轮轴上的线的拉力 $\boldsymbol{F}$ 与水平成 α 角，卷线轮尺寸如图 4.14(a)所示。设卷线轮与水平面的静滑动摩擦因数为 f_s，滚动摩阻系数为 δ。试求维持卷线轮静止时线的拉力 $\boldsymbol{F}$ 的大小。

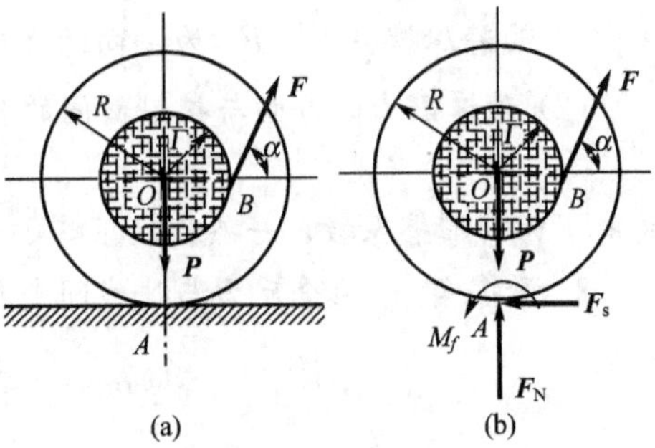

图 4.14 卷线轮

解：卷线轮失去平衡的情形有两种，即开始滚动和开始滑动，二者都必须加以考虑。

(1) 设卷线轮处于一般平衡状态，此时其受力如图 4.14(b)所示。

平衡方程为：

$$\sum F_x=0,\quad F\cos\alpha-F_s=0,\quad \therefore F_s=F\cos\alpha \tag{1}$$

$$\sum F_y=0,\quad F\sin\alpha+F_N-P=0,\quad \therefore F_N=P-F\cos\alpha \tag{2}$$

$$\sum M_A(\boldsymbol{F})=0,\quad M_f-F(R\sin\alpha-r)=0,\quad \therefore M_f=F(R\sin\alpha-r) \tag{3}$$

(2) 列补充方程：

$$F_{max}=f_sF_N=f_s(P-F\cos\alpha) \tag{4}$$

$$M_{max}=\delta F_N=\delta(P-F\cos\alpha) \tag{5}$$

(3) 保持卷线轮静止的条件为 $F_s \leqslant F_{max}$，$M_f \leqslant M_{max}$，则联立(1)～(5)即有

$$F\cos\alpha \leqslant f_s F_N = f_s(P - F\cos\alpha)$$

$$F(R\sin\alpha - r) \leqslant \delta(P - F\cos\alpha)$$

整理可得，卷线轮不滑动的条件为

$$F \leqslant \frac{f_s}{\cos\alpha + f_s}$$

卷线轮不滚动的条件为

$$F \leqslant \frac{\delta P}{R\cos\alpha - r + \delta\sin\alpha}$$

若要维持卷线轮静止，拉力 **F** 必须同时满足上面不滑动与不滚动的两式给出的条件。

本 章 小 结

1. 摩擦现象分为滑动摩擦和滚阻摩擦两类。

2. 滑动摩擦力是在两个物体互相接触的表面之间有相对滑动趋势或有相对滑动时出现的阻碍作用。前者称为静滑动摩擦力，后者称为动滑动摩擦力。

(1) 静摩擦力的方向与接触面间相对滑动趋势的方向相反。它的大小随主动力改变，应根据平衡方程确定。当物体处于平衡的临界状态时，静摩擦力达到最大值，因此静摩擦力随主动力变化的范围在零与最大值之间，即

$$0 \leqslant F \leqslant F_{max}$$

最大静摩擦力的大小，可由静摩擦定律确定，即

$$F_{max} = f_s F_N$$

式中 f_s 为静摩擦系数；F_N 为法向约束反力。

(2) 动摩擦力的方向与接触面间的相对滑动速度方向相反，其大小为

$$F_d = fF_N$$

式中 f 为动摩擦系数，一般情况下略小于静摩擦系数；F_N 为法向约束反力。

3. 摩擦角 φ_m 为全反力与法线间夹角的最大值，具有

$$\tan\varphi_m = \frac{F_{max}}{F_N} = \frac{fF_N}{F_N} = f_s$$

式中 f_s 为静摩擦系数。当主动力的合力作用线在摩擦角之内时将发生自锁现象。

4. 物体滚动时，接触处的静摩擦力与主动力组成主动力偶促使滚动，阻碍滚动的为滚动摩阻力偶。

物体平衡时，滚动摩阻力偶矩随主动力偶矩的大小变化，变化范围为

$$0 \leqslant M_f \leqslant M_{max}$$

$$M_{max} = \delta F_N$$

式中 δ 为滚动摩阻系数，单位取 mm 或 cm；F_N 为接触面的法向反力。

物体在滚动时，滚动摩阻力偶矩近似等于 M_{max}。

思 考 题

1. 能否说最大静摩擦力总是与物体的重量 W 成正比，即 $F_{max}=f_sW$？

2. 如图 4.15(a)、4.15(b)中所示，物块重 $P=100\text{N}$，物块与接触面间的静摩擦系数均为 $f_s=0.3$，而作用力 F 分别为 20N、250N，则这两种情况中当作用在物块上的水平力 $F=30\text{N}$ 时，则这两种情况中物块是否平衡？为什么？

3. 物块 A、B 放置如图 4.16 所示。设 A、B 之间的最大静摩擦力为 F_{mA}，物块与水平面之间的最大静摩擦力为 F_{mB}。在物块 A 上作用一水平力 F。试判别在下列各种情况下，A、B 能否平衡：①$F>F_{mA}>F_{mB}$；②$F>F_{mA}<F_{mB}$；③$F<F_{mA}<F_{mA}$；④$F_{mB}<F<F_{mA}$；⑤$F_{mB}>F>F_{mA}$；⑥$F>F_{mB}>F_{mA}$。

4. 如图 4.17 所示，一边长为 a 的正方形匀质物块，放在粗糙的斜面上，物块在重力 $\boldsymbol{P}$、拉力 $\boldsymbol{F}_T$、法向反力 $\boldsymbol{F}_N$ 及摩擦力 $\boldsymbol{F}_s$ 作用下在斜面上保持平衡，但在图中，$\sum M_C(\boldsymbol{F})\neq 0$，试问错在哪里？

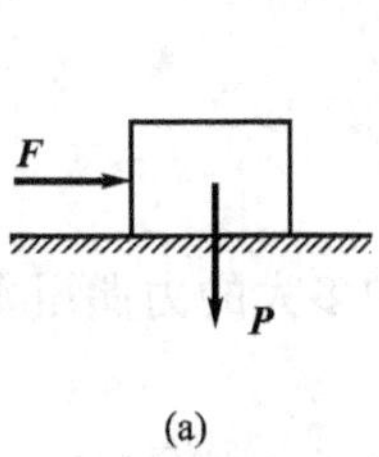

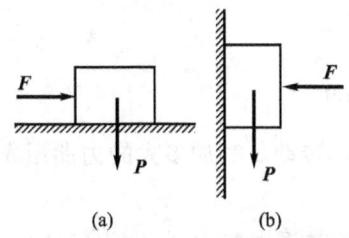

图 4.15 求最大静摩擦力

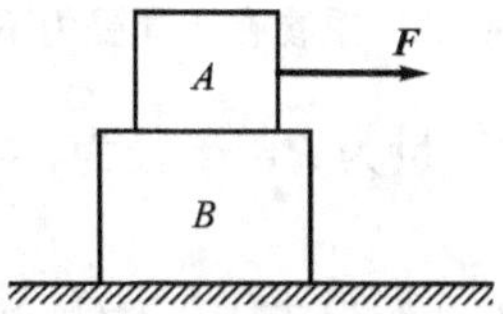

图 4.16 物块受力分析

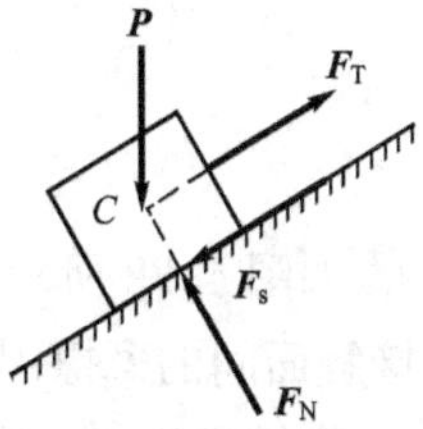

图 4.17 物块受力分析

5. 骑自行车时，前后两轮的摩擦力各向什么方向？为什么？

6. 物块重 $\boldsymbol{P}$，一力 $\boldsymbol{F}$ 作用在摩擦角之外，如图 4.18 所示。已知 $\alpha=20°$，$F=P$。问物块动不动？为什么？

7. 用钢楔劈物如图 4.19 所示，设接触面间的摩擦角为 φ_m。劈入后欲使楔不滑出，问钢楔两个平面间的夹角 α 应该为多大？楔重不计。

8. 如图 4.20 所示，试比较用同样材料、在相同的光洁度和相同的皮带压力 $\boldsymbol{F}$ 作用下，平皮带与三角皮带所能传递的最大拉力。

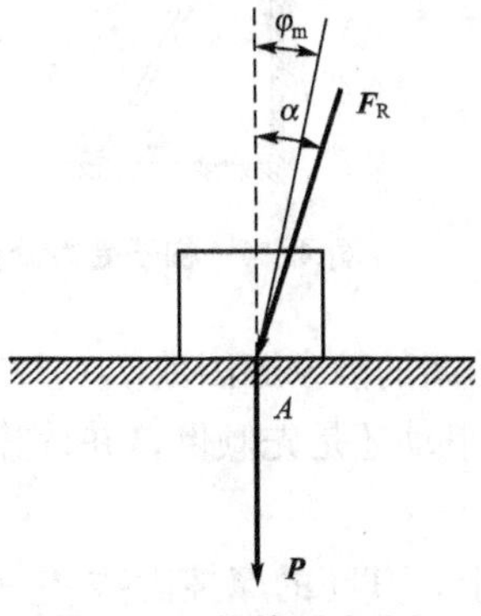

图 4.18 物块受力分析

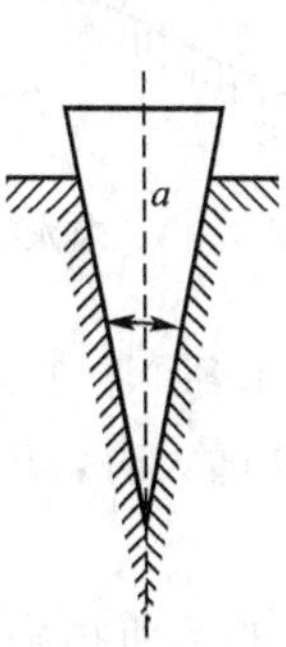

图 4.19 钢楔劈物示意图

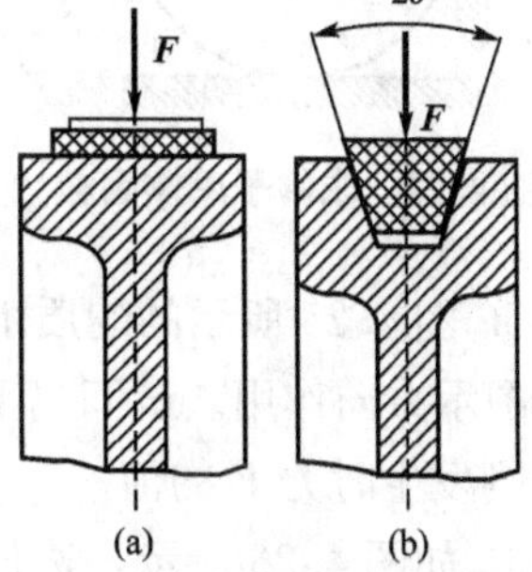

图 4.20 求皮带拉力

9. 轮子一般是滚动容易滑动难，所以在平衡分析时，可以不考虑滑动摩擦力。此说法是否正确?

10. 轮子作纯滚动时摩擦力是否等于 fF_N(f 为动摩擦因数)，怎样求轮子滚动时地面作用在轮子上的摩擦力?

习　题

1. 如图 4.21 所示，一物块重 $P=200\text{N}$，与水平支承面间的摩擦因数 $f_s=0.5$，作用力 $F=90\text{N}$。试就图中所列 3 种情况，计算摩擦力。

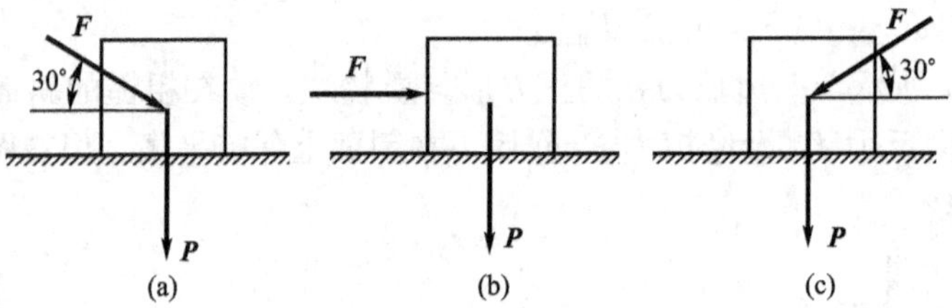

图 4.21　重物在不同受力下的摩擦力

2. 如图 4.22 所示，转子的重量为 $\boldsymbol{P}$，半径为 r，欲使其转动，需加多大的力偶矩 M? 设各接触面间的摩擦因数为 f_s。

3. 物体重为 $\boldsymbol{P}$，放在倾角为 α 的斜面上，它与斜面间的摩擦因数为 f_s，如图 4.23 所示。当物体处于平衡时，试求水平力 $\boldsymbol{F}$ 的大小。

4. 梯子长 $AB=l$，重为 $P=100\text{N}$，靠在光滑墙上并和水平地面成 $\alpha=75°$角，如图 4.24 所示。已知地面与梯子间的摩擦因数 $f_s=0.4$，问重 $Q=700\text{N}$ 的人能否爬到梯子顶端而不致使梯子滑倒? 并求梯子对地面的摩擦力。假定梯子的重心在其中点 C。

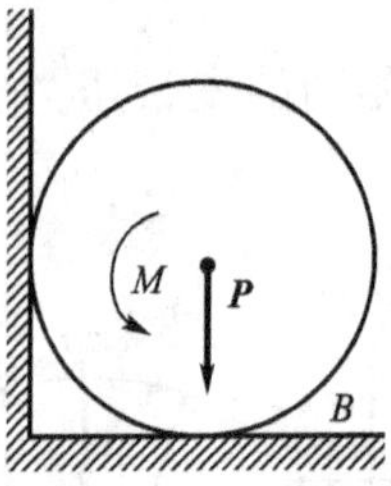

图 4.22　求转子摩擦因数

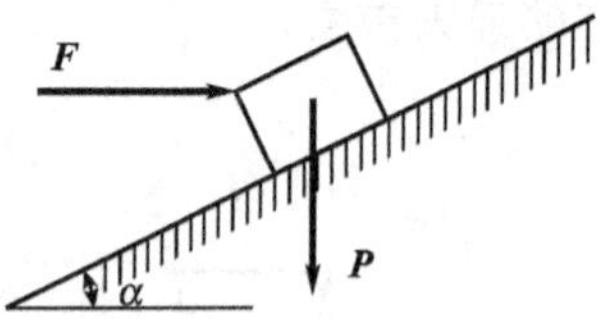

图 4.23　求水平力 F

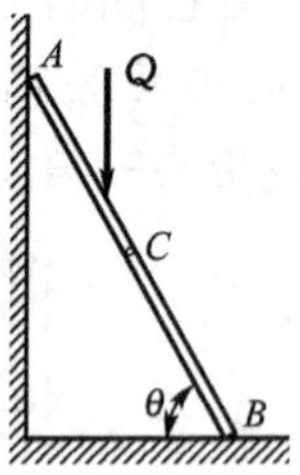

图 4.24　梯子受力分析

5. 图 4.25 所示的匀质木箱重 $P=4.8\text{kN}$，它与水平地面间的静摩擦因数 $f_s=1/3$。力 $\boldsymbol{F}$ 按图示方向作用。试问当 $\boldsymbol{F}$ 的值逐渐增大时，该木箱是先滑动还是先倾倒，并计算木箱运动刚发生时力 $\boldsymbol{F}$ 的值。

6. 如图 4.26 所示，边长为 a 与 b 的匀质物块放在斜面上，其间的摩擦因数 $f_s=0.4$。当斜面倾角 α 逐渐增大时，物块在斜面上翻倒和滑动同时发生，求 a 与 b 的关系。

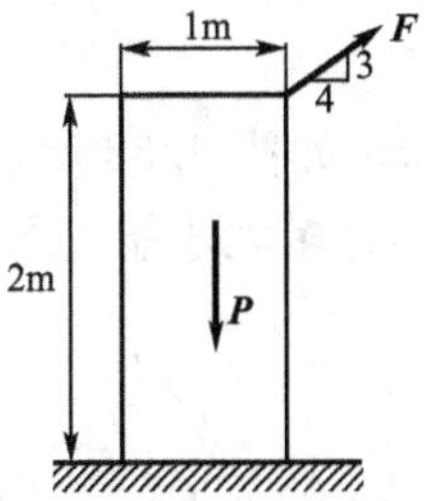

图 4.25 木箱受力分析

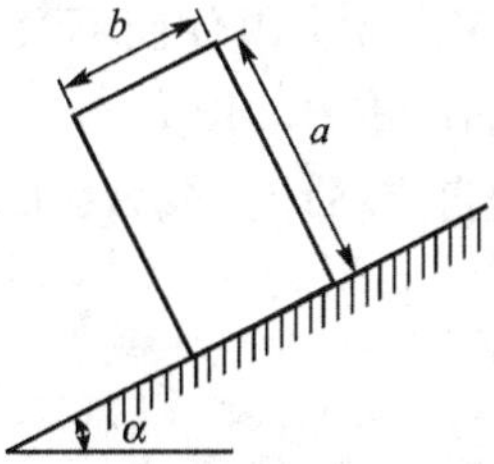

图 4.26 物块在可变斜面上的受力情况

7. 鼓轮 B 重 500N，放在墙角里，如图 4.27 所示。已知鼓轮与水平地板间的静摩擦因数为 0.25，而铅直墙壁则假定是光滑的。鼓轮上的绳索下端挂着重物。设半径 $R=200$mm，$r=100$mm，求平衡时重物 A 的最大重量。

8. 如图 4.28 所示，为运送混凝土的装置，料斗连同混凝土总重 25kN，它与轨道面的滑动摩擦因数为 0.3，轨道与水平面夹角为 70°。试分别求料斗匀速上升和匀速下降时缆绳的拉力。

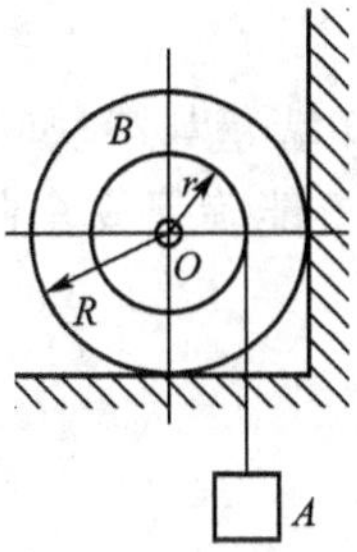

图 4.27 求鼓轮平衡力

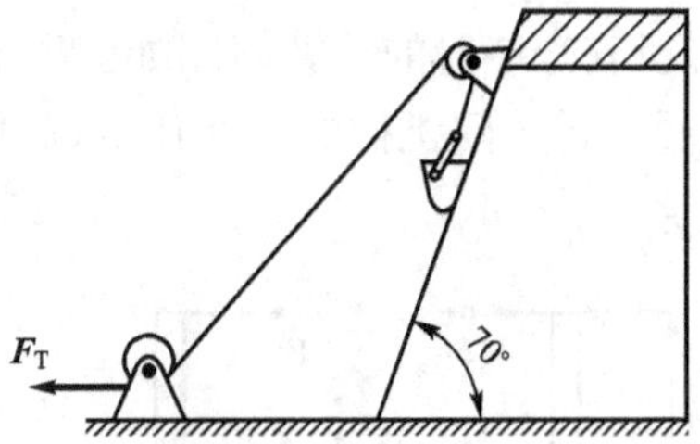

图 4.28 求缆绳拉力

9. 砖夹的宽度为 25cm，直角曲杆 AGB 和 $GCED$ 在点 G 铰接。砖的重量为 $\boldsymbol{P}$，提砖的合力 $\boldsymbol{F}_R$ 作用在砖夹的对称中心线上，尺寸如图 4.29 所示。若砖夹与砖之间的静摩擦因数 $f_s=0.5$，试问 b 应为多大才能把砖夹起(b 是点 G 到砖块上所受正压力作用线的铅垂距离)？

10. 图 4.30 所示为一凸轮机构。已知推杆(不计自重)与滑道间的摩擦因数为 $f_s=0.4$，滑道宽度为 b，设凸轮与推杆接触处的摩擦忽略不计。问 a 为多大时，推杆才不致被卡住。

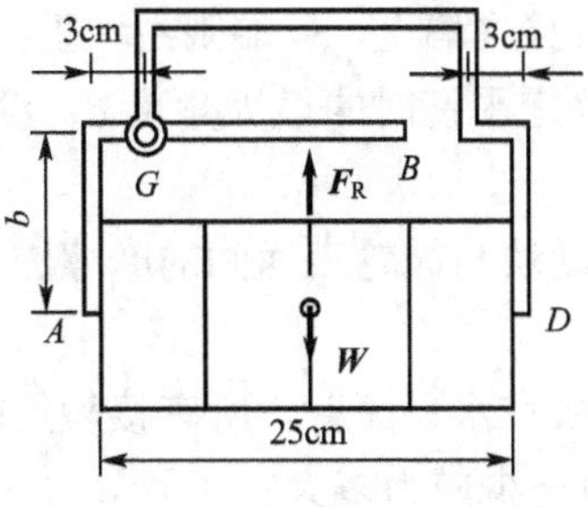

图 4.29 砖夹

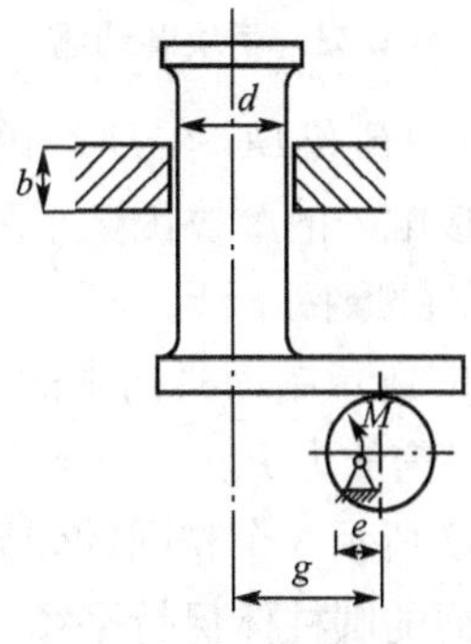

图 4.30 凸轮机构

11. 图4.31所示，夹钳夹住钢管，已知钳口张角为20°，$F=F'$。问钢管与夹钳的静摩擦因数至少应为多少才夹得住而不致滑脱?

12. 匀质长板AD重$\boldsymbol{P}$，长为4m。用一短板BC支撑，如图4.32所示。$AC=BC=AB=3$m，BC板的自重不计。求A、B、C 3处的摩擦角各为多大才能使之保持平衡?

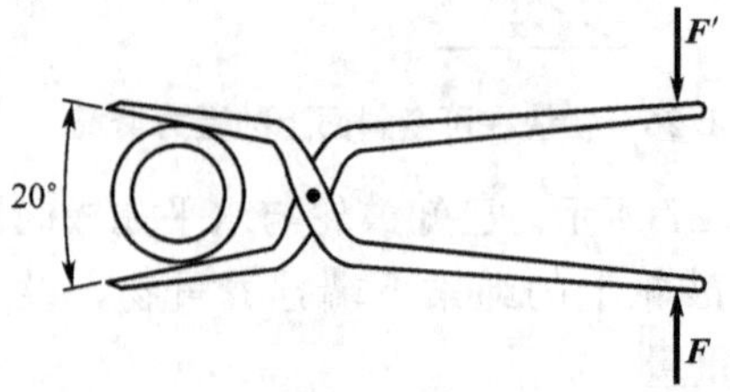

图4.31　求钢管与夹钳的静摩擦因数

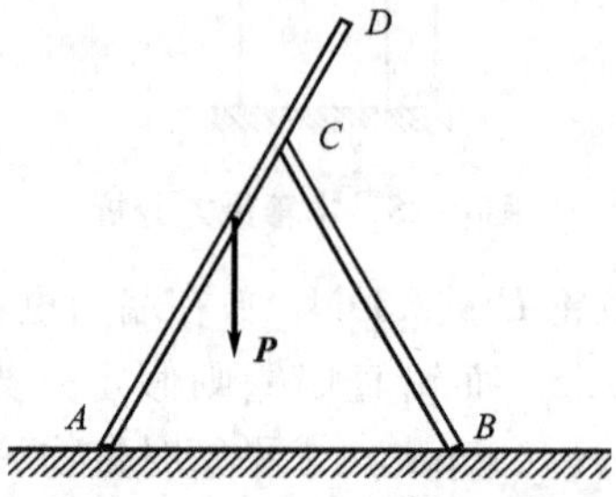

图4.32　求A、B、C处的摩擦角

13. 在闸块制动器的两个杠杆上，分别作用有大小相等的力$\boldsymbol{F}_1$和$\boldsymbol{F}_2$，设力偶矩$M=160\text{N}\cdot\text{m}$，摩擦因数为$f_s$，尺寸如图4.33所示。试问$\boldsymbol{F}_1$、$\boldsymbol{F}_2$应为多大，方能使受到力偶作用的轴处于平衡状态。

14. 升降机安全装置的计算简图如图4.34所示。已知墙壁与滑块间的摩擦因数$f_s=0.5$，构件自重不计。问机构的尺寸比例($l:L$)应为多少方能确保安全制动，并求α与摩擦角φ_m的关系。

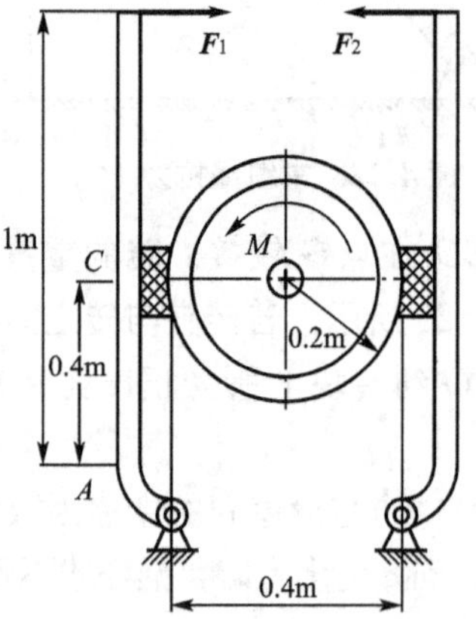

图4.33　闸块制动器

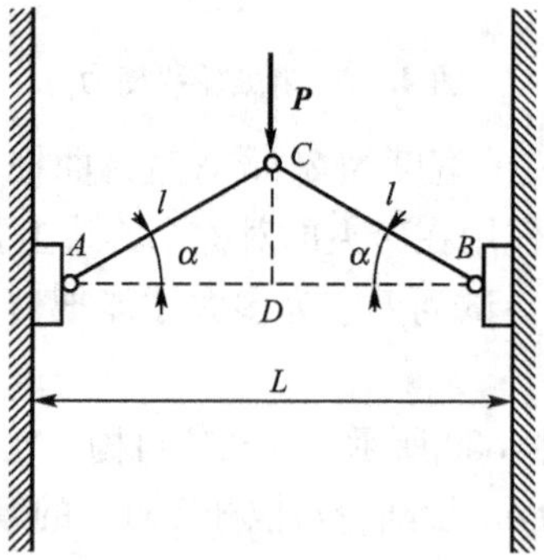

图4.34　升降机安全装置

15. 匀质杆AB和BC在B端铰接，A端铰接在墙上，C端则由墙阻挡，如图4.35所示。墙与C端接触处的摩擦因数$f_s=0.5$，试确定平衡时的最大角度θ，设两杆长度相等，重量相同，铰链的摩擦不计。

16. 图4.36所示制动机构中的r和R。制动块与鼓轮表面间的摩擦因素为f，试求制止鼓轮转动所必需的力$\boldsymbol{F}$。

17. 图4.37所示3个相同的匀质圆柱体堆放在水平面上，所有接触处的静摩擦因数均为f_s。为使上面的圆柱体保持平衡，试求f_s值至少应为多大?

18. 尖劈顶重装置如图4.38所示，在B块上受力$\boldsymbol{P}$的作用。A与B块间的摩擦因数

为 f_s(其他有滚珠处表示光滑)。如不计重量，求使系统保持平衡的力 $\boldsymbol{F}$ 的值。

19. 一轮半径为 R，在其铅直直径的上端 B 点作用一水平力 $\boldsymbol{F}$，如图 4.39 所示。轮与水平面间的滚动摩阻系数为 δ。问力 $\boldsymbol{F}$ 使轮只滚不滑时轮与水平面间的滑动摩擦因数 f_s 需要满足什么条件?

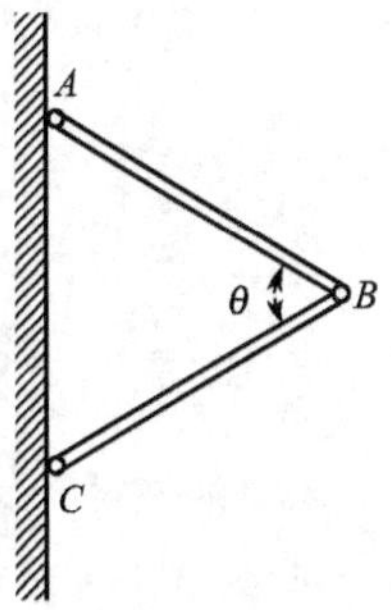

图 4.35　求 θ 角

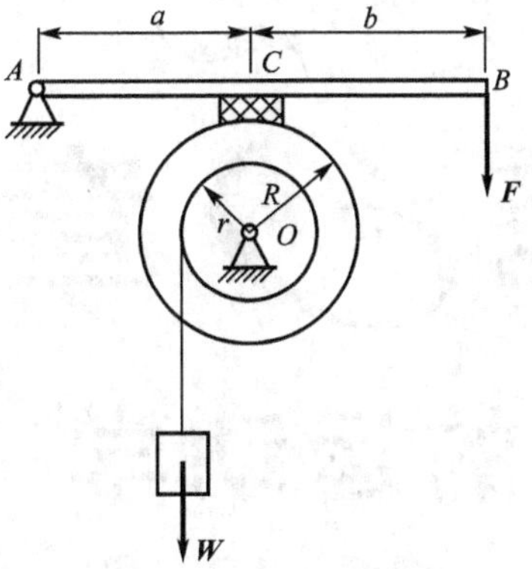

图 4.36　制动机构

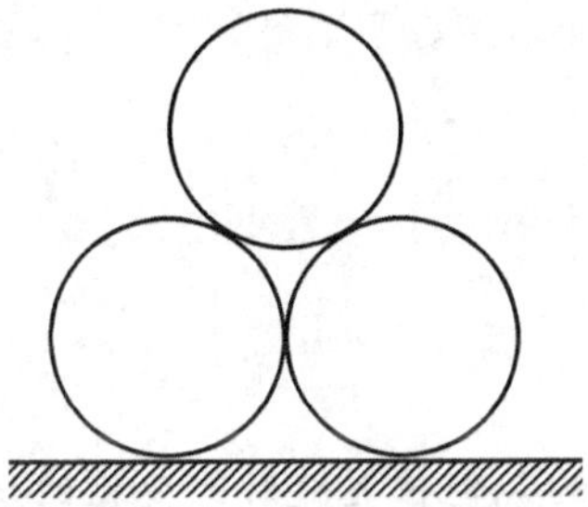

图 4.37　求摩擦因数 f_s

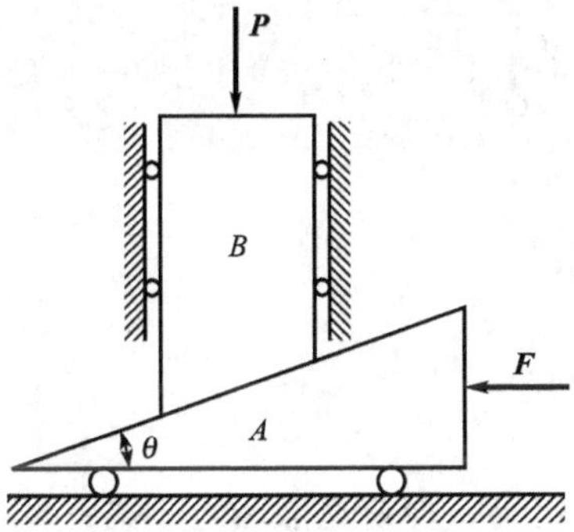

图 4.38　求力 $\boldsymbol{F}$ 的值

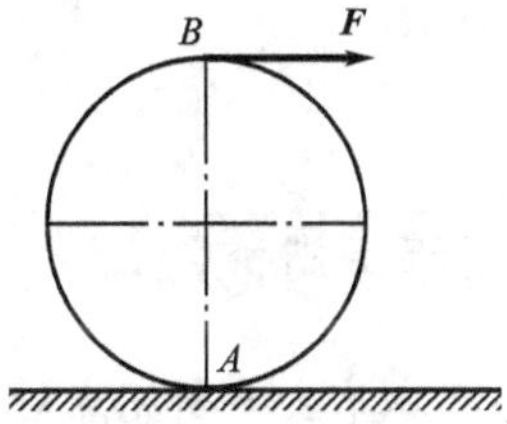

图 4.39　轮受力示意

20. 如图 4.40 所示，已知圆轮重 $\boldsymbol{P}$，半径为 R，轮与倾角为 α 的斜面之间的滑动摩擦因数为 f_s，滚动摩阻系数为 d。求使轮在斜面上保持静止的 Q 值。

21. 为了在较软的地面上移动一重为 1kN 的木箱，可先在地面上铺上木板，然后在木箱与木板间放进钢管作为滚子，如图 4.41 所示。若钢管直径 d=50mm，钢管与木板或木箱间的滚动摩阻系数均为 0.25，试求推动木箱所需的水平力 $\boldsymbol{F}$。若不用钢管，而使木箱直接在木板上滑动，已知木箱与木板间的静摩擦因数为 0.4，试求推动木箱所需的水平力 $\boldsymbol{F}$。

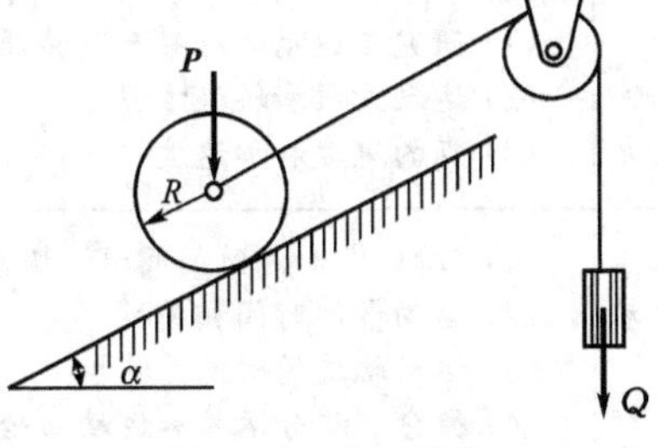

图 4.40　求 Q 的值

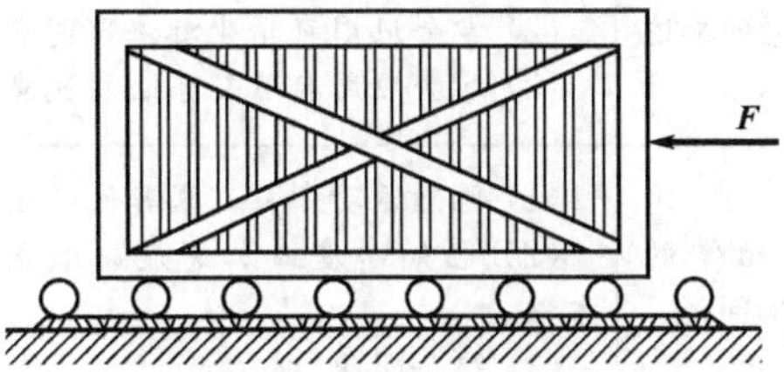

图 4.41　移动木箱

第5章 点的运动学

教学目标

本章主要研究点的简单运动，即研究点相对于某一参考系的几何位置随时间变化的规律。通过本章的学习，应达到以下目标。

(1) 理解运动相对性、参考体、参考系、运动方程、速度、加速度、运动轨迹等基本概念。

(2) 了解描述点运动的各种方法，重点掌握矢量法、直角坐标法和自然轴系法。

(3) 会求解点的运动学中的3类基本问题。

教学要求

知识要点	能力要求	相关知识
点运动的描述	(1) 学会应用矢量法研究点的运动 (2) 学会应用直角坐标法研究点的运动 (3) 学会应用自然轴系法研究点的运动	(1) 研究点运动的标架无差异原理 (2) 运动方程和轨迹方程 (3) 点的速度和加速度
点运动学的三类基本问题	(1) 已知运动方程，求其他运动量 (2) 已知速度或加速度，求点的运动方程 (3) 综合问题	(1)“瞬时”和“时间间隔”概念 (2) 运动量的时间相关性 (3) 运动轨迹的时间无关性 (4) 微分、积分运算和运动初始条件

基本概念

机械运动；运动相对性；参考体；参考系；运动方程；运动轨迹；速度；加速度；矢量法；直角坐标法；自然轴系法；柱坐标法；球坐标法；标架无差异原理。

引例

点的运动学是研究一般物体运动的基础，又具有独立的应用意义。本章将研究点的简单运动，研究点相对某一参考系的几何位置随时间变化的规律，包括点的运动方程、速度、加速度以及点的运动轨迹等。描述点的运动可以选择不同的坐标系，如直角坐标系、自然轴系、柱坐标系、球坐标系等。需要注意的是，研究物体的运动需要借助于坐标系，然而物体的运动是客观的，与坐标系的选择没有关系，即物体运动描述的标架无差异原理。应用不同方法研究点的运动、求解点的运动学中的3类基本问题是本章的要点。

例如，已知半径为 r 的轮子沿直线轨道无滑动地滚动，即作纯滚动，设轮子转角 $\varphi=\omega t$，角速度 ω 为常值。求用直角坐标和弧坐标表示的轮缘上任一点 M 的运动方程，并求该点的速度、切向加速度及法向加速度。

5.1 矢量法

运动的几何点称为**动点**。刚体和质点是理论力学中的两个重要概念。**刚体**指的是在力的作用下其内部任意两点之间的距离保持不变的物体，或者说在力的作用下其大小和形状均不改变的物体。**质点**是指用来代替物体的只计质量不计大小和形状的点。当只研究物体的平动而不考虑物体转动时，或者当物体的运动范围远远大于其自身的尺寸，忽略其大小对问题的性质无本质影响时，可以把物体视为质点。

例如，在研究地球绕太阳作公转运动时，由于地球与太阳的平均距离(约为14960万千米)比地球半径(约为6370千米)大得多，地球上各点相对于太阳的运动可以看作是相同的，即地球的大小和形状可以忽略不计。在这种场合下，就可以直接把地球当作一个“质点”来处理。在研究导弹的飞行时，作为第一级近似，可以忽略其转动性能，把导弹看成一个“质点”，作为二级近似，可以忽略其弹性性能，把导弹视为一个“刚体”。因此，在运动学中，点的运动学既有其独立应用，又是研究刚体运动的基础。

矢量法即用矢量的方法来描述点的各种运动量，包括点的运动方程、速度、加速度和运动轨迹等。应用矢量法研究点的运动，具有表达形式简单的特点，适于理论推导。

5.1.1 点的运动方程

设动点 M 沿任一空间曲线运动，选取空间任意点 O 为原点，则动点 M 在空间的位置可用自点 O 指向动点 M 的矢量 $\boldsymbol{r}$ 来表示，如图5.1所示。当动点 M 运动时，矢径 $\boldsymbol{r}$ 随时间 t 变化，并且是时间的单值函数，即

$$\boldsymbol{r}=\boldsymbol{r}(t) \tag{5-1}$$

式(5-1)是以矢量表示的点的运动方程。动点 M 在运动过程中，其矢径 $\boldsymbol{r}$ 的末端描绘出一条连续曲线，称为矢端曲线。显然，矢径 $\boldsymbol{r}$ 的矢端曲线就是动点 M 的运动轨迹。

5.1.2 点的速度

点的**速度**(velocity)是矢量，用 $\boldsymbol{v}$ 表示。当点沿曲线运动时，每一瞬时点的速度矢量的大小表示点沿轨迹运动的快慢，矢量的指向表示运动的方向。

设动点 M 沿轨迹 AB 运动，为了确定其位置，取原点 O。在瞬时 t，动点 M 的位置由矢径 $\boldsymbol{r}$ 确定。在瞬时 $t'=t+\Delta t$，即经过时间间隔 Δt 之后，动点位于 M' 点，由矢径 $\boldsymbol{r}'$ 确定，如图 5.2 所示。在时间间隔 Δt 内动点矢径的变化量用 $\Delta\boldsymbol{r}$ 表示，即 $\Delta\boldsymbol{r}=\boldsymbol{r}'-\boldsymbol{r}$，称为在 Δt 时间内动点 M 的**位移**(displacement)。位移 $\Delta\boldsymbol{r}$ 与时间 Δt 之比，称为动点 M 在时间间隔 Δt 内的**平均速度**。平均速度用 $\bar{\boldsymbol{v}}$ 表示，则根据定义，有

$$\bar{\boldsymbol{v}}=\frac{\Delta\boldsymbol{r}}{\Delta t} \tag{5-2}$$

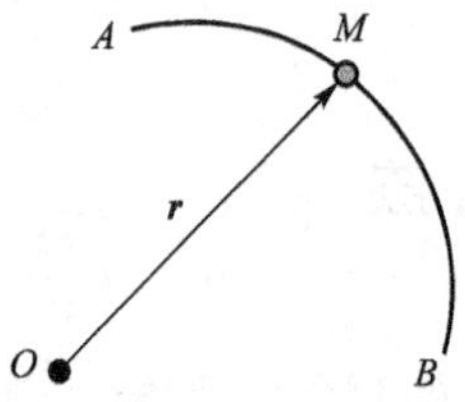

图 5.1　点 M 的矢径

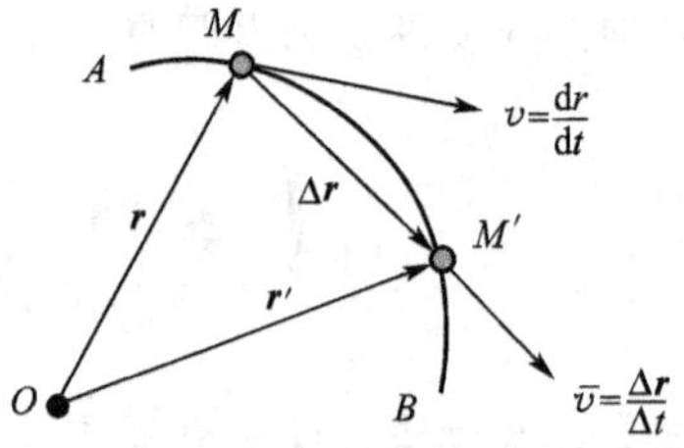

图 5.2　动点 M 的速度

当 Δt 趋近于零，M' 点趋近于 M 点，则 $\bar{\boldsymbol{v}}$ 趋近于一极限值，此极限值称为动点 M 在瞬时 t 的速度，即

$$\boldsymbol{v}=\lim_{\Delta t\to 0}\frac{\Delta\boldsymbol{r}}{\Delta t}=\frac{\mathrm{d}\boldsymbol{r}}{\mathrm{d}t} \tag{5-3}$$

式(5-3)表明，动点的速度矢 $\boldsymbol{v}$ 等于它的矢径 $\boldsymbol{r}$ 对时间 t 的一阶导数。动点的速度矢沿着矢径 $\boldsymbol{r}$ 的矢端曲线的切线，即沿动点运动轨迹的切线，并与此点运动的方向一致。在国际单位制中，速度的单位为 m/s。

5.1.3 点的加速度

点的速度矢对时间的变化率称为**加速度**(acceleration)。加速度也是矢量，用 $\boldsymbol{a}$ 表示，它表征了速度大小和方向的变化。

设动点 M 沿曲线变速运动，在瞬时 t，速度为 $\boldsymbol{v}$。在 $t+\Delta t$ 瞬时，速度为 $\boldsymbol{v}'$，动点在 M' 点，如图 5.3 所示。在 Δt 时间间隔内，速度矢的增量为 $\Delta\boldsymbol{v}=\boldsymbol{v}'-\boldsymbol{v}$，动点的平均加速度 $\bar{\boldsymbol{a}}$ 为

$$\bar{\boldsymbol{a}}=\frac{\Delta\boldsymbol{v}}{\Delta t} \tag{5-4}$$

当 Δt 趋近于零时，M' 点趋近于 M 点，则 $\bar{\boldsymbol{a}}$ 趋近于一极限值，此极限值称为动点 M 在瞬

时 t 的加速度，即

$$\boldsymbol{a}=\lim_{\Delta t\to 0}\frac{\Delta \boldsymbol{v}}{\Delta t}=\frac{\mathrm{d}\boldsymbol{v}}{\mathrm{d}t}=\frac{\mathrm{d}^2\boldsymbol{r}}{\mathrm{d}t^2} \tag{5-5}$$

式(5-5)表明，动点的加速度矢 $\boldsymbol{a}$ 等于该点的速度矢 $\boldsymbol{v}$ 对时间 t 的一阶导数，或等于其矢径 $\boldsymbol{r}$ 对时间 t 的二阶导数。

有时为了方便，在字母上方加“·”表示该量对时间的一阶导数，加“··”表示该量对时间的二阶导数。因此，式(5-3)和式(5-5)也可改写为

$$\boldsymbol{v}=\dot{\boldsymbol{r}},\quad \boldsymbol{a}=\dot{\boldsymbol{v}}=\ddot{\boldsymbol{r}} \tag{5-6}$$

在国际单位制中，加速度 $\boldsymbol{a}$ 的单位为 $\mathrm{m/s^2}$。

如在空间任取一点 O，把动点 M 在连续不同瞬时的速度矢 $\boldsymbol{v}$，$\boldsymbol{v}'$，$\boldsymbol{v}''$，…，都平行地移到点 O，连接各矢量的端点 M，M'，M''，…，就构成了矢量 $\boldsymbol{v}$ 端点的连续曲线，称为**速度矢端曲线**，如图 5.4 所示。动点 M 的瞬时加速度矢 $\boldsymbol{a}$ 的方向沿着速度矢端曲线的切线方向。

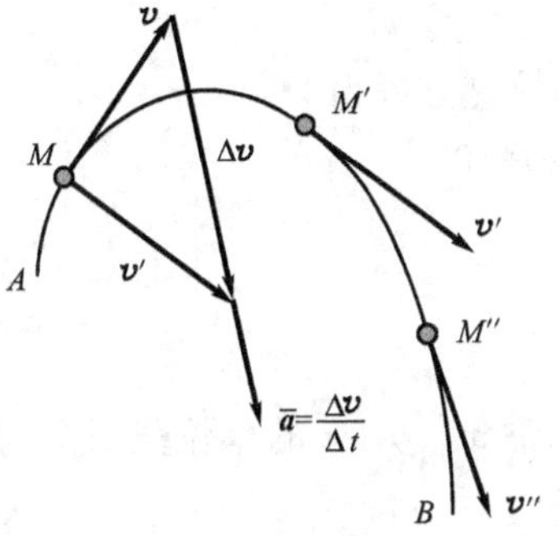

图 5.3 动点 M 的平均加速度

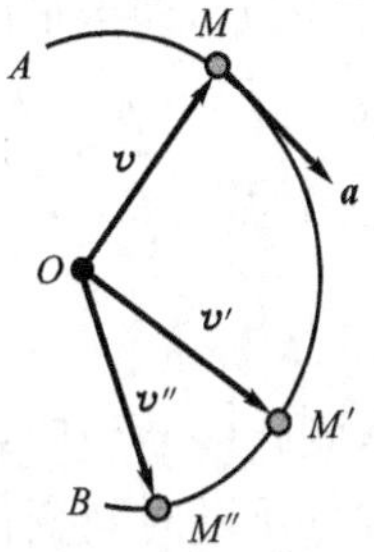

图 5.4 速度矢端图

5.2 直角坐标法

直角坐标法是用直角坐标系，即笛卡尔坐标系(Cartesian coordinates)来描述点的各种运动量的方法。具体解题时常采用直角坐标法。

5.2.1 点的运动方程

取一固定的直角坐标系 $Oxyz$，则动点 M 在任意瞬时的空间位置既可以用它相对于坐标原点 O 的矢径 $\boldsymbol{r}$ 表示，也可以用它的 3 个直角坐标 x，y，z 表示，如图 5.5 所示。

由于矢径的原点 O 与直角坐标系的原点 O 重合，因此有如下关系

$$\boldsymbol{r}=x\boldsymbol{i}+y\boldsymbol{j}+z\boldsymbol{k} \tag{5-7}$$

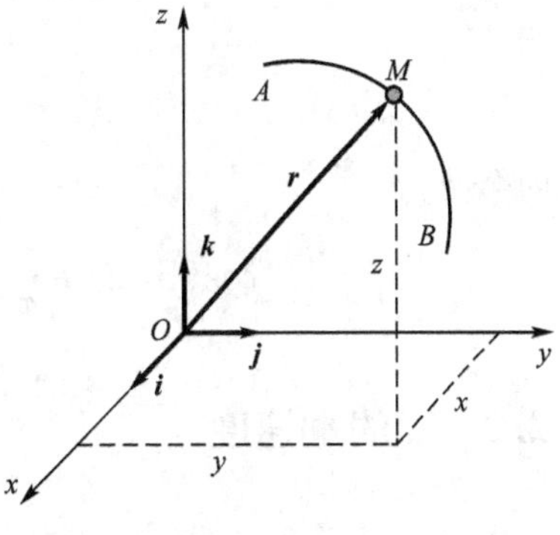

图 5.5 用直角坐标系描述点的运动

式中，$\boldsymbol{i}$，$\boldsymbol{j}$，$\boldsymbol{k}$ 分别为沿 x，y，z 坐标轴的单位矢量，如图5.5所示。由于矢径 $\boldsymbol{r}$ 是时间的单值连续函数，因此 x，y，z 也是时间的单值连续函数。应用式(5-7)，可将运动方程(5-1)改写为

$$x=f_1(t),\quad y=f_2(t),\quad z=f_3(t) \tag{5-8}$$

式(5-8)称为直角坐标形式的点的运动方程。如果知道了点的运动方程式(5-8)，就可以求出任一瞬时点的坐标 x，y，z 的值，也就完全确定了该瞬时动点的位置。

式(5-8)实际上也是用参数形式表述的点的运动轨迹方程。只要根据不同的时间 t，依次计算动点的位置坐标 x，y，z，依据这些数值就能绘出动点的轨迹。在数学上，只要消去运动方程(5-8)中的参数 t，得到的方程为

$$f(x,\ y,\ z)=0 \tag{5-9}$$

即为点的**轨迹方程**。由式(5-9)可见，动点的轨迹方程具有与时间无关的特性。

若点仅在某一平面内运动，则可在该平面内取 Oxy 坐标系，点的运动方程(5-8)退化为

$$x=f_1(t),\quad y=f_2(t) \tag{5-10}$$

消去式(5-10)中的参数 t，即得平面内动点的轨迹方程为

$$f(x,\ y)=0 \tag{5-11}$$

5.2.2 点的速度

将式(5-7)代入到式(5-3)中，由于坐标轴 x，y，z 的单位矢量 $\boldsymbol{i}$，$\boldsymbol{j}$，$\boldsymbol{k}$ 为恒矢量，即矢量的大小和方向均不随时间变化，因此有

$$\boldsymbol{v}=\frac{\mathrm{d}\boldsymbol{r}}{\mathrm{d}t}=\frac{\mathrm{d}}{\mathrm{d}t}(x\boldsymbol{i}+y\boldsymbol{j}+z\boldsymbol{k})=\frac{\mathrm{d}x}{\mathrm{d}t}\boldsymbol{i}+\frac{\mathrm{d}y}{\mathrm{d}t}\boldsymbol{j}+\frac{\mathrm{d}z}{\mathrm{d}t}\boldsymbol{k} \tag{5-12}$$

设动点 M 的速度矢 $\boldsymbol{v}$ 在直角坐标轴上的投影分别为 v_x，v_y 和 v_z，即

$$\boldsymbol{v}=v_x\boldsymbol{i}+v_y\boldsymbol{j}+v_z\boldsymbol{k} \tag{5-13}$$

比较式(5-12)和式(5-13)，可得

$$v_x=\frac{\mathrm{d}x}{\mathrm{d}t},\quad v_y=\frac{\mathrm{d}y}{\mathrm{d}t},\quad v_z=\frac{\mathrm{d}z}{\mathrm{d}t} \tag{5-14}$$

式(5-14)表明，速度在坐标轴上的投影，等于动点对应的位置坐标对时间的一阶导数。

由式(5-14)求得各速度分量之后，速度矢 $\boldsymbol{v}$ 的大小和方向就可完全确定。速度大小为

$$v=\sqrt{v_x^2+v_y^2+v_z^2} \tag{5-15}$$

方向余弦为

$$\cos(\boldsymbol{v},\ \boldsymbol{i})=\frac{v_x}{v},\quad \cos(\boldsymbol{v},\ \boldsymbol{j})=\frac{v_y}{v},\quad \cos(\boldsymbol{v},\ \boldsymbol{k})=\frac{v_z}{v} \tag{5-16}$$

5.2.3 点的加速度

将式(5-13)代入到式(5-5)中，由于坐标轴 x，y，z 的单位矢量 $\boldsymbol{i}$，$\boldsymbol{j}$，$\boldsymbol{k}$ 为恒矢量，

因此有

$$\boldsymbol{a}=\frac{\mathrm{d}\boldsymbol{v}}{\mathrm{d}t}=\frac{\mathrm{d}}{\mathrm{d}t}(v_x\boldsymbol{i}+v_y\boldsymbol{j}+v_z\boldsymbol{k})=\frac{\mathrm{d}v_x}{\mathrm{d}t}\boldsymbol{i}+\frac{\mathrm{d}v_y}{\mathrm{d}t}\boldsymbol{j}+\frac{\mathrm{d}v_z}{\mathrm{d}t}\boldsymbol{k} \tag{5-17}$$

设动点 M 的加速度矢 $\boldsymbol{a}$ 在直角坐标轴上的投影分别为 a_x，a_y 和 a_z，即

$$\boldsymbol{a}=a_x\boldsymbol{i}+a_y\boldsymbol{j}+a_z\boldsymbol{k} \tag{5-18}$$

比较式(5-17)和式(5-18)，并考虑式(5-14)，可得

$$a_x=\frac{\mathrm{d}v_x}{\mathrm{d}t}=\frac{\mathrm{d}^2x}{\mathrm{d}t^2},\quad a_y=\frac{\mathrm{d}v_y}{\mathrm{d}t}=\frac{\mathrm{d}^2y}{\mathrm{d}t^2},\quad a_z=\frac{\mathrm{d}v_z}{\mathrm{d}t}=\frac{\mathrm{d}^2z}{\mathrm{d}t^2} \tag{5-19}$$

式(5-19)表明，加速度在坐标轴上的投影，等于动点对应的位置坐标对时间的二阶导数，或者等于相应的速度对时间的一阶导数。

由式(5-19)求得各加速度分量之后，加速度矢 $\boldsymbol{a}$ 的大小和方向就可完全确定。加速度的大小为

$$a=\sqrt{a_x^2+a_y^2+a_z^2} \tag{5-20}$$

方向余弦为

$$\cos(\boldsymbol{a},\boldsymbol{i})=\frac{a_x}{a},\quad \cos(\boldsymbol{a},\boldsymbol{j})=\frac{a_y}{a},\quad \cos(\boldsymbol{a},\boldsymbol{k})=\frac{a_z}{a} \tag{5-21}$$

【例 5.1】 如图 5.6 所示，椭圆规的曲柄 OC 可绕定轴 O 转动，C 端与规尺 AB 的中点以铰链相连接，规尺两端分别与滑块 A 和滑块 B 相连，两滑块在相垂直的滑槽中运动。已知 $OC=AC=BC=l$，$MC=a$，$\varphi=\omega t$。求规尺上点 M 的运动方程、运动轨迹、速度和加速度。

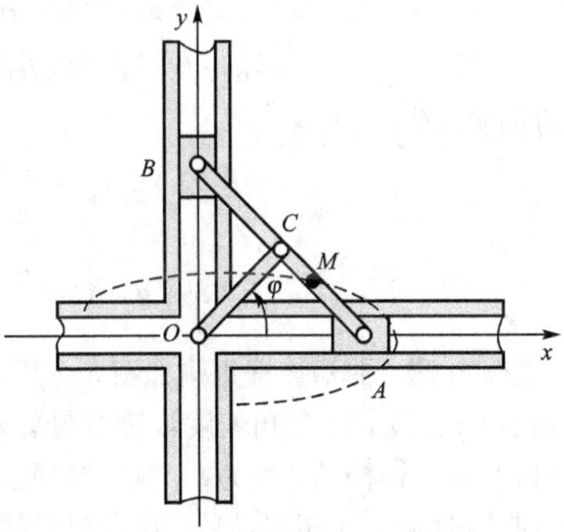

图 5.6　椭圆规机构

解：欲求点 M 的运动轨迹，可以先用直角坐标法给出它的运动方程，然后从运动方程中消去时间 t，得到轨迹方程。动点 M 仅在平面内运动，为此，取坐标系 Oxy，如图 5.6 所示，点 M 的运动方程为

$$x=(OC+CM)\cos\varphi=(l+a)\cos\omega t \tag{a}$$

$$y=AM\sin\varphi=(l-a)\sin\omega t \tag{b}$$

消去时间 t，得动点 M 的轨迹方程

$$\frac{x^2}{(l+a)^2}+\frac{y^2}{(l-a)^2}=1 \tag{c}$$

由此可见，点 M 的轨迹是一个长轴与 x 轴重合，短轴与 y 轴重合的椭圆。如果取不同的 CM 值，即取不同的 a 值，就可绘制出一系列长短半轴不同的椭圆。当 M 点在 AC 段时，椭圆轨迹的长轴与 x 轴重合，短轴与 y 轴重合；当 M 点在 BC 段时，长轴与 y 轴重合，短轴与 x 轴重合；当 M 点与 C 点重合时，椭圆退化为一个半径为 l 的圆。

为求点的速度，将点的位置坐标表达式(a)和表达式(b)分别对时间 t 取一阶导数，得

$$v_x=\frac{\mathrm{d}x}{\mathrm{d}t}=-(l+a)\omega\sin\omega t \tag{d}$$

$$v_y=\frac{\mathrm{d}y}{\mathrm{d}t}=(l-a)\omega\cos\omega t \tag{e}$$

根据式(d)和式(e)，求得点 M 的速度大小为

$$\begin{aligned} v&=\sqrt{v_x^2+v_y^2}=\sqrt{(l+a)^2\omega^2\sin^2\omega t+(l-a)^2\omega^2\cos^2\omega t}\\ &=\omega\sqrt{l^2+a^2-2al\cos2\omega t}\end{aligned}$$

其方向余弦为

$$\cos(\boldsymbol{v},\ \boldsymbol{i})=\frac{v_x}{v}=\frac{-(l+a)\sin\omega t}{\sqrt{l^2+a^2-2al\cos2\omega t}}$$

$$\cos(\boldsymbol{v},\ \boldsymbol{j})=\frac{v_y}{v}=\frac{(l-a)\cos\omega t}{\sqrt{l^2+a^2-2al\cos2\omega t}}$$

为求点的加速度，将点的位置坐标表达式(a)和表达式(b)分别对时间 t 取二阶导数，得

$$a_x=\frac{\mathrm{d}v_x}{\mathrm{d}t}=\frac{\mathrm{d}^2x}{\mathrm{d}t^2}=-(l+a)\omega^2\cos\omega t \tag{f}$$

$$a_y=\frac{\mathrm{d}v_y}{\mathrm{d}t}=\frac{\mathrm{d}^2y}{\mathrm{d}t^2}=-(l-a)\omega^2\sin\omega t \tag{g}$$

根据式(f)和式(g)，求得点 M 的加速度大小为

$$\begin{aligned} a&=\sqrt{a_x^2+a_y^2}=\sqrt{(l+a)^2\omega^4\cos^2\omega t+(l-a)^2\omega^4\sin^2\omega t}\\ &=\omega^2\sqrt{l^2+a^2+2al\cos2\omega t}\end{aligned}$$

其方向余弦为

$$\cos(\boldsymbol{a},\ \boldsymbol{i})=\frac{a_x}{a}=\frac{-(l+a)\cos\omega t}{\sqrt{l^2+a^2+2al\cos2\omega t}}$$

$$\cos(\boldsymbol{a},\ \boldsymbol{j})=\frac{a_y}{a}=\frac{-(l-a)\sin\omega t}{\sqrt{l^2+a^2+2al\cos2\omega t}}$$

【例 5.2】 曲柄连杆机构如图 5.7 所示。曲柄 OA 长为 r，以匀角速度 ω 绕 O 轴转动，转角 $\varphi=\omega t$。连杆 AB 长为 l，其一端通过铰链与曲柄的端点 A 相连，另一端通过铰链与滑块 B 相连。由于连杆 AB 的传动作用，使得滑块 B 沿水平滑槽作往复直线运动。试求滑块 B 的运动方程、速度和加速度。

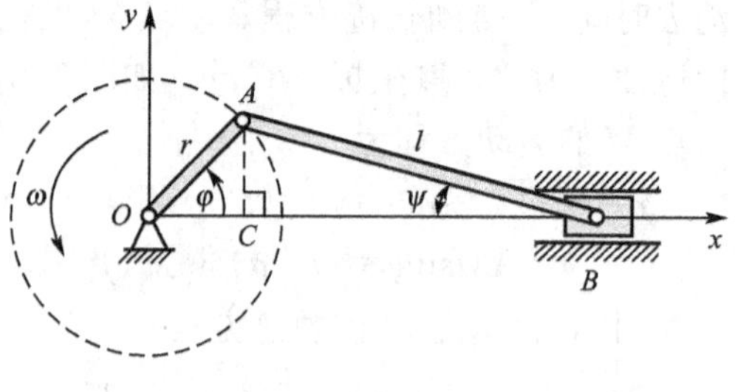

图 5.7 曲柄连杆机构

解： 取坐标系 Oxy，如图 5.7 所示。在任一瞬时，滑块 B 的位置为

$$x=OB=OC+CB=r\cos\varphi+l\cos\psi \tag{a}$$

根据几何关系，在△OAB 中，利用正弦定理，有

$$\frac{\sin\psi}{\sin\varphi}=\frac{r}{l},\quad 即\quad \sin\psi=\frac{r}{l}\sin\varphi=\lambda\sin\varphi$$

此处 $\lambda=r/l$，表示曲柄与连杆的长度之比，从而

$$\cos\psi=\sqrt{1-\lambda^2\sin^2\varphi} \tag{b}$$

将式(b)和 $\varphi=\omega t$ 代入式(a)，得滑块 B 的运动方程为

$$x=r\cos\omega t+l\sqrt{1-\lambda^2\sin^2\omega t} \tag{c}$$

为便于分析，利用二项式定理

$$(1+\xi)^\alpha=\sum_{n=0}^{\infty}\frac{\alpha(\alpha-1)\cdots(\alpha-n+1)}{n!}\xi^n=\sum_{n=0}^{\infty}C(\alpha,\ n)\xi^n$$

将式(b)展开成级数形式，此处 $\xi=-\lambda^2\sin^2\varphi$，$\alpha=1/2$，得

$$\cos\psi=1-\frac{1}{2}\lambda^2\sin^2\varphi-\frac{1}{8}\lambda^4\sin^4\varphi-\cdots$$

在一般的曲柄连杆机构中，$\lambda=r/l<0.2$。若取 $\lambda=0.2$，则 $\lambda^2=0.04$，$\lambda^4=0.0016$，而 $\sin^2\varphi$ 的最大值为 1，可见展开式中的高次项对计算结果的影响很小，在工程计算中通常可以忽略不计。只取展开式前两项，运动方程式(c)可简化为

$$x=r\cos\omega t+l\left(1-\frac{1}{2}\lambda^2\sin^2\omega t\right) \tag{d}$$

利用三角函数关系式

$$\sin^2\omega t=\frac{1-\cos2\omega t}{2}$$

化简式(d)，得

$$x=l\left(1-\frac{1}{4}\lambda^2\right)+r\left(\cos\omega t+\frac{1}{4}\cos2\omega t\right) \tag{e}$$

为求滑块 B 的速度和加速度，将式(e)对时间 t 分别取一阶导数和二阶导数，得

$$v=\frac{\mathrm{d}x}{\mathrm{d}t}=-r\omega\left(\sin\omega t+\frac{1}{2}\lambda\sin2\omega t\right) \tag{f}$$

$$a=\frac{\mathrm{d}v}{\mathrm{d}t}=\frac{\mathrm{d}^2x}{\mathrm{d}t^2}=-r\omega^2(\cos\omega t+\lambda\cos2\omega t) \tag{g}$$

【例 5.3】 图 5.8(a)所示为偏心驱动油泵中的曲柄导杆机构。曲柄 OA 长为 r，以匀角速度 ω 绕 O 轴转动，转角 $\varphi=\omega t+\theta$，θ 为 $t=0$ 时曲柄与水平直线的夹角。曲柄端点 A 通过铰链与滑块相连，通过滑块 A 在滑槽中的滑动，带动导杆作上下往复直线运动。试求导杆的运动方程、速度和加速度。

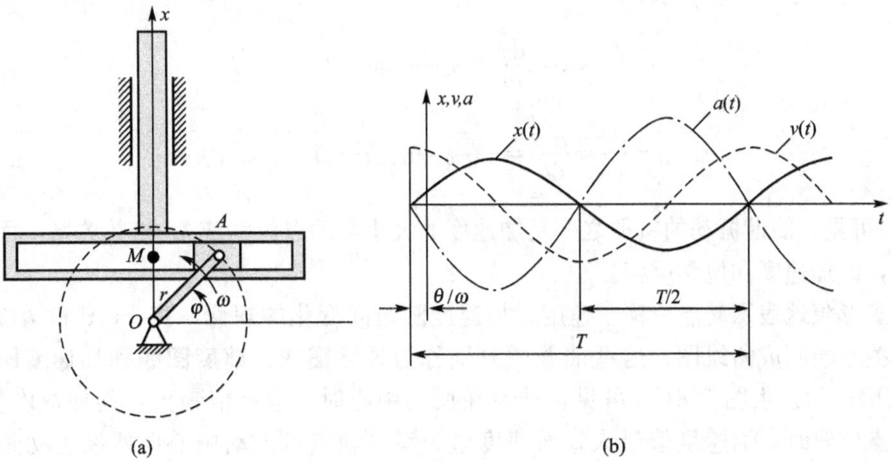

图 5.8 曲柄导杆机构

解：因滑槽与导杆制成一体，且作直线平动，故其上任意一点的运动均可代表导杆的运动。为计算方便起见，取动点 M 为研究对象。令动点 M 的直线轨迹为 x 轴，曲柄的转动中心 O 为坐标原点。根据图示几何关系，动点 M 的位置坐标为

$$x=OM=OA\sin\varphi=r\sin\varphi \tag{a}$$

将 $\varphi=\omega t+\theta$ 代入式(a)，有

$$x=r\sin(\omega t+\theta) \tag{b}$$

式(b)即为动点 M 的运动方程。由式(b)可见，动点 M 的位置坐标随时间作正弦变化。

当点作直线往复运动，并且运动方程可表示为时间的正弦函数或余弦函数时，这种运动称为**直线简谐振动**。往复运动的中心称为**振动中心**。动点偏离振动中心最远的距离称为**振幅**(amplitude)。用来确定动点位置的角称为**相位**(phase)，用来确定动点初始位置的角称为**初相位**。在本例中，动点 M 的振动中心为 O 点，振幅为 r，相位为 $\varphi=\omega t+\theta$，初相位为 θ。

动点往复一次所需的时间 T 称为振动的**周期**(period)。由于时间经过一个周期，相位相应增加 2π，即

$$\omega(t+T)+\theta=(\omega t+\theta)+2\pi$$

从而可得

$$T=\frac{2\pi}{\omega}$$

周期 T 的倒数

$$f=\frac{1}{T}=\frac{\omega}{2\pi}$$

称为振动的**频率**(frequency)。它表示每秒钟振动的次数，单位为 1/s，或称为赫兹(Hz)。ω 称为振动的**角频率**(circular frequency)，因为

$$\omega=\frac{2\pi}{T}=2\pi f$$

所以角频率表示在 2π 秒内振动的次数。

根据动点 M 的运动方程式(b)，就可求得动点 M 的速度和加速度。将式(b)对时间 t 分别求一阶导数和二阶导数，得

$$v=\frac{\mathrm{d}x}{\mathrm{d}t}=r\omega\cos(\omega t+\theta) \tag{c}$$

$$a=\frac{\mathrm{d}v}{\mathrm{d}t}=\frac{\mathrm{d}^2x}{\mathrm{d}t^2}=-r\omega^2\sin(\omega t+\theta)=-\omega^2 x \tag{d}$$

从式(d)可见，简谐振动的特征之一是加速度的大小与动点位移成 ω^2 倍数关系，而振动方向相反，即加速度和位移反相。

为了形象地表示动点位移、速度、加速度随时间变化的规律，将 x，v 和 a 随 t 变化的函数关系绘制成曲线图，这些曲线图分别称为**位移图线、速度图线**和**加速度图线**，如图 5.8(b)所示。由图 5.8(b)可见，动点在振动中心时，速度值最大，而加速度值为零；在两端点位置时，加速度值最大，而速度值为零；动点自振动中心向两端运动是减速运动，而从两端回到振动中心的运动是加速运动。

【例5.4】 图5.9所示曲杆OBC，OB长度为r，且OB与BC垂直，曲杆以均角速度ω绕O轴转动，使套在其上的小环M沿固定直杆OA滑动，转角$\varphi=\omega t+\theta$，θ为$t=0$时OB与x轴夹角。(1)求小环M的运动方程、速度和加速度；(2)若$r=0.1\text{m}$，$\omega=0.5\text{rad/s}$。当转角$\varphi=60°$时，求小环M的速度和加速度。

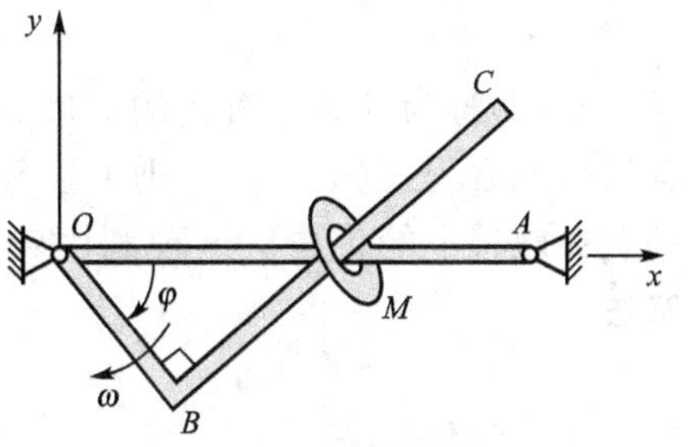

图5.9 直角曲杆圆环机构

解：(1)以O点为原点，建立如图5.9所示的坐标系Oxy。由图示几何关系，得点M的位置坐标表达式为

$$x=\frac{OB}{\cos\varphi} \tag{a}$$

将$\varphi=\omega t+\theta$代入式(a)，有

$$x=\frac{r}{\cos(\omega t+\theta)} \tag{b}$$

式(b)即为动点M的运动方程。

为了求动点M的速度和加速度，将式(b)对时间t分别取一阶导数和二阶导数，有

$$v=\frac{\mathrm{d}x}{\mathrm{d}t}=\frac{r\omega\sin(\omega t+\theta)}{\cos^2(\omega t+\theta)} \tag{c}$$

$$a=\frac{\mathrm{d}v}{\mathrm{d}t}=\frac{\mathrm{d}^2x}{\mathrm{d}t^2}=\frac{r\omega^2\left[1+\sin^2(\omega t+\theta)\right]}{\cos^3(\omega t+\theta)} \tag{d}$$

(2)将$r=0.1\text{m}$，$\omega=0.5\text{rad/s}$以及$\varphi=\omega t+\theta=60°$代入式(c)和式(d)，求得该位置处小环$M$的速度和加速度分别为

$$v=\frac{0.1\times0.5\times\sin60°}{\cos^2 60°}=0.1732(\text{m/s})$$

$$a=\frac{0.1\times0.5^2\times(1+\sin^2 60°)}{\cos^3 60°}=0.35(\text{m/s}^2)$$

5.3 自然轴系法

利用点的运动轨迹建立弧坐标及自然轴系，并用它们来描述和分析点的运动的方法称为**自然轴系法**。该方法联系点的运动轨迹来分析点的运动，物理概念清晰，便于说明运动的性质。在动点轨迹已知的情况下，利用自然轴系法描述点的运动比较方便。

5.3.1 点的运动方程

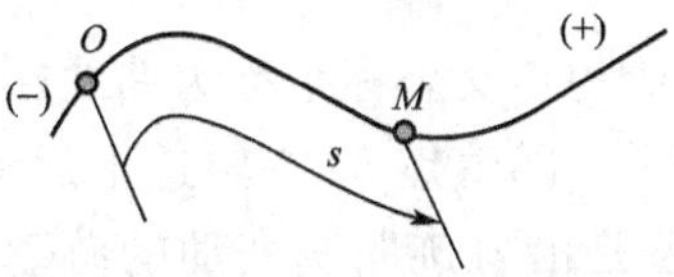

图5.10 用弧坐标描述点的运动

在工程实际问题中，有些点的运动轨迹往往是已知的。在轨迹上任取某一固定点O为原点，并规定原点O的某一侧为正向，则动点M在轨迹上的位置可由原点O至M点的弧长s来确定，如图5.10所示。弧长s为代数量，称为动点M的弧坐标。当点M运动时，s随时间t

变化，且为时间 t 的单值连续函数，即

$$s=f(t) \tag{5-22}$$

式(5-22)称为动点沿轨迹的运动方程，或称为以弧坐标表示的点的运动方程。若已知点的运动方程式(5-22)，则可以确定任一瞬时点的弧坐标 s 的值，也就确定了该瞬时动点在轨迹上的位置。这种利用轨迹建立参考系来描述动点的各运动量的方法称为**自然法**。

5.3.2 自然轴系

在点的运动轨迹曲线上取动点 M，经历时间间隔 Δt 之后，动点达到 M'，MM'间的弧长为 Δs，点 M 和 M' 的矢径差为 $\Delta \boldsymbol{r}$，如图 5.11 所示。当 $\Delta t\to 0$ 时，有

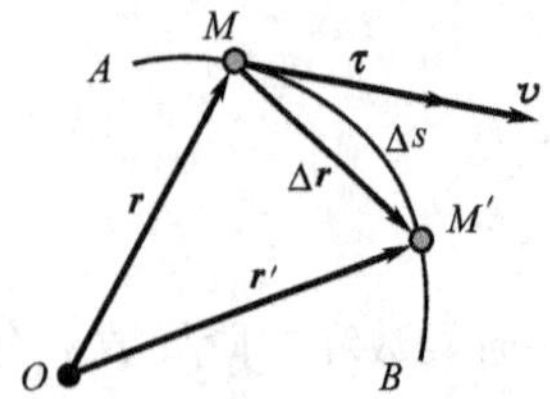

图 5.11 沿轨迹切向单位矢量

$$|\Delta r|=|\overline{MM'}|=|\Delta s|$$

因而沿轨迹切线方向的单位矢量 $\boldsymbol{\tau}$ 可定义为

$$\boldsymbol{\tau}=\lim_{\Delta s\to 0}\frac{\Delta \boldsymbol{r}}{\Delta s}=\frac{\mathrm{d}\boldsymbol{r}}{\mathrm{d}s} \tag{5-23}$$

其指向与弧坐标的正向一致。

设点 M 和 M' 的切向单位矢量分别为 $\boldsymbol{\tau}$ 和 $\boldsymbol{\tau}'$，如图 5.12 所示。将 $\boldsymbol{\tau}'$平移到点 M，则 $\boldsymbol{\tau}$ 和 $\boldsymbol{\tau}'$确定了一个平面。令 M'无限趋近于点 M，则此平面趋近于某一极限位置，该极限平面称为曲线在点 M 的**密切面**，如图 5.13 所示。过点 M 并与切线垂直的平面称为**法平面**，法平面与密切面的交线称为**主法线**。令主法线的单位矢量为 $\boldsymbol{n}$，指向曲线内凹的一侧。过点 M 且垂直于切线及主法线所在平面的直线称为副法线，其单位矢量为 $\boldsymbol{b}$，指向与切向单位矢量 $\boldsymbol{\tau}$ 和法向单位矢量 $\boldsymbol{n}$ 构成右手系，即

$$\boldsymbol{b}=\boldsymbol{\tau}\times\boldsymbol{n}$$

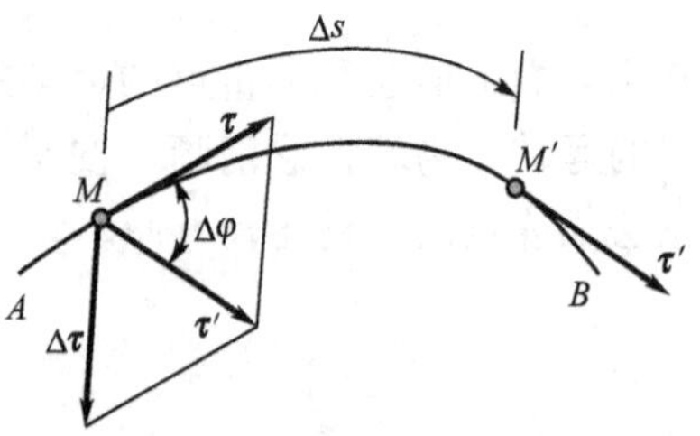

图 5.12 两切向单位矢定义的平面

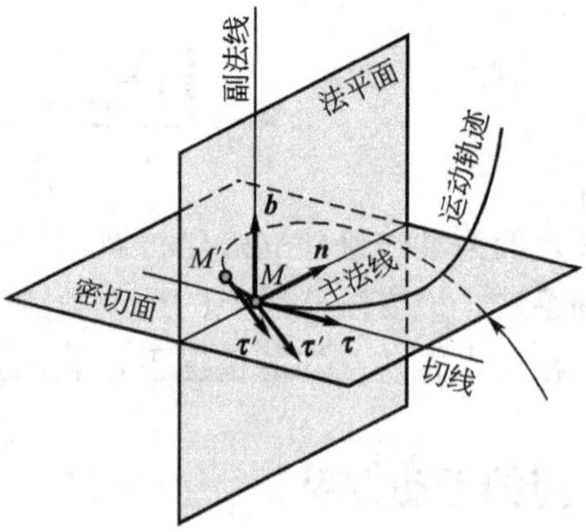

图 5.13 自然轴系

以点 M 为原点，以切线、主法线和副法线为坐标轴组成的正交坐标系称为曲线在点 M 的自然坐标系，这 3 个坐标轴称为自然轴。值得注意的是，随着点 M 在轨迹上运动，单位矢量 $\boldsymbol{\tau}$、$\boldsymbol{n}$ 和 $\boldsymbol{b}$ 的方向也在不断变动，因而自然坐标系是沿轨迹曲线变动的游动坐标系。

在曲线运动中，轨迹的曲率κ或曲率半径ρ是一个重要的参数，曲率和曲率半径互为倒数关系，即$\kappa=1/\rho$，曲率表示曲线的弯曲程度。如图 5.12 所示，动点M沿轨迹经过弧长Δs到达点M'，设点M处曲线切向单位矢量为$\boldsymbol{\tau}$，点M'处切向单位矢量为$\boldsymbol{\tau}'$，而单位切向矢量经过Δs时转过的角度为$\Delta\varphi$。定义曲线切向单位矢量的转角对弧长的一阶导数的绝对值为曲率，则有

$$\kappa=\frac{1}{\rho}=\lim_{\Delta s\to 0}\left|\frac{\Delta\varphi}{\Delta s}\right|=\left|\frac{\mathrm{d}\varphi}{\mathrm{d}s}\right| \tag{5-24}$$

根据图 5.12 所示的几何关系，有

$$|\Delta\boldsymbol{\tau}|=2|\boldsymbol{\tau}|\sin\frac{\Delta\varphi}{2}$$

当$\Delta s\to 0$时，$\Delta\varphi\to 0$，$\Delta\boldsymbol{\tau}$与$\boldsymbol{\tau}$垂直，且$\boldsymbol{\tau}$为单位矢量，从而$\boldsymbol{\tau}$的模为 1，由此可得

$$|\Delta\boldsymbol{\tau}|\approx\Delta\varphi$$

注意到Δs为正时，点沿切向$\boldsymbol{\tau}$的正方向运动，$\Delta\boldsymbol{\tau}$指向轨道内凹一侧；Δs为负时，$\Delta\boldsymbol{\tau}$指向轨道外凸一侧。因此有

$$\frac{\mathrm{d}\boldsymbol{\tau}}{\mathrm{d}s}=\lim_{\Delta s\to 0}\frac{\Delta\boldsymbol{\tau}}{\Delta s}=\lim_{\Delta s\to 0}\frac{\Delta\varphi}{\Delta s}\boldsymbol{n}=\frac{1}{\rho}\boldsymbol{n} \tag{5-25}$$

式(5-25)将用于法向加速度的推导。

5.3.3 点的速度

根据式(5-3)和式(5-23)，有

$$\boldsymbol{v}=\frac{\mathrm{d}\boldsymbol{r}}{\mathrm{d}t}=\frac{\mathrm{d}s}{\mathrm{d}t}\frac{\mathrm{d}\boldsymbol{r}}{\mathrm{d}s}=\frac{\mathrm{d}s}{\mathrm{d}t}\boldsymbol{\tau}$$

由此可得，速度的大小等于动点的弧坐标对时间的一阶导数的绝对值。弧坐标对时间的一阶导数为一个代数量，用v表示，即

$$v=\frac{\mathrm{d}s}{\mathrm{d}t}=\dot{s} \tag{5-26}$$

若$\mathrm{d}s/\mathrm{d}t>0$，则$s$随时间的增加而增大，点沿轨迹的正方向运动；$\mathrm{d}s/\mathrm{d}t<0$，则$s$随时间的增加而减小，点沿轨迹的负方向运动。因此，$\boldsymbol{v}$的模表示速度的大小，$v$的正负号表示点沿轨迹运动的方向，点的速度矢量可写为

$$\boldsymbol{v}=v\boldsymbol{\tau} \tag{5-27}$$

式(5-27)表示速度矢量沿运动轨迹的切线方向。

5.3.4 点的加速度

将式(5-27)对时间t取一阶导数，注意到速度的大小v和方向$\boldsymbol{\tau}$均为变量，可得

$$\boldsymbol{a}=\frac{\mathrm{d}\boldsymbol{v}}{\mathrm{d}t}=\frac{\mathrm{d}v}{\mathrm{d}t}\boldsymbol{\tau}+v\frac{\mathrm{d}\boldsymbol{\tau}}{\mathrm{d}t} \tag{5-28}$$

式(5-28)右端两项都是矢量，第一项表示速度大小变化的加速度，记作$\boldsymbol{a}_{\mathrm{t}}$；第二项表示

速度方向变化的加速度，记作 $\boldsymbol{a}_n$。下面分别求 $\boldsymbol{a}_t$、$\boldsymbol{a}_n$ 和全加速度 $\boldsymbol{a}$ 的大小和方向。

1. 表示速度大小变化的加速度 $\boldsymbol{a}_t$

由(5-28)可知

$$\boldsymbol{a}_t=\frac{dv}{dt}\boldsymbol{\tau}=\dot{v}\boldsymbol{\tau} \tag{5-29}$$

式(5-29)表明，$\boldsymbol{a}_t$ 是一个沿轨迹切线方向的矢量，称为**切向加速度**。若 $dv/dt>0$，则 $\boldsymbol{a}_t$ 指向轨迹的正方向；若 $dv/dt<0$，则 $\boldsymbol{a}_t$ 指向轨迹的负方向。$\boldsymbol{a}_t$ 的大小为

$$a_t=\frac{dv}{dt}=\dot{v}=\frac{d^2s}{dt^2}=\ddot{s} \tag{5-30}$$

a_t 是一个代数量，它表示加速度 $\boldsymbol{a}$ 在轨迹切线方向上的投影。

式(5-29)和(5-30)表明，切向加速度表示单位时间点的速度大小的变化量，其代数值等于速度的代数值对时间的一阶导数，或者弧坐标对时间的二阶导数，其方向沿动点运动轨迹的切线方向。

2. 表示速度方向变化的加速度 $\boldsymbol{a}_n$

由(5-28)可知

$$\boldsymbol{a}_n=v\frac{d\boldsymbol{\tau}}{dt}=v\dot{\boldsymbol{\tau}} \tag{5-31}$$

式(5-31)表明，$\boldsymbol{a}_n$ 描述单位时间切向单位矢量 $\boldsymbol{\tau}$ 方向的改变量。式(5-31)可改写为

$$\boldsymbol{a}_n=v\frac{d\boldsymbol{\tau}}{ds}\frac{ds}{dt}$$

将式(5-25)和式(5-26)代入上式，得

$$\boldsymbol{a}_n=\frac{v^2}{\rho}\boldsymbol{n} \tag{5-32}$$

由式(5-32)可见，$\boldsymbol{a}_n$ 的方向与主法线的正向一致，称为**法向加速度**。式(5-31)和式(5-32)表明，法向加速度表示速度方向随时间变化的快慢程度，其大小等于点的速度平方与曲率半径的比值，其方向沿着主法线，并指向曲率中心。

如前所述，切向加速度表示速度大小对时间的变化率，而法向加速度表示速度方向随时间的变化。因此，当速度 $\boldsymbol{v}$ 与切向加速度 $\boldsymbol{a}_t$ 指向相同时，即 $\boldsymbol{v}$ 与 $\boldsymbol{a}_t$ 的符号相同时，速度的绝对值不断增加，点作加速运动，如图 5.14(a)所示；当速度 $\boldsymbol{v}$ 与切向加速度 $\boldsymbol{a}_t$ 指向相反时，即 $\boldsymbol{v}$ 与 $\boldsymbol{a}_t$ 的符号相反时，速度的绝对值不断减小，点作减速运动，如图 5.14(b)所示。

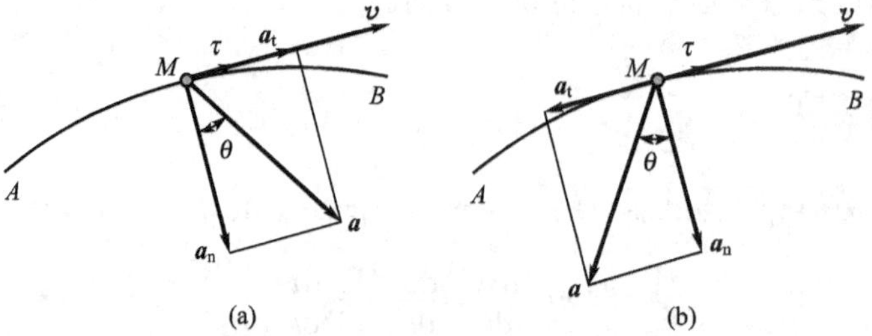

图 5.14 动点 M 作加速或减速曲线运动

3. 全加速度 $\boldsymbol{a}$

由以上分析可知，动点 M 的全加速度 $\boldsymbol{a}$ 应为切向加速度 $\boldsymbol{a}_t$、法向加速度 $\boldsymbol{a}_n$ 以及副法向加速度 $\boldsymbol{a}_b$ 的矢量和，即

$$\boldsymbol{a}=\boldsymbol{a}_t+\boldsymbol{a}_n+\boldsymbol{a}_b \tag{5-33}$$

由于切向加速度 $\boldsymbol{a}_t$ 和法向加速度 $\boldsymbol{a}_n$ 均在密切面内，因此全加速度 $\boldsymbol{a}$ 也必在密切面内。这表明加速度在副法线上的投影等于零，即

$$\boldsymbol{a}_b=\boldsymbol{0}$$

将上式以及式(5-29)、式(5-30)、式(5-31)和式(5-32)代入式(5-33)，得

$$\boldsymbol{a}=\boldsymbol{a}_t+\boldsymbol{a}_n=a_t\boldsymbol{\tau}+a_n\boldsymbol{n} \tag{5-34}$$

式中

$$a_t=\frac{\mathrm{d}v}{\mathrm{d}t},\quad a_n=\frac{v^2}{\rho} \tag{5-35}$$

全加速度 $\boldsymbol{a}$ 的大小为

$$a=\sqrt{a_t^2+a_n^2} \tag{5-36}$$

全加速度 $\boldsymbol{a}$ 与法线间的夹角为

$$\theta=\arctan\left(\frac{a_t}{a_n}\right) \tag{5-37}$$

当全加速度 $\boldsymbol{a}$ 与切向单位矢量 $\boldsymbol{\tau}$ 的夹角为锐角时，θ 为正，如图 5.14(a)所示；当全加速度 $\boldsymbol{a}$ 与切向单位矢量 $\boldsymbol{\tau}$ 的夹角为钝角时，θ 为负，如图 5.14(b)所示。

5.3.5 点作匀速和匀变速曲线运动的情形

1. 匀速曲线运动

若动点 M 的切向加速度 $a_t=0$，则动点 M 的运动称为**匀速曲线运动**。动点 M 的运动规律推导如下：

根据式(5-30)，有

$$a_t=\frac{\mathrm{d}v}{\mathrm{d}t}=0$$

从而

$$v=\text{常数}$$

为了求得动点 M 的运动规律，根据式(5-26)，有

$$\mathrm{d}s=v\mathrm{d}t$$

对上式两端进行积分，可得

$$s=s_0+vt \tag{5-38}$$

2. 匀变速曲线运动

若动点 M 的切向加速度的代数值保持不变，即 $a_t=$常数，则动点 M 的运动称为**匀变速曲线运动**。动点 M 的运动规律推导如下：

将式(5-30)进行变量分离，可得

$$dv=a_t dt$$

对上式两端积分，得

$$v=v_0+a_t t \tag{5-39}$$

式中，v_0 表示 $t=0$ 时动点 M 的速度。

为了求得动点 M 的运动规律，利用式(5-26)，将式(5-39)改写为

$$\frac{ds}{dt}=v_0+a_t t$$

对上式进行变量分离，然后积分，可得

$$s=s_0+v_0 t+\frac{1}{2}a_t t^2 \tag{5-40}$$

式中，s_0 表示 $t=0$ 时动点 M 的弧坐标。

式(5-39)和式(5-40)与物理学中点作直线运动的公式具有形式上的相似性，但在这里，当点作曲线运动时，式中的加速度只是切向加速度 a_t，而非全加速度 a。这是由于点作曲线运动时，仅用全加速度 a 的切向加速度分量 a_t 来描述动点运动速度大小变化的快慢程度。

值得注意的是，根据式(5-34)可知，在曲线运动中，除 $v=0$ 的瞬时外，点的法向加速度 a_n 总不为零。直线运动可视为曲线运动的特殊情形，此时，动点 M 运动轨迹的曲率半径 ρ 趋于无穷大，因而动点 M 在任何瞬时的法向加速度 a_n 恒等于零。

【例5.5】 飞轮绕 O 轴转动，如图5.15(a)所示。已知飞轮半径 $r=0.5$m，飞轮上一直线 OM 与水平线间的夹角 φ 的变化规律为 $\varphi=2t^2$，试求动点 M 的运动方程、速度和加速度。

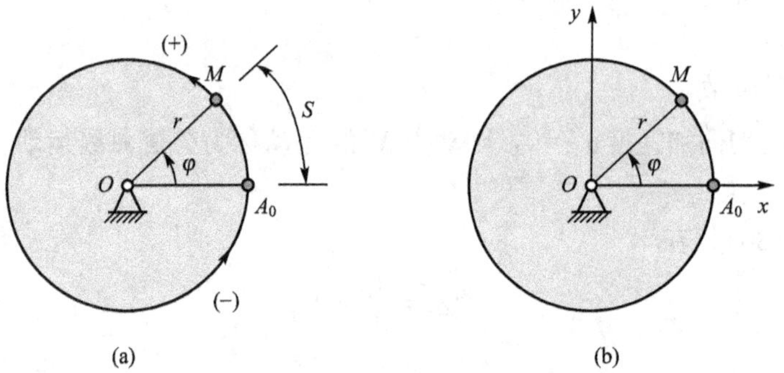

图5.15　定轴转动飞轮上一点 M 的运动

解： 方法一，因为动点 M 绕轴 O 作圆周运动，其运动轨迹已知，所以可用自然轴系法描述动点 M 的运动。为此，取水平直线与飞轮外缘的交点 A_0 为弧坐标原点，建立弧坐标系，如图5.15(a)所示。根据几何关系，有

$$s=r\varphi=0.5\times 2t^2=t^2 \tag{a}$$

式(a)即为动点 M 的运动方程。将式(a)对时间 t 取一阶导数，有

$$v=\frac{ds}{dt}=2t \tag{b}$$

式(b)即为动点 M 的速度。利用式(5-35)，求得 M 的切向加速度 a_t 和法向加速度 a_n 分

别为

$$a_t=\frac{dv}{dt}=\frac{d^2s}{dt^2}=2m/s^2 \tag{c}$$

$$a_n=\frac{v^2}{\rho}=8t^2 \tag{d}$$

将式(c)和式(d)代入式(5-36)和式(5-37)，得全加速度 $\boldsymbol{a}$ 的大小和方向分别为

$$a=\sqrt{a_t^2+a_n^2}=2\sqrt{1+16t^2} \tag{e}$$

$$\theta=\arctan\left(\frac{a_t}{a_n}\right)=\arctan\left(\frac{1}{4t^2}\right) \tag{f}$$

方法二：此题亦可用5.2节的直角坐标法求解。选取直角坐标系 Oxy 如图5.15(b)所示，则动点 M 的位置坐标表达式为

$$x=r\cos\varphi=0.5\cos(2t^2) \tag{a'}$$

$$y=r\sin\varphi=0.5\sin(2t^2) \tag{b'}$$

根据式(5-14)，将式(a′)和式(b′)分别对时间 t 取一阶导数，有

$$v_x=\frac{dx}{dt}=-2t\sin(2t^2) \tag{c'}$$

$$v_y=\frac{dy}{dt}=2t\cos(2t^2) \tag{d'}$$

根据式(5-15)，求得速度 $\boldsymbol{v}$ 的大小为

$$v=\sqrt{v_x^2+v_y^2}=2t \tag{e'}$$

根据式(5-19)，将式(a′)和式(b′)分别对时间 t 取二阶导数，或将式(c′)和式(d′)分别对时间 t 取一阶导数，得

$$a_x=\frac{d^2x}{dt^2}=\frac{dv_x}{dt}=-2\sin(2t^2)-8t^2\cos(2t^2) \tag{f'}$$

$$a_y=\frac{d^2y}{dt^2}=\frac{dv_y}{dt}=2\cos(2t^2)-8t^2\sin(2t^2) \tag{g'}$$

根据式(5-20)，求得加速度 $\boldsymbol{a}$ 的大小为

$$a=\sqrt{a_x^2+a_y^2}=2\sqrt{1+16t^4} \tag{h'}$$

比较式(b)和式(e′)、式(e)和式(h′)，发现利用两种计算方法得到的动点速度和加速度的表达式是完全一样的。这就表明，研究点的运动需要借助于坐标系，然而点的运动是客观的，与坐标系的选择没有关系，即点的运动描述满足**标架无差异原理**。另外，从式(e)和式(h′)可以发现，某瞬时动点 M 的全加速度是唯一的，而全加速度的分解有无穷多种，往直角坐标系上分解和往自然轴系上分解只是其中的两种。全加速度 $\boldsymbol{a}$ 往直角坐标系的 x 和 y 轴上投影得到 a_x 和 a_y 分量，往自然轴系的切向和法向投影得到 a_t 和 a_n 分量。但从物理意义上来讲，切向加速度矢量 $\boldsymbol{a}_t$ 和法向加速度矢量 $\boldsymbol{a}_n$ 的物理概念更加明确。

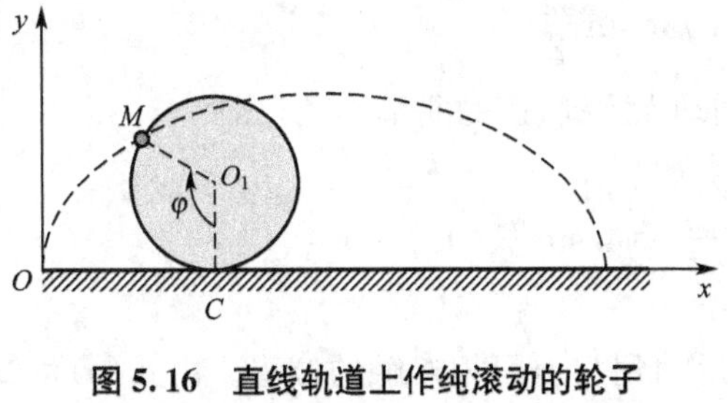

图5.16　直线轨道上作纯滚动的轮子

【例5.6】 只滚不滑的运动称为**纯滚动**。现有半径为 r 的轮子沿直线轨道作纯滚动，设轮子转角 $\varphi=\omega t$，ω 为常值，如图5.16所

示。求用直角坐标和弧坐标表示的轮缘上任一点 M 的运动方程，并求该点的速度、切向加速度及法向加速度。

解：取动点 M 与直线轨道的接触点 O 为原点，建立直角坐标系 Oxy，如图 5.16 所示。当轮子转过角度 φ 时，轮子与直线轨道的接触点为 C。由于是纯滚动，根据几何关系，有

$$OC=\overline{MC}=r\varphi=r\omega t$$

用直角坐标表示的动点 M 的运动方程为

$$\left.\begin{aligned}x&=OC-O_1M\sin\varphi=r(\omega t-\sin\omega t)\\y&=O_1C-O_1M\cos\varphi=r(1-\cos\omega t)\end{aligned}\right\}\tag{a}$$

运动方程式(a)实际上也是以时间 t 为参变量的动点 M 运动轨迹的参数方程。这是一个**摆线方程**，或者称为**旋轮线方程**，表明动点 M 的运动轨迹是摆线，如图 5.16 所示。

将式(a)对时间 t 取一阶导数，得动点 M 的速度沿 x 和 y 坐标轴的投影分别为

$$v_x=\frac{dx}{dt}=r\omega(1-\cos\omega t),\quad v_y=\frac{dy}{dt}=r\omega\sin\omega t\tag{b}$$

动点 M 的速度为

$$v=\sqrt{v_x^2+v_y^2}=r\omega\sqrt{2(1-\cos\omega t)}=2r\omega\sin\frac{\omega t}{2}\quad(0\leqslant\omega t\leqslant2\pi)\tag{c}$$

将式(a)对时间 t 取二阶导数，或者将式(b)对时间 t 取一阶导数，得动点 M 的加速度沿 x 和 y 坐标轴的投影分别为

$$a_x=\frac{d^2x}{dt^2}=\frac{dv_x}{dt}=r\omega^2\sin\omega t,\quad a_y=\frac{d^2y}{dt^2}=\frac{dv_y}{dt}=r\omega^2\cos\omega t\tag{d}$$

动点 M 的全加速度为

$$a=\sqrt{a_x^2+a_y^2}=r\omega^2\tag{e}$$

取动点 M 的起始点 O 作为弧坐标的原点，根据式(5-26)，将式(c)改写为

$$\frac{ds}{dt}=v=2r\omega\sin\frac{\omega t}{2}\quad(0\leqslant\omega t\leqslant2\pi)$$

对上式分离变量，并进行积分，即得用弧坐标表示的运动方程

$$s=\int_0^t 2r\omega\sin\frac{\omega t}{2}dt=4r\left(1-\cos\frac{\omega t}{2}\right)\quad(0\leqslant\omega t\leqslant2\pi)\tag{f}$$

根据式(5-35)，将式(c)对时间 t 取一阶导数，得动点 M 的切向加速度为

$$a_t=\frac{dv}{dt}=r\omega^2\cos\frac{\omega t}{2}\tag{g}$$

将式(e)和式(g)代入式(5-36)，得动点 M 的法向加速度为

$$a_n=\sqrt{a^2-a_t^2}=r\omega^2\sin\frac{\omega t}{2}\tag{h}$$

另外，将式(c)和(h)代入式(5-35)，还可得到动点 M 轨迹的曲率半径，即

$$\rho=\frac{v^2}{a_n}=\frac{4r^2\omega^2\sin^2\frac{\omega t}{2}}{r\omega^2\sin\frac{\omega t}{2}}=4r\sin\frac{\omega t}{2}$$

讨论：当 $t=2\pi/\omega$ 时，$\varphi=2\pi$，此时点 M 运动到与地面相接触的位置。由式(c)可知，

此时点 M 的速度为零，这表明沿地面作纯滚动的轮子与地面接触点的速度为零。然而，由于点 M 的全加速度的大小恒为 $r\omega^2$，因此纯滚动的轮子与地面接触点的速度虽然为零，但加速度却不为零。$t=2\pi/\omega$ 代入式(d)，可得此时点 M 的 $a_x=0$，$a_y=r\omega^2$，即接触点的加速度方向垂直于地面指向轮心。

5.4 点的速度和加速度在柱坐标和极坐标中的投影

如果动点的运动方程以柱坐标 ρ，φ 和 z 表示，则点的速度和加速度可推导如下。

5.4.1 点的运动方程

柱坐标形式的点的运动方程为

$$\rho=f_1(t),\quad \varphi=f_2(t),\quad z=f_3(t) \tag{5-41}$$

式中，ρ，φ 和 z 均为时间的单值连续函数。

设柱坐标的单位矢量分别为 $\boldsymbol{\rho}_0$，$\boldsymbol{\varphi}_0$ 和 $\boldsymbol{k}$，3 个矢量互相垂直，构成右手坐标系，其中 $\boldsymbol{k}$ 沿 z 轴的正方向，$\boldsymbol{\rho}_0$ 和 $\boldsymbol{\varphi}_0$ 指向 ρ 和 φ 增大的方向，如图 5.17 所示。

动点 M 的矢径 $\boldsymbol{r}$ 可用柱坐标表示为

$$\boldsymbol{r}=\rho\boldsymbol{\rho}_0+z\boldsymbol{k} \tag{5-42}$$

若动点 M 仅作平面曲线运动，则式(5-41)中的 z 恒等于零，此时宜采用极坐标来描述点的运动。动点 M 的位置可由 ρ 和 φ 来确定，即

$$\rho=f_1(t),\quad \varphi=f_2(t) \tag{5-43}$$

式(5-43)称为极坐标形式的点的运动方程。ρ 和 φ 为时间的单值连续函数，消去时间 t 得极坐标表示的轨迹方程

$$f(\rho,\ \varphi)=0 \tag{5-44}$$

5.4.2 点的速度在柱坐标和极坐标中的投影

将式(5-42)对时间 t 取一阶导数，得

$$\boldsymbol{v}=\frac{\mathrm{d}\boldsymbol{r}}{\mathrm{d}t}=\frac{\mathrm{d}\rho}{\mathrm{d}t}\boldsymbol{\rho}_0+\rho\frac{\mathrm{d}\boldsymbol{\rho}_0}{\mathrm{d}t}+\frac{\mathrm{d}z}{\mathrm{d}t}\boldsymbol{k}+z\frac{\mathrm{d}\boldsymbol{k}}{\mathrm{d}t}$$

单位矢量 $\boldsymbol{k}$ 为恒矢量，因此

$$\frac{\mathrm{d}\boldsymbol{k}}{\mathrm{d}t}=\boldsymbol{0}$$

且有

$$\frac{\mathrm{d}\boldsymbol{\rho}_0}{\mathrm{d}t}=\lim_{\Delta t\to 0}\frac{\Delta\boldsymbol{\rho}_0}{\Delta t}$$

设动点 M 在 t 瞬时极径方向的单位矢为 $\boldsymbol{\rho}_0$，在 $t+\Delta t$ 瞬时的单位矢为 $\boldsymbol{\rho}_0'$，如图 5.17 所示。为了计算 $\mathrm{d}\boldsymbol{\rho}_0/\mathrm{d}t$ 的大小，绘制 Δt 时间间隔内 $\boldsymbol{\rho}_0$ 变化的矢量图，如图 5.18 所示。

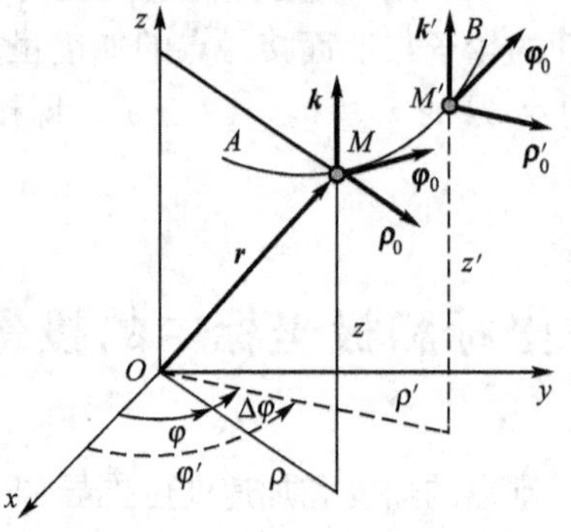

图 5.17　用柱坐标描述点的运动

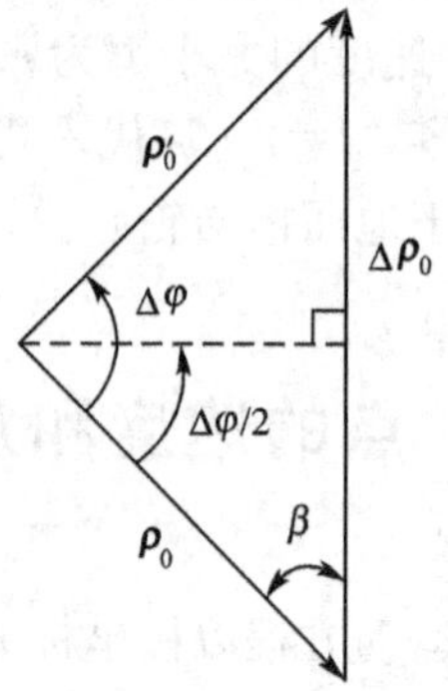

图 5.18　在 Δt 内极径单位矢的变化

由图 5.18 可见，$\mathrm{d}\boldsymbol{\rho}_0/\mathrm{d}t$ 的大小为

$$\left|\frac{\mathrm{d}\boldsymbol{\rho}_0}{\mathrm{d}t}\right|=\lim_{\Delta t\to 0}\left|\frac{\Delta\boldsymbol{\rho}_0}{\Delta t}\right|=\lim_{\Delta t\to 0}\frac{\left|2\sin\dfrac{\Delta\varphi}{2}\right|}{\Delta t}=\lim_{\Delta t\to 0}\left|\frac{\sin\dfrac{\Delta\varphi}{2}}{\dfrac{\Delta\varphi}{2}}\frac{\Delta\varphi}{\Delta t}\right|=\lim_{\Delta t\to 0}\left|\frac{\Delta\varphi}{\Delta t}\right|=\left|\frac{\mathrm{d}\varphi}{\mathrm{d}t}\right|$$

$\mathrm{d}\rho_0/\mathrm{d}t$ 的方向为 $\Delta\boldsymbol{\rho}_0$ 的极限方向。设 $\boldsymbol{\rho}_0$ 和 $\Delta\boldsymbol{\rho}_0$ 之间的夹角为 β，由几何关系可知

$$\beta=\frac{\pi}{2}-\frac{\Delta\varphi}{2}$$

当 $\Delta t\to 0$ 时，$\Delta\varphi\to 0$，$\beta\to\pi/2$，即 $\mathrm{d}\boldsymbol{\rho}_0/\mathrm{d}t$ 与 $\boldsymbol{\rho}_0$ 垂直，指向旋转的方向，即 $\boldsymbol{\varphi}_0$ 的方向。因此

$$\frac{\mathrm{d}\boldsymbol{\rho}_0}{\mathrm{d}t}=\frac{\mathrm{d}\varphi}{\mathrm{d}t}\boldsymbol{\varphi}_0$$

上式表明，平面内旋转的单位矢量对时间的一阶导数是在旋转平面内的另一矢量，其大小为单位矢量转角对时间的一阶导数的绝对值，其方向与原单位矢量垂直，并指向旋转方向。该结论对于在平面内旋转的任意单位矢量均成立。

于是，点 M 的速度为

$$\boldsymbol{v}=\frac{\mathrm{d}\rho}{\mathrm{d}t}\boldsymbol{\rho}_0+\rho\frac{\mathrm{d}\varphi}{\mathrm{d}t}\boldsymbol{\varphi}_0+\frac{\mathrm{d}z}{\mathrm{d}t}\boldsymbol{k}\tag{5-45}$$

点的速度在柱坐标上的投影分别为

$$v_\rho=\frac{\mathrm{d}\rho}{\mathrm{d}t},\quad v_\varphi=\rho\frac{\mathrm{d}\varphi}{\mathrm{d}t},\quad v_z=\frac{\mathrm{d}z}{\mathrm{d}t}\tag{5-46}$$

当动点 M 作平面运动时，$v_z=0$，点 M 的速度表达式简化为

$$\boldsymbol{v}=\frac{\mathrm{d}\rho}{\mathrm{d}t}\boldsymbol{\rho}_0+\rho\frac{\mathrm{d}\varphi}{\mathrm{d}t}\boldsymbol{\varphi}_0\tag{5-47}$$

点的速度在极坐标上的投影分别为

$$v_\rho=\frac{\mathrm{d}\rho}{\mathrm{d}t},\quad v_\varphi=\rho\frac{\mathrm{d}\varphi}{\mathrm{d}t}\tag{5-48}$$

式中，v_ρ 称为**径向速度**；v_φ 称为**横向速度**。

5.4.3 点的加速度在柱坐标和极坐标中的投影

点的加速度等于速度矢量对时间的一阶导数，即

$$\boldsymbol{a}=\frac{\mathrm{d}\boldsymbol{v}}{\mathrm{d}t}=\left(\frac{d^2\rho}{\mathrm{d}t^2}\boldsymbol{\rho}_0+\frac{\mathrm{d}\rho}{\mathrm{d}t}\frac{\mathrm{d}\boldsymbol{\rho}_0}{\mathrm{d}t}\right)+$$

$$\left(\frac{\mathrm{d}\rho}{\mathrm{d}t}\frac{\mathrm{d}\varphi}{\mathrm{d}t}\boldsymbol{\varphi}_0+\rho\frac{\mathrm{d}^2\varphi}{\mathrm{d}t^2}\boldsymbol{\varphi}_0+\rho\frac{\mathrm{d}\varphi}{\mathrm{d}t}\frac{\mathrm{d}\boldsymbol{\varphi}_0}{\mathrm{d}t}\right)+\left(\frac{\mathrm{d}^2z}{\mathrm{d}t^2}\boldsymbol{k}+\frac{\mathrm{d}z}{\mathrm{d}t}\frac{\mathrm{d}\boldsymbol{k}}{\mathrm{d}t}\right)$$

根据平面内旋转单位矢量对时间的一阶导数的结论，有

$$\frac{\mathrm{d}\boldsymbol{\rho}_0}{\mathrm{d}t}=\frac{\mathrm{d}\varphi}{\mathrm{d}t}\boldsymbol{\varphi}_0,\quad \frac{\mathrm{d}\boldsymbol{\varphi}_0}{\mathrm{d}t}=-\frac{\mathrm{d}\varphi}{\mathrm{d}t}\boldsymbol{\rho}_0$$

将上式代入前式，并注意到 $\mathrm{d}\boldsymbol{k}/\mathrm{d}t=\boldsymbol{0}$，点的加速度表达式化为

$$\boldsymbol{a}=\left[\frac{\mathrm{d}^2\rho}{\mathrm{d}t^2}-\rho\left(\frac{\mathrm{d}\varphi}{\mathrm{d}t}\right)^2\right]\boldsymbol{\rho}_0+\left[2\frac{\mathrm{d}\rho}{\mathrm{d}t}\frac{\mathrm{d}\varphi}{\mathrm{d}t}+\rho\frac{\mathrm{d}^2\varphi}{\mathrm{d}t^2}\right]\boldsymbol{\varphi}_0+\frac{\mathrm{d}^2z}{\mathrm{d}t^2}\boldsymbol{k} \tag{5-49}$$

点的加速度在柱坐标上的投影分别为

$$a_\rho=\frac{\mathrm{d}^2\rho}{\mathrm{d}t^2}-\rho\left(\frac{\mathrm{d}\varphi}{\mathrm{d}t}\right)^2,\quad a_\varphi=2\frac{\mathrm{d}\rho}{\mathrm{d}t}\frac{\mathrm{d}\varphi}{\mathrm{d}t}+\rho\frac{\mathrm{d}^2\varphi}{\mathrm{d}t^2},\quad a_z=\frac{\mathrm{d}^2z}{\mathrm{d}t^2} \tag{5-50}$$

当动点 M 作平面运动时，$a_z=0$，点 M 的加速度表达式简化为

$$\boldsymbol{a}=\left[\frac{\mathrm{d}^2\rho}{\mathrm{d}t^2}-\rho\left(\frac{\mathrm{d}\varphi}{\mathrm{d}t}\right)^2\right]\boldsymbol{\rho}_0+\left[2\frac{\mathrm{d}\rho}{\mathrm{d}t}\frac{\mathrm{d}\varphi}{\mathrm{d}t}+\rho\frac{\mathrm{d}^2\varphi}{\mathrm{d}t^2}\right]\boldsymbol{\varphi}_0 \tag{5-51}$$

点的加速度在极坐标上的投影分别为

$$a_\rho=\frac{\mathrm{d}^2\rho}{\mathrm{d}t^2}-\rho\left(\frac{\mathrm{d}\varphi}{\mathrm{d}t}\right)^2,\quad a_\varphi=2\frac{\mathrm{d}\rho}{\mathrm{d}t}\frac{\mathrm{d}\varphi}{\mathrm{d}t}+\rho\frac{\mathrm{d}^2\varphi}{\mathrm{d}t^2} \tag{5-52}$$

式中，a_ρ 称为**径向加速度**；a_φ 称为**横向加速度**。

【例 5.7】 凸轮顶杆机构如图 5.19 所示。凸轮绕 O 轴以匀角速度 ω 作匀速转动，使顶杆 AB 在滑槽内作往复升降运动。欲使顶杆 AB 以匀速度 v 上升，试设计 CD 段的轮廓曲线。

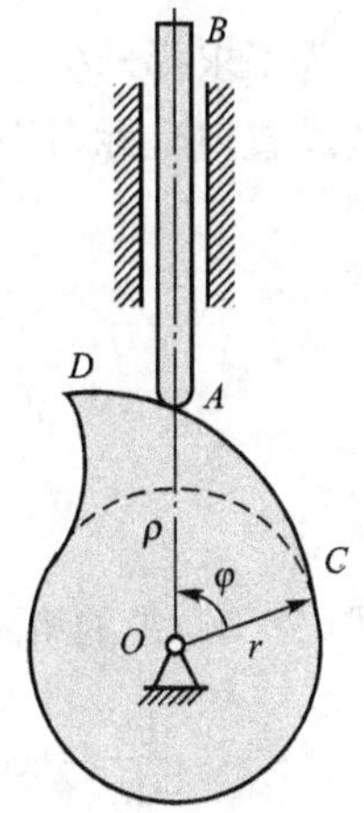

图 5.19 凸轮顶杆机构

解： 以凸轮为参考系，取极坐标如图 5.19 所示，研究杆上点 A 的运动。依题意可得

$$\mathrm{d}\rho/\mathrm{d}t=v,\quad \mathrm{d}\varphi/\mathrm{d}t=\omega$$

式中，ω 和 v 为常数。将上式进行变量分离，然后对时间 t 积分，并设点 C 为动点 A 在 $t=0$ 时的初始位置，于是有

$$\int_r^\rho \mathrm{d}\rho=\int_0^t v\mathrm{d}t,\quad \int_0^\varphi \mathrm{d}\varphi=\int_0^t \omega\mathrm{d}t$$

积分可得用极坐标表示的点 A 相对于凸轮的运动方程为

$$\rho=r+vt,\quad \varphi=\omega t$$

上式消去时间 t，得点 A 在凸轮上的轨迹方程为

$$\rho=r+\frac{v\varphi}{\omega}$$

凸轮转动，杆 AB 匀速上升，v 和 ω 为常数，上式为**阿基米得螺旋线**。

5.5 点的速度和加速度在球坐标中的投影

如果动点的运动方程以球坐标 r，φ 和 θ 表示，则点的速度和加速度可推导如下。

5.5.1 点的运动方程

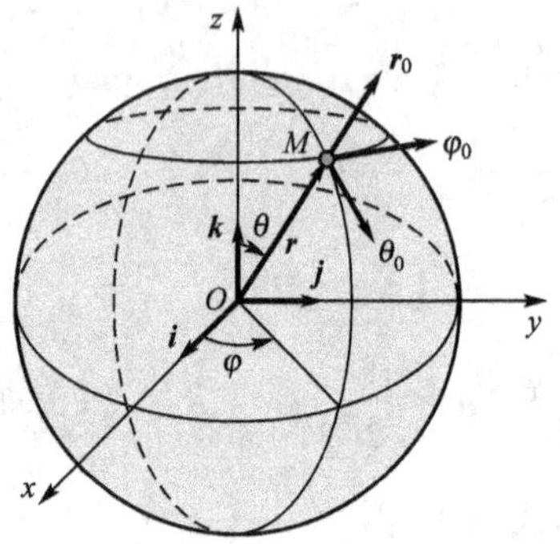

图 5.20 用球坐标描述点的运动

球坐标形式的点的运动方程为

$$r=f_1(t),\quad \theta=f_2(t),\quad \varphi=f_3(t) \tag{5-53}$$

式中，r，θ 和 φ 均为时间的单值连续函数。

设球坐标的单位矢量分别为 $\boldsymbol{r}_0$，$\boldsymbol{\theta}_0$ 和 $\boldsymbol{\varphi}_0$，3 个矢量互相垂直，构成右手坐标系，其中 $\boldsymbol{r}_0$ 沿矢径 $\boldsymbol{r}$ 的方向，$\boldsymbol{\theta}_0$ 和 $\boldsymbol{\varphi}_0$ 分别指向 θ 和 φ 增大的方向，如图 5.20 所示。

动点 M 的矢径 $\boldsymbol{r}$ 可用球坐标表示为

$$\boldsymbol{r}=r\boldsymbol{r}_0 \tag{5-54}$$

5.5.2 点的速度在球坐标中的投影

将式(5-54)对时间 t 取一阶导数，得

$$\boldsymbol{v}=\frac{\mathrm{d}\boldsymbol{r}}{\mathrm{d}t}=\frac{\mathrm{d}r}{\mathrm{d}t}\boldsymbol{r}_0+r\frac{\mathrm{d}\boldsymbol{r}_0}{\mathrm{d}t} \tag{5-55}$$

为了求得球坐标中的单位矢量 $\boldsymbol{r}_0$，$\boldsymbol{\theta}_0$ 和 $\boldsymbol{\varphi}_0$ 对时间 t 的一阶导数，建立如图 5.20 所示的辅助直角坐标系 $Oxyz$，并记沿 x，y 和 z 轴的单位矢量分别为 $\boldsymbol{i}$，$\boldsymbol{j}$ 和 $\boldsymbol{k}$，由图 5.20 可得

$$\left.\begin{aligned}&\boldsymbol{r}_0=\sin\theta\cos\varphi\boldsymbol{i}+\sin\theta\sin\varphi\boldsymbol{j}+\cos\theta\boldsymbol{k}\\&\boldsymbol{\varphi}_0=-\sin\varphi\boldsymbol{i}+\cos\varphi\boldsymbol{j}\\&\boldsymbol{\theta}_0=\boldsymbol{\varphi}_0\times\boldsymbol{r}_0=\cos\theta\cos\varphi\boldsymbol{i}+\cos\theta\sin\varphi\boldsymbol{j}-\sin\theta\boldsymbol{k}\end{aligned}\right\} \tag{5-56}$$

将式(5-56)中的第一式对时间 t 取一阶导数，有

$$\frac{\mathrm{d}\boldsymbol{r}_0}{\mathrm{d}t}=(\cos\theta\cos\varphi\boldsymbol{i}+\cos\theta\sin\varphi\boldsymbol{j}-\sin\theta\boldsymbol{k})\frac{\mathrm{d}\theta}{\mathrm{d}t}+\sin\theta(-\sin\varphi\boldsymbol{i}+\cos\varphi\boldsymbol{j})\frac{\mathrm{d}\varphi}{\mathrm{d}t}$$

由式(5-56)可知，上式第一个括弧内的项即为 $\boldsymbol{\theta}_0$，第二个括弧内的项即为 $\boldsymbol{\varphi}_0$，从而

$$\frac{\mathrm{d}\boldsymbol{r}_0}{\mathrm{d}t}=-\frac{\mathrm{d}\theta}{\mathrm{d}t}\boldsymbol{\theta}_0+\sin\theta\frac{\mathrm{d}\varphi}{\mathrm{d}t}\boldsymbol{\varphi}_0 \tag{5-57}$$

同理，将式(5-56)中的第二式和第三式分别对时间 t 取一阶导数，得

$$\frac{\mathrm{d}\boldsymbol{\theta}_0}{\mathrm{d}t}=-\frac{\mathrm{d}\theta}{\mathrm{d}t}\boldsymbol{r}_0+\cos\theta\frac{\mathrm{d}\varphi}{\mathrm{d}t}\boldsymbol{\varphi}_0 \tag{5-58}$$

$$\frac{\mathrm{d}\boldsymbol{\varphi}_0}{\mathrm{d}t}=-\sin\theta\frac{\mathrm{d}\varphi}{\mathrm{d}t}\boldsymbol{r}_0-\cos\theta\frac{\mathrm{d}\varphi}{\mathrm{d}t}\boldsymbol{\theta}_0 \tag{5-59}$$

将式(5-57)代入式(5-55)，得

$$\boldsymbol{v}=\frac{\mathrm{d}r}{\mathrm{d}t}\boldsymbol{r}_0+r\frac{\mathrm{d}\theta}{\mathrm{d}t}\boldsymbol{\theta}_0+r\sin\theta\frac{\mathrm{d}\varphi}{\mathrm{d}t}\boldsymbol{\varphi}_0 \tag{5-60}$$

或简记为

$$\boldsymbol{v}=v_r\boldsymbol{r}_0+v_\theta\boldsymbol{\theta}_0+v_\varphi\boldsymbol{\varphi}_0$$

点的速度在球坐标中的投影为

$$v_r=\frac{\mathrm{d}r}{\mathrm{d}t},\quad v_\theta=r\frac{\mathrm{d}\theta}{\mathrm{d}t},\quad v_\varphi=r\sin\theta\frac{\mathrm{d}\varphi}{\mathrm{d}t} \tag{5-61}$$

5.5.3 点的加速度在球坐标中的投影

点的加速度等于矢径对时间的二阶导数，或者速度矢对时间的一阶导数，即

$$\begin{aligned}\boldsymbol{a}=\frac{\mathrm{d}^2\boldsymbol{r}}{\mathrm{d}t^2}=\frac{\mathrm{d}\boldsymbol{v}}{\mathrm{d}t}&=\left[\frac{\mathrm{d}^2r}{\mathrm{d}t^2}-r\left(\frac{\mathrm{d}\theta}{\mathrm{d}t}\right)^2-r\sin^2\theta\left(\frac{\mathrm{d}\varphi}{\mathrm{d}t}\right)^2\right]\boldsymbol{r}_0\\&+\left[r\frac{\mathrm{d}^2\theta}{\mathrm{d}t^2}+2\frac{\mathrm{d}r}{\mathrm{d}t}\frac{\mathrm{d}\theta}{\mathrm{d}t}-r\sin\theta\cos\theta\left(\frac{\mathrm{d}\varphi}{\mathrm{d}t}\right)^2\right]\boldsymbol{\theta}_0\\&+\left[r\sin\theta\frac{\mathrm{d}^2\varphi}{\mathrm{d}t^2}+2\frac{\mathrm{d}r}{\mathrm{d}t}\frac{\mathrm{d}\varphi}{\mathrm{d}t}\sin\theta+2r\cos\theta\frac{\mathrm{d}\varphi}{\mathrm{d}t}\frac{\mathrm{d}\theta}{\mathrm{d}t}\right]\boldsymbol{\varphi}_0\end{aligned} \tag{5-62}$$

或简记为

$$\boldsymbol{a}=a_r\boldsymbol{r}_0+a_\theta\boldsymbol{\theta}_0+a_\varphi\boldsymbol{\varphi}_0$$

根据式(5-62)，可得点的加速度在球坐标上的投影为

$$\left.\begin{aligned}a_r&=\frac{\mathrm{d}^2r}{\mathrm{d}t^2}-r\left(\frac{\mathrm{d}\theta}{\mathrm{d}t}\right)^2-r\sin^2\theta\left(\frac{\mathrm{d}\varphi}{\mathrm{d}t}\right)^2\\a_\theta&=r\frac{\mathrm{d}^2\theta}{\mathrm{d}t^2}+2\frac{\mathrm{d}r}{\mathrm{d}t}\frac{\mathrm{d}\theta}{\mathrm{d}t}-r\sin\theta\cos\theta\left(\frac{\mathrm{d}\varphi}{\mathrm{d}t}\right)^2\\a_\varphi&=r\sin\theta\frac{\mathrm{d}^2\varphi}{\mathrm{d}t^2}+2\frac{\mathrm{d}r}{\mathrm{d}t}\frac{\mathrm{d}\varphi}{\mathrm{d}t}\sin\theta+2r\cos\theta\frac{\mathrm{d}\varphi}{\mathrm{d}t}\frac{\mathrm{d}\theta}{\mathrm{d}t}\end{aligned}\right\} \tag{5-63}$$

本章小结

1. 点的运动方程为动点在空间的几何位置随时间变化的规律。动点相对于同一个参考体，若采用不同的坐标系，将有不同形式的运动方程。例如，矢量形式：$\boldsymbol{r}=\boldsymbol{r}(t)$；直角坐标形式：$x=f_1(t)$，$y=f_2(t)$，$z=f_3(t)$；弧坐标形式：$s=f(t)$；柱坐标形式：$\rho=f_1(t)$，$\varphi=f_2(t)$，$z=f_3(t)$；球坐标形式：$r=f_1(t)$，$\theta=f_2(t)$，$\varphi=f_3(t)$；等等。

2. 轨迹为动点在空间运动时所经过的一条连续曲线。轨迹方程可由运动方程消去时间 t 参变量得到，因此轨迹相比于点的其他运动量，具有与时间无关的特性。再者，研究点的运动需要借助于坐标系，然而点的运动是客观的，与坐标系的选择没有关系，即点的运动描述应该满足标架无差异原理。

3. 点的速度和加速度都是矢量。速度和加速度的计算公式如下。

矢量形式：$\boldsymbol{v}=\dot{\boldsymbol{r}}$，$\boldsymbol{a}=\dot{\boldsymbol{v}}=\ddot{\boldsymbol{r}}$；

分量形式

(1) 在直角坐标系上的分量表示：

$$v_x=\dot{x},\quad v_y=\dot{y},\quad v_z=\dot{z}$$

$$a_x=\dot{v}_x=\ddot{x},\quad a_y=\dot{v}_y=\ddot{y},\quad a_z=\dot{v}_z=\ddot{z}$$

(2) 在自然轴系上的分量表示：

$$\boldsymbol{v}=v\boldsymbol{\tau}=\dot{s}\boldsymbol{\tau},\quad \boldsymbol{a}=\boldsymbol{a}_{\mathrm{t}}+\boldsymbol{a}_{\mathrm{n}}=a_{\mathrm{t}}\boldsymbol{\tau}+a_{\mathrm{n}}\boldsymbol{n}$$

$$a_{\mathrm{t}}=\dot{v}=\ddot{s},\quad a_{\mathrm{n}}=v^2/\rho,\quad a=\sqrt{a_{\mathrm{t}}^2+a_{\mathrm{n}}^2}$$

(3) 在极坐标上的分量表示：

$$\boldsymbol{v}=v_\rho\boldsymbol{\rho}_0+v_\varphi\boldsymbol{\varphi}_0$$

$$v_\rho=\frac{\mathrm{d}\rho}{\mathrm{d}t},\quad v_\varphi=\rho\frac{\mathrm{d}\varphi}{\mathrm{d}t}$$

$$\boldsymbol{a}=a_\rho\boldsymbol{\rho}_0+a_\varphi\boldsymbol{\varphi}_0$$

$$a_\rho=\frac{\mathrm{d}^2\rho}{\mathrm{d}t^2}-\rho\left(\frac{\mathrm{d}\varphi}{\mathrm{d}t}\right)^2,\quad a_\varphi=2\frac{\mathrm{d}\rho}{\mathrm{d}t}\frac{\mathrm{d}\varphi}{\mathrm{d}t}+\rho\frac{\mathrm{d}^2\varphi}{\mathrm{d}t^2}$$

4. 点的切向加速度只反映速度大小的变化，法向加速度只反映速度方向的变化。当点的速度与切向加速度方向相同时，点作加速运动；反之，点作减速运动。某瞬时动点的全加速度是唯一的，而全加速度的分解有无穷多种。

思考题

1. 平均速度与瞬时速度有什么不同？在什么情况下，两者是一致的？

2. $\frac{\mathrm{d}\boldsymbol{r}}{\mathrm{d}t}$和$\frac{\mathrm{d}r}{\mathrm{d}t}$，$\frac{\mathrm{d}\boldsymbol{v}}{\mathrm{d}t}$和$\frac{\mathrm{d}v}{\mathrm{d}t}$的物理意义是否相同，为什么？

3. 动点 M 作直线运动，某瞬时的速度 $v=5\text{m/s}$，则该瞬时的加速度是否为 $a=\mathrm{d}v/\mathrm{d}t=0$，为什么？若动点 M 以 $v=5\text{m/s}$ 作匀速曲线运动，则加速度是否等于零，为什么？

4. 若动点 M 的切向加速度 a_t 和法向加速度 a_n 均为常数，则动点 M 作何种运动？

5. 设动点 M 作曲线运动，所给出的动点 M 的速度和加速度情形如图 5.21 所示，则图中哪几种运动是可能的，哪几种运动是不可能的，为什么？

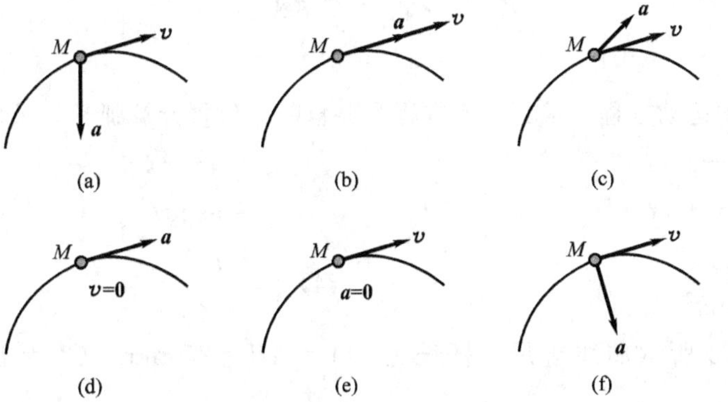

图 5.21　第 5 题图

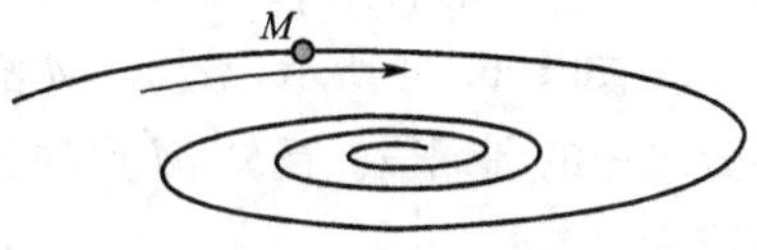

图 5.22　动点沿螺线运动

6. 如图 5.22 所示，动点 M 沿螺线由外向内运动，其走过的弧长与时间的一次方成正比，即 $s=\alpha t$，试问点 M 的速度是越来越快还是越来越慢，点 M 的加速度是越来越大还是越来越小？为什么？

7. 作曲线运动的两个动点，初速度相同、运动轨迹相同、运动中两点的法向加速度也相同。判断下述说法是否正确，并说明理由。

(1) 任一瞬时两动点的切向加速度必相同。

(2) 任一瞬时两动点的速度必相同。

(3) 两动点的运动方程必相同。

8. 在什么情况下，点的切向加速度等于零？在什么情况下，点的法向加速度等于零？在什么情况下，点的切向加速度和法向加速度都等于零？

9. 试说明下述各种情况下，动点 M 的全加速度 $\boldsymbol{a}$、切向加速度 $\boldsymbol{a}_t$ 和法向加速度 $\boldsymbol{a}_n$ 3 个加速度矢量之间有何关系？

(1) 动点 M 沿曲线作匀速运动；

(2) 动点 M 沿曲线运动，在该瞬时其速度为零；

(3) 点沿直线作变速运动；

(4) 点沿曲线作变速运动。

10. 动点 M 作曲线运动，若切向加速度为零，则动点 M 的速度一定为常矢量。这种说法正确吗？试举例说明为什么？

11. 若动点 M 作曲线运动，其加速度 $\boldsymbol{a}$ 是恒矢量，试问动点 M 可否作匀变速运动？

12. 在极坐标中，$v_\rho=\dfrac{\mathrm{d}\rho}{\mathrm{d}t}$，$v_\varphi=\rho\dfrac{\mathrm{d}\varphi}{\mathrm{d}t}$分别代表在极径方向和极角方向的速度，但为何

极径和极角方向的加速度却分别为

$$a_\rho=\frac{d^2\rho}{dt^2}-\rho\left(\frac{d\varphi}{dt}\right)^2,\quad a_\varphi=2\frac{d\rho}{dt}\frac{d\varphi}{dt}+\rho\frac{d^2\varphi}{dt^2}$$

试分析 a_ρ 中的第二项和 a_φ 中的第一项出现的原因以及它们的几何意义。

习　　题

1. 已知点的运动方程，求其轨迹方程，并自起始位置计算弧长，求出点的运动规律。

(1) $\begin{cases}x=4t-2t^2\\y=3t-1.5t^2\end{cases}$　　(2) $\begin{cases}x=4\cos^2 t\\y=3\sin^2 t\end{cases}$

(3) $\begin{cases}x=5\cos t^2\\y=5\sin t^2\end{cases}$　　(4) $\begin{cases}x=t^2\\y=2t\end{cases}$

2. 如图 5.23 所示曲线规尺，杆长为 $OA=AB=200$mm，$CD=DE=AC=AE=50$mm。如杆 OA 以等角速度 $\omega=\frac{\pi}{5}$rad/s 绕 O 轴转动，且当运动开始时，杆 OA 水平向右，即杆 OA 的转角 $\varphi=\omega t$。试求曲线规尺上点 D 的运动方程和运动轨迹。

3. 如图 5.24 所示，动点 M 沿轨迹 $OABC$ 运动，OA 段为直线，AB 和 BC 段分别为四分之一的圆弧段。已知 M 点的运动方程为 $s=30t+5t^2$(m)，求 $t=0$s，1s，2s 和 4s 时的加速度。

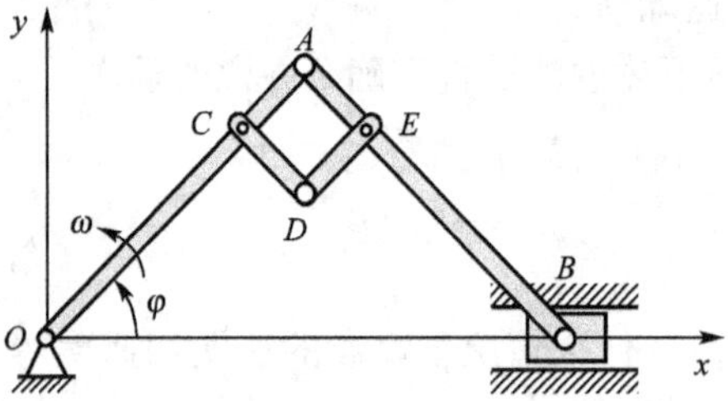

图 5.23　曲线规尺

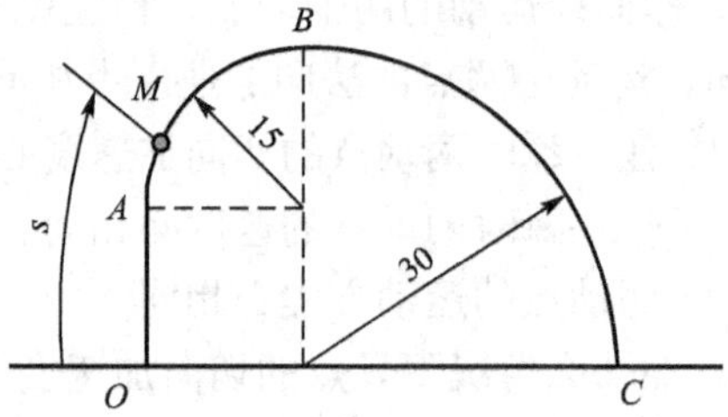

图 5.24　第 3 题图

4. 已知动点 M 作平面运动，其加速度在直角坐标轴上的投影分别为 $a_x=-160\cos(2t)$，$a_y=-200\sin(2t)$。当 $t=0$ 时，$x=40$mm，$y=50$mm，$v_x=0$，$v_y=100$mm/s，试求动点 M 的运动方程和轨迹方程。

5. 如图 5.25 所示，半圆形凸轮以等速 $v_0=0.01$m/s 沿水平方向向右运动，使活塞杆 AB 沿铅垂方向运动。当运动开始时，活塞杆 A 端位于凸轮的最高点位置处。如凸轮的半径 r 为 80mm，求活塞 B 相对于地面和相对于凸轮的运动方程、速度和加速度。

6. 如图 5.26 所示，杆 AB 长 l，以角速度 ω 绕轴 B 匀速转动，转角 $\varphi=\omega t$。与杆相连的滑块 B 按 $s=c+b\sin\omega t$ 沿水平方向作简谐振动，其中 c 和 b 均为常数，求动点 A 的轨迹。

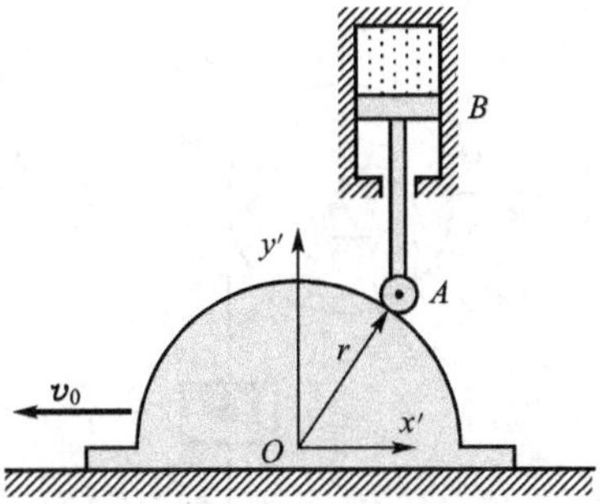

图 5.25　凸轮与活塞杆

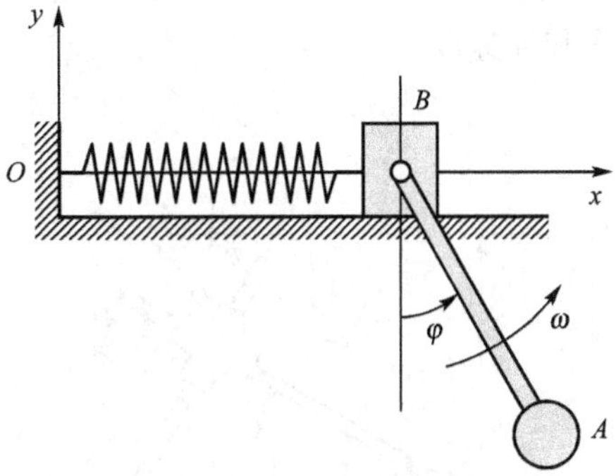

图 5.26　振动系统

7. 如图 5.27 所示，偏心凸轮半径为 r，绕 O 轴以匀角速度 ω 转动，转角 $\varphi=\omega t$，偏心距 $OC=e$，凸轮带动顶杆 AB 沿铅垂直线作往复运动。试求顶杆 AB 的运动方程和速度。

8. 摇杆滑道机构如图 5.28 所示，滑块 M 同时在固定圆弧槽 BC 中和摇杆 OA 的滑道中滑动。BC 弧的半径为 r，摇杆绕轴 O 以角速度 ω 匀速转动，$t=0$ 时摇杆位于水平位置。试分别用直角坐标法与弧坐标法求滑块 M 的运动方程、速度和加速度。

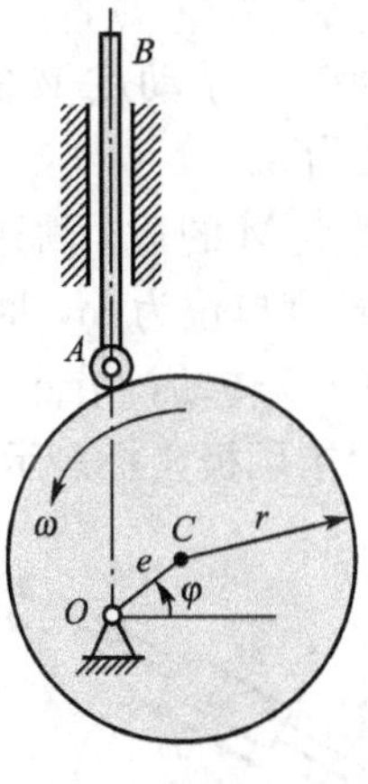

图 5.27　凸轮顶杆机构

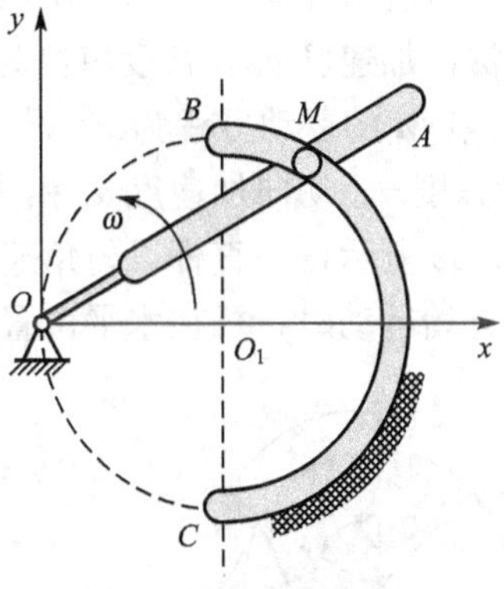

图 5.28　摇杆滑道机构

9. 如图 5.29 所示，OA 和 O_1B 两杆分别绕 O 和 O_1 轴转动，两杆通过十字滑块 D 相连。在运动过程中，两杆保持相交成直角。已知：$OO_1=l$，$\varphi=kt$，其中 k 为常数。试求：(1)滑块 D 的运动方程和速度；(2)滑块 D 相对于 OA 杆的运动方程和速度。

10. 已知点的运动方程为：$x=500t$，$y=500-5t^2$，位置坐标 x，y 的单位为 m，时间 t 的单位为 s。求 $t=0$ 时，点的切向加速度 a_t、法向加速度 a_n 以及运动轨迹的曲率半径 ρ。

11. 动点 M 作平面曲线运动，其速度在 x 轴上的投影 v_x 恒等于常数 c。试证明在此情形下，动点 M 的加速度大小为

$$a=\frac{v^3}{c\rho}$$

式中，v 为动点 M 的速度大小；ρ 为点的轨迹的曲率半径。

12. 半径为 r 的轮子绕水平轴 O 转动，轮缘上绕以不可伸长的绳子，绳的下端悬挂一

物体 A，如图 5.30 所示。设物体按 $x=0.5ct^2$ 的规律下降，其中 c 为常数。求轮缘上一点 M 的速度和加速度。

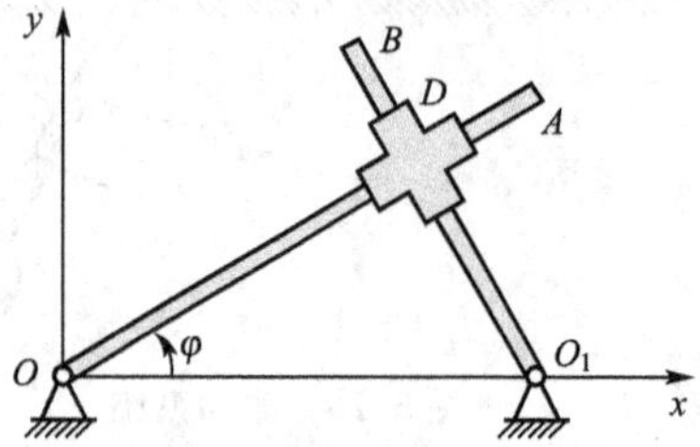

图 5.29　十字滑块连接的两定轴转动杆

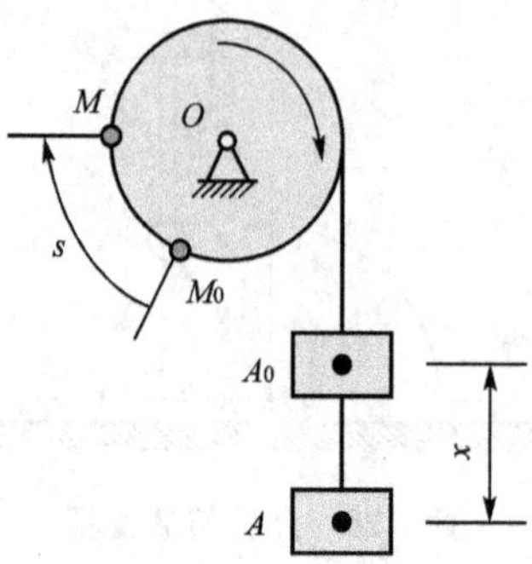

图 5.30　滑轮与悬挂物

13. 设动点 M 的运动方程为 $x=a\cos\omega t$，$y=b\sin\omega t$。求动点 M 的轨迹方程，并求其切向加速度 a_t 和法向加速度 a_n。

14. 如图 5.31 所示，点 M 沿半径为 r 的圆周作初速为零的等加速运动。若点 M 的全加速度 $\boldsymbol{a}$ 与切线间的夹角为 α，并以 β 表示点 M 走过的弧长 s 所对的圆心角。试证明：$\tan\alpha=2\beta$。

15. 动点 M 的运动方程为 $x=75\cos(4t^2)$，$y=75\sin(4t^2)$。求动点 M 的速度 v 以及切向加速度 a_t 和法向加速度 a_n。长度单位为 mm，时间单位为 s。

16. 已知动点 M 的运动方程为 $x=t^2-t$，$y=2t$，求动点 M 的运动轨迹方程，并求 $t=1$s 时动点 M 的速度 v、切向加速度 a_t 和法向加速度 a_n。长度单位为 m，时间单位为 s。

17. 如图 5.32 所示，一直杆以匀角速度 ω_0 绕其固定端 O 转动，沿此杆有一滑块以匀速 $\boldsymbol{v}_0$ 滑动。设开始运动时，杆在水平位置，滑块在 O 点。求用极坐标表示的滑块的轨迹。

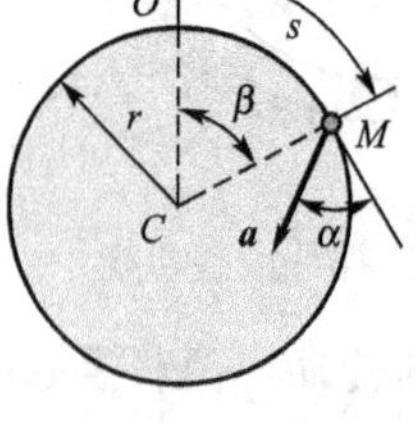

图 5.31　动点沿圆周运动

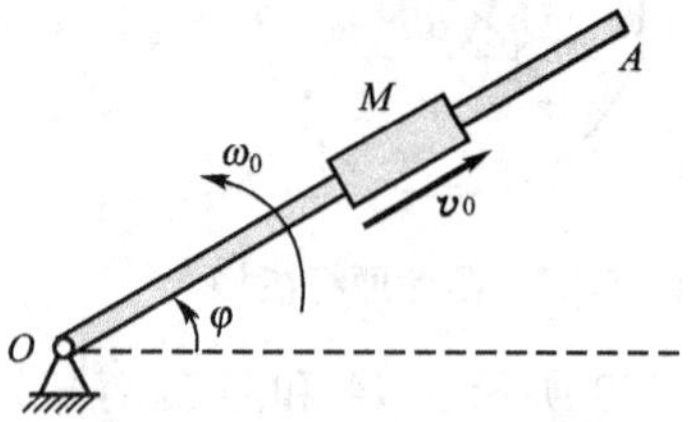

图 5.32　定轴转动直杆与滑块

第6章 刚体的简单运动

教学目标

本章主要研究刚体的两种简单运动，即研究刚体的平动和定轴转动。通过本章的学习，应达到以下目标。

(1) 理解刚体平动、刚体定轴转动、轮系传动比、角速度、角加速度等基本概念。

(2) 理解刚体作简单运动时，刚体上的点与刚体整体间的运动关系，为研究刚体的复杂运动夯实基础。

(3) 熟悉角速度和角加速度的矢量表示法以及点的速度和加速度的矢积表示法。

教学要求

知识要点	能力要求	相关知识
刚体的两种简单运动	(1) 理解刚体平动的基本概念 (2) 理解刚体定轴转动的基本概念 (3) 学会计算轮系的传动比	(1) 刚体平动的运动规律 (2) 刚体转动的运动规律 (3) 刚体上的点与整体间的运动关系
刚体定轴转动的矢量表示法	(1) 了解角速度和角加速度的矢量表示法 (2) 了解点的速度和加速度的矢积表示法	(1) 角速度矢量和角加速度矢量的概念 (2) 角速度和角加速度的计算 (3) 刚体上点的速度和加速度的概念 (4) 点的速度和加速度的计算

基本概念

刚体；不变质点系；平动；直线平动；曲线平动；定轴转动；角速度；角加速度；点的速度；点的加速度；轮系传动比；角速度矢；角加速度矢。

引例

在力的作用下其内部任意两点之间的距离保持不变的物体称为刚体，刚体是由无穷多个质点组成的，因此，刚体亦被视为不变质点系。刚体的平动和转动是工程中最为常见的两种基本运动形式。有些较为复杂的运动，例如，曲柄滑块机构中连接曲柄与滑块的连杆的运动、车轮沿直线轨道的滚动等，都可归结为这两种简单运动的组合。因此，研究平动和转动是分析刚体一般运动的基础。本章将主要介绍刚体平动和定轴转动的基本概念，研究这两种简单运动的特点和运动规律，并探讨刚体整体运动与刚体上一点的运动之间的运动关系，为研究刚体复杂运动夯实基础。

例如，滚子传送带，滚子作定轴转动，通过滚子与钢板之间的摩擦传送钢板。已知滚子的直径 $d=200\text{mm}$，转速 $n=50\text{r/min}$。试求钢板在滚子上无滑动运动的速度和加速度以及滚子上与钢板接触点的加速度。

6.1 刚体的平行移动

工程中某些物体的运动，例如，图 6.1 所示车床上刀架的运动、图 6.2 所示在直线轨道上行驶的列车车厢的运动、图 6.3 所示的摆式输送机中送料槽的运动以及图 6.4 所示桥式起重机的行车的运动等，都是平动的实例。这些刚体的运动具有一个共同的特点，即如果在物体内任取一直线段，那么在运动过程中这条直线段始终与其最初位置平行，这种运动称为**平行移动**，简称**平动**。刚体平动时，其上任一点的轨迹是直线，称为**直线平动**。刚体平动时，其上任一点的轨迹是曲线，称为**曲线平动**。例如，上述图中车刀的运动、车厢的运动、起重机行车的运动都属于直线平动，而送料槽的运动则属于曲线平动。

现在来研究刚体平动时，其内部各点的轨迹、速度和加速度之间的关系。如图 6.5 所示，在刚体内任选两点 A 和 B，令点 A 的矢径为 $\boldsymbol{r}_A$，点 B 的矢径为 $\boldsymbol{r}_B$，则两条矢端曲线即为两点的轨迹。由图 6.5 可知

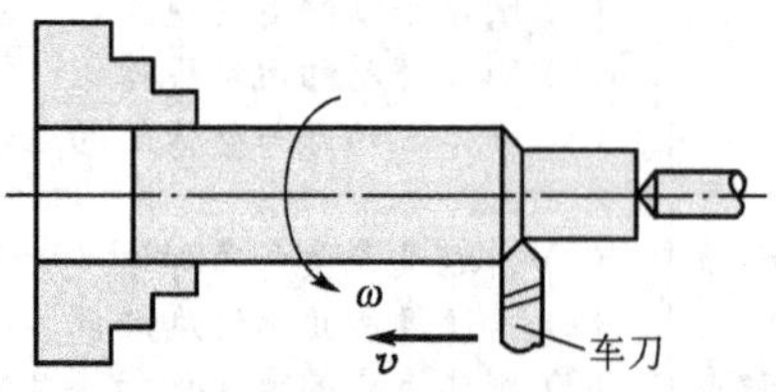

图 6.1　车床上车架的运动

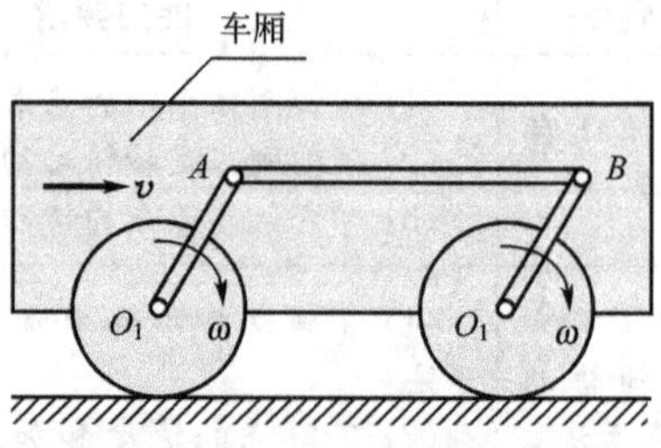

图 6.2　行驶的列车车厢的运动

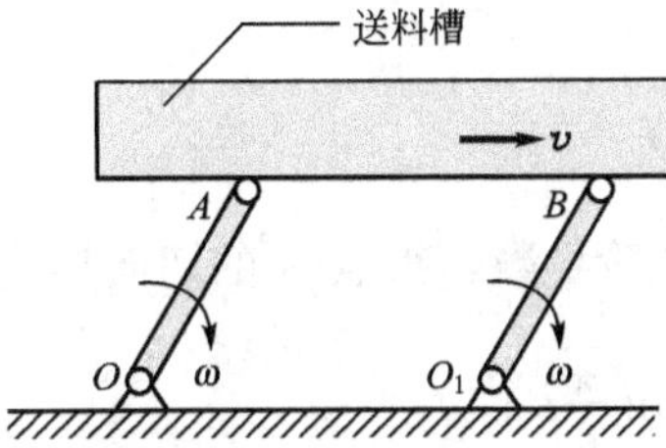

图 6.3 摆式输送机送料槽的运动

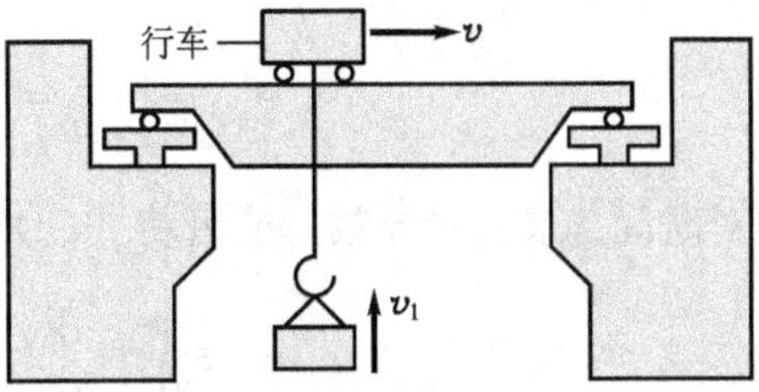

图 6.4 桥式起重机行车的运动

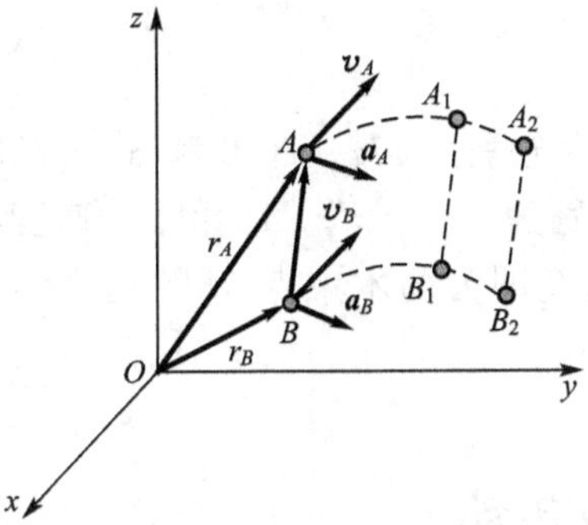

图 6.5 平动刚体的运动规律

$$\boldsymbol{r}_A=\boldsymbol{r}_B+\boldsymbol{AB} \tag{6-1}$$

当刚体平动时，线段 AB 的长度和方向都不变，所以 $\boldsymbol{BA}$ 是恒矢量。因此，只要把点 B 的轨迹沿 $\boldsymbol{BA}$ 平行搬移一段距离 BA，就能与点 A 的轨迹完全重合。例如，图 6.2 所示在直线轨道上行驶的列车车厢，其上各点均作直线运动，这些点的运动轨迹是一样的。又如，图 6.3 所示摆式输送机，送料槽 AB 的运动是平动，槽内各点的运动轨迹均为半径相同的圆弧。

将式(6-1)对时间 t 求导数，因为恒矢量 $\boldsymbol{BA}$ 的导数等于零，于是有

$$\boldsymbol{v}_A=\boldsymbol{v}_B,\quad \boldsymbol{a}_A=\boldsymbol{a}_B \tag{6-2}$$

式中，$\boldsymbol{v}_A$ 和 $\boldsymbol{v}_B$ 分别表示点 A 和点 B 的速度；$\boldsymbol{a}_A$ 和 $\boldsymbol{a}_B$ 分别表示点 A 和点 B 的加速度。由于选取点 A 和点 B 的任意性，因此，可以得出结论：当刚体作平动时，刚体内所有各点的运动轨迹的形式完全相同；在每一瞬时，所有各点具有相同的速度和相同的加速度。

由此可知，当刚体作平动时，只要确定出刚体内任一点的运动，也就确定了整个刚体的运动。因此，研究刚体的平动，可以归结为研究刚体内任一点的运动，也就是归结为第 5 章里所研究过的点的运动学问题。

【例 6.1】 荡木用两根等长的钢索平行吊起，如图 6.6 所示。钢索长为 l，长度单位为 m。当荡木摆动时，钢索的摆动规律为

$$\varphi=\varphi_0\sin\frac{\pi}{4}t$$

其中 t 为时间，单位为 s，转角 φ 的单位为 rad。试求当 $t=0$ 和 $t=2$s 时，荡木中点 M 的速度和加速度。

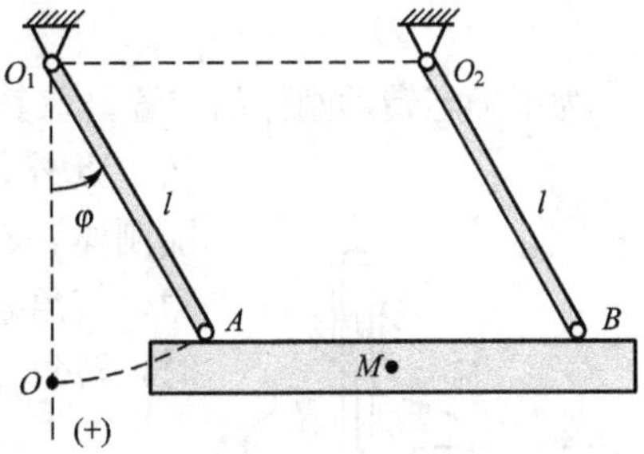

图 6.6 用两根等长钢索吊起的荡木

解：由于两根钢索 O_1A 和 O_2B 的长度相等，并且相互平行，因此荡木 AB 在运动过程中始终平行于直线 O_1O_2，荡木作平动。

为求中点 M 的速度和加速度，只需要求出点 A 或点 B 的速度和加速度。点 A 的运动轨迹为圆弧，圆弧半径为 l。如以最低点 O 为起始点，规定弧坐标 s 向右为正，则点 A 的运动方程为

$$s=l\varphi=l\varphi_0\sin\frac{\pi}{4}t \tag{a}$$

将式(a)对时间 t 求一阶导数，得点 A 的速度

$$v=\frac{ds}{dt}=\frac{\pi}{4}l\varphi_0\cos\frac{\pi}{4}t \tag{b}$$

将式(b)对时间 t 求一阶导数，或者将式(a)对时间求二阶导数，得点 A 的切向加速度

$$a_t=\frac{dv}{dt}=\frac{d^2s}{dt^2}=-\frac{\pi^2}{16}l\varphi_0\sin\frac{\pi}{4}t \tag{c}$$

点 A 的法向加速度为

$$a_n=\frac{v^2}{l}=\frac{\pi^2}{16}l\varphi_0^2\cos^2\frac{\pi}{4}t \tag{d}$$

当 $t=0$ 时，点 A 的速度、切向加速度和法向加速度分别为 $\pi l\varphi_0/4$，0 和 $\pi^2 l\varphi_0^2/16$；当 $t=2$s 时，点 A 的速度、切向加速度和法向加速度分别为 0，$-\pi l\varphi_0/16$ 和 0。速度和加速度的单位分别为 m/s 和 m/s^2。点 A 的速度和加速度即为荡木中点 M 的速度和加速度。

6.2 刚体绕定轴的转动

工程中最常见的齿轮、机床的主轴、电动机的转子等，均有一条固定的轴，物体绕此固定的轴转动。由于两点确定一条直线，因此，只要轴线上有两点保持不动，则这条轴线就是固定不动的。转轴既可能在刚体的内部，也可能在刚体抽象扩展的外部。刚体在运动时，其上或其扩展部分有两点保持不动，则这种运动称为**刚体绕定轴的转动**，简称为刚体的**转动**。通过这两个固定点的一条不动的直线，称为刚体的**转轴**或**轴线**，简称**轴**。

6.2.1 转动方程

为了确定转动刚体的位置，取其转轴为 z 轴，如图 6.7 所示。通过轴线作一固定平面 P_0，此外，通过轴线再作一动平面 P，动平面 P 与刚体相固结，随刚体一起转动。两个平面间的夹角用 φ 表示，称为刚体的**转角**。转角 φ 是一个代数量，它确定了刚体的位置。当刚体转动时，转角 φ 是时间 t 的单值连续函数，即

$$\varphi=f(t) \tag{6-3}$$

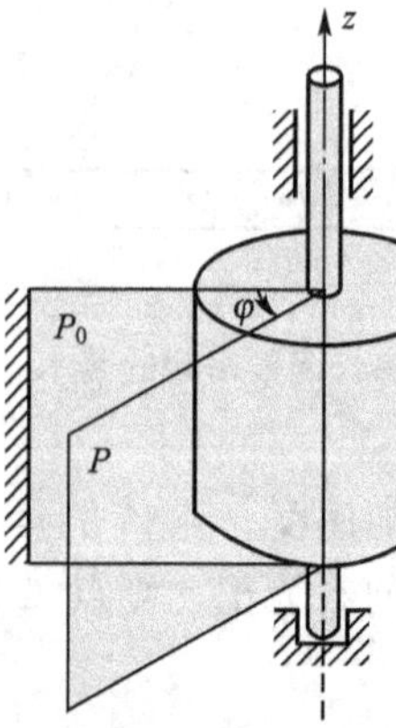

图 6.7 刚体作定轴转动

转角 φ 的符号规定如下：自 z 轴正端往负端看，从固定面起按逆时针转向，φ 取正值；按顺时针转向，φ 取负值。转角 φ 的单位为 rad。式(6-3)称为**刚体绕定轴转动的运动方程**。

描述物体在空间的位置所需独立坐标的个数，或者当物体运动时能够独立改变的几何参数的个数，称为**自由度**。绕定轴转动的刚体，只要用一个广义坐标，即转角 φ，就可以确定它的位置。因此，绕定轴转动的刚体，具有一个自由度。

6.2.2 刚体转动的角速度

刚体转动的快慢用**角速度** ω 来度量。刚体绕定轴转动时，其平均角速度为

$$\bar{\omega}=\frac{\Delta\varphi}{\Delta t}$$

当 $\Delta t\to 0$ 时，平均角速度取极限，即得刚体转动的瞬时角速度

$$\omega=\lim_{\Delta t\to 0}\bar{\omega}=\lim_{\Delta t\to 0}\frac{\Delta\varphi}{\Delta t}=\frac{\mathrm{d}\varphi}{\mathrm{d}t} \tag{6-4}$$

式(6-4)表明，刚体的角速度等于转角 φ 对时间 t 的一阶导数。角速度的单位为 rad/s。

角速度是代数量，其符号规定如下：从轴的正端往负端看，刚体逆时针转动时，角速度取正值；刚体顺时针转动时，角速度取负值。可见，角速度的符号规定与转角的符号规定是一致的。

工程机械中的转动部件或零件，除启动、变速和制动阶段之外，一般在匀速转动情况下工作。机器转动的快慢通常用每分钟转数 n 来表示，其单位为 r/min，称为**转速**。例如，车床主轴的转速为 12.5～1200r/min，汽轮机的转速约为 3000r/min 等。

角速度 ω 和转速 n 之间的换算关系为

$$\omega=\frac{2\pi n}{60}=\frac{\pi n}{30} \tag{6-5}$$

式中，转速 n 的单位为 r/min；角速度 ω 的单位为 rad/s。在粗略的近似计算中，可取 $\pi\approx 3$，从而 $\omega\approx 0.1n$。

6.2.3 刚体转动的角加速度

角速度变化的快慢用**角加速度** α 来度量。刚体绕定轴转动时，其平均角加速度为

$$\bar{\alpha}=\frac{\Delta\omega}{\Delta t}$$

当 $\Delta t\to 0$ 时，平均角加速度取极限，即得刚体转动的瞬时角加速度

$$\alpha=\lim_{\Delta t\to 0}\bar{\alpha}=\lim_{\Delta t\to 0}\frac{\Delta\omega}{\Delta t}=\frac{\mathrm{d}\omega}{\mathrm{d}t}=\frac{\mathrm{d}^2\varphi}{\mathrm{d}t^2} \tag{6-6}$$

式(6-6)表明，刚体的角加速度等于角速度 ω 对时间 t 的一阶导数，或者等于转角 φ 对时间 t 的二阶导数。角加速度的单位为 $\mathrm{rad/s^2}$。

角加速度也是代数量。若角速度 ω 和角加速度 α 同号，则刚体转动为加速转动；若角速度 ω 和角加速度 α 异号，则刚体转动为减速转动。

6.2.4 刚体作匀速转动和匀变速转动的情形

1. 匀速转动

若刚体的角速度不变，即 $\omega=$常量，这种转动称为**匀速转动**。对式(6-4)变量分离，然后积分，并设 $t=0$ 时的转角为 φ_0，可得

$$\int_{\varphi_0}^{\varphi} \mathrm{d}\varphi = \int_0^t \omega \mathrm{d}t$$

从而

$$\varphi = \varphi_0 + \omega t \tag{6-7}$$

如前所述，机器中的转动部件或构件，一般都在匀速转动情况下工作。

2. 匀变速转动

若刚体的角加速度不变，即 α=常量，这种转动称为**匀变速转动**。对式(6-6)变量分离，而后积分，并设 $t=0$ 时的角速度为 ω_0，即

$$\int_{\omega_0}^{\omega} \mathrm{d}\omega = \int_0^t \alpha \mathrm{d}t$$

从而

$$\omega = \omega_0 + \alpha t \tag{6-8}$$

根据式(6-4)，式(6-8)可改写为

$$\frac{\mathrm{d}\varphi}{\mathrm{d}t} = \omega = \omega_0 + \alpha t$$

对上式进行变量分离，然后积分，并设 $t=0$ 时的转角为 φ_0，可得

$$\int_{\varphi_0}^{\varphi} \mathrm{d}\varphi = \int_0^t \omega_0 + \alpha t \, \mathrm{d}t$$

从而

$$\varphi = \varphi_0 + \omega_0 t + \frac{1}{2}\alpha t^2 \tag{6-9}$$

联立式(6-8)和式(6-9)，消去时间 t，可得

$$\omega^2 = \omega_0^2 + 2\alpha(\varphi - \varphi_0) \tag{6-10}$$

由此可知，对于匀变速转动，只要已知刚体转动的初始转角 φ_0、初始角速度 ω_0 以及角加速度 α，就可根据式(6-10)直接求出转角为 φ 时，刚体转动的角速度 ω。

上述公式表明，匀变速转动时，刚体的转角 φ、角速度 ω 和角加速度 α 与时间 t 的关系，和点在匀变速运动中的弧坐标 s、速度 v 及切向加速度 a_t 与时间 t 的关系相似。

6.3 转动刚体内各点的速度和加速度

工程中常需要知道刚体的转动和刚体上一点的运动关系，即需要知道刚体整体的运动和刚体内一点的运动关系。例如，齿轮的转速和齿轮圆周上一点的速度之间的关系、齿轮的角加速度和齿轮圆周上一点的切向加速度之间的关系等，下面来讨论这些问题。

当刚体绕定轴转动时，刚体内任意一点均作圆周运动，圆心在轴线上，圆周所在的平面与轴线垂直，圆周的半径 R 等于该点到轴线的垂直距离。根据此种情况，宜采用自然轴系法研究转动刚体内各点的运动。

6.3.1 刚体内一点的运动方程

设刚体由定平面 P_0 绕定轴 O 转动任一角度 φ，达到平面 P 所在位置，其上任一点 O'

运动至点M，如图6.8所示。以固定点O'为弧坐标s的原点，转角φ的正向与弧坐标s的正向一致，根据几何关系，有

$$s=R\varphi \tag{6-11}$$

式中，R为点M至转轴O的距离。式(6-11)即为用自然法表示的M点的运动方程。转角φ和弧坐标s均为时间t的单值连续函数，即

$$\varphi=f(t),\quad s=g(t)=Rf(t)$$

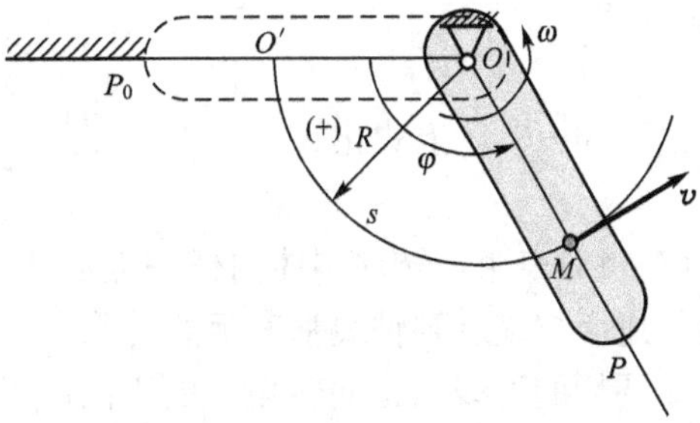

图6.8 刚体内一点的运动

6.3.2 刚体内一点的速度

将式(6-11)对时间t取一阶导数，得

$$\frac{\mathrm{d}s}{\mathrm{d}t}=R\frac{\mathrm{d}\varphi}{\mathrm{d}t}$$

因为

$$\frac{\mathrm{d}s}{\mathrm{d}t}=v,\quad \frac{\mathrm{d}\varphi}{\mathrm{d}t}=\omega$$

所以，上式可写为

$$v=R\omega \tag{6-12}$$

式(6-12)表明，转动刚体内任一点的速度的大小，等于刚体的角速度与该点到轴线的垂直距离的乘积，其方向沿着圆周的切线且指向转动的一方。

对于如图6.7所示绕定轴转动的刚体，用一垂直于轴线的平面横截该刚体，得到一个截面。根据上述结论，在该截面上的任一条通过轴心的直线上，各点的速度按线性规律分布，如图6.9(a)所示。将速度矢的端点连成一条直线，此直线必经过轴心。在该截面上，不在一条直线上的各点的速度方向，如图6.9(b)所示。

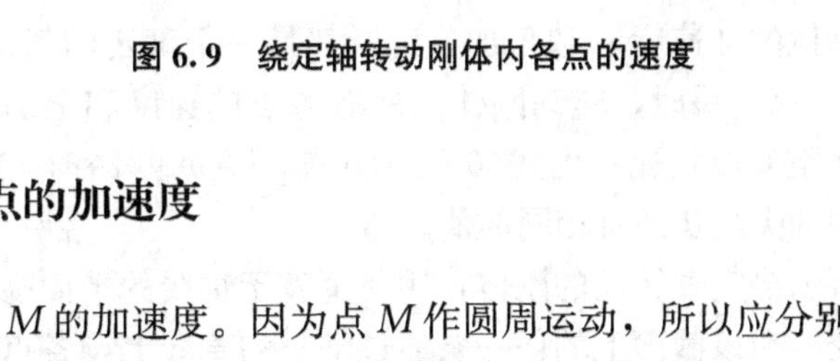

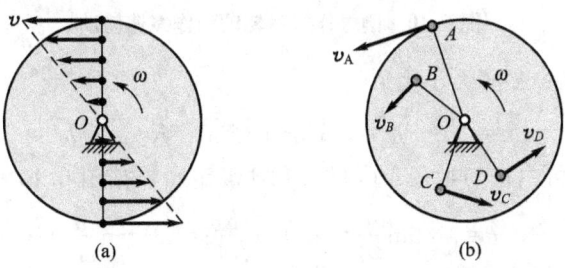

图6.9 绕定轴转动刚体内各点的速度

6.3.3 刚体内一点的加速度

现求刚体内一点M的加速度。因为点M作圆周运动，所以应分别求点M的切向加速度$\boldsymbol{a}_t$和法向加速度$\boldsymbol{a}_n$。根据式(5-30)，并考虑式(6-11)，有

$$a_t=\frac{d^2 s}{dt^2}=R\frac{d^2\varphi}{dt^2}$$

根据式(6-6)，上式化为

$$a_t=R\alpha \tag{6-13}$$

式(6-13)表明，转动刚体内任一点的切向加速度(又称转动加速度)的大小，等于刚体的角加速度与该点到轴线垂直距离的乘积，其方向由角加速度的方向确定。当α为正值时，$\boldsymbol{a}_t$沿圆周的切线，指向转角φ的正向；当α为负值时，$\boldsymbol{a}_t$指向转角φ的反方向。

根据式(5-32)，并考虑式(6-12)，可得法向加速度矢$\boldsymbol{a}_n$的大小为

$$a_n=\frac{v^2}{\rho}=\frac{(R\omega)^2}{\rho} \tag{6-14a}$$

式中，ρ表示曲率半径。对于圆，有$\rho=R$，从而

$$a_n=R\omega^2 \tag{6-14b}$$

式(6-14)表明，转动刚体内任一点的法向加速度(又称向心加速度)的大小，等于刚体角速度的平方与该点到轴线的垂直距离的乘积，其方向与速度垂直并指向轴线。

若角速度ω与角加速度α同号，则角速度ω的绝对值增加，刚体作加速转动，此时点的切向加速度矢$\boldsymbol{a}_t$与速度矢$\boldsymbol{v}$的指向相同；若角速度ω与角加速度α异号，则角速度ω的绝对值减小，刚体作减速转动，此时点的切向加速度$\boldsymbol{a}_t$与速度矢$\boldsymbol{v}$的方向相反。这两种情况分别如图6.10(a)和图6.10(b)所示。

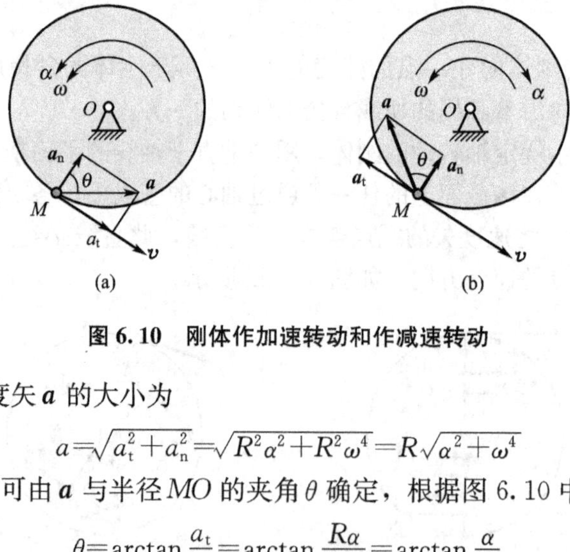

图6.10 刚体作加速转动和作减速转动

点M的全加速度矢$\boldsymbol{a}$的大小为

$$a=\sqrt{a_t^2+a_n^2}=\sqrt{R^2\alpha^2+R^2\omega^4}=R\sqrt{\alpha^2+\omega^4} \tag{6-15}$$

全加速度矢$\boldsymbol{a}$的方向可由$\boldsymbol{a}$与半径MO的夹角θ确定，根据图6.10中的几何关系，可得

$$\theta=\arctan\frac{a_t}{a_n}=\arctan\frac{R\alpha}{R\omega^2}=\arctan\frac{\alpha}{\omega^2} \tag{6-16}$$

在每一瞬时，刚体的加速度ω和角加速度α都是一个确定的值。因而，由式(6-12)和式(6-15)可知，在每一瞬时，转动刚体内所有各点的速度和全加速度的大小，分别与这些点到轴线的垂直距离成正比；由式(6-16)可知，在每一瞬时，刚体内所有各点的全加速度矢$\boldsymbol{a}$与半径间的夹角θ都有相同的值。

对于如图6.7所示绕定轴转动的刚体，用一垂直于轴线的平面横截该刚体，得到一个截面。根据上述结论，在该截面上的任一条通过轴心的直线上，各点的全加速度按线性规律分布，如图6.11(a)所示。将全加速度矢的端点连成一条直线，此直线必经过轴心。在

该截面上，不在一条直线上的各点的全加速度方向，如图 6.11(b)所示。

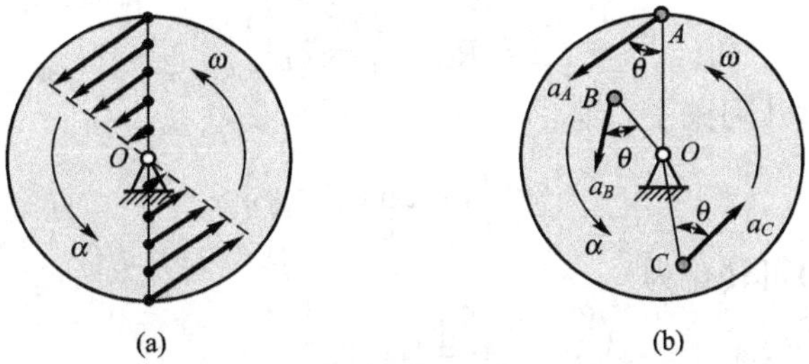

图 6.11　绕定轴转动刚体内各点的加速度

【例 6.2】 如图 6.12 所示滚子传送带，已知滚子的直径 $d=200$mm，转速 $n=50$r/min。试求：(1)钢板在滚子上无滑动运动的速度和加速度；(2)滚子上与钢板接触点 A 的加速度。

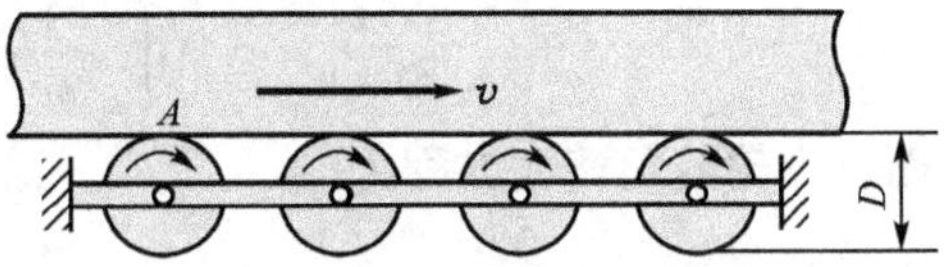

图 6.12　滚子传送带

解：(1) 由于滚子作定轴转动，钢板在滚子上作无滑动的直线运动，因此，滚子与钢板接触点 A 的速度即为钢板的速度，滚子与钢板接触点 A 的切向加速度即为钢板的加速度。

根据式(6－5)，滚子的角速度为

$$\omega=\frac{2\pi n}{60}=\frac{2\pi\times50}{60}=5.24(\text{rad/s})$$

滚子作匀速转动，其角加速度为 $\alpha=0$。由式(6－12)，求得钢板的速度为

$$v=R\omega=\frac{d}{2}\omega=\frac{0.2}{2}\times5.24=0.524(\text{m/s})$$

由式(6－13)，得钢板的加速度为

$$a=a_{\text{t}}=R\alpha=0$$

由上面的计算可知，当滚轮匀速转动时，钢板作匀速直线运动。

(2) 根据刚体绕定轴转动的运动规律，滚子上与钢板接触点 A 的加速度 $\boldsymbol{a}$ 由切向加速度 $\boldsymbol{a}_{\text{t}}$ 和法向加速度 $\boldsymbol{a}_{\text{n}}$ 组成，上面已求得切向加速度 $\boldsymbol{a}_{\text{t}}$ 的大小为零。由式(6－14)，法向加速度 $\boldsymbol{a}_{\text{n}}$ 的大小为

$$a_{\text{n}}=R\omega^2=\frac{d}{2}\omega^2=\frac{0.2}{2}\times\left(\frac{2\pi\times50}{60}\right)^2=2.742(\text{m/s}^2)$$

由式(6－15)和式(6－16)可知，滚子与钢板接触点 A 的加速度 $\boldsymbol{a}$ 的大小即为 $\boldsymbol{a}_{\text{n}}$ 的大小，加速度 $\boldsymbol{a}$ 的方向垂直于接触点 A 的速度矢量 $\boldsymbol{v}$ 并指向轴心。

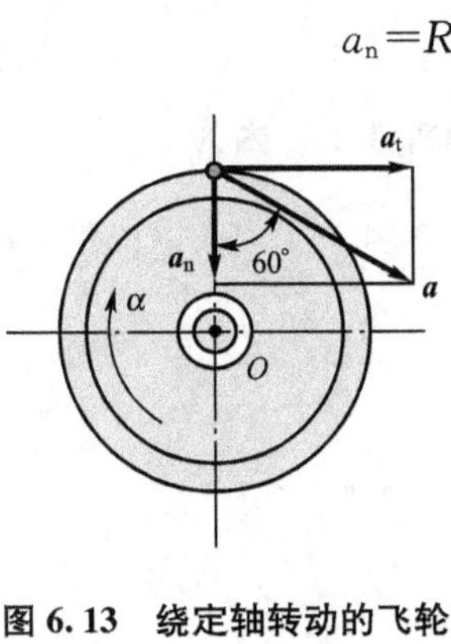

图 6.13　绕定轴转动的飞轮

【例 6.3】 如图 6.13 所示绕定轴 O 转动的飞轮，其轮缘上任一点的全加速度 $\boldsymbol{a}$ 在某段运动过程中与飞轮半径的夹角恒为 60°。当运动开始时，其转角 φ_0 为零，角速度为 ω_0。试求：(1)飞轮的转动方程；(2)角速度与转角之间的关系。

解：(1) 设飞轮的半径为 R，转动的角速度和角加速度分

别为 ω 和 α。由式(6-13)和式(6-14)，得飞轮轮缘上一点的切向加速度 $\boldsymbol{a}_t$ 和法向加速度 $\boldsymbol{a}_n$ 的大小分别为

$$a_t=R\alpha,\quad a_n=R\omega^2 \tag{a}$$

根据图6.13所示几何关系，有

$$\frac{a_t}{a_n}=\frac{\alpha}{\omega^2}=\tan60^\circ=\sqrt{3} \tag{b}$$

联系式(6-6)，式(b)可转化为

$$\alpha=\frac{d\omega}{dt}=\sqrt{3}\omega^2$$

对上式进行变量分离，积分可得

$$\int_{\omega_0}^{\omega}\frac{1}{\omega^2}d\omega=\int_0^t\sqrt{3}dt$$

从而，飞轮的角速度方程为

$$\omega=\frac{\omega_0}{1-\sqrt{3}\omega_0 t} \tag{c}$$

联系式(6-4)，式(c)可转化为

$$\frac{d\varphi}{dt}=\frac{\omega_0}{1-\sqrt{3}\omega_0 t}$$

对上式进行变量分离，积分可得

$$\int_{\varphi_0}^{\varphi}d\varphi=\int_0^t\frac{\omega_0}{1-\sqrt{3}\omega_0 t}dt$$

从而，飞轮的转动方程为

$$\varphi=\frac{\sqrt{3}}{3}\ln\frac{1}{1-\sqrt{3}\omega_0 t} \tag{d}$$

(2) 由式(c)可得

$$\frac{\omega}{\omega_0}=\frac{1}{1-\sqrt{3}\omega_0 t}$$

将上式代入式(d)，有

$$\varphi=\frac{\sqrt{3}}{3}\ln\frac{\omega}{\omega_0}$$

从而，角速度与转角之间的关系为

$$\omega=\omega_0 e^{\sqrt{3}\varphi} \tag{e}$$

上述角速度与转角之间的关系也可直接由积分导出，具体分析如下。因为

$$\alpha=\frac{d\omega}{dt}=\frac{d\omega}{d\varphi}\frac{d\varphi}{dt}=\omega\frac{d\omega}{d\varphi}$$

代入式(b)，可得

$$\frac{\alpha}{\omega^2}=\frac{1}{\omega}\frac{d\omega}{d\varphi}=\sqrt{3}$$

对上式进行变量分离，积分可得

$$\int_{\omega_0}^{\omega}\frac{1}{\omega}d\omega=\int_0^{\varphi}\sqrt{3}d\varphi$$

从而，可得角速度与转角之间的关系为

$$\omega=\omega_0 e^{\sqrt{3}\varphi} \tag{f}$$

由此可见，利用直接积分法得到的结果与式(e)完全相同。

6.4 轮系的传动比

在工程实际中，不同机器的工作转速一般是不一样的，但是，一般电动机的转速是一定的。为了符合工作转速的要求，就需要在原动机和工作机之间设计变速装置。通常利用几个转动刚体的传动来改变机械的转速。最常见的有摩擦轮系、齿轮系及皮带轮等。

6.4.1 齿轮传动

机械中常使用齿轮作为传动部件。例如，机床中的变速箱和汽车中的变速箱，它们通过齿轮之间的不同啮合来达到变速的目的。又如，机械式钟表中的传动装置，就是通过齿轮之间的啮合来实现时针、分针和秒针的精确运动。

现以一对啮合的圆柱齿轮为例，推导齿轮传动的有关公式。圆柱齿轮的传动可划分为外啮合齿轮传动和内啮合齿轮传动两种情况，分别如图 6.14(a)和图 6.14(b)所示。

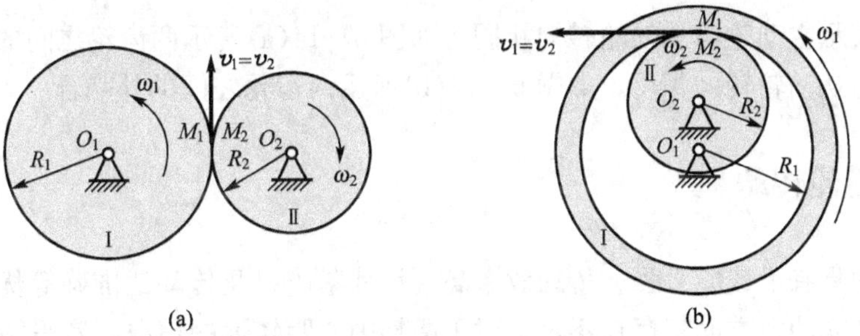

图 6.14 外啮合与内啮合圆柱齿轮传动

设两个齿轮各绕固定轴 O_1 和 O_2 转动。已知两齿轮啮合圆半径分别为 R_1 和 R_2；齿数分别为 z_1 和 z_2；角速度分别为 ω_1 和 ω_2；角加速度分别为 α_1 和 α_2。两齿轮啮合圆的接触点为 M_1 和 M_2，因为两齿轮之间无相对滑动，所以

$$v_1=v_2，a_{1t}=a_{2t} \tag{6-17}$$

且速度和切向加速度的方向也相同，如图 6.14 所示。因为

$$v_1=R_1\omega_1，\quad v_2=R_2\omega_2，\quad a_{1t}=R_1\alpha_1，\quad a_{2t}=R_2\alpha_2$$

所以根据上面的式子，可得

$$R_1\omega_1=R_2\omega_2，R_1\alpha_1=R_2\alpha_2$$

或者改写为

$$\frac{\omega_1}{\omega_2}=\frac{\alpha_1}{\alpha_2}=\frac{R_2}{R_1}$$

因为齿轮在啮合圆上的齿距相等，它们的齿数与半径成正比例关系，所以上式也可写为

$$\frac{\omega_1}{\omega_2}=\frac{\alpha_1}{\alpha_2}=\frac{R_2}{R_1}=\frac{z_2}{z_1} \tag{6-18}$$

由此可知，处于啮合中的两个定轴齿轮的角速度与两齿轮的齿数成反比，或与两齿轮的啮合圆半径成反比。

设轮Ⅰ是主动轮，轮Ⅱ是从动轮。在机械工程中，通常把主动轮和从动轮的两个角速度的比值定义为**传动比**，用符号表示为

$$i_{12}=\omega_1/\omega_2$$

将式(6-18)代入上式，得传动比的计算公式

$$i_{12}=\frac{\omega_1}{\omega_2}=\frac{\alpha_1}{\alpha_2}=\frac{R_2}{R_1}=\frac{z_2}{z_1} \tag{6-19}$$

式(6-19)定义的传动比是两个角速度或角加速度大小的比值，与转动方向无关。因此，该式不仅适用于圆柱齿轮传动，也适用于传动轴成任意角度的圆锥齿轮传动、摩擦轮传动等。

有时，为了区分轮系中各轮的转动方向，对各轮规定统一的转动正向，此时各轮的角速度或角加速度可取代数值，从而传动比也取代数值，即

$$i_{12}=\frac{\omega_1}{\omega_2}=\frac{\alpha_1}{\alpha_2}=\pm\frac{R_2}{R_1}=\pm\frac{z_2}{z_1} \tag{6-20}$$

式中，正号表示主动轮与从动轮转向相同，如图6-14(a)所示两齿轮之间的内啮合；负号表示主动轮与从动轮转向相反，如图6-14(b)所示两齿轮之间的外啮合。

6.4.2 皮带轮传动

齿轮传动具有承载能力强、传动效率高、尺寸紧凑以及传动比准确等优点，然而在长距离传递运动或动力方面却存在不足。对于两轴中心距较远的情况，宜采用皮带轮传动装置，或者链条传动，来达到传递运动和动力的目的。例如，在机床中，电动机通过皮带使变速箱的轴转动。又如，自行车通过链条驱动后轮转动，使得自行车向前行走。

如图6.15所示的皮带轮装置中，主动轮和从动轮的半径分别为 r_1 和 r_2，角速度分别为 ω_1 和 ω_2。若不考虑皮带的厚度，并假定皮带与皮带轮之间没有相对滑动，则应用绕定轴转动的刚体上各点速度的公式，可得

$$r_1\omega_1=r_2\omega_2$$

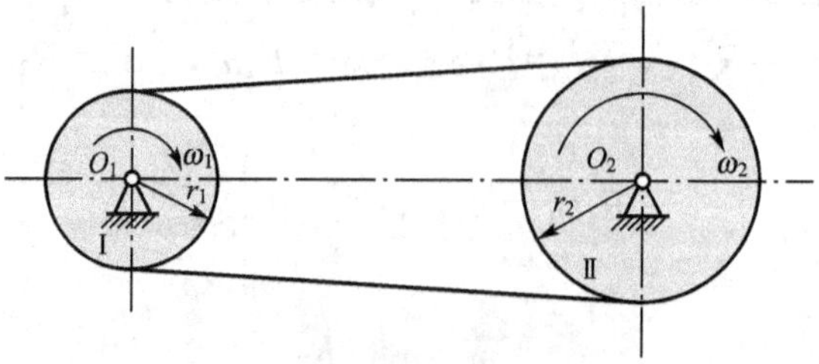

图6.15 皮带轮传动示意图

于是皮带轮的传动比公式为

$$i_{12}=\frac{\omega_1}{\omega_2}=\frac{r_2}{r_1} \tag{6-21}$$

上式表明，两皮带轮的角速度与它们的半径成反比例关系。

【例 6.4】 图 6.16 所示为一带式输送机。已知：主动轮Ⅰ的转速 $n_1=1200\text{r/min}$，齿数 $z_1=24$；齿轮Ⅲ和Ⅳ用链条传动，齿数各为 $z_3=15$，$z_4=45$；轮Ⅴ的直径 $D=460\text{mm}$。欲使输送带的速度约为 $v=2.4\text{m/s}$，试求轮Ⅱ应有的齿数 z_2。

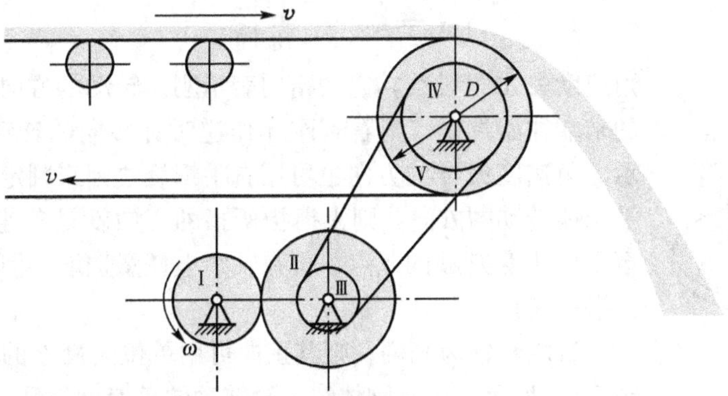

图 6.16　带式输送机传动

解：由图示传动关系有

$$\frac{n_1}{n_2}=\frac{z_2}{z_1},\quad \frac{n_3}{n_4}=\frac{z_4}{z_3}$$

由此可得

$$\frac{n_1}{n_4}=\frac{z_2 z_4}{z_1 z_3},\quad 或\quad z_2=\frac{n_1}{n_4}\frac{z_1 z_3}{z_4} \tag{a}$$

因为传送带的速度和轮Ⅴ轮缘上点的速度大小相等，而轮Ⅴ的转速等于轮Ⅳ的转速，即 $n_5=n_4$，或 $\omega_5=\omega_4$，从而有

$$v=\frac{D}{2}\omega_5=\frac{D}{2}\omega_4=\frac{D}{2}\frac{\pi n_4}{30}$$

或

$$n_4=\frac{60v}{\pi D} \tag{b}$$

将式(b)代入式(a)，得

$$z_2=\frac{n_1 z_1 z_3}{z_4}\frac{\pi D}{60v}=\frac{1200\times 24\times 15}{45}\times\frac{3.14\times 0.46}{60\times 2.4}=96.3$$

因为齿轮的齿数必须为正整数，所以可选取齿轮Ⅱ的齿数 $z_2=96$。此时，输送带的速度为 2.41m/s，满足输送带速度约为 2.4m/s 的要求。

6.5 角速度和角加速角、速度和加速度的表示

前几节所述的转动刚体，其角速度和角加速度以及转动刚体上任一点的速度和加速度

的表达式均为标量表达式，即只能表明这些运动量的大小，而不能表明它们的方向。要得出既能表明其大小，又能表明其方向的表达式，则需要应用矢量关系来表示。

6.5.1 以矢量表示角速度和角加速度

绕定轴转动刚体的角速度 $\boldsymbol{\omega}$ 可以用矢量来表示。角速度矢 $\boldsymbol{\omega}$ 的大小等于角速度的绝对值，即

$$|\boldsymbol{\omega}|=|\omega|=\left|\frac{\mathrm{d}\varphi}{\mathrm{d}t}\right| \tag{6-22}$$

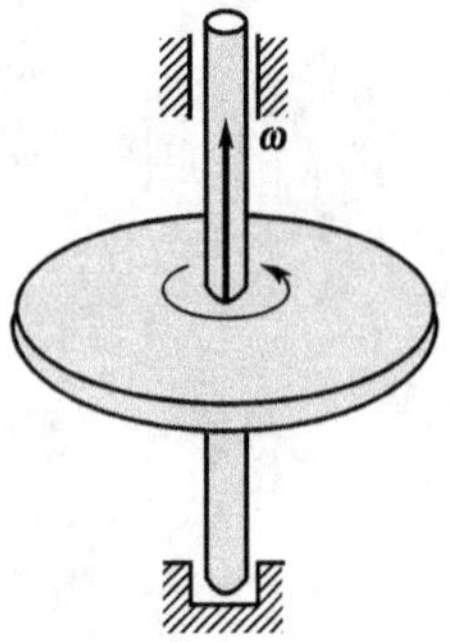

图 6.17 角速度矢

角速度矢 $\boldsymbol{\omega}$ 沿轴线，它的指向表示刚体转动的方向；若从角速度矢的末端往始端看，则看到刚体作逆时针转向的转动，如图 6.17 所示。角速度矢 $\boldsymbol{\omega}$ 的方向也可用右手螺旋法则来判定，即让右手四指沿刚体转动的方向，则大拇指所指的方向就是角速度矢 $\boldsymbol{\omega}$ 的方向。至于角速度矢 $\boldsymbol{\omega}$ 的起点，可在轴线上任意选取，因此，角速度矢 $\boldsymbol{\omega}$ 是滑移矢量。

若取转轴为 z 轴，则其正向可用单位矢量 $\boldsymbol{k}$ 的方向来表示，如图 6.18 所示。于是刚体绕定轴转动的角速度矢可表示为

$$\boldsymbol{\omega}=\omega\boldsymbol{k} \tag{6-23}$$

式中，ω 是角速度的代数值，其大小可由式(6-4)确定。

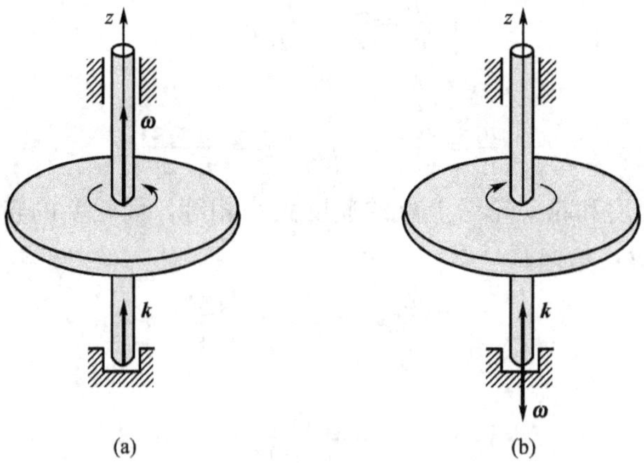

图 6.18 以单位矢量表示角速度矢

同理，刚体绕定轴转动的角加速度也可用一个沿轴线的滑移矢量 $\boldsymbol{\alpha}$ 表示，即

$$\boldsymbol{\alpha}=\alpha\boldsymbol{k} \tag{6-24}$$

式中，α 是角加速度的代数值，其大小可由式(6-6)确定。于是有

$$\boldsymbol{\alpha}=\frac{\mathrm{d}\omega}{\mathrm{d}t}\boldsymbol{k}=\frac{\mathrm{d}}{\mathrm{d}t}(\omega\boldsymbol{k})$$

或

$$\boldsymbol{\alpha}=\frac{\mathrm{d}\boldsymbol{\omega}}{\mathrm{d}t} \tag{6-25}$$

式(6-25)表明，角加速度矢 $\boldsymbol{\alpha}$ 为角速度矢 $\boldsymbol{\omega}$ 对时间 t 的一阶导数。

6.5.2 以矢积表示点的速度和加速度

根据上述角速度和角加速度的矢量表示方法，刚体内任意一点的速度和加速度可以通过矢积来表示。首先研究速度的矢积表示。

设 M 为定轴转动刚体上的任意一点，其速度为 $\boldsymbol{v}$。在转轴上任选一点 O 为原点，作矢量 $\boldsymbol{\omega}$，点 M 的矢径以 $\boldsymbol{r}$ 表示，如图 6.19(a)所示。那么，点 M 的速度可表示为

$$\boldsymbol{v}=\boldsymbol{\omega}\times\boldsymbol{r} \tag{6-26}$$

下面证明式(6-26)。根据矢积的定义可知，$\boldsymbol{\omega}\times\boldsymbol{r}$ 仍为一个矢量，其大小为

$$|\boldsymbol{\omega}\times\boldsymbol{r}|=|\boldsymbol{\omega}|\cdot|\boldsymbol{r}|\sin\theta=|\boldsymbol{\omega}|\cdot R=|\boldsymbol{v}|$$

式中，θ 表示角速度矢 $\boldsymbol{\omega}$ 与矢径 $\boldsymbol{r}$ 之间的夹角。这样就证明了矢积 $\boldsymbol{\omega}\times\boldsymbol{r}$ 的大小等于速度矢 $\boldsymbol{v}$ 的大小。

矢积 $\boldsymbol{\omega}\times\boldsymbol{r}$ 的方向垂直于角速度矢 $\boldsymbol{\omega}$ 与矢径 $\boldsymbol{r}$ 所构成的平面，即三角形 OMO_1 平面，如图 6.19(a)所示。从速度矢 $\boldsymbol{v}$ 的末端往始端看，可见角速度矢 $\boldsymbol{\omega}$ 按逆时针方向转过角 θ 而与矢径 $\boldsymbol{r}$ 重合，因此矢积 $\boldsymbol{\omega}\times\boldsymbol{r}$ 的方向也与点 M 的速度矢 $\boldsymbol{v}$ 方向相同。则式(6-26)得证。

由式 6-26 可知，绕定轴转动的刚体，其上任意一点的速度矢等于刚体的角速度矢与该点矢径的矢积。

再来研究刚体内任意一点的加速度的矢积表示。点 M 的加速度矢可表示为

$$\boldsymbol{a}=\frac{\mathrm{d}\boldsymbol{v}}{\mathrm{d}t}$$

将速度的矢积式(6-26)代入上式，可得

$$\boldsymbol{a}=\frac{\mathrm{d}}{\mathrm{d}t}(\boldsymbol{\omega}\times\boldsymbol{r})=\frac{\mathrm{d}\boldsymbol{\omega}}{\mathrm{d}t}\times\boldsymbol{r}+\boldsymbol{\omega}\times\frac{\mathrm{d}\boldsymbol{r}}{\mathrm{d}t}$$

因为

$$\frac{\mathrm{d}\boldsymbol{\omega}}{\mathrm{d}t}=\boldsymbol{\alpha},\quad \frac{\mathrm{d}\boldsymbol{r}}{\mathrm{d}t}=\boldsymbol{v}$$

所以

$$\boldsymbol{a}=\boldsymbol{\alpha}\times\boldsymbol{r}+\boldsymbol{\omega}\times\boldsymbol{v} \tag{6-27}$$

式(6-27)即为刚体内任意一点的加速度的矢积表示。下面对式(6-27)右端第一项和第二项分别进行讨论，考察这些项的物理意义。式中右端第一项的大小为

$$|\boldsymbol{\alpha}\times\boldsymbol{r}|=|\boldsymbol{\alpha}|\cdot|\boldsymbol{r}|\sin\theta=|\boldsymbol{\alpha}|\cdot R$$

正好等于点 M 的切向加速度的大小。$\boldsymbol{\alpha}\times\boldsymbol{r}$ 的方向垂直于 $\boldsymbol{a}$ 和 $\boldsymbol{r}$ 所构成的平面，如图 6.19(b)所示，正好与点 M 的切向加速度方向相同，因此，矢积 $\boldsymbol{\alpha}\times\boldsymbol{r}$ 等于切向加速度 $\boldsymbol{a}_{\mathrm{t}}$，即

$$\boldsymbol{a}_{\mathrm{t}}=\boldsymbol{\alpha}\times\boldsymbol{r} \tag{6-28}$$

同理可证，式(6-27)右端第二项等于点 M 的法向加速度，即

$$\boldsymbol{a}_{\mathrm{n}}=\boldsymbol{\omega}\times\boldsymbol{v} \tag{6-29}$$

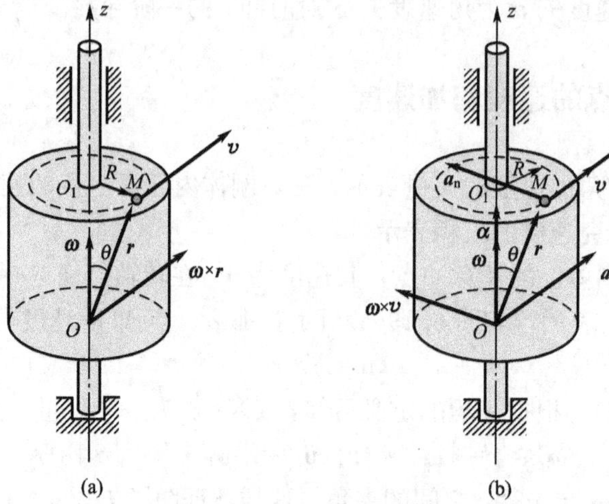

图 6.19　以矢积表示点的速度和加速度

由式(6-27)、式(6-28)和式(6-29)可知，转动刚体内的任意一点的加速度等于切向加速度和法向加速度的矢量和，且切向加速度等于刚体的角加速度矢与该点矢径的矢积，法向加速度等于刚体的角速度矢与该点的速度矢的矢积。

【例 6.5】 刚体绕定轴转动，已知转轴通过坐标原点 O，角速度矢为 $\boldsymbol{\omega}=5\sin\frac{\pi t}{2}(\boldsymbol{i}+\sqrt{3}\boldsymbol{k})$。试求 $t=1\text{s}$ 时，刚体上点 $M(0,\ 2,\ 3)$ 的速度矢、切向加速度矢、法向加速度矢以及加速度矢。

解： 根据点 M 的坐标，点 M 矢径可表示为

$$\boldsymbol{r}=2\boldsymbol{j}+3\boldsymbol{k}$$

当 $t=1\text{s}$ 时，角速度矢为

$$\boldsymbol{\omega}=5(\boldsymbol{i}+\sqrt{3}\boldsymbol{k})$$

由式(6-26)，可得点 M 的速度矢为

$$\boldsymbol{v}=\boldsymbol{\omega}\times\boldsymbol{r}=\begin{vmatrix}\boldsymbol{i} & \boldsymbol{j} & \boldsymbol{k}\\ 5 & 0 & 5\sqrt{3}\\ 0 & 2 & 3\end{vmatrix}=-10\sqrt{3}\boldsymbol{i}-15\boldsymbol{j}+10\boldsymbol{k}$$

因为 $\boldsymbol{\alpha}=\frac{\mathrm{d}\boldsymbol{\omega}}{\mathrm{d}t}$，刚体的角加速度矢为

$$\boldsymbol{\alpha}=\frac{5\pi}{2}\cos\frac{\pi t}{2}(\boldsymbol{i}+\sqrt{3}\boldsymbol{k})$$

当 $t=1\text{s}$ 时，角加速度矢 $\boldsymbol{\alpha}=\boldsymbol{0}$。由式(6-27)、式(6-28)和式(6-29)，可得点 M 的加速度矢为

$$\boldsymbol{a}=\boldsymbol{a}_{\mathrm{t}}+\boldsymbol{a}_{\mathrm{n}}=\boldsymbol{\alpha}\times\boldsymbol{r}+\boldsymbol{\omega}\times\boldsymbol{v}=\boldsymbol{\omega}\times\boldsymbol{v}=\begin{vmatrix}\boldsymbol{i} & \boldsymbol{j} & \boldsymbol{k}\\ 5 & 0 & 5\sqrt{3}\\ -10\sqrt{3} & -15 & 10\end{vmatrix}=75\sqrt{3}\boldsymbol{i}-200\boldsymbol{j}-75\boldsymbol{k}$$

由此可见，当 $t=1\text{s}$ 时，点 M 的切向加速度矢 $\boldsymbol{a}_{\mathrm{t}}=\boldsymbol{0}$，加速度矢等于法向加速度矢，即 $\boldsymbol{a}=\boldsymbol{a}_{\mathrm{n}}=75\sqrt{3}\boldsymbol{i}-200\boldsymbol{j}-75\boldsymbol{k}$。

本章小结

1. 刚体运动的最简单形式为平行移动和绕定轴转动。

2. 刚体平行移动

(1) 刚体内任意一条直线段在运动过程中，始终与其最初位置平行，此种运动称为刚体的平行移动。

(2) 刚体作平动时，刚体内各点的轨迹形状完全相同，各点的轨迹可能是直线，也可能是曲线，分别称为直线平动和曲线平动。

(3) 刚体作平动时，同一瞬时刚体内各点的速度和加速度大小和方向均相同，因此研究刚体的平动，可以归结为研究刚体内任一点的运动。

3. 刚体绕定轴转动

(1) 刚体运动时，其中有两点保持不动，此种运动称为刚体绕定轴转动，保持不动的两点的连线称为刚体的转轴。

(2) 刚体的转动方程 $\varphi=f(t)$ 表示刚体的位置随时间的变化规律，当物体运动时能够独立改变的几何参数的个数称为自由度，绕定轴转动的刚体有一个自由度。

(3) 角速度 ω 表示刚体转动的快慢程度和转动方向，ω 是代数量，且

$$\omega=\dot{\varphi}$$

(4) 角加速度 α 表示角速度对时间的变化率，α 也是代数量，且

$$\alpha=\dot{\omega}=\ddot{\varphi}$$

当 ω 与 α 同号时，刚体作加速转动；当 ω 与 α 异号时，刚体作减速转动。

(5) 绕定轴转动刚体内任意一点的速度和加速度表达式分别为

$$v=R\omega,\quad a_{\mathrm{t}}=R\alpha,\quad a_{\mathrm{n}}=R\omega^2$$

(6) 绕定轴转动轮系的传动比

$$i_{12}=\frac{\omega_1}{\omega_2}=\frac{\alpha_1}{\alpha_2}=\frac{R_2}{R_1}=\frac{z_2}{z_1}$$

(7) 角速度和角加速度均可用矢量表示，它们的矢量表达式分别为

$$\boldsymbol{\omega}=\omega\boldsymbol{k},\quad \boldsymbol{\alpha}=\alpha\boldsymbol{k}$$

(8) 可以用矢积表示绕定轴转动刚体上点的速度和加速度，即

$$\boldsymbol{v}=\boldsymbol{\omega}\times\boldsymbol{r},\quad \boldsymbol{a}_{\mathrm{t}}=\boldsymbol{\alpha}\times\boldsymbol{r},\quad \boldsymbol{a}_{\mathrm{n}}=\boldsymbol{\omega}\times\boldsymbol{v}$$

思考题

1. 刚体作曲线平动和刚体绕定轴转动有何区别?

2. 本章推导的所有公式能否适用于任何参考系，为什么？

3. “刚体作平动时，各点的轨迹一定是直线或平面曲线；刚体绕定轴转动时，各点的轨迹一定是圆”。这种说法正确吗？为什么？

4. 已知刚体的角速度 ω 和角加速度 α，如图 6.20(a)和图 6.20(b)所示，试画出点 A 和点 M 的速度、切向加速度和法向加速度的方向。

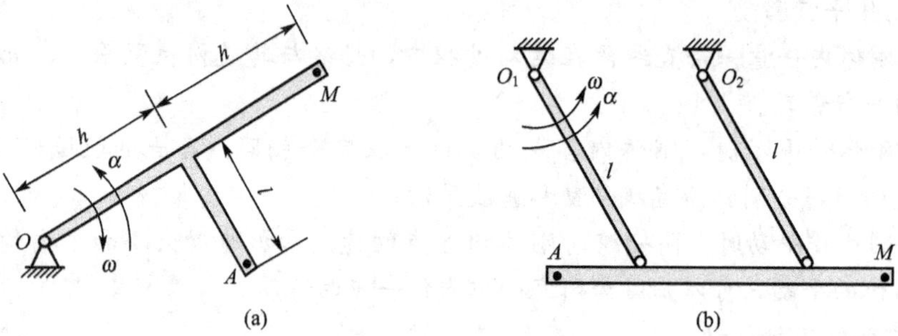

图 6.20　第 4 题图

5. 刚体绕定轴转动，如果已知刚体上任意两点的速度方向，问能否确定转轴的位置？

6. 在每一瞬时，定轴转动刚体上哪些点的加速度大小相等？哪些点的加速度方向相同？哪些点的加速度大小和方向均相同？

7. “刚体绕定轴转动时，若角加速度为正，则刚体作加速转动；若角加速度为负，则刚体作减速转动”。这种说法正确吗？为什么？

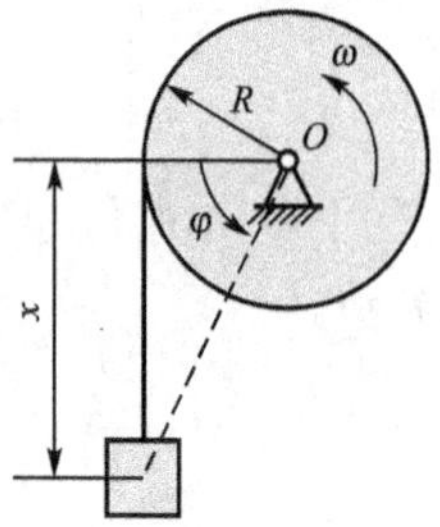

图 6.21　鼓轮与悬挂物

8. 鼓轮如图 6.21 所示，试计算鼓轮的角速度。计算如下：因为 $\tan\varphi=\dfrac{x}{R}$，所以 $\omega=\dfrac{d\varphi}{dt}=\dfrac{d}{dt}\left(\arctan\dfrac{x}{R}\right)$。这种计算方法对否？为什么？

9. 刚体绕定轴转动，其上某点 M 到转轴的距离为 R。为求出刚体上任意点在某一瞬时的速度和加速度大小，只需知道点 M 的速度和全加速度就可以了。对吗？为什么？

习　题

1. 如图 6.22 所示曲柄滑杆机构中，滑杆上有一圆弧形滑道，其半径 $R=100\text{mm}$，圆心 O_1 在导杆 BC 上。曲柄 $OA=100\text{mm}$，且以均角速度 $\omega=4\text{rad/s}$ 绕 O 轴转动。试求导杆 BC 的运动规律以及当曲柄与水平线间的夹角 $\varphi=30°$时，导杆 BC 的速度和加速度。

2. 揉茶机的揉桶由 3 个曲柄支撑，曲柄的支座 A、B、C 与支轴 a、b、c 都恰好成等边三角形，如图 6.23 所示。3 个曲柄长度相等，均为 $l=150\text{mm}$，并以相同的转速 $n=45\text{r/min}$ 绕其支座在图平面内转动。试求揉桶中心点 O 的速度和加速度。

3. 矿井提升机的罐笼如图 6.24 所示，已知罐笼按匀变速直线运动规律上升，运动方程为 $x=\dfrac{1}{2}a_0t^2$，其中 a_0 为常数。试求卷筒的角速度和角加速度。

4. 搅拌机构如图 6.25 所示，已知 $O_1A=O_2B=R$，$O_1O_2=AB$，杆 O_1A 以匀转速 n 转动。试分析搅拌杆 ABC 上点 C 的轨迹及点 C 的速度和加速度。

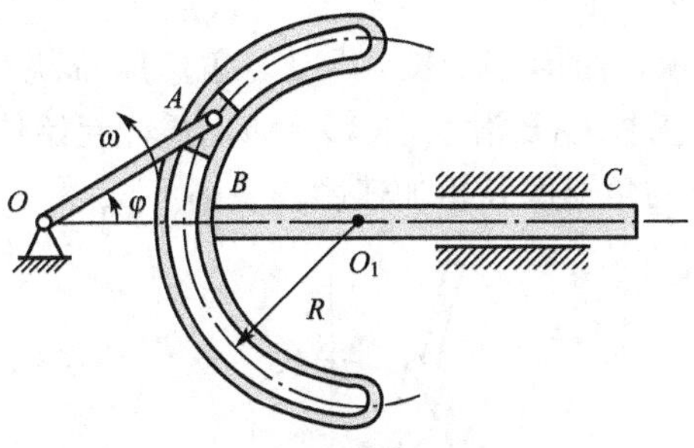

图 6.22　曲柄滑杆机构

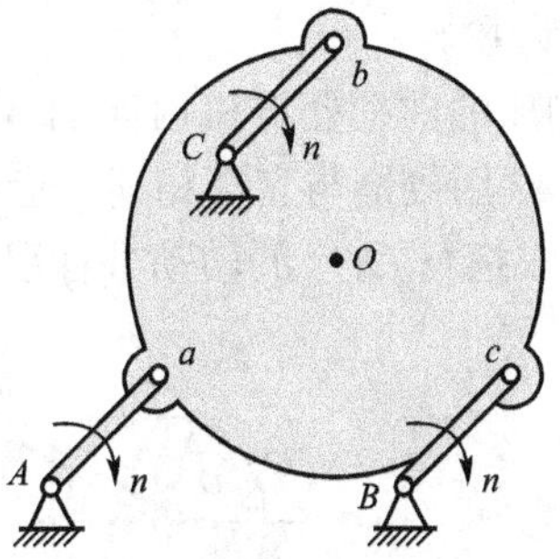

图 6.23　揉茶机揉桶

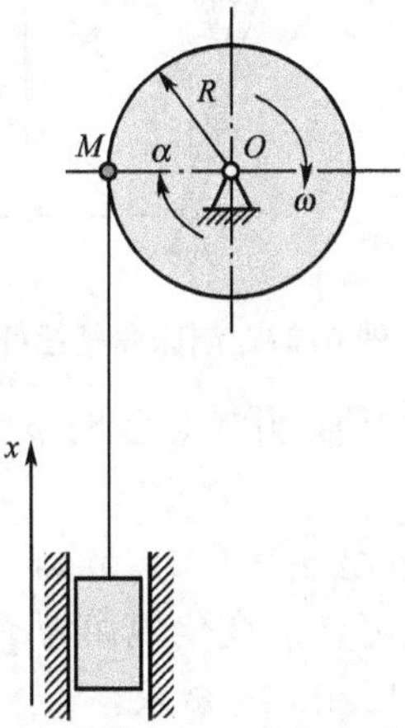

图 6.24　矿井提升机罐笼

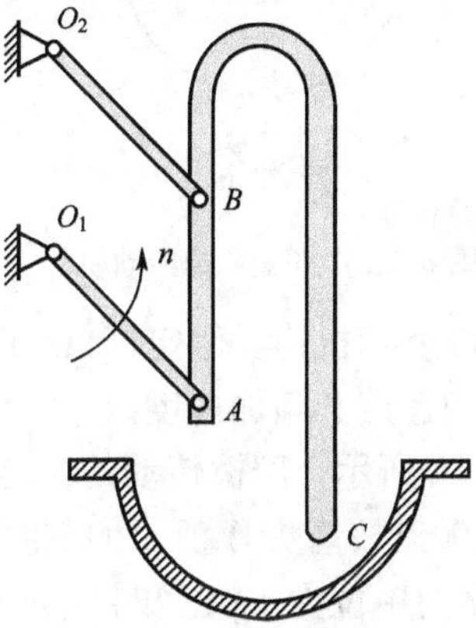

图 6.25　搅拌机构

5. 减速箱由 4 个齿轮构成，如图 6.26 所示。齿轮Ⅱ和Ⅲ安装在同一轴上，与轴一起转动。各齿轮的齿数分别为 $z_1=36$、$z_2=112$、$z_3=32$ 和 $z_4=128$。若主动轴Ⅰ的转速 $n_1=1450\text{r/min}$，试求从动轮Ⅳ的转速 n_4。

6. 电动绞车由皮带轮Ⅰ和Ⅱ以及鼓轮Ⅲ构成，如图 6.27 所示。鼓轮Ⅲ和皮带轮Ⅱ刚性连接且安装在同一轴上。各轮的半径分别为 $r_1=300\text{mm}$、$r_2=750\text{mm}$ 和 $r_3=400\text{mm}$。轮Ⅰ的转速为 $n_1=100\text{r/min}$。设皮带轮与皮带之间无滑动，求重物 P 上升的速度和皮带各段上点的加速度的大小。

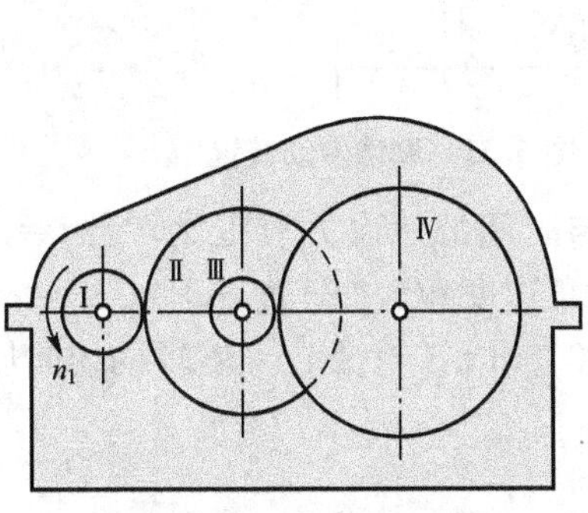

图 6.26　齿轮减速箱

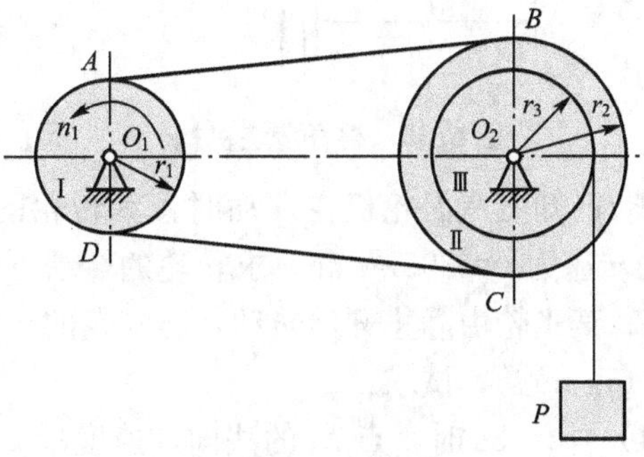

图 6.27　电动绞车

7. 钟表内由秒针 A 到分针 B 的齿轮传动机构由如图 6.28 所示的 4 个齿轮构成。轮Ⅱ和轮Ⅲ刚性连接且安装在同一轴上，各齿轮的齿数分别为 $z_1=8$、$z_2=60$ 和 $z_4=64$。试求齿轮Ⅲ的齿数。

8. 刨床的曲柄摆杆机构如图 6.29 所示，曲柄 OA 长 r，以匀角速度 ω 绕 O 轴转动，曲柄的 A 端用铰链与套筒相连，套筒可沿摇杆 O_1B 滑动，$OO_1=h$，摇杆起始位置与 OO_1 重合。试求摇杆 O_1A 的转动方程以及摇杆的角速度和角加速度。

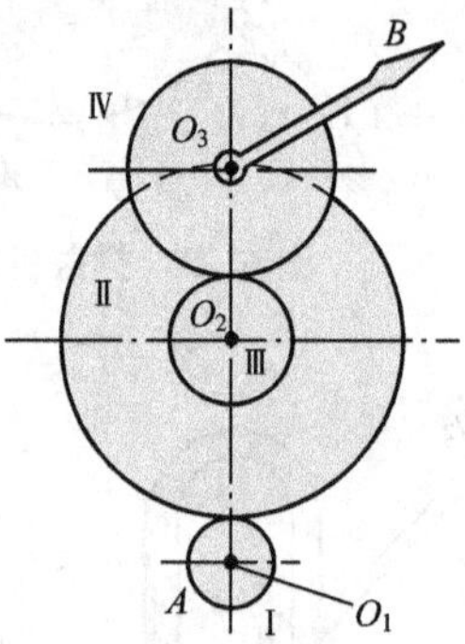

图 6.28　种表齿轮传动机构

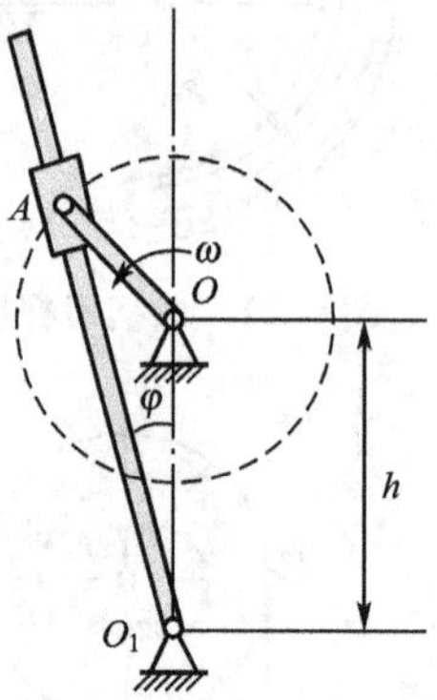

图 6.29　刨床曲柄摆杆机构

9. 如图 6.30 所示机构，假定杆 AB 以匀速 $\boldsymbol{v}$ 运动，开始运动时 $\varphi=0$。试求当 $\varphi=\pi/4$ 时，摇杆 OC 的角速度和角加速度。

10. 如图 6.31 所示，摩擦传动的主动轴Ⅰ的转速 $n_1=600\text{r/min}$，轴Ⅰ的轮盘与轴Ⅱ的轮盘接触，接触点按箭头 A 所示的方向移动。距离 d 的变化规律为 $d=100-5t$，其中 d 的单位为 mm，t 的单位为 s。已知 $r=50\text{mm}$，$R=150\text{mm}$。试求：

(1) 以距离 d 表示轴Ⅱ的角加速度；

(2) 当 $d=r$ 时，轮 B 边缘上一点的全加速度。

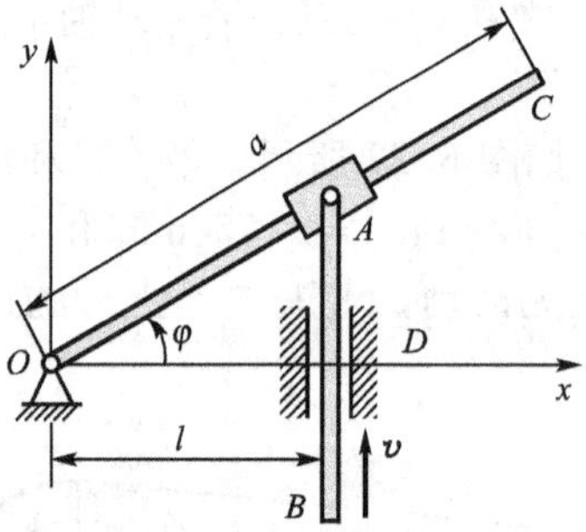

图 6.30　摇杆滑块机构

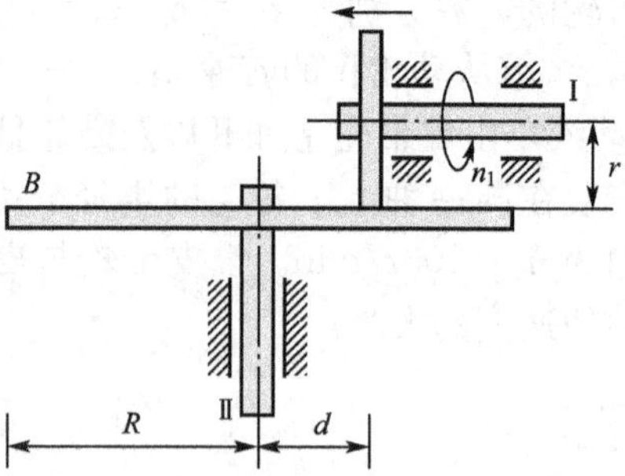

图 6.31　摩擦传动装置

11. 已知蒸汽涡轮机在发动时，其转轮的转角与时间的三次方成正比。当 $t=3\text{s}$ 时，转轮的转速为 $n=800\text{r/min}$。求转轮的转动方程以及角速度和角加速度方程。

12. 某飞轮由静止开始转动，已知轮的半径 $R=300\text{mm}$，轮缘上一点 M 的切向加速度 $a_t=0.15\pi\ \text{m/s}^2$。试求：

(1) 当 $t=3\text{s}$ 时，点 M 的法向加速度；

(2) 在 $t=4\text{s}$ 至 $t=8\text{s}$ 这 4s 钟时间内，飞轮转过的圈数。

第7章 点的合成运动

教学目标

本章主要研究点的合成运动，分析运动中某一瞬时点的速度和加速度的合成规律。通过本章的学习，应达到以下目标。

(1) 理解动点、静参考系、动参考系、绝对运动、相对运动、牵连运动、科氏加速度等基本概念。

(2) 掌握点的速度合成定理、牵连运动为平动时点的加速度合成定理以及牵连运动为转动时点的加速度合成定理。

(3) 熟练应用点的速度合成定理和点的加速度合成定理求解点的运动问题。

教学要求

知识要点	能力要求	相关知识
点的合成运动的基本概念	(1) 理解动点和牵连点的基本概念 (2) 理解静参考系和动参考系的基本概念 (3) 理解3种运动以及3种速度和加速度	(1) 动点相对于静系和动系的运动 (2) 绝对运动、相对运动、牵连运动 (3) 绝对、相对、牵连速度和加速度
点的速度合成定理	(1) 合理选取动点、静系和动系 (2) 正确分析绝对、相对和牵连速度 (3) 熟练应用点的速度合成定理	(1) 动点和牵连点的选取 (2) 3种速度的大小和方向的确定 (3) 应用速度合成定理解题
点的加速度合成定理	(1) 牵连运动为平动时点的加速度合成 (2) 牵连运动为转动时点的加速度合成 (3) 熟练应用点的加速度合成定理	(1) 绝对加速度的合成与分解 (2) 科氏加速度概念与计算 (3) 应用加速度合成定理解题

基本概念

动点；牵连点；静参考系；动参考系；绝对运动；相对运动；牵连运动；绝对速度；相对速度；牵连速度；绝对加速度；相对加速度；牵连加速度；科氏加速度。

引例

运动具有相对性，因而，既可以在一个固定的参考系中来研究物体的运动，也可以在一个运动的参考系中来研究物体的运动。第5～6章研究点或刚体相对于一个固定的参考系的运动，可称为物体的简单运动。物体相对于不同参考系的运动是不相同的。研究物体相对于不同参考系的运动，分析物体相对于不同参考系运动之间的关系，可称为物体的复杂运动或合成运动。本章主要研究点的合成运动，介绍绝对运动、相对运动、牵连运动以及科氏加速度等基本概念，重点分析物体运动过程中某一瞬时点的速度和加速度合成的基本规律，以及速度和加速度合成定理的具体应用。

例如，直角曲杆 OBC 绕定轴 O 转动，使套在其上的小环 M 沿固定直杆 OA 滑动。已知：$OB=100\text{mm}$，OB 与 BC 垂直，曲杆的角速度 $\omega=0.5\text{rad/s}$，角加速度为零。求当转角 $\varphi=60°$ 时，小环 M 的速度和加速度。

7.1 点的合成运动的概念

在点的运动学一章中，主要研究动点相对于一个参考系的运动，并把参考系固结于地面或机件的支架上。但是，在工程和实际生活中，常常会遇到同时在两个不同的参考系中来描述物体的运动。在不同的参考系中物体所表现出来的运动是不相同的。例如，在下雨的时候，对于地面的观察者来说，雨滴作铅直向下的运动，但对于坐在匀速行使的汽车上面的观察者来说，若不计空气阻力，雨滴则作斜向后下方的斜抛运动，如图7.1所示。又如，沿直线轨道滚动的车轮轮缘上点 M 的运动，对于站在地面上的观察者来说，点 M 的轨迹为旋轮线，而对于坐在车厢中的观察者来说，其轨迹则为一个圆，如图7.2所示。

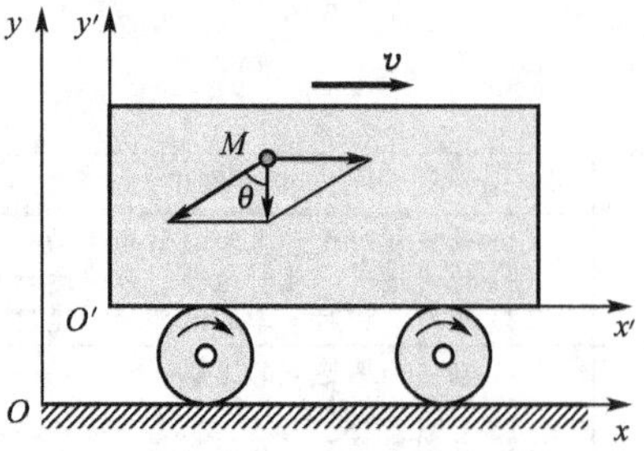

图7.1　雨滴的运动

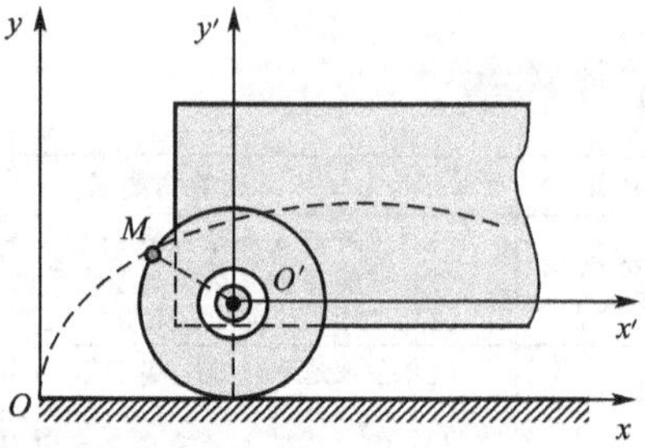

图7.2　车轮轮缘上一点的运动

为什么会出现这种差别呢？究其原因在于观察者所处的参考系不同。其实，无论观察者所处参考系如何，物体的运动是客观的，与坐标系的选取没有关系。因此，无论是以地面为参考系，还是以行驶的车厢为参考系，都反映了雨滴和车轮轮缘上点 M 的运动。

通过观察发现，物体对某一参考系的运动可以由几个运动组合而成。例如，在上述例子中，车轮轮缘上点 M 沿旋轮线运动，但是如果以车厢为参考系，则点 M 相对于车厢是简单的圆周运动，而车厢相对于地面的运动是简单的平移。这样，轮缘上一点的运动就可以看成两个简单运动的合成，即点 M 相对于车厢作圆周运动，同时车厢相对于地面作平移。因此，相对于某一参考系的运动可由相对于其他参考系的几个运动组合而成，称这种运动为**合成运动**。

研究点的合成运动时，必须确定一点、两系和 3 种运动。一点即动点，为了研究的方便所考虑的点称为**动点**。两系即静系和动系，通常，将固结于地球上的坐标系称为**静参考系**，简称**静系**，以 $Oxyz$ 坐标系表示；固结于其他相对于地球运动的参考体上的坐标系称为**动参考系**，简称**动系**，以 $O'x'y'z'$ 坐标系表示。3 种运动即绝对运动、相对运动和牵连运动：动点相对于静系的运动，称为**绝对运动**；动点相对于动系的运动，称为**相对运动**；动系相对于静系的运动，称为**牵连运动**。例如，图 7.2 所示的滚动车轮，取轮缘上的一点 M 为动点，固结于车厢上的坐标系 $O'x'y'$ 为动系，则在地面上观察到点 M 沿旋轮线运动，这是绝对运动；在车厢上观察到点 M 作圆周运动，这是相对运动；车厢相对于地面的平移是牵连运动。又如，图 7.3 所示的桥式起重机搬运重物，假定大梁相对于地面静止，当研究重物在搬运过程中的运动时，可取重物为动点，固定在行车上的坐标系 $O'x'y'$ 为动系，固结在地面上的坐标系 Oxy 为静系，则重物相对于地面的运动是绝对运动，重物相对于行车的运动是相对运动，行车相对于地面的运动是牵连运动。

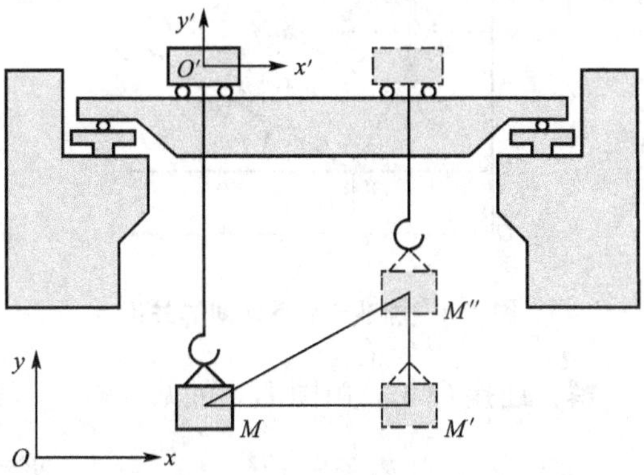

图 7.3　桥式起重机搬运重物

应当指出，动点的相对运动和绝对运动都是指一个点的运动，它可以是直线运动或曲线运动；而牵连运动是指动系相对于静系的运动，也就是与动系固结的物体的运动，因此是指一个刚体的运动，它可以是平动、转动或者其他复杂运动。

对应 3 种运动，动点有 3 种轨迹、速度和加速度。动点相对于静系的轨迹、速度和加速度，称为**绝对轨迹**、**绝对速度**和**绝对加速度**，并分别以 $\boldsymbol{v}_a$ 和 $\boldsymbol{a}_a$ 表示绝对速度和绝对加速度。动点相对于动系的轨迹、速度和加速度，称为**相对轨迹**、**相对速度**和**相对加速度**，并分别以 $\boldsymbol{v}_r$ 和 $\boldsymbol{a}_r$ 表示相对速度和相对加速度。由于动系的运动是刚体的运动，除平动外，在一般情况下，刚体上各点的速度和加速度均不相同。在动点的合成运动中，某一瞬时直接牵连动点运动的是该瞬时动点与动系上相重合的一点，该点称为**牵连点**。因此，在某一瞬时，动系上与动点相重合的点，即牵连点的速度和加速度称为动点在该瞬时的**牵连速度**和**牵连加速度**，并分别以 $\boldsymbol{v}_e$ 和 $\boldsymbol{a}_e$ 表示。

静系和动系是两个不同的坐标系，可以通过坐标变换来建立绝对、相对和牵连运动之间的关系。以平面问题为例，设 Oxy 为静系，$O'x'y'$为动系，M 为动点，如图 7.4 所示。动点 M 的绝对运动方程为

$$x=x(t),\quad y=y(t)$$

动点 M 的相对运动方程为

$$x'=x'(t),\quad y'=y'(t)$$

动系 $O'x'y'$相对于静系 Oxy 的牵连运动方程可由下述 3 个方程完全描述，即

$$x_{O'}=x_{O'}(t),\quad y_{O'}=y_{O'}(t),\quad \varphi=\varphi(t)$$

式中，φ 为从 x 轴到 x'轴的转角，以逆时针转向为正。

根据几何关系，动系 $O'x'y'$与静系 Oxy 之间的坐标变换关系为

$$x=x_{O'}+x'\cos\varphi-y'\sin\varphi,\quad y=y_{O'}+x'\sin\varphi+y'\cos\varphi \tag{7-1}$$

在点的绝对运动方程中消去时间 t，可得点的绝对运动轨迹；在点的相对运动方程中消去时间 t，可得点的相对运动轨迹。

【例 7.1】 点 M 相对于动系 $Ox'y'$沿半径为 r 的圆周以速度 v 作匀速圆周运动，圆心为 O_1，动系 $Ox'y'$相对于静系 Oxy 以匀角速度 ω 绕点 O 作定轴转动，如图 7.5 所示。初始时 $Ox'y'$与 Oxy 重合，点 M 与点 O 重合。求点 M 的绝对运动方程。

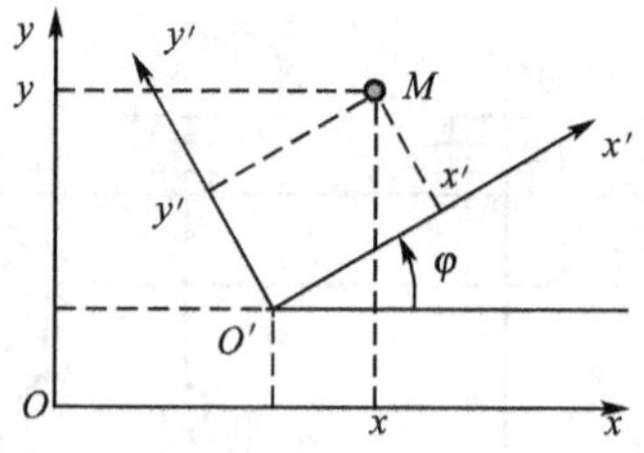

图 7.4　静系与动系之间的关系

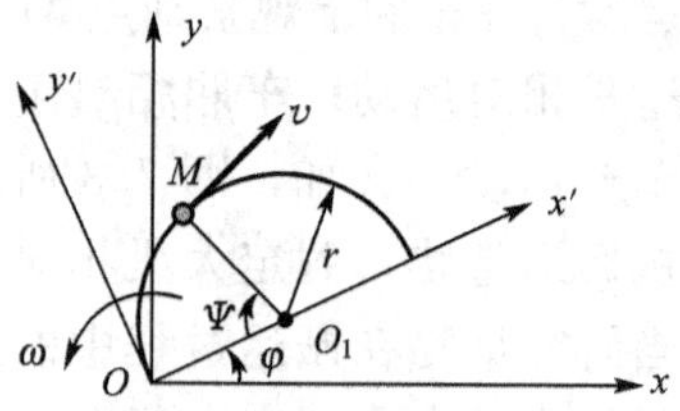

图 7.5　点的合成运动

解：连接 O_1M，由图 7.5 可见

$$\Psi=\frac{vt}{r}$$

因而点 M 的相对运动方程为

$$x'=OO_1-O_1M\cos\Psi=r\left(1-\cos\frac{vt}{r}\right),\quad y'=O_1M\sin\Psi=r\sin\frac{vt}{r}$$

牵连运动方程为

$$x_{O'}=x_O=0,\quad y_{O'}=y_O=0,\quad \varphi=\omega t$$

根据式(7-1)，可得点 M 的绝对运动方程为

$$\left.\begin{aligned}x&=r\left(1-\cos\frac{vt}{r}\right)\cos\omega t-r\sin\frac{vt}{r}\sin\omega t\\ y&=r\left(1-\cos\frac{vt}{r}\right)\sin\omega t+r\sin\frac{vt}{r}\cos\omega t\end{aligned}\right\}$$

此题如果利用第 5 章点的运动学知识求解，则难以直接求出点 M 的绝对运动方程，而采用本章的知识，由于点 M 相对于动系的运动方程易于写出，再应用点的合成运动规律即可方便地求出绝对运动方程。牵连运动架设起了联系相对运动与绝对运动之间的桥梁。

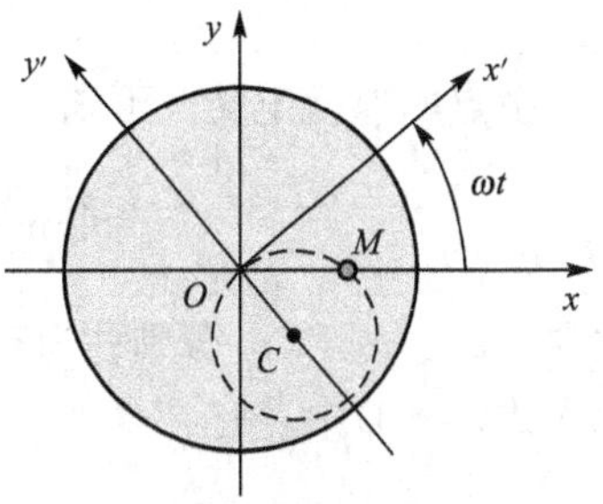

图 7.6 车刀切削工件的端面

【例 7.2】 用车刀切削工件的直径端面，车刀刀尖 M 沿水平轴 x 作往复运动，如图 7.6 所示。设 Oxy 为静系，刀尖的运动方程为 $x=b\sin\omega t$。工件以等角速度 ω 逆时针转向转动。求车刀在工件圆端面上切出的痕迹。

解： 依题意，需要求出车刀刀尖相对于工件的轨迹方程。为此，设刀尖 M 为动点，动系 $Ox'y'$ 固定在工件上，随工件一起转动。则动点 M 在动系 $Ox'y'$ 和静系 Oxy 中的关系为

$$x'=x\cos\omega t,\quad y'=-x\sin\omega t$$

将点 M 的绝对运动方程代入上式，得

$$x'=b\sin\omega t\cos\omega t=\frac{b}{2}\sin 2\omega t,\quad y'=-b\sin^2\omega t=-\frac{b}{2}(1-\cos 2\omega t)$$

上式即为车刀相对于工件的运动方程。消去时间 t，得刀尖的相对轨迹方程为

$$x'^2+\left(y'+\frac{b}{2}\right)^2=\left(\frac{b}{2}\right)^2$$

由此可见，车刀在工件上切出的痕迹是一个半径为 $b/2$ 的圆，如图 7.6 中虚线所示。

综上所述，研究点的合成运动，就是要研究绝对运动、相对运动和牵连运动这 3 种运动之间的关系。即研究如何由已知动点的相对运动与牵连运动求出绝对运动(例 7.1)；或者，如何将已知的绝对运动分解为相对运动与牵连运动(例 7.2)。这种研究方法，对于分析物体的复杂运动，无论是在理论上还是在实际工程上，都具有十分重要的意义。

7.2 点的速度合成定理

下面研究点的绝对速度、相对速度和牵连速度 3 者之间的关系。为推导绝对速度、相对速度和牵连速度之间的关系式，设动点 M 在某运动物体上沿着曲线 AB 运动，如图 7.7 所示。现将动系固结在运动的物体上(图中未画出)，静系固结在地面上。设在瞬时 t，物体在Ⅰ位置，动点位于曲线上的 M 点，则曲线上与 M 相重合的点 M_0 即为该瞬时动点的牵连点。经过时间间隔 Δt 之后，物体运动到Ⅱ位置，曲线随同物体运动到 $A'B'$。动点一方面随牵连点 M_0 沿曲线运动到 M_1，另一方面又沿此时的相对轨迹 $A'B'$ 运动到 M'。矢量 $\boldsymbol{MM'}$ 和 $\boldsymbol{M_1M'}$ 分别是动点的绝对位移和相对位移，$\boldsymbol{M_0M_1}$ 为瞬时 t 动点的牵连点在时间间隔 Δt 内的位移，即牵连位移。根据图 7.7，由几何关系，有

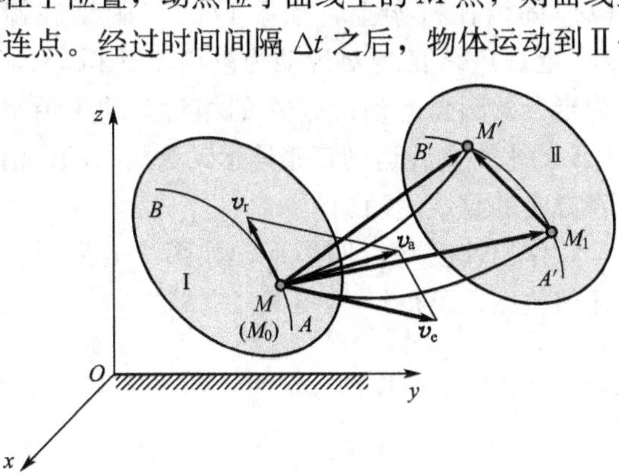

图 7.7 速度合成定理

$$\boldsymbol{MM'}=\boldsymbol{M_0M_1}+\boldsymbol{M_1M'} \qquad (7-2)$$

将式(7-2)两边同时除以 Δt，并取极限，可得

$$\lim_{\Delta t\to 0}\frac{\boldsymbol{MM'}}{\Delta t}=\lim_{\Delta t\to 0}\frac{\boldsymbol{M_0M_1}}{\Delta t}+\lim_{\Delta t\to 0}\frac{\boldsymbol{M_1M'}}{\Delta t} \tag{7-3}$$

由点的速度定义，可知

$$\boldsymbol{v}_a=\lim_{\Delta t\to 0}\frac{\boldsymbol{MM'}}{\Delta t},\quad \boldsymbol{v}_e=\lim_{\Delta t\to 0}\frac{\boldsymbol{M_0M_1}}{\Delta t},\quad \boldsymbol{v}_r=\lim_{\Delta t\to 0}\frac{\boldsymbol{M_1M'}}{\Delta t} \tag{7-4}$$

式中，$\boldsymbol{v}_a$、$\boldsymbol{v}_e$ 和 $\boldsymbol{v}_r$ 分别称为动点在瞬时 t 的绝对速度、牵连速度和相对速度。将式(7-4)代入式(7-3)中，有

$$\boldsymbol{v}_a=\boldsymbol{v}_e+\boldsymbol{v}_r \tag{7-5}$$

式(7-5)即为**点的速度合成定理**：动点在某瞬时的绝对速度等于它在该瞬时的牵连速度与相对速度的矢量和。显然，动点的绝对速度可以由牵连速度与相对速度所构成的平行四边形的对角线来确定，该平行四边形称为**速度平行四边形**。

应当指出，在推导速度合成定理表达式(7-5)的过程中，并没有限制动参考系作何种运动，因此，该定理适用于牵连运动是任何运动的情况，即动参考系可作平动、转动或其他任何复杂的运动。

式(7-5)是矢量表达式，包含了绝对速度、牵连速度和相对速度的大小和方向共6个量，如果已知其中的任意4个量，就可以利用速度平行四边形求出其余的两个未知量。在应用速度合成定理解题时，一般可按以下步骤进行：①选取恰当的动点和动系，所选的参考系应能将动点的运动分解成为相对运动和牵连运动。②对动点进行正确的运动分析。相对运动是直线运动、圆周运动还是其他某种曲线运动？牵连运动是平动、转动还是其他某种刚体运动？绝对运动是直线运动、圆周运动还是其他某种曲线运动？正确判断相对速度、牵连速度和绝对速度的大小和方向6个要素中哪4个要素已知，哪两个要素未知。③根据速度合成定理，绘制速度平行四边形，并利用几何关系，求出未知量。

【例7.3】 图7.8所示的曲柄滑杆机构，已知曲柄 OA 长400mm，以匀角速度 $\omega=0.5$rad/s绕固定轴 O 转动，由于曲柄的推动作用，使得滑杆 BC 沿铅直的滑槽运动。试求当曲柄与水平线的夹角 θ 为30°时，滑杆 BC 的速度。

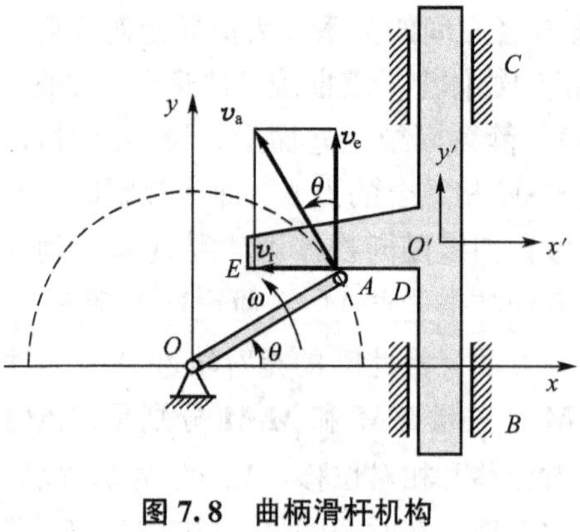

图7.8　曲柄滑杆机构

解： 因为曲柄 OA 与滑杆 BC 在点 A 处接触，所以取曲柄 OA 上的点 A 为动点，静系 Oxy 固结在机架上，动系 $O'x'y'$ 固结在滑杆 BC 上。点 A 的绝对运动为以点 O 为圆心、OA 为半径的圆弧运动；点 A 的相对运动为沿平板 DE 的水平直线运动；牵连运动为滑杆 BC 沿铅直方向的直线运动。

作出速度平行四边形，如图7.8所示。由几何关系，可得

$$v_e=v_a\cos\theta=\omega r\cos\theta=0.5\times 0.4\times\frac{\sqrt{3}}{2}=1.73(\text{m/s})$$

即滑杆 BC 的速度为1.73m/s。

【例7.4】 刨床急回机构如图7.9所示。曲柄 OA 的一端 A 与滑块用铰链连接。曲柄

OA绕固定轴O转动，滑块在摇杆O_1B上滑动，并带动摇杆O_1B绕固定轴O_1摆动。设曲柄长$OA=175\text{mm}$，两轴间的距离$OO_1=350\text{mm}$，曲柄OA以匀角速度转动，转速$n=50\text{r/min}$。求曲柄在水平位置时摇杆的角速度ω_1。

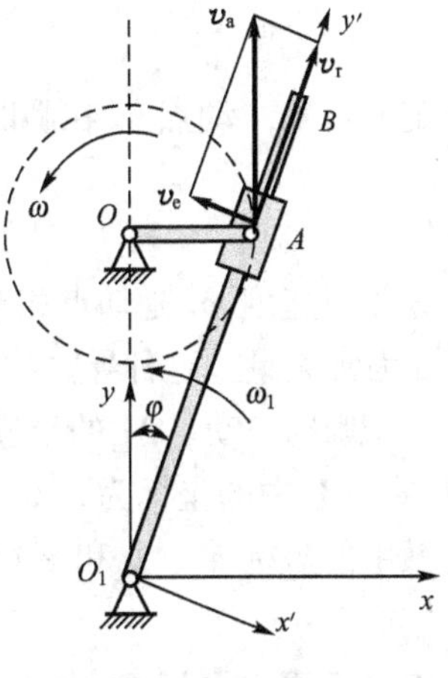

图 7.9 刨床急回机构

解：由于摇杆O_1B绕定轴O_1摆动，若能求出摇杆上一点的速度，再除以该点到轴O_1的距离，即可得到摇杆的角速度ω_1。因为曲柄的转速已知，所以可通过分析曲柄与摇杆的接触点，即点A的速度来求摇杆的角速度。为此，取点A为动点，静系O_1xy固结在机架上，动系$O_1x'y'$固结在摇杆O_1B上。

点A的绝对运动是以OA为半径的圆周运动；点A的相对运动为沿O_1B方向的直线运动；牵连运动是摇杆上与点A相重合的牵连点的速度，其方向垂直于O_1A。

作速度平行四边形，如图7.9所示。绝对速度的大小为

$$v_a=OA\cdot\omega$$

方向垂直于OA。根据几何关系，可得牵连速度和摇杆角速度的表达式分别为

$$v_e=v_a\sin\varphi=OA\cdot\omega\sin\varphi$$

$$\omega_1=\frac{v_e}{O_1A}=\frac{OA\cdot\omega}{O_1A}\sin\varphi=\omega\sin^2\varphi$$

因为

$$\omega=\frac{n\pi}{30}=\frac{50\pi}{30}=\frac{5}{3}\pi,\quad \sin\varphi=\frac{OA}{O_1A}=\frac{175}{\sqrt{350^2+175^2}}=\frac{\sqrt{5}}{5}$$

所以

$$\omega_1=\frac{5}{3}\pi\times\left(\frac{\sqrt{5}}{5}\right)^2=\frac{\pi}{3}=1.047(\text{rad/s})$$

7.3 牵连运动为平动时点的加速度合成定理

在点的合成运动中，由于绝对、相对和牵连加速度之间的关系比较复杂，需要区分牵连运动为平动和转动两种情况。为此，先研究牵连运动为平动的简单情况。

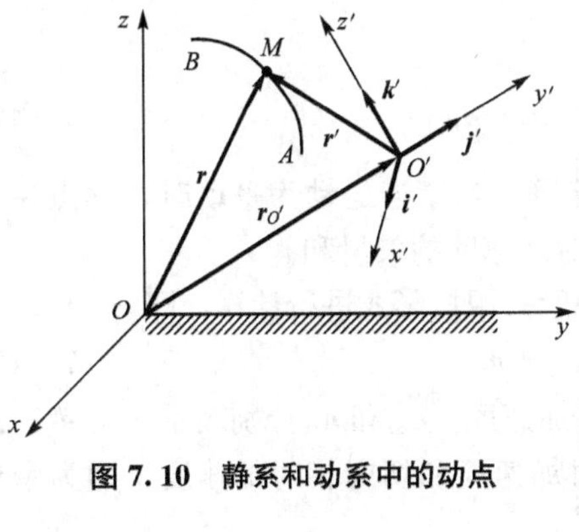

图 7.10 静系和动系中的动点

设$Oxyz$为静系，$O'x'y'z'$为动系，动系坐标原点O'在静系中的矢径为$\boldsymbol{r}_{O'}$，在静系中的坐标为$x_{O'}$、$y_{O'}$和$z_{O'}$，$\boldsymbol{i}'$、$\boldsymbol{j}'$和$\boldsymbol{k}'$分别为动坐标轴的单位矢量，如图7.10所示。如动点M在静系中的矢径为$\boldsymbol{r}$，在静系中的坐标为x、y和z；动点M在动系中的矢径为$\boldsymbol{r}'$，在动系中的坐标分别为x'、y'和z'，由图示几何关系，有

$$\boldsymbol{r}=\boldsymbol{r}_{O'}+\boldsymbol{r}' \tag{7-6}$$

$$\boldsymbol{r}'=x'\boldsymbol{i}'+y'\boldsymbol{j}'+z'\boldsymbol{k}'$$

由定义可知，动点 M 在瞬时 t 的相对速度为

$$\boldsymbol{v}_{\mathrm{r}}=\frac{\mathrm{d}x'}{\mathrm{d}t}\boldsymbol{i}'+\frac{\mathrm{d}y'}{\mathrm{d}t}\boldsymbol{j}'+\frac{\mathrm{d}z'}{\mathrm{d}t}\boldsymbol{k}'=\frac{\tilde{\mathrm{d}}\boldsymbol{r}'}{\mathrm{d}t} \tag{7-7}$$

因为相对速度 $\boldsymbol{v}_{\mathrm{r}}$ 是动点相对于动参考系的速度，所以在求导时将动系的单位矢量 $\boldsymbol{i}'$、$\boldsymbol{j}'$ 和 $\boldsymbol{k}'$ 视为常矢量。这种导数称为**相对导数**，在求导符号上加“～”表示。

记瞬时 t 动点 M 的牵连点为 M_1。因为瞬时 t 牵连点 M_1 与动点 M 重合，所以牵连点 M_1 在动系中的坐标为 x'、y' 和 z'。又由于牵连点 M_1 在动系中为固定点，即牵连点 M_1 在动系中的坐标 x'、y' 和 z' 均为常数，所以牵连点 M_1 在静系中的运动方程为

$$\boldsymbol{r}_1=\boldsymbol{r}\big|_{x',y',z'=\mathrm{const}} \tag{7-8}$$

式中，$\boldsymbol{r}_1$ 表示牵连点 M_1 在静系中的矢径。于是，可得牵连速度的表达式为

$$\boldsymbol{v}_{\mathrm{e}}=\frac{\mathrm{d}\boldsymbol{r}_1}{\mathrm{d}t}=\frac{\mathrm{d}\boldsymbol{r}_{O'}}{\mathrm{d}t}+x'\frac{\mathrm{d}\boldsymbol{i}'}{\mathrm{d}t}+y'\frac{\mathrm{d}\boldsymbol{j}'}{\mathrm{d}t}+z'\frac{\mathrm{d}\boldsymbol{k}'}{\mathrm{d}t} \tag{7-9}$$

将式(7-6)两边对时间 t 求导，得

$$\frac{\mathrm{d}\boldsymbol{r}}{\mathrm{d}t}=\left(\frac{\mathrm{d}\boldsymbol{r}_{O'}}{\mathrm{d}t}+x'\frac{\mathrm{d}\boldsymbol{i}'}{\mathrm{d}t}+y'\frac{\mathrm{d}\boldsymbol{j}'}{\mathrm{d}t}+z'\frac{\mathrm{d}\boldsymbol{k}'}{\mathrm{d}t}\right)+\left(\frac{\mathrm{d}x'}{\mathrm{d}t}\boldsymbol{i}'+\frac{\mathrm{d}y'}{\mathrm{d}t}\boldsymbol{j}'+\frac{\mathrm{d}z'}{\mathrm{d}t}\boldsymbol{k}'\right)$$

联系式(7-7)和式(7-9)，可知上式即为点的速度合成定理表达式

$$\boldsymbol{v}_{\mathrm{a}}=\boldsymbol{v}_{\mathrm{e}}+\boldsymbol{v}_{\mathrm{r}}$$

式中 $\boldsymbol{v}_{\mathrm{a}}=\mathrm{d}\boldsymbol{r}/\mathrm{d}t$，为动点 M 的绝对速度。

当动系 $O'x'y'z'$ 作平动时，因为动系的单位矢量 $\boldsymbol{i}'$、$\boldsymbol{j}'$ 和 $\boldsymbol{k}'$ 的大小和方向均不改变，这些单位矢量都是恒矢量，所以

$$\frac{\mathrm{d}\boldsymbol{i}'}{\mathrm{d}t}=\frac{\mathrm{d}\boldsymbol{j}'}{\mathrm{d}t}=\frac{\mathrm{d}\boldsymbol{k}'}{\mathrm{d}t}=\boldsymbol{0}$$

此时，相对导数和绝对导数相同，即

$$\boldsymbol{a}_{\mathrm{r}}=\frac{\tilde{\mathrm{d}}\,\boldsymbol{v}_{\mathrm{r}}}{\mathrm{d}t}=\frac{\mathrm{d}\,\boldsymbol{v}_{\mathrm{r}}}{\mathrm{d}t}=\frac{\tilde{\mathrm{d}}^2\boldsymbol{r}'}{\mathrm{d}t^2}=\frac{\mathrm{d}^2\boldsymbol{r}'}{\mathrm{d}t^2}=\frac{\mathrm{d}^2x'}{\mathrm{d}t^2}\boldsymbol{i}'+\frac{\mathrm{d}^2y'}{\mathrm{d}t^2}\boldsymbol{j}'+\frac{\mathrm{d}^2z'}{\mathrm{d}t^2}\boldsymbol{k}' \tag{7-10}$$

因为动系为平动，动系上各点的速度或加速度在任意瞬时都是相同的，所以动系原点 O' 的速度 $\boldsymbol{v}_{O'}$ 和加速度 $\boldsymbol{a}_{O'}$ 就等于牵连速度 $\boldsymbol{v}_{\mathrm{e}}$ 和牵连加速度 $\boldsymbol{a}_{\mathrm{e}}$，于是有

$$\frac{\mathrm{d}\boldsymbol{v}_{\mathrm{e}}}{\mathrm{d}t}=\frac{\mathrm{d}\boldsymbol{v}_{O'}}{\mathrm{d}t}=\boldsymbol{a}_{O'}=\boldsymbol{a}_{\mathrm{e}} \tag{7-11}$$

式(7-5)两端对时间 t 取一阶导数，得

$$\boldsymbol{a}_{\mathrm{a}}=\frac{\mathrm{d}\boldsymbol{v}_{\mathrm{a}}}{\mathrm{d}t}=\frac{\mathrm{d}\boldsymbol{v}_{\mathrm{e}}}{\mathrm{d}t}+\frac{\mathrm{d}\boldsymbol{v}_{\mathrm{r}}}{\mathrm{d}t}=\boldsymbol{a}_{\mathrm{e}}+\boldsymbol{a}_{\mathrm{r}} \tag{7-12}$$

式(7-12)即为牵连运动为平动时点的**加速度合成定理**：当牵连运动为平动时，动点在某瞬时的绝对加速度等于该瞬时它的牵连加速度与相对加速度的矢量和。

式(7-12)为矢量表达式，在求解实际问题时一般采用投影式进行计算，即

$$\boldsymbol{a}_{\mathrm{an}}+\boldsymbol{a}_{\mathrm{at}}=\boldsymbol{a}_{\mathrm{en}}+\boldsymbol{a}_{\mathrm{et}}+\boldsymbol{a}_{\mathrm{rn}}+\boldsymbol{a}_{\mathrm{rt}} \tag{7-13}$$

式中，$\boldsymbol{a}_{\mathrm{an}}$ 和 $\boldsymbol{a}_{\mathrm{at}}$ 分别表示法向绝对加速度和切向绝对加速度；$\boldsymbol{a}_{\mathrm{en}}$ 和 $\boldsymbol{a}_{\mathrm{et}}$ 分别表示法向牵连加速度和切向牵连加速度；$\boldsymbol{a}_{\mathrm{rn}}$ 和 $\boldsymbol{a}_{\mathrm{rt}}$ 分别表示法向相对加速度和切向相对加速度。因为牵连

运动既可能是直线平动，也可能是曲线平动，所以此处将牵连加速度 $\boldsymbol{a}_e$ 分解为 $\boldsymbol{a}_{en}$ 和 $\boldsymbol{a}_{et}$。

【例 7.5】 曲柄滑道机构如图 7.11 所示。曲柄 $OA=300$mm，绕定轴 O 转动。在图示瞬时，$\varphi=30°$，已知曲柄的角速度 $\omega=2$rad/s，角加速度 $\alpha=4$rad/s^2。试求滑杆 BCD 的加速度。

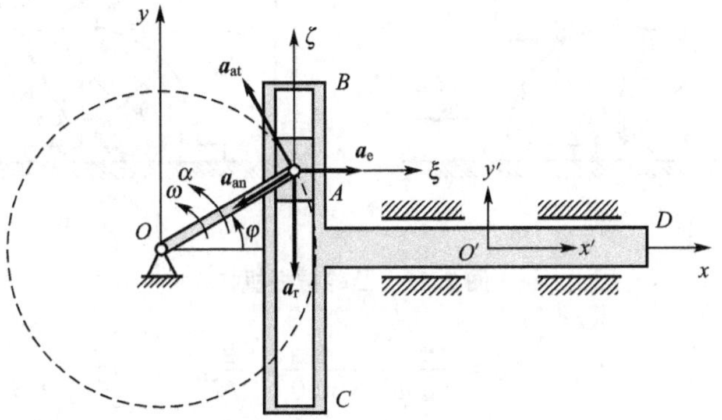

图 7.11 曲柄滑道机构

解： 当曲柄 OA 绕定轴 O 转动时，滑块 A 在滑道 BC 中运动。因此，可选取点 A 为动点，静系 Oxy 固结于机架上，动系 $O'x'y'$ 固结于滑杆上。点 A 的绝对运动为以点 O 为圆心 OA 为半径的圆周运动；点 A 的相对运动为沿滑道 BC 方向的直线运动；牵连运动为滑杆 BCD 沿水平方向的直线运动。

分析动点 A 的绝对、相对和牵连加速度。因为点 A 的绝对运动轨迹为圆周，所以点 A 的绝对加速度可以分解为法向绝对加速度和切向绝对加速度。加速度的矢量分析如图 7.11 所示。根据加速度合成定理，有

$$\boldsymbol{a}_{an}+\boldsymbol{a}_{at}=\boldsymbol{a}_e+\boldsymbol{a}_r$$

将上式两端分别向 ξ 轴投影，得

$$-a_{an}\cos\varphi-a_{at}\sin\varphi=a_e$$

式中

$$\varphi=30°,\quad a_{an}=OA\cdot\omega^2=0.3\times2^2=1.2(\text{m/s}^2),\quad a_{at}=OA\cdot\alpha=0.3\times4=1.2(\text{m/s}^2)$$

将上述数值代入加速度投影式中，得

$$a_e=-1.2\times\cos30°-1.2\times\sin30°=-1.639(\text{m/s}^2)$$

由此可知，该瞬时滑杆 BCD 的加速度大小为 1.639m/s^2。由于计算结果为负值，表明 BCD 的加速度方向与图中假设的方向相反，即该瞬时滑杆 BCD 的加速度方向水平向左。

【例 7.6】 凸轮推杆机构如图 7.12(a)所示。在图示瞬时，已知凸轮半径为 R，$\varphi=60°$，凸轮的速度和加速度分别为 $\boldsymbol{v}$ 和 $\boldsymbol{a}$。试求图示瞬时推杆 AB 的加速度。

解： 点 A 为推杆和凸轮的接触点，取点 A 为动点，静系 Oxy 固结于地面上，动系 $O'x'y'$ 固结于凸轮上，如图 7.12(a)所示。点 A 的绝对运动为沿推杆 AB 的铅直运动；点 A 的相对运动为沿凸轮轮廓的圆弧运动；牵连运动为凸轮沿水平方向的直线平动。

由于在动点的加速度分析中需要用到点 A 的相对速度，因此，先对点 A 的绝对、相对和牵连速度进行分析。作速度平行四边形，如图 7.12(a)所示。根据几何关系，有

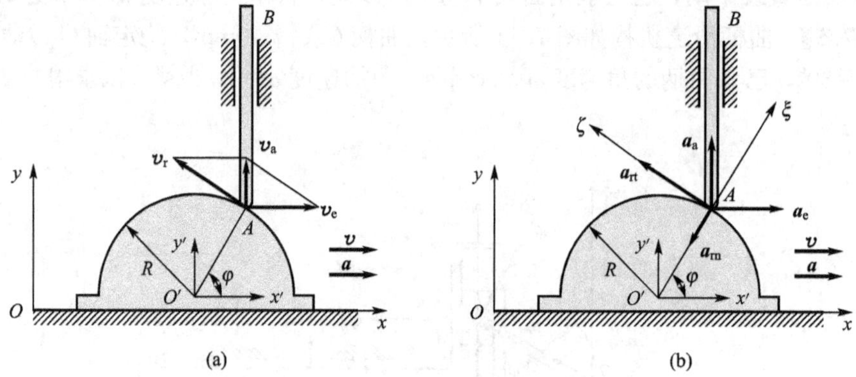

图 7.12　凸轮推杆机构

$$v_r=\frac{v_e}{\sin\varphi}=\frac{v}{\sin60^\circ}=\frac{2}{\sqrt{3}}v$$

分析动点 A 的绝对、相对和牵连加速度。因为点 A 的相对运动轨迹为圆弧，所以点 A 的相对加速度可以分解为法向相对加速度和切向相对加速度。加速度矢量分析如图 7.12(b)所示。根据加速度合成定理，有

$$\boldsymbol{a}_a=\boldsymbol{a}_e+\boldsymbol{a}_{rn}+\boldsymbol{a}_{rt}$$

将上式两端分别向 ξ 轴投影，得

$$a_a\sin\varphi=a_e\cos\varphi-a_{rn}$$

式中

$$\varphi=60^\circ,\quad a_{rn}=\frac{v_r^2}{R}=\left(\frac{2}{\sqrt{3}}v\right)^2\frac{1}{R}=\frac{4v^2}{3R},\quad a_e=a$$

将上述数值代入加速度投影式中，得

$$a_a=\frac{a_e\cos\varphi-a_{rn}}{\sin\varphi}=\frac{a\cos60^\circ-\dfrac{4v^2}{3R}}{\sin60^\circ}=\frac{\sqrt{3}}{3}\left(a-\frac{8v^2}{3R}\right)$$

此即为图示瞬时推杆 AB 的加速度。

由上面的分析可知，在应用加速度合成定理求解实际问题时，往往采用加速度矢量方程的投影式，这样可以避开无需求解的量，直接解出待求的量，因而合理选取投影轴是解题的关键。需要强调指出的是，加速度矢量方程的投影是等式两端的投影，不同于静力平衡方程的投影关系。因此，在利用加速度矢量方程的投影式解题时，必须严格按照加速度矢量方程等式两端在某一投影轴上分别投影，否则就会得出错误的结果。

7.4 牵连运动为转动时点的加速度合成定理

当牵连运动为转动时，点的加速度合成定理与牵连运动为平动时的情况不相同。下面先分析一个简单的实例。

图 7.13 所示的圆盘，以匀角速度 $\omega_e=\omega$ 顺时针绕垂直于盘面的定轴 O 转动，同时小球 M 在半径为 R 的圆槽中顺角速度转向相对于圆盘以速度 $\boldsymbol{v}_r$ 作匀速圆周运动，求小球 M 相对于地面的加速度。

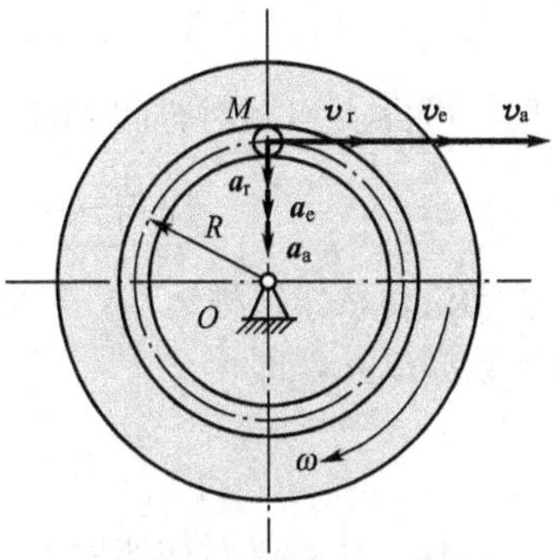

图 7.13 圆盘圆槽中作匀速圆周运动的小球

取小球为动点，静系固结于机架上，动系固结于圆盘上。点 M 的绝对运动和相对运动都是绕定轴 O 的圆周运动，牵连运动为转动。动点 M 的速度矢量如图 7.13 所示，且有 $v_e=R\omega$。根据速度合成定理，有

$$v_a=v_e+v_r=R\omega+v_r=\text{const}$$

方向水平向右。由于动点 M 的绝对运动和相对运动都是匀速圆周运动，牵连点的运动也是匀速圆周运动，从而 $a_{at}=a_{rt}=a_{et}=0$，所以

$$a_r=a_{rn}=\frac{v_r^2}{R},\quad a_e=a_{en}=R\omega^2$$

$$a_a=a_{an}=\frac{v_a^2}{R}=\frac{(R\omega+v_r)^2}{R}=R\omega^2+\frac{v_r^2}{R}+2\omega v_r=a_e+a_r+2\omega v_r$$

方向指向圆心 O。从上式可以看出，当牵连运动为转动时，动点的绝对加速度并不等于牵连加速度和相对加速度的矢量和，多出了附加项 $2\omega v_r$。

为什么会出现附加项呢？从牵连运动为平动时的加速度合成定理的推导可以看到，当牵连运动不是平动时，固结于动参考体上的动系 $O'x'y'z'$ 的单位矢量 $\boldsymbol{i}'$、$\boldsymbol{j}'$ 和 $\boldsymbol{k}'$ 的方向要改变，不再为恒矢量。此时，绝对导数有别于相对导数。

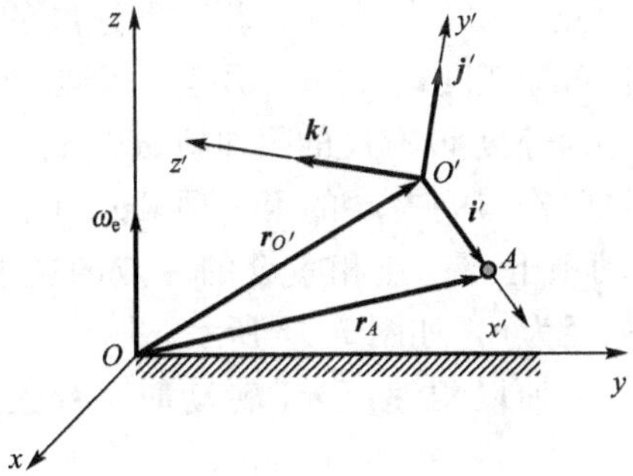

图 7.14 动系绕静系 z 轴转动

下面推导牵连运动为定轴转动时点的加速度合成定理。设动系 $O'x'y'z'$ 以角速度 ω_e 绕定轴转动，角速度矢为 ω_e。不妨取静系 $Oxyz$ 的 z 轴为定轴，如图 7.14 所示。

先分析 $\boldsymbol{i}'$ 对时间 t 的导数。设 $\boldsymbol{i}'$ 的矢端点 A 的矢径为 $\boldsymbol{r}_A$，则点 A 的速度既等于矢径 $\boldsymbol{r}_A$ 对时间 t 的一阶导数，又等于角速度矢和矢径 $\boldsymbol{r}_A$ 的矢积，即

$$\boldsymbol{v}_A=\frac{\mathrm{d}\boldsymbol{r}_A}{\mathrm{d}t}=\boldsymbol{\omega}_e\times\boldsymbol{r}_A \tag{7-14}$$

根据图 7.14 所示几何关系，有

$$\boldsymbol{r}_A=\boldsymbol{r}_{O'}+\boldsymbol{i}' \tag{7-15}$$

式中，$\boldsymbol{r}_{O'}$ 为动系原点 O' 的矢径，将式(7-15)代入式(7-14)，得

$$\frac{\mathrm{d}\boldsymbol{r}_{O'}}{\mathrm{d}t}+\frac{\mathrm{d}\boldsymbol{i}'}{\mathrm{d}t}=\boldsymbol{\omega}_e\times(\boldsymbol{r}_{O'}+\boldsymbol{i}') \tag{7-16}$$

由于动系原点 O' 的速度为

$$\boldsymbol{v}_{O'}=\frac{\mathrm{d}\boldsymbol{r}_{O'}}{\mathrm{d}t}=\boldsymbol{\omega}_e\times\boldsymbol{r}_{O'} \tag{7-17}$$

将式(7-17)代入式(7-16)，得

$$\frac{\mathrm{d}\boldsymbol{i}'}{\mathrm{d}t}=\boldsymbol{\omega}_{\mathrm{e}}\times\boldsymbol{i}'$$

同理，可得 $\boldsymbol{j}'$和 $\boldsymbol{k}'$对时间 t 的一阶导数，合写为

$$\frac{\mathrm{d}\boldsymbol{i}'}{\mathrm{d}t}=\boldsymbol{\omega}_{\mathrm{e}}\times\boldsymbol{i}',\quad \frac{\mathrm{d}\boldsymbol{j}'}{\mathrm{d}t}=\boldsymbol{\omega}_{\mathrm{e}}\times\boldsymbol{j}',\quad \frac{\mathrm{d}\boldsymbol{k}'}{\mathrm{d}t}=\boldsymbol{\omega}_{\mathrm{e}}\times\boldsymbol{k}' \tag{7-18}$$

无论动系作何种运动，点的速度合成定理矢量式(7-5)成立，该矢量式对时间 t 的一阶导数亦成立，即

$$\frac{\mathrm{d}\boldsymbol{v}_{\mathrm{a}}}{\mathrm{d}t}=\frac{\mathrm{d}\boldsymbol{v}_{\mathrm{e}}}{\mathrm{d}t}+\frac{\mathrm{d}\boldsymbol{v}_{\mathrm{r}}}{\mathrm{d}t} \tag{7-19}$$

式中，$\mathrm{d}\boldsymbol{v}_{\mathrm{a}}/\mathrm{d}t$ 为绝对加速度 $\boldsymbol{a}_{\mathrm{a}}$。然而，当动系为转动时，式(7-19)右端的两项不再是牵连加速度 $\boldsymbol{a}_{\mathrm{e}}$ 和相对加速度 $\boldsymbol{a}_{\mathrm{r}}$ 了。

先分析式(7-19)右端第二项 $\mathrm{d}\boldsymbol{v}_{\mathrm{r}}/\mathrm{d}t$，将式(7-7)对时间 t 取一阶导数，有

$$\frac{\mathrm{d}\boldsymbol{v}_r}{\mathrm{d}t}=\frac{\mathrm{d}}{\mathrm{d}t}\left(\frac{\mathrm{d}x'}{\mathrm{d}t}\boldsymbol{i}'+\frac{\mathrm{d}y'}{\mathrm{d}t}\boldsymbol{j}'+\frac{\mathrm{d}z'}{\mathrm{d}t}\boldsymbol{k}'\right)$$

因为动系转动，单位矢量 $\boldsymbol{i}'$、$\boldsymbol{j}'$和 $\boldsymbol{k}'$的大小虽不改变，但方向有变化，所以

$$\frac{\mathrm{d}\boldsymbol{v}_r}{\mathrm{d}t}=\left(\frac{\mathrm{d}^2x'}{\mathrm{d}t^2}\boldsymbol{i}'+\frac{\mathrm{d}^2y'}{\mathrm{d}t^2}\boldsymbol{j}'+\frac{\mathrm{d}^2z'}{\mathrm{d}t^2}\boldsymbol{k}'\right)+\left(\frac{\mathrm{d}x'}{\mathrm{d}t}\frac{\mathrm{d}\boldsymbol{i}'}{\mathrm{d}t}+\frac{\mathrm{d}y'}{\mathrm{d}t}\frac{\mathrm{d}\boldsymbol{j}'}{\mathrm{d}t}+\frac{\mathrm{d}z'}{\mathrm{d}t}\frac{\mathrm{d}\boldsymbol{k}'}{\mathrm{d}t}\right) \tag{7-20}$$

上式右端第一个括弧中的 3 项为相对加速度，是在动系中观察，$\boldsymbol{i}'$、$\boldsymbol{j}'$和 $\boldsymbol{k}'$大小方向都不变时相对速度对时间的一阶导数，即相对导数，可记为 $\tilde{\mathrm{d}}\boldsymbol{v}_{\mathrm{r}}/\mathrm{d}t$，也就是相对加速度 $\boldsymbol{a}_{\mathrm{r}}$。再将式(7-18)代入式(7-20)右端第二个括弧中，得

$$\frac{\mathrm{d}\boldsymbol{v}_r}{\mathrm{d}t}=\frac{\tilde{\mathrm{d}}\boldsymbol{v}_{\mathrm{r}}}{\mathrm{d}t}+\boldsymbol{\omega}_{\mathrm{e}}\times\left(\frac{\mathrm{d}x'}{\mathrm{d}t}\boldsymbol{i}'+\frac{\mathrm{d}y'}{\mathrm{d}t}\boldsymbol{j}'+\frac{\mathrm{d}z'}{\mathrm{d}t}\boldsymbol{k}'\right)=\boldsymbol{a}_{\mathrm{r}}+\boldsymbol{\omega}_{\mathrm{e}}\times\boldsymbol{v}_{\mathrm{r}} \tag{7-21}$$

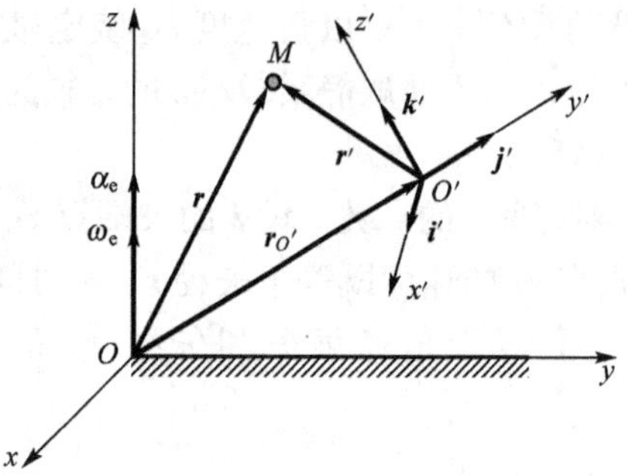

图 7.15 动系转动时点的加速度合成

由式(7-21)可见，动系转动时，相对加速度的导数 $\mathrm{d}\boldsymbol{v}_{\mathrm{r}}/\mathrm{d}t$ 除相对加速度 $\boldsymbol{a}_{\mathrm{r}}$ 之外，还有一个与牵连角速度 $\boldsymbol{\omega}_{\mathrm{e}}$ 和相对速度 $\boldsymbol{v}_{\mathrm{r}}$ 有关的附加项 $\boldsymbol{\omega}_{\mathrm{e}}\times\boldsymbol{v}_{\mathrm{r}}$。

再来分析式(7-19)右端的第一项 $\mathrm{d}\boldsymbol{v}_{\mathrm{e}}/\mathrm{d}t$。牵连速度 $\boldsymbol{v}_{\mathrm{e}}$ 为动系上与动点相重合的一点的速度。设动点 M 的矢径为 $\boldsymbol{r}$，如图 7.15 所示。

当动系绕 z 轴以角速度 $\boldsymbol{\omega}_{\mathrm{e}}$ 转动时，牵连速度为

$$\boldsymbol{v}_{\mathrm{e}}=\boldsymbol{\omega}_{\mathrm{e}}\times\boldsymbol{r} \tag{7-22}$$

上式对时间 t 取一阶导数，得

$$\frac{\mathrm{d}\boldsymbol{v}_{\mathrm{e}}}{\mathrm{d}t}=\frac{\mathrm{d}\boldsymbol{\omega}_{\mathrm{e}}}{\mathrm{d}t}\times\boldsymbol{r}+\boldsymbol{\omega}_{\mathrm{e}}\times\frac{\mathrm{d}\boldsymbol{r}}{\mathrm{d}t} \tag{7-23}$$

式中，$\mathrm{d}\boldsymbol{\omega}_{\mathrm{e}}/\mathrm{d}t=\alpha_{\mathrm{e}}$，为动系绕 z 轴转动的角加速度。动系上不断与动点 M 重合一点的矢径 $\boldsymbol{r}$ 对时间 t 的一阶导数 $\mathrm{d}\boldsymbol{r}/\mathrm{d}t$ 为绝对速度，即 $\mathrm{d}\boldsymbol{r}/\mathrm{d}t=\boldsymbol{v}_{\mathrm{a}}=\boldsymbol{v}_{\mathrm{e}}+\boldsymbol{v}_{\mathrm{r}}$，代入上式，得

$$\frac{\mathrm{d}\boldsymbol{v}_{\mathrm{e}}}{\mathrm{d}t}=\boldsymbol{\alpha}_{\mathrm{e}}\times\boldsymbol{r}+\boldsymbol{\omega}_{\mathrm{e}}\times(\boldsymbol{v}_{\mathrm{e}}+\boldsymbol{v}_{\mathrm{r}}) \tag{7-24}$$

式中，$\boldsymbol{\alpha}_{\mathrm{e}}\times\boldsymbol{r}+\boldsymbol{\omega}_{\mathrm{e}}\times\boldsymbol{v}_{\mathrm{e}}=\boldsymbol{a}_{\mathrm{e}}$，为动系转动时动系上与动点 M 重合点的加速度，即牵连加速度。于是有

$$\frac{d\boldsymbol{v}_e}{dt}=\boldsymbol{a}_e+\boldsymbol{\omega}_e\times\boldsymbol{v}_r \tag{7-25}$$

由式(7-25)可见，动系转动时，牵连速度的导数 $d\boldsymbol{v}_e/dt$ 除牵连加速度 $\boldsymbol{a}_e$ 之外，还有一个与式(7-21)相同的附加项 $\boldsymbol{\omega}_e\times\boldsymbol{v}_r$。

将式(7-21)和式(7-25)代入式(7-19)，得

$$\boldsymbol{a}_a=\boldsymbol{a}_e+\boldsymbol{a}_r+2\boldsymbol{\omega}_e\times\boldsymbol{v}_r$$

令

$$\boldsymbol{a}_C=2\boldsymbol{\omega}_e\times\boldsymbol{v}_r \tag{7-26}$$

$\boldsymbol{a}_C$ 称为**科氏加速度**，它等于动系角速度矢与点的相对速度矢的矢积的两倍。从而，有

$$\boldsymbol{a}_a=\boldsymbol{a}_e+\boldsymbol{a}_r+\boldsymbol{a}_C \tag{7-27}$$

上式即为牵连运动为转动时点的**加速度合成定理**：当牵连运动为转动时，动点在某瞬时的绝对加速度等于该瞬时它的牵连加速度、相对加速度与科氏加速度的矢量和。

在求解实际问题时，一般采用式(7-27)的投影式进行计算，即

$$\boldsymbol{a}_{an}+\boldsymbol{a}_{at}=\boldsymbol{a}_{en}+\boldsymbol{a}_{et}+\boldsymbol{a}_{rn}+\boldsymbol{a}_{rt}+\boldsymbol{a}_C \tag{7-28}$$

式中，$\boldsymbol{a}_{an}$和 $\boldsymbol{a}_{at}$分别表示法向绝对加速度和切向绝对加速度；$\boldsymbol{a}_{en}$和 $\boldsymbol{a}_{et}$分别表示法向牵连加速度和切向牵连加速度；$\boldsymbol{a}_{rn}$和 $\boldsymbol{a}_{rt}$分别表示法向相对加速度和切向相对加速度。

式(7-27)是点的加速度合成定理的普遍形式，对于牵连运动为任意运动都成立。当牵连运动为平动时，因为 $\boldsymbol{\omega}_e=0$，所以 $\boldsymbol{a}_C=0$，式(7-27)退化为式(7-12)。

根据矢积的运算规则，$\boldsymbol{a}_C$ 的大小为

$$a_C=2\omega_e v_r\sin\theta \tag{7-29}$$

式中，θ 为 $\boldsymbol{\omega}_e$ 和 $\boldsymbol{v}_r$ 两矢量间的最小夹角。$\boldsymbol{a}_C$ 的方向垂直于 $\boldsymbol{\omega}_e$ 和 $\boldsymbol{v}_e$ 所在的平面，指向按右手法则确定，即以右手四指顺 $\boldsymbol{\omega}_e$ 转至 $\boldsymbol{v}_r$，大拇指所指方向即为 $\boldsymbol{a}_C$ 的方向，如图 7.16(a)所示。

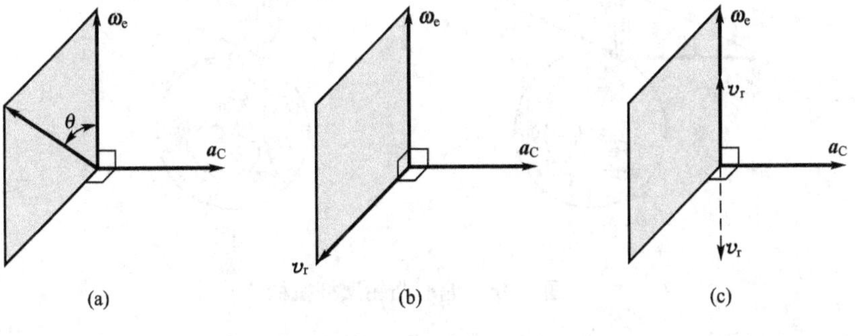

图 7.16　科氏加速度的大小和方向

当 $\boldsymbol{\omega}_e$ 和 $\boldsymbol{v}_r$ 垂直时，$a_C=2\omega_e v_r$，如图 7.16(b)所示；当 $\boldsymbol{\omega}_e$ 和 $\boldsymbol{v}_r$ 平行时，即 $\theta=0°$或 180°时，$a_C=0$，如图 7.16(c)所示。

科氏加速度是法国力学家科里奥利(G. G. Coriolis)于 1832 年在研究水轮机理论时发现的，并于 1835 年在论文“物体系统相对运动方程”中提出了牵连运动为转动时的加速度合成定理，1843 年给出了定理的证明，因而命名为科里奥利加速度，简称科氏加速度。

科氏加速度的产生是相对运动和牵连运动相互影响的结果，它可以解释自然界中的许多现象。地球绕地轴转动，地球上物体相对于地球运动，这都是牵连运动为转动的合成运

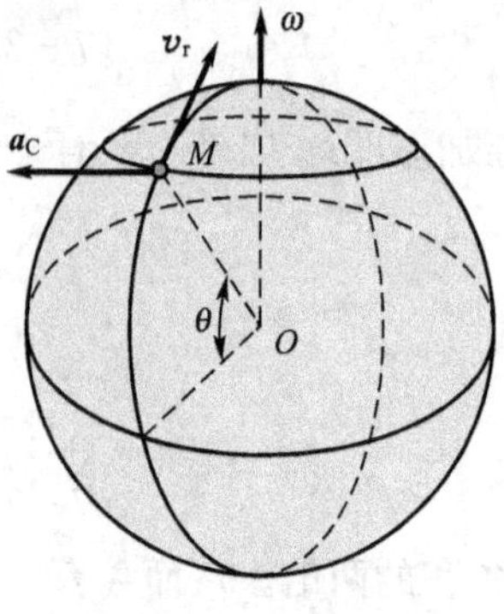

图7.17　北半球自南往北行驶的列车

动。地球自转角速度很小，$\omega=7.3\times10^{-5}$rad/s，一般情况下其自转的影响可忽略不计。但是，在某些情况下，却必须考虑地球自转的影响。

例如，在北半球，自南往北行驶的列车，列车的科氏加速度 $\boldsymbol{a}_C$ 向西，即指向左侧，如图7.17所示。由牛顿第二定理可知，有向左的加速度，列车必受到右侧铁轨对其向左的作用力。根据牛顿第三定律，即作用与反作用定律，右侧铁轨必受到列车的反作用力，因而列车将使右侧铁轨磨损更为严重。在北半球，河水向北流动时，河水对河流东岸有明显的冲刷痕迹，其力学原理与列车车轮对铁轨的磨损类似。

此外，科氏加速度还可以解释地球上发生的许多现象。由于地球本身的自转，只要物体运动方向不与地轴平行，则在其他恒星参考系中观察时就有科氏加速度。例如，自由落体时，$\boldsymbol{a}_a$ 和 $\boldsymbol{a}_e$ 铅直，$\boldsymbol{a}_C$ 向西，根据点的加速度合成定理，$\boldsymbol{a}_r$ 应偏东，此即为落体偏东现象。又如，在北半球，水向下流动时形成逆时针方向的旋涡；在南半球则相反，旋涡为顺时针方向；在北半球，大气环流引起的台风为逆时针转向；这些都可用科氏加速度解释。

【例7.7】 如图7.18(a)所示，偏心凸轮的偏心距 $OC=e$，凸轮半径 $AC=R=\sqrt{3}e$，以匀角速度 ω_0 绕定轴 O 转动。设图示瞬时 OC 垂直于 AC。求此时杆 AB 的速度和加速度。

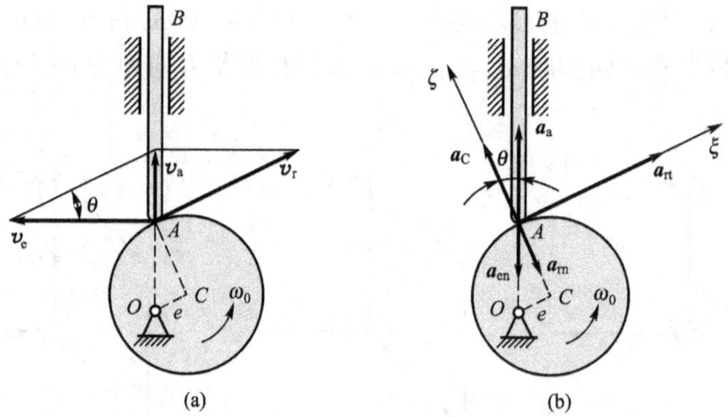

图7.18　偏心凸轮顶杆机构

解： 取凸轮与顶杆 AB 的接触点 A 为动点，静系固结于机架上，动系固结于凸轮上随凸轮一起转动。则点 A 的绝对运动为沿顶杆 AB 方向的直线运动；相对运动为沿凸轮轮廓的圆周运动；牵连运动为凸轮绕定轴 O 的转动。

作速度平行四边形如图7.18(a)所示，根据几何条件，有

$$v_a=v_e\tan\theta=v_e\tan30^\circ=\frac{2\sqrt{3}}{3}\omega_0 e$$

$$v_r=\frac{v_a}{\sin\theta}=\frac{v_a}{\sin30^\circ}=\frac{4\sqrt{3}}{3}\omega_0 e$$

加速度分析。点 A 的绝对加速度 $\boldsymbol{a}_a$ 沿顶杆 AB 方向，并假定向上。点 A 的相对加速度 $\boldsymbol{a}_r$ 可分解为法向相对加速度 $\boldsymbol{a}_{rn}$ 和切向相对加速度 $\boldsymbol{a}_{rt}$，且 $\boldsymbol{a}_{rn}$ 的大小和方向已知，$\boldsymbol{a}_{rt}$ 的大小未知，方向可假设沿 $\boldsymbol{v}_r$ 方向。点 A 的牵连加速度 $\boldsymbol{a}_e$ 可分解为法向牵连加速度 $\boldsymbol{a}_{en}$ 和切向牵连加速度 $\boldsymbol{a}_{et}$，且 $\boldsymbol{a}_{en}$ 的大小和方向已知，$\boldsymbol{a}_{et}=0$。由于牵连运动为转动，因此存在科氏加速度 $\boldsymbol{a}_C$，按右手法则，顺 $\boldsymbol{\omega}_0$ 矢量方向转至 $\boldsymbol{v}_r$ 方向，则 $\boldsymbol{a}_C$ 垂直于 $\boldsymbol{v}_r$ 指向左上方，大小为 $2\omega_0 v_r$。点 A 的加速度分析如图 7.18 所示。根据式(7－28)，各加速度矢向 ζ 轴投影，有

$$a_a\cos\theta=-a_{en}\cos\theta-a_{rn}+a_C \tag{a}$$

式中

$$a_{en}=\omega_0^2\cdot OA=\omega_0^2\frac{OC}{\sin30°}=2e\omega_0^2$$

$$a_{rn}=\frac{v_r^2}{R}=\frac{16\sqrt{3}}{9}e\omega_0^2,\quad a_C=2\omega_0 v_r=\frac{8\sqrt{3}}{3}e\omega_0^2$$

将上述结果代入式(a)，得

$$a_a=-\frac{2}{9}e\omega_0^2$$

此即为图示瞬时顶杆 AB 的加速度，负号表示加速度方向与假设的方向相反。

【例 7.8】 图 7.19(a)所示直角曲杆 OBC 绕定轴 O 转动，使套在其上的小环 M 沿固定直杆 OA 滑动。已知：$OB=100$mm，OB 与 BC 垂直，曲杆的角速度 $\omega=0.5$rad/s，角加速度为零。求当转角 $\varphi=60°$时，小环 M 的速度和加速度。

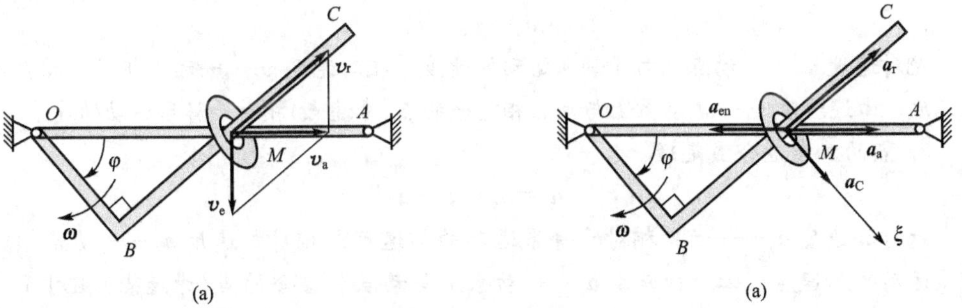

图 7.19 直角曲杆圆环机构

解： 取小环 M 为动点，地面为静系，直角曲杆为动系。则点 A 的绝对运动为沿杆 OA 的直线运动；相对运动为沿杆 BC 的直线运动；牵连运动为曲杆 OBC 绕定轴 O 的转动。

作速度平行四边形如图 7.19(a)所示，根据几何条件，有

$$v_r=\frac{v_e}{\cos\varphi}=\frac{\omega\cdot OM}{\cos\varphi}=\frac{\omega\cdot OB}{\cos^2\varphi}=\frac{0.5\times0.1}{\cos^2 60°}=0.2(\text{m/s})$$

$$v_a=v_r\sin\varphi=v_r\sin60°=0.2\times\frac{\sqrt{3}}{2}=0.1732(\text{m/s})$$

在图示瞬时，小环 M 的速度为 $v_M=v_a=0.1732$m/s，方向水平向右。

小环 M 的加速度矢量如图 7.19(b)所示。根据式(7－28)，有

$$\boldsymbol{a}_a=\boldsymbol{a}_{en}+\boldsymbol{a}_r+\boldsymbol{a}_C$$

各加速度矢向 ξ 轴投影，有

$$a_a\cos\varphi=-a_e\cos\varphi+a_C \tag{a}$$

式中

$$a_{en}=\omega^2\cdot OM=0.5^2\times0.2=0.05(\text{m/s}^2),\quad a_C=2\omega v_r=2\times0.5\times0.2=0.2(\text{m/s}^2)$$

将上述结果代入式(a)，得小环 M 的加速度为

$$a_M=a_a=\frac{-a_{en}\cos60^\circ+a_C}{\cos60^\circ}=\frac{-0.05\times0.5+0.2}{0.5}=0.35(\text{m/s}^2)$$

与例 5.4 相比，发现利用第 5 章和本章理论解算的结果是完全相同的。点的运动学仅在静系中研究点的绝对运动量，而点的合成定理则是在静系和动系中来研究点的各运动量及其关系。前者用于研究点的简单运动，且通过微分或积分运算给出各运动量的时间历程；后者用于分析点的复杂运动，且通过矢量投影给出各运动量之间的瞬时关系。

本章小结

1. 点的绝对运动为点的牵连运动和相对运动的合成结果。

绝对运动——动点相对于静系的运动；相对运动——动点相对于动系的运动；牵连运动——动系相对于静系的运动。

2. 点的速度合成定理

$$\boldsymbol{v}_a=\boldsymbol{v}_e+\boldsymbol{v}_r$$

绝对速度 $\boldsymbol{v}_a$——动点相对于静系运动的速度；相对速度 $\boldsymbol{v}_r$——动点相对于动系运动的速度；牵连速度 $\boldsymbol{v}_e$——动系上与动点相重合的点(牵连点)相对于静系运动的速度。

3. 点的加速度合成定理

$$\boldsymbol{a}_a=\boldsymbol{a}_e+\boldsymbol{a}_r+\boldsymbol{a}_C$$

绝对加速度 $\boldsymbol{a}_a$——动点相对于静系运动的加速度；相对加速度 $\boldsymbol{a}_r$——动点相对于动系运动的加速度；牵连加速度 $\boldsymbol{a}_e$——动系上与动点相重合的点(牵连点)相对于静系运动的加速度；科氏加速度 $\boldsymbol{a}_C$——牵连运动为转动时，牵连运动和相对运动相互影响而出现的一项附加的加速度。

$$\boldsymbol{a}_C=2\boldsymbol{\omega}_c+\boldsymbol{v}_r$$

当动系作平动，或 $\boldsymbol{v}_r=\boldsymbol{0}$，或 $\boldsymbol{\omega}_e$ 与 $\boldsymbol{v}_r$ 平行时，$\boldsymbol{a}_C=\boldsymbol{0}$。

思 考 题

1. 举例说明什么是相对运动、牵连运动和绝对运动。
2. 动系上任意一点的速度和加速度，是否就是牵连速度和牵连加速度？为什么？
3. 何谓点的相对速度和相对加速度？在静系中相对速度的改变是否就是相对加速度？

为什么？

4. 如何选择动点和动系？为什么常常选滑块、小环或套筒为动点？

5. 试述点的运动的合成与分解的意义。

6. 图 7.20 中的速度平行四边形有无错误？若有错误，错在何处？

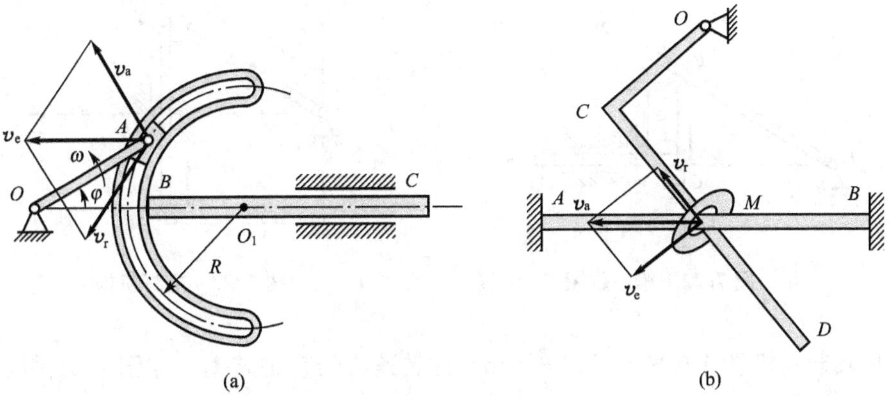

图 7.20　第 6 题图

7. 在点的加速度合成定理矢量表达式中，为什么会出现 $\boldsymbol{a}_C$？在什么情形下，$\boldsymbol{a}_C=0$。

8. 图 7.21(a)和(b)中，为了求 $\boldsymbol{a}_a$ 的大小，分别取加速度在 ξ 轴上的投影式，有

$$a_a\cos\varphi-a_C=0,\quad a_a\cos\theta-a_e\cos\theta-a_{rn}+a_C=0$$

由此解得，对于图 7.21(a)，有 $a_a=a_C/\cos\varphi$；对于图 7.21(b)，有 $a_a=(a_e\cos\theta+a_{rn}+a_C)/\cos\theta$。这种解题方法正确吗？若有错误，错在何处？并写出正确的投影式。

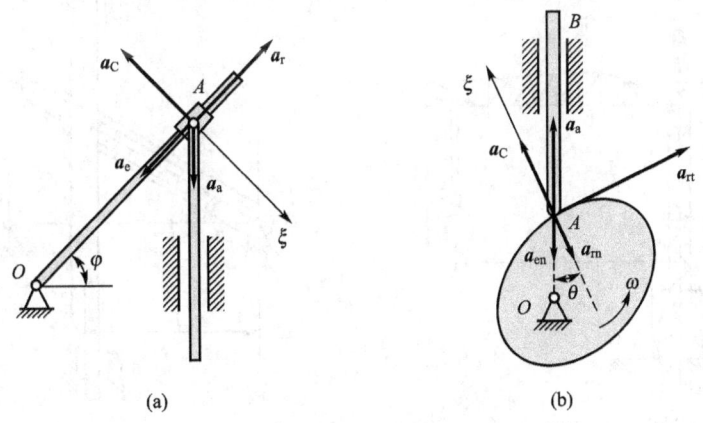

图 7.21　第 8 题图

习　题

1. 杆 OA 长为 l，由推杆推动而在图面内绕轴 O 转动，如图 7.22 所示。设推杆的速度为 $\boldsymbol{v}$，BC 段高为 h。试求杆端 A 的速度的大小(表示为推杆至轴 O 的距离 x 的函数)。

2. 摇杆机构的滑杆 AB 以等速 v 向上运动，初瞬时摇杆 OC 水平，摇杆 OC 长为 a，OD 长为 l，如图 7.23 所示。试求当 $\varphi=\pi/4$ 时，点 C 的速度的大小。

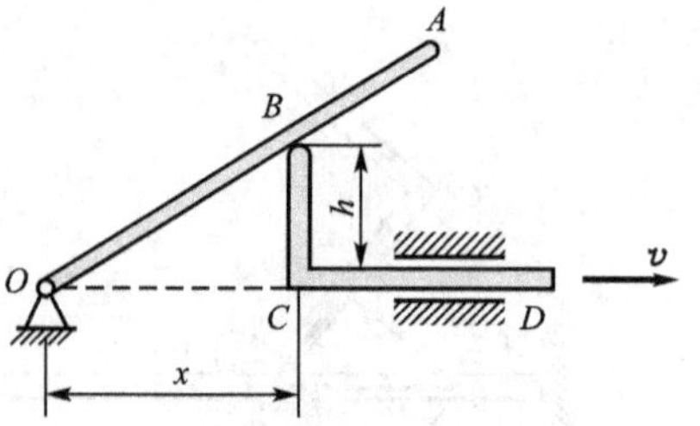

图 7.22 第 1 题图

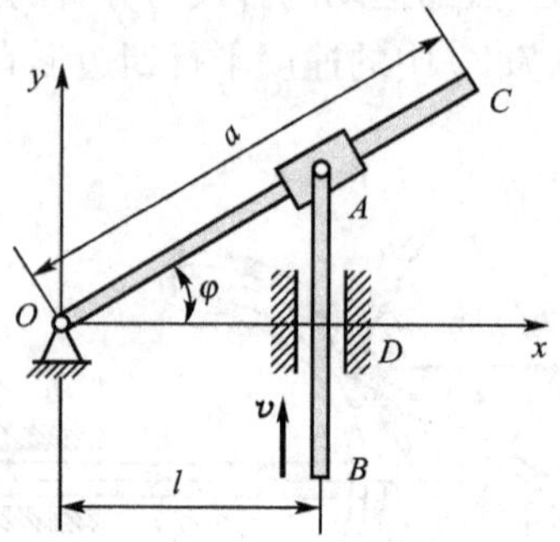

图 7.23 摇杆机构

3. 塔式起重机悬臂水平，且以 $\frac{\pi}{2}$ r/min 的转速绕铅直轴转动，如图 7.24 所示。跑车按 $s=10-\frac{1}{3}\cos 3t$ 水平运动，s 的单位为 m，t 的单位为 s。设悬挂重物以匀速 $v=0.5$m/s 铅直向上运动。试求图示位置重物的绝对速度的大小。

4. 如图 7.25 所示摇杆 OC 绕轴 O 转动，拨动固定在齿条 AB 上的销钉 K 而使齿条在铅直导轨内运动，齿条再带动半径 $r=100$mm 的齿轮 D。已知 $l=400$mm，连线 OO_1 水平。在图示位置，摇杆角速度 $\omega=0.5$rad/s，$\varphi=30°$。试求此时齿轮 D 的角速度。

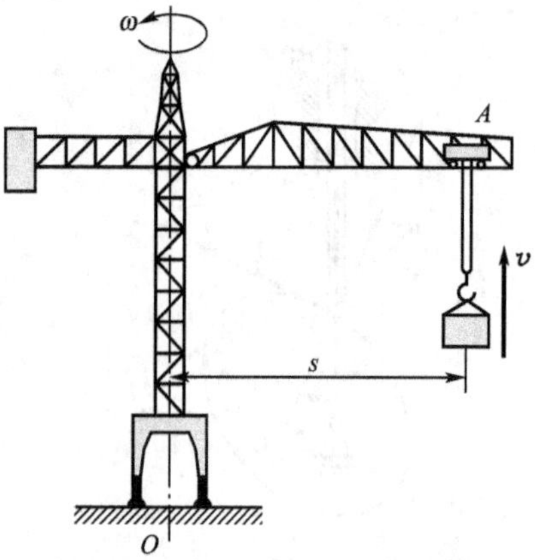

图 7.24 塔式起重机

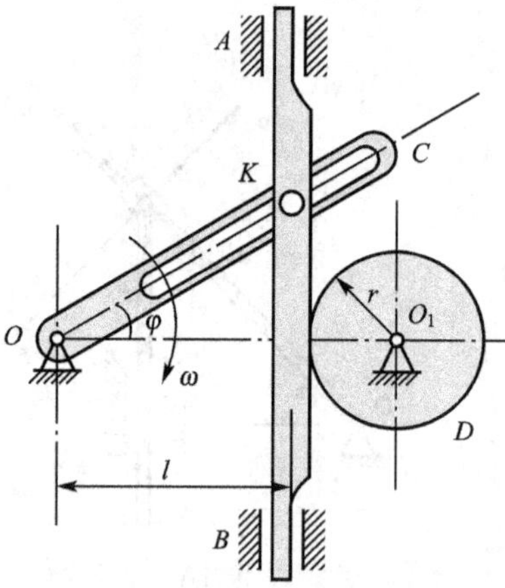

图 7.25 摇杆齿条齿轮传动机构

5. 平底顶杆凸轮机构如图 7.26 所示，工作时顶杆的平底始终接触凸轮表面。凸轮半径为 r，偏心距 $OC=e$，凸轮绕轴 O 转动的角速度为 ω，OC 与水平线之间的夹角为 φ。试求当 $\varphi=0°$时，顶杆的速度。

6. 绕轴 O 转动的圆盘及直杆 OA 上均有一导槽，两导槽间有一活动销子 M，如图 7.27 所示，已知 $b=0.1$m。设在图示位置时，圆盘及直杆的角速度分别为 $\omega_1=9$rad/s 和 $\omega_2=3$rad/s。试求该瞬时销子 M 的速度。

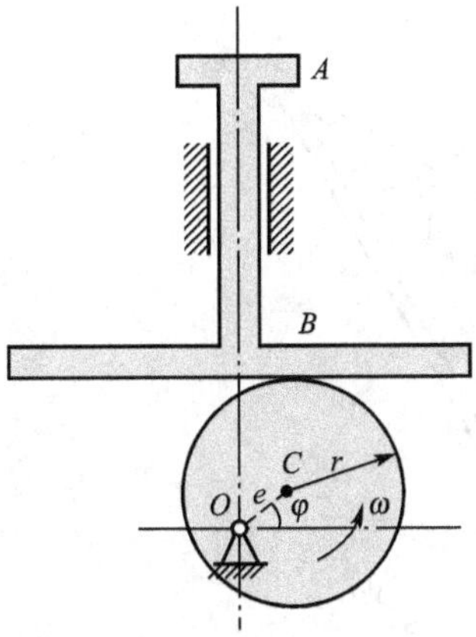

图 7.26 平底顶杆凸轮机构

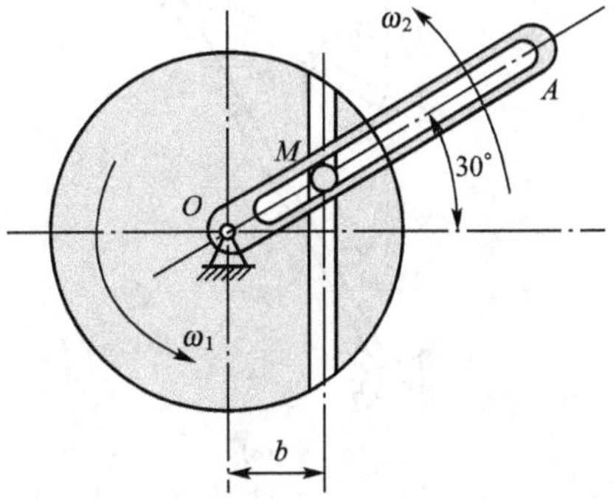

图 7.27 活动销子连接的圆盘和直杆

7. 如图 7.28 所示，半径为 R 的齿轮由曲柄 OA 带动，沿同样的固定齿轮滚动，曲柄以角速度 ω_0 绕定轴 O 转动。若在曲柄上固结一动坐标系，试求动齿轮上点 M_1、M_2、M_3 和 M_4 的牵连速度。

8. 如图 7.29 所示曲柄滑道机构中，曲柄长 $OA=r$，并以等角速度 ω 绕定轴 O 转动。安装于水平杆件 BC 上的滑槽 DE 与水平线之间的夹角为 60°。试求：当曲柄 OA 与水平线之间的夹角分别为 $\varphi=0°$，30°和 60°时，杆 BC 的速度。

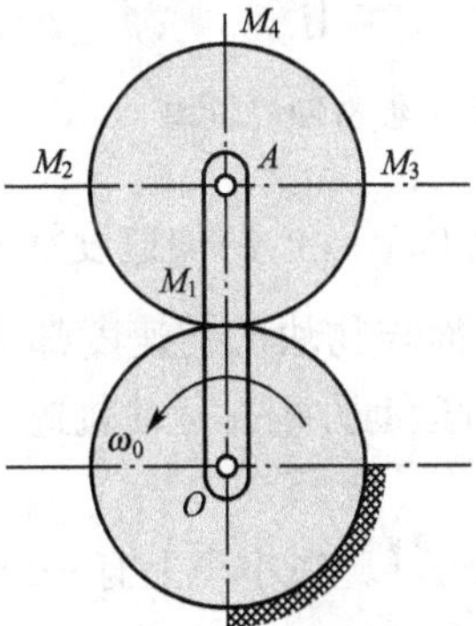

图 7.28 行星齿轮机构

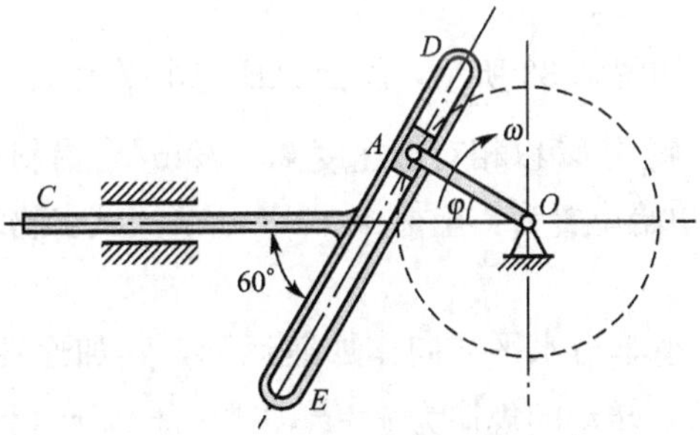

图 7.29 曲柄滑道机构

9. 在图 7.30(a)和(b)两种机构中，已知 $O_1O_2=a=20\text{mm}$，$\omega_1=3\text{rad/s}$。试求图示位置时杆 O_2A 的角速度。

10. 一小车以加速度 $a=0.5\text{m/s}^2$ 沿水平轨道向右运动，小车上装有电动机，电动机启动时，其转子的转动方程为 $\varphi=t^2$，式中 φ 以 rad 计，t 以 s 计。转子半径 R 为 0.2m。如在 $t=1\text{s}$ 时，转子边缘点 A 的位置如图 7.31 所示。求此时点 A 的加速度。

11. 图 7.32 所示的铰接四边形机构中，$O_1A=O_2B=0.1\text{m}$，$O_1O_2=AB$，杆 O_1A 以等角速度 $\omega=2\text{rad/s}$ 绕轴 O_1 转动。AB 杆上有一套筒 C，此筒与 CD 杆相铰接，机构各部分都在同一铅直面内。试求：当 $\varphi=60°$时，杆 CD 的速度和加速度。

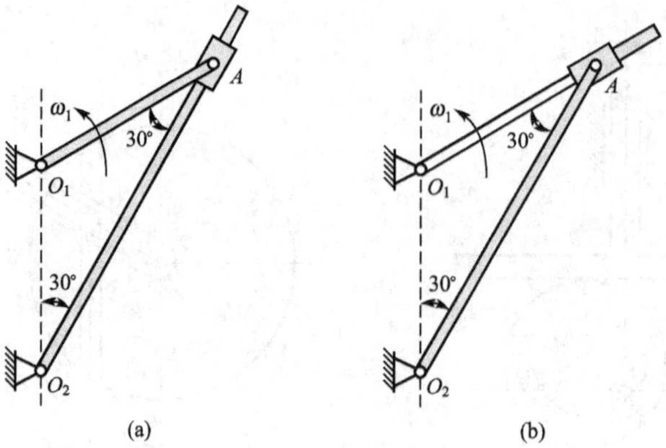

图 7.30　第 9 题图

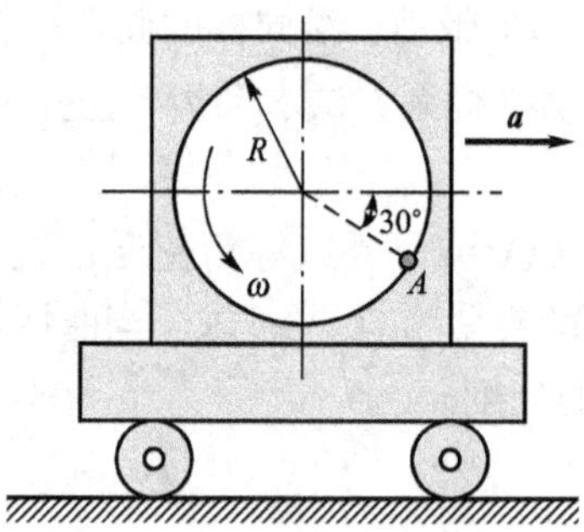

图 7.31　装有电动机的小车

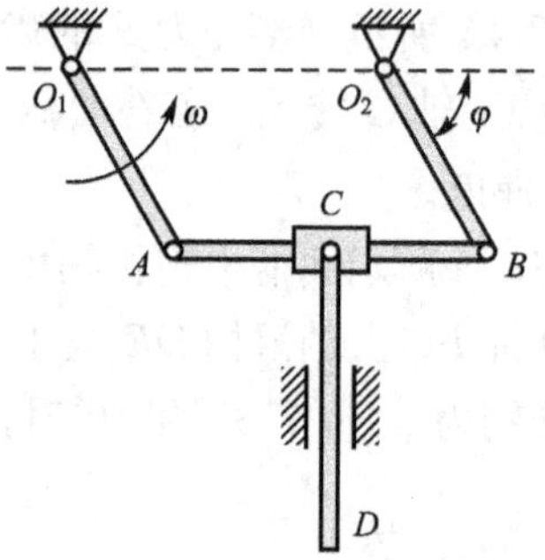

图 7.32　铰链四杆机构

12. 如图 7.33 所示，斜面 AB 与水平面成 45°角，且以 0.1m/s^2 的加速度沿 Ox 轴向右运动。物块 M 以相对加速度 $0.1\sqrt{2}\text{m/s}^2$ 沿斜面下滑，斜面与物块的初速度都为零。物块 M 的初始位置为：坐标 $x=0$，$y=h$。试求物块 M 的绝对运动方程、运动轨迹、速度和加速度。

13. 小车沿水平方向作加速运动，其加速度 $a=0.493\text{m/s}^2$。在小车上有一绕轴 O 转动的轮子，转动的规律为 $\varphi=t^2$，式中 φ 以 rad 计，t 以 s 计。当 $t=1\text{s}$ 时，轮缘上点 A 的位置如图 7.34 所示。若轮的半径 $r=0.2\text{m}$，求此时点 A 的绝对加速度。

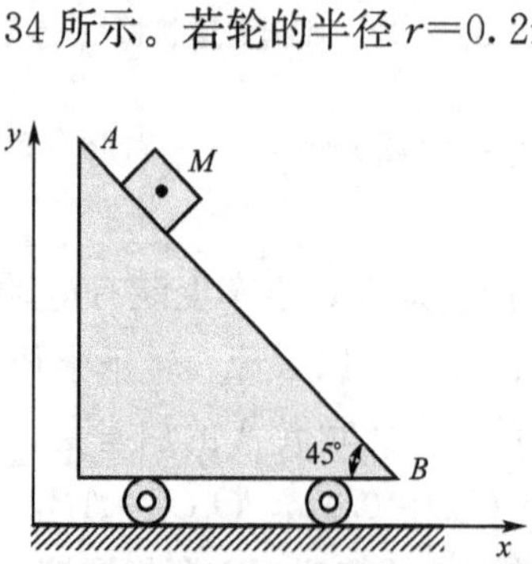

图 7.33　第 12 题图

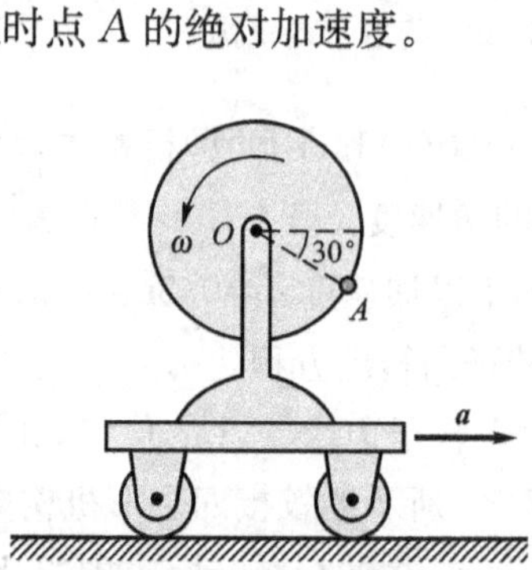

图 7.34　第 13 题图

14. 如图 7.35 所示，圆盘绕轴 AB 转动，其角速度 $\varphi=2t$，φ 以 rad/s 计，t 以 s 计。点 M 沿圆盘半径离开中心向外缘运动，运动规律为 $s=OM=4t^2$，s 以 cm 计，t 以 s 计。半径 OM 与轴 AB 之间的夹角为 60°，试求：当 $t=1$s 时，点 M 的绝对加速度。

15. 如图 7.36 所示，杆 OA 绕轴 O 以匀角速度 $\omega=2$rad/s 转动，点 M 在 OA 上运动，运动规律为 $x=2+3t^2$，式中 x 以 cm 计，t 以 s 计。求当 $t=1$s 时，点 M 的绝对加速度。

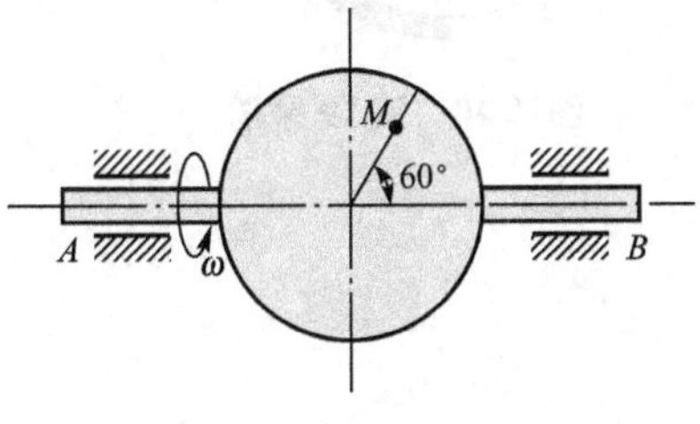

图 7.35 第 14 题图

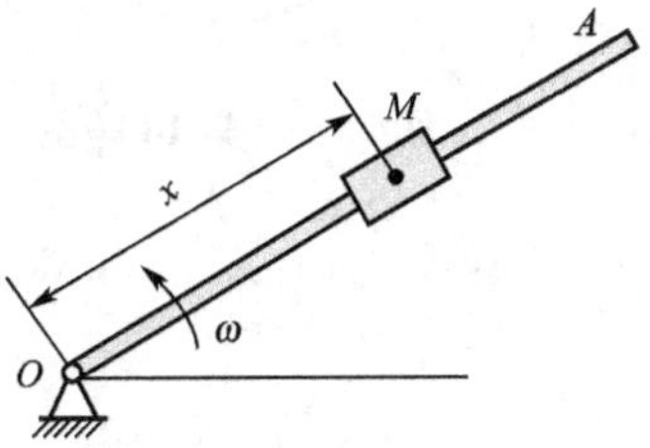

图 7.36 第 15 题图

16. 如图 7.37 所示，摆式汽缸的曲柄 OA 以 $n=300$r/min 的转速转动，曲柄 $OA=0.1$m。若在汽缸上固连一坐标系，试求当曲柄与水平线成 30°且汽缸轴线与水平线成 15°时，活塞的科氏加速度的大小和方向。

17. 如图 7.38 所示，直线 AB 以大小为 v_1 的速度沿垂直于 AB 的方向向上移动；直线 CD 以大小为 v_2 的速度沿垂直于 CD 的方向向左上方移动。如两直线的夹角为 θ，试求两直线交点 M 的速度。

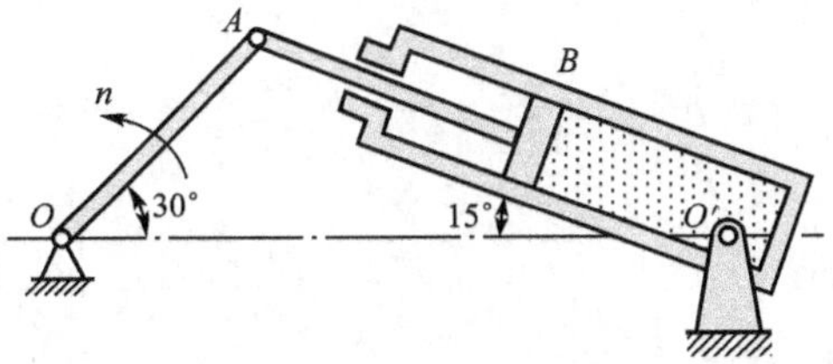

图 7.37 第 16 题图

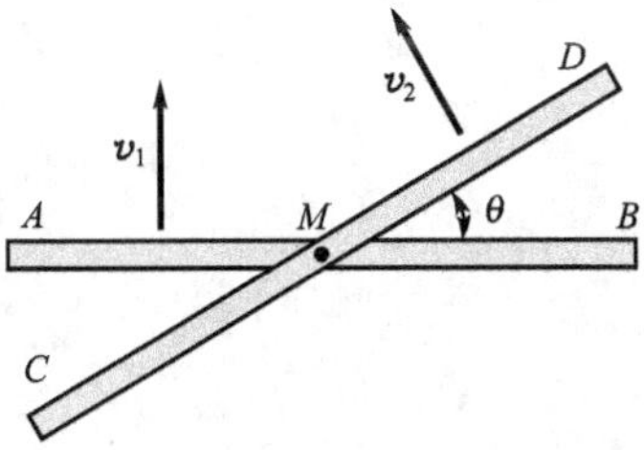

图 7.38 第 17 题图

18. 一半径为 $R=0.2$m 的圆盘，绕通过点 A 垂直于圆面的轴转动。动点 M 以匀速度 $v_r=0.4$m/s 沿圆盘边缘运动。在图 7.39 所示位置圆盘的角速度 $\omega=2$rad/s，角加速度 $\alpha=4$rad/s^2。求在该瞬时动点 M 的绝对加速度。

19. 如图 7.40 所示，大圆环保持静止，其半径 $R=0.5$m，小圆环 M 套在杆 AB 和大圆环上。当 $\theta=30°$时，AB 转动的角速度 $\omega=2$rad/s，角加速度 $\alpha=2$rad/s^2。试求：

(1) 该瞬时点 M 沿大圆环滑动的速度；

(2) 该瞬时点 M 沿 AB 杆滑动的速度；

(3) 该瞬时点 M 绝对加速度。

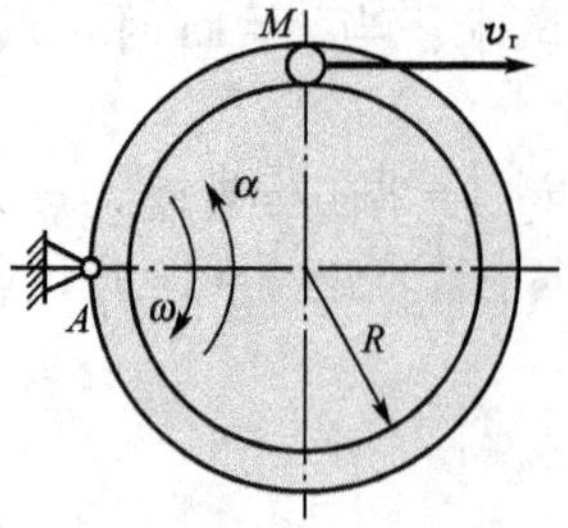

图 7.39　第 18 题图

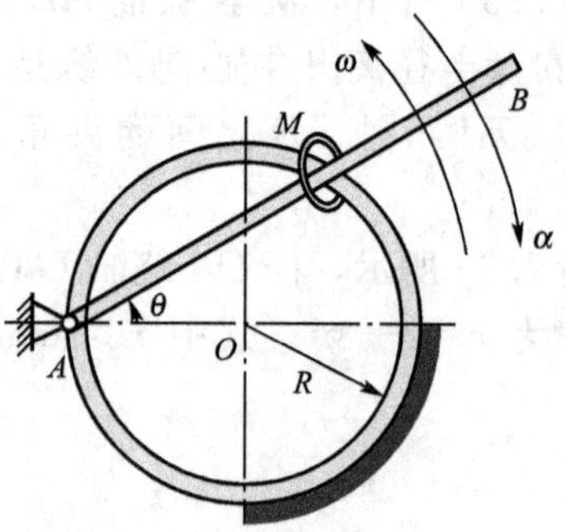

图 7.40　第 19 题图

第8章 刚体的平面运动

教学目标

本章主要研究刚体平面运动的分解，平面运动刚体的角速度和角加速度，以及刚体上各点的速度和加速度。通过本章的学习，应达到以下目标。

(1) 理解平面运动、基点、速度瞬心、瞬时平移等基本概念，了解平面运动简化的结果。

(2) 掌握求平面图形内各点速度的3种方法，即基点法、速度投影法和瞬心法。

(3) 熟练应用基点法，求平面图形内各点加速度，会综合应用运动学知识求解复杂机构的运动问题。

教学要求

知识要点	能力要求	相关知识
刚体平面运动的分解	(1) 理解刚体平面运动的基本概念 (2) 理解基点的概念和基点的选择 (3) 理解平面运动的合成与分解	(1) 刚体运动的合成和分解 (2) 刚体平动与基点的选择有关 (3) 刚体转动与基点的选择无关
求平面图形内各点的速度	(1) 会应用基点法求平面图形内各点速度 (2) 会应用速度投影式求刚体内各点速度 (3) 会应用瞬心法求平面图形内各点速度	(1) 速度投影定理 (2) 速度瞬心、瞬时平移的基本概念 (3) 应用3种方法求刚体内各点速度
求平面图形内各点的加速度	(1) 理解基点法求点的加速度的合成公式 (2) 熟练应用加速度合成公式解题 (3) 会综合应用运动学知识求解实际问题	(1) 加速度合成公式 (2) 加速度合成公式的应用 (3) 运动学知识的综合应用

基本概念

刚体平面运动；刚体平行移动；刚体绕定轴转动；基点；速度合成公式；速度投影定理；速度瞬心；瞬时平移；加速度合成公式。

引例

刚体的平行移动和刚体绕定轴转动是工程中最常见且最简单的两种刚体运动形式。除此之外，刚体还可以有更复杂的运动形式，其中，刚体的平面运动是工程机械中较为常见的一种刚体运动，掌握其运动规律是分析和计算机构运动的重要基础。研究刚体平面运动的方法是在分析平面运动特点的基础上，将刚体的平面运动简化为平面图形在自身平面内的运动，建立刚体平面运动的运动方程，将平面运动视为平动和转动的合成，或者视为绕不断运动的轴的转动。本章将研究刚体平面运动的分解，平面运动刚体的角速度和角加速度，以及刚体上各点的速度和加速度的计算方法。

例如，在曲柄磙子机构中，曲柄 OA 以匀角速度 ω_O 绕轴 O 转动，曲柄 OA 长度为 R，连杆 AB 长度为 $2R$，磙子半径为 R，沿水平固定面作纯滚动。当曲柄 OA 与水平线垂直时，求磙子的角速度和角加速度。

8.1 刚体平面运动概述和运动分解

8.1.1 刚体平面运动的概念

在工程机械中，许多零部件的运动形式既不是简单的刚体平动，也不是简单的刚体绕定轴的转动。例如，图 8.1 所示沿直线轨道滚动的车轮的运动，图 8.2 所示曲柄连杆机构中的连杆 AB 的运动，等等。这类刚体的运动有一个共同的特点，即在运动中，刚体上任意一点与某一固定平面始终保持相等的距离，这种运动称为**平面运动**。

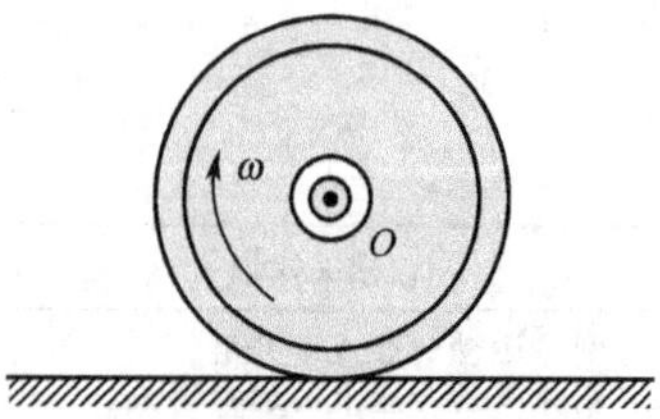

图 8.1 沿直线轨道滚动的车轮

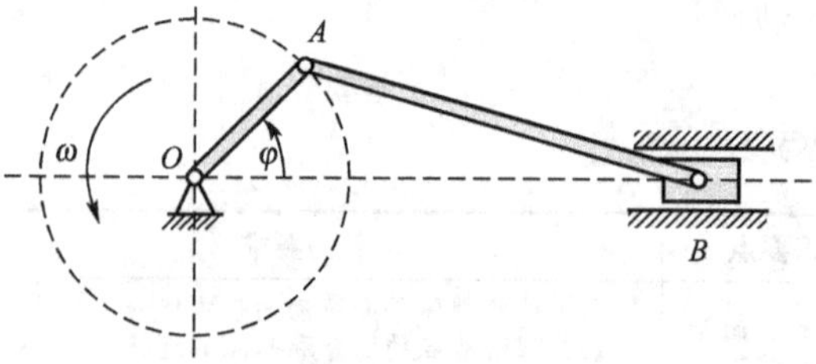

图 8.2 曲柄连杆机构中连杆的运动

8.1.2 刚体平面运动的运动方程

根据刚体平面运动的上述特点，可把三维刚体简化到一个二维平面内进行研究。设平

面 P_0 为某一固定平面，如图 8.3 所示。作平面 P 平行于平面 P_0，平面 P 横截刚体得到一平面图形 S。由平面运动的定义可知，当刚体运动时，平面图形 S 必在平面 P 内运动。在刚体内取任意一条垂直于截面 S 的线段 A_1A_2，其与截面 S 的交点为 A。显然，当刚体运动时，线段 A_1A_2 总是垂直于平面 P，作平行于自身的运动，即线段 A_1A_2 平行移动。由刚体平动性质可知，线段 A_1A_2 上各点的运动完全相同。这样，线段与平面图形的交点 A 的运动就可以代表整个线段的运动。同理，作垂线 B_1B_2，则 B_1B_2 与平面 P 的交点 B 的运动就可以代表 B_1B_2 上各点的运动。而刚体可看成无数条与 A_1A_2 平行的线段组成，因此，平面图形 S 的运动就可以代表整个刚体的运动。简而言之，刚体的平面运动可以简化为平面图形在其自身平面内的运动。

为了描述平面图形的运动，在平面 P 内取静坐标系 Oxy，如图 8.4 所示。图形 S 的位置可由其上任一线段 AB 的位置来确定，而线段 AB 的位置则由点 A 的坐标 x_A，y_A 以及线段 AB 与固定坐标轴 Ox 间的夹角 φ 来确定。当平面图形 S 运动时，点 A 的坐标 x_A，y_A 和夹角 φ 都是时间 t 的单值连续函数，即

$$x_A=f_1(t),\quad y_A=f_2(t),\quad \varphi=f_3(t) \tag{8-1}$$

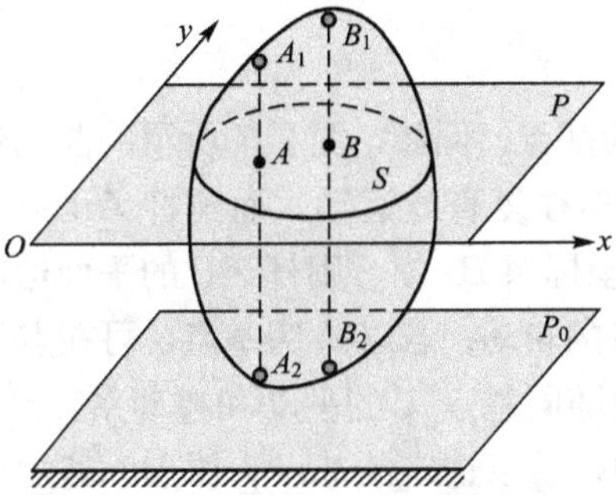

图 8.3　刚体平面运动的简化

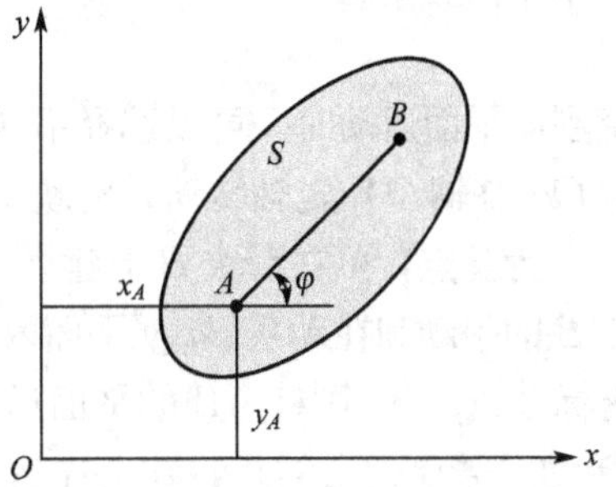

图 8.4　平面运动的描述

式(8-1)完全确定了每一瞬时平面图形 S 的运动，因而称该式为**平面图形的运动方程**。

8.1.3　刚体平面运动的分解

由式(8-1)可见，在刚体运动中，若线段 AB 与固定坐标轴 Ox 间的夹角 φ 保持不变，则刚体将按点 A 的运动方程 $x_A=f_1(t)$，$y_A=f_2(t)$ 作平动。若点 A 的坐标不变，即点 A 不动，则刚体将绕垂直于图形 S 的轴 A 作定轴转动，刚体的运动方程为 $\varphi=f_3(t)$。因此，在一般情况下，刚体的平面运动可分解为平动或转动。

平面运动的这种分解也可用点的合成运动的观点加以解释。以沿直线轨道滚动的车轮为例，如图 8.5(a)所示，以车厢为动参考体，取车轮轮心 O' 为原点建立动参考系 $O'x'y'$，则车厢的平移是牵连运动，车轮绕动系原点 O' 的转动为相对运动，牵连运动与相对运动的合成即为车轮的绝对运动，即车轮作平面运动。单独车轮作平面运动时，同样可在轮心 O' 处固连一个平动参考系 $O'x'y'$，如图 8.5(b)所示，于是车轮这种较为复杂的平面运动就分解为平动和转动两种简单的运动。

对于任意的平面运动，可在平面图形 S 上任取一点 O'，并以点 O' 为原点建立坐标系

$O'x'y'$，如图8.6所示。平面图形S运动时，坐标系$O'x'y'$将随之运动，并保持原点与平面图形S上的点O'重合，且$O'x'$和$O'y'$轴始终与Ox和Oy轴平行。定义点O'为**基点**，则$O'x'y'$为固结于基点O'上的平动坐标系。这样，平面图形S的平面运动就可以视为随同基点O'的平动和绕基点O'的转动这两种基本运动的合成。

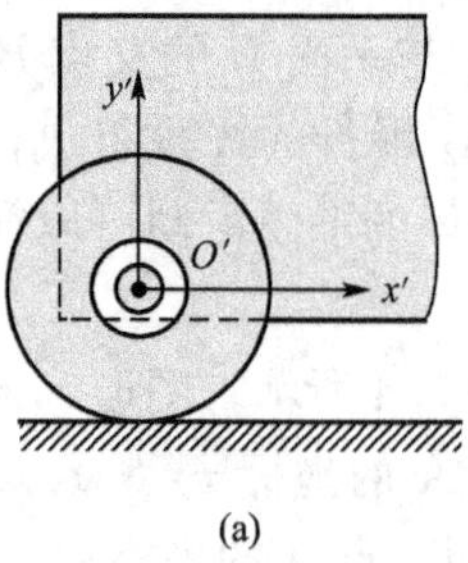

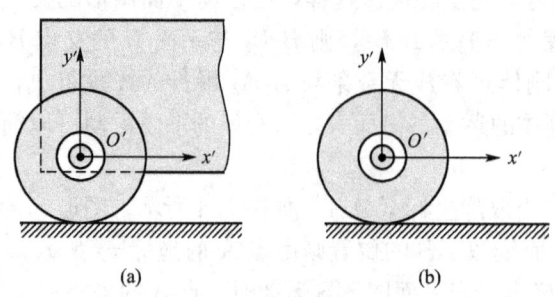

图8.5　沿直线轨道滚动的车轮

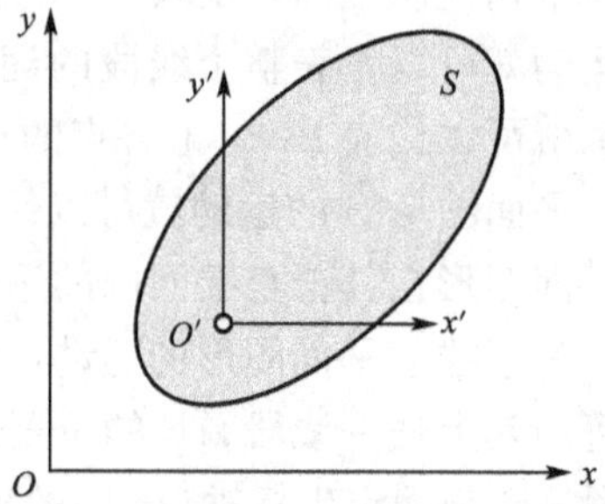

图8.6　静坐标系和平动坐标系

8.1.4　基点的选择

研究刚体平面运动时，可以选择不同的点作为基点。例如，图8.7所示的曲柄连杆机构中，曲柄OA绕轴O作定轴转动，滑块B沿滑槽作往复直线运动，而连杆AB则作平面运动。若以B为基点，可在滑块B上建立一个平动坐标系$Bx'y'$，则杆AB的平面运动分解为随同基点B的平动和在动系$Bx'y'$平面内绕基点B的转动；若以A为基点，可在点A建立一个平动坐标系$Ax''y''$，则杆AB的平面运动分解为随同基点A的平动和在动系$Ax''y''$内绕基点A的转动。需要指出的是，在上述运动分解中，总以选定的基点为原点，建立一个作平行移动的动参考系，因此，刚体绕基点的转动，是指相对于该平动参考系的转动。

由上面的分析可知，研究平面运动的分解时，基点的选择具有任意性。因为平面图形上各点的运动不同，所以选择不同的基点，平动坐标系的运动也不同。这就表明，平面图形运动分解的平动部分与基点的选择有关。那么，平面图形运动分解的转动部分是否与基点的选择有关呢?

如图8.8所示，设平面图形S由位置Ⅰ运动到位置Ⅱ，分别以线段AB和A_1B_1来表示平面图形S的位置。若以点A为基点，则先将线段AB平移至A_1B_2，然后绕点A_1转过角φ_1至A_1B_1位置；若以点B为基点，则先将线段AB平动至A_2B_1位置，然后绕点B_1转过角φ_2至A_1B_1位置。由图8.8可见，选择不同的基点，AB转过的角度相等，即

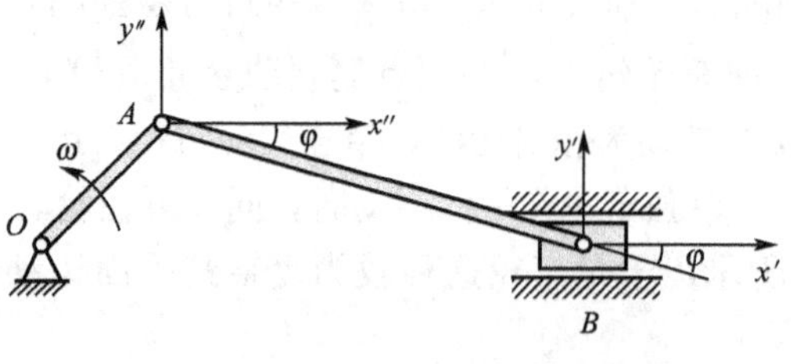

图8.7　选取不同基点研究连杆的平面运动

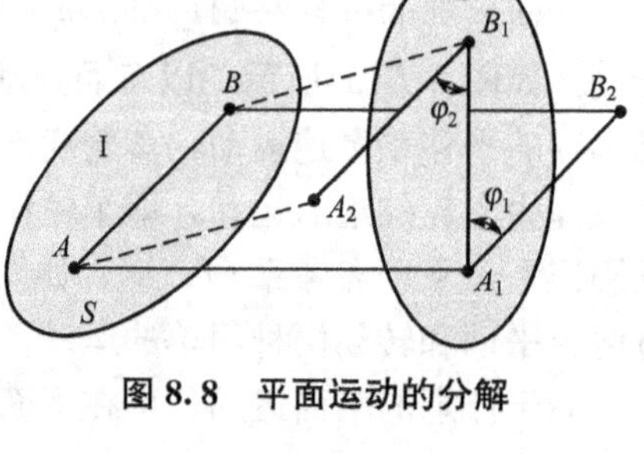

图8.8　平面运动的分解

$$\varphi_1=\varphi_2 \tag{8-2}$$

对于任意瞬时，上式均成立。因而，上式两端对时间 t 的一阶导数和二阶导数也成立，即

$$\omega_1=\frac{d\varphi_1}{dt}=\frac{d\varphi_2}{dt}=\omega_2,\quad \alpha_1=\frac{d^2\varphi_1}{dt^2}=\frac{d^2\varphi_2}{dt^2}=\alpha_2 \tag{8-3}$$

综上所述，可知平面运动可取任意基点而分解为平动和转动，其中平动速度和加速度与基点的选择有关，而平面图形绕基点的转动的角速度和角加速度与基点的选择无关。

仍以图 8.7 所示的连杆 AB 为例，连杆 AB 上的点 B 作直线运动，点 A 作圆周运动，可见，在平面图形上选取不同的基点，其速度和加速度不同。另外，由图 8.7 可见，若运动起始时 OA 和 AB 均处于水平位置，运动中任意瞬时，AB 连线绕点 A 或绕点 B 的转角，相对于各自的平动参考系 $Ax''y''$ 或 $Bx'y'$，都等于相对静参考系的转角 φ。由于任意瞬时的转角相等，其角速度和角加速度也必相等。

8.2 求平面图形内各点速度的基点法

根据 8.1 节的讨论，任何平面图形的运动均可分解为两个运动：①牵连运动，即随同基点 O' 的平动；②相对运动，即绕基点 O' 的转动。于是，平面图形内任一点 M 的运动也是两个运动的合成，因此，可采用速度合成定理来求它的速度，这种方法称为**基点法**。

因为牵连运动为平动，所以点 M 的牵连速度等于基点的速度 $\boldsymbol{v}_{O'}$，如图 8.9 所示。又因为点 M 的相对运动是以点 O' 为圆心的圆周运动，所以点 M 的相对速度即为平面图形绕点 O' 转动时点 M 的速度，以 $v_{MO'}$ 表示，它垂直于 $O'M$ 而指向图形转动的方向，其大小为

$$v_{MO'}=O'M\cdot\omega \tag{8-4}$$

式中，ω 是平面图形角速度的绝对值。以速度 $\boldsymbol{v}_{O'}$ 和 $\boldsymbol{v}_{MO'}$ 为边作速度平行四边形，如图 8.9 所示。由图 8.9 可见，点 M 的绝对速度就是速度平行四边形的对角线，即

$$\boldsymbol{v}_M=\boldsymbol{v}_{O'}+\boldsymbol{v}_{MO'} \tag{8-5}$$

式(8-5)即为平面图形内任意点 M 的速度分解式。根据式(8-5)，可以绘制平面图形内直线 $O'M$ 上各点的速度分布图，如图 8.10 所示。

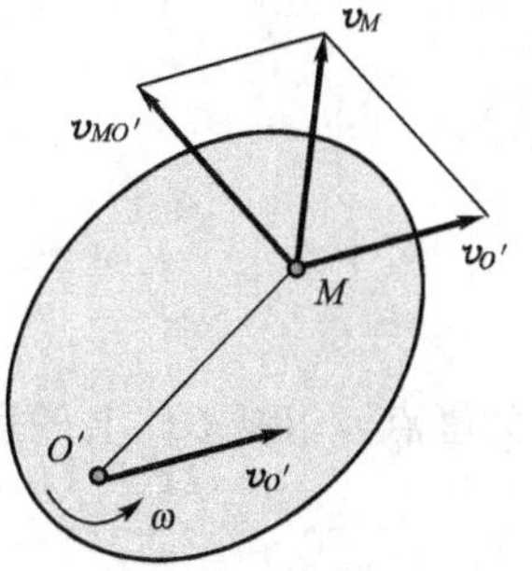

图 8.9 采用基点法的速度合成

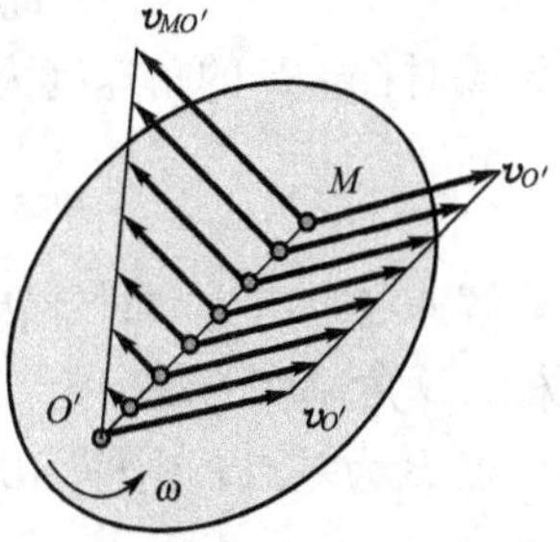

图 8.10 直线 $O'M$ 上各点的速度分布图

于是可以得出结论：平面图形内任意一点的速度等于基点的速度与该点随图形绕基点转动速度的矢量和。

根据这个结论，平面图形内任意两点 A 和 B 的速度 $\boldsymbol{v}_A$ 和 $\boldsymbol{v}_B$ 必存在一定的关系。若

选取点 A 为基点，以 $\boldsymbol{v}_{BA}$ 表示点 B 相对于点 A 的相对速度，则有

$$\boldsymbol{v}_B=\boldsymbol{v}_A+\boldsymbol{v}_{BA} \tag{8-6}$$

式中，相对速度 $\boldsymbol{v}_{BA}$ 的大小为

$$v_{BA}=AB\cdot\omega \tag{8-7}$$

其方向垂直于 AB，且指向图形转动的方向。

显然，式(8-6)为矢量表达式，包含 $\boldsymbol{v}_A$、$\boldsymbol{v}_B$ 和 $\boldsymbol{v}_{AB}$ 的大小和方向共6个要素，如果已知其中的任意4个要素，就可以利用速度平行四边形求出其余的两个未知要素。对于平面图形的运动而言，点的相对速度 $\boldsymbol{v}_{BA}$ 的方向总是已知的，它垂直于线段 AB。因此，只需要知道任何其他3个要素，便可作出速度平行四边形。

应用基点法求平面图形上一点的速度一般可按以下步骤进行：①分析平面图形中各刚体的运动，哪些刚体作平动，哪些刚体作转动，哪些刚体作平面运动；②研究作平面运动的刚体上哪一点速度的大小和方向已知，哪一点速度的方向或大小未知；③选定基点(设为点 A)，另一点(设为点 B)可应用公式 $\boldsymbol{v}_B=\boldsymbol{v}_A+\boldsymbol{v}_{BA}$，作速度平行四边形，并利用几何关系，求解平行四边形中的未知量。

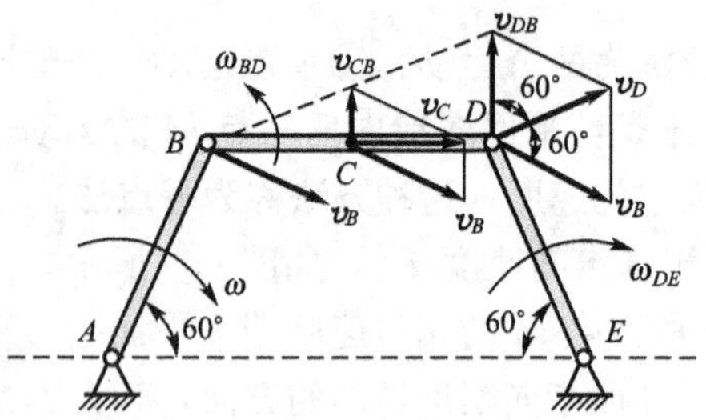

图 8.11 平面机构

【例 8.1】 如图8.11所示平面机构中，$AB=BD=DE=l=300\text{mm}$。在图示位置，BD 平行于 AE，杆 AB 的角速度为 $\omega=5\text{rad/s}$。试求此瞬时杆 DE 的角速度和杆 BD 中点 C 的速度。

解： 杆 DE 绕点 E 转动，为求其角速度，可先求点 D 的速度。杆 BD 作平面运动，而点 B 又是定轴转动刚体 AB 上的一点，点 B 的速度大小为

$$v_B=\omega l=5\times0.3=1.5(\text{m/s})$$

速度 $\boldsymbol{v}_B$ 的方向与杆 AB 垂直，如图8.11所示。对于作平面运动的杆 BD，可以取点 B 为基点，由式(8-6)，有

$$\boldsymbol{v}_D=\boldsymbol{v}_B+\boldsymbol{v}_{DB}$$

式中，$\boldsymbol{v}_B$ 的大小和方向已知；$\boldsymbol{v}_{DB}$ 的方向与杆 BD 垂直；点 D 的速度 $\boldsymbol{v}_D$ 的方向与杆 DE 垂直。作速度平行四边形，如图8.11所示。根据此瞬时的几何关系，有

$$v_D=v_{DB}=v_B=1.5\text{m/s}$$

由此，解得该瞬时杆 DE 的角速度为

$$\omega_{DE}=\frac{v_D}{l}=\frac{1.5}{0.3}=5(\text{rad/s})$$

瞬时杆 DE 的解速度方向为顺时针转向。

在求出杆 BD 角速度的基础上，可选择点 B 或点 D 为基点，求杆 BD 上任意一点的速度。若仍选择点 B 为基点，则杆 BD 中点 C 的速度为

$$\boldsymbol{v}_C=\boldsymbol{v}_B+\boldsymbol{v}_{CB}$$

式中，$\boldsymbol{v}_B$ 的大小和方向均为已知；$\boldsymbol{v}_{CB}$ 方向与杆 BD 垂直，$\boldsymbol{v}_{CB}$ 的大小为

$$v_{CB}=\omega_{BD}\cdot\frac{l}{2}=5\times\frac{0.3}{2}=0.75(\text{m/s})$$

作点 C 的速度平行四边形，如图8.11所示。根据该瞬时速度矢量的几何关系，可得此时

$\boldsymbol{v}_C$ 的方向恰好沿杆 BD，其大小为

$$v_C=\sqrt{v_B^2-v_{CB}^2}=\sqrt{1.5^2-0.75^2}\approx 1.299(\mathrm{m/s})$$

【例 8.2】 半径为 R 的轮子沿直线轨道作无滑动的滚动，已知轮轴 O 以匀速 $\boldsymbol{v}_O$ 前行，求车轮的角速度和边缘上点 B 的速度。

解： 已知轮子作无滑动的滚动，所谓无滑动就是车轮与轨道相互接触的点 P 和 P' 具有相同的速度，因为轨道静止，所以车轮与轨道接触点的速度等于零，即

$$v_P=0$$

取点 P 为基点，轮轴 O 为动点，根据式(8-6)，有

$$\boldsymbol{v}_O=\boldsymbol{v}_P+\boldsymbol{v}_{OP}$$

设车轮转动的角速度为 ω，则 $v_{OP}=R\omega$，且 $v_P=0$，因而有

$$\boldsymbol{v}_O=\boldsymbol{v}_{OP}=R\omega$$

由此可得，车轮转动的角速度为 $\omega=v_O/R$，方向为顺时针转向。

再以轮轴 O 为基点，点 B 为动点，根据式(8-6)，有

$$\boldsymbol{v}_B=\boldsymbol{v}_O+\boldsymbol{v}_{BO}$$

式中，速度 $\boldsymbol{v}_O$ 的大小和方向均已知，速度 $\boldsymbol{v}_{BO}$ 方向垂直向下，且 $\boldsymbol{v}_{BO}$ 大小为

$$v_{BO}=R\omega=v_O$$

作点 B 的速度平行四边形，如图 8.12 所示。根据速度矢量的几何关系，可得

$$v_B=\sqrt{2}v_O$$

其方向与 $\boldsymbol{v}_O$ 的方向成 45°。

根据式(8-6)，可以导出**速度投影定理**：同一平面图形上任意两点的速度在这两点的连线上的投影相等。

证明： 在图形上取任意两点 A 和 B，它们的速度分别为 $\boldsymbol{v}_A$ 和 $\boldsymbol{v}_B$，如图 8.13 所示，则两点的速度必须符合如下关系：

$$\boldsymbol{v}_B=\boldsymbol{v}_A+\boldsymbol{v}_{BA}$$

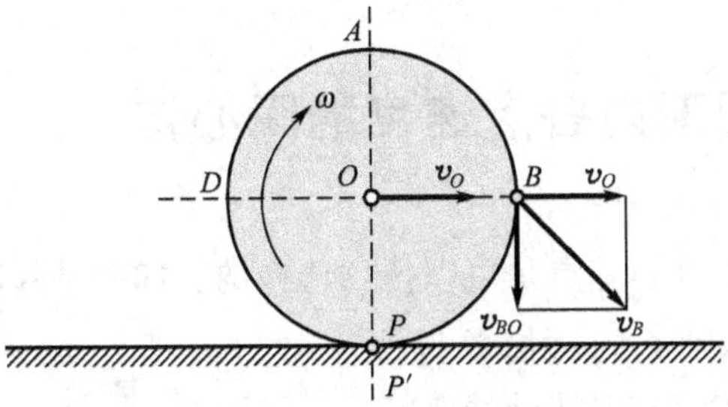

图 8.12 车轮的纯滚动

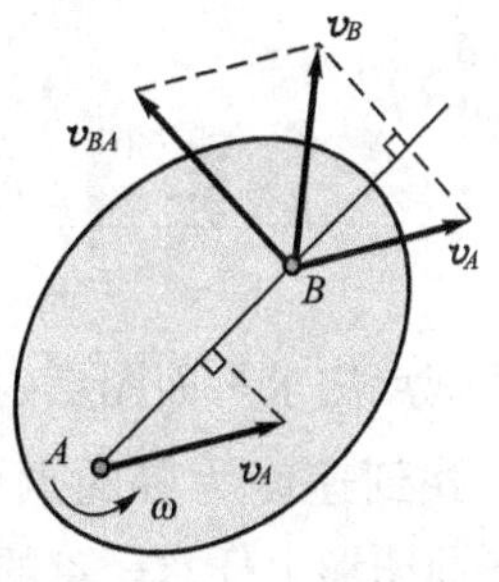

图 8.13 平面运动刚体上两点的速度投影

将上式两端往直线 AB 上投影，并分别用 $(\boldsymbol{v}_B)_{AB}$，$(\boldsymbol{v}_A)_{AB}$ 和 $(\boldsymbol{v}_{BA})_{AB}$ 表示速度 $\boldsymbol{v}_B$，$\boldsymbol{v}_A$ 和 $\boldsymbol{v}_{BA}$ 在直线 AB 上的投影，则

$$(\boldsymbol{v}_B)_{AB}=(\boldsymbol{v}_A)_{AB}+(\boldsymbol{v}_{BA})_{AB}$$

因为 $\boldsymbol{v}_{BA}$ 垂直于线段 AB，所以 $(\boldsymbol{v}_{BA})_{AB}=0$。从而有

$$(\boldsymbol{v}_B)_{AB}=(\boldsymbol{v}_A)_{AB} \tag{8-8}$$

速度投影定理得证。

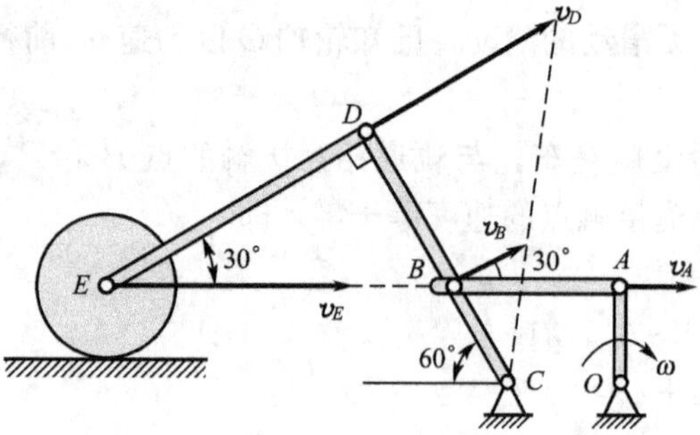

图 8.14　平面机构

【例 8.3】 图 8.14 所示的平面机构中，曲柄 OA 长 100mm，以角速度 $\omega=2\text{rad/s}$ 转动。连杆 AB 带动摇杆 CD，并拖动轮 E 沿水平面滚动。已知 $CD=3CB$，图示位置时点 A、B 和 E 同处于一条水平线上，且 CD 垂直于 ED。试求该瞬时点 E 的速度。

解： 点 A 既在曲柄 OA 上，又在连杆 AB 上，曲柄 OA 作绕轴 O 的定轴转动，杆 AB 作平面运动，点 A 的速度为

$$v_A=\omega\cdot OA=2\times0.1=0.2(\text{m/s})$$

因为点 B 既在连杆 AB 上，又在摇杆 CD 上，而摇杆 CD 绕轴 C 作定轴摆动，所以点 B 的速度 $\boldsymbol{v}_B$ 方向垂直于摇杆 CD。根据速度投影定理，杆 AB 上的点 A 和点 B 的速度在 AB 上的投影相等，即

$$v_B\cos30°=v_A$$

解得，点 B 的速度为

$$v_B=v_A/\cos30°=0.2309\text{m/s}$$

摇杆 CD 的角速度为 $\omega_{CD}=v_B/CB$，从而点 D 的速度为

$$v_D=\omega_{CD}\cdot CD=\frac{v_B}{CB}\cdot CD=3v_B=0.6928\text{m/s}$$

因为点 E 既在轮上，又在杆 DE 上，轮 E 沿水平面滚动，所以点 E 的速度方向水平向右。根据速度投影定理，杆 DE 上的点 D 和点 E 的速度在 DE 上的投影相等，即

$$v_E\cos30°=v_D$$

解得，点 E 的速度为

$$v_E=v_D/\cos30°=0.8\text{m/s}$$

8.3 求平面图形内各点速度的瞬心法

利用基点法求平面图形内任一点的速度，基点是可以任意选择的。如果某瞬时能在平面图形上找到速度为零的点作为基点，那么问题简单得多。此时，平面图形上任意一点的速度就等于绕基点转动的速度。

设某瞬时已知图形点 O 的速度为 $\boldsymbol{v}_O$，图形的角速度为 ω，如图 8.15 所示。过点 O 顺 ω 转 90°作垂直于 v_O 的射线 OL'，在射线 OL'上取长度 $OC=v_O/\omega$，定出点 C。取点 O 为基点，则点 C 相对于基点 O 的速度大小为

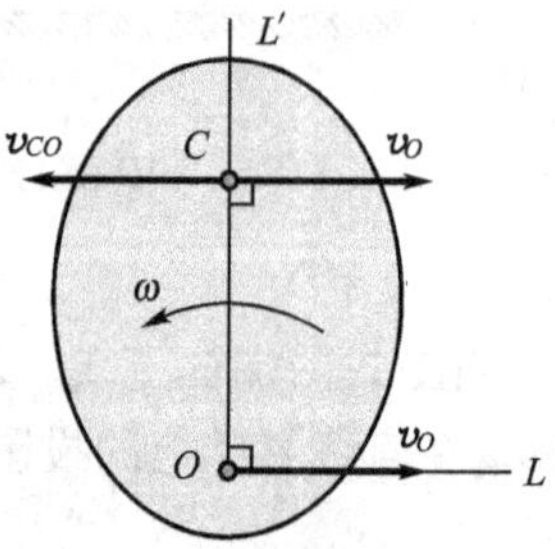

图 8.15　平面图形速度瞬心

$$v_{CO}=OC\cdot\omega=\frac{v_O}{\omega}\cdot\omega=v_O$$

$\boldsymbol{v}_{CO}$的方向与$\boldsymbol{v}_O$方向相反，因此，点C的速度大小为

$$v_C=v_O-v_{CO}=0$$

即在此瞬时，图形上点C的速度为零。由此可见，一般情况下，在每一瞬时，平面图形内或者平面图形的抽象扩展区域都唯一存在速度为零的点。该点称为平面图形在该瞬时的**瞬时速度中心**，简称**速度瞬心**。

现取速度瞬心C为基点，求平面图形上一点A的速度，如图 8.16 所示。由于基点的瞬时速度为零，所以点A的速度为

$$\boldsymbol{v}_A=\boldsymbol{v}_C+\boldsymbol{v}_{AC}=\boldsymbol{v}_{AC} \tag{8-9}$$

由式(8-9)可见，平面图形上任意一点的绝对速度等于该点随图形绕速度瞬心转动的速度。

因此，平面图形的运动可以看作是绕速度瞬心作瞬时转动。在该瞬时图形上各点的速度分布与定轴转动刚体上各点的速度的分布相同，如图 8.16 所示。图形上任意一点的速度的大小与该点到速度瞬心的距离成正比，速度的方向垂直于该点与速度瞬心的连线，并指向图形转动的一方。利用速度瞬心求平面图形内任意一点的速度的方法称为**瞬心法**。值得注意的是，在不同的瞬时，平面图形有不同的速度瞬心，刚体平面运动可归结为依次绕一系列的速度瞬心的瞬时转动。

瞬心法是求平面图形内任意一点速度的一种比较简单的方法，应用这种方法的关键在于确定速度瞬心的位置。下面介绍几种确定速度瞬心的方法。

(1) 已知某瞬时图形上点A和点B的速度方向，且互不平行。分别作A、B两点的速度矢量的垂线，两线的交点C即为该瞬时图形的速度瞬心，如图 8.16 所示。例如，如图 8.17 所示曲柄滑块机构，在图示瞬时，连杆AB端点A的速度方向垂于曲柄OA，端点B的速度方向水平，两速度互不并行，因而两速度矢量垂线的交点C即为速度瞬心。

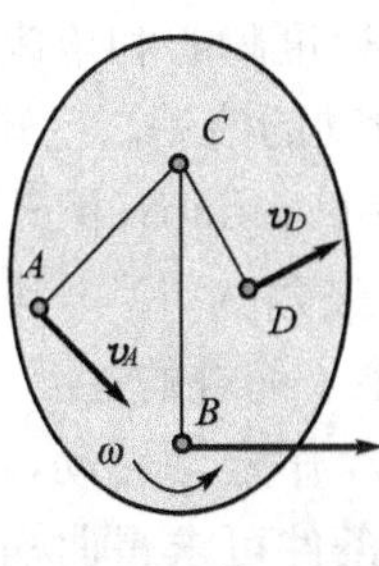

图 8.16 平面图形绕速度瞬心瞬时转动

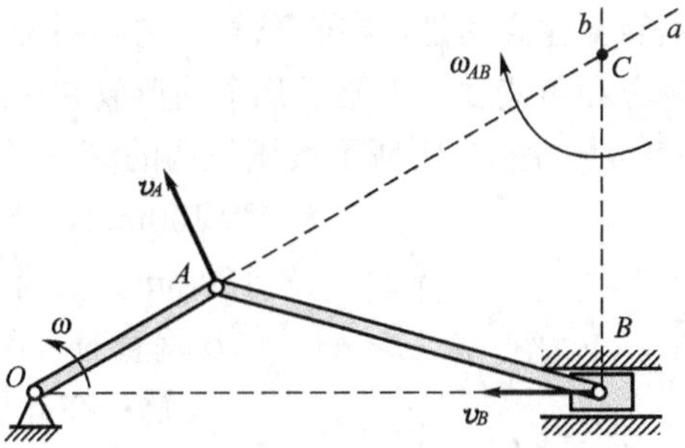

图 8.17 连杆 *AB* 速度瞬心的确定

(2) 已知某瞬时图形上点A和点B的速度方向相互平行且垂直于AB连线，并已知点A和点B速度的大小。由速度分布规律可知，当两速度大小不等而方向相同时，AB连线与两速度矢端连线的延长线的交点就是速度瞬心，如图 8.18(a)所示；当两速度方向相反时，AB连线与两速度矢端连线的交点C即为速度瞬心，如图 8.18(b)所示。

如图 8.18(c)所示，当A、B两点的速度相互平行，但速度矢量不与AB连线垂直时，速度瞬心在无穷远处。因此，该瞬时图形的角速度等于零，图形内各点的速度都相等，好像图形作平动一样，称为**瞬时平动**。应当注意，一般来说在该瞬时点的加速度并不相同。

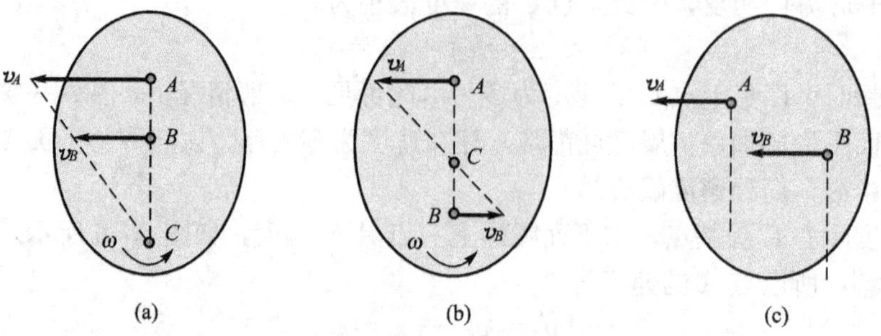

图 8.18　两点速度平行时速度瞬心的确定

在该瞬时之后，各点速度也不相同。因此，瞬时平动与刚体作平行移动有本质的区别。例如，如图 8.19 所示，曲柄滑块机构中的连杆 AB，在图示瞬时，$\boldsymbol{v}_A$ 与 $\boldsymbol{v}_B$ 平行，且 $\boldsymbol{v}_A$ 与 $\boldsymbol{v}_B$ 不与连杆 AB 垂直，连杆 AB 的瞬时角速度 $\omega_{AB}=0$，$\boldsymbol{v}_A=\boldsymbol{v}_B$，连杆 AB 作瞬时平动。

(3) 当平面图形在另一固定面上只滚动而不滑动时，由于固定面的速度为零，因此图形上与固定面的接触点即为图形的速度瞬心，如图 8.20 所示。

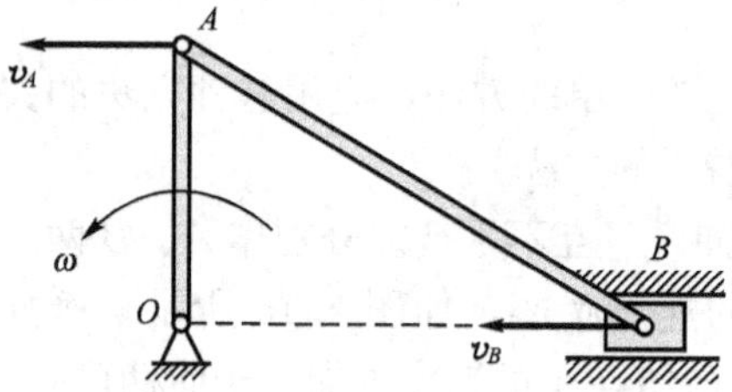

图 8.19　连杆 *AB* 作瞬时平动

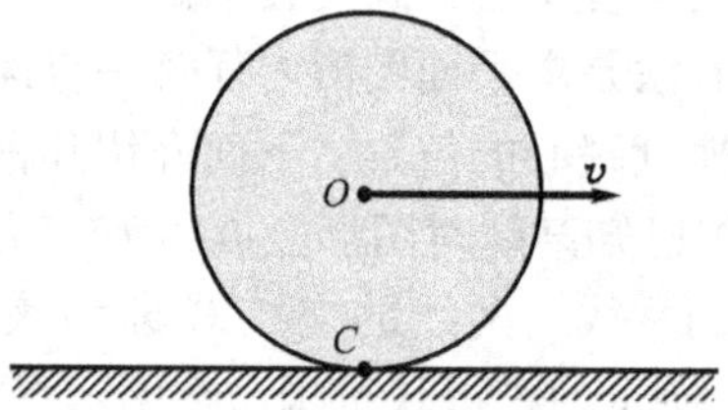

图 8.20　纯滚动平面图形的速度瞬心

特别需要注意的是，在研究某一物体系统的运动过程中，每一平面运动物体都有各自的速度瞬心和角速度，不能把几个图形放在一起来确定它们的速度瞬心和角速度。

【例 8.4】 图 8.21 所示滚压机构的滚子沿水平方向作无滑动的滚动。已知曲柄 OA 长为 150mm，绕 O 轴的转速 $n=60\text{r/min}$；滚子的半径 $R=150\text{mm}$。求当曲柄与水平面的夹角为 60°，且曲柄与连杆 AB 垂直时，滚子的角速度和滚子前进的速度。

解： 在此机构中，曲柄 OA 作定轴转动，连杆 AB 和滚子均作平面运动。根据已知条件可求得曲柄与连杆接触点 A 的速度 $\boldsymbol{v}_A$ 的大小和方向。滚子与 AB 杆通过点 B 连接，欲求滚子的速度，可通过分析 AB 杆的运动来求得。由于点 B 的速度 $\boldsymbol{v}_B$ 沿水平线 OB，因此过点 A 和点 B 分别作 $\boldsymbol{v}_A$ 和 $\boldsymbol{v}_B$ 的垂线，交点 C_1 即为连杆 AB 在图示瞬时的速度瞬心。

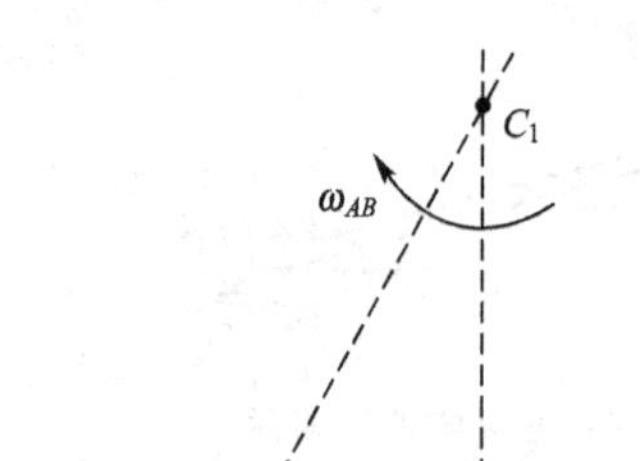

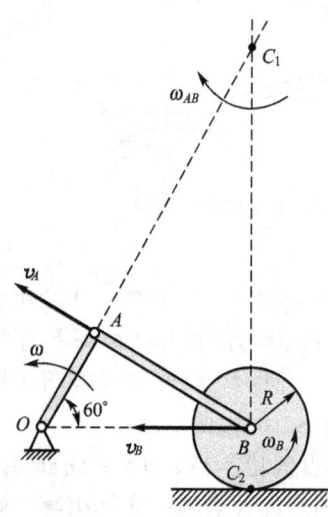

图 8.21　曲柄滚子机构

曲柄 OA 的角速度为

$$\omega=\frac{\pi n}{30}=\frac{60\pi}{30}=2\pi(\text{rad/s})$$

因此，点 A 的速度为

$$v_A=OA\cdot\omega=0.15\times2\pi=0.3\pi(\mathrm{m/s})$$

从而，连杆 AB 在图示瞬时的角速度为

$$\omega_{AB}=\frac{v_A}{AC_1}=\frac{v_A}{AB\cdot\tan60^\circ}=\frac{v_A}{OA\cdot\tan^2 60^\circ}=\frac{0.3\pi}{0.15\times3}=\frac{2\pi}{3}(\mathrm{rad/s})$$

因此，点 B 的速度为

$$v_B=BC_1\cdot\omega_{AB}=\frac{AB}{\cos60^\circ}\omega_{AB}=\frac{OA\cdot\tan60^\circ}{\cos60^\circ}\omega_{AB}=\frac{0.15\times\sqrt{3}}{0.5}\times\frac{2\pi}{3}=1.088(\mathrm{m/s})$$

点 B 的速度方向沿水平线 OB 向左。

因为滚子沿水平方向作无滑动的滚动，所以滚子与水平面的接触点 C_2 即为滚子的速度瞬心。滚子的角速度 ω_B 为

$$\omega_B=\frac{v_B}{R}=\frac{1.088}{0.15}=7.25(\mathrm{rad/s})$$

转向为逆时针方向。

【例 8.5】 如图 8.22 所示，已知杆 AB 的长度为 l，滑块 A 的速度大小为 v_A，方向水平向左，当杆 AB 与水平线的夹角为 φ 时，求：(1)杆 AB 的角速度；(2)滑块 B 的速度和杆 AB 中点 D 的速度。

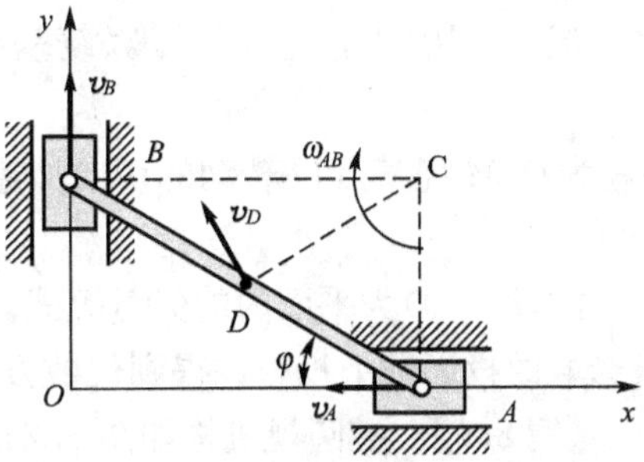

图 8.22 滑块连杆机构

解：(1) 滑块 A 和 B 速度方向已知，过点 A 和 B 分别作速度矢量 $\boldsymbol{v}_A$ 和 $\boldsymbol{v}_B$ 的垂线，两垂线的交点 C 即为杆 AB 的速度瞬心。因为杆 AB 的运动可看成绕瞬心的瞬时转动，所以杆 AB 绕速度瞬心转动的角速度 ω_{AB} 可通过点 A 的速度求出。

$$\omega_{AB}=\frac{v_A}{AC}=\frac{v_A}{l\sin\varphi}$$

(2) 求出杆 AB 的角速度 ω_{AB} 之后，应用速度瞬心法就可以直接求出滑块 B 和杆 AB 中点 D 的速度。滑块 B 的速度为

$$v_B=BC\cdot\omega_{AB}=\frac{BC}{AC}v_A=v_A\cot\varphi$$

方向竖直向上，如图 8.22 所示。

杆 AB 的中点 D 的速度为

$$v_D=DC\cdot\omega_{AB}=\frac{l}{2}\cdot\frac{v_A}{l\sin\varphi}=\frac{v_A}{2\sin\varphi}$$

方向垂直于 CD 连线，并指向左上方，如图 8.22 所示。

本题中滑块 B 的速度还可应用基点法或者速度投影法求解，相比较而言，速度投影法最为简单，但是，若单独采用速度投影法，则不能求出杆 AB 的角速度。

8.4 用基点法求平面图形内各点的加速度

如前所述，平面图形 S 的运动可分解为两部分：①随基点 O 的平动(牵连运动)；②绕

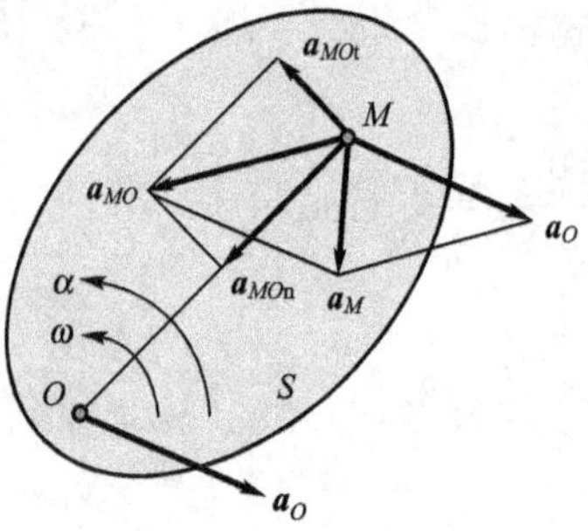

图 8.23　采用基点法的加速度合成

基点 O 的相对转动(相对运动)。如图 8.23 所示。由于牵连运动为平动，因此，平面图形 S 内任意一点的加速度可以用加速度合成定理 $\boldsymbol{a}_a=\boldsymbol{a}_e+\boldsymbol{a}_r$ 求解。

设平面图形 S 在某一瞬时的角速度为 ω，角加速度为 α，其上点 O 的加速度为 $\boldsymbol{a}_O$，如图 8.23 所示。为求图形上任意一点 M 的加速度，选取点 O 为基点，则点 M 的牵连运动是随基点 O 的平动，所以牵连加速度 $\boldsymbol{a}_e=\boldsymbol{a}_O$；点 M 的相对运动为绕基点 O 的转动，因此相对加速度 $\boldsymbol{a}_r=\boldsymbol{a}_{MO}$，它可分解为切向加速度和法向加速度，即 $\boldsymbol{a}_{MO}=\boldsymbol{a}_{MOn}+\boldsymbol{a}_{MOt}$。于是有

$$\boldsymbol{a}_M=\boldsymbol{a}_O+\boldsymbol{a}_{MOn}+\boldsymbol{a}_{MOt} \tag{8-10}$$

上式表明，平面图形内任意一点的加速度等于基点的加速度与绕基点转动的切向加速度和法向加速度的矢量和。这种求加速度的方法称为平面运动的**加速度合成法**，也称**基点法**。

式(8-10)中，$\boldsymbol{a}_{MOn}$为点 M 绕基点 O 转动的法向加速度，指向基点 O，大小为

$$a_{MOn}=OM\cdot\omega^2 \tag{8-11}$$

$\boldsymbol{a}_{MOt}$为点 M 绕基点 O 转动的切向加速度，方向与 OM 垂直，大小为

$$a_{MOt}=OM\cdot\alpha \tag{8-12}$$

式(8-10)为平面内的矢量等式，在利用式(8-10)计算时，往往需将式(8-10)向恰当选取的投影轴上投影，得到代数方程，然后求解。

【例 8.6】　椭圆规机构如图 8.24(a)所示，已知 OD 以匀角速度 ω 绕 O 轴转动，$OD=AD=BD=l$。当 $\varphi=60°$时，求杆 AB 的角速度以及点 A 的速度和加速度。

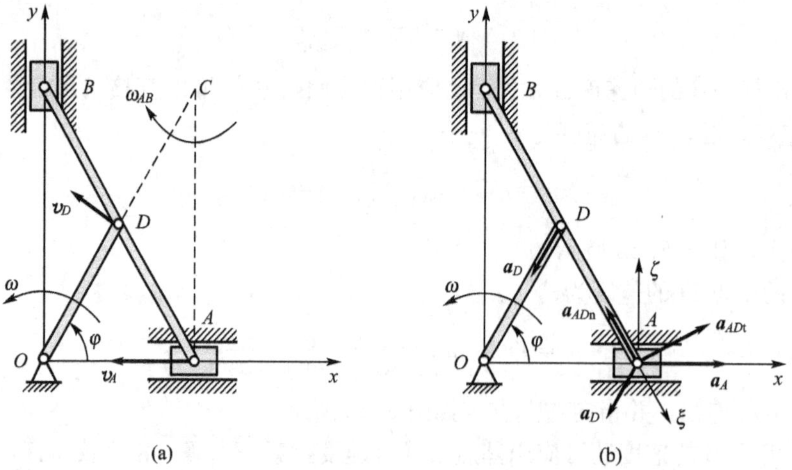

图 8.24　椭圆规机构

解：(1) 速度分析。曲柄 OD 绕定轴 O 转动，点 D 的速度 $\boldsymbol{v}_D$ 大小和方向均已知，滑块 A 作直线运动，其速度 $\boldsymbol{v}_A$ 的方向已知。过点 A 和点 D 分别作速度矢 $\boldsymbol{v}_A$ 和 $\boldsymbol{v}_D$ 的垂线，交点 C 即为杆 AB 的速度瞬心，如图 8.24(a)所示。点 D 的速度大小为

$$v_D=OD\cdot\omega=l\omega$$

方向垂直于 OD。则在图示瞬时，杆 AB 的角速度为

$$\omega_{AB}=\frac{v_D}{CD}=\frac{v_D}{OD}=\frac{v_D}{l}=\frac{l\omega}{l}=\omega$$

点 A 的速度为

$$v_A=CA\cdot\omega_{AB}=(OD+CD)\sin60^\circ\cdot\omega_{AB}=2l\omega\sin60^\circ=\sqrt{3}l\omega$$

方向沿 AO 水平向左。

(2) 加速度分析。曲柄 OD 绕定轴 O 转动，杆 AB 作平面运动。取杆 AB 上的点 D 为基点，点 D 的加速度为

$$a_D=l\omega^2$$

方向沿 OD 指向 O。点 A 的加速度为

$$\boldsymbol{a}_A=\boldsymbol{a}_D+\boldsymbol{a}_{ADn}+\boldsymbol{a}_{ADt} \tag{a}$$

式中，$\boldsymbol{a}_D$ 的大小和方向以及 $\boldsymbol{a}_{ADn}$ 的大小和方向均为已知。因为点 A 作直线运动，所以可假设 $\boldsymbol{a}_A$ 的方向水平向右；$\boldsymbol{a}_{ADt}$ 垂直于 AD，其方向可假设为斜向右上方。如图 8.24(b)所示。$\boldsymbol{a}_{ADn}$ 的方向沿 AD 指向点 D，其大小为

$$a_{ADn}=\omega_{AB}^2\cdot AD=\omega^2\cdot AD=l\omega^2$$

为了求得 $\boldsymbol{a}_A$ 的大小，取 ξ 轴垂直于 $\boldsymbol{a}_{ADt}$，将式(a)往 ξ 轴上投影，有

$$a_A\cos\varphi=a_D\cos(\pi-2\varphi)-a_{ADn}$$

解得

$$a_A=\frac{a_D\cos(\pi-2\varphi)-a_{ADn}}{\cos\varphi}=\frac{\omega^2 l\cos60^\circ-\omega^2 l}{\cos60^\circ}=-l\omega^2$$

a_A 为负值，表示 $\boldsymbol{a}_A$ 在图示瞬时的实际方向为水平向左，与假设方向相反。

如图 8.24(b)所示，若将式(a)往 ζ 轴投影，还可求得 $\boldsymbol{a}_{ADt}$ 的大小，并据此进一步求得该瞬时杆 AB 的角加速度。具体计算过程如下：

取 ζ 轴垂直于 $\boldsymbol{a}_A$，将式(a)往 ζ 轴上投影，有

$$0=-a_D\sin\varphi+a_{ADn}\sin\varphi+a_{ADt}\cos\varphi$$

解得

$$a_{ADt}=\frac{a_D\sin\varphi-a_{ADn}\sin\varphi}{\cos\varphi}=\frac{(\omega^2 l-\omega^2 l)\sin\varphi}{\cos\varphi}=0$$

从而有

$$\alpha_{AB}=\frac{a_{ADt}}{AD}=0$$

【例 8.7】 图 8.25(a)所示的曲柄碾子机构中，曲柄 OA 以匀角速度 ω_O 绕轴 O 转动，$OA=R$，$AB=2R$，碾子半径为 R，沿水平固定面作纯滚动。当曲柄 OA 与水平线垂直时，求碾子的角速度和角加速度。

解：(1) 速度分析。曲柄 OA 绕定轴 O 转动，连杆 AB 作平面运动，碾子作纯滚动。在图示瞬时，连杆 AB 上点 A 和点 B 的速度都是水平方向，相互平行，且速度矢 $\boldsymbol{v}_A$ 与 $\boldsymbol{v}_B$ 不垂直于连线 AB。如图 8.25(a)所示。因此，连杆 AB 作瞬时平动，于是有

$$\omega_{AB}=0,\quad v_B=v_A=\omega_O R$$

由于碾子 B 作纯滚动，因此，碾子 B 与地面接触的点即为速度瞬心，其角速度为

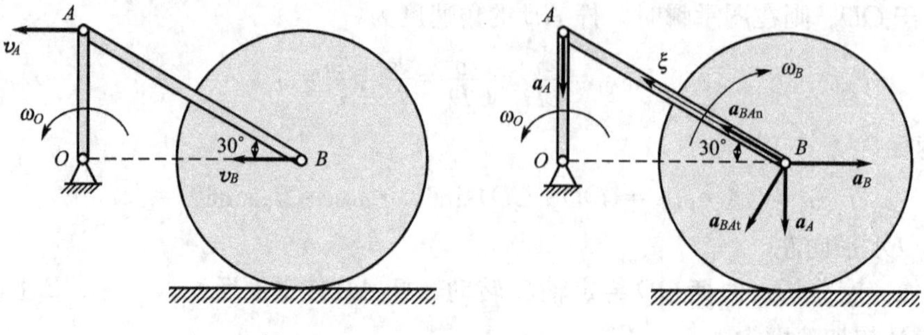

图 8.25　曲柄碾子机构

$$\omega_B=\frac{v_B}{R}=\omega_O$$

(2) 加速度分析。欲求碾子的角加速度，需先求出点 B 的加速度。为此，取连杆 AB 上的点 A 为基点，点的加速度 $\boldsymbol{a}_A$ 以及 $\boldsymbol{a}_{BAn}$ 的大小和方向均已知，点 B 作直线运动，假设 $\boldsymbol{a}_B$ 的方向水平向右；$\boldsymbol{a}_{BAt}$ 垂直于 AB，其方向可假设为斜向左下方，如图 8.25(b)所示。

点 B 的加速度为

$$\boldsymbol{a}_B=\boldsymbol{a}_A+\boldsymbol{a}_{BAn}+\boldsymbol{a}_{BAt} \tag{a}$$

因为连杆 AB 作瞬时平动，$\omega_{AB}=0$，所以 $a_{BAn}=0$。点 A 的加速度大小为

$$a_A=\omega_O^2\cdot OA=R\omega_O^2$$

将式(a)往 ξ 轴投影，有

$$-a_B\cos30^\circ=-a_A\cos60^\circ$$

解得

$$a_B=\frac{a_A\cos60^\circ}{\cos30^\circ}=\frac{2}{\sqrt{3}}\cdot\frac{1}{2}\cdot R\omega_O^2=\frac{\sqrt{3}}{3}r\omega_O^2$$

从而有

$$\alpha_B=\frac{a_B}{R}=\frac{\sqrt{3}R\omega_O^2}{3R}=\frac{\sqrt{3}}{3}\omega_O^2$$

a_B 和 α_B 的计算结果均为正值，表示假设的方向和实际的方向一致，即点 B 加速度 $\boldsymbol{a}_B$ 的方向水平向右，碾子 B 的角加速度 α_B 的方向为顺时针方向。

【例 8.8】 如图 8.26(a)所示，车轮沿直线轨道作纯滚动。已知车轮半径为 R，中心 O 的速度为 $\boldsymbol{v}_O$，加速度为 $\boldsymbol{a}_O$。求车轮上速度瞬心 C 的加速度。

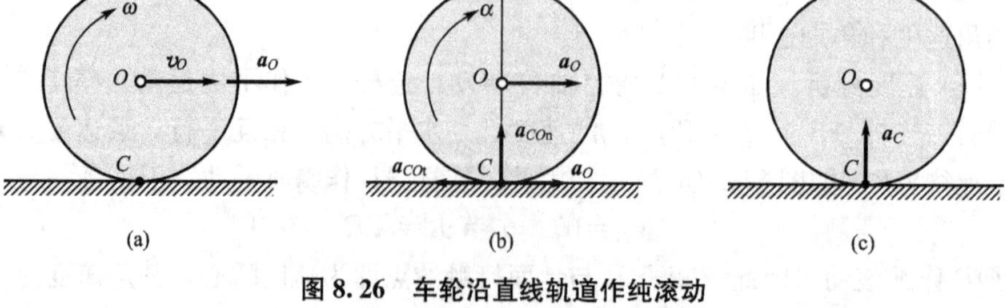

图 8.26　车轮沿直线轨道作纯滚动

解：(1) 当车轮作纯滚动时，车轮与地面接触点 C 即为车轮的速度瞬心。根据

$$v_O = OC \cdot \omega = R\omega$$

可得

$$\omega = \frac{v_O}{R} \tag{a}$$

此即为车轮的角速度，方向为顺时针转向，如图 8.26(a)所示。

车轮的角加速度 α 等于角速度对时间的一阶导数。因为式(a)对于任何瞬时均成立，所以可对时间 t 取一阶导数，得

$$\alpha = \frac{\mathrm{d}\omega}{\mathrm{d}t} = \frac{\mathrm{d}}{\mathrm{d}t}\left(\frac{v_O}{R}\right) \tag{b}$$

式中，车轮半径 R 为常数。因而，式(b)可化为

$$\alpha = \frac{1}{R}\frac{\mathrm{d}v_O}{\mathrm{d}t} \tag{c}$$

因为轮心 O 作直线运动，所以它的速度 v_O 对时间的一阶导数等于轮心 O 的加速度 a_O，从而，式(c)可化为

$$\alpha = \frac{1}{R}\frac{\mathrm{d}v_O}{\mathrm{d}t} = \frac{a_O}{R} \tag{d}$$

车轮作平面运动。为了求得速度瞬心 C 的加速度，取轮心 O 为基点，由式(8-10)，有

$$\boldsymbol{a}_C = \boldsymbol{a}_O + \boldsymbol{a}_{CO\mathrm{n}} + \boldsymbol{a}_{CO\mathrm{t}} \tag{e}$$

式中

$$a_{CO\mathrm{n}} = R\omega^2 = \frac{v_O^2}{R}, \quad a_{CO\mathrm{t}} = R\alpha = R \cdot \frac{a_O}{R} = a_O$$

$\boldsymbol{a}_{CO\mathrm{n}}$的方向沿直线 CO 指向轮心 O，$\boldsymbol{a}_{CO\mathrm{t}}$的方向水平向左，$\boldsymbol{a}_{CO\mathrm{t}}$与 $\boldsymbol{a}_O$ 的大小相等，方向相反，如图 8.26(b)所示。

将式(e)往 ξ 轴投影，可得

$$a_C = a_{CO\mathrm{n}}$$

由此可见，速度瞬心 C 的加速度不等于零。当车轮在水平轨道上作只滚动而不滑动的纯滚动时，速度瞬心 C 的加速度指向轮心 O，如图 8.26(c)所示。

本 章 小 结

1. 刚体内任意一点在运动过程中始终与某一固定平面保持不变的距离，这种运动称为刚体的平面运动。平行于固定平面所截出的任何平面均可代表该刚体的运动。

2. 研究平面运动的方法有基点法和瞬心法。

3. 基点法

(1) 平面图形的运动可分解为随基点的平动和绕基点的转动。平动为牵连运动，它与基点的选择有关；转动为相对于平动参考系的运动，它与基点的选择无关。

(2) 在平面图形上选取 O 为基点，则其上任意一点 M 的速度为

$$\boldsymbol{v}_M=\boldsymbol{v}_O+\boldsymbol{v}_{MO}$$

(3) 平面图形上任意两点 A 和 B 的速度满足速度投影定理，即

$$(\boldsymbol{v}_B)_{AB}=(\boldsymbol{v}_A)_{AB}$$

(4) 在平面图形上选取 O 为基点，则其上任意一点 M 的加速度为

$$\boldsymbol{a}_M=a_O+\boldsymbol{a}_{MOn}+a_{MOt}$$

4. 瞬心法

(1) 平面图形内某一瞬时绝对速度等于零的点称为该瞬时的瞬时速度中心，简称速度瞬心。

(2) 平面图形的运动可看成为绕速度瞬心作瞬时转动。

(3) 平面图形内任意一点 M 的速度大小为

$$v_M=\omega\cdot CM$$

式中，CM 为点 M 到速度瞬心 C 的距离；$\boldsymbol{v}_M$ 垂直于 M 与 C 两点的连线，并指向图形转动的方向。

(4) 平面图形绕速度瞬心转动的角速度等于绕任意基点转动的角速度。

思　考　题

1. 刚体平面运动可以分解为平动和转动，那么刚体的定轴转动是不是平面运动的特殊情况？刚体的平动是否一定是平面运动的特殊情况？

2. 如图 8.27 所示，平面图形上两点 A、B 的速度方向可能是这样吗？为什么？

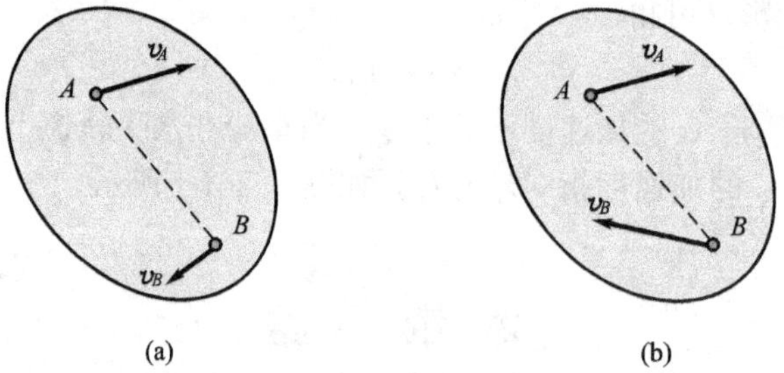

图 8.27　第 2 题图

3. 平面运动构件上任意一点的速度有几种求法？那种方法是最基本的方法？这些方法的本质是什么？哪几种方法可以求出构件的角速度 ω？

4. 刚体的平动和刚体的瞬时平动有何异同？平面运动刚体绕速度瞬心的转动和刚体绕定轴转动有何异同？

5. 平面运动刚体速度瞬心的速度为零，加速度又等于速度对时间的一阶导数，因此，速度瞬心的加速度也为零。这种说法正确吗？为什么？

6. 证明：当 $\omega=0$ 时，平面图形上两点的加速度在此两点连线上的投影相等。

7. 如图 8.28 所示，O_1A 的角速度为ω_1，板 ABC 和杆 O_1A 铰接。问图中 O_1A 和 AC 上各点的速度分布规律对不对？为什么？

8. 杆 AB 作平面运动，图示瞬时 A、B 两点速度 $\boldsymbol{v}_A$、$\boldsymbol{v}_B$ 的大小和方向均为已知，C、D 两点分别是 $\boldsymbol{v}_A$、$\boldsymbol{v}_B$ 的矢端，如图 8.29 所示。试问：

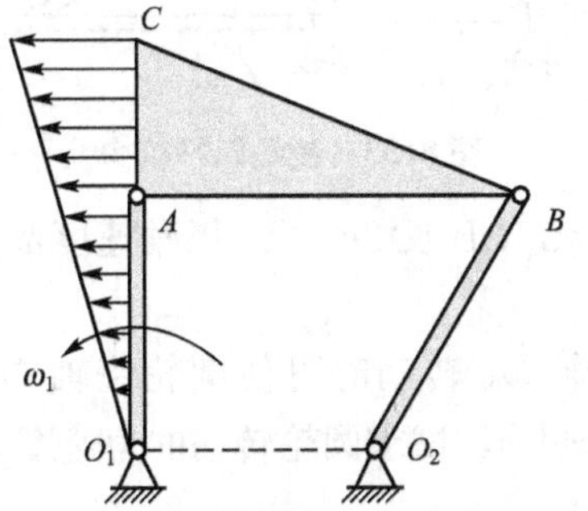

图 8.28　铰链四杆机构

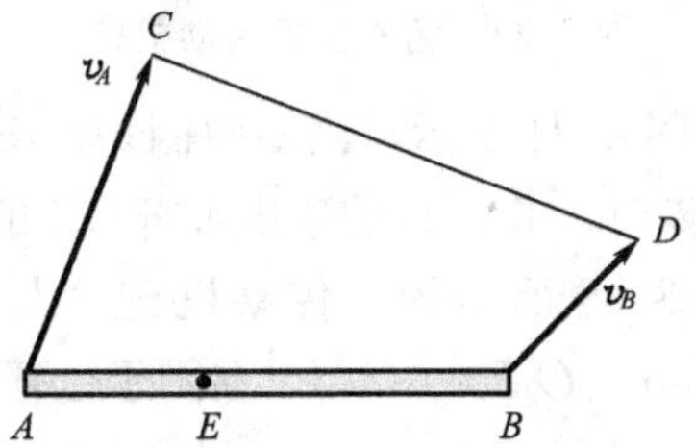

图 8.29　作平面运动的杆件

(1) 杆 AB 上各点速度矢的端点是否都在直线 CD 上？

(2) 对杆 AB 上任意一点 E，设其速度矢端为 H，那么点 H 的位置如何确定？

(3) 设杆 AB 无限长，它与 CD 的延长线交于点 P，则点 P 的瞬时速度必为零，对吗？

习　题

1. 如图 8.30 所示，杆 AB 的 A 端沿水平方向以等速 $\boldsymbol{v}$ 运动，在运动时杆恒与一半圆柱相切，圆柱的半径为 R，当杆与水平线间的夹角为 θ 时，求以角 θ 表示杆 AB 的角速度。

2. 如图 8.31 所示，偏置曲柄滑块机构的曲柄 OA 以角速度 $\omega=1.5\text{rad/s}$ 绕轴 O 转动。已知 $r=0.4\text{m}$，$l=2\text{m}$，$h=0.2\text{m}$。当曲柄 OA 与连杆 AB 垂直时，求滑块 B 的速度。

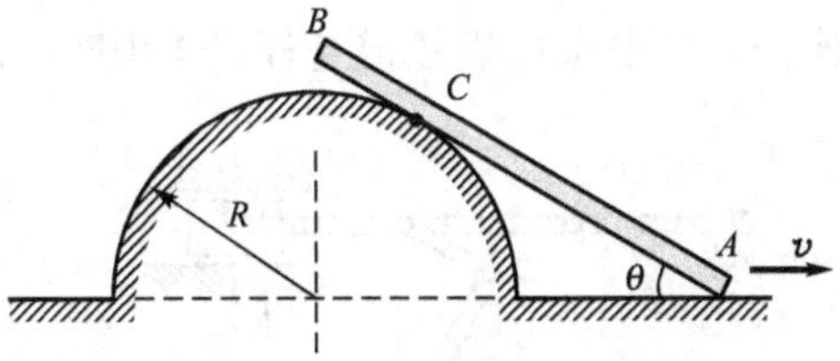

图 8.30　与半圆柱相切的杆的运动

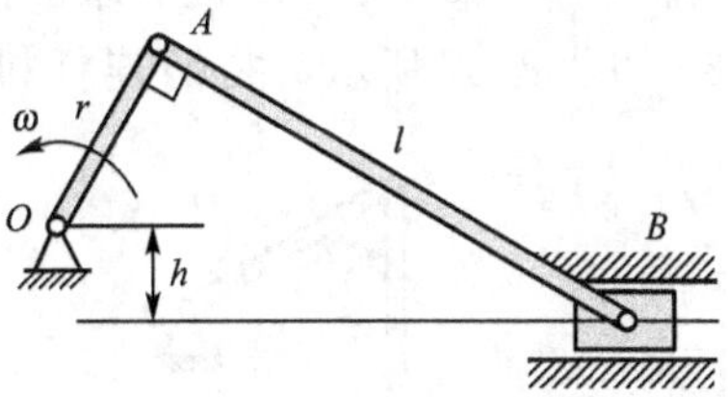

图 8.31　偏置曲柄滑块机构

3. 如图 8.32 所示，两平行齿条沿相同的方向运动，速度大小不同，$v_1=6\text{m/s}$，$v_2=2\text{m/s}$。齿条之间夹有一半径 $R=0.5\text{m}$ 的齿轮。试求齿轮的角速度及其中心 O 的速度。

4. 如图 8.33 所示，铰链四杆机构 O_1ABO_2 中，$O_1A=O_2B=AB/2=l$，曲柄 O_1A 的角速度 $\omega=3\text{rad/s}$。当曲柄 O_1A 在水平位置而曲柄 O_2B 恰好在铅直位置时，求连杆 AB 和曲柄 O_2B 的角速度。

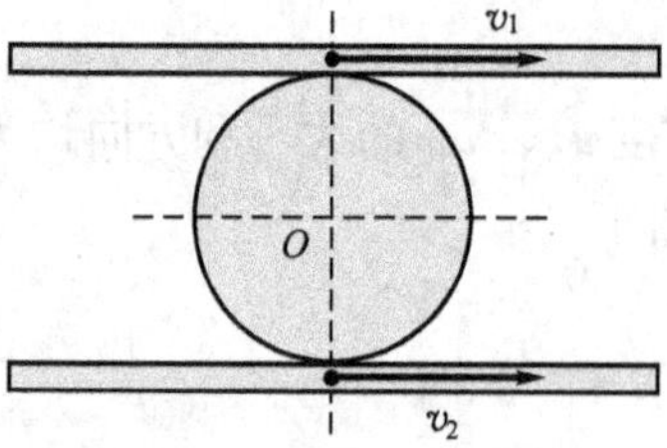

图 8.32 齿轮齿条传动机构

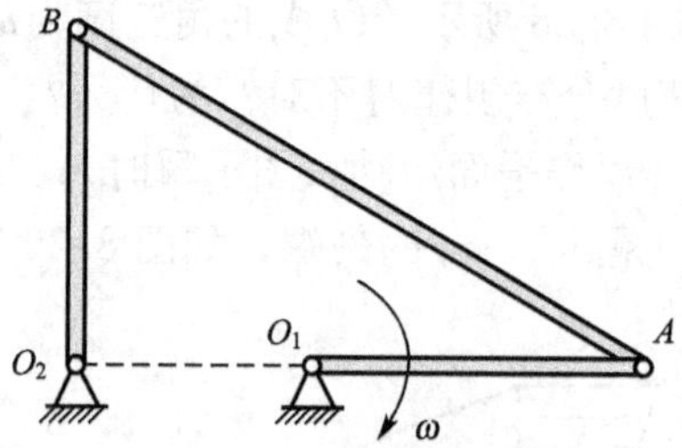

图 8.33 铰链四杆机构

5. 如图 8.34 所示，已知曲柄 OA 长 $r=0.3\text{m}$，CB 长 $2r$，OA 以角速度 $\omega=4\text{rad/s}$ 顺时针方向转动。求点 B 的速度和杆 CB 的角速度。

6. 图 8.35 所示的一传动机构，当 O_1A 绕轴 O_1 转动时可使圆轮绕轴 O_2 转动。设 $O_1A=0.15\text{m}$，$O_2B=0.1\text{m}$，在图示位置，$\omega=2\text{rad/s}$，试求圆轮转动的角速度。

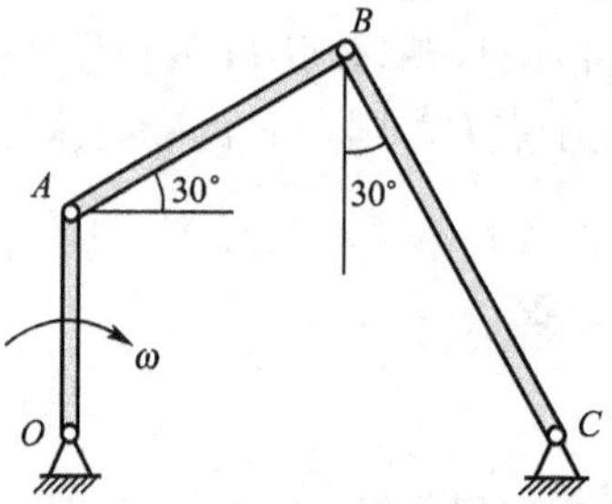

图 8.34 铰链四杆机构

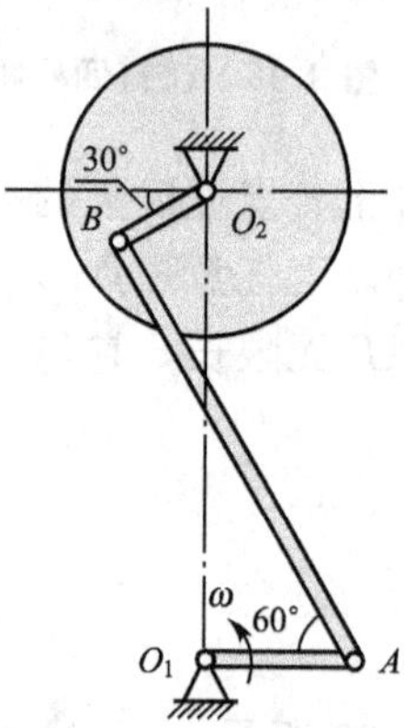

图 8.35 第 6 题图

7. 图 8.36 所示的行星传动机构，平衡杆 O_1A 绕轴 O_1 转动，并通过连杆 AB 带动曲柄 O_2B；而曲柄 O_2B 活动地安装在轴 O_2 上。在轴 O_2 上装有齿轮Ⅰ，齿轮Ⅱ与连杆 AB 固连于一体。已知 $r_1=r_2=0.3\sqrt{3}\text{m}$，$O_1A=0.75\text{m}$，$AB=1.5\text{m}$；又平衡杆的角速度 $\omega=6\text{rad/s}$。当 $\gamma=60°$，$\beta=90°$时，求曲柄 O_2B 和齿轮Ⅰ的角速度。

8. 如图 8.37 所示，曲柄连杆机构在其连杆 AB 中点 C 以铰链与杆 CD 相连，CD 杆

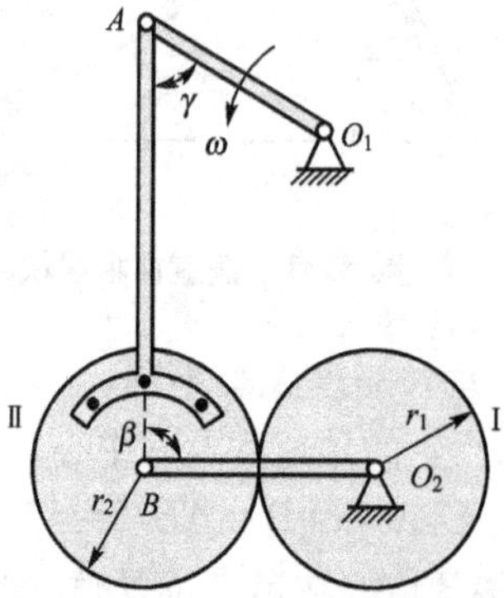

图 8.36 行星传动机构

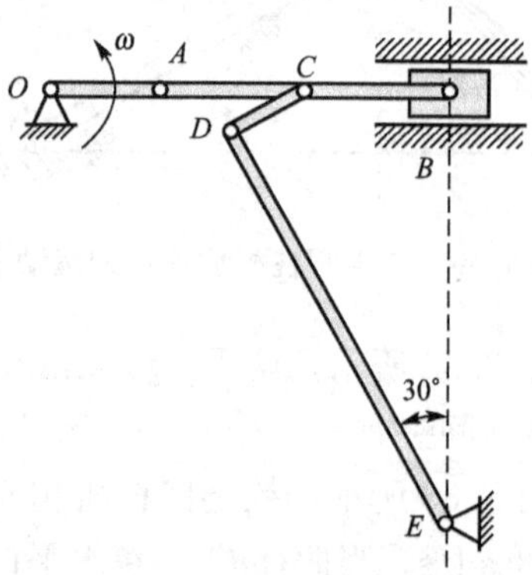

图 8.37 曲柄滑块机构

以铰链与杆 DE 相连，杆 DE 绕轴 E 转动。已知 $OA=0.25\text{m}$，$DE=1\text{m}$，图示瞬时 $\omega=8\text{rad/s}$。当 B、E 两点同处铅垂线，O、A、B 三点同处水平线，且 $CD\perp DE$ 时，求杆 DE 的角速度。

9. 小型压榨机如图 8.38 所示，已知 $O_1A=O_2B=0.1\text{m}$，$EB=BD=AD=0.4\text{m}$，且在图示瞬时，$OA\perp AD$，$DE\perp O_2B$，O_2D 在水平位置，O_1D、EF 在铅直位置，曲柄 O_1A 的转速 $n=120\text{r/min}$。试求此时压头 F 的速度。

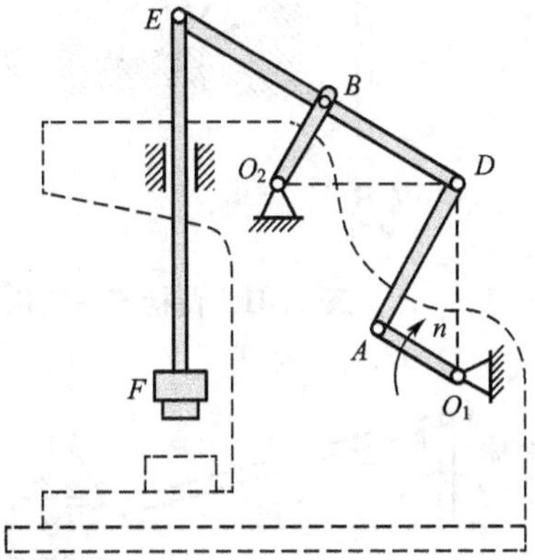

图 8.38 小型压榨机

10. 图 8.39 所示曲柄 $OA=0.2\text{m}$，以等角速度 ω_0 绕轴 O 转动，通过长 $AB=1\text{m}$ 的连杆带动滑块 B 沿铅直导轨运动。在图示位置，$\theta=45°$，$\beta=45°$。试求此时连杆 AB 的角速度和角加速度，以及滑块 B 的速度和加速度。

11. 半径为 R 的轮子沿水平面作纯滚动，在轮子上有一圆柱部分，其半径为 r，如图 8.40 所示。将线绕于圆柱上，线的 B 端以速度 $\boldsymbol{v}$ 和加速度 $\boldsymbol{a}$ 沿水平方向运动，求轮子的轴心 O 的速度和加速度。

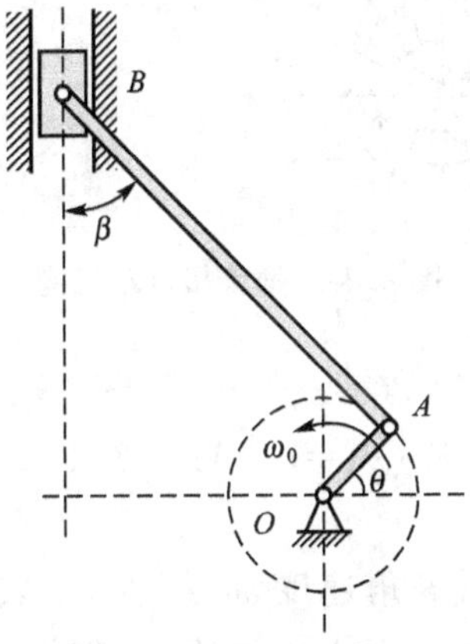

图 8.39 曲柄滑块机构

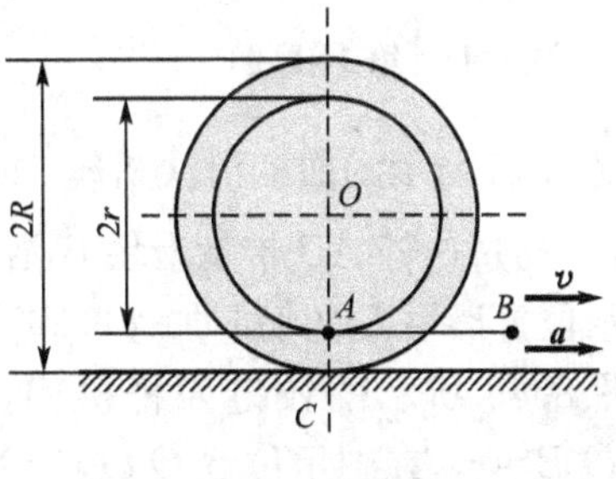

图 8.40 作纯滚动的轮子

12. 图 8.41 所示机构，曲柄 OA 以等角速度 $\omega=2\text{rad/s}$ 绕轴 O 转动，并通过连杆 AB 驱动半径为 r 的轮子在半径为 R 的圆弧槽中作无滑动的滚动。设 $OA=AB=R=2r=1\text{m}$，求图示瞬时点 B 和点 C 的速度和加速度。

13. 图 8.42 所示机构，曲柄 OA 以等角速度 ω_0 绕轴 O 转动，其长度为 r，$AB=6r$，$BC=3\sqrt{3}r$。求图示位置滑块 C 的速度和加速度。

14. 图 8.43 所示机构，曲柄 OA 的角速度 $\omega_0=4\text{rad/s}$，$OA=BD=DE=0.1\text{m}$，$EF=0.1\sqrt{3}\text{m}$。在图示位置，水平线 $OB\perp OA$，$DE\perp EF$，且 B、D、F 在同一铅垂直线上，试求杆 EF 的角速度和滑块 F 的速度。

15. 插齿机传动机构如图 8.44 所示，已知曲柄 $O_1A=r$，其转动的角速度为 ω，扇齿轮半径为 b。在图示瞬时，连线 O_1B 垂直于水平线 O_2B，试求此时插刀 M 的速度。

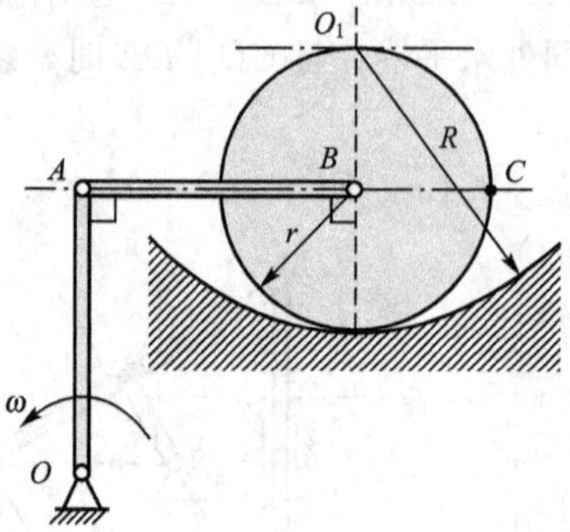

图 8.41 曲柄连杆机构

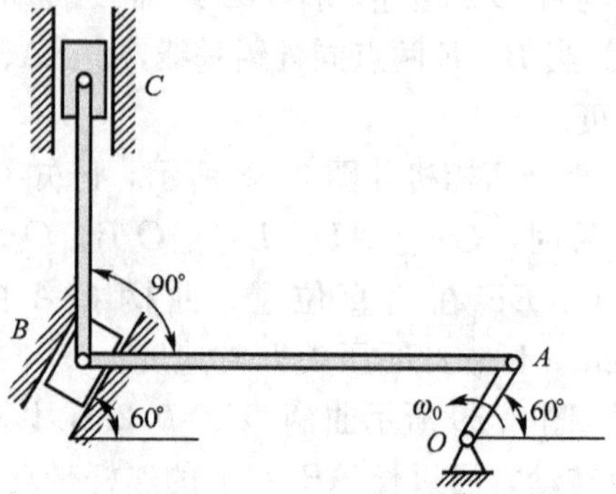

图 8.42 第13题图

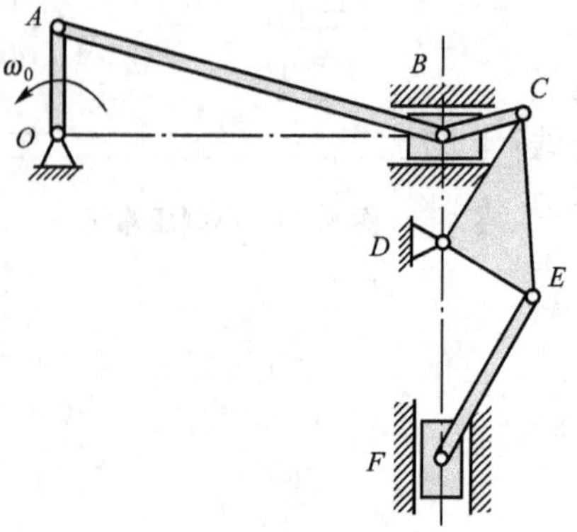

图 8.43 第14题图

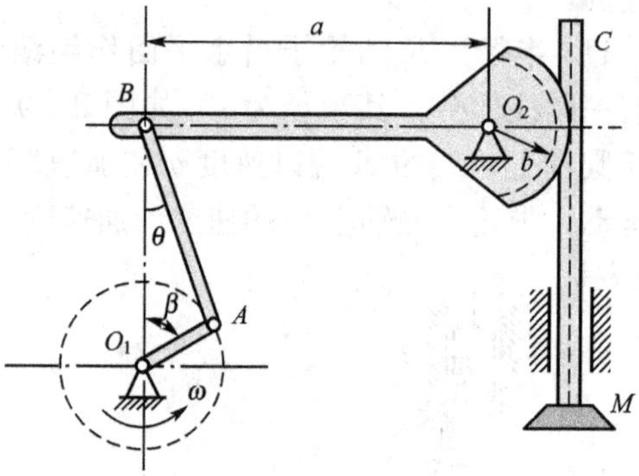

图 8.44 插齿机传动机构

16. 图 8.45 所示的曲柄滑块机构，曲柄 OA 绕轴 O 转动，其角速度、角加速度分别为 ω_0 和 α_0，通过连杆 AB 带动滑块 B 沿圆形槽运动。若 $OA=r$，$AB=2\sqrt{3}r$，$O_1B=2r$，试求在图示位置滑块 B 的切向加速度和法向加速度。

17. 图 8.46 所示的铰链四杆机构，曲柄 O_1A 以等角速度 ω_0 绕轴 O_1 转动。已知 $O_1A=r$，$O_2B=r$，在图示位置 $O_1O_2\perp O_1A$，$\angle O_1AB=\angle BO_2O_1=45°$。试求此时点 B 的加速度和杆 O_2B 的角加速度。

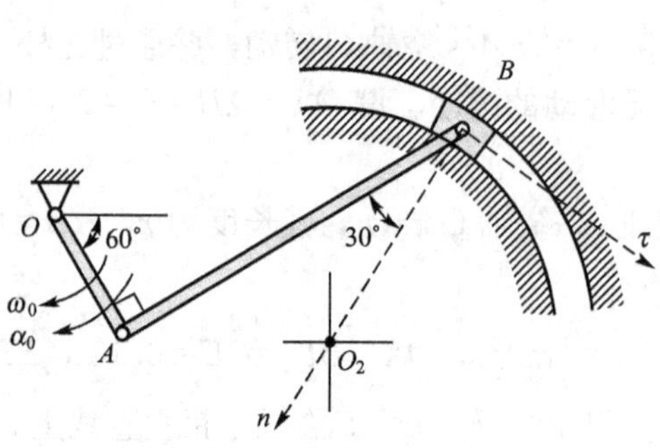

图 8.45 曲柄滑块机构

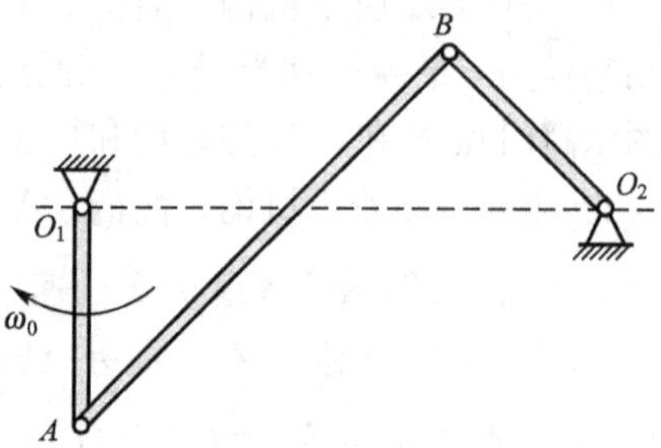

图 8.46 铰链四杆机构

第9章

质点动力学基本方程

教学目标

本章讲述质点动力学基本方程。通过本章的学习，应达到以下目标。

(1) 理解质点、质点系、惯性坐标系、牛顿定律等基本概念。

(2) 熟练掌握质点运动微分方程。

(3) 能熟练运用动力学基本定律分析、解决动力学两类基本问题。

教学要求

知识要点	能力要求	相关知识
动力学基本定律(牛顿三定律)	熟练掌握动力学基本定律	(1) 惯性定律 (2) 力与加速度之间的关系定律 (3) 作用力与反作用力定律
动力学两类基本问题	能熟练运用动力学基本定律解决动力学两类基本问题	(1) 已知质点的运动，求作用于质点的力 (2) 已知作用于质点的力，求质点的运动

基本概念

质点；质点系；惯性坐标系；动力学基本方程；动力学的两类基本问题。

引例

在静力学中，我们分析了作用于物体上的力及物体在力系作用下的平衡问题。在运动学中，我们从几何角度分析了物体的运动。

从本章开始，我们研究理论力学第三部分内容，即动力学。动力学是研究物体的机械运动与作用力之间关系的科学。

在动力学中物体抽象模型有质点和质点系。质点是具有一定质量而几何形状和尺寸大小可以忽略不计的物体。例如，在研究天体运动时的轨道，星球形状和大小对所研究的问题不起主要作用，可以忽略不计。因此，可将星球抽象为一个质量集中在重心的质点；刚体作平动时，因其内部各点的运动情况相同，同样可以将它抽象为一个质点来研究。

如果物体的形状大小在所研究的问题中不可忽略，或刚体的运动不是平动，则物体应抽象为质点系。所谓质点系是由几个或无限个有联系的质点组成的系统。固体、流体、气体、太阳系等都是质点系。刚体是质点系的一种特殊情形，其任意两个质点间的距离保持不变，也叫不变质点系。

9.1 惯性坐标系定义

同一物体，对于不同的坐标系来说，运动情况是不同的。适用于牛顿定律的坐标系称为惯性坐标系。实践证明，在绝大多数工程问题中，可取固结于地球的坐标系为惯性坐标系，只是对于某些必须考虑地球自转的影响问题(如落体对铅球垂线的偏离等)才选取以地心为原点，而3个坐标轴指向3个恒星的坐标系为惯性坐标系。在以后的章节中，如果没有特殊说明，所有运动都是对惯性坐标系而言的。物质在惯性坐标系中的运动称为绝对运动，人们也习惯地把惯性坐标系称为静坐标系或固定坐标系。

9.2 牛顿定律

动力学的基本定律是牛顿提出的3个定律，即所谓的牛顿三定律。

第一定律　任何物体，如不受外力作用，将保持静止或作匀速直线运动的状态。

第二定律　质点受到外力作用时，所产生的加速度的大小与力的大小成正比，而与质点的质量成反比，加速度的方向与力的方向相同。这一定律的数学公式可表示为：

$$\boldsymbol{F}=m\boldsymbol{a}$$

式中，m 为质点的质量；而 $\boldsymbol{F}=\sum \boldsymbol{F}_i$ 是指作用于质点的所有力的合力。

第三定律　即反作用定律，两物体间相互作用的力(作用力与反作用力)同时存在，大小相等，作用线相同而指向相反。

不受外力作用时，物体将保持静止或匀速直线运动状态的属性称为惯性。所以第一定律也称为惯性定律，而匀速直线运动也称为惯性运动。由此可见，假设以相等的力作用于不同的质点，则质量 m 愈大，它的惯性也愈大。所以质点的质量是它的惯性的量度。

在古典力学里，一个物体的质量 m 被看作是常量，不因为物体的运动状态不同而改变。但是根据相对论力学，物体的质量将随运动速度而变化，但只有当物体的速度可与光的速度相比时，变化才显著。在古典力学里，由于所考察的物体的机械运动速度都远小于光速，因而认为物体的质量为常量已足够精确。

任一物体的质量 m 与它的重力 $\boldsymbol{P}$ 之间存在着如下关系：

$$\boldsymbol{P}=m\boldsymbol{g}$$

式中 $\boldsymbol{g}$ 是重力加速度。

显然，质量与重力是两个不同的概念。

因为第二定律是就一个质点而言的，而理论力学中的问题，大量是关于质点系的。要使根据第二定律建立起来的质点动力学理论推广应用于质点系，就必须利用反作用定律。反作用定律对于研究质点系的动力学问题具有重要的意义。

9.3 质点运动微分方程

设有一质点 M，质量为 m，作用于该质点的所有的力的合力为 $\boldsymbol{F}=\sum\boldsymbol{F}_i$，如图 9.1 所示。令质点的加速度为 $\boldsymbol{a}$，则有：

$$m\boldsymbol{a}=\boldsymbol{F} \tag{9-1}$$

由运动学已知，当用质点 M 对坐标原点 O 的矢径 $\boldsymbol{r}$ 来表明它的位置时，质点的加速度 $\boldsymbol{a}$ 的大小为：

$$a=\frac{\mathrm{d}v}{\mathrm{d}t}=\frac{\mathrm{d}^2r}{\mathrm{d}t^2}$$

式中，v 是质点的速度。于是方程可以改写为：

$$m\frac{\mathrm{d}\boldsymbol{v}}{\mathrm{d}t}=\boldsymbol{F} \quad 或 \quad m\frac{d^2\boldsymbol{r}}{dt^2}=\boldsymbol{F} \tag{9-2}$$

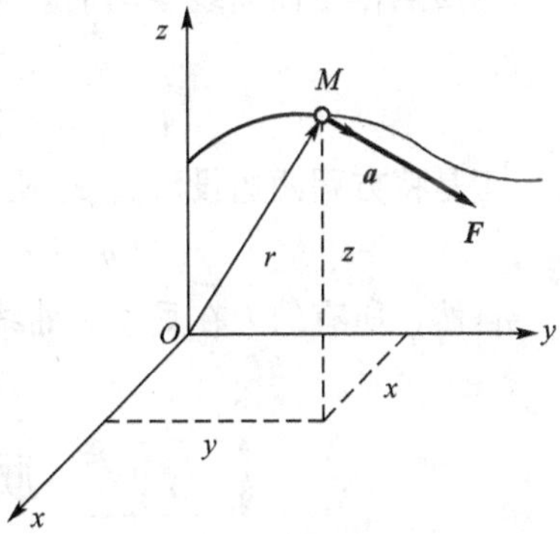

图 9.1 作用于质点的合力

这就是矢量形式的质点运动微分方程。过原点 O 取直角坐标系 $Oxyz$，将方程投影到各坐标轴上，就得到了直角坐标形式的质点运动微分方程：

$$m\frac{\mathrm{d}^2x}{\mathrm{d}t^2}=F_x,\quad m\frac{\mathrm{d}^2y}{\mathrm{d}t^2}=F_y,\quad m\frac{\mathrm{d}^2z}{\mathrm{d}t^2}=F_z \tag{9-3}$$

式中，F_x、F_y、F_z 分别为作用于质点的各力在 x、y、z 轴上的投影之和。

如果质点作平面曲线运动，取运动平面为 Oxy 平面，则方程成为：

$$m\frac{\mathrm{d}^2x}{\mathrm{d}t^2}=F_x,\quad m\frac{\mathrm{d}^2y}{\mathrm{d}t^2}=F_y,\quad F_z=0 \tag{9-4}$$

如果质点作直线运动，取 x 轴为质点运动直线，则方程成为：

$$m\frac{\mathrm{d}^2x}{\mathrm{d}t^2}=F_x,\quad F_y=0,\quad F_z=0 \tag{9-5}$$

设已知质点的运动轨迹曲线，以轨迹曲线在质点所在处的切线 τ(指向曲线正方向)、法线 n(指向曲率中心)及垂直于 τ 和 n 的 b 为自然坐标轴，如图 9.2(a)所示。将方程投影到自然坐标轴上，有

$$ma_\tau = F_\tau,\quad ma_n = F_n,\quad ma_b = F_b$$

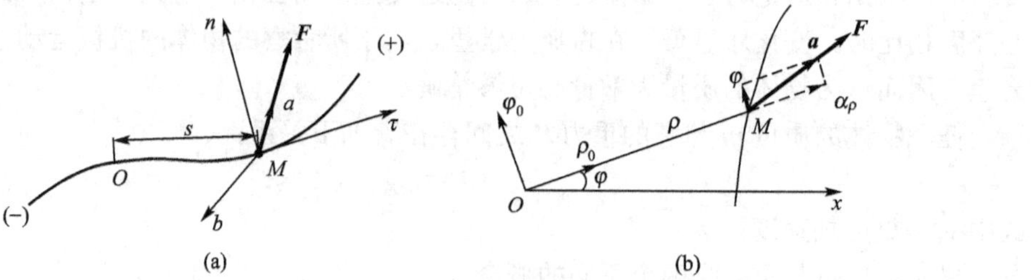

图 9.2 自然坐标与极坐标

但

$$a_\tau = \frac{\mathrm{d}^2 s}{\mathrm{d}t^2},\quad a_n = \frac{v^2}{\rho}$$

而加速度在 b 方向上的投影 $a_b = 0$，于是

$$m\frac{\mathrm{d}^2 s}{\mathrm{d}t^2} = F_\tau,\quad m\frac{v^2}{\rho} = F_n,\quad F_b = 0 \tag{9-6}$$

这就是自然坐标轴形式的质点运动微分方程。

当质点作平面曲线运动时，如采用极坐标表示法，如图 9.2(b)所示，则质点的加速度为

$$\boldsymbol{a} = (\ddot{\rho} - \rho\dot{\varphi}^2)\boldsymbol{\rho}_0 + (\rho\ddot{\varphi} + 2\dot{\rho}\dot{\varphi})\boldsymbol{\varphi}_0$$

于是将方程两边投影到 $\boldsymbol{\rho}_0$ 及 $\boldsymbol{\varphi}_0$ 方向，就得到

$$m(\ddot{\rho} - \rho\dot{\varphi}^2) = F_\rho,\quad m(\ddot{\varphi} + 2\dot{\rho}\dot{\varphi}) = F_\varphi$$

自然，所有的力在垂直于曲线平面方向如 z 轴上的投影之和必须等于零，即 $F_z = 0$。

9.4 质点动力学两类问题的应用

质点动力学的问题基本可以分为两类。

(1) 设已知质点的运动规律，需求质点所受的力，则不难用微分方程求得解答。

(2) 设已知作用于质点的力，需求质点的运动规律，则归结为求解运动微分方程。在一般情况下，作用于质点的力可能是时间、质点的位置坐标、速度的函数。只有当函数关系较简单时，才能求得微分方程的精确解；如果函数关系复杂，求解将非常困难，有时只能满足于求出近似解。此外，求解微分方程时将出现积分常数，这些积分常数，须根据质点运动的初始条件和初始位置坐标来决定，所以对这一类问题，除了作用于质点的力以外，还必须知道质点运动的初始条件，才能完全确定质点的运动。顺便说明，对受约束的非自由质点，微分方程中自然也包括质点所受到的约束力，除此之外，质点的运动还必须满足约束对它施加的限制条件。关于约束力的方向，同静力学中一样，决定于约束的性

质；而约束力的大小则是未知量，应根据质点的运动来求得。

对于质点系，原则上可以就每个质点写出运动微分方程。但是，由于各质点的运动以及所受的力都是互相关联的，就所有各质点写出的不论什么形式的微分方程，必须是联立的微分方程，在大多数情况下，要求得这些联立微分方程的精确解是非常困难的。因此，对质点系的问题，只有最简单的情况下才用本节讲述的方法求解，一般则应用以后各章讲述的定理求解。

【例 9.1】 质量为 M 的小球在水平面内运动，如图 9.3 所示。运动轨迹为一椭圆，已知其直角坐标系形式的运动方程

$$\begin{cases} x=a\cos\omega t \\ y=b\sin\omega t \end{cases}$$

求作用在小球上的力。

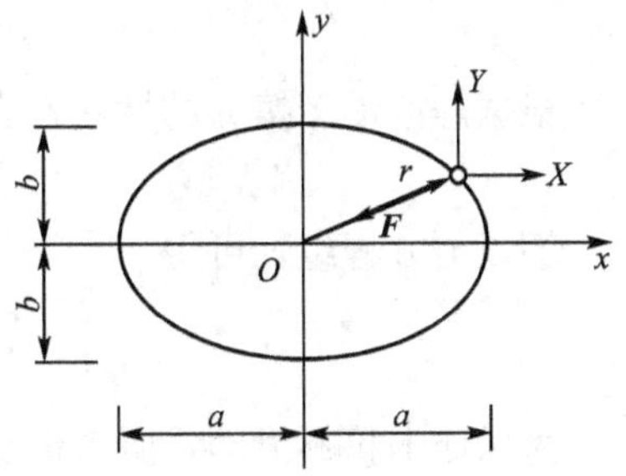

图 9.3 小球作椭圆运动

解：本题为第一类问题，即已知物体的运动，求作用于物体上的力。取小球为研究对象，进行受力分析。小球所受的力 $\boldsymbol{F}$ 是未知的，可假设它沿 x、y 坐标轴的两个分量为 X 和 Y。将小球的运动方程对时间 t 求二阶导数得

$$\begin{cases} \ddot{x}=-a\omega^2\cos\omega t \\ \ddot{y}=-b\omega^2\sin\omega t \end{cases}$$

代入直角坐标形式的运动微分方程，有

$$\begin{cases} M\ddot{x}=-Ma\omega^2\cos\omega t=F_x \\ M\ddot{y}=-Mb\omega^2\sin\omega t=F_y \end{cases}$$

求出作用在小球上的力在两个坐标轴上的投影，就能写出力的解析式

$$\boldsymbol{F}=-Ma\omega^2\cos\omega t\boldsymbol{i}+(-Mb\omega^2\sin\omega t\boldsymbol{j})=-M\omega^2(a\cos\omega t\boldsymbol{i}-b\sin\omega t\boldsymbol{j})=-M\omega^2\boldsymbol{r}$$

其中 $\boldsymbol{r}$ 为小球所在位置的矢径 $\boldsymbol{r}=x\boldsymbol{i}+y\boldsymbol{j}=a\cos\omega t\boldsymbol{i}+b\sin\omega t\boldsymbol{j}$，由此可知，力 $\boldsymbol{F}$ 与 $\boldsymbol{r}$ 共线、反向，其大小正比于 $\boldsymbol{r}$ 的模。

【例 9.2】 如图 9.4(a)所示的摆动输送机，由曲柄带动货架 AB 输送木箱 M，两曲柄等长，即 $O_1A=O_2B=l=1.5\text{m}$，且 $O_1O_2=AB$，设在 $\theta=45°$处由静止开始启动，已知曲柄 O_1A 的初角加速度 $\varepsilon_0=5\text{rad/s}^2$，如启动瞬时木箱不产生滑动，求木箱与货架之间的静滑动摩擦系数最小值。

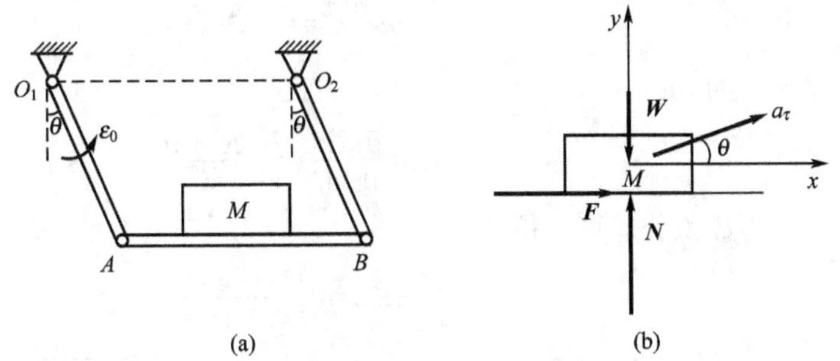

图 9.4 摆动输送机

解：该问题的性质也是已知运动求力，属于第一类问题。取木箱为研究对象，作用在木箱上的力有重力 $\boldsymbol{W}$，摩擦力 $\boldsymbol{F}$，法向约束反力 $\boldsymbol{N}$，受力图如图 9.4(b)所示，因为 $O_1A=O_2B$、$O_1O_2=AB$，所以 AB 杆作曲线平动，木箱相对货架无滑动，木箱的加速度应与点 A 的加速度相同。在启动瞬时，货架上各点速度为零但加速度不等于零，有

$$a_n=\frac{v^2}{\rho}=0,\quad a_\tau=l\varepsilon_0$$

直角坐标形式的质点运动微分方程可写为

$$m\ddot{x}=\sum F_x,\quad ma_\tau\cos\theta=F$$

$$m\ddot{y}=\sum F_y,\quad ma_\tau\sin\theta=N-W$$

根据静滑动摩擦力的性质，有

$$F\leqslant fN$$

解以上方程组，可得

$$f\geqslant\frac{l\varepsilon_0\cos\theta}{g+l\varepsilon_0\sin\theta}=0.35$$

为保证木箱不滑动，所需最小净滑动摩擦系数为：

$$f_{\min}=0.35$$

【例 9.3】 地球表面以初速度 v_0 垂直向上发射一质量为 m 的物体，地球对物体的引力与物体到地心距离的平方成反比，与地球和物体的质量成正比，不计空气阻力与地球自转作用的影响，求该物体在地球引力作用下的运动速度。

解：本题为已知力求运动，属于第二类问题。取物体为研究对象，物体只受地球引力作用，大小为

$$F=\frac{G_0mM}{r^2}$$

其中 G_0 为万有引力常数，r 为物体到地球的中心的距离，m 为物体的质量，M 为地球的质量。当物体在地球表面时，$r=R$，$F=mg$，代入上式有

$$G_0M=gR^2$$

于是万有引力公式变为

$$F=\frac{R^2mg}{r^2}$$

设以地球的中心为坐标原点，坐标铅直向上，如图 9.5 所示。应用质点运动微分方程的投影形式，有

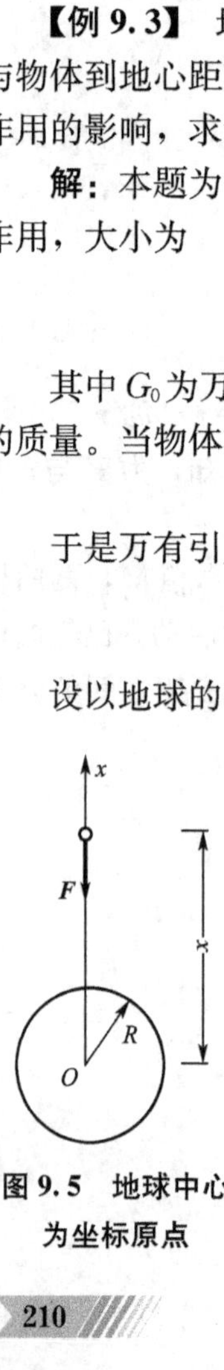

图 9.5 地球中心为坐标原点

$$m\frac{\mathrm{d}^2x}{\mathrm{d}t^2}=-\frac{R^2mg}{x^2}$$

即

$$m\frac{\mathrm{d}v}{\mathrm{d}t}\frac{\mathrm{d}x}{\mathrm{d}t}=-\frac{R^2mg}{x^2}$$

经积分运算，得

$$\int_{v_0}^{v}v\mathrm{d}v=\int_R^x\frac{-gR^2}{x^2}\mathrm{d}x$$

$$\frac{v^2}{2}-\frac{{v_0}^2}{2}=gR^2\left(\frac{1}{x}-\frac{1}{R}\right)\quad 或\quad v=\sqrt{v_0^2-2gR+\frac{2gR^2}{x}}$$

物体的速度随 x 的增加而减小，当 $v_0<\sqrt{2gR}$时，物体达到一定高度，速度将减小为零，以后物体向下降落。当 $v_0>\sqrt{2gR}$时，无论 x 多么大，甚至趋于无穷时，速度也不会为零，这就出现了向上发射的物体一去不复返的情况。因此 $v_0=\sqrt{2gR}\approx11.2\text{km/s}$，就是物体脱离地球引力范围所需要的最小初速度，称为第二宇宙速度。

【例 9.4】 如图 9.6 所示质量为 m 的矿石 M，从水面由静止开始沉降，已知水的阻力为 $R=-\mu v$，其中比例系数 μ 是与矿石形状、横截面尺寸、介质密度有关的常数。求矿石的运动规律。

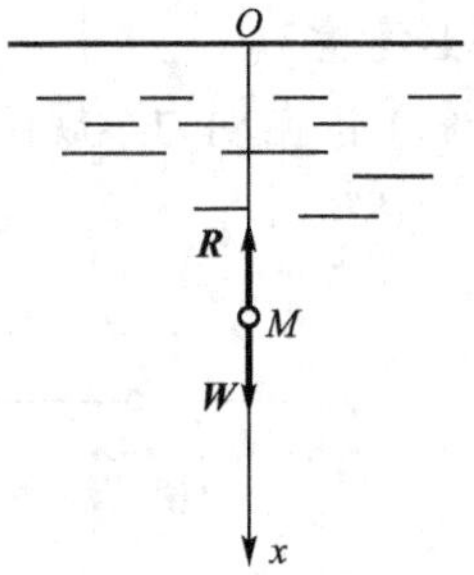

图 9.6 矿石从水面下沉

解：已知力求运动，是第二类问题。取矿石为研究对象，矿石上受有重力 $\boldsymbol{W}$ 和阻力 $\boldsymbol{R}$。矿石作匀变速直线运动，取水面为坐标原点，x 轴铅直向下。

矿石运动的初始条件是，在 $t=0$ 时，$x_0=0$，$v_0=0$。矿石运动微分方程为

$$m\ddot{x}=W-R$$

$$\frac{\mathrm{d}v}{\mathrm{d}t}=g-\frac{\mu}{m}v$$

为简便起见，令 $a=\frac{\mu}{m}$，有

$$\int_0^v\frac{\mathrm{d}v}{g-av}=\int_0^t\mathrm{d}t$$

$$\frac{-1}{a}\ln(g-av)\Big|_0^v=t$$

$$v=\frac{g}{a}(1-\mathrm{e}^{-at})$$

当 $t\to\infty$时，$\mathrm{e}^{-at}\to0$，于是得到矿石下降的最大速度为：

$$v_{\max}=\frac{g}{a}=\frac{mg}{\mu}$$

矿石的运动微分方程为

$$x=\frac{g}{a}t-\frac{g}{a^2}(1-\mathrm{e}^{-at})$$

9.5 动力学建模方法要点

动力学建模方法的关键问题是，对主动力进行动力(或变力)分析。而在静力学中要求对约束力进行静力(或常力)分析。因此，动力学是对静力学中所述受力分析方法的扩展与延伸。

动力学建模要点包括以下 4 个方面。

(1) 根据运动分析结果，恰当选择坐标类型。明确所选坐标的原点与正向。

(2) 将质点置于所选坐标的一般位置上，对线坐标放在坐标正向，对角坐标放在第一

象限。

(3) 正确分析受力，画出受力图，特别要具体分析变力，分析时既要考虑变力投影的正负号，又要考虑表示变力的坐标或速度投影的正负号(如完全按上一点进行，则此内容可不必考虑)。

(4) 依据动力学规律，建立质点受力与运动间的关系。

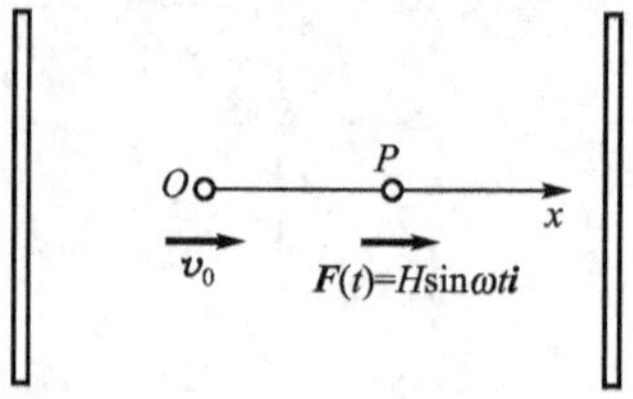

图 9.7　质点 P 在电场中运动

以图 9.7 所示质量为 m 的带电质点 P 在均匀交变的电场中运动为例，质点受力为$\boldsymbol{F}(t)=H\sin\omega t\boldsymbol{i}$。运动的初始条件为 $t=0$，初始位置 $x_0=0$，初始速度 $\dot{x}_0=v_0$。

这是质点受力为时间 t 函数的情形。读者在求解前应先判断：若 $\dot{x}_0=v_0$，质点在上述简谐力作用下是否在 $x_0=0$ 附近作简谐振动？若 $\dot{x}_0=v_0$，它在同样的简谐力作用下，是否有可能作简谐振动？在分析完运动规律后，请读者自行总结运动初始条件对运动规律的影响。

本 章 小 结

1. 牛顿三定律适用于惯性参考系。第一定律(惯性定律)和第二定律(力与加速度之间关系的定律)阐明作用于质点的力与质点运动状态变化的关系。第三定律(作用力与反作用力定律)阐明两物体相互作用的关系。

2. 质点动力学基本方程为 $m\boldsymbol{a}=\sum\boldsymbol{F}$。应用时取投影形式。

3. 质点动力学的两类基本问题为：①已知质点的运动，求作用于质点的力；②已知作用于质点的力，求质点的运动。但在许多工程问题中，两类问题并不是截然分开的。求解动力学问题时，必须对作用力和质点的运动分析清楚，才能真正建立运动微分方程。求解第一类基本问题，一般是求导数的过程；求解第二类基本问题，一般是积分的过程。质点的运动规律不仅决定于作用力，也与质点的运动初始条件有关。

思 考 题

1. 质点的运动方向就是作用于质点上合力的方向，这种说法对吗？为什么？

2. 质点速度越大，所受的力也越大，对吗？为什么？

习 题

1. 物块 A 和 B 彼此用弹簧连接，其质量分别为 20kg 和 40kg，如图 9.8 所示。已知物块 A 在铅垂方向作自由振动，其振幅 $A=10\text{mm}$，周期函数 $T=0.25\text{s}$。试求此系统对支

承面 CD 的最大和最小压力。

2. 图 9.9 所示排水量为 $m=5\times10^6$kg 的海船浮在水面时截水面积 $A=150\text{m}^2$，海水密度 $\rho=1.03\times10^3\text{kg/m}^3$，试通过建立系统的运动微分方程，求船在水面上作铅垂振动时的周期。

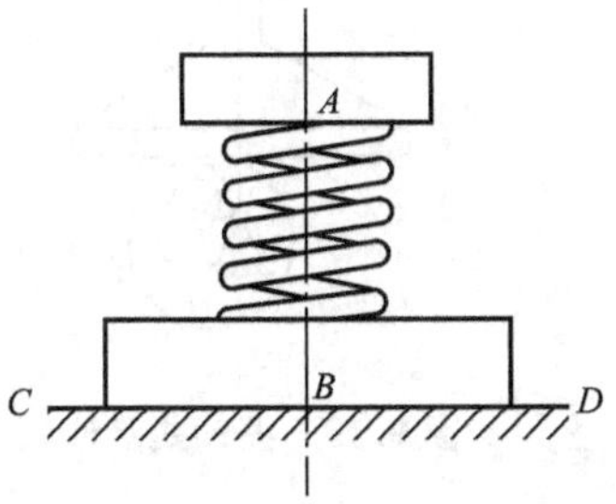

图 9.8　求压力

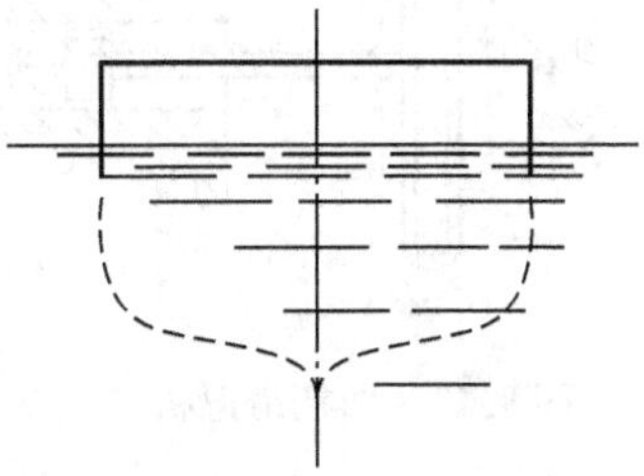

图 9.9　船的振动周期

3. 蹦极跳者重 888.9N，弹性带的原长为 18.3m，刚度系数 $k=0.204$N/mm。当运动员从距河 39.6m 高的桥上跳下，弹性带拉力使其减速为零时，试求运动员距河面的高度，以及弹性带作用于运动员的最大力(图 9.10)。

4. 如图 9.11 所示，用两绳悬挂的质量 m 处于静止。试问：

(1) 两绳中的张力各等于多少？

(2) 若将绳 A 剪断，则绳 B 在该瞬时的张力又等于多少？

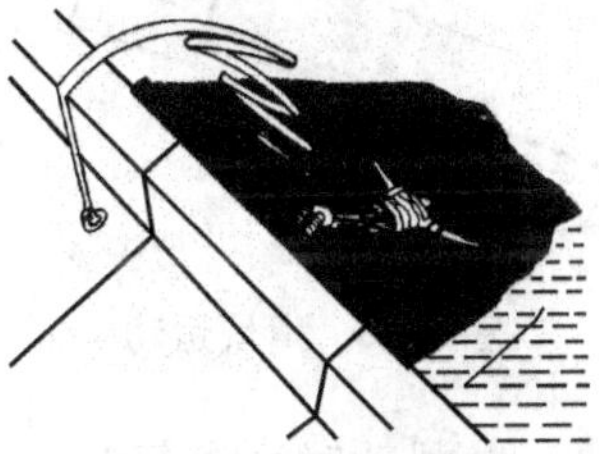

图 9.10　蹦极

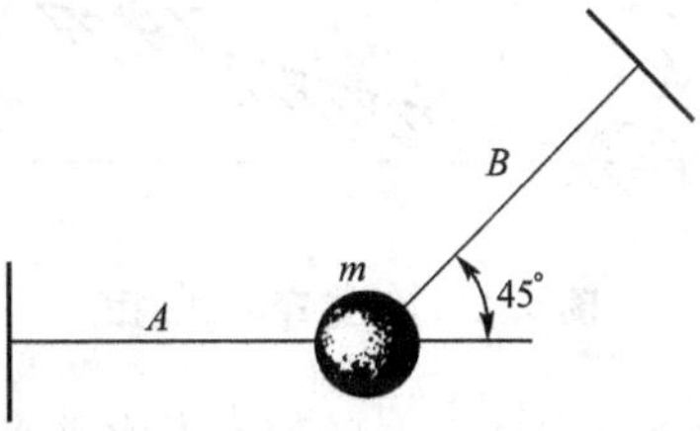

图 9.11　求绳的张力

5. 如图 9.12 所示，在曲柄滑道机构中，活塞杆质量共为 50kg。曲柄 OA 长 0.3m，绕 O 轴作匀速运动，转速为 $n=120$r/min。求当曲柄在 $\varphi=0°$ 和 $\varphi=90°$ 时，作用在构件 BDC 上总的水平力。

6. 一质量为 m 的物体在匀速转动的水平转台上，它与转轴的距离为 r，设物体与转台表面的摩擦系数为 f，求当物体不致因转台旋转而滑出时，水平台的最大转速。

7. 电梯以加速度 a 上升，在电梯地板上放有质量为 m 的重物，求重物对地板的压力。

8. 汽车质量 $m=1500$kg，以 $v=10$m/s 的速度驶过拱桥，拱桥中点的曲率半径 $\rho=50$m。求汽车经过拱桥中点时对桥的压力。

9. 一飞机水平飞行。空气阻力与速度平方成正比，当速度为 1m/s 时，阻力等于 0.5N。推进力为恒量，等于 30.8kN，且与飞行方向往上成 10°角，求飞机的最大速度。

10. 如图 9.13 所示，振动式筛砂机使砂粒随筛框在铅直方向作简谐运动。若振幅 $A=25$mm，试求频率 f 至少为多少时，砂粒才能与筛面分离而向上抛起？

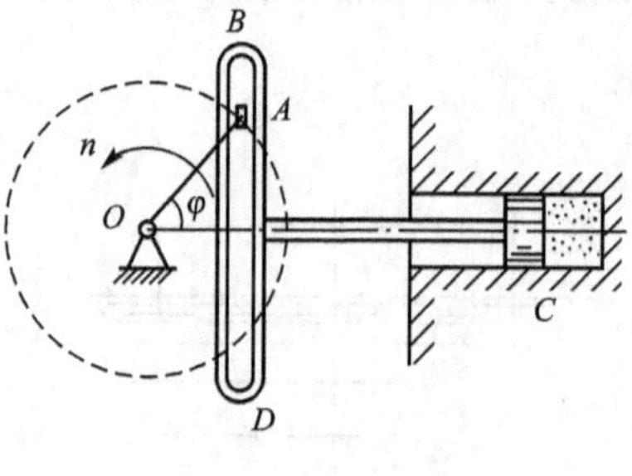

图 9.12　曲柄滑道机构

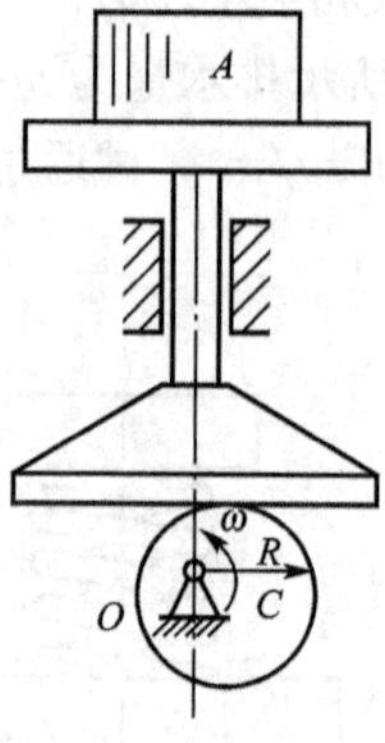

图 9.13　振动式筛沙机

11. 如图 9.14 所示，为了使列车对铁轨的压力垂直于路基，在铁道弯曲部分，外轨要比内轨稍为提高。试就以下数据求外轨高于内轨的高度 h。轨道的曲率半径为 $r=300\text{m}$，列车的速度为 $v=12\text{m/s}$，内、外轨道间的距离为 $b=1.6\text{m}$。

12. 如图 9.15 所示，质量为 2kg 的滑块在力 $\boldsymbol{F}$ 作用下沿杆 AB 运动，杆 AB 在铅直平面内绕 A 转动。已知 $l=0.4$，$\varphi=0.5$(l 的单位为 m，φ 的单位为 rad，t 的单位为 s)，滑块与杆 AB 的摩擦系数为 0.1。求 $t=2\text{s}$ 时力 F 的大小。

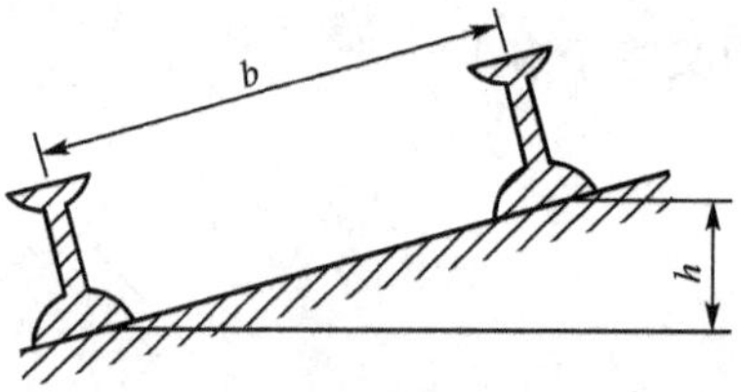

图 9.14　铁道弯曲处剖面

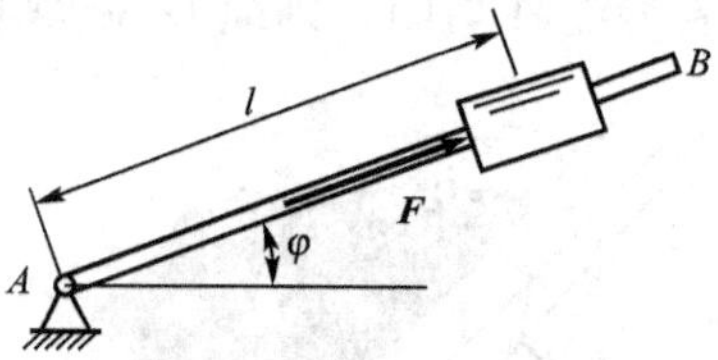

图 9.15　滑块运动

13. 列车以 36km/h 的速度在水平直线轨道上行驶。设掣动时列车每吨质量所受的阻力为 2940N，问列车开始掣动后在多少时间内，并经过多大距离才停止？

14. 质点 M 沿斜面上最大坡度线上升，斜面与水平面的夹角 $\alpha=30°$，开始时质点 M 的速度为 15m/s，如质点与斜面间的摩擦系数 $f=0.1$，试求质点在停止前经过的路程和时间。

15. 重为 P 的物体以初速 v_0 铅垂上抛，如空气阻力与物体速度的平方成正比，且比例系数为 μ。求物体落回地面时的速度。

16. 物体由高度 h 处以速度 $\boldsymbol{v}_0$ 水平抛出，如图 9.16 所示。空气阻力可视为与速度的一次方成正比，即 $\boldsymbol{F}=-km\boldsymbol{v}$，其中 m 为物体的质量，$\boldsymbol{v}$ 为物体的速度，k 为常系数。求物体的运动方程和轨迹。

17. 如图 9.17 所示，单摆 AB 长 l，已知点 A 于固定点 O 的附近沿水平作谐振动：$x=OO_1=a\sin pt$，其中 a 与 p 为常数。设初瞬时摆静止于铅垂位置，求摆的相对运动微分方程。

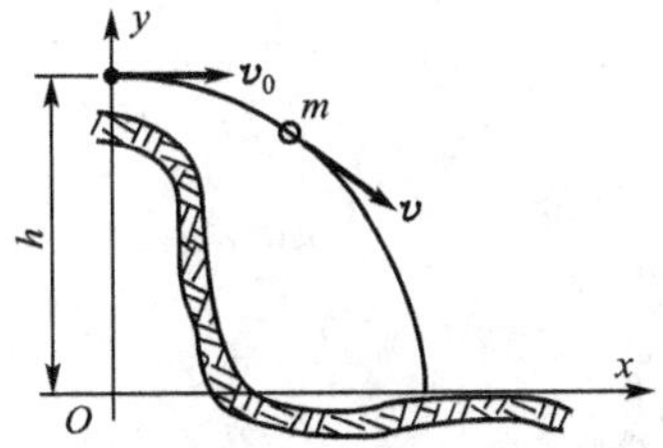

图 9.16 水平抛物的运动

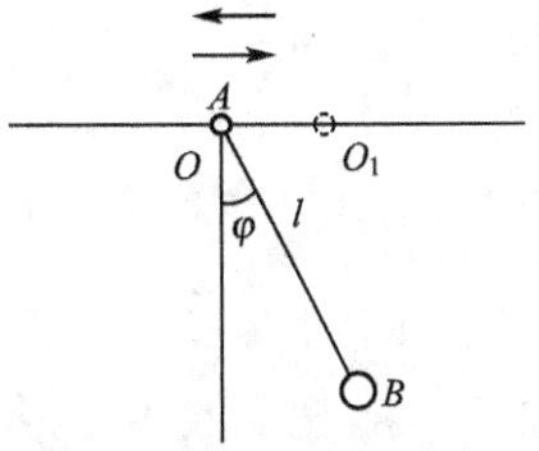

图 9.17 单摆的运动

18. 如图 9.18 所示，一质量为 m 的小球 M 套在半径为 R 的光滑大圆环上，并可沿大圆环滑动，如大圆环在水平面内以匀角速度 ω 绕通过 O 的铅直轴转动。求小球 M 相对于大圆环运动的运动微分方程。

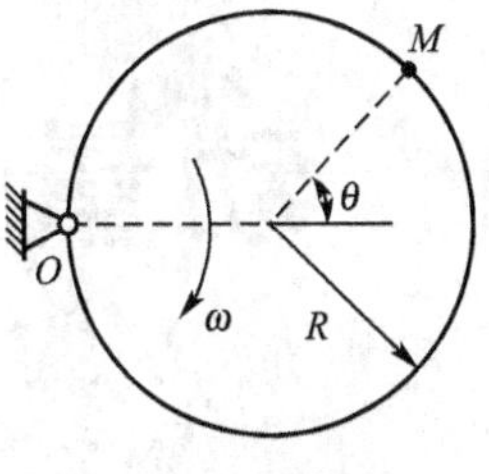

图 9.18 小球相对圆环运动

19. 三棱柱 A 沿三棱柱 B 的光滑斜面滑动，如图 9.19 所示。A 和 B 的质量为 m_1 与 m_2，三棱柱 B 的斜面与水平面成 θ 角，如开始时物系静止，摩擦略去不计。求运动时三棱柱 B 的加速度。

20. 质点 M 的质量为 m，被限制在旋转容器内沿光滑的经线 AOB 运动，如图 9.20 所示。旋转容器绕其几何轴 Oz 以角速度 ω 匀速运动。求质点 M 相对静止时的位置。

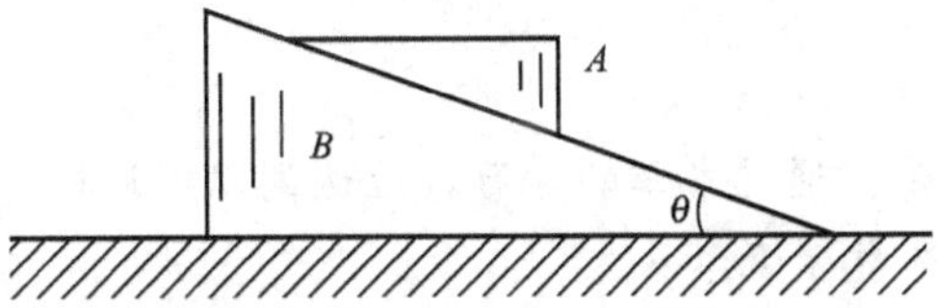

图 9.19 三棱柱运动

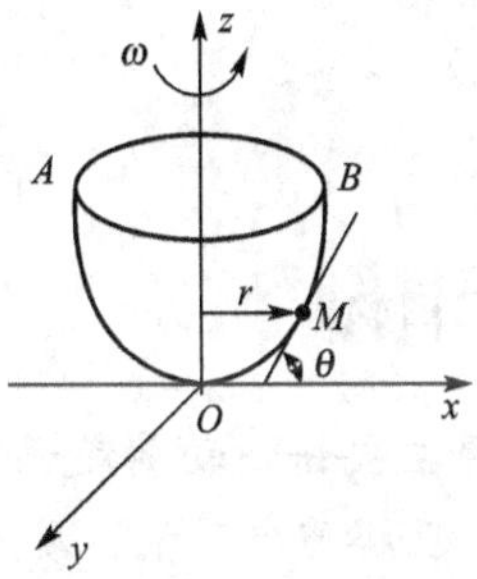

图 9.20 质点相对静止位置

第10章 动量定理

教学目标

本章主要讲述动量定理的基本理论和方法。通过本章的学习，应达到以下目标。

(1) 理解质点动量、质点系动量和力的冲量等概念。

(2) 熟练掌握动量定理和动量守恒定律。

(3) 能运用动量定理、动量守恒定律和质心运动定理分析动力学问题。

教学要求

知识要点	能力要求	相关知识
动量、动量定理	(1) 准确理解质点、质点系的动量的概念 (2) 掌握质点、质点系的动量定理的分析方法	(1) 质点、质点系的动量 (2) 力的冲量
动量守恒定理	能用动量守恒定理分析解决相关问题	动量守恒
质心运动定理	能用质心运动定理分析解决相关问题	质心、质心的运动

基本概念

质点的动量；质点系的动量；力的冲量；动量定理；动量守恒定理；质心运动定理。

引例

质点的动力学问题应用动力学基本方程可以求解。对于某些质点系动力学问题，有时不必求解各质点的运动情况，只需知道质点系整体的运动特征即可。例如对于刚体，只需确定其质心的运动和绕质心的转动。能够表明质点系运动特征的量有动量，动量矩和动能等。这些运动量与力的作用量(冲量和功等)之间的数量关系是本章和后续两章要阐述的动量定理、动量矩定理和动能定理，统称噗动力学的基本定理。用这些定理来解决质点和质点系的动力学问题，使我们能够更深入地研究机械运动，以及机械运动与其他形式运动的关系。

动力学基本定理虽然都可以从牛顿定律导出，但这些反映了力学现象各个不同方面的普遍性质的定理，是前人分别发现的独立的基本规律，有的甚至在牛顿之前就已经发现了。

10.1 质点的动量定理

设有一质点 M，质量为 m，在力 $\boldsymbol{F}$ 的作用下运动，如图 10.1(a)所示。由方程有

$$m\frac{\mathrm{d}\boldsymbol{v}}{\mathrm{d}t}=\boldsymbol{F}$$

当质量 m 为常量时，上式可以改写成

$$\frac{\mathrm{d}(m\boldsymbol{v})}{\mathrm{d}t}=\boldsymbol{F} \tag{10-1}$$

已知，质点的质量 m 与速度 $\boldsymbol{v}$ 的乘积 $m\boldsymbol{v}$ 称为点的动量。所以上式表明，质点的动量对于时间的导数，等于作用于质点的力。

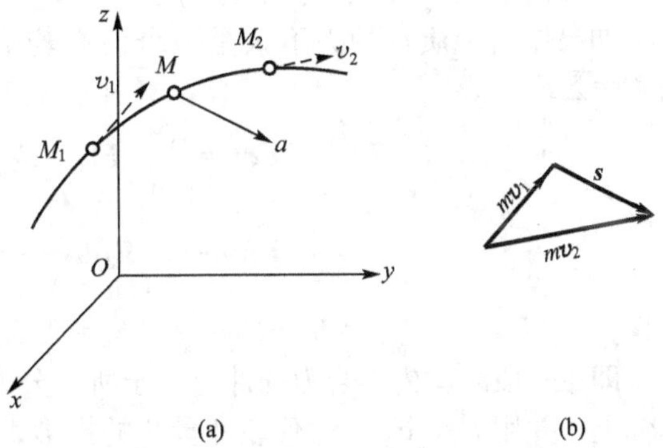

图 10.1 质点运动及其矢量三角形

将上式改写成 $\mathrm{d}(m\boldsymbol{v})=\boldsymbol{F}\mathrm{d}t$，并求两边对应地积分，时间 t 从 t_1 到 t_2，速度 $\boldsymbol{v}$ 从 $\boldsymbol{v}_1$ 到 $\boldsymbol{v}_2$，就得到

$$m\boldsymbol{v}_2-m\boldsymbol{v}_1=\int_{t_1}^{t_2}\boldsymbol{F}\mathrm{d}t=\boldsymbol{S} \tag{10-2}$$

上式中右边的 $\int_{t_1}^{t_2}\boldsymbol{F}\mathrm{d}t$ 是在时间 t_1 到 t_2 内，无穷多微分矢量之和的极限，称为 $\boldsymbol{F}$ 在 t_1 到 t_2 时间内的冲量，用 $\boldsymbol{S}$ 表示。自然，如果 $\boldsymbol{F}$ 是常矢量，则 $\int_{t_1}^{t_2}\boldsymbol{F}\mathrm{d}t=\boldsymbol{F}(t_2-t_1)$。方程表明，质点的动量在一段时间内的增量，等于作用于质点的力在同一段时间内的冲量，这就是质点的动量定理，也称之为冲量定理。

方程可以用矢量三角形表示，如图 10.1(b)所示。

动量是表征机械运动的物理量，大家都知道，枪弹的质量尽管很小，但因为速度很大，所以能对阻碍其运动的物体产生很大的打击力；轮船靠岸时，速度很小，但由于质量很大，如果不慎，也会撞坏码头；质量相同而速度不同的两辆汽车，速度大的比速度小的更难于刹车。这些例子表明，动量作为质量与速度的乘积，能反映机械运动的某些特征，它可以作为机械运动的一种量度。

动量是一个矢量，它的方向与速度 $\boldsymbol{v}$ 一致。动量的量纲是 $[m\boldsymbol{v}]=[\mathrm{M}][\mathrm{L}][\mathrm{T}]^{-1}$，也可以表示为

$$[m\boldsymbol{v}]=\frac{[\mathrm{M}][\mathrm{L}]}{[\mathrm{T}]^2}[\mathrm{T}]=[\mathrm{F}][\mathrm{T}]$$

动量的单位，在国际单位制中用 kg·m/s 或 N·s。

冲量是作用于物体的力在一段时间对物体运动所产生的累积效应。推动车子，用较大的力可以在较短的时间内达到一定的速度，要是用较小的力，但作用时间长一些，也可达到同样的速度。就是说，较大的力作用较短的时间与较小的力作用较长的时间，其总效应相同，这是大家都熟悉的经验。不计空气阻力时，抛射体在自重的作用下不断改变速度的大小和方向，时间越长，速度改变越大，可见重力的总效应随着时间增加而愈显著。冲量就是表示力的这种效应的物理量。

冲量 $\boldsymbol{S}$ 是一个矢量，常力的冲量的方向与力 $\boldsymbol{F}$ 的方向相同。冲量的量纲为

$$[\mathrm{S}]=[\mathrm{F}][\mathrm{T}]=[\mathrm{M}][\mathrm{L}][\mathrm{T}]^{-1}$$

冲量的单位，在国际单位制中用 N·s，在工程单位制中用 kg·s。

如果作用于质点的力不只是一个而有若干个，设为 $\boldsymbol{F}_1$，$\boldsymbol{F}_2$，…，$\boldsymbol{F}_n$，其合力为 $\boldsymbol{F}$，而 $\boldsymbol{F}=\sum\boldsymbol{F}_i$，则

$$\begin{aligned}\boldsymbol{S}&=\int_{t_1}^{t_2}\boldsymbol{F}\mathrm{d}t=\int_{t_1}^{t_2}(\boldsymbol{F}_1+\boldsymbol{F}_2+\cdots+\boldsymbol{F}_n)\,\mathrm{d}t\\&=\int_{t_1}^{t_2}\boldsymbol{F}_1\mathrm{d}t+\int_{t_1}^{t_2}\boldsymbol{F}_2\mathrm{d}t+\cdots+\int_{t_1}^{t_2}\boldsymbol{F}_n\mathrm{d}t\\&=\boldsymbol{S}_1+\boldsymbol{S}_2+\cdots+\boldsymbol{S}_n=\sum\boldsymbol{S}_i\end{aligned}\tag{10-3}$$

即在一段时间内，合力的冲量等于所有分力的冲量的矢量和。将式投影到固定直角坐标轴上，并用 S_x，S_y，S_z 代表冲量 $\boldsymbol{S}$ 的投影，则得

$$\left.\begin{aligned}mv_{2x}-mv_{1x}&=\int_{t_1}^{t_2}F_x\mathrm{d}t=S_x\\mv_{2y}-mv_{1y}&=\int_{t_1}^{t_2}F_y\mathrm{d}t=S_y\\mv_{2z}-mv_{1z}&=\int_{t_1}^{t_2}F_z\mathrm{d}t=S_z\end{aligned}\right\}\tag{10-4}$$

即在任一段时间内，质点的动量在任何一固定轴上的投影的增量，等于作用于质点的力的冲量在同一轴上的投影。这就是投影形式的质点动量定理。

10.2 质点系的动量定理

设有 n 个质点组成的质点系，取其中一质点 M_i 来考察，令质点 M_i 的质量为 m_i、速

度为 $\boldsymbol{v}_i$，作用于质点 M_i 的所有力的合力为 $\boldsymbol{F}_i$，则由式(10-1)有

$$\frac{\mathrm{d}m_i\boldsymbol{v}_i}{\mathrm{d}t}=\boldsymbol{F}_i \tag{a}$$

应当注意，在所有作用于质点 M_i 的那些力中，既有所考察的质点系内其他质点对该质点 M_i 的作用力，也有质点系之外的物体对质点 M_i 的力。

以后，我们将把所考察的质点系内各质点之间相互作用的力称为内力，所考察的质点系之外的物体作用于该质点的力称为外力。

必须指出，内力与外力的区分是相对的。随着所取的考察对象不同，同一个力可能是内力，也可能是外力。例如，将一列火车作为考察对象，则机车与第一节车厢之间相互的作用力为内力，但如将机车与车厢分作两个质点来考虑，它们之间相互作用的力就成为外力。

内力既然是质点之间相互作用的力，根据反作用定律，这些力必然成对出现，而且每一对都是大小相等、方向相反而且作用线相同。因此，对整个质点系来说，内力系的主矢以及对任一点的主矩都等于零，或者说，内力系所有各力的矢量和等于零，内力系对任一点或任一轴的矩之和也等于零。

用 $\boldsymbol{F}_i^{\mathrm{e}}$ 与 $\boldsymbol{F}_i^{\mathrm{i}}$ 分别表示作用于质点 M_i 上外力的合力与内力的合力，则 $\boldsymbol{F}_i=\boldsymbol{F}_i^{\mathrm{e}}+\boldsymbol{F}_i^{\mathrm{i}}$，代入方程(a)后，得

$$\frac{\mathrm{d}m_i\boldsymbol{v}_i}{\mathrm{d}t}=\boldsymbol{F}_i^{\mathrm{e}}+\boldsymbol{F}_i^{\mathrm{i}} \tag{b}$$

对质点系中每一个质点写出这样一个方程，共有 n 个方程相加，即得

$$\sum\frac{\mathrm{d}m_i\boldsymbol{v}_i}{\mathrm{d}t}=\sum\boldsymbol{F}_i^{\mathrm{e}}+\sum\boldsymbol{F}_i^{\mathrm{i}} \tag{c}$$

根据矢量运算法则

$$\sum\frac{\mathrm{d}m_i\boldsymbol{v}_i}{\mathrm{d}t}=\frac{\mathrm{d}}{\mathrm{d}t}\sum m_i\boldsymbol{v}_i \tag{d}$$

而 $\sum m_i\boldsymbol{v}_i$ 是质点系各质点的动量之和，称为质点系的动量，用 K 表示，即

$$K=\sum m_i\boldsymbol{v}_i \tag{10-5}$$

方程的右边第一项 $\sum\boldsymbol{F}_i^{\mathrm{e}}$ 为作用于质点系外力的矢量和。第二项 $\sum\boldsymbol{F}_i^{\mathrm{i}}$ 为作用于质点系的内力的矢量和。上面已经说明，内力的矢量和等于零，即 $\sum\boldsymbol{F}_i^{\mathrm{i}}=\boldsymbol{0}$，于是方程(c)变成为

$$\sum\frac{\mathrm{d}\boldsymbol{K}}{\mathrm{d}t}=\sum\boldsymbol{F}_i^{\mathrm{e}} \tag{10-6}$$

即质点系的动量对于时间的导数等于作用于质点系的外力的矢量和。这就是质点系的动量定理。

任取固定的直角坐标轴 x、y、z，将方程两边投影到各轴上，并注意矢量导数有选举权的投影等于矢量投影的导数，于是有

$$\frac{\mathrm{d}K_x}{\mathrm{d}t}=\sum F_{ix}^{\mathrm{e}},\quad \frac{\mathrm{d}K_y}{\mathrm{d}t}=\sum F_{iy}^{\mathrm{e}},\quad \frac{\mathrm{d}K_z}{\mathrm{d}t}=\sum F_{iz}^{\mathrm{e}} \tag{10-7}$$

式中，K_x、K_y、K_z 分别为质点系的动量 $\boldsymbol{K}$ 在 x、y、z 轴上的投影，它们分别等于

$$K_x=\sum m_iv_{ix},\quad K_y=\sum m_iv_{iy},\quad K_z=\sum m_iv_{iz} \tag{10-8}$$

方程(10-8)是质点系动量定理的投影形式，它表明，质点系的动量在任意固定轴上

的投影对于时间的导数，等于作用于质点系的所有外力在同一轴上的投影的代数和。

将方程(10-6)改写成

$$d\boldsymbol{K}=\sum \boldsymbol{F}_i^e dt,$$

两边求对应的积分，动量$\boldsymbol{K}$从$\boldsymbol{K}_1$至$\boldsymbol{K}_2$，时间t从t_1到t_2，于是得

$$\boldsymbol{K}_2-\boldsymbol{K}_1=\sum \int_{t_1}^{t_2} \boldsymbol{F}_i^e dt=\sum \boldsymbol{S}_i^e \tag{10-9}$$

即，质点系的动量在任一段时间内的增量，等于作用于质点系所有外力的同一段时间内的冲量之和。这是质点系动量定理的积分形式，也称冲量定理。

将方程(10-9)两边投影到直角坐标轴上，得

$$\left.\begin{aligned} K_{2x}-K_{1x}&=\sum \int_{t_1}^{t_2} F_{ix}^e dt=\sum S_{ix}^e \\ K_{2y}-K_{1y}&=\sum \int_{t_1}^{t_2} F_{iy}^e dt=\sum S_{iy}^e \\ K_{2z}-K_{1z}&=\sum \int_{t_1}^{t_2} F_{iz}^e dt=\sum S_{iz}^e \end{aligned}\right\} \tag{10-10}$$

即，在任一段时间内，质点系的动量在任一固定轴上的投影的增量，等于作用于质点系的外力的冲量在同一轴上的投影的代数和。

如作用于质点系的外力的矢量和等于零，即$\sum F_i^e=0$，则

$$\boldsymbol{K}=\sum m_i \boldsymbol{v}_i=\text{常矢量} \tag{10-11}$$

可见，在运动过程中，如作用于质点系的外力的矢量和始终保持为零，则质点系的动量保持为常量。这个结论称为质点系的动量守恒定理。由这定理可知，要使质点系动量发生变化，必须有外力作用。又由方程可知，如$\sum F_{ix}^e=0$，则

$$K_x=\sum m_i v_{ix}=\text{常量} \tag{10-12}$$

即，如果作用于质点系的外力在某一轴上的投影的代数和始终保持为零，则质点系的动量在该轴上的投影保持为常量。质点系动量守恒定理是自然界中最普遍的客观规律之一，在科学技术上应用很广。例如枪炮射击时的反坐，火箭和喷气式飞机的飞行，都可用动量守恒定理加以研究。

【例 10.1】 如图10.2所示匀质曲柄OA长为r，重力为$\boldsymbol{P}$；滑块的重力也为$\boldsymbol{P}$，T形杆BD的重力为$3\boldsymbol{P}$，质心在点E，$BE=r$。设曲柄以等角速度ω绕轴O转动，转角$\varphi=\omega t$。求机构在任一瞬时的动量。

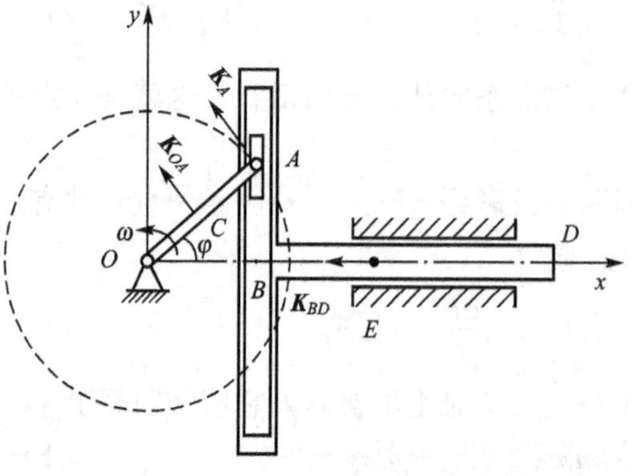

图 10.2 求曲柄、滑块、T形杆机构动量

解： 整个机构的动量等于曲柄、滑块、T形杆动量的矢量和，即

$$\boldsymbol{K}=\boldsymbol{K}_{OA}+\boldsymbol{K}_A+\boldsymbol{K}_{BD}$$

建立坐标系，分别求动量的投影K_x和K_y。

$$K_x=K_{OAx}+K_{Ax}+K_{BDx}$$

曲柄OA、T形杆BD的动量可按式(10-8)求出：

$$K_{OAx}=\left(\frac{P}{g}v_C\right)_x=-\frac{rP}{2g}\omega\sin\varphi$$

$$K_{Ax}=\left(\frac{P}{g}v_A\right)_x=-\frac{rP}{g}\omega\sin\varphi$$

$$K_{BDx}=\left(\frac{P}{g}v_E\right)_x=-\frac{3rP}{g}\omega\sin\varphi$$

在计算 v_E 时，考虑到滑块相对于T形杆具有相对运动，先取滑块 A 为动点，T形杆为动系，应用点的速度合成定理，动点 A 的牵连速度即为 v_E，其大小为 $v_E=v_A\sin\varphi$。将各部件的动量表达式代入动量投影的表达式，得到

$$K_x=-\frac{9\omega rP}{2g}\sin\varphi$$

同理

$$K_y=K_{OAy}+K_{Ay}+K_{BDy}$$

式中

$$K_{OAy}=\left(\frac{P}{g}v_C\right)_y=-\frac{rP}{2g}\omega\cos\varphi$$

$$K_{Ay}=\left(\frac{P}{g}v_A\right)_y=-\frac{rP}{g}\omega\cos\varphi$$

$$K_{BDy}=0$$

故有

$$K_y=\frac{3\omega rP}{2g}\cos\varphi$$

机构的总动量为

$$\boldsymbol{K}=K_x\boldsymbol{i}+K_y\boldsymbol{j}=-\frac{9r\omega P}{2g}\sin\varphi\boldsymbol{i}+\frac{3r\omega P}{2g}\cos\varphi\boldsymbol{j}$$

【例10.2】 小车质量为 $m_1=100\text{kg}$，在光滑水平直线轨道上以 $v_1=1\text{m/s}$ 的速度匀速运动。现有一质量为 $m_2=50\text{kg}$ 的人从高处跳到车上，其速度大小为 $v_2=2\text{m/s}$，方向与水平线成60°角，如图10.3所示。求在人跳上车后车的速度。如果该人又从车上向后跳下，跳离车时，相对于车子的速度 $v_r=1\text{m/s}$，方向与水平线成30°角。求在人跳离后车子的速度。

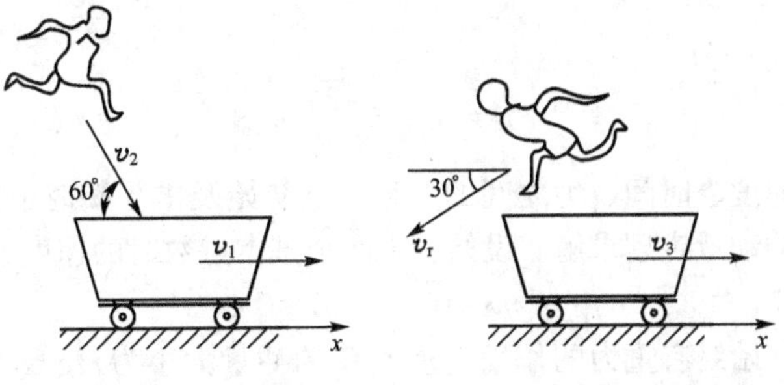

图10.3 小车与人

解： 取人和车作为研究的质点系，则人和车之间的作用力为内力，不能改变质点系的动量。而外力如重力、轨道的约束反力都沿铅垂方向，它们在水平轴上的投影代数和为零，因此质点系的动量在水平轴上投影的代数和守恒。

建立直角坐标系，人跳上车子之前，质点系的动量在 x 轴上的投影为

$$K_x=m_1v_1+m_2v_2\cos60°$$

人跳上车后，质点系的动量在 x 轴上的投影为

$$K_x=(m_1+m_2)v$$

其中 v 是人跳上车后，与车一起运动的速度。

根据能量守恒定理

$$m_1v_1+m_2v_2\cos60°=(m_1+m_2)v$$

代入数据

$$v=1\text{m/s}$$

即人跳上车后，车子的速度恰好仍为 1m/s。

当人又从车上跳下来，人和车组成的质点系的动量在 x 轴上的投影仍旧守恒。起跳前，质点系的动量在 x 轴上的投影为

$$K_x=(m_1+m_2)v$$

起跳后，由于人力的作用使车子的速度变为 v_3，人相对地面的速度在 x 轴上的投影为

$$v_3-v_r\cos30°$$

根据能量守恒定理

$$(m_1+m_2)v=m_1v_3+m_2(v_3-v_r\cos30°)$$

代入数据

$$v_3=\frac{150+25\sqrt{3}}{150}=1.29(\text{m/s})$$

【例 10.3】 桩锤的锤头 A 的质量为 $m=300\text{kg}$，从高度 $h=1.5\text{m}$ 处自由落下，击桩后与桩一起运动，经过时间 $\tau=0.02\text{s}$ 后停止，求锤头对桩的平均打击力。

解： 取锤头 A 为研究对象。在锤头 A 击桩到桩与锤头一起下沉终了的过程中，作用在锤头上的力有重力 $\boldsymbol{G}$，击桩后的反力 $\boldsymbol{N}$。锤头在击桩前为自由落体运动，由运动学的分析可知，自由下落的高度 h 与时间 t 之间的关系为

$$t=\sqrt{\frac{2h}{g}}$$

锤头击桩后受重力 $\boldsymbol{G}$ 和反力 $\boldsymbol{N}$ 的作用，作减速运动，经过时间 τ 后停止。于是该过程的总计时间为

$$T=t+\tau=\sqrt{\frac{2h}{g}}+\tau$$

由于问题涉及速度、时间、力之间的关系，且初始及末了瞬时的运动情况是明确的，故可应用积分形式的动量定理求解。设始、末两个基本点数时的速度为零，即

$$mv=0,\quad mv_0=0$$

在运动过程中，始终有重力的作用，重力 $\boldsymbol{G}$ 的冲量大小为 $mg(t+\tau)$，方向是铅直向下。锤头与桩接触时产生接触反力 $\boldsymbol{N}(t)$，该力的冲量为 $\int_0^\tau \boldsymbol{N}(t)\mathrm{d}t$。由于 $\boldsymbol{N}(t)$ 随时间的变化规律是未知的，这里只求其平均反力

$$\boldsymbol{N}^*=\frac{\int_0^\tau \boldsymbol{N}(t)\mathrm{d}t}{\tau}$$

这样，撞击反力的冲量就可以用平均反力表示为 $\boldsymbol{N}^*\tau$，方向是铅直向上。

建立直角坐标轴，如图 10.4 所示。将以上分析结果代入公式(10-10)，得到方程

$$0=\sum S_y=mg(t+\tau)-N^*\tau$$

$$N^*=\frac{1}{\tau}[mg(t+\tau)]=\frac{1}{\tau}\left[mg\left(\frac{2h}{g}+\tau\right)\right]$$

代入数据，得

$$N^*=84.27\text{kN}$$

根据作用与反作用定律，锤头对桩的平均撞击力与上面求出的平均反力大小相等，方向相反，作用在桩上。这个平均撞击力是锤头重力的 29 倍。从前面 N^* 的表达式中可以看出，产生这样大的打击力，是由于击桩的时间很短所致，用撞击获得巨大的力，这种现象被广泛地应用于生产和生活之中。

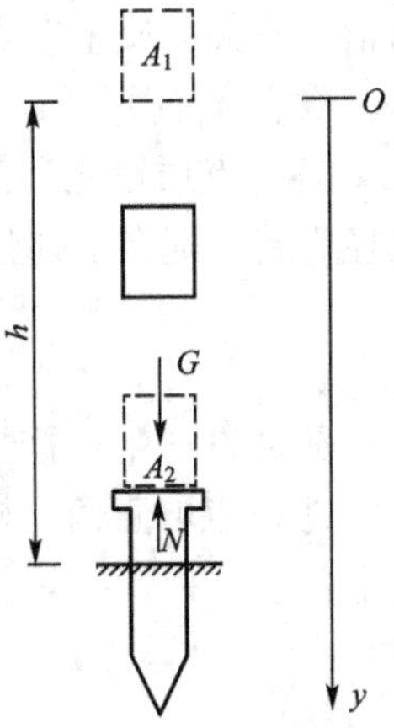

图 10.4 打桩

【例 10.4】 大炮的炮身重 $Q=8$kN，炮弹重 $P=40$N，炮筒倾角 30°，从击发至炮弹离开炮筒的所需时间 $\tau=0.05$s，炮弹出口速度 $v=500$m/s，由于射击时间很短，所有的摩擦力的影响可以忽略不计。求炮身反坐速度及地面对炮身的平均铅直反力。

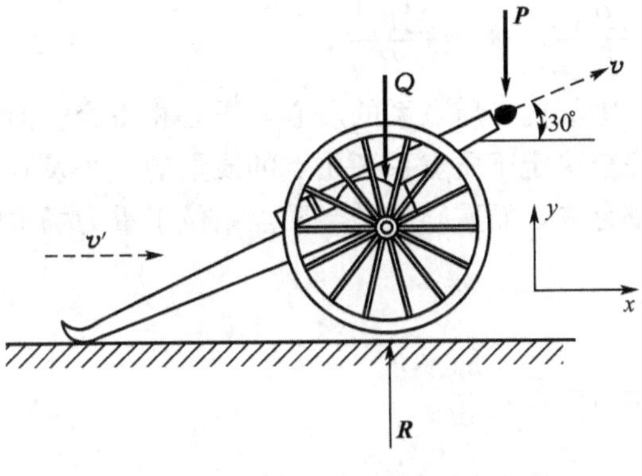

图 10.5 击发炮弹

解：取炮身与炮弹这一质点系来考察。作用于质点系的外力有重力 P、Q，地面的铅直反力为 R，选轴 x、y，如图 10.5 所示。由于发射过程中外力在 x 轴上的投影保持不变。发射前，炮身与炮弹静止不动，质点系的动量等于零，发射后，质点系动量在 x 轴上的投影仍然为零。设发射后的炮身的反坐速度为 v'，则有

$$\frac{Q}{g}v'+\frac{P}{g}v\cos30°=0$$

移项并代入各已知值，得

$$v'=-\frac{0.04}{8}\times500\times\frac{\sqrt{3}}{2}=-2.16(\text{m/s})$$

负号表示炮身向后退，所以称为“反坐”。

又由 $K_{2y}-K_{1y}=\sum S_{iy}^{e}$，有

$$\frac{P}{g}v\sin30°-0=(R-Q-P)\tau$$

代入各已知值，得

$$R=Q+P+\frac{p}{g}\frac{v\sin30°}{\tau}=8+0.04+\frac{0.04}{9.8}\times\frac{500\times0.5}{0.05}=28.5(\text{kN})$$

10.3 质量中心——质心运动定理

质点系的运动不仅与作用在质点系上的力及各质点的质量大小有关，而且与质量的公

布情况有关。质量中心就是表征质点系质量分布情况的概念之一。

设有 n 个质点 M_1，M_2，…，M_n 组成的质点系，各质点的质量分别为 m_1，m_2，…，m_n，各质点质量之和 $\sum m_i=m$ 就是质点系的质量。取固定点 O，设任一质点 M_i 对 O 点的矢径为 $\boldsymbol{r}_i$，则有下列公式：

$$\boldsymbol{r}_C=\frac{\sum m_i\boldsymbol{r}_i}{m}\text{或}m\boldsymbol{r}_C=\sum m_i\boldsymbol{r}_i \tag{10-13}$$

确定的一点 C 称为质点系的质量中心，简称质心，又称惯性中心。

过 O 点取直角坐标系 $Oxyz$，命 M_i 的坐标为 x_i，y_i，z_i，则质心的位置坐标可由下式决定：

$$x_C=\frac{\sum m_ix_i}{m},\quad y_C=\frac{\sum m_iy_i}{m},\quad z_C=\frac{\sum m_iz_i}{m} \tag{10-14}$$

如质点系在地面附近，即在重力场内，设 P_i 及 $P=P_i$ 分别是质点 M_i 及整个质点系的重力，则有

$$m_i=\frac{P_i}{g},\quad m=\frac{P}{g}$$

而质心坐标公式成为

$$x_C=\frac{\sum P_ix_i}{P},\quad y_C=\frac{\sum P_iy_i}{P},\quad z_C=\frac{\sum P_iz_i}{P},$$

这就是质心位置的坐标公式。可见，在重力场内，质点系的质心与重心相重合。但应注意，质心与重心是两个不同的概念，质心完全决定于质点系各质点的质量的大小及其分布情况，不论质点系在宇宙空间什么位置它都存在，而重心只是当质点系位于重力场中时才存在。所以质心比重心更具广泛意义。

将式(10-13)两边对时间 t 求导，得

$$m\frac{\mathrm{d}\boldsymbol{r}_C}{\mathrm{d}t}=\frac{\mathrm{d}}{\mathrm{d}t}\sum m_i\boldsymbol{r}_i=\sum m_i\frac{\mathrm{d}\boldsymbol{r}_C}{\mathrm{d}t}$$

因 $\frac{\mathrm{d}\boldsymbol{r}_C}{\mathrm{d}t}=\boldsymbol{v}_C$ 是质点系质心的速度，而 $\frac{\mathrm{d}\boldsymbol{r}_i}{\mathrm{d}t}=v_i$ 是质点 M_i 的速度，所以

$$m\boldsymbol{v}_C=\sum m_i\boldsymbol{v}_C=\boldsymbol{K} \tag{10-15}$$

可见，质点系的质量与质心加速度的乘积就等于质点系的动量。该式为计算质点系，特别是为计算刚体的动量提供了简捷方法。将上式代入质点系动量定理的表达式，得到

$$\frac{\mathrm{d}(m\boldsymbol{v}_C)}{\mathrm{d}t}=\sum\boldsymbol{F}_i^{\mathrm{e}}$$

即

$$m\frac{\mathrm{d}\boldsymbol{v}_C}{\mathrm{d}t}=\sum\boldsymbol{F}_i^{\mathrm{e}},\quad m\frac{\mathrm{d}^2\boldsymbol{v}_C}{\mathrm{d}t^2}=\sum\boldsymbol{F}_i^{\mathrm{e}} \tag{10-16}$$

上式表明，质点系的质量与质心加速度的乘积等于作用于质点系上的外力的矢量和。

将上式投影到固定直角坐标轴 x，y，z 上，可得

$$m\frac{\mathrm{d}^2x_C}{\mathrm{d}t^2}=\sum F_{ix}^{\mathrm{e}},\quad m\frac{\mathrm{d}^2y_C}{\mathrm{d}t^2}=\sum F_{iy}^{\mathrm{e}},\quad m\frac{\mathrm{d}^2z_C}{\mathrm{d}t^2}=\sum F_{iz}^{\mathrm{e}} \tag{10-17}$$

以上两组方程就是质心的运动微分方程。与质点运动微分方程比较，可见质点系质心的运动与单个质点的运动相同，这个质点的质量等于质点系的质量，而且在这个质点上作

用着所有作用于质点系的外力。这就是质心运动定理。

在式(10-16)中，设$\sum \boldsymbol{F}_i^e=\mathbf{0}$，即质点系不受外力，或作用于质点系的外力的矢量和等于零，则$\boldsymbol{v}_C=$常矢量，质心处于静止(原来处于静止状态)或作匀速直线运动状态(原作匀速直线运动)。在式(10-17)中，设$\sum F_{ix}^e=0$，即作用于质点系的外力在x轴上的投影代数和始终等于零，则$v_{Cx}=$常量，即质心的x坐标在该轴上的坐标不变(如果质心的初速度在x轴的投影等于零的话)，或者质心沿x轴的运动是匀速的。由此可见，要改变质点系质心的运动，必须有外力作用，质点系内部各质点之间相互作用力不能改变质心的运动。

例如，汽车开动时，汽缸内的燃气压力对汽车的整体来说是内力，不能使汽车前进，只是当燃气推动活塞、通过传动机构带动主动轮转动，地面对主动轮作用的向前的摩擦力大于总的阻力时，汽车才能前进。在日常生活中我们知道，在非常光滑的地面上走路很困难；在静止的小船上，人向前走，船往后退，等等。都是因为水平方向的外力很小，人的质心或人与小船的质心趋向于保持静止的缘故。

根据质心运动定理，某些质点系动力学问题可以直接用质点动力学理论来解答。例如，刚体作平行移动时，知道了刚体质心的运动，也就知道了整个刚体的运动，所以刚体运动问题完全可以作为质点求解(这个结论在质点动力学问题的一些例子中实际上已经用过了)。又如，土建工程中采用定向爆破的施工方法时，要求一次爆破就将大量土石方抛掷到指定的地方。怎样才能达到目的呢？我们知道，爆破出来的土石块运动各不相同，情况很复杂，但就它们的整体来说，不计空气阻力，爆破后就只受重力作用，根据质心运动定理，它们质心的运动就像一个质点在重力作用下作抛射运动一样。因此，只要控制好质心的初速度，使质心的运动轨迹通过指定区域内的适当位置，就可能使大部分土石块落在该区域内，达到预期的效果，如图10.6所示。

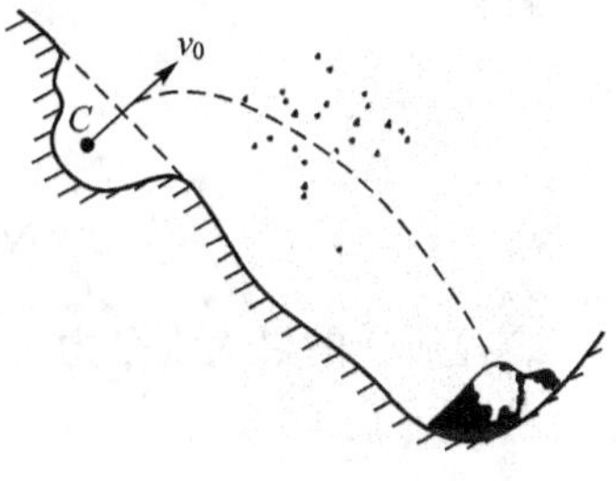

图 10.6　定向爆破

质心运动定理在理论上也有重要意义，因为，质点系的复杂运动总可以看作随同质心的平动与绕质心的转动两部分合成的结果。应用质心运动定理求出质心的运动，也就确定了质点系随同质心的运动，至于质点系绕质心的转动，则须用动量矩定理来研究。

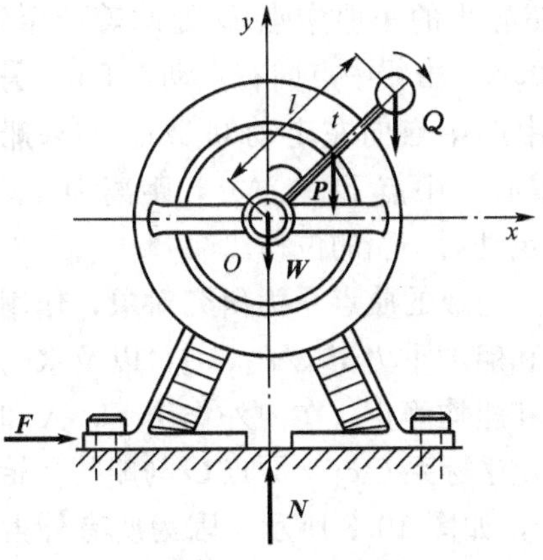

图 10.7　电动机

【例 10.5】 电动机重$\boldsymbol{W}$，外壳用螺栓定在基础上，如图10.7所示，另有一匀质杆，长l，重$\boldsymbol{P}$，一端固连在电动机轴上，并与基轴垂直，另一端刚连一重$\boldsymbol{Q}$的小球。设电动机轴以匀角速转动，求作用于螺栓上的最大水平力及作用于基础的铅直力。

解： 将电动机、匀质杆与小球组成的质点系作为考察对象。由题意，各部分的运动已知，从而可以求得质心的运动。取静坐标Oxy如图所示，在任一瞬时t，匀质杆与y轴夹角为ωt。电动机、匀质杆与小球组成的质点系质心的位置坐标为：

$$x_C=\frac{P\frac{l}{2}\sin\omega t+Ql\sin\omega t}{W+P+Q}=\frac{(P+2Q)l}{2(W+P+Q)}\sin\omega t$$

$$y_C=\frac{P\frac{l}{2}\cos\omega t+Ql\cos\omega t}{W+P+Q}=\frac{(P+2Q)l}{2(W+P+Q)}\cos\omega t$$

求 x_C、y_C 对 t 的二阶导数，有

$$\frac{\mathrm{d}^2x_C}{\mathrm{d}t^2}=-\frac{(P+2Q)l\omega^2}{2(W+P+Q)}\sin\omega t$$

$$\frac{\mathrm{d}^2y_C}{\mathrm{d}t^2}=-\frac{(P+2Q)l\omega^2}{2(W+P+Q)}\cos\omega t$$

作用于质点系的外力有重力 $\boldsymbol{P}$、$\boldsymbol{Q}$、$\boldsymbol{W}$，及螺栓对电动机作用的总的水平力 $\boldsymbol{F}$，基础对电动机作用的铅直力 $\boldsymbol{N}$，由式(10-17)有

$$\frac{(W+P+Q)}{g}\frac{\mathrm{d}^2x_C}{\mathrm{d}t^2}=F$$

$$\frac{(W+P+Q)}{g}\frac{\mathrm{d}^2y_C}{\mathrm{d}t^2}=N-W-P-Q$$

解得

$$F=-\frac{(P+2Q)l\omega^2}{2g}\sin\omega t$$

$$N=W+P+Q-\frac{(P+2Q)l\omega^2}{2g}\cos\omega t$$

螺栓所受的最大水平力为

$$F_{\max}=\frac{(P+2Q)l\omega^2}{2g}$$

铅直力的最大值为

$$N_{\max}=W+P+Q+\frac{(P+2Q)l\omega^2}{2g}$$

在上述表达式中，$W+P+Q$ 是由各部分重力的静力作用而产生的，称为静反力，而 $-\frac{(P+2Q)l\omega^2}{2g}\cos\omega t$ 是由电动机运动而产生的，称为动反力。

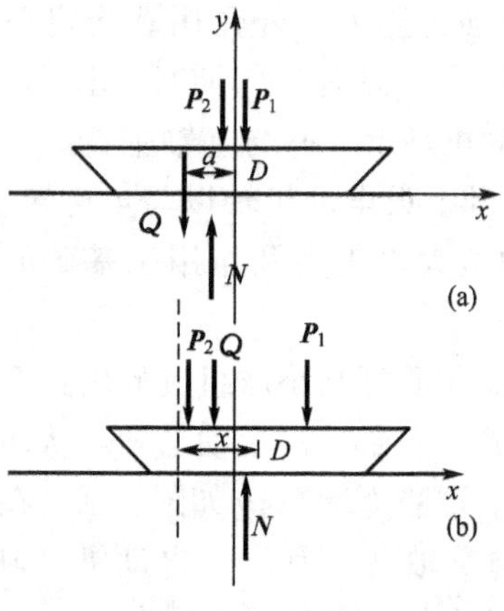

图 10.8 小船

【例 10.6】 在静止的小船中点 D 处站着两个人，其中一人重 $P_1=500\text{N}$，由船中点向右走动 1.5m，另一人重 $P_2=600\text{N}$，由船中点向左走动 0.5m。如果船重 $Q=1500\text{N}$，船的重心在中点 D 的左方，距离为 a。不计水的阻力，求人走动后小船的位移。

解： 取船和两人组成的质点系为研究对象，作用于质点系的外力有人和船的重力 $\boldsymbol{P}_1$、$\boldsymbol{P}_2$、$\boldsymbol{Q}$，以及水的浮力 $\boldsymbol{N}$。初瞬时，人和船均静止。在内外作用下，人和船开始运动。建立固定坐标系 Oxy，原点 O 与船的初始位置的中点 D 相重合，如图 10.8 所示。因为所有外力皆铅垂，故 $\sum\boldsymbol{F}^e=\boldsymbol{0}$；开始时系统静止，$x_C=0$，所以系统

的质心坐标 x_C 为常数。质心在 x 方向的位置守恒。设初瞬时系统中人和船的质心坐标分别为 $x_1=0$，$x_2=0$，$x_3=-a$。

初瞬时系统质心横坐标 x_C 为

$$x_C=\frac{-m_3a}{m_1+m_2+m_3}=\frac{-Qa}{P_1+P_2+Q}$$

当两人走动结束时，注意到人相对于船的位移为相对位移，船本身的位移是牵连位移。由于两者共线，所以其代数和为人的绝对位移。设此时人和船的质心的横坐标为 x_1'，x_2'，x_3'。于是有

$$x_1'=x+1.5,\quad x_2'=x-0.5,\quad x_3'=x-a$$

得到行走结束时系统质心的横坐标为

$$x_C'=\frac{m_1x_1'+m_2x_2'+m_3x_3'}{m_1+m_2+m_3}$$

因为 $x_C=x_C'$，有

$$x=\frac{0.5P_2-1.5P_1}{P_1+P_2+Q}$$

将数据代入，解得 $x=-1.73\text{cm}$。其中负号说明小船向左移动。

【例 10.7】 曲柄连杆机构安装在平台上，平台放在光滑的水平基础上，如图 10.9(a)所示。均质曲柄 OA 重 $\boldsymbol{P}_1$，以等角速度 ω 绕 O 转动。均质连杆 AB 重 $\boldsymbol{P}_2$，平台重 $\boldsymbol{P}_3$，平台重心 D 与 O 轴在同一铅垂线上，不计滑块 B 的重力，曲柄和连杆的长度相等，即 $OA=AB=L$。当 $t=0$ 时，曲柄 OA 与平台的夹角 $\varphi=0$，并且平台速度为零。求平台的水平运动规律和基础对平台的反力。

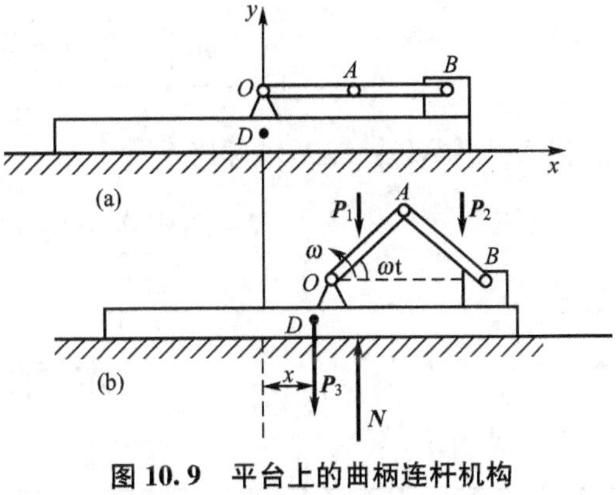

图 10.9　平台上的曲柄连杆机构

解： 取曲柄、连杆和平台组成的质点系为研究对象，质点系所受外力为曲柄、连杆和平台的重力 $\boldsymbol{P}_1$、$\boldsymbol{P}_2$、$\boldsymbol{P}_3$ 以及地面对平台的法向约束反力 $\boldsymbol{N}$。所有外力皆为铅垂，且初始时系统静止，故系统的质心在 x 轴上的坐标守恒，即 x_C 为常数。

杆 OA 作匀速转动，杆 AB 为平面运动，平台 B 在光滑平面上平动。由于平台的运动，必须应用复合运动的概念研究杆 OA 和 AB 的运动。

建立固定坐标系 $O'xy$，原点 O' 与系统初始时的 O 点重合，写出初始位置和一般位置两瞬时的质心坐标，利用质心的横坐标守恒，求出平台的运动规律。

令 $t=0$

$$x_{CO}=\frac{m_1\dfrac{l}{2}+m_2\dfrac{3l}{2}+m_3\cdot 0}{m_1+m_2+m_3}$$

在任意瞬时 t，曲柄 OA 转过 φ 角，如图 10.9(b)所示，曲柄连杆和平台的质心坐标 x_1，x_2，x_3分别为

$$x_1=\frac{l}{2}\cos\omega t+x,\quad x_2=\frac{3l}{2}\cos\omega t+x,\quad x_3=x$$

系统质心的横坐标为

$$x_{C1}=\frac{m_1\left(\frac{l}{2}\cos\omega t+x\right)+m_2\left(\frac{3l}{2}\cos\omega t+x\right)+m_3\cdot 0}{m_1+m_2+m_3}$$

根据质心坐标守恒，$x_{C0}=x_{C1}$

$$m_1\frac{l}{2}+m_2\frac{3l}{2}=m_1\left(\frac{l}{2}\cos\omega t+x\right)+m_2\left(\frac{3l}{2}\cos\omega t+x\right)+m_3\cdot 0$$

解出

$$x=\frac{l(P_1+3P_2)}{P_1+P_2+P_3}(1-\cos\omega t)$$

上式为平台的水平运动规律。

为求基础对平台的反力，应用质心运动定理。首先在一般位置上写出系统质心的纵坐标，即质心的运动方程。由于平台只作水平滑动，所以平台质心的纵坐标为常数，设为b，于是质心的纵坐标为

$$y_C=\frac{m_1\left(b+\frac{l}{2}\sin\omega t\right)+m_2\left(b+\frac{l}{2}\sin\omega t\right)+m_3\cdot b}{m_1+m_2+m_3}$$

$$y''_C=\frac{m_1\left(-\frac{l}{2}\omega^2\sin\omega t\right)+m_2\left(-\frac{l}{2}\omega^2\sin\omega t\right)}{m_1+m_2+m_3}$$

代入公式 $My''_C=\sum F_y^e$，得

$$N=P_1+P_2+P_3-\frac{l}{2}\omega^2\left(\frac{P_1}{g}+\frac{P_2}{g}\right)\sin\omega t$$

本 章 小 结

1. 动量定理建立了物体的动量变化与作用力的冲量在数量和方向上的关系。

质点的动量：$m\boldsymbol{v}$

质点系的动量：$\boldsymbol{K}=\sum m_i\boldsymbol{v}_i=M\boldsymbol{v}_C$

力的冲量：$\boldsymbol{S}=\int_0^t \boldsymbol{F}\mathrm{d}t$

质点的动量定理：$\mathrm{d}(m\boldsymbol{v})=\boldsymbol{F}\mathrm{d}t$

$$\frac{\mathrm{d}}{\mathrm{d}t}(m\boldsymbol{v})=\boldsymbol{F}$$

$$m\boldsymbol{v}_2-m\boldsymbol{v}_1=\int_0^t \boldsymbol{F}\mathrm{d}t=\boldsymbol{S}$$

质点系的动量定理：$\frac{\mathrm{d}}{\mathrm{d}t}\boldsymbol{K}=\sum\boldsymbol{F}^e$

$$\boldsymbol{K}_2-\boldsymbol{K}_1=\sum\boldsymbol{S}^e$$

2. 质心运动定理：$M\boldsymbol{a}_C=\sum\boldsymbol{F}^e$

思　考　题

1.“动量等于冲量”的说法对吗？

2. 小球沿水平面运动，碰到铅直的墙面后弹回。设碰墙前后的速度大小相等，按下式计算冲量对吗？

$mv_2-mv_1=s$，因 $v_1=v_2$，所以 $s=0$。

3. 水在直管中流动对管壁有无动压力？为什么？

4. 炮弹飞出炮膛后，不计空气阻力，质心沿抛物线运动。炮弹爆炸后，质心运动规律不变。若有一块碎片落地，质心是否还沿抛物线运动？为什么？

5. 在光滑的水平面上放置一静止圆盘，当圆盘受一力偶作用时，盘心将如何运动？为什么？

习　题

1. 设炮身重为 Mg，炮弹重为 mg，炮弹沿水平方向的发射初速为 v_0，试求炮身的速度。

2. 一小船质量为 M，以速度 v_0 在静水中沿直线航行。站在船尾上的人质量为 m_0，设某瞬时人开始以相对于船身的速度 v_r 走向船头，求此时小船的速度。水的阻力忽略不计。

3. 跳伞者质量为 70kg，自停留在高空的直升飞机中跳出，落下 100m 后将降落伞打开。张伞前的空气阻力略去不计，并设在张伞之后的运动中所受阻力为一常量。自张伞时开始经 5s 后，跳伞者的速度减至 4.5m/s。求将人系于伞上之绳所受的拉力。

4. 汽车以 36km/h 的速度在平直道上行驶。设车轮在制动后立即停止转动，问车轮对地面的滑动摩擦系数 f 应为多大方能使汽车在制动后 6s 时停止。

5. 如图 10.10 所示，浮动起重机举起质量 $m_1=2000$kg 的重物。设起重机质量 $m_2=20000$kg，杆长 $OA=8$m；开始时杆与铅直位置成 60°角，水的阻力和杆重均略去不计。当起重杆 OA 转到与铅直位置成 30°角时，求起重机的位移。

6. 3 个重物的质量分别为 $m_1=20$kg，$m_2=15$kg，$m_3=10$kg，由一绕过两个定滑轮 M 和 N 的绳子相连接，如图 10.11 所示，当重物 m_1 下降时，重物 m_2 在四棱柱 $ABCD$ 的上面向右移动，而重物 m_3 则沿侧面 AB 上升。四棱柱的质量 $m=100$kg。如略去一切摩擦和滑轮、绳子的质量，求当物块 m_1 下降 1m 时，四棱柱体相对于地面的位移。

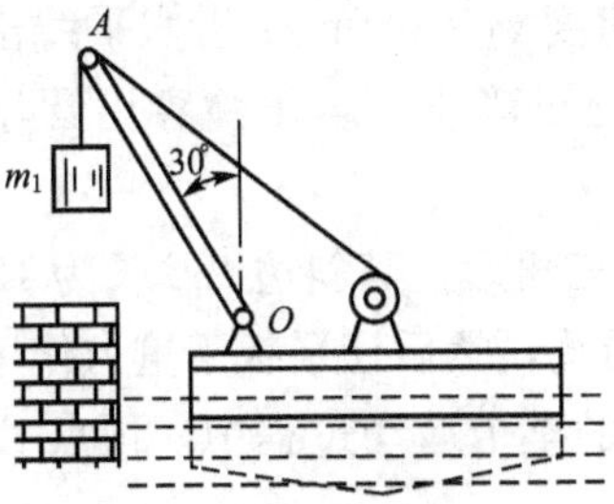

图 10.10　浮动起重机

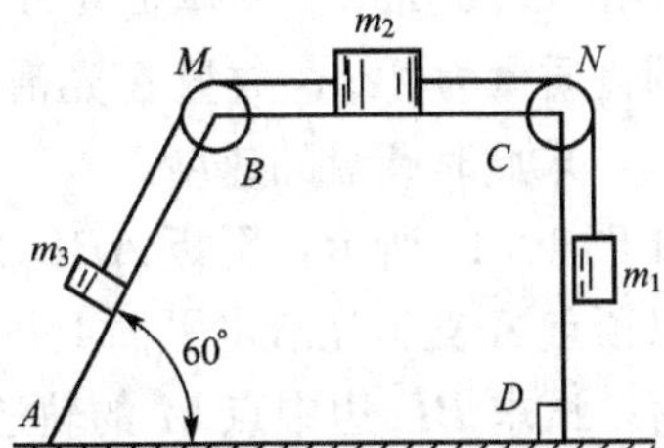

图 10.11　求四棱柱位移

7. 如图 10.12 所示，水平面上放一匀质三棱柱 A，在其斜面上又放一匀质三棱柱 B。两三棱柱的横截面均为直角三角形。三棱柱 A 的质量 m_A 为三棱柱 B 质量 m_B 的 3 倍，其尺寸如图示。设各处摩擦均不计，初始时系统静止。求当三棱柱 B 沿三棱柱 A 滑下接触到水平面时，三棱柱 A 移动的距离。

8. 如图 10.13 所示，匀质杆 AB 长 l，直立在光滑的水平面上。求它从铅直位置无初速地倒下时，端点 A 相对图示坐标系的轨迹。

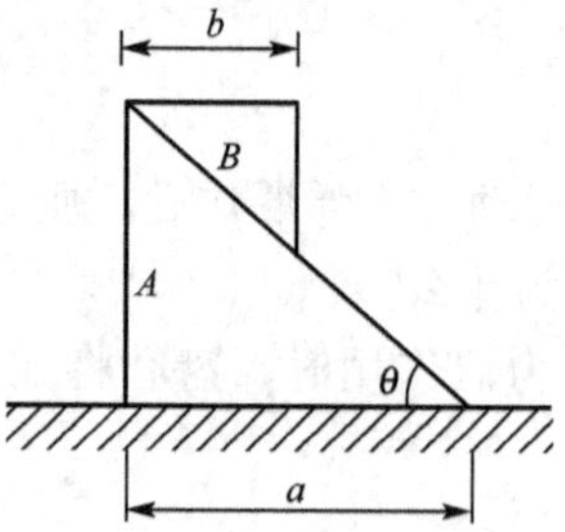

图 10.12　三棱柱移动

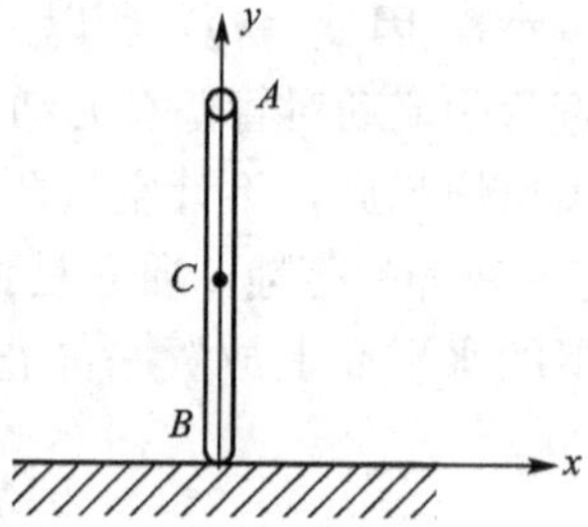

图 10.13　匀质杆端点的运动轨迹

9. 如图 10.14 所示小球 P 沿光滑大半圆柱体表面由顶点滑下，小球质量为 m_2，大半圆柱体质量为 m_1，半径为 R，放在光滑水平面上。初始时系统静止，求小球未脱离大半圆柱体时相对于图示静坐标系的运动轨迹。

10. 如图 10.15 所示，匀质杆 AB，长 l，重 P。用铰 A 与匀质圆盘中心连接。圆盘半径为 r，重 Q。可在水平面内作无滑动滚动。当 $\varphi=30^\circ$时，杆 AB 的 B 端沿铅垂方向下滑的速度为 $\boldsymbol{v}_b$，求此刚体系统在图示瞬时的动量。

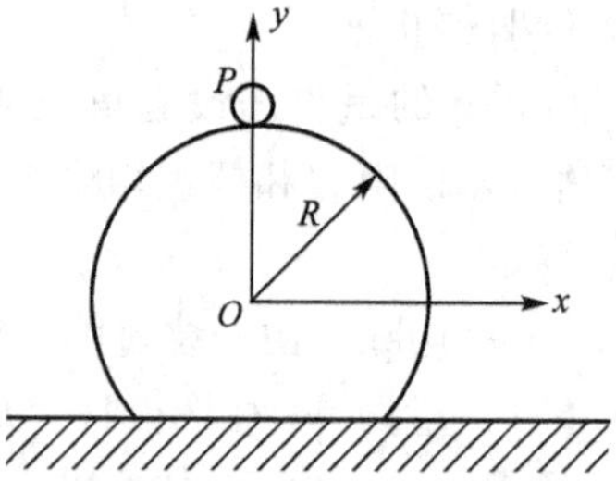

图 10.14　小球的运动轨迹

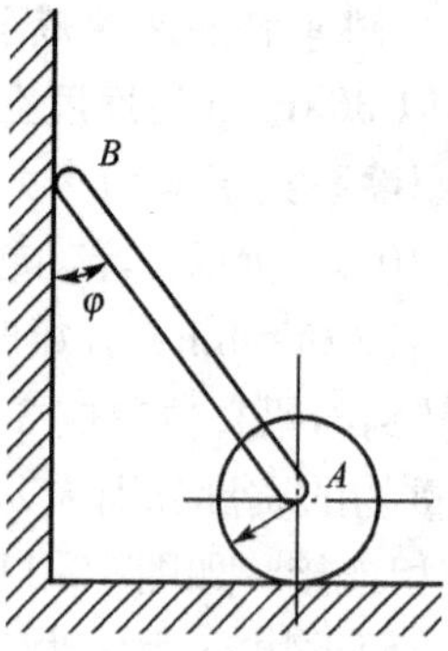

图 10.15　刚体系统瞬时动量

11. 如图 10.16 所示，子弹质量为 0.15kg，以速度 $v_1=600\text{m/s}$ 沿水平线击中圆盘的中心。设圆盘质量为 2kg，放置在光滑水平支座上处于静止。若子弹穿出圆盘时的速度 $v_2=300\text{m/s}$，求此时圆盘的速度。

12. 如 图 10.17 所示，平板 ABD 为一等腰直角三角形，其斜边 AB 长为 12cm，今将此三角板以顶点 A 支于光滑水平面上并使斜边 AB 铅垂，然后让平板于重力作用下在图面内自由倒落，试求 BD 边中点 M 的轨迹，设在平板的整个运动过程中，顶点 A 始终保持在水平面上。

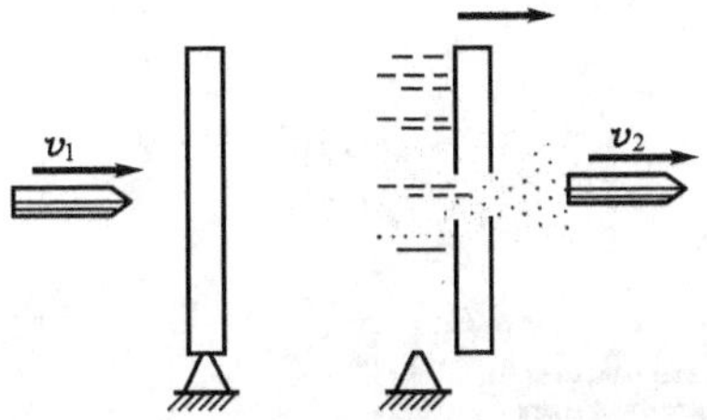

图 10.16 圆盘瞬时速度

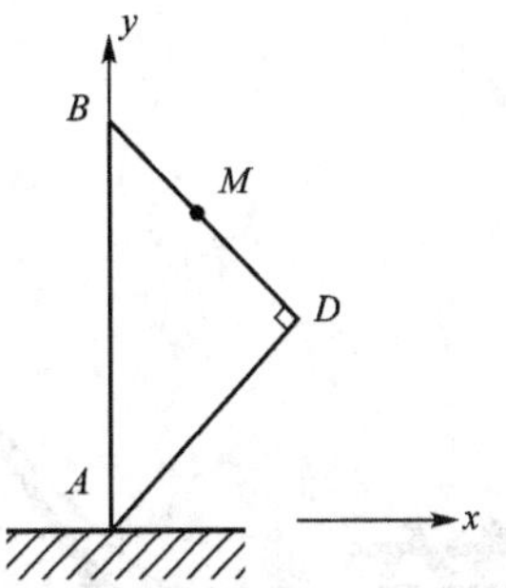

图 10.17 平板上点的运动轨迹

13. 如图 10.18 所示，弹簧 AB 原长为 l_0，刚度系数为 k，它的 B 端与质量为 m_2 的物块 M_2 相接，在光滑平面上处于静止。质量为 m_1 的一物块 M_1 以速度 v_1 沿水平方向撞击弹簧 A 端后与它相连接。设 $m_2=2m_1$，不计弹簧质量，不计摩擦阻力，求此系统质心 C 的运动方程及物块 M_2 的运动方程。

14. 如图 10.19 所示，框架置于光滑水平面上，其中安装有一匀质杆 OA，O 为铰链。设框架与杆的质量分别为 M 及 m，杆长为 l，开始时杆与铅垂线成 θ 角，整个系统处于静止，求杆自由释放后到达铅垂位置时框架的位移。

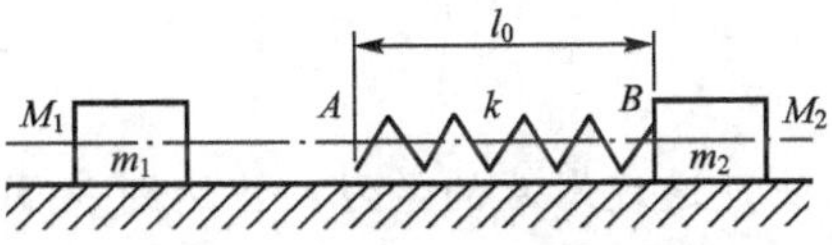

图 10.18 系统质心及物块的运动方程

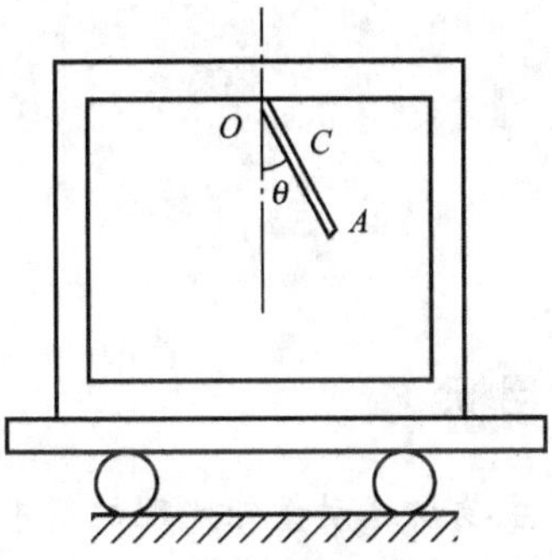

图 10.19 框架位移

15. 如图 10.20 所示，匀质杆 AB 长 2，A 端在光滑水平面上。当杆与水平面成 φ_0 角时由静止自由倒下，求杆的端点 B 的运动轨迹方程。

16. 水道断面如图 10.21 所示，水流经固定水道，水道截面积逐渐改变。水流入的速度 $v_0=2\text{m/s}$，水道进口截面积为 0.02m^2。水流出的速度 $v_1=4\text{m/s}$，速度的方向如图所示，假设水是不可压缩的，水流量是定常的。求水流作用在水道壁上的水平压力。

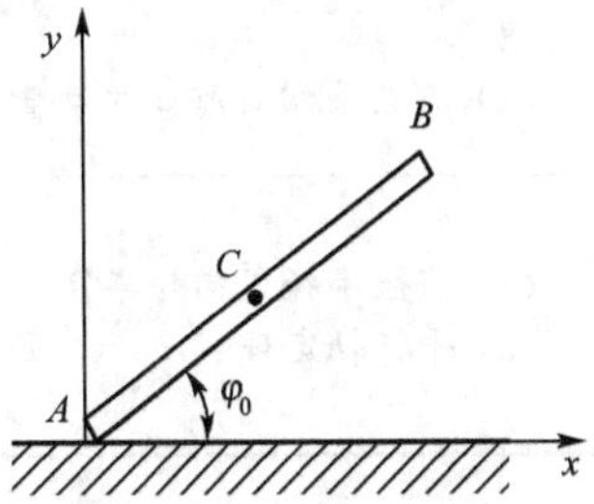

图 10.20 杆端的运动轨迹方程

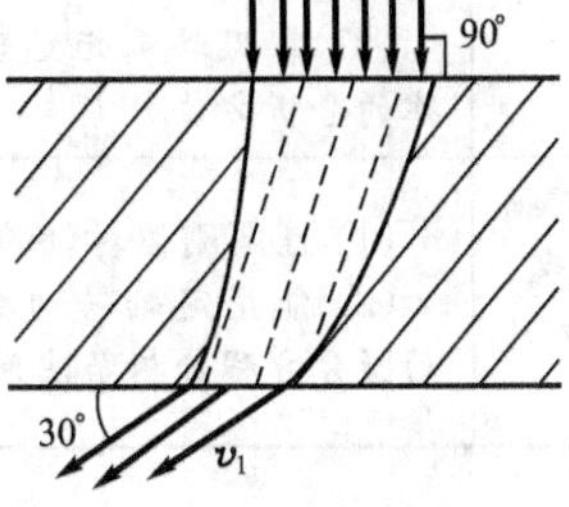

图 10.21 水流对水道壁的水平压力

第11章 动量矩定理

教学目标

本章主要讲述动量矩定理的基本理论和方法。通过本章的学习，应达到以下目标。

(1) 理解质点动量矩、质点系动量矩、转动惯量等概念。

(2) 熟练掌握动量矩定理和动量矩守恒定律。

(3) 能运用动量矩定理、动量矩守恒定律分析动力学问题。

教学要求

知识要点	能力要求	相关知识
动量矩、动量矩定理	(1) 准确理解质点、质点系的动量矩的概念 (2) 掌握动量矩定理、动量矩守恒定律的分析方法	(1) 质点在有心力作用下的面积速度定理 (2) 质点系相对质心的动量矩定理
刚体绕定轴转动微分方程、刚体平面运动微分方程	(1) 理解刚体对轴的转动惯量 (2) 能用定轴转动微分方程和平面运动微分方程分析解决问题	(1) 惯性半径或回转半径 (2) 平行轴定理

基本概念

转动惯量；回转半径；平行移轴定理；质点和质点系的动量矩。

引例

第 10 章建立了作用力与动量变化之间的关系，即动量定理。当刚体在力的作用下绕某点或某轴转动时，用动量无法描述刚体的机械运动。例如，一刚体在外力系作用下绕过质心的定轴转动，无论刚体转动快慢如何，也无论其转动状态变化如何，它的动量恒等于零。因而，动量定理不能表征这种质点系的运动规律。此时，要用动量矩这一概念来描述质点系的运动状态。质点系动量矩的变化与作用在该质点系上的力对该点或该轴之矩有关。动量矩定理建立了这两者之间的关系，通过该定理能更深入地了解当刚体绕某点或某轴转动时机械运动的规律。

本章将介绍转动惯量、动量矩定理及其应用。

11.1 转动惯量

转动惯量是表征刚体转动惯性大小的一个重要物理量。本节介绍转动惯量、惯性积、惯性主轴以及平行轴定理。

11.1.1 刚体对轴的转动惯量

设有一刚体及任一轴 z(图 11.1)，刚体上任一点的质量为 m_i，与轴 z 的距离为 r_i，则各点质量 m_i 与 r_i^2 的乘积之和称为**刚体对 z 轴的转动惯量**，用符号 J_z 表示

$$J_z=\sum m_i r_i^2 \qquad (11-1)$$

可见，刚体对某一轴的转动惯量不仅与刚体的质量大小有关，而且与质量的分布有关。刚体质点离轴越远，其转动惯量越大；反之则越小。例如，为了使机器运转稳定，常在主轴上安装一个飞轮，飞轮边缘较厚、中间较薄且有一些空洞，其在质量相同的条件下具有较大的转动惯量。

从式(11-1)知，转动惯量总是正标量。它的量纲为 $\dim J=ML^2$，单位为 $kg\cdot m^2$ 等。

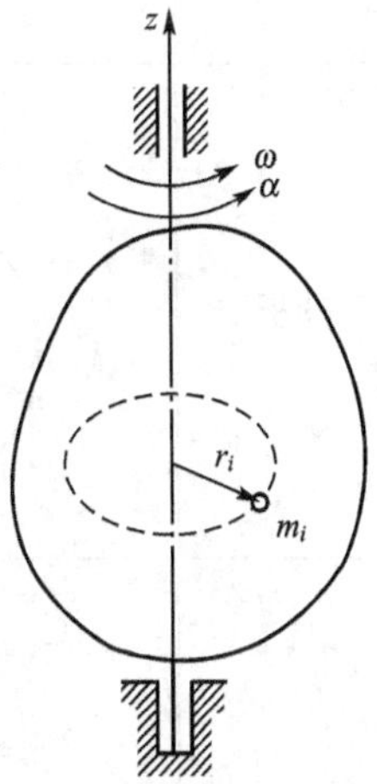

图 11.1 刚体对轴的转动惯量

工程上，计算刚体的转动惯量时，常应用下面公式

$$J_z=m\rho_z^2 \qquad (11-2)$$

式中，m 为整个刚体的质量，ρ_z 为刚体对 z 轴的回转半径，它具有长度的量纲。由式(11-2)得

$$\rho_z=\sqrt{\frac{J_z}{m}} \qquad (11-3)$$

如果已知回转半径，则可按式(11-2)求出转动惯量；反之，如果已知转动惯量，则可由式(11-3)求出回转半径。

必须注意，回转半径只是在计算刚体的转动惯量时，假想把刚体的全部质量集中在离轴距离为回转半径的某一圆柱面上，这样在计算刚体对该轴的转动惯量时，就简化为计算这个圆柱面对该轴的转动惯量。

对于质量连续分布的刚体，可将式(11-1)中的 m_i 改为 $\mathrm{d}m$，而求和变为求积分，于是有

$$J_z = \int_m r^2 \mathrm{d}m \tag{11-4}$$

下面举例说明简单形状刚体的转动惯量的计算，表11-1中列出了一些常见刚体的转动惯量及回转半径，以供查用。

表11-1　简单均质刚体的转动惯量

刚体形状	简图	转动惯量	回转半径
细直杆	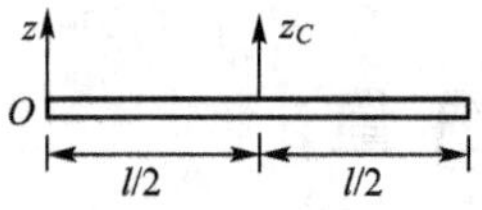	$J_z=\frac{1}{3}ml^2$ $J_{z_C}=\frac{1}{12}ml^2$	$\rho_z=\frac{l}{\sqrt{3}}$ $\rho_{z_C}=\frac{l}{2\sqrt{3}}$
细圆环	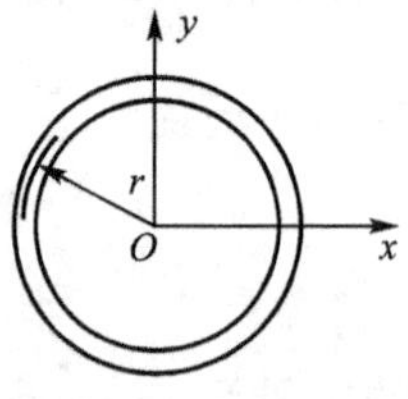	$J_x=J_y=\frac{1}{2}mr^2$ $J_O=mr^2$	$\rho_x=\rho_y=\frac{r}{\sqrt{2}}$ $\rho_O=r$
圆板	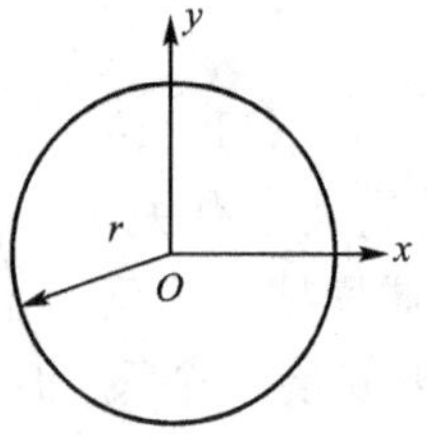	$J_x=J_y=\frac{1}{4}mr^2$ $J_O=\frac{1}{2}mr^2$	$\rho_x=\rho_y=\frac{r}{2}$ $\rho_O=\frac{r}{\sqrt{2}}$
圆柱体	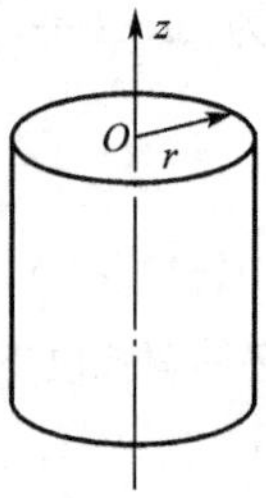	$J_z=\frac{1}{2}mr^2$	$\rho_z=\frac{r}{\sqrt{2}}$

(续)

刚体形状	简图	转动惯量	回转半径
空心圆柱	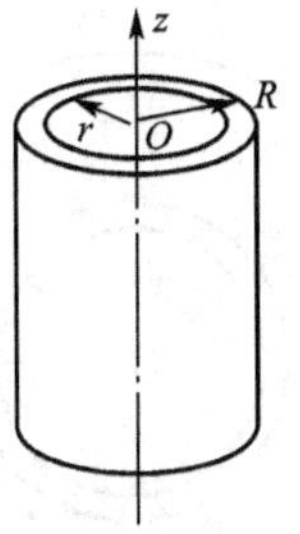	$J_z=\frac{1}{2}m(R^2+r^2)$	$\rho_z=\sqrt{\frac{1}{2}(R^2+r^2)}$
实心球	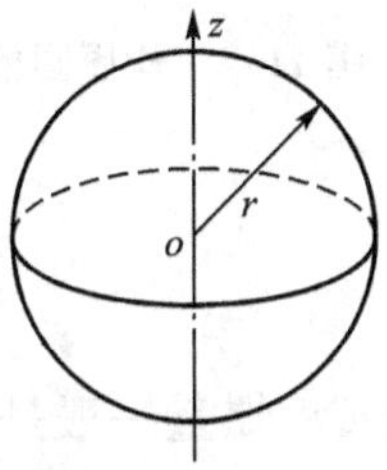	$J_z=\frac{2}{5}mr^2$	$\rho_z=\sqrt{\frac{2}{5}}r$

【例 11.1】 等截面均质细杆(图 11.2)，长 $AB=l$，质量为 m，试求其对通过杆端点且与杆垂直的 y 轴的转动惯量。

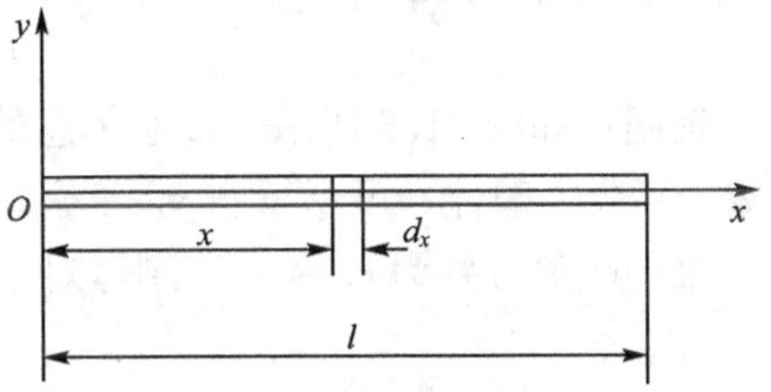

图 11.2　均质杆

解：设杆单位长度的质量为 ρ_l，取坐标系如图 11.2 所示，取杆上一微段 dx，其质量为 $m_l=\rho_l dx$，则此杆对 y 轴的转动惯量为

$$J_y=\int_0^l \rho_l dx\cdot x^2=\frac{\rho_l l^2}{3}$$

杆的质量 $m=\rho_l l$，于是

$$J_y=\frac{1}{3}ml^2$$

【例 11.2】 求半径为 R，质量为 m 的均质圆环(图 11.3)对中心轴 O 的转动惯量。

解：将圆环沿圆周分成许多微段，设每段的质量为 m_i，由于这些微段到中心轴的距离均为半径 R，所以圆环对 O 轴的转动惯量为

$$J_O=\sum m_iR^2=R^2\sum m_i=mR^2 \tag{11-5}$$

【例 11.3】 求半径为 R，质量为 m 的均质等厚薄圆板对通过质心且与板面垂直的 z 轴的转动惯量。

解：建立图 11.4 所示坐标系，将圆板分为无数同心圆环，任一圆环的半径为 r_i，宽度为 dr_i，则圆环的质量 $m_i=2\pi r_i dr_i\rho_s$，式中 $\rho_s=\frac{m}{\pi R^2}$，是均质圆板单位面积的质量。圆板

对中心轴的转动惯量为

$$J_z = \int_0^R 2\pi r\rho_s \mathrm{d}r \cdot r^2 = \pi\rho_s R^4/2 = \frac{1}{2}mR^2 \tag{11-6}$$

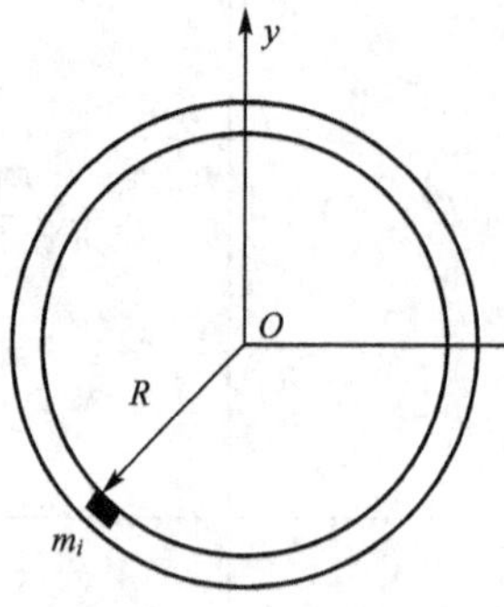

图 11.3　均质圆环

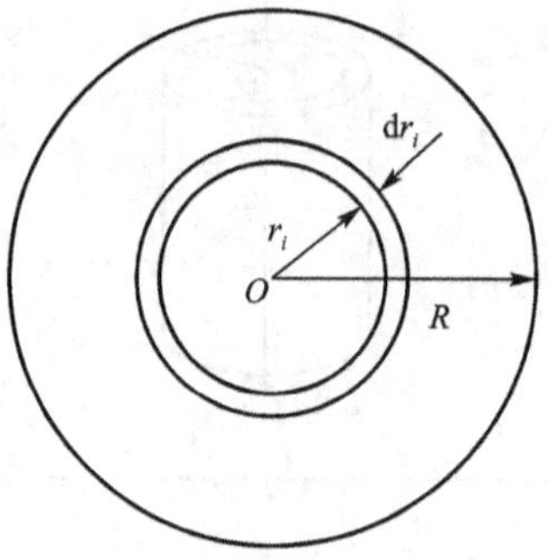

图 11.4　均质圆板

11.1.2　平行轴定理

从转动惯量的计算公式可见，同一刚体对不同轴的转动惯量一般是不同的。转动惯量的平行轴定理给出了刚体对通过质心的轴和与它平行的轴的转动惯量之间的关系。

定理　刚体对于任意轴的转动惯量，等于其对通过质心、并与该轴平行的轴的转动惯量，加上刚体的质量与两轴间距离平方的乘积，即

$$J_z = J_{z_C} + md^2 \tag{11-7}$$

证明： 如图 11.5 所示，设刚体总的质量为 m，轴 z_C 通过质心 C，z 与 z_C 平行且相距为 d。不失一般性，可令 y 与 y_C 重合，在刚体内任取一质量为 m_i 的质点 M_i，它至 z_C 轴和 z 轴的距离分别为 r_{iC} 和 r_i。刚体对于 z、z_C 轴的转动惯量分别为

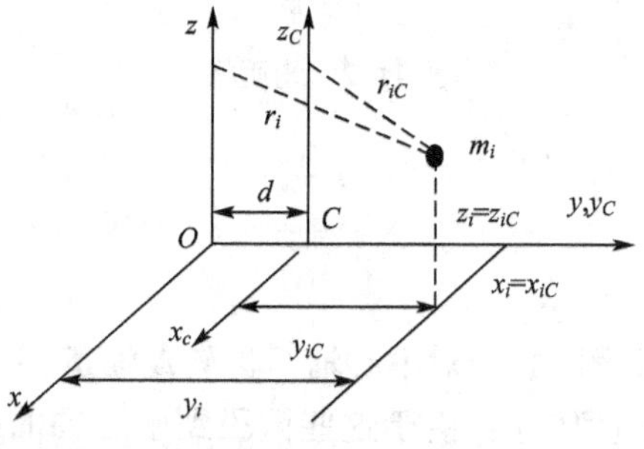

图 11.5　平行轴坐标

$$J_z = \sum m_i r_i^2 = \sum m_i (x_i^2 + y_i^2),$$

$$J_{z_C} = \sum m_i r_{iC}^2 = \sum m_i (x_{iC}^2 + y_{iC}^2)$$

因为 $x_i = x_{iC}$，$y_i = y_{iC} + d$，于是

$$J_z = \sum m_i [x_{iC}^2 + (y_{iC} + d)^2]$$
$$= \sum m_i (x_{iC}^2 + y_{iC}^2) + 2d\sum m_i y_{iC} + d^2 \sum m_i$$

由质心坐标公式

$$y_C = \frac{\sum m_i y_{iC}}{\sum m_i}$$

因为坐标原点取在质心，$y_C = 0$，$\sum m_i y_{iC} = 0$，又有 $\sum m_i = m$，于是得

$$J_z = J_{z_C} + md^2$$

定理得证。

由平行轴定理可知，在所有平行轴中，刚体对过质心的轴的转动惯量最小。

【例 11.4】 质量为 m，长为 l 的均质杆如图 11.6 所示，求杆对 y_C 的转动惯量。

解： 由例 11.1 知 $J_y=\frac{1}{3}ml^2$，根据平行轴定理式(11-7)，可得

$$J_{y_C}=J_y-md^2=\frac{1}{3}ml^2-m\left(\frac{l}{2}\right)^2=\frac{1}{12}ml^2$$

【例 11.5】 均质圆盘与均质杆组成的复摆如图 11.7 所示。已知圆盘质量 m_1，直径 d，杆的质量 m_2，长 l，试求复摆对悬挂轴 O 的转动惯量 J_O。

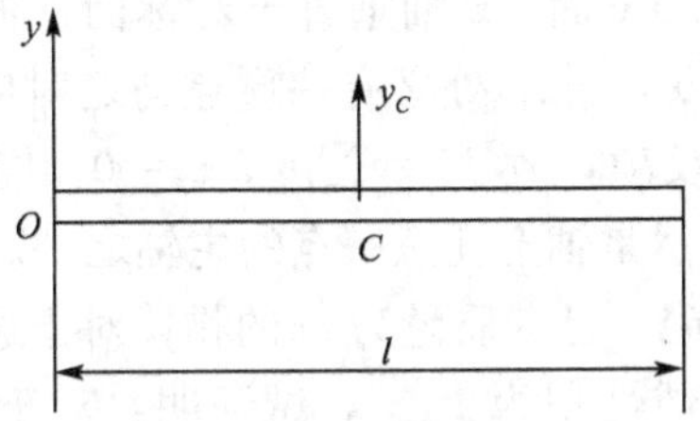

图 11.6 均质细长杆

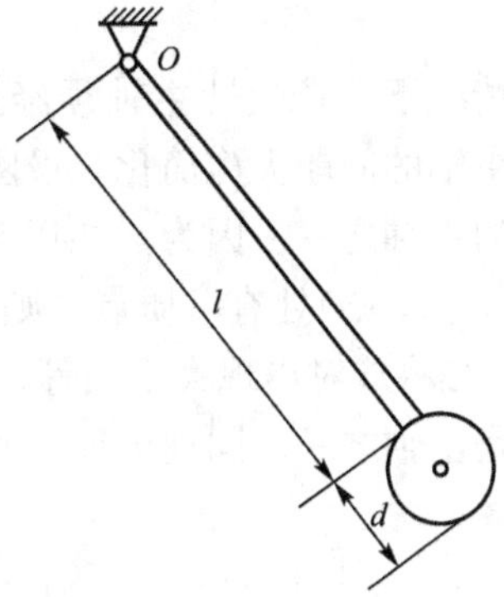

图 11.7 钟摆

解： 复摆由均质杆和均质盘组成，所以有

$$J_O=J_{O杆}+J_{O盘}$$

其中

$$J_{O杆}=\frac{1}{3}m_2l^2,\quad J_O=J_C+m_1\left(l+\frac{d}{2}\right)^2=\frac{1}{2}m_1\left(\frac{d}{2}\right)^2+m_1\left(l+\frac{d}{2}\right)^2$$

所以

$$J_O=J_{O杆}+J_{O盘}=\frac{1}{3}m_2l^2+m_1\left(\frac{3}{8}d^2+l^2+ld\right)$$

11.1.3 惯性积与惯性主轴

在刚体动力学中，除了前面已学过的转动惯量之外，还有另一物理量——刚体对通过 O 点的两个相互垂直轴的**惯性积**(或称离心转动惯量)，它们定义为

$$\left.\begin{aligned}J_{xy}=J_{yx}=\sum m_ix_iy_i\\J_{yz}=J_{zy}=\sum m_iy_iz_i\\J_{zx}=J_{xz}=\sum m_iz_ix_i\end{aligned}\right\}\tag{11-8}$$

式中，$J_{xy}=J_{yx}$，$J_{yz}=J_{zy}$ 及 $J_{zx}=J_{xz}$ 分别称为刚体对 x、y 轴，对 y、z 轴及对 z、x 轴的惯性积。

对于质量连续分布的刚体，将 m_i 改为 $\mathrm{d}m$，则可将式(11-8)由求和改为求积分。如果刚体由几个简单形体组成，分别求出各简单形状的惯性积，再相加得整个刚体的惯性积。

惯性积的量纲与转动惯量的量纲相同。但是，由式(11-8)知，由于刚体各质点的坐标 x_i、y_i、z_i 的值可正可负或为零，因此由它们的乘积之和求得的惯性积也是可正可负或

为零。

如果 $J_{xy}=J_{zx}=0$，则 x 轴称为刚体在 O 点的**惯性主轴**，而 J_x 称为刚体对主轴 x 的**主转动惯量**。相似，如 $J_{xy}=J_{yz}=0$，则 y 轴称为刚体在 O 点的惯性主轴，而 J_y 称为刚体对主轴 y 的主转动惯量；如 $J_{yz}=J_{zx}=0$，则 z 轴称为刚体在 O 点的惯性主轴，而 J_z 称为刚体对主轴 z 的主转动惯量。

应当注意，主轴是对某一点而言的，对于不同的点，主轴的方位一般是不同的。但是，不论在哪一点，总能找到3个相互垂直的主轴。通过刚体质心的主轴称为中心惯性主轴。

在一般情况下，求惯性主轴须经过较繁的计算。但是，如果刚体具有对称面或对称轴，则确定主轴的问题大为简化。设刚体具有一对称面，则垂直于对称面的轴即为该轴与对称面交点的主轴之一。因为，如以对称面为 xy 面，z 轴垂直于对称面，根据对称面的定义，在 (x_i, y_i, z_i) 处有一质点，则在 $(x_i, y_i, -z_i)$ 处必有一质点与之对应。因此，在 $\sum m_i x_i z_i$ 中，必将成对出现大小相等、符号相反项，故 $J_{zx}=\sum m_i x_i z_i=0$，同理，$J_{yz}=0$。所以 z 轴必是主轴之一。同理可证，对称轴必然是轴上任意一点的主轴之一。

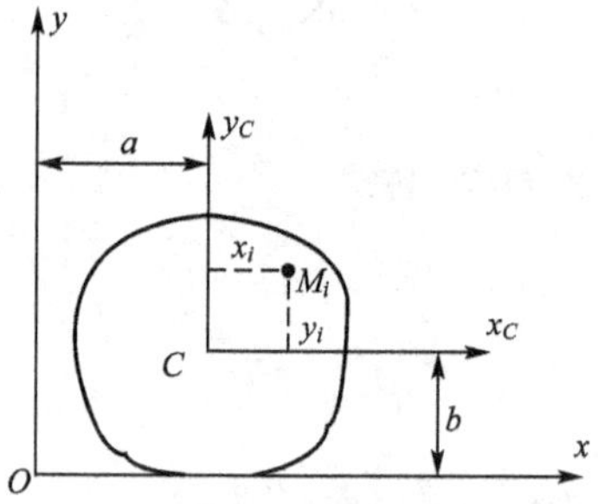

图 11.8 惯性积

【例 11.6】 已知质量为 m 的物体对于通过质心 C 的轴 x_C、y_C 的惯性积为 $J_{x_C y_C}$，试证明：对于过 O 点且平行于 x_C、y_C 轴的 x、y 轴的惯性积 $J_{xy}=J_{x_C y_C}+mab$。

解： 如图 11.8 所示，刚体上质量为 m_i 的质点 M_i，在坐标系 $Cx_C y_C$ 及 Oxy 中的坐标分别为 x_i，y_i 和 $x'_i=x_i+a$，$y'_i=y_i+b$。于是，根据式(11-8)有

$$J_{x_C y_C}=\sum m_i x_i y_i$$

$$J_{xy}=\sum m_i x'_i y'_i=\sum m_i(x_i+a)(y_i+b)$$

$$=\sum m_i x_i y_i+\sum m_i ab+\sum m_i x_i b+\sum m_i y_i a$$

注意到坐标系 $Cx_C y_C$ 的原点在质心 C，即 $x_C=y_C=0$，由质心公式有

$$\sum m_i x_i=m x_C=0$$

$$\sum m_i y_i=m y_C=0$$

$$\sum m_i=m$$

故

$$J_{xy}=J_{x_C y_C}+mab \tag{11-9}$$

这一关系称为惯性积的平行轴定理。

11.2 动　量　矩

11.2.1 质点的动量矩

设质点 M 某瞬时的动量为 $m\boldsymbol{v}$，对点 O 的位置矢径为 $\boldsymbol{r}$(图 11.9)，位置坐标为 (x, y, z)。类似于力对点之矩，将质点的动量对点 O 的矩，定义为**质点**对点 O 的**动量矩**，即

$$\boldsymbol{M}_O(m\boldsymbol{v})=\boldsymbol{r}\times m\boldsymbol{v} \tag{11-10}$$

质点对点 O 的动量矩是矢量，其方位垂直于 $\boldsymbol{r}$ 和 $m\boldsymbol{v}$ 矢量所决定的平面，指向按右手螺旋法则确定。

类似于力对点的矩与对轴的矩之间的关系，可得到质点对点 O 的动量矩与对过该点定轴之矩的关系：

$$\left.\begin{aligned}M_x&=[\boldsymbol{r}\times m\boldsymbol{v}]_x=ymv_z-zmv_y\\M_y&=[\boldsymbol{r}\times m\boldsymbol{v}]_y=zmv_x-xmv_z\\M_z&=[\boldsymbol{r}\times m\boldsymbol{v}]_z=xmv_y-ymv_x\end{aligned}\right\}\qquad(11-11)$$

M_x、M_y、M_z 分别为质点对 x、y、z 轴的动量矩，即质点对某点的动量矩在过此点的某轴上的投影等于质点对此轴的动量矩。

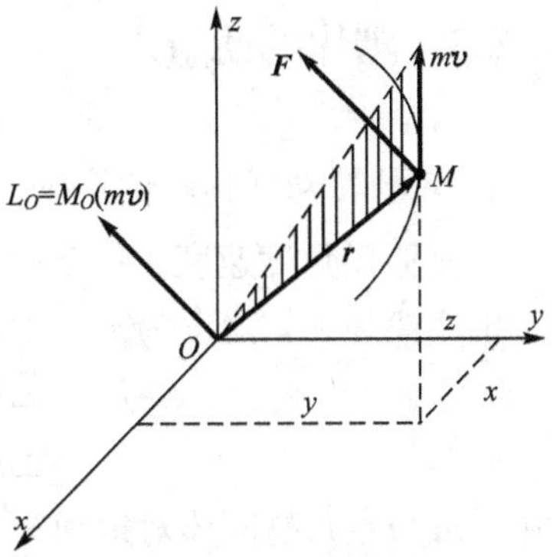

图 11.9　质点的动量矩

式(11-10)也可写为

$$\boldsymbol{M}_O(m\boldsymbol{v})=\boldsymbol{r}\times m\boldsymbol{v}=M_x\boldsymbol{i}+M_y\boldsymbol{j}+M_z\boldsymbol{k}=[\boldsymbol{r}\times m\boldsymbol{v}]_x\boldsymbol{i}+[\boldsymbol{r}\times m\boldsymbol{v}]_y\boldsymbol{j}+[\boldsymbol{r}\times m\boldsymbol{v}]_z\boldsymbol{k}$$

$$=m(yv_z-zv_y)\boldsymbol{i}+m(zv_x-xv_z)\boldsymbol{j}+m(xv_y-yv_x)\boldsymbol{k}\qquad(11-12)$$

$\boldsymbol{i}$、$\boldsymbol{j}$、$\boldsymbol{k}$ 分别为 x、y、z 轴上的单位矢量。动量矩的量纲为 $\dim\boldsymbol{M}_O=\mathrm{ML^2T^{-1}}$，单位为 $\mathrm{kg\cdot m^2/s}$。

11.2.2　质点系的动量矩

质点系中每个质点对定点 O 的动量矩的矢量和，称为质点系对定点 O 的动量矩，记为：

$$\boldsymbol{L}_O=\sum\boldsymbol{M}_O(m_i\boldsymbol{v}_i)=\sum\boldsymbol{r}_i\times m_i\boldsymbol{v}_i\qquad(11-13)$$

式中，m_i、$\boldsymbol{v}_i$ 和 $\boldsymbol{r}_i$ 分别为质点 M_i 的质量、速度和对点 O 的位置矢径。

同理，质系中所有各质点的动量对于任一定轴的矩的代数和，称为质系对于该轴的动量矩，即

$$L_z=\sum M_z(m_i\boldsymbol{v}_i)\qquad(11-14)$$

类似式(11-11)，有

$$\left.\begin{aligned}[\boldsymbol{L}_O]_x&=L_x=\sum M_x(m_i\boldsymbol{v}_i)=\sum[\boldsymbol{r}_i\times m_i\boldsymbol{v}_i]_x\\[\boldsymbol{L}_O]_y&=L_y=\sum M_y(m_i\boldsymbol{v}_i)=\sum[\boldsymbol{r}_i\times m_i\boldsymbol{v}_i]_y\\[\boldsymbol{L}_O]_z&=L_z=\sum M_z(m_i\boldsymbol{v}_i)=\sum[\boldsymbol{r}_i\times m_i\boldsymbol{v}_i]_z\end{aligned}\right\}\qquad(11-15)$$

即质点系对定点 O 的动量矩在过该点的某轴上的投影等于质点系对该轴的动量矩。式(11-13)也可写为

$$\left.\begin{aligned}\boldsymbol{L}_O(m\boldsymbol{v})&=[\boldsymbol{L}_O]_x\boldsymbol{i}+[\boldsymbol{L}_O]_y\boldsymbol{j}+[\boldsymbol{L}_O]_z\boldsymbol{k}=L_x\boldsymbol{i}+L_y\boldsymbol{j}+L_z\boldsymbol{k}\\&=\sum M_x\boldsymbol{i}+\sum M_y\boldsymbol{j}+\sum M_z\boldsymbol{k}\\&=\sum[\boldsymbol{r}_i\times m_i\boldsymbol{v}_i]_x\boldsymbol{i}+\sum[\boldsymbol{r}_i\times m_i\boldsymbol{v}_i]_y\boldsymbol{j}+\sum[\boldsymbol{r}_i\times m_i\boldsymbol{v}_i]_z\boldsymbol{k}\\&=\sum m_i(y_iv_{iz}-z_iv_{iy})\boldsymbol{i}+\sum m_i(z_iv_{ix}-x_iv_{iz})\boldsymbol{j}+\sum m_i(x_iv_{iy}-y_iv_{ix})\boldsymbol{k}\end{aligned}\right\}\qquad(11-16)$$

11.2.3 刚体的动量矩

1. 定轴转动刚体的动量矩

设刚体以角度速度 ω 绕定轴 z 转动，如图 11.10。刚体内任一点 M_i 的质量为 m_i，到转轴的距离为 r_i，速度为 v_i。由式(11-14)知刚体对转轴 z 的动量矩为

$$\left.\begin{aligned} L_z &= \sum M_z(m_i\boldsymbol{v}_i) = \sum m_i v_i r_i \\ &= \sum m_i \omega r_i r_i = \sum m_i r_i^2 \cdot \omega = J_z\omega \end{aligned}\right\} \tag{11-17}$$

式中 $\sum m_i r_i^2 = J_z$ 是刚体对定轴 z 的转动惯量。即作定轴转动的刚体对转轴的动量矩，等于刚体对转轴的转动惯量与角速度的乘积。

2. 平动刚体的动量矩

刚体平行移动时的动量矩，由式(11-13)得

$\boldsymbol{L}_O = \sum \boldsymbol{M}_O(m_i\boldsymbol{v}_i) = \sum \boldsymbol{r}_i \times m_i\boldsymbol{v}_i = \sum \boldsymbol{r}_i \times m_i\boldsymbol{v}_C = \boldsymbol{r}_C \times m\boldsymbol{v}_C$，或 $L_z = M_z(m\boldsymbol{v}_C)$，即，平动刚体对固定点(轴)的动量矩等于刚体质心的动量对该点(轴)的动量矩。

3. 平面运动刚体的动量矩

平面运动刚体对垂直于质量对称平面的固定轴的动量矩，等于刚体随同质心作平动时质心的动量对该轴的动量矩与绕质心轴作转动时的动量矩之和。

$$L_z = M_z(m\boldsymbol{v}_C) + J_C\omega$$

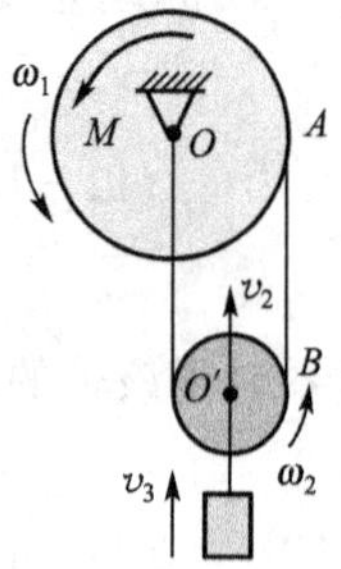

图 11.10 滑轮

【例 11.7】 如图 11.10 所示，已知滑轮 A 的质量、半径、绕质心的转动惯量分别是 m_1、R_1、J_1，滑轮 B 的质量、半径、绕质心的转动惯量分别是 m_2、R_2、J_2，物体 C 的质量 m_3，速度 $\boldsymbol{v}_3$，且 $R_1 = 2R_2$。求系统对 O 轴的动量矩。

解： $L_O = L_{OA} + L_{OB} + L_{OC} = J_1\omega_1 + (J_2\omega_2 + m_2 v_2 R_2) + m_3 v_3 R_2$

因为 $v_2 = v_3 = \dfrac{1}{2}\omega_1 R_1 = \dfrac{1}{2}\omega_2 R_2 = \dfrac{1}{4}\omega_2 R_1$

所以 $L_O = \left(\dfrac{J_1 + 2J_2}{R_2^2} + m_2 + m_3\right) R_2 v_3$

11.3 动量矩定理

11.3.1 质点的动量矩定理

设质点对定点 O 的动量矩为 $\boldsymbol{M}_O(m\boldsymbol{v})$，作用力 $\boldsymbol{F}$ 对同点的矩为 $\boldsymbol{M}_O(\boldsymbol{F})$，将动量矩对时间求一阶导数，有

$$\frac{\mathrm{d}}{\mathrm{d}t}\boldsymbol{M}_O(m\boldsymbol{v}) = \frac{\mathrm{d}}{\mathrm{d}t}(\boldsymbol{r} \times m\boldsymbol{v}) = \frac{\mathrm{d}\boldsymbol{r}}{\mathrm{d}t} \times m\boldsymbol{v} + \boldsymbol{r} \times \frac{\mathrm{d}}{\mathrm{d}t}(m\boldsymbol{v})$$

因为$\frac{d\boldsymbol{r}}{dt}=\boldsymbol{v}$，因此，$\frac{d\boldsymbol{r}}{dt}\times m\boldsymbol{v}=\boldsymbol{v}\times m\boldsymbol{v}=0$，又根据质点动量定理，有$\frac{d}{dt}(m\boldsymbol{v})=\boldsymbol{F}$，所以

$$\frac{d}{dt}\boldsymbol{M}_O(m\boldsymbol{v})=\boldsymbol{M}_O(\boldsymbol{F}) \tag{11-18}$$

此式即为质点动量矩定理：质点对某定点的动量矩对时间的一阶导数，等于作用力对同一点的矩。

取式(11-18)在直角坐标轴上的投影，并利用点的动量矩与对轴的动量矩的关系式(11-11)，可得质点动量矩的另一种表达式

$$\left.\begin{aligned}\frac{d}{dt}M_x(m\boldsymbol{v})=M_x(\boldsymbol{F})\\ \frac{d}{dt}M_y(m\boldsymbol{v})=M_y(\boldsymbol{F})\\ \frac{d}{dt}M_z(m\boldsymbol{v})=M_z(\boldsymbol{F})\end{aligned}\right\} \tag{11-19}$$

即质点对某轴的动量矩对时间的一阶导数，等于作用力对同一轴的矩。

【例 11.8】 图 11.11 所示的单摆，已知 m、l，$t=0$ 时 $\varphi=\varphi_0$，从静止开始释放。求单摆的运动规律。

解： 将小球视为质点，作受力分析，画受力图。$M_O(\boldsymbol{F})=M_O(\boldsymbol{T})+M_O(m\boldsymbol{g})=-mgl\sin\varphi$，因为 $v\perp OM$，$M_O(m\boldsymbol{v})=ml\dot{\varphi}l=ml^2\dot{\varphi}$，由质点动量矩定理$\frac{d}{dt}M_O(m\boldsymbol{v})=M_O(\boldsymbol{F})$得

$\frac{d}{dt}(ml^2\dot{\varphi})=-mgl\sin\varphi$，$ml^2\ddot{\varphi}+mgl\sin\varphi=0$ 设单摆作微幅摆动，$\sin\varphi\approx\varphi$，并令 $\omega_n^2=\frac{g}{l}$，则 $\ddot{\varphi}+\omega_n^2\varphi=0$，解微分方程，并代入初始条件：$t=0$，$\varphi=\varphi_0$，$\dot{\varphi}=0$，则单摆的运动方程：$\varphi=\varphi_0\cos\left(\sqrt{\frac{g}{l}}t\right)$。

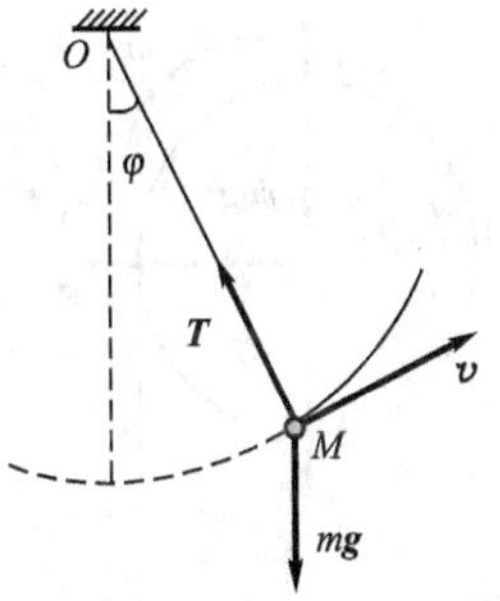

图 11.11 单摆

11.3.2 质点系的动量矩定理

研究由 n 个质点组成的质点系。设质点系中第 i 个质点 M_i 的质量为 m_i，对定点 O 的位置矢径为 $\boldsymbol{r}_i$，动量为 $m_i\boldsymbol{v}_i$，其上作用的力分为外力 $\boldsymbol{F}_i^e$ 和内力 $\boldsymbol{F}_i^i$。根据质点的动量矩定理有

$$\frac{d}{dt}\boldsymbol{M}_O(m_i\boldsymbol{v}_i)=\boldsymbol{M}_O(\boldsymbol{F}_i^e)+\boldsymbol{M}_O(\boldsymbol{F}_i^i)$$

这样的方程共有 n 个，相加后得

$$\sum_{i=1}^{n}\frac{d}{dt}\boldsymbol{M}_O(m_i\boldsymbol{v}_i)=\sum_{i=1}^{n}\boldsymbol{M}_O(\boldsymbol{F}_i^e)+\sum_{i=1}^{n}\boldsymbol{M}_O(\boldsymbol{F}_i^i)$$

注意到内力总是大小相等，方向相反，作用线相同地成对出现，故有 $\sum_{i=1}^{n}\boldsymbol{M}_O(\boldsymbol{F}_i^i)=$

0，且 $\sum_{i=1}^{n}\frac{\mathrm{d}}{\mathrm{d}t}\boldsymbol{M}_O(m_i\boldsymbol{v}_i)=\frac{\mathrm{d}}{\mathrm{d}t}\sum_{i=1}^{n}\boldsymbol{M}_O(m_i\boldsymbol{v}_i)=\frac{\mathrm{d}}{\mathrm{d}t}\boldsymbol{L}_O$，于是得

$$\frac{\mathrm{d}}{\mathrm{d}t}\boldsymbol{L}_O=\sum_{i=1}^{n}\boldsymbol{M}_O(\boldsymbol{F}_i^{\mathrm{e}}) \tag{11-20}$$

即质点系对于任一定点 O 的动量矩对时间的一阶导数，等于作用于质点系的所有外力对同一点的力矩的矢量和。这就是质点系动量矩定理的微分形式。

将式(11-20)投影到直角坐标轴上，得

$$\left.\begin{aligned}\frac{\mathrm{d}L_x}{\mathrm{d}t}&=\sum_{i=1}^{n}M_x(\boldsymbol{F}_i^{\mathrm{e}})\\ \frac{\mathrm{d}L_y}{\mathrm{d}t}&=\sum_{i=1}^{n}M_y(\boldsymbol{F}_i^{\mathrm{e}})\\ \frac{\mathrm{d}L_z}{\mathrm{d}t}&=\sum_{i=1}^{n}M_z(\boldsymbol{F}_i^{\mathrm{e}})\end{aligned}\right\} \tag{11-21}$$

即质点系对任一定轴的动量矩对时间的一阶导数，等于作用于质点系的所有外力对同一轴的力矩的代数和。这是用投影形式表示的质点系动量矩定理。

必须指出，上述动量矩的表达式只适用于对固定点和固定轴，对动点和动轴，其表达式较为复杂。

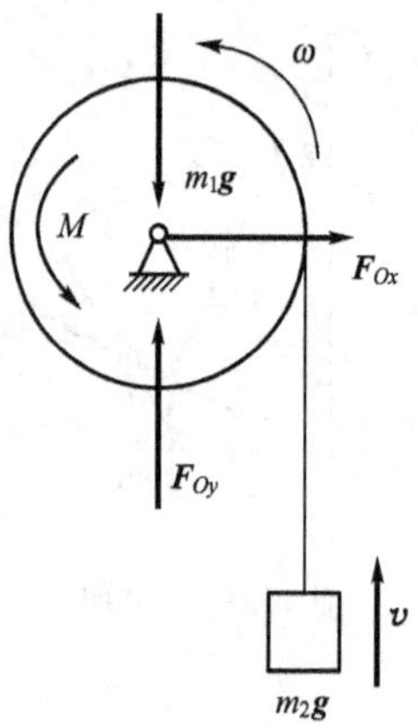

图 11.12　卷扬机

【例 11.9】 如图 11.12 示，卷扬机鼓轮质量为 m_1，半径为 r，可绕过鼓轮中心 O 的水平轴转动。鼓轮上绕一绳，绳的一端悬挂一质量为 m_2 的重物。鼓轮视为均质。今在鼓轮上作用一不变力偶矩 M，试求重物上升的加速度。

解： 以鼓轮和重物构成的质点系为研究对象，该质点系所受的外力有重力 $m_1\boldsymbol{g}$ 和 $m_2\boldsymbol{g}$，力偶矩形 M 及轴承约束反力 $\boldsymbol{F}_{Ox}$，$\boldsymbol{F}_{Oy}$。

设重物在任一时刻向上的速度为 v，由运动学知，鼓轮具有角速度 $\omega=\frac{v}{r}$。

质点系的动量及外力对轴 O 的矩分别为

$$L_O=J_O\omega+m_2vr=\frac{1}{2}m_1r^2\cdot\frac{v}{r}+m_2vr$$

$$=\frac{1}{2}(m_1+2m_2)vr$$

$$\sum M_O(\boldsymbol{F}_i^{\mathrm{e}})=M-m_2g\cdot r$$

由动量矩定理 $\frac{\mathrm{d}L_O}{\mathrm{d}t}=\sum M_O(\boldsymbol{F}_i^{\mathrm{e}})$，有 $\frac{1}{2}(m_1+2m_2)r\cdot\frac{\mathrm{d}v}{\mathrm{d}t}=M-m_2gr$

解得重物上升的加速度 $a=\frac{\mathrm{d}v}{\mathrm{d}t}=\frac{2(M-m_2gr)}{m_1+2m_2}$

【例 11.10】 图 11.13 所示水轮机转轮，每两叶片间的水流均相同。在图示面内，水流入速度为 v_1，流出速度为 v_2，方向分别与轮缘切线成角 θ_1 及 θ_2。设总流量为 q_v，水的密度为 ρ。求水流对水轮机的转动力矩。

解： 取两叶片之间的水为研究的质点系。设在瞬时 t，两叶片间的流体为 $ABCD$

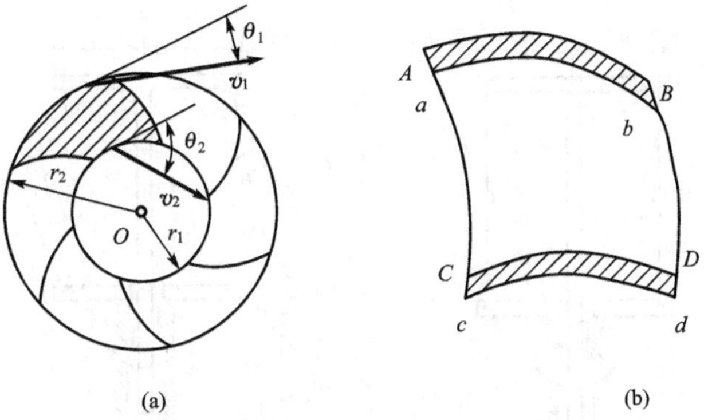

图 11.13 水轮机转轮

[图 11.13(b)]，在瞬时 $t+\mathrm{d}t$，流体位移至 $abcd$。设水流是恒定的，则两瞬时的动量矩之差为

$$\mathrm{d}L_O=L_{abcd}-L_{ABCD}=L_{CDcd}-L_{ABab}$$

如转轮有 n 个叶片，则有

$$L_{CDcd}=\frac{1}{n}q_v\rho\mathrm{d}tv_2r_2\cos\theta_2,\quad L_{ABab}=\frac{1}{n}q_v\rho\mathrm{d}tv_1r_1\cos\theta_1$$

所以，$\mathrm{d}L_O=\frac{1}{n}q_v\rho\mathrm{d}t(v_2r_2\cos\theta_2-v_1r_1\cos\theta_1)$。

由动量矩定理得水流受到对点 O 的总力矩为

$$M_O(\boldsymbol{F})=n\frac{\mathrm{d}L_O}{\mathrm{d}t}=q_v\rho(v_2r_2\cos\theta_2-v_1r_1\cos\theta_1)$$

转轮所受的转动力矩与 $M_O(\boldsymbol{F})$ 等值反向。上式表明，转动力矩与流量、进口速度及出口速度有关。

11.3.3 动量矩守恒定理

如果作用于质点的力对某定点 O 或某轴定 z 的矩恒等于零，即 $\frac{\mathrm{d}}{\mathrm{d}t}\boldsymbol{M}_O(m\boldsymbol{v})=\boldsymbol{0}$，或 $\frac{\mathrm{d}}{\mathrm{d}t}M_z(m\boldsymbol{v})=0$，由式(11-18)和式(11-19)知，质点对该点或该轴的动量矩保持不变，即 $\boldsymbol{M}_O(m\boldsymbol{v})=$恒矢量，或 $M_z(m\boldsymbol{v})=$恒量。此为质点动量矩守恒定律。

由式(11-20)、(11-21)知，质点系的内力不能改变质点系的动量矩，只有作用于质点系的外力才能使质点系的动量矩发生改变。若外力对某定点(或某定轴)的主矩等于零，则质点系对该点(或该轴)的动量矩保持不变。这就是质点系动量矩守恒定律。

【例 11.11】 图 11.14(a)中，小球 A、B 以细绳相连，质量皆为 m，其余构件质量不计。忽略摩擦，系统绕轴 z 自由转动，初始时系统的角速度为 ω_0。当细绳拉断后，求各杆与铅垂线成角 θ 时系统的角速度 ω [图 11.14(b)]。

解： 此系统上的外力有重力和轴承出约束反力，它们对转轴 z 的力矩恒为零，因此系统对 z 轴的动量矩守恒。

当 $\theta=0$ 时，动量矩 $L_{z1}=2ma^2\omega_0$，当 $\theta\neq0$ 时，动量矩 $L_{z2}=2m(a+l\sin\theta)^2\omega$，

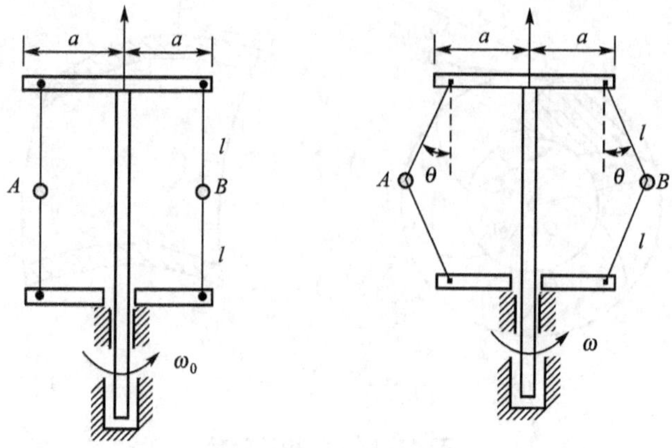

(a)　　(b)

图 11.14　小球绕定轴的转动

由 $L_{z1}=L_{z2}$，解得 $\omega=\dfrac{a^2}{(a+l\sin\theta)^2}\omega_0$。

11.4 刚体绕定轴转动的微分方程

设刚体在外力系作用下绕定轴 z 转动，由式(11-17)知，刚体对轴 z 的动量矩为 $L_z=J_z\omega$，如作用于刚体的所有外力对轴 z 的力矩之和为 $\sum M_z(\boldsymbol{F}_i^e)$，考虑到刚体对转动轴的转动惯量 J_z 不随时间而变，又 $\dfrac{d\omega}{dt}=\alpha=\ddot{\varphi}$，所以式(11-21)第三式可以写成

$$\frac{dL_z}{dt}=J_z\frac{d\omega}{dt}=J_z\ddot{\varphi}=J_z\alpha=\sum M_z(\boldsymbol{F}_i^e) \tag{11-22}$$

上式表明：定轴转动刚体对转轴的转动惯量与角加速度的乘积，等于作用于该刚体上的所有外力对转轴的力矩的代数和。这就是刚体的定轴转动微分方程。

由式(11-22)知，对于不同的刚体，假设作用于它们的外力系对转轴的矩相同，则刚体对轴的转动惯量越大，α 就越小，其转动状态的变化就越小；反之，刚体对轴的转动惯量越小，α 就越大，其转动状态的变化就越大。因此，刚体的转动惯量是刚体转动惯性的度量，正如质点的质量是质点惯性的度量一样。

【例 11.12】 图 11.15(a)所示传动系统，主动轮半径为 r_1，对于其转动惯量为 J_{O_1}，从动轮半径为 r_2，鼓轮半径为 r。鼓轮与从动轮固结成为一个刚体，从动轮连同鼓轮对于其转轴的转动惯量为 J_{O_2}，鼓轮外绕一绳，绳端系一质量为 m 的物体。若在主动轮上作用一不变力矩 M，设轴承处摩擦及绳和胶带质量不计，求重物的加速度。

解： 本题中刚体分别绕两个不同轴转动，应取两个研究对象讨论。

(1) 先取主动轮讨论

外力有：重力 m_1g，轴承 O_1 处的约束反力 $\boldsymbol{F}_{O_1x}$，$\boldsymbol{F}_{O_2y}$，主动力矩 M 及胶带张力 $\boldsymbol{F}_{T1}$，$\boldsymbol{F}_{T2}$，如图 11.15(c)所示，由式(12-22)，有

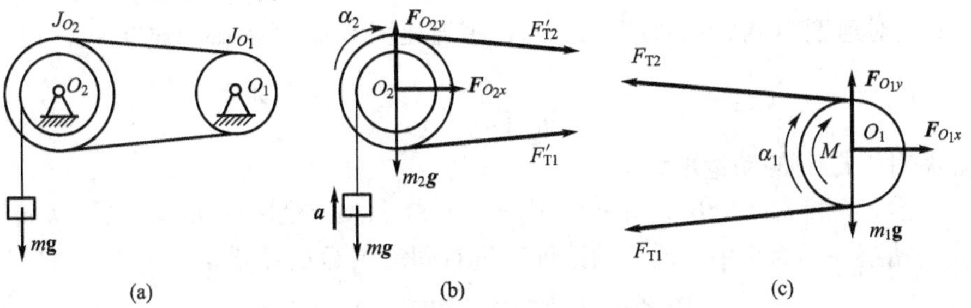

图 11.15 传动系统

$$J_{O_1}\alpha_1=M-(F_{T2}-F_{T1})r_1 \qquad (1)$$

(2) 取从动轮连同重物一起讨论。

外力有：重物的重力 $m\boldsymbol{g}$，从动轮的重力 $m_2\boldsymbol{g}$，轴承 O_2 处的约束反力 $\boldsymbol{F}_{O_2x}$，$\boldsymbol{F}_{O_2y}$及胶带张力 $\boldsymbol{F}'_{T1}$，$\boldsymbol{F}'_{T2}$，如图 11.16(b)所示。设从动轮转动角速度为 ω_2，角加速度为 α_2；重物上升速度为 $\boldsymbol{v}$，加速度 $\boldsymbol{a}$。对轴 O_2 应用动量矩定理，有

$$\frac{\mathrm{d}}{\mathrm{d}t}(J_{O_2}\omega_2+mvr)=(F'_{T2}-F'_{T1})r_2-mgr$$

整理得

$$J_{O_2}\alpha_2+mra=(F'_{T2}-F'_{T1})r_2-mgr \qquad (2)$$

同时，由作用与反作用定律及运动学知识，有

$$F_{T1}=F'_{T1},\quad F_{T2}=F'_{T2},\quad r_1\alpha_1=r_2\alpha_2,\quad r\alpha_2=a \qquad (3)$$

联立(1)、(2)、(3)，求解得重物上升的加速度

$$a=\frac{(Mr_2-mgrr_1)rr_1}{J_{O_1}r_2^2+J_{O_2}r_1^2+mr_1^2r^2}$$

11.5 质点系相对于质心的动量矩定理

前面阐述的动量矩定理，只适用于相对惯性参考系为固定的点或固定的轴，对于一般的动点或动轴，动量矩定理具有更复杂的形式。然而，可以证明，如取质点系的质心(或随同质心平动的坐标系的轴)作矩心(或矩轴)，动量矩定理仍保持其简单形式。

11.5.1 质点系相对质心的动量矩

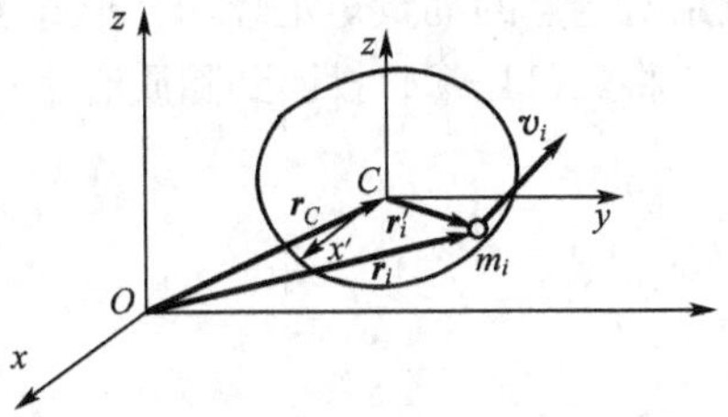

图 11.16 质点系

如图 11.16 所示。O 为任取的固定点，质点系的质心 C 相对于点 O 的位置矢径为 $\boldsymbol{r}_C$，质点系中任一质点 M_i(质量为 m_i)相对于点 O 的位置矢径为 $\boldsymbol{r}_i$，相对于质心 C 的位置矢径为 $\boldsymbol{r}'_i$，作用于质点 M_i 的外力的合力为 $\boldsymbol{F}_i^e$。

以 O 为原点，建定坐标系 $Oxyz$，以 C 为原点，

建动坐标系 $Cx'y'c'$。随质心 C 的平动与相对于质心 C 转动的合成构成了质系的复合运动。设点 M_i 的绝对速度为 $\boldsymbol{v}_i$，相对速度为 $\boldsymbol{v}_{ri}$，牵连速度 $\boldsymbol{v}_{ei}$ 就是质心的速度 $\boldsymbol{v}_C$。由速度合成定理有

$$\boldsymbol{v}_i=\boldsymbol{v}_C+\boldsymbol{v}_{ri}$$

质点系对于点 O 的动量矩为

$$\boldsymbol{L}_O=\sum M_O(m_i\boldsymbol{v}_i)=\sum\boldsymbol{r}_i\times m_i\boldsymbol{v}_i=\sum(\boldsymbol{r}_C+\boldsymbol{r}_i')\times m_i\boldsymbol{v}_i=\sum\boldsymbol{r}_C\times m_i\boldsymbol{v}_i+\sum\boldsymbol{r}_i'\times m_i\boldsymbol{v}_i$$

上式右端第一项为集中于质心的系统动量对固定点 O 的动量矩：

$$\sum\boldsymbol{r}_C\times m_i\boldsymbol{v}_i=\boldsymbol{r}_C\times\sum m_i\boldsymbol{v}_i=\boldsymbol{r}_C\times m\boldsymbol{v}_C$$

第二项为质点系对质心 C 的绝对动量矩：

$$\sum\boldsymbol{r}_i'\times m_i\boldsymbol{v}_i=\sum\boldsymbol{r}_i'\times m_i(\boldsymbol{v}_C+\boldsymbol{v}_{ri})=(\sum\boldsymbol{r}_i'm_i)\times\boldsymbol{v}_C+\sum\boldsymbol{r}_i'\times m_i\boldsymbol{v}_{ri}$$

上式中 $\sum\boldsymbol{r}_i'm_i=m\boldsymbol{r}_C'=0$，$\sum\boldsymbol{r}_i'\times m_i\boldsymbol{v}_{ri}=\boldsymbol{L}_C$ 为质点系相对质心 C 的相对动量矩，可见，计算质点系对质心 C 的动量矩时，用质点系绝对速度 $\boldsymbol{v}_i$ 计算出的对质心 C 的动量矩与用质点系相对速度 $\boldsymbol{v}_{ri}$ 计算出的对质心 C 的动量矩，其结果相同。因此

$$\boldsymbol{L}_O=\boldsymbol{r}_C\times m\boldsymbol{v}_C+\boldsymbol{L}_C \tag{11-23}$$

即质点系对任意定点 O 的动量矩，等于集中于质心的系统动量对点 O 的动量矩与质点系对质心 C 的动量矩的矢量和。

11.5.2 质点系相对于质心的动量矩定理

由质点系对于固定点 O 的动量矩定理，根据式(11-23)有

$$\frac{\mathrm{d}\boldsymbol{L}_O}{\mathrm{d}t}=\frac{\mathrm{d}}{\mathrm{d}t}(\boldsymbol{r}_C\times m\boldsymbol{v}_C+\boldsymbol{L}_C)=\frac{\mathrm{d}}{\mathrm{d}t}(\boldsymbol{r}_C\times m\boldsymbol{v}_C)+\frac{\mathrm{d}\boldsymbol{L}_C}{\mathrm{d}t}$$

$$=\sum M_O(\boldsymbol{F}_i^{\mathrm{e}})=\sum\boldsymbol{r}_i\times\boldsymbol{F}_i^{\mathrm{e}}=\sum(\boldsymbol{r}_C+\boldsymbol{r}_i')\times\boldsymbol{F}_i^{\mathrm{e}}=\sum\boldsymbol{r}_C\times\boldsymbol{F}_i^{\mathrm{e}}+\sum\boldsymbol{r}_i'\times\boldsymbol{F}_i^{\mathrm{e}}$$

又 $$\frac{\mathrm{d}}{\mathrm{d}t}(\boldsymbol{r}_C\times m\boldsymbol{v}_C)=\frac{\mathrm{d}\boldsymbol{r}_C}{\mathrm{d}t}\times m\boldsymbol{v}_C+\boldsymbol{r}_C\times\frac{\mathrm{d}}{\mathrm{d}t}(m\boldsymbol{v}_C)=\boldsymbol{v}_C\times m\boldsymbol{v}_C+\boldsymbol{r}_C\times\frac{\mathrm{d}}{\mathrm{d}t}(m\boldsymbol{v}_C)$$

而 $$\boldsymbol{v}_C\times m\boldsymbol{v}_C=0,\quad \boldsymbol{r}_C\times\frac{\mathrm{d}}{\mathrm{d}t}(m\boldsymbol{v}_C)=\sum\boldsymbol{r}_C\times\boldsymbol{F}_i^{\mathrm{e}},\quad \sum\boldsymbol{r}_i'\times\boldsymbol{F}_i^{\mathrm{e}}=\sum M_C(\boldsymbol{F}_i^{\mathrm{e}})$$

所以有

$$\frac{\mathrm{d}\boldsymbol{L}_C}{\mathrm{d}t}=\sum\boldsymbol{M}_C(\boldsymbol{F}_i^{\mathrm{e}}) \tag{11-24}$$

即质点系对质心 C 的动量矩对时间的一阶导数，等于作用在质点系上所有外力对质心 C 的力矩的矢量和。这便是质点系对于质心的动量矩定理。比较式(11-20)可知，它与质点系对定点的动量矩定理，在形式上是一样的。

将式(11-24)投影到随质心平动的直角坐标系的轴 x_C、y_C、z_C 上，得

$$\left.\begin{aligned}\frac{\mathrm{d}L_{Cx}}{\mathrm{d}t}&=\sum M_{Cx}(\boldsymbol{F}_i^{\mathrm{e}})\\ \frac{\mathrm{d}L_{Cy}}{\mathrm{d}t}&=\sum M_{Cy}(\boldsymbol{F}_i^{\mathrm{e}})\\ \frac{\mathrm{d}L_{Cz}}{\mathrm{d}t}&=\sum M_{Cz}(\boldsymbol{F}_i^{\mathrm{e}})\end{aligned}\right\} \tag{11-25}$$

式中，L_{Cx}、L_{Cy}、L_{Cz} 分别是质点系对于 x_C、y_C、z_C 轴的动量矩。式(11-25)表明：质点系对任意通过质心轴的动量矩对时间的导数，等于作用在质点系上所有外力对同一轴力矩的代数和。这就是质点系对于质心的动量矩定理的投影形式。

质点系在运动过程中，如果 $\sum \boldsymbol{M}_C(\boldsymbol{F}_i^e)\equiv \boldsymbol{0}$ 或 $\sum M_{Cz}(\boldsymbol{F}_i^e)\equiv 0$，则质点系对质心 C(或通过质心的轴 z_C)的动量矩守恒。例如，跳水运动员跳水时，在空中运动过程中，如果不计空气阻力，所受的外力只有重力，而重力对质心的矩等于零，质点系对于质心的动量矩守恒。如果他想在空中多旋转几转，他就要把身体卷曲起来，使四肢尽量靠近质心，以减小身体对质心的转动惯量，从而使他蹬跳板时所获得的初角速度增大，以达到多旋转几周的目的；而他在入水时，又将身体打开，以减小角速度，从而取得好的入水效果。

对于一般运动的质点系，各质点的运动可分解为随同质心的运动和相对于质心的运动(即相对于跟随质心平动的坐标系的运动)，则应用质心运动定理和相对于质心的动量矩定理，就可建立这两部分运动与外力的关系，从而可以全面地说明外力系对质点系的运动效应，并确定整个系统的运动。

11.6 刚体平面运动微分方程

设如图 11.17 所示的平面图形为通过刚体质心 C 的平面图，作用于刚体上的外力系可简化为在此平面图形上的平面力系 $\boldsymbol{F}_1^e$，$\boldsymbol{F}_2^e$，…，$\boldsymbol{F}_n^e$。建立固定坐标系 Oxy 及随质心 C 平动的坐标系 Cx_Cy_C，则刚体的运动可分解为随质心 C 的平动和绕质心轴 z_C(过质心且垂直于运动平面的轴)的转动。

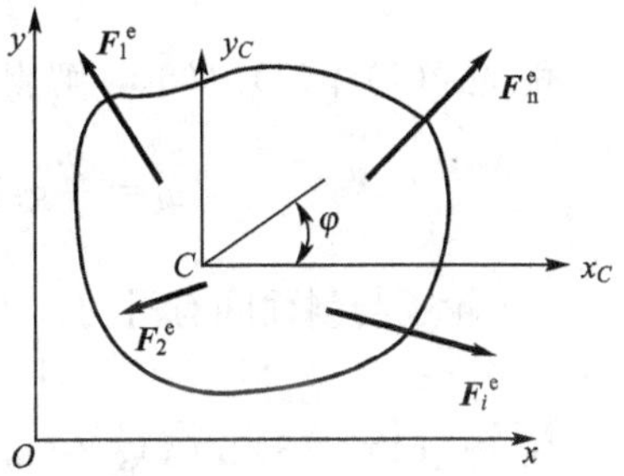

图 11.17 平动坐标系

于是由质心运动定理和相对于质心 C 的动量矩定理，有

$$\left.\begin{aligned} m\boldsymbol{a}_C &= \sum \boldsymbol{F}_i^e \\ \frac{\mathrm{d}\boldsymbol{L}_C}{\mathrm{d}t} &= \sum \boldsymbol{M}_C(\boldsymbol{F}_i^e) \end{aligned}\right\} \tag{11-26}$$

式中，m 是刚体的质量；$\boldsymbol{a}_C$ 是质心 C 的加速度。上式中第一式投影到 x，y 轴上，得

$$\left.\begin{aligned} ma_{Cx} &= \sum F_{ix}^e \\ ma_{Cy} &= \sum F_{iy}^e \\ \frac{\mathrm{d}L_C}{\mathrm{d}t} &= \sum M_C(F_i^e) \end{aligned}\right\} \tag{11-27}$$

若刚体绕轴 z_C 转动的角速度为 $\boldsymbol{\omega}$，把绕定轴转动刚体的动量矩表达式(11-17)代入上式，可得

$$\left.\begin{aligned} ma_{Cx} &= m\ddot{x}_C = \sum F_{ix}^e \\ ma_{Cy} &= m\ddot{y}_C = \sum F_{iy}^e \\ J_C\alpha &= J_C\ddot{\varphi} = \sum M_C(\boldsymbol{F}_i^e) \end{aligned}\right\} \tag{11-28}$$

这就是刚体的平面运动微分方程。

下面举例说明如何应用刚体的平面运动微分方程求解平面运动刚体的动力学问题。

【例 11.13】 匀质圆轮质量为 m，半径为 R，沿倾角为 θ 的斜面滚下，如图 11.18 所示。设轮与斜面间的摩擦因数为 f，试求轮心 C 的加速度和斜面对于轮子的约束反力。

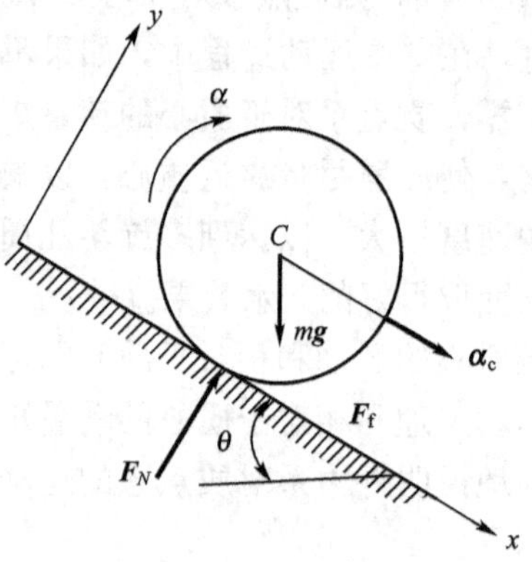

图 11.18 滚圆轮

解：以轮为研究对象，作用在轮上的外力有：重力 $m\boldsymbol{g}$，法向反力 $\boldsymbol{F}_{\mathrm{N}}$ 及摩擦力 $\boldsymbol{F}_{\mathrm{f}}$。

建立图示 Oxy 坐标系，并注意到 $\ddot{x}_C=a_C$，$\ddot{y}_C=0$，由式(11-28)，得

$$ma_C=mg\sin\theta-F_{\mathrm{f}} \tag{1}$$

$$0=-mg\cos\theta+F_{\mathrm{N}} \tag{2}$$

$$J_{z_C}\alpha=F_{\mathrm{f}}R \tag{3}$$

由式(2)可得

$$F_{\mathrm{N}}=mg\cos\theta \tag{4}$$

在式(1)及(3)中，包含 3 个未知量 a_C、F_{f}、α，必须有一附加条件才能求解。下面分 3 种情况来讨论。

(1) 斜面光滑，即 $f=0$，当轮由静止开始运动，则轮作平动，此时 $a_C=g\sin\theta$。

(2) 轮子与斜面间无相对滑动，则有

$$a_C=R\alpha \tag{5}$$

联立式(1)、(3)、(5)，解得

$$a_C=\frac{2}{3}g\sin\theta,\quad \alpha=\frac{2g}{3R}\sin\theta,\quad F_{\mathrm{f}}=\frac{1}{3}mg\sin\theta \tag{6}$$

(3) 轮子与斜面间有滑动，则摩擦力为动滑动摩擦力，有

$$F_{\mathrm{f}}=fF_{\mathrm{N}} \tag{7}$$

联立式(1)、(3)、(4)、(7)，解得

$$a_C=(\sin\theta-f\cos\theta)g,\quad \alpha=\frac{2fg\cos\theta}{R},\quad F_{\mathrm{f}}=fmg\cos\theta \tag{8}$$

要确定有无滑动，须视摩擦力的大小是否达到最大值。因为要使轮子只滚不滑，必须 $F_{\mathrm{f}}\leqslant fF_{\mathrm{N}}$，所以由式(6)有

$$\frac{1}{3}mg\sin\theta\leqslant fmg\cos\theta$$

即

$$f\geqslant\frac{1}{3}\tan\theta$$

反之，如果 $f<\frac{1}{3}\tan\theta$，表示轮子既滚又滑，则式(8)适用。

【例 11.14】 如图 11.19(a)所示匀质半圆柱体的质心 C 与圆心 O_1 的距离为 e，柱体的半径为 R，质量为 m，它可在固定平面上作无滑动的滚动。求偏离平衡位置后，柱体的运动微分方程和微小摆动的周期。

解：以半圆柱体为研究对象。选柱体平衡位置与地面的接触点 O 为原点，建立 Oxy 坐标系，柱体偏离平衡位置滚过 φ 角后，质心 C 的坐标为：

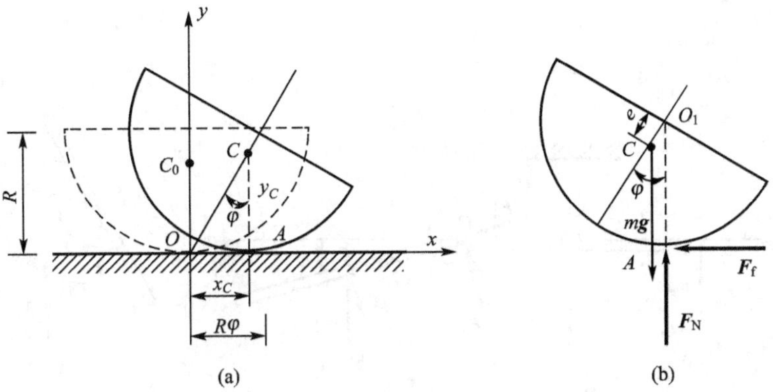

图 11.19 半圆柱体平面

$$x_C = R\varphi - e\sin\varphi$$
$$y_C = R - e\cos\varphi$$

对 t 求二阶导数得：

$$\ddot{x}_C = R\ddot{\varphi} - e\ddot{\varphi}\cos\varphi + e\dot{\varphi}^2\sin\varphi$$
$$\ddot{y}_C = e\ddot{\varphi}\sin\varphi + e\dot{\varphi}^2\cos\varphi$$

受力如图 11.20(b)所示。注意静滑动摩擦力的方向的相对滑动趋势相反，大小应满足条件：

$$F_f \leqslant fF_N$$

式中，f 为静滑动摩擦系数。

应用式(11-28)，半圆柱体的平面运动微分方程为：

$$m\ddot{x}_C = m(R\ddot{\varphi} - e\ddot{\varphi}\cos\varphi + e\dot{\varphi}^2\sin\varphi) = -F_f$$
$$m\ddot{y}_C = m(e\ddot{\varphi}\sin\varphi + e\dot{\varphi}^2\cos\varphi) = F_N - mg$$
$$J_{z_C}\ddot{\varphi} = F_f(R - e\cos\varphi) - F_N e\sin\varphi$$

令 $J_{z_C} = m\rho_{z_C}^2$，$\rho_{z_C}^2$ 是柱体对质心轴 z_C 的回转半径。这是一组非线性微分方程。此处仅研究微小摆动。即 φ 很小，则 $\sin\varphi \approx \varphi$，$\cos\varphi \approx 1$。又 $\dot{\varphi}$、$\ddot{\varphi}$ 均为一阶微量，略去二阶以上微量，故可将上面的微分方程组线性简化为：

$$m(R\ddot{\varphi} - e\ddot{\varphi}) = -F_f$$
$$0 = F_N - mg$$
$$m\rho_{z_C}^2\ddot{\varphi} = F_f(R - e) - F_N e\varphi$$

从前两式求出 F_f、F_N，代入第三式，得

$$\ddot{\varphi} + \frac{eg}{\rho_{z_C}^2 + (R-e)^2}\varphi = 0$$

这是线性系统自由振动微分方程。振动周期为

$$T = 2\pi\sqrt{\frac{\rho_{z_C}^2 + (R-e)^2}{eg}}$$

【例 11.15】 匀质杆 OA 长 l，质量为 m，O 端用铰链支承，A 端用细绳悬挂，如图 11.20。求：①将细绳突然剪断的瞬时，铰链 O 的约束反力；②杆落至任意位置时，铰

链O的约束反力；③杆落至铅垂位置时，将O处的销钉除去，此后杆的运动规律。

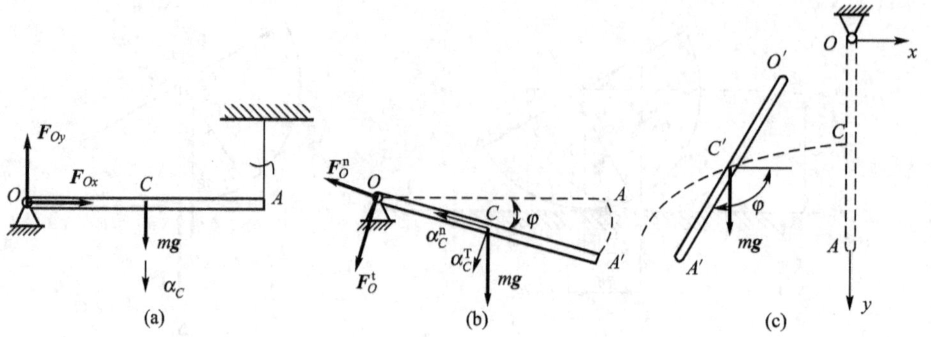

图 11.20　匀质杆运动

解：(1) 在细绳剪断瞬时，杆所受的外力有：重力 $m\boldsymbol{g}$，O的约束反力 $\boldsymbol{F}_{Ox}$，$\boldsymbol{F}_{Oy}$，如图 11.20(a)所示。此时杆作定轴转动，角速度为 $\omega=0$，角加速度 α 未知。质心加速度为 $a_C=\dfrac{l}{2}\alpha$。应用刚体的定轴转动微分方程，有

$$\frac{1}{3}ml^2\alpha=mg\,\frac{l}{2}$$

解得

$$\alpha=\frac{3g}{2l} \tag{1}$$

应用质心运动定理，有

$$0=ma_{Cx}=F_{Ox} \tag{2}$$

$$m\,\frac{l}{2}\alpha=ma_{Cy}=mg-F_{Oy} \tag{3}$$

联立(1)、(2)、(3)解得

$$F_{Ox}=0$$

$$F_{Oy}=\frac{1}{4}mg$$

(2) 杆落到任意角 φ 时，所受的外力有：重力 $m\boldsymbol{g}$，O处约束反力 $\boldsymbol{F}_O^{\rm n}$，$\boldsymbol{F}_O^{\rm t}$，如图 11.20(b)所示。

杆运动的角速度、角加速度均未知。欲求O处约束反力，必先求质心加速度 $\boldsymbol{a}_C$因此，先应用定轴转动刚体的转动微分方程，有$\dfrac{1}{3}ml^2\ddot{\varphi}=mg\,\dfrac{1}{2}\cos\varphi$，解得

$$\alpha=\ddot{\varphi}=\frac{3g}{2l}\cos\varphi \tag{4}$$

由于 $\ddot{\varphi}=\dfrac{\mathrm{d}\dot{\varphi}}{\mathrm{d}t}=\dfrac{\mathrm{d}\dot{\varphi}}{\mathrm{d}\varphi}\dfrac{\mathrm{d}\varphi}{\mathrm{d}t}=\dot{\varphi}\,\dfrac{\mathrm{d}\dot{\varphi}}{\mathrm{d}\varphi}$，将式(4)分离变量后积分，有

$$\int_O^{\varphi}\dot{\varphi}\mathrm{d}\dot{\varphi}=\frac{3g}{2l}\int_O^{\varphi}\cos\varphi\mathrm{d}\varphi$$

得

$$\dot{\varphi}^2=\frac{3g}{l}\sin\varphi \tag{5}$$

所以杆质心的加速度为

$$\boldsymbol{a}_C=\boldsymbol{a}_C^{\mathrm{n}}+\boldsymbol{a}_C^{\mathrm{t}}=\frac{3}{2}g\sin\varphi\boldsymbol{n}+\frac{3}{4}g\cos\varphi\boldsymbol{\tau}$$

应用质心运动定理，有

$$\frac{3}{2}mg\sin\varphi=ma_C^{\mathrm{n}}=F_O^{\mathrm{n}}-mg\sin\varphi$$

$$\frac{3}{4}mg\cos\varphi=ma_C^{\mathrm{t}}=F_O^{\mathrm{t}}+mg\cos\varphi$$

解得

$$F_O^{\mathrm{n}}=\frac{5}{2}mg\sin\varphi$$

$$F_O^{\mathrm{t}}=-\frac{1}{4}mg\cos\varphi$$

(3) 除去O处销钉后，杆所受的外力只有重力$m\boldsymbol{g}$。

取定坐标系Oxy，如图11.20(c)所示。由式(5)知，杆落至铅垂位置时，有

$$\dot{\varphi}\left(\frac{\pi}{2}\right)=\sqrt{\frac{3g}{l}},\quad v_C\left(\frac{\pi}{2}\right)=-\frac{l}{2}\dot{\varphi}\left(\frac{\pi}{2}\right)\boldsymbol{i}=-\frac{l}{2}\sqrt{\frac{3g}{l}}\boldsymbol{i}$$

初始条件：$t=0$，$x_{CO}=0$，$y_{CO}=\frac{1}{2}$，$\varphi_O=\frac{\pi}{2}$

应用刚体平面运动微分方程，有

$$m\frac{\mathrm{d}\dot{x}_C}{\mathrm{d}t}=m\ddot{x}_C=\sum F_{ix}^{\mathrm{e}}=0 \tag{6}$$

$$m\frac{\mathrm{d}\dot{y}_C}{\mathrm{d}t}=m\ddot{y}_C=\sum F_{iy}^{\mathrm{e}}=mg \tag{7}$$

$$J_{z_C}\frac{\mathrm{d}\dot{\varphi}}{\mathrm{d}t}=J_{z_C}\alpha=\sum M_{z_C}(F_i^{\mathrm{e}})=0 \tag{8}$$

结合前述初始条件，由式(6)、(7)、(8)，解得除去销钉后杆的运动方程为

$$x_C=-\frac{l}{2}\sqrt{\frac{3g}{l}}\cdot t$$

$$y_C=\frac{l}{2}+\frac{1}{2}g\cdot t^2$$

$$\varphi=\frac{\pi}{2}+\sqrt{\frac{3g}{l}}\cdot t$$

通过上述各例的分析知，应用动量矩定理求解动力学问题的步骤一般为：

(1) 根据题意选择合适的研究对象。分析研究对象所受的全部外力，并画出受力图。

(2) 分析研究对象的运动情况，并根据运动学知识，找出研究对象中各刚体之间或刚体上各相关运动量之间的关系。

(3) 根据研究对象的运动情况，选用合适的动力学方程：动量矩定理、动量矩守恒定理、刚体的定轴转动微分方程和刚体的平面运动微分方程。再根据已知条件，求解所建立的动力学方程。

本章小结

1. 质点的动量矩：$\boldsymbol{M}_O(m\boldsymbol{v})=\boldsymbol{r}\times m\boldsymbol{v}$；

质点系的动量矩：$\boldsymbol{L}_O=\sum\boldsymbol{M}_O(m_i\boldsymbol{v}_i)=\sum\boldsymbol{r}_i\times m_i\boldsymbol{v}_i$。

2. 质点的动量矩定理：$\dfrac{\mathrm{d}}{\mathrm{d}t}\boldsymbol{M}_O(m\boldsymbol{v})=\boldsymbol{M}_O(F)$；

质点系的动量矩定理：$\dfrac{\mathrm{d}}{\mathrm{d}t}\boldsymbol{L}_O=\sum\limits_{i=1}^{n}\boldsymbol{M}_O(\boldsymbol{F}_i^{\mathrm{e}})$。

3. 质点系相对于质心 C 的动量矩定理：$\dfrac{\mathrm{d}\boldsymbol{L}_C}{\mathrm{d}t}=\sum\boldsymbol{M}_C(\boldsymbol{F}_i^{\mathrm{e}})$。

4. 刚体对 Z 轴的转动惯量：$J_z=\sum m_i r_i^2$；

平行轴定理：$J_z=J_{z_C}+md^2$。

5. 刚体平面运动微分方程：
$$\left.\begin{aligned}ma_{Cx}&=m\ddot{x}_C=\sum F_{ix}^{\mathrm{e}}\\ ma_{Cy}&=m\ddot{y}_C=\sum F_{iy}^{\mathrm{e}}\\ J_C\alpha&=J_C\ddot{\varphi}=\sum M_C(F_i^{\mathrm{e}})\end{aligned}\right\}$$

思考题

1. 质点系的动量按公式 $\boldsymbol{K}=\sum m_i\boldsymbol{v}_i=m\boldsymbol{v}_C$ 计算，那么质点系的动量矩是否也可以按公式 $\boldsymbol{L}_O=\sum\boldsymbol{M}_O(m_i\boldsymbol{v}_i)=\boldsymbol{M}_O(m\boldsymbol{v}_C)$ 计算？为什么？

2. 花样滑冰运动员利用手臂伸张和收拢来改变旋转速度，试说明其原因。

3. 坐在转椅上的人不接触地面，能否使转椅转动？为什么？

4. 为什么直升飞机要有尾桨？如果没有尾桨，直升飞机飞行时将会怎样？

5. 如图 11.21 所示，传动系统中 J_1、J_2 为轮Ⅰ、轮Ⅱ的转动惯量，轮Ⅰ的角加速度按式 $\alpha_1=\dfrac{M_1}{J_1+J_2}$ 计算对吗？

6. 质量为 m 的匀质圆盘，平放在光滑的水平面上，其受力情况如图 11.22 所示。设开始时，圆盘静止，图中 $R=2r$。试说明各圆盘将如何运动。

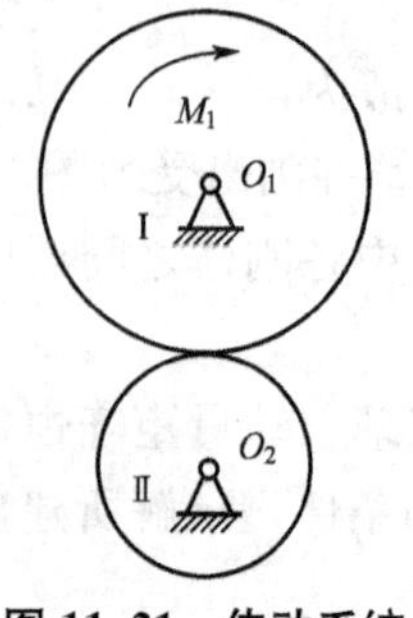

图 11.21　传动系统

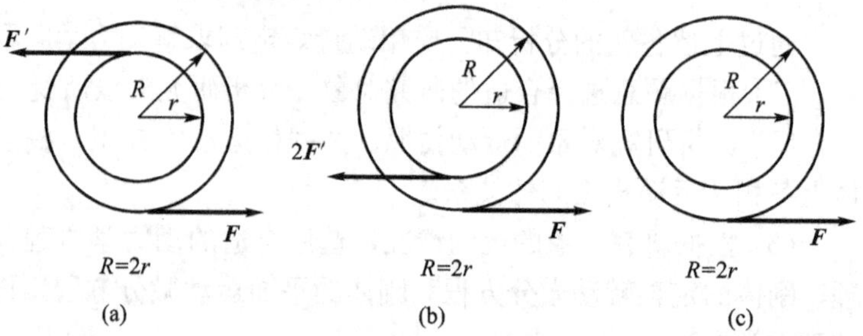

图 11.22　匀质圆盘

习 题

1. 如图 11.23 所示，无重杆 OA 以角速度 ω_0 绕 O 轴转动。质量 $m=25\text{kg}$、半径 $R=200\text{mm}$ 的匀质圆盘以 3 种方式安装于 OA 杆的 A 点。(1)圆盘与杆焊接在一起；(2)圆盘与杆在 A 点铰接，且相对杆以角速度 ω_r 逆时针转动；(3)圆盘相对 OA 杆以角速度 ω_r 顺时针转动。已知 $\omega_0=\omega_r=4\text{rad/s}$，计算在这 3 种情况下，圆盘对 O 的动量矩。

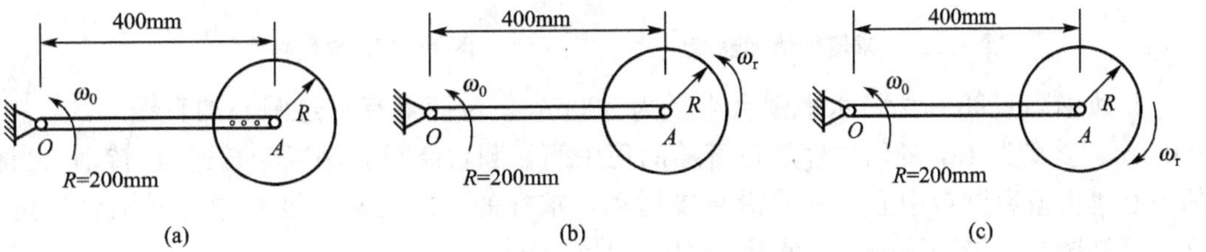

图 11.23　杆及圆盘转动的三种情况

2. 如图 11.24 所示，质量为 m 的偏心轮在平面上作平面运动。轮子轴心为 A，质心为 C，$AC=e$；轮子半径为 R，对轴心 A 的转动惯量为 J_A；C、A、B 三点在同一铅直线上。求轮子下列条件下对地面上 B 点的动量矩。(1)当轮子只滚不滑时，若 v_A 为已知；(2)轮子既滚又滑，v_A、ω 为已知。

3. 如图 11.25 所示，小球 A，质量为 m，连接在长 l 的无重杆 AB 上，放入有液体的容器中。杆以初始角速度 ω_0 绕 O_1O_2 轴转动，小球受到与速度反向的液体阻力 $F=km\omega$，k 为比例常数。问经过多少时间角速度 ω 成为 ω_0 的一半？

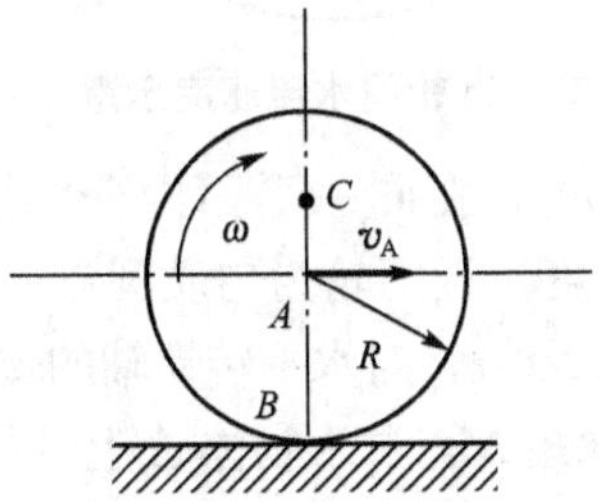

图 11.24　偏心轮

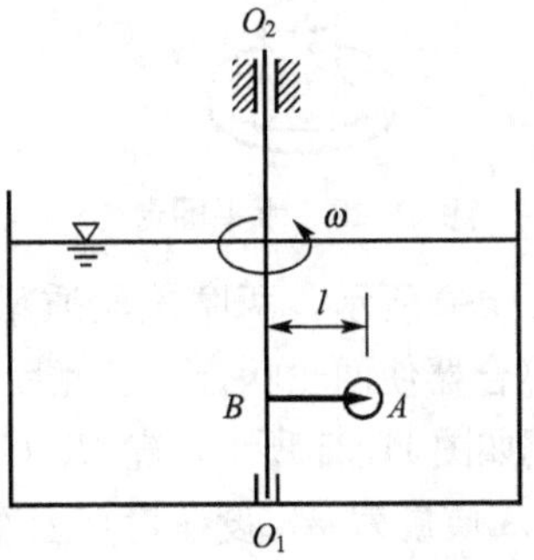

图 11.25　小球连杆绕轴转动

4. 如图 11.26 所示，两个重物 M_1 和 M_2 的质量各为 m_1 与 m_2，分别系在两条不计质量的绳上。此两绳又分别围绕在半径为 r_1 和 r_2 的塔轮上。塔轮质量为 m_3，质心为 O，对 O 的回转半径为 ρ。重物受重力作用而运动，求塔轮的角加速度 α。

5. 如图 11.27 所示，匀质杆 AB 长为 l，质量为 m_1，B 端刚连一质量为 m_2 的小球(小球可看作质点)，杆上 D 点连一刚度系数为 k 的弹簧，使杆在水平位置保持平衡。设给小球一微小初位移 δ_0，而 $v_0=0$，试求杆 AB 的运动规律。

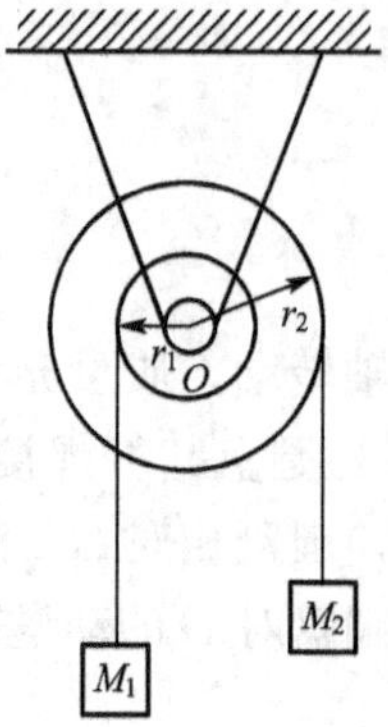

图 11.26 求塔轮角加速度

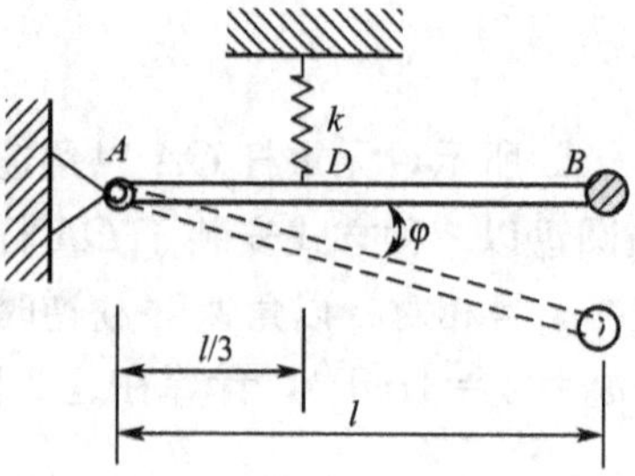

图 11.27 匀质杆

6. 如图 11.28 所示，水平圆台半径为 300mm，台面上有一过圆心的直槽 AB。一长 200mm、质量为 1kg 的匀质杆放在直槽的正中间，圆台绕铅直轴以匀角速 ω_0 转动，当杆的中心稍微偏离圆台中心，杆将沿直槽运动，求杆的一端运动至圆台边缘时圆台的角速度。已知圆台对转动轴的转动惯量为 $J=0.1\text{kg}\cdot\text{m}^2$。

7. 水泵叶轮间水流的进、出口速度三角形如图 11.29 所示。设叶轮转速 $n=1450\text{r/min}$，叶轮外径 $D_2=400\text{mm}$，$\beta_2=45°$，$\theta_2=30°$，$\theta_1=90°$，流量 $q_v=0.02\text{m}^3/\text{s}$，试求水流过叶轮时所产生的力矩。

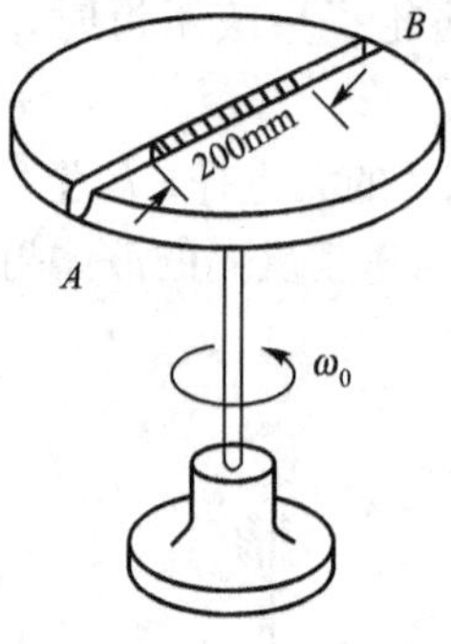

图 11.28 水平圆台

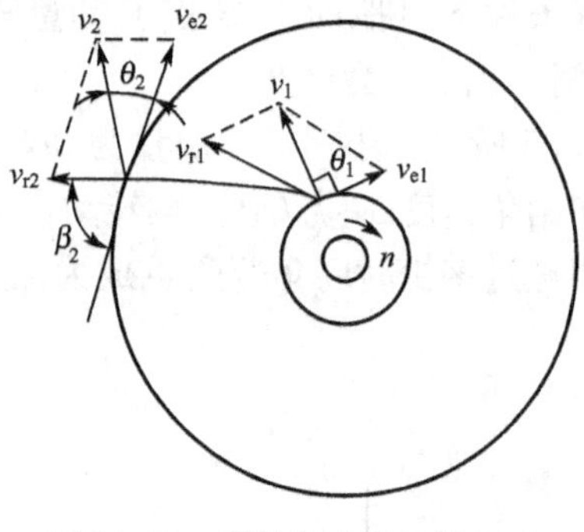

图 11.29 叶轮间水流速度示意

8. 如图 11.30 所示，两摩擦轮质量各为 m_1、m_2，在同一平面内分别以角速度 ω_{O1}、ω_{O2}转动。用离合器使两轮啮合，求此后两轮的角速度。设两轮为匀质圆盘。

9. 卷扬机如图 11.31 所示，轮 B、C 半径分别为 R、r，对水平转动轴的转动惯量分别为 J_1、J_2，物体 A 质量为 m，设在轮 C 上作用一常力偶矩 M，试求物体 A 上升的加速度。

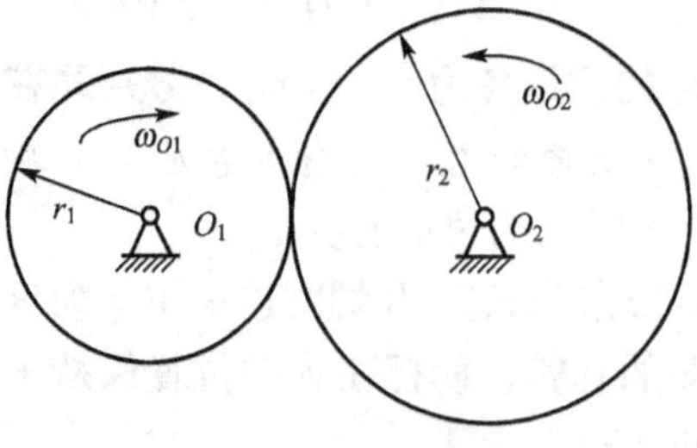

图 11.30 摩擦轮

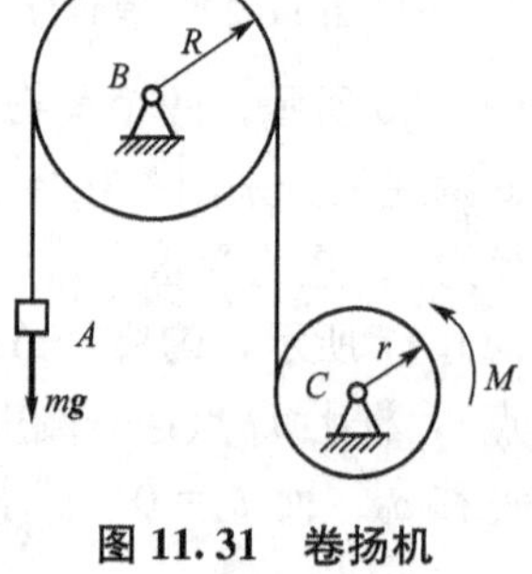

图 11.31 卷扬机

10. 匀质实心圆轮 A 和圆环 B 的质量均为 m，半径都为 r，两者用杆 AB 铰接，无滑动地沿斜面滚下，斜面与水平面的夹角为 θ。不计杆的质量，求杆 AB 的加速度及杆的内力，运动系统如图 11.32 所示。

11. 如图 11.33 所示的传动装置，已知两轮对 O_1、O_2 轴的转动惯量分别为 J_1、J_2，半径分别为 r、R。轮 O_1 上作用一转矩 M，不计轴承处摩擦，求两轮的角加速度。

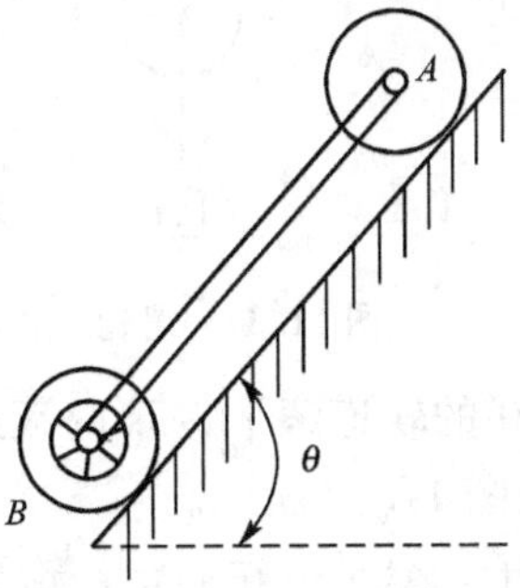

图 11.32 运动系统

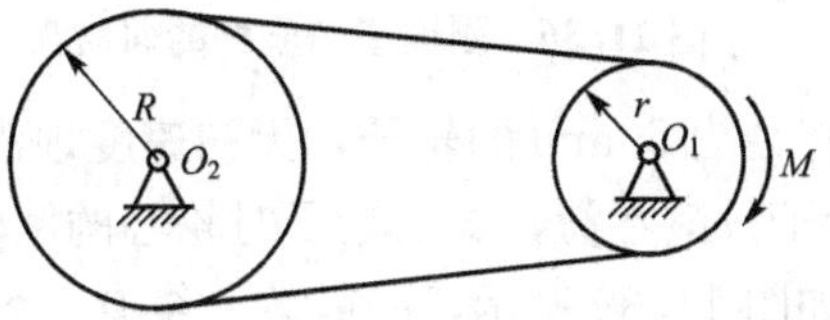

图 11.33 传动装置

12. 两根质量均为 8kg 的匀质细杆固连成 T 字形，可绕 O 点转动，当 OA 在水平位置时，T 形杆具有角速度 $\omega=4\text{rad/s}$。求该瞬时轴承 O 处的约束反力(图 11.34)。

13. 如图 11.35 所示，为求半径为 $R=500\text{mm}$ 的飞轮 A 对其质心 O 的转动惯量，在飞轮上缠一细绳，绳的末端系一重为 $G_1=80\text{N}$ 的重锤，重锤自高度 $h=2\text{m}$ 处落下，测得落下时间 $t_1=16\text{s}$。为消去轴承的摩擦，再用重 $G_2=40\text{N}$ 的重锤做第二个试验。这一重锤自同一高度落下的时间是 $t_2=25\text{s}$。假定摩擦力矩是一常量，且与重锤的重量无关，试计算飞轮对 O 的转动惯量 J_O。

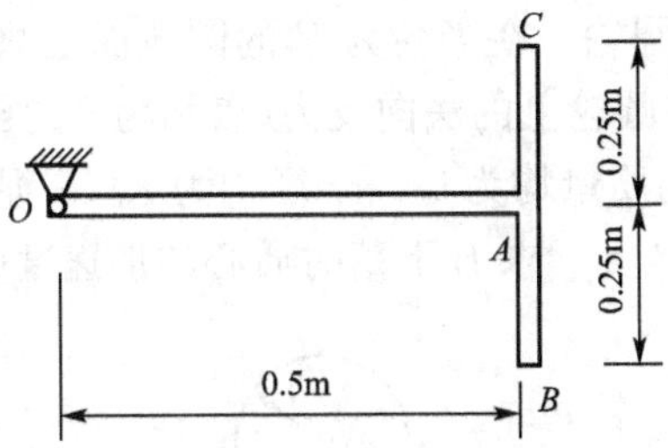

图 11.34 T 形杆

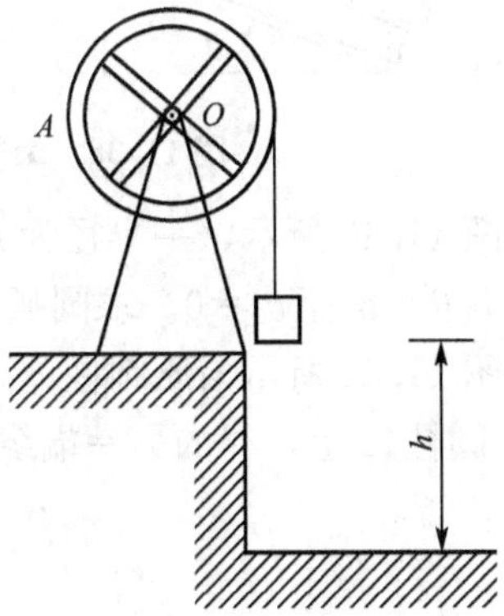

图 11.35 飞轮

14. 如图 11.36 所示，一匀质圆盘刚连于匀质杆 OC 上，可绕轴 O 在水平面内运动。已知圆盘的质量 $m_1=40\text{kg}$，半径 $r=150\text{mm}$；杆 OC 长 $l=300\text{mm}$，质量 $m_2=10\text{kg}$。杆上作用一常力偶矩 $M=20\text{N}\cdot\text{m}$，试求 OC 转动的角加速度。

15. 如图 11.37 所示匀质滑轮 A、B 质量分别为 m_1、m_2，半径分别为 R、r，且 $R=2r$，物体 C 质量为 m_3，作用于 A 轮上的力偶矩 M 为一常量，试求 C 的加速度。

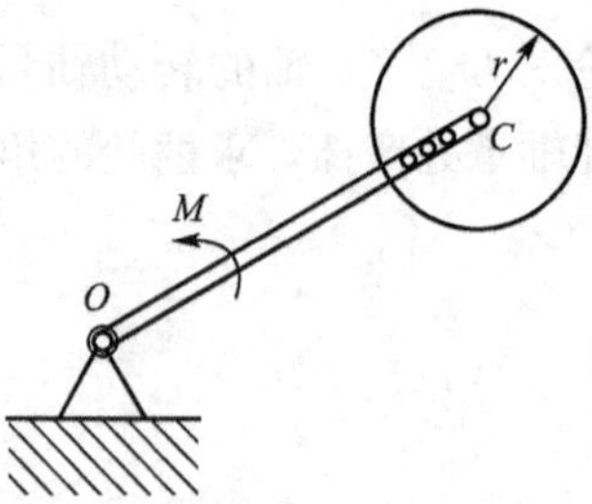

图 11.36　刚连子匀质杆的匀质盘

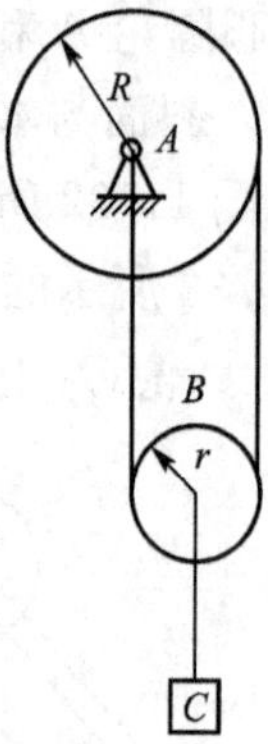

图 11.37　滑轮

16. 直径为 50mm 的轮子，无初速度地沿倾角 $\theta=30^{\circ}$的轨道滚下，5s 内滚过距离 $S=3\text{m}$，设轮子只滚不滑，试求轮子对轮心的回转半径，如图 11.38 所示。

17. 如图 11.39 所示，一鼓轮上绕有不可伸长的绳子，绳子一端固定，轮和轮轴的半径分别为 $R=90\text{mm}$、$r=60\text{mm}$，总质量为 m(单位为 kg)，对过轮心垂直于轮中心平面的轴 C 的回转半径为 $\rho=80\text{mm}$，轮与斜面的摩擦系数为 $f=0.4$。求当轮子沿斜面向下运动时轮心的加速度。

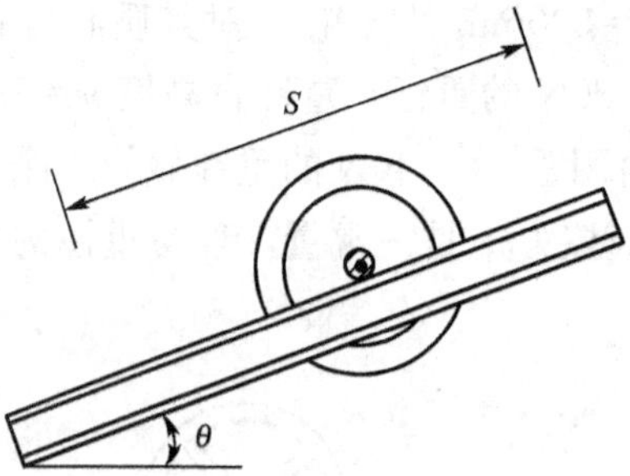

图 11.38　滚轮

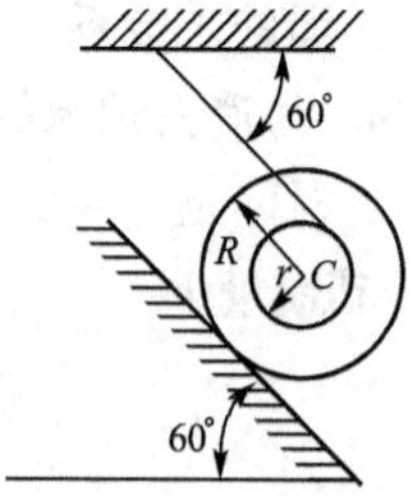

图 11.39　鼓轮

18. 如图 11.40 所示，一半径为 r 的匀质圆轮，在半径为 R 的圆弧面上只滚动而不滑动。初瞬时，$\theta=\theta_0$ 而 $\theta_0=0$。求圆弧面作用在圆轮上的法向反力(表示为 θ 的函数)。

19. 如图 11.41 所示匀质圆柱体 A 和 B 的质量均为 m，半径均为 r。一绳绕于绕固定轴 O 转动的圆柱 A 上，绳的另一端绕在圆柱 B 上。求 B 下落时质心的加速度(不计摩擦)。

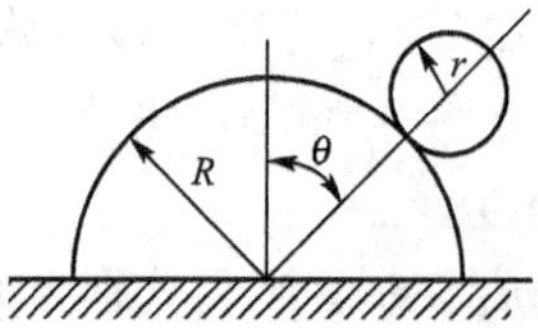

图 11.40　圆轮在圆弧面上滚动

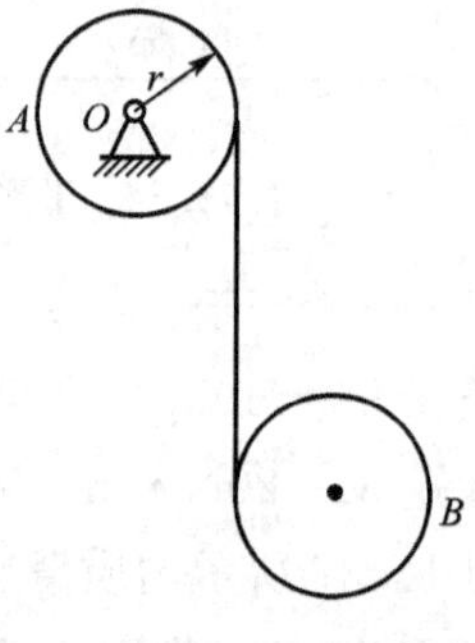

图 11.41　两匀质圆柱体

20. 如图 11.42 所示的匀质杆 AB 长为 l，放在铅直平面内，杆的一端 A 靠在光滑的铅直墙面上，另一端 B 放在光滑的水平地板上，并与水平面成 φ_0 角。此后，令杆由静止状态倒下。求：(1)杆在任意位置时的角加速度和角速度；(2)脱离墙时，杆与水平面所成的夹角。

21. 如图 11.43 所示，板的质量为 m_1，受水平力 $\boldsymbol{F}$ 作用沿水平面运动，板与平面间的动摩擦系数为 f，板上放一质量为 m_2 的匀质实心圆柱，此圆柱在板上只滚动而不滑动。求板的加速度。

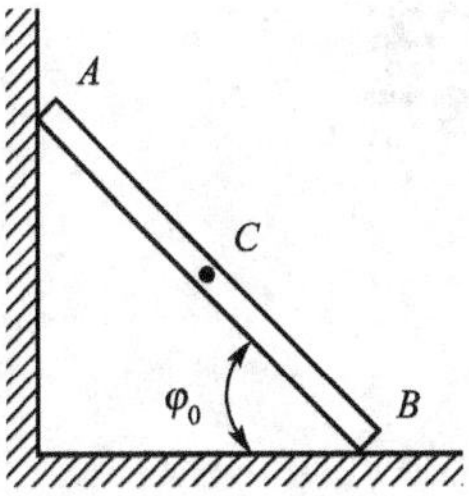

图 11.42 匀质杆运动

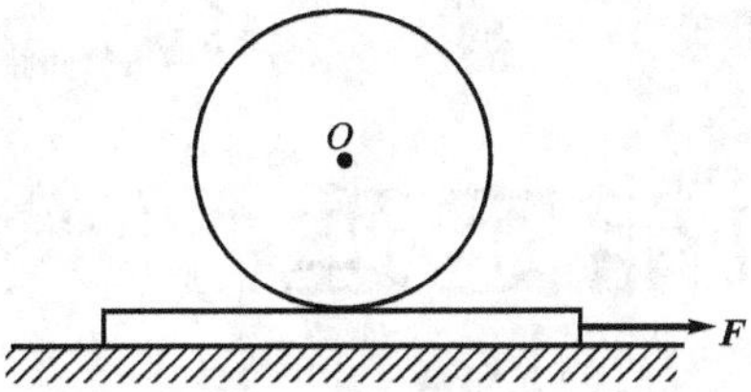

图 11.43 求板的加速度

22. 如图 11.44 所示，半径为 r，质量为 m 的匀质圆柱体，放在粗糙的水平面上。设其中心 C 的初速度为 v_0，方向水平向右，同时圆柱作图示方向转动，其初角速度为 ω_0，且有 $\omega_0 r < v_0$。如圆柱体与水平面的摩擦系数为 f，问经过多少时间，圆柱体才能只滚不滑地向前运动，并求该瞬时圆柱体中心的速度。

23. 匀质长方形板，质量为 m，尺寸分别为 b 和 h，放置在光滑水平面上，如图 11.45 所示。若 B 点的支承面突然移开，试求此瞬时 A 点的加速度及 A 端的约束反力。

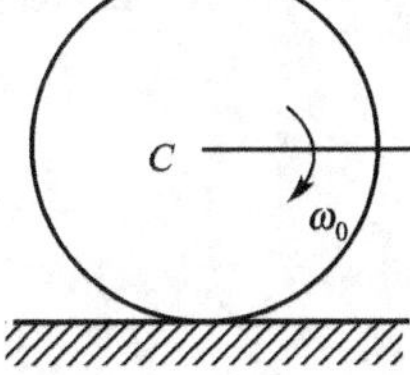

图 11.44 圆柱体水平运动

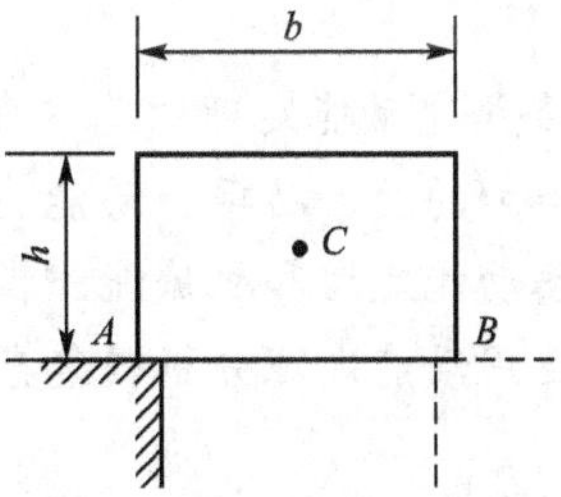

图 11.45 匀质板

第12章 动能定理

教学目标

本章主要讲述动能定理的基本理论和方法。通过本章的学习，应达到以下目标。

(1) 理解力的功、功率、动能、势能等概念。

(2) 熟悉动能定理和机械能守恒定律。

(3) 能运用动能定理分析较复杂的动力学问题。

教学要求

知识要点	能力要求	相关知识
功、动能、动能定理	(1) 准确理解功、动能的概念 (2) 掌握动能定理分析方法	(1) 几种常见力的功 (2) 质点、质点系的动能 (3) 质点、质点系的动能定理
功率、势能、机械能守恒定律	(1) 理解功率、势能、机械能守恒的概念 (2) 能用机械能守恒定律分析解决具体问题	(1) 功率、功率方程和机械效率 (2) 几种常见的势力场、势能、势能的相对性

基本概念

力的功；功能；动能定理；功率；功率方程；势力场；势能；机械能守恒。

引例

自然界中存在多种运动形式，它们互相依存，互相联系，在一定条件下互相转化。前两章我们讨论了以动量为基础建立起来的动力学普遍定理，可以归为动量原理一类。本章将讨论另一类以动能为基础建立起来的动力学普遍定理，称为动能原理，它包含动能定理和机械能守恒定律等。

能量转换与功之间的关系是各种形式运动的普遍规律，在机械运动中则表现为动能定理。不同于动量和动量矩定理，动能定理是从能量的角度来分析质点、质点系的动力学问题，有时更为方便、有效。同时，它还可以建立机械运动与其他形式运动之间的联系。

12.1 力 的 功

作用于质点上的力 $\boldsymbol{F}$ 在一段路程 s 上做的功，是此力沿路程的积累效应的度量，其大小等于力与其作用点位移的点积，用 W 来表示。

$$W=\boldsymbol{F}\cdot\boldsymbol{r}=Fs\cos\theta \tag{12-1}$$

式中，θ 为力 $\boldsymbol{F}$ 与直线位移方向之间的夹角；在此段路程内力 $\boldsymbol{F}$ 为常矢量。功是代数量，其量纲为

$$\dim W=\mathrm{ML^2T^{-2}}$$

功的国际单位符号为J(焦耳)，等于1N的力在同方向1m的路程上做的功。

若质点 M 在任意变力 $\boldsymbol{F}$ 作用下沿曲线运动，如图12.1所示。力 $\boldsymbol{F}$ 在无限小位移 $\mathrm{d}\boldsymbol{r}$ 中可视为常力矢，经过的一小段弧长 $\mathrm{d}s$ 可视为直线，$\mathrm{d}\boldsymbol{r}$ 可视为沿点 M 的切线。在一无限小位移中力做的功称为元功，以 δW 表示。

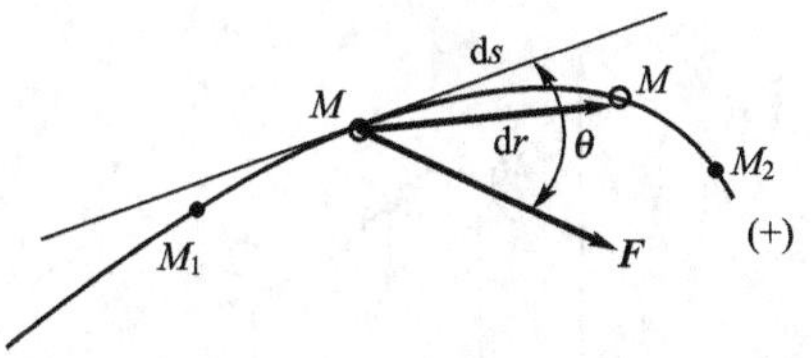

图12.1 力的功

根据式(12-1)有

$$\delta W=\boldsymbol{F}\cdot\mathrm{d}\boldsymbol{r}=F\cos\theta\cdot\mathrm{d}s \tag{12-2}$$

力在全路程上做的功等于元功之和，即

$$W=\int_{M_1}^{M_2}\boldsymbol{F}\cdot\mathrm{d}\boldsymbol{r}=\int_{M_1}^{M_2}F\cos\theta\cdot\mathrm{d}s \tag{12-3}$$

不难看出，当力始终与质点位移垂直时，该力不做功。上式也可用解析表达式

$$W=\int_{M_1}^{M_2}(F_x\mathrm{d}x+F_y\mathrm{d}y+F_z\mathrm{d}z) \tag{12-4}$$

下面给出几种常见力所做的功。

1. 重力的功

设质点沿轨道由M_1运动到M_2，如图12.2所示。其重力$\boldsymbol{P}=m\boldsymbol{g}$在直角坐标轴上的投影为

$$F_x=0,\quad F_y=0,\quad F_z=-mg$$

应用式(12-4)，重力做功为

$$W_{12}=\int_{z_1}^{z_2}-g\mathrm{d}z=mg(z_1-z_2) \tag{12-5}$$

可见重力做功仅与质点运动开始和末了位置的高度差(z_1-z_2)有关，与运动轨迹的形状无关。

对于质点系，设质点i的质量为m_i，运动始末的高度差为$(z_{i1}-z_{i2})$，则全部重力做功之和为

$$\begin{aligned}\sum W_{12}&=\sum m_i g(z_{i1}-z_{i2})\\&=mg(z_{C1}-z_{C2})\end{aligned} \tag{12-6}$$

式中，m为质点系总的质量；$(z_{C1}-z_{C2})$为运动始末位置其质心的高度差。质心下降，重力做正功；质心上移，重力做负功。质点系重力做功仍与质心的运动轨迹形状无关。

2. 弹性力的功

设有一端固定于O点而另一端系于可在空间自由运动的质点M的弹簧如图12.3所示，弹簧原长度为l_0，质点A运动时，弹簧由于变形将在质点上作用一弹性力$\boldsymbol{F}$，此力沿弹簧中心线，与A相对O点的矢径$\boldsymbol{r}$重合。若运动过程中，弹簧的变形量$(r-l_0)$在弹性权限内，则弹性力$\boldsymbol{F}$的大小与其变形量成正比，即

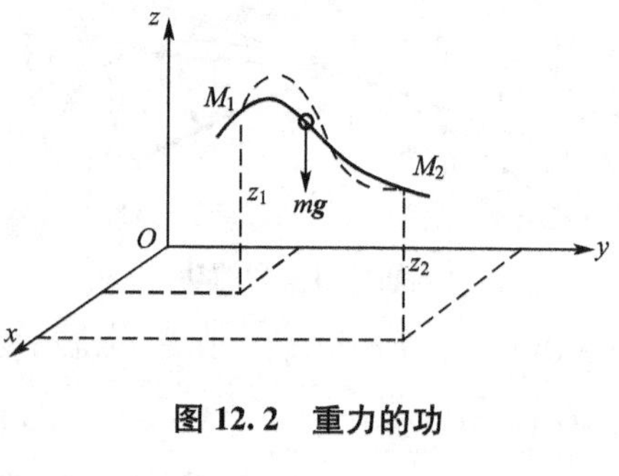

图12.2 重力的功

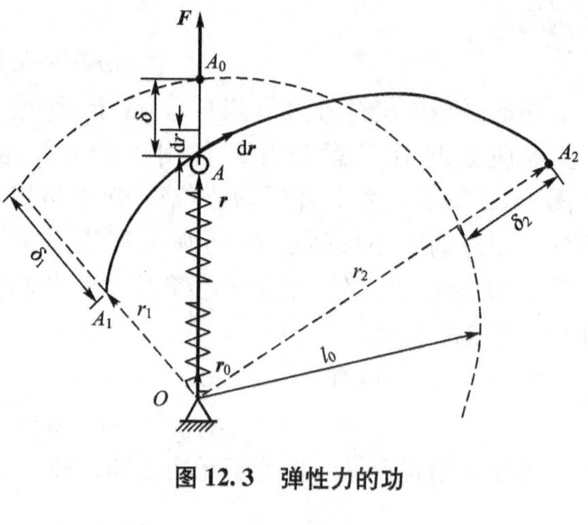

图12.3 弹性力的功

$$\boldsymbol{F}=-k(r-l_0)\frac{\boldsymbol{r}}{r}$$

式中负号表示当弹簧受拉$(r>l_0)$时，力$\boldsymbol{F}$与矢径方向$\left(\frac{\boldsymbol{r}}{r}=\boldsymbol{r}_0\right)$相反；反之，当弹簧受压时$(r<l_0)$时，力$F$与矢径方向$\left(\frac{\boldsymbol{r}}{r}=\boldsymbol{r}_0\right)$相同。

比例系数k称为弹簧的刚性系数(或刚度系数)。在国际单位制中，k的单位为N/m或

kN/mm。

应用式(12-2)，点 A 由 A_1 到 A_2 时，弹性力做功为

$$W_{12}=\int_{A_1}^{A_2}\boldsymbol{F}\cdot \mathrm{d}\boldsymbol{r}=\int_{A_1}^{A_2}-k(r-l_0)\boldsymbol{r}_0\cdot \mathrm{d}\boldsymbol{r}$$

由于

$$\boldsymbol{r}_0\cdot \mathrm{d}\boldsymbol{r}=\frac{\boldsymbol{r}}{r}\cdot \mathrm{d}\boldsymbol{r}=\frac{1}{2r}\mathrm{d}(\boldsymbol{r}\cdot\boldsymbol{r})=\frac{1}{2r}\mathrm{d}(r^2)=\mathrm{d}r$$

于是

$$W_{12}=\int_{r_1}^{r_2}-k(r-l_0)\mathrm{d}r=\frac{k}{2}[(r_1-l_0)^2-(r_2-l_0)^2]$$

或

$$W_{12}=\frac{k}{2}(\delta_1^2-\delta_2^2) \tag{12-7}$$

式中(12-7)是计算弹性力做功的普遍公式。上述推导中轨迹$\widehat{A_1A_2}$可以是空间任意曲线，由此可见，弹性力的功只与弹簧始末位置的变形量 δ 有关，与力作用点 A 的轨迹形状无关。由式(12-7)可见，当 $\delta_1>\delta_2$时，弹性力做正功；$\delta_1<\delta_2$ 时，弹性力做负功。

3. 力对轴之矩的功

图 12.4 所示为一在力 $\boldsymbol{F}$ 作用下，绕定轴转动的刚体。力 $\boldsymbol{F}$ 在作用点 A 处的微小位移中所做的元功为

$$\delta W=\boldsymbol{F}\cdot \mathrm{d}\boldsymbol{r}=F_\tau \mathrm{d}s=F_\tau R\,\mathrm{d}\varphi$$

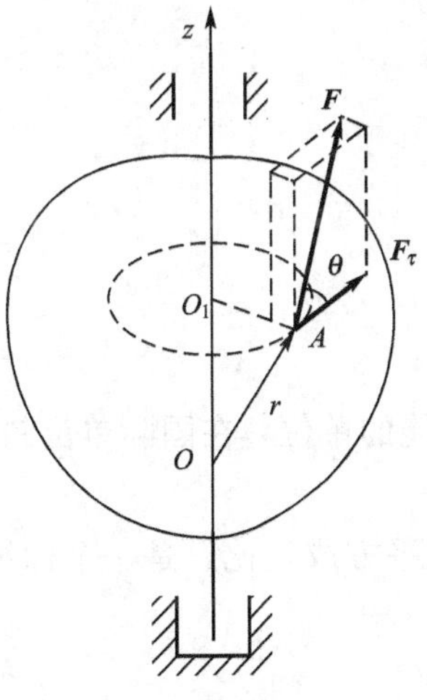

图 12.4 力对轴之矩的功

式中，R 为力作用点到轴的垂距；$\mathrm{d}\varphi$ 为刚体的转角；F_τ 为力在其作用点轨迹切线上的投影。由于 $F_\tau R=M_z(\boldsymbol{F})$，所以有

$$\delta W=M_z(\boldsymbol{F})\mathrm{d}\varphi \tag{12-8}$$

即作用于刚体上的力在刚体微小转角上所做的元功等于该力对转轴之矩与微小转角的乘积。

于是力 $\boldsymbol{F}$ 在刚体从角 φ_1 到 φ_2 转动过程中做的功为

$$W_{12}=\int_{\varphi_1}^{\varphi_2}M_z(\boldsymbol{F})\mathrm{d}\varphi \tag{12-9}$$

若力对轴的矩不变，则有

$$W_{12}=M_z(\boldsymbol{F})(\varphi_2-\varphi_1) \tag{12-10}$$

如果作用在刚体上是力偶，则力偶所做的功仍可用上式计算，其中 M_z 为力偶对转轴 z 的矩，也等于力矩矢 $\boldsymbol{M}$ 在 z 轴上的投影。

4. 平面运动刚体上力系的功

设有多个力作用于平面运动刚体上。取刚体的质心 C 为基点，当刚体有无限小位移时，任一力 $\boldsymbol{F}_i$ 作用点 M_i 的位移为

$$\mathrm{d}\boldsymbol{r}_i=\mathrm{d}\boldsymbol{r}_C+\mathrm{d}\boldsymbol{r}_{iC}$$

式中，$\mathrm{d}\boldsymbol{r}_C$ 为质心的无限小位移；$\mathrm{d}\boldsymbol{r}_{iC}$为点 M_i 绕质心 C 的微小转动位移，如图 12.5 所示。力 $\boldsymbol{F}_i$ 在点 M_i 位移上所做的元功为

$$\delta W_i=\boldsymbol{F}_i\cdot \mathrm{d}\boldsymbol{r}_i=\boldsymbol{F}_i\cdot \mathrm{d}\boldsymbol{r}_C+\boldsymbol{F}_i\cdot \mathrm{d}\boldsymbol{r}_{iC}$$

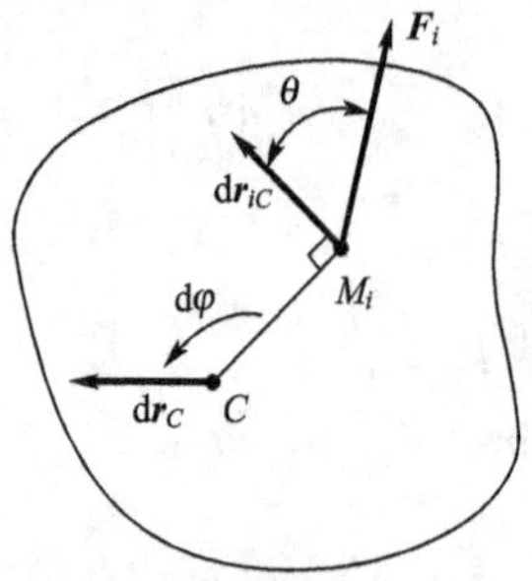

图 12.5 平面运动刚体上力的功

如刚体无限小转角为 $\mathrm{d}\varphi$，则转动位移 $\mathrm{d}\boldsymbol{r}_{iC} \perp M_iC$，大小为 $M_iC \cdot \mathrm{d}\varphi$。因此，上式后一项为

$$\boldsymbol{F}_i \cdot \mathrm{d}\boldsymbol{r}_{iC} = F_i \cos\theta \cdot M_iC \cdot \mathrm{d}\varphi = M_C(\boldsymbol{F}_i)\mathrm{d}\varphi$$

式中，θ 为力 $\boldsymbol{F}_i$ 与转动位移 $\mathrm{d}\boldsymbol{r}_{iC}$ 间的夹角；$M_C(\boldsymbol{F}_i)$为力 $\boldsymbol{F}_i$ 对质点 C 的力矩。力系全部力所做元功之和为

$$\begin{aligned}\delta W = \sum \delta W_i &= \sum \boldsymbol{F}_i \cdot \mathrm{d}\boldsymbol{r}_C + \sum M_C(\boldsymbol{F}_i)\mathrm{d}\varphi \\ &= \boldsymbol{F}'_{\mathrm{R}} \cdot \mathrm{d}\boldsymbol{r}_C + M_C \mathrm{d}\varphi\end{aligned} \tag{12-11}$$

式中，$\boldsymbol{F}'_{\mathrm{R}}$为力系主矢；$M_C$ 为力系对质心的主矩。刚体质心 C 由 C_1 移到 C_2，同时刚体又由 φ_1 转到 φ_2 角度时，力系做功为

$$W_{12} = \int_{C_1}^{C_2} \boldsymbol{F}'_{\mathrm{R}} \cdot \mathrm{d}\boldsymbol{r}_C + \int_{\varphi_1}^{\varphi_2} M_C \mathrm{d}\varphi \tag{12-12}$$

可见，平面运动刚体上力系的功就等于力系向质心简化所得的力和力偶做功之和。这个结论也适用于作一般运动的刚体，基点可以是刚体上的任意一点。

12.2 动　　能

本节介绍质点和质点系的动能及其计算。

12.2.1 质点与质点系的动能

1. 质点的动能

设质点的质量为 m，速度为 $\boldsymbol{v}$，则质点的动能为

$$\frac{1}{2}mv^2 \tag{12-13}$$

动能是标量，恒取正值。动能的量纲与功的量纲相同。动能的单位，在国际单位制中也为 J。

动量和动量都是机械运动的两种度量，前者与质点速度的平方成正比，是一个标量；后者与质心速度的一次方成正比，是一个矢量。

2. 质点系的动能

质点系内各点动能的代数和称为质点系的动能，即

$$T = \sum \frac{1}{2} m_i v_i^2 \tag{12-14}$$

12.2.2 刚体的动能

刚体是由无数质点组成的质点系。刚体作不同的运动时，各质点的速度分布不同，刚体的动能应按照刚体的运动形式来计算。

1. 平动刚体的动能

当刚体作平动时，各点速度都相同，可用质心的速度 $\boldsymbol{v}_C$ 表示，有

$$T=\sum\frac{1}{2}m_iv_i^2=\frac{1}{2}v_C^2\sum m_i=\frac{1}{2}mv_C^2 \tag{12-15}$$

式中，$m=\sum m_i$ 是刚体的质量。

2. 定轴转动刚体的动能

如图 12.6，刚体绕定轴 z 转动，角速度为 ω，其中任一点 m_i 到转轴的垂距为 r_i，于是刚体的动能为

$$T=\sum\frac{1}{2}m_iv_i^2=\sum\frac{1}{2}m_i(r_i\omega)^2=\frac{1}{2}\omega^2\sum m_ir_i^2=\frac{1}{2}J_z\omega^2 \tag{12-16}$$

J_z 是刚体对于 z 轴的转动惯量。即绕定轴转动刚体的动能，等于刚体对转轴的转动惯量与角速度平方乘积的一半。

3. 平面运动刚体的动能

取刚体质心 C 所在的平面图形如图 12.7 所示，设图形中的点 P 是某瞬时的瞬心，ω 是平面图形转动的角速度，于是做平面运动的刚体的动能为

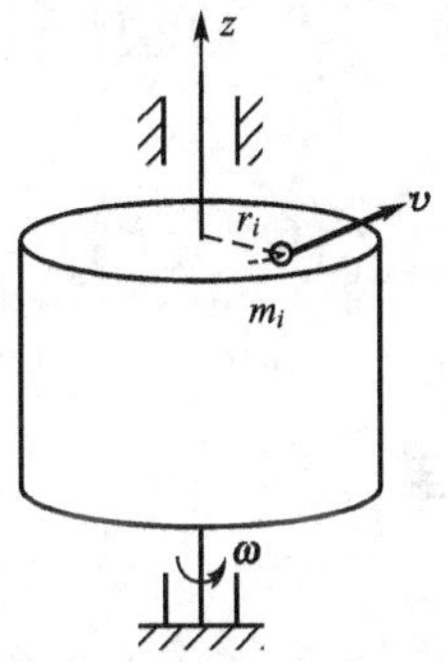

图 12.6 定轴转动的刚体

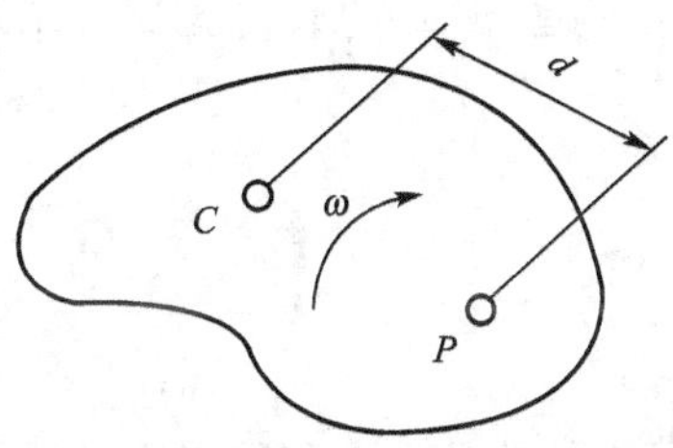

图 12.7 平面运动刚体的质心和瞬心

$$T=\frac{1}{2}J_P\omega^2$$

式中，J_P 是刚体对于瞬时轴的转动惯量。将转动惯量的平行轴定理代入，有

$$T=\frac{1}{2}(J_C+md^2)\omega^2=\frac{1}{2}J_C\omega^2+\frac{1}{2}m(d\omega)^2=\frac{1}{2}J_C\omega^2+\frac{1}{2}mv_C^2 \tag{12-17}$$

即做平面运动的刚体的动能，等于随质心平动的动能与绕质心转动的动能的和。

【例 12.1】 图示 12.8 系统是由均质圆盘 A、B 以及重物 D 组成。A、B 各重 $\boldsymbol{P}$，半径均为 R。圆盘 A 绕定轴转动，圆盘 B 沿水平面作纯滚动，且两圆盘中心的连线 OC 为水平线。重物 D 重为 $\boldsymbol{Q}$，在图示瞬时的速度为 $\boldsymbol{v}$。若绳的质量不计，求此时系统的动能。

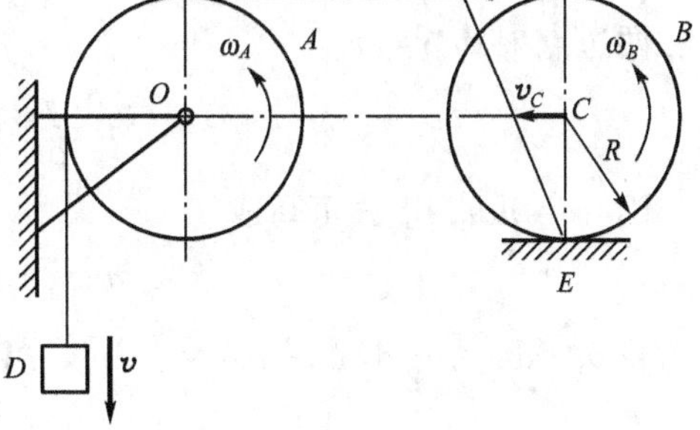

图 12.8 圆盘运动

解： 系统中圆盘 A 作定轴转动，圆盘 B

作平面运动，重物 D 作平动。

根据重物 D 的速度为 $\boldsymbol{v}$，且绳不可伸长，可求得圆盘 A 的角速度为

$$\omega_A=\frac{v}{R}$$

圆盘 B 的角速度为

$$\omega_B=\frac{v}{2R}$$

圆盘 B 质心 C 的速度为

$$v_C=\frac{v}{2}$$

因重物 D 作平动，则重物 D 的动能

$$T_1=\frac{1}{2}m_D v^2=\frac{Q}{2g}v^2$$

圆盘 A 作定轴转动，则圆盘 A 的动能

$$T_2=\frac{1}{2}J_O\omega_A^2=\frac{1}{2}\left(\frac{1}{2}\cdot\frac{P}{g}R^2\right)\left(\frac{v}{R}\right)^2=\frac{P}{4g}v^2$$

圆盘 B 作平面运动，则圆盘 B 的动能

$$T_3=\frac{1}{2}m_B v_C{}^2+\frac{1}{2}\cdot J_C\omega_B{}^2=\frac{1}{2}\cdot\frac{P}{g}\left(\frac{v}{2}\right)^2+\frac{1}{2}\left(\frac{1}{2}\cdot\frac{P}{g}R^2\right)\left(\frac{v}{2R}\right)^2=\frac{3P}{16g}v^2$$

此时整个系统的动能为

$$T=T_1+T_2+T_3=\frac{Q}{2g}v^2+\frac{P}{4g}v^2+\frac{3P}{16g}v^2=\frac{v^2}{2g}\left(Q+\frac{7}{8}P\right)$$

12.3 动能定理

以上讨论了力的功、质点和质点系动能的计算，本节要研究动能变化与作用力所做功之间的关系，即动能定理。动能定理有微分型和积分型两种。

1. *微分型的动能定理*

设质点系中任一质点 M_i 的质量为 m_i，位置矢径为 $\boldsymbol{r}_i$，速度为 $\boldsymbol{v}_i$，作用于该质点的所有力的合力为 $\boldsymbol{F}_i$，根据牛顿第二定律有

$$m_i\frac{\mathrm{d}\boldsymbol{v}_i}{\mathrm{d}t}=\boldsymbol{F}_i$$

两边点乘 $\mathrm{d}\boldsymbol{r}$ 得

$$m_i\frac{\mathrm{d}\boldsymbol{v}_i}{\mathrm{d}t}\cdot\mathrm{d}\boldsymbol{r}_i=\boldsymbol{F}_i\cdot\mathrm{d}\boldsymbol{r}_i$$

因 $\mathrm{d}\boldsymbol{r}=\boldsymbol{v}\mathrm{d}t$，上式可写成

$$m_i\boldsymbol{v}_i\cdot\mathrm{d}\boldsymbol{v}_i=\boldsymbol{F}_i\cdot\mathrm{d}\boldsymbol{r}_i$$

将 $\boldsymbol{v}_i\cdot\mathrm{d}\boldsymbol{v}_i=\frac{1}{2}\mathrm{d}(\boldsymbol{v}_i\cdot\boldsymbol{v}_i)=\frac{1}{2}\mathrm{d}v_i^2$，$\delta W_i=\boldsymbol{F}_i\cdot\mathrm{d}\boldsymbol{r}_i$ 代入上式，有

$$\mathrm{d}\left(\frac{1}{2}m_i v_i^2\right)=\delta W_i \tag{12-18}$$

式(12-18)称为**质点动能定理的微分形式**，即质点动能的增量等于作用在质点上力的元功。

若质点系由 n 个质点组成，则每个质点都可以列出这样一个方程，将它们相加，得

$$\sum \mathrm{d}\left(\frac{1}{2}m_i v_i^2\right)=\sum \delta W_i$$

或

$$\mathrm{d}\sum\left(\frac{1}{2}m_i v_i^2\right)=\sum \delta W_i$$

即

$$\mathrm{d}T=\sum \delta W_i \tag{12-19}$$

这就是**质点系动能定理的微分形式**：质点系动能的变化，等于作用于质点系上所有力的元功和。

由式(12-18)可见，力做正功时，质点动能增加；力做负功时，质点动能减小。

2. 积分型的动能定理

积分式(12-18)有

$$\int_{v_1}^{v_2} \mathrm{d}\left(\frac{1}{2}m_i v_i^2\right)=W_{12}$$

或

$$\frac{1}{2}m_i v_{i2}^2-\frac{1}{2}m_i v_{i1}^2=W_{12} \tag{12-20}$$

这就是**质点动能定理的积分形式**：质点动能的改变量等于作用于质点上的力做的功。

积分式(12-19)有

$$T_2-T_1=\sum W_i \tag{12-21}$$

上式中 T_1 和 T_2 分别是质点系在运动过程的起点和终点的动能。式(12-21)为**质点系动能定理的积分形式**：质点系在运动过程中，起点和终点的动能的改变量，等于作用于质点系的全部力所做的功的和。

3. 理想约束

对于光滑固定面和一端固定的绳索等约束，其约束力都垂直于力作用点的位移，约束反力不做功。又如光滑铰支座、固定端等约束，显然其约束反力也不做功。约束反力做功等于零的约束称为**理想约束**。在理想约束条件下，质点系动能的改变只与主动力做功有关，式(12-18)～式(12-21)中只需计算主动力所做的功。

光滑铰链、刚性二力构件以及不可伸长的细绳等作为系统内的约束时，其单个的约束力不一定不做功，但一对约束反力做功之和等于零，也都是理想约束。如图12.9(a)所示的铰链，铰链处相互作用的约束力 $\boldsymbol{F}$ 和 $\boldsymbol{F}'$ 是等值反向的，它们在铰链中心的任何位移 $\mathrm{d}\boldsymbol{r}$ 上做功之和都等于零。又如图12.9(b)中，跨过光滑滑轮的细绳对系统中两个质点的拉力 $F_1=F_2$，如绳索不可伸长，则两端的位移 $\mathrm{d}\boldsymbol{r}_1$ 和 $\mathrm{d}\boldsymbol{r}_2$ 沿绳索的投影必相等，因而 F_1 和 F_2 两约束力做功之和等于零。至于图12.9(c)所示的二力杆对 A、B 两点的约束力，有 $F_1=F_2$，而两端位移沿 AB 连线的投影又是相等的，所以约束力 $\boldsymbol{F}_1$、$\boldsymbol{F}_2$ 做功之和也等于零。

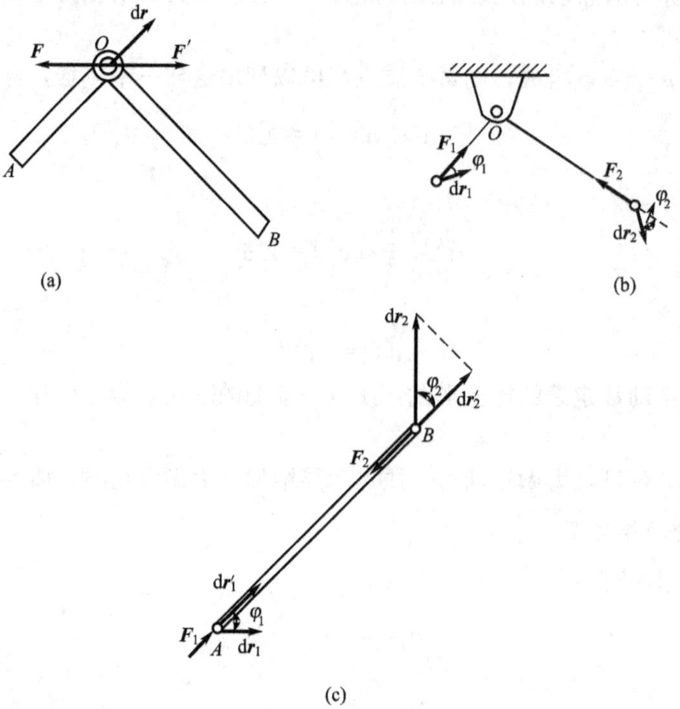

图 12.9 理想约束的实例

一般情况下，滑动摩擦力与物体的相对位移反向，摩擦力做负功，不是理想约束，应用动能定理时要计入摩擦力的功。但当轮子在固定面上只滚不滑时，接触点为瞬心，滑动摩擦力作用点没动，此时的滑动摩擦力也不做功。因此，不计滚动摩阻时，纯滚动的接触点也是理想约束。

工程式中很多约束可视为理想约束，此时未知的约束反力并不做功，这对动能定理的应用是非常方便的。

必须注意的是，作用于质点系的力既有外力，也有内力，在某些情形下，内力虽然等值反向，但所做功的和并不等于零。例如，由两个相互吸引的质点 M_1 和 M_2 组成的质点系，两质点相互作用的力 $\boldsymbol{F}_{12}$ 和 $\boldsymbol{F}_{21}$ 是一对内力，如图 12.10 所示。虽然内力的矢量和等于零，但是当两质点相互趋近时，两力所做功的和为正；当两质点相互离开时，两力所做功的和为负。所以内力所做的功的和一般不等于零。又如，汽车发动机的气缸内膨胀的气体对活塞和气缸的作用力都是内力，内力做功的和不等于零，内力做的功使汽车的动能增加。此外，如机器中轴和轴承之间相互作用的摩擦力对于整个机器是内力，它们做负功，总和为负。应用动能定理时都要计入这些内力所做的功。

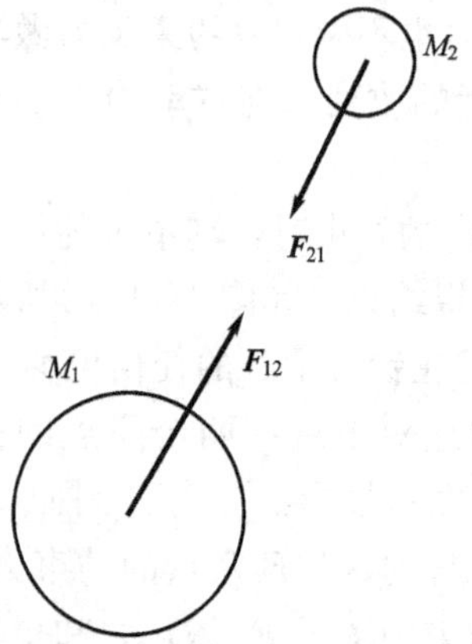

图 12.10 两个相互吸引的质点

同时也应注意，在不少情况下，内力所做功的和等于零。例如，刚体内两质点相互作用的力是内力，两力大小相等、方向相反。因为刚体上任意两点的距离保持不变，沿这两点连线的位移必定相等，其中一力做正功，另一力做负功，这一对力所做的功的和等于零。刚体内任一对内力所做的功的和都等于零。于是得结论：刚体所有内力做功的和等于零。

不可伸长的柔绳、钢索等所有内力做功的和也等于零。

从以上分析可见，在应用质点系的动能定理时，要根据具体情况仔细分析所有的作用力，以确定它是否做功；应注意：理想约束的约束反力不做功，而质点系的内力做功之和并不一定等于零。

【例 12.2】 一重为 $P=100\text{N}$ 的可绕水平固定轴转动的均质杆 AB 与一弹簧相连，如图 12.11 所示。弹簧原长 $l_0=0.5\text{m}$，弹簧刚性系数 $k=50\text{N/m}$。已知杆在水平位置 AB_1 时的角速度 $\omega_1=2\text{rad/s}$。若弹簧质量和轴承 A 处的摩擦忽略不计，求杆经过铅直位置 AB_2 时的角速度。

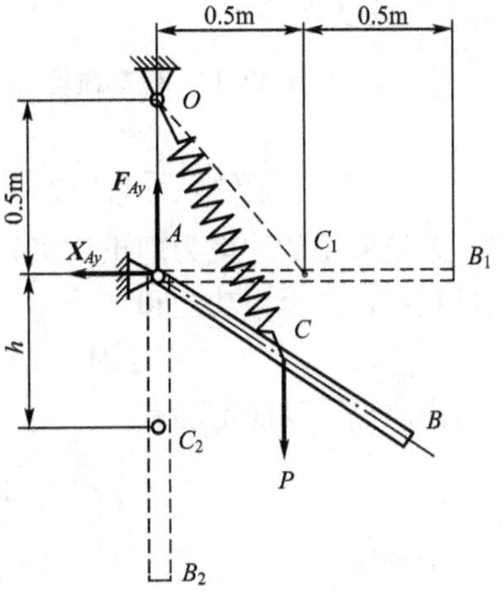

图 12.11 绕轴转动的匀质杆

解： 取杆 AB 为研究对象，杆上作用有重力 $\boldsymbol{P}$、弹性力 $\boldsymbol{F}$ 和轴承 A 处的约束反力 $\boldsymbol{F}_{Ax}$、$\boldsymbol{F}_{Ay}$。

杆由位置 AB_1 运动到位置 AB_2 这一运动过程，弹簧的初始变形为

$$\delta_1=OC_1-l_0=\sqrt{0.5^2+0.5^2}-0.5=0.207(\text{m})$$

过程终了时，弹簧的变形为

$$\delta_2=OC_2-l_0=(0.5+0.5)-0.5=0.5(\text{m})$$

初始位置和终了位置杆的质心 C 的高度差 $h=0.5\text{m}$。

计算作用在杆 AB 上的力的功。弹性力 $\boldsymbol{F}$ 做功

$$W_F=\frac{k}{2}(\delta_1^2-\delta_2^2)=\frac{50}{2}\times(0.207^2-0.5^2)=-5.18(\text{J})$$

重力 $\boldsymbol{P}$ 做功

$$W_P=Ph=100\times0.5=50(\text{J})$$

作用在杆上各力做功的和

$$\sum W=W_F+W_P=-5.18+50=44.82(\text{J})$$

计算杆 AB 的动能。在位置 AB_1 时杆的动能

$$T_1=\frac{1}{2}J_A\omega_1^2=\frac{1}{2}\cdot\frac{1}{3}\frac{P}{g}l^2\omega_1^2=\frac{1}{6}\times\frac{100}{9.8}\times1^2\times2^2=6.8(\text{J})$$

位置 AB_2 时杆的动能

$$T_2=\frac{1}{2}J_A\omega_2^2=\frac{1}{2}\cdot\frac{1}{3}\frac{P}{g}l^2\omega_2^2=\frac{1}{6}\times\frac{100}{9.8}\times1^2\times\omega_2^2=1.7\omega_2^2$$

根据动能定理 $T_2-T_1=\sum W$，将以上结果代入，求未知量 ω_2。

$$1.7\omega_2^2-6.8=44.82$$

求得杆 AB 经过铅直位置 AB_2 时的角速度 ω_2

$$\omega_2=5.51\text{rad/s}$$

【例 12.3】 绞车的鼓轮质量为 m_1，半径为 r，视为均质圆柱，绳索另一端有一个质量为 m_2 的重物。鼓轮在不变转矩 M 的作用下，通过绳索牵引重物沿倾角为 θ 的斜面上升，

如图 12.12 所示。设开始时系统静止，不计各处摩擦，求当鼓轮转过 φ 角后的角速度 ω 和角加速度 α。

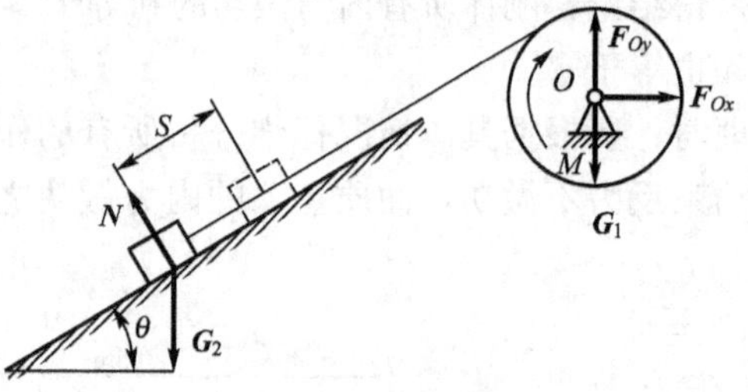

图 12.12　绞车鼓轮

解： 取鼓轮和重物为研究对象，以鼓轮从静止开始转过 φ 角作为研究过程。在这个过程中，重物上升一段距离 $s=r\varphi$。在过程的起始瞬时系统的动能

$$T_0=0$$

设过程终了瞬时轮的角速度为 ω，则重物的速度 $v=r\omega$，此时系统的动能

$$T_1=\frac{1}{2}m_2v^2+\frac{1}{2}J_O\omega^2=\frac{1}{2}m_2r^2\omega^2+\frac{1}{2}\left(\frac{1}{2}m_1r^2\right)\omega^2=\frac{1}{4}r^2\omega^2(2m_2+m_1)$$

系统所受的约束为理想约束，作用于质点系的主动力有力偶 M 和重力 $\boldsymbol{G}_1$、$\boldsymbol{G}_2$，在上述过程中，各力做功的和

$$\sum W=M\cdot\varphi-G_2s\sin\theta=(M-m_2gr\sin\theta)\varphi$$

由质点系动能定理有

$$\frac{1}{4}r^2\omega^2(2m_2+m_1)-0=(M-m_2gr\sin\theta)\varphi \tag{1}$$

于是得

$$\omega=\frac{2}{r}\sqrt{\frac{M-m_2gr\sin\theta}{2m_2+m_1}\varphi}$$

欲求 α，将式(1)中的 φ 和 ω 作为时间的函数，然后两端对时间 t 求导数，得

$$\frac{1}{2}r^2\omega\alpha(2m_2+m_1)=(M-m_2gr\sin\theta)\omega$$

两边同时消去 ω，即得鼓轮的角加速度 α

$$\alpha=\frac{2(M-m_2gr\sin\theta)}{(2m_2+m_1)r^2}$$

【例 12.4】 在绞车的主动轴Ⅰ上作用一恒力偶矩 M，用以提升重物 $\boldsymbol{Q}$，如图 12.13 所示。已知主动轴Ⅰ和从动轴Ⅱ连同安装在这两轴上的齿轮等附件的转动惯量分别为 J_1 和 J_2，传动比 $\frac{\omega_1}{\omega_2}=i_{12}$。鼓轮的半径为 R，设轴承的摩擦和吊索的质量均忽略不计。求当重物由静止开始上升到距离 h 时速度和加速度。

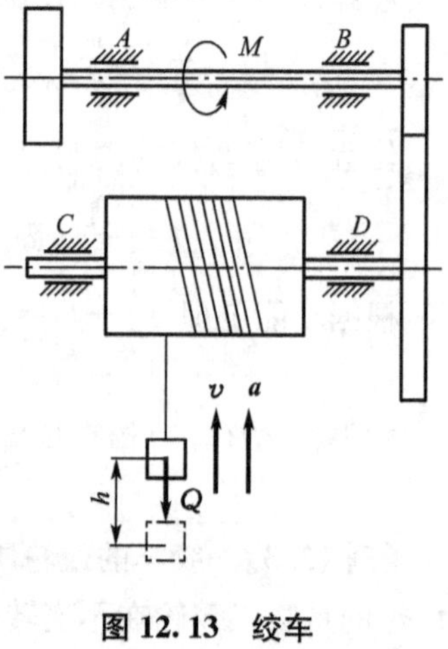

图 12.13　绞车

解： 取绞车和重物组成的整个系统为研究的质点系。系统所受的约束为理想约束，作用于系统的主动力有力偶 M 和重力 $\boldsymbol{Q}$。

把重物从静止到上升 h 作为研究过程，在过程的起始瞬时，系统的动能 $T_1=0$；在升高 h 后的瞬时，设重物的速度为 v、轴Ⅰ和轴Ⅱ的角速度分别为 ω_1 和 ω_2，此瞬时系统的动能

$$T_2=\frac{1}{2}J_1\omega_1{}^2+\frac{1}{2}J_2\omega_2{}^2+\frac{Q}{2g}v^2$$

而

$$\omega_2=\frac{v}{R}，\ \omega_1=\omega_2 i_{12}=\frac{v}{R}i_{12}$$

代入上式，得

$$T_2=\frac{1}{2}\left(J_1 i_{12}^2+J_2+\frac{Q}{g}R^2\right)\frac{v^2}{R^2}$$

在此过程中主动力做功的和为

$$\sum W=M\varphi_1-Qh$$

上式中 φ_1 是此过程中轴Ⅰ转过的角度，且 $\varphi_1=\varphi_2 i_{12}=\frac{h}{R}i_{12}$，于是有

$$\sum W=(Mi_{12}-QR)\frac{h}{R}$$

由质点系的动能定理有

$$\frac{1}{2}\left(J_1 i_{12}^2+J_2+\frac{Q}{g}R^2\right)\frac{v^2}{R^2}-0=(Mi_{12}-QR)\frac{h}{R} \tag{1}$$

得

$$v=\sqrt{\frac{2(Mi_{12}-QR)Rh}{J_1 i_{12}^2+J_2+\frac{Q}{g}R^2}}$$

将式(1)中的 v 和 h 视作为时间的函数，然后两端对时间 t 求导数，因 $\frac{\mathrm{d}h}{\mathrm{d}t}=v$，$\frac{\mathrm{d}v}{\mathrm{d}t}=a$ 得

$$\left(J_1 i_{12}^2+J_2+\frac{Q}{g}R^2\right)\frac{v}{R^2}a=(Mi_{12}-QR)\frac{v}{R},$$

消去 v，求得重物的加速度

$$a=\frac{(Mi_{12}-QR)R}{J_1 i_{12}^2+J_2+\frac{Q}{g}R^2}$$

【例 12.5】 材料冲击试验机如图 12.14 所示。试验机摆锤质量为 18kg，重心到转动轴的距离 $l=840\text{mm}$，杆重不计。试验开始时，将摆锤升高到摆角 $\alpha_1=70°$的地方释放，冲断试件后，摆锤上升的摆角 $\alpha_2=29°$。求冲断试件需用的能量。

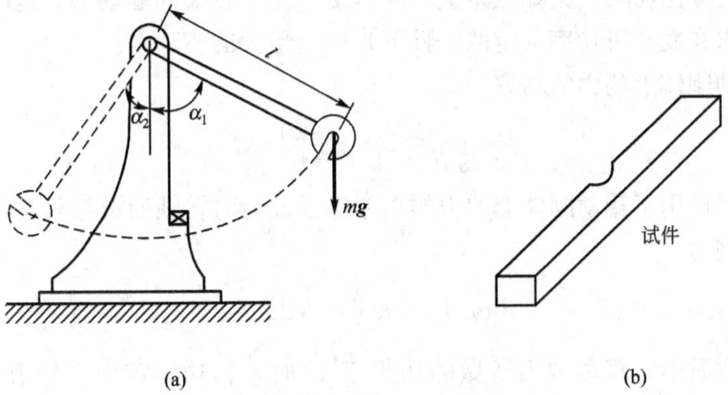

图 12.14 材料冲击试验机

解：质点系在始、末两位置的动能都等于零，冲断试件所消耗的能量也就等于试件内力所做的负功。根据动能定理，有

$$0=mgl(1-\cos\alpha_1)-mgl(1-\cos\alpha_2)-W_k$$

代入数据，求得

$$W_k=78.94\text{J}$$

若试件的最小横断面面积为A，则有

$$a_k=\frac{W_k}{A}$$

a_k称为材料的冲击韧度，它是衡量材料抵抗冲击能力的一个指标。

综合以上各例，总结应用动能定理解题的步骤如下。

(1) 选取某质点系(或质点)作为研究对象。

(2) 选定应用动能定理的一段过程。

(3) 分析质点系的运动，计算选定的过程起点和终点的动能。

(4) 分析作用于质点系的力，计算各力在选定过程中所做的功，并求它们的代数和。

(5) 应用动能定理建立方程，求解未知量。

12.4 功率、功率方程、机械效率

1. 功率

在实际工程中，不仅要了解力所做的功，还需要知道完成这些功所用的时间。单位时间力所做的功称为功率，以P表示。

数学表达式为

$$P=\lim_{\Delta t\to 0}\frac{\Delta W}{\Delta t}=\frac{\boldsymbol{F}\cdot \mathrm{d}\boldsymbol{r}}{\mathrm{d}t}=\boldsymbol{F}\cdot\boldsymbol{v}=\boldsymbol{F}_\tau\cdot\boldsymbol{v} \tag{12-22}$$

即功率等于力与速度的标积，或等于力在速度方向的投影与速度大小的乘积。

当功率一定时，F_t越大，则v越小；反之F_t越小，则v越大。例如，机器输出的功率是一定的，因此用机床加工时，如果切削力较大，必须选择较小的切削速度，使二者的乘积不超过机床的输出功率。又如汽车上坡时，由于需要较大的驱动力，这时驾驶员一般选用低速挡，以求在发动机功率一定的条件下，产生最大的驱动力。

作用在转动刚体上的力的功率为

$$P=\lim_{\Delta t\to 0}\frac{\Delta W}{\Delta t}=M_z\frac{\mathrm{d}\varphi}{\mathrm{d}t}=M_z\omega \tag{12-23}$$

由此可知，作用于转动刚体上的力的功率等于该力对转轴的矩与角速度的乘积。

功率的量纲为

$$\dim P=\dim\frac{W}{t}=\text{ML}^2\text{T}^{-3}$$

在国际单位质中，每秒钟力所做的功等于1J时，其功率定为1W(瓦特)(W=J/s)，1000W=1kW(千瓦)。

2. 功率方程

取质点系动能定理的微分形式，两端除以 dt，得

$$\frac{\mathrm{d}T}{\mathrm{d}t}=\sum\frac{\delta W_i}{\mathrm{d}t}=\sum P_i \qquad (12-24)$$

式(12－24)称为**功率方程**，即质点系动能对时间的一阶导数，等于作用于质点系的所有力的功率的代数和。

对机器而言，式(12－24)右端包含输入功率 $P_{输入}$，即作用于机器的主动力的功率；输出功率，即有用功率 $P_{有用}$；损耗功率，即无用功率 $P_{无用}$；后两者应取负值。因此，式(12－24)可写成

$$\frac{\mathrm{d}T}{\mathrm{d}t}=P_{输入}-P_{有用}-P_{无用} \qquad (12-25)$$

即系统的输入功率等于有用功率、无用功率和系统动能的变化率的和。

3. 机械效率

工程实际中，把有效功率(包括克服有用阻力的功率和使系统动能改变的功率)与输入功率的比值称为机器的机械效率，用 η 表示，即

$$\eta=\frac{有效功率}{输入功率} \qquad (12-26)$$

其中，有效功率 $=P_{有用}+\frac{\mathrm{d}T}{\mathrm{d}t}$。由式(12－26)可知，机械效率 η 表明机器对输入功率的有效利用程度，它是评定机器质量好坏的指标之一。显然一般情况下，$\eta<1$。

一部机器的传动部分一般由许多零件组成。如图 12.15 所示系统，每经过一级传动，轴承与轴之间、皮带与轮之间、齿轮与齿轮之间都因摩擦而消耗功率，因此各级传动都有各自的效率。设Ⅰ－Ⅱ、Ⅱ－Ⅲ、Ⅲ－Ⅳ各级的效率分别为 η_1、η_2、η_3，则Ⅰ－Ⅳ的总效率为

$$\eta=\eta_1\cdot\eta_2\cdot\eta_3$$

推广到有 n 级传动的系统，则总效率等于各级效率的连乘积，即

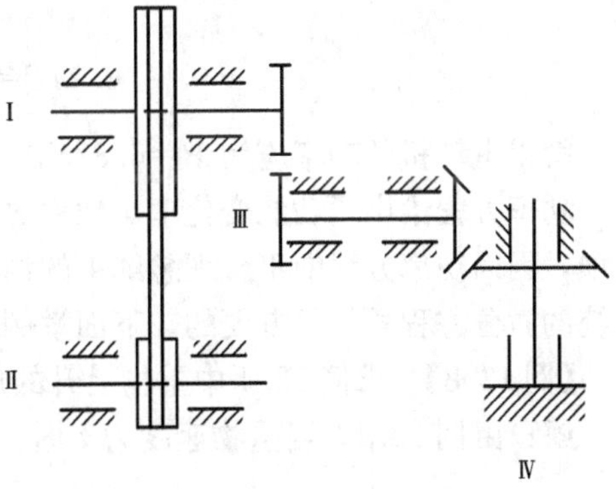

图 12.15 传动示意图

$$\eta=\eta_1\cdot\eta_2\cdot\cdots\cdot\eta_n$$

【例 12.6】 某车床的最大切削力为 $F=17.2\mathrm{kN}$，其所对应的主轴转速 $n=56.2\mathrm{r/min}$，工件直径 $d=120\mathrm{mm}$。设由电动机到主轴的机械效率 $\eta=0.75$，试确定电动机的功率。

解： 由切削功率的工程常用形式有

$$P=\frac{M\omega}{1000}=\frac{M}{1000}\cdot\frac{n\pi}{30}=\frac{Mn}{9550}(\mathrm{kW})$$

式中 M 为切削力矩

$$M=F\,\frac{d}{2}=17200\times\frac{0.12}{2}=1032(\mathrm{N\cdot m})$$

则

$$P=\frac{Mn}{9550}=\frac{1032\times 56.2}{9550}=6.07(\text{kW})$$

P 即为有用功率，电动机功率即为输入功率，因此

$$P_{电}=\frac{P}{\eta}=\frac{6.07}{0.75}=8.09(\text{kW})$$

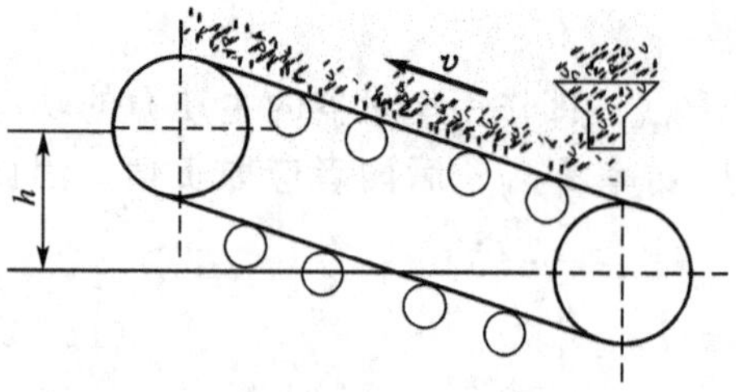

图 12.16 带式输送机

【例 12.7】 带式输送机如图 12.16 所示。胶带的速度为 $v=1\text{m/s}$，输送量为 $q_m=2000\text{kg/min}$，输送高度为 $h=5\text{m}$。胶带传动的机械效率为 $\eta_1=0.6$，减速箱的机械效率为 $\eta_2=0.4$，求电动机的功率。

解：设电动机的功率为 P，它是运送机的输入功率。运送机的总效率为 $\eta=\eta_1\cdot\eta_2=0.24$，因此有效的功率为

$$P_{有效}=P\cdot\eta=0.24P=P_{有用}+\frac{\text{d}T}{\text{d}t} \quad \text{(a)}$$

以胶带上被输送的材料为研究对象。在 $\text{d}t$ 秒内有 $\text{d}m=\frac{q_m}{60}\text{d}t$ 的材料被运送机升高 $h=5\text{m}$，故 $P_{有用}=\frac{q_m g}{60}h$。同时又有同样多的材料得到输送速度 $v=1\text{m/s}$，动能的变化率为 $\frac{\text{d}T}{\text{d}t}=\frac{1}{2}\frac{q_m}{60}v^2$。代入式(a)，有

$$0.24P=\frac{q_m g}{60}h+\frac{1}{2}\frac{q_m}{60}v^2$$

解得电动机的功率应为 $P=6.875\text{kW}$。

功率方程给出了动能变化率与功率之间的关系。动能与速度有关，其变化率含有加速度项，因而功率方程中不含理想约束的约束力，因而用功率方程求解系统的加速度、建立系统的微分方程式是很方便的。下面举例说明。

【例 12.8】 求例 12.4 中重物上升的加速度。

解：由例 12.4，当重物速度为 v 时，系统动能为

$$T=\frac{1}{2}\left(J_1 i_{12}^2+J_2+\frac{Q}{g}R^2\right)\left(\frac{v}{R}\right)^2$$

此时主动轴 I 的角速度为 $\omega_1=\omega_2 i_{12}=i_{12}\frac{v}{R}$，忽略摩擦，此系统总功率为

$$P=M\omega_1-Qv=\left(\frac{i_{12}M}{R}-Q\right)v$$

代入功率方程式(12-24)，得

$$\frac{\text{d}T}{\text{d}t}=\left(J_1 i_{12}^2+J_2+\frac{Q}{g}R^2\right)\frac{v}{R^2}\frac{\text{d}v}{\text{d}t}=\left(\frac{i_{12}M}{R}-Q\right)v$$

两端消去 v，得重物上升加速度为

$$a=\frac{\text{d}v}{\text{d}t}=\frac{(Mi_{12}-QR)R}{J_1 i_{12}^2+J_2+\frac{Q}{g}R^2}$$

12.5 势力场、势能、机械能守恒

1. 势力场

如果一物体在某空间任一位置都受到一个大小和方向完全由所在位置确定的力作用，则这部分空间称为力场。例如物体在地球表面的任何位置都要受到一个确定的重力的作用，我们称地球表面的空间为重力场。又如星球在太阳周围的任何位置都要受到太阳引力的作用，引力的大小和方向决定于此星球相对于太阳的位置，我们称太阳周围的空间为太阳引力场，等等。

如果物体在某力场内运动，作用于物体的力所做的功只与力作用点初始位置和终了位置有关，而与该点的轨迹形状无关，这种力场称为**势力场**，或保守力场。在势力场中，物体受到的力称为有势力或保守力。从本章第一节知，重力、弹性力做的功都有这个特点，因此它们都是保守力。不难证明，万有引力也是保守力。于是重力场、弹性力场、万有引力场都是势力场。

2. 势能

物体从高处落到低处，重力做功，使物体的动能增加，物体下落的高度不同，则重力所做的功也不同。

在势力场中，质点从点 M 运动到任选的点 M_0，有势力所做的功称为质点在点 M 相对于点 M_0 的势能。以 V 表示为

$$V=\int_{M}^{M_0}\boldsymbol{F}\cdot \mathrm{d}\boldsymbol{r}=\int_{M}^{M_0}(F_x\mathrm{d}x+F_y\mathrm{d}y+F_z\mathrm{d}z) \qquad (12-27)$$

点 M_0 的势能等于零，我们称它为**零势能点**。在势力场中，势能的大小是相对于零势能点而言的。零势能点 M_0 可以任意取，对于不同的零势能点，在势力场中同一位置的势能可有不同的数值。

以下是计算几种常见的势能。

(1) 重力场中的势能

在重力场中，设坐标轴如图 12.17 所示。重力 $\boldsymbol{P}$ 在各轴上的投影为

$$F_x=0,\quad F_y=0,\quad F_z=mg$$

取 M_0 为零势能点，则点 M 的势能为

$$V=\int_{z}^{z_0}-mg\,\mathrm{d}z=mg(z-z_0) \qquad (12-28)$$

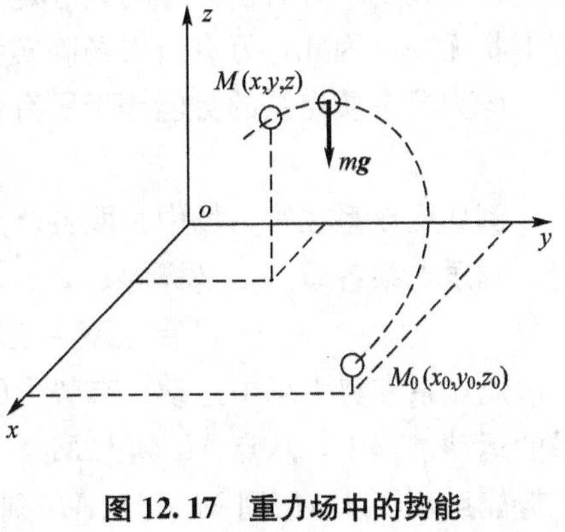

图 12.17 重力场中的势能

(2) 弹性力场中的势能

设弹簧的一端固定，另一端与物体连接，如图 12.18 所示，弹簧的刚度系数为 k。取点 M_0 为零势能点，则质点的势能按下式计算：

$$V=\frac{k}{2}(\delta^2-\delta_0^2) \qquad (12-29)$$

式中，δ 和 δ_0 分别为弹簧端点在 M 和 M_0 的变

形量。

如果取弹簧的自然位置为零势能点，则 $\delta_0=0$，则上式为

$$V=\frac{k}{2}\delta^2$$

(3) 万有引力场中的势能

设质量为 m_1 的质点受质量为 m_2 物体的万有引力 $\boldsymbol{F}$ 作用，如图 12.19 所示。取点 A_0 为零势能点，则质点在点 A 的势能计算如下：

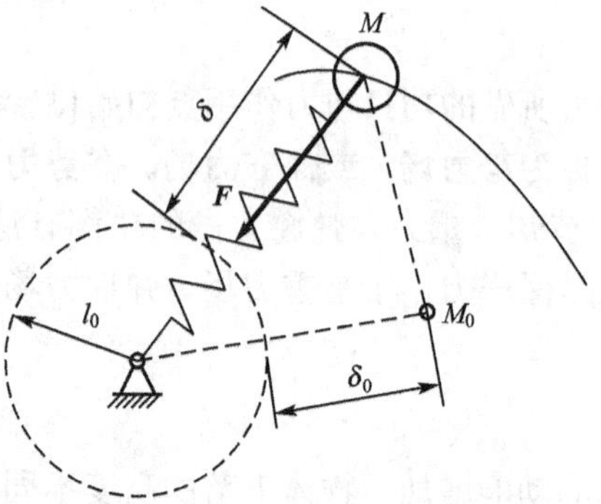

图 12.18　弹性力场中的势能

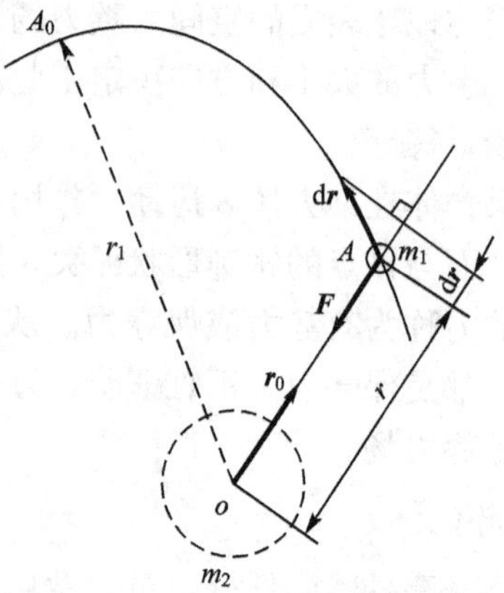

图 12.19　万有引力场中的势能

$$V=\int_A^{A_0}\boldsymbol{F}\cdot\mathrm{d}\boldsymbol{r}=\int_A^{A_0}\frac{fm_1m_2}{r^2}\boldsymbol{r}_0\cdot\mathrm{d}\boldsymbol{r}$$

式中，f 为引力常数；$\boldsymbol{r}_0$ 是质点的矢量方向的单位矢量。$\boldsymbol{r}_0\cdot\mathrm{d}\boldsymbol{r}$ 为矢径增量 $\mathrm{d}\boldsymbol{r}$ 在矢径方向的投影，由图可见它应等于矢径长度的增量 $\mathrm{d}r$，即 $\boldsymbol{r}_0\cdot\mathrm{d}\boldsymbol{r}=\mathrm{d}r$。设 r_1 是零势能点的矢径，于是有

$$V=\int_r^{r_1}-\frac{fm_1m_2}{r^2}\mathrm{d}r=fm_1m_2\left(\frac{1}{r_1}-\frac{1}{r}\right) \tag{12-30}$$

如果选取的零势能点在无穷远处，即 $r_1=\infty$，则式(12-30)可写为

$$V=-\frac{fm_1m_2}{r}$$

上述计算表明，万有引力做功只决定于质点运动的初始位置 A 和终了位置 A_0，与点的轨迹形状无关，因此，万有引力场确实为一个势力场。

势力场中质点系的势能等于所有各质点势能的总和，即

$$V=\sum V_i$$

例如质点系在重力场中，取各质点的 z 坐标分别等于 z_{10}，z_{20}，…，z_{n0} 时为零势能位置，则质点系各质点 z 坐标为 z_1，z_2，…，z_n 时的势能为

$$V=\sum V_i=\sum m_ig(z_i-z_{i0})=mg(z_C-z_{C0}) \tag{12-31}$$

质点系在势力场中运动，有势力的功可通过势能计算。设某个有势力的作用点在质点系的运动过程中，从点 M_1 到点 M_2，如图 12.20 所示，该力所做的功为 W_{12}。若取 M_0 为零势能点，则从 M_1 到 M_0 和从 M_2 到 M_0 有势力所做的功分别为 M_1 和 M_2 位置的势能 V_1

和 V_2，因有势力的功与轨迹形状无关，而由 M_1 经 M_2 到达 M_0 时，有势力的功为

$$W_{10}=W_{12}+W_{20}$$

注意到 $W_{10}=V_1$，$W_{20}=V_2$，于是得

$$W_{12}=V_1-V_2 \tag{12-32}$$

即有势力所做的功等于质点系在运动过程的初始与终了位置的势能的差。

容易证明，当质点系受数个势力作用在势力场中运动时，各有势力所做的功的代数和等于质点系在运动过程中的初始与终了位置的势能的差。

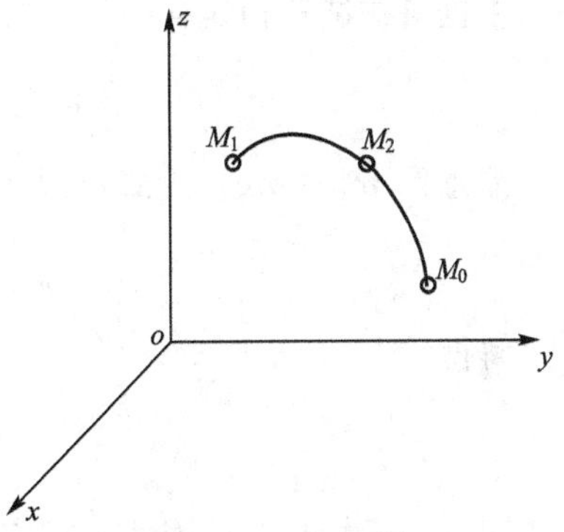

图 12.20　功与势能

3. 机械能守恒定律

质点系在某瞬时的动能与势能的代数和称为机械能。设质点系在运动过程的初始和终了瞬时的动能分别为 T_1 和 T_2，所受力在这过程中所做的功为 W_{12}，根据动能定理有

$$T_2-T_1=W_{12}$$

如系统运动中，只有势力做功，而有势力的功可用势能计算，即

$$T_2-T_1=W_{12}=V_2-V_1$$

移项后得

$$T_1+V_1=T_2+V_2 \tag{12-33}$$

上式为机械能守恒定律的数学表达式，即质点系在有势力的作用下运动时，其机械能保持不变。这样的质点系称为保守系统。

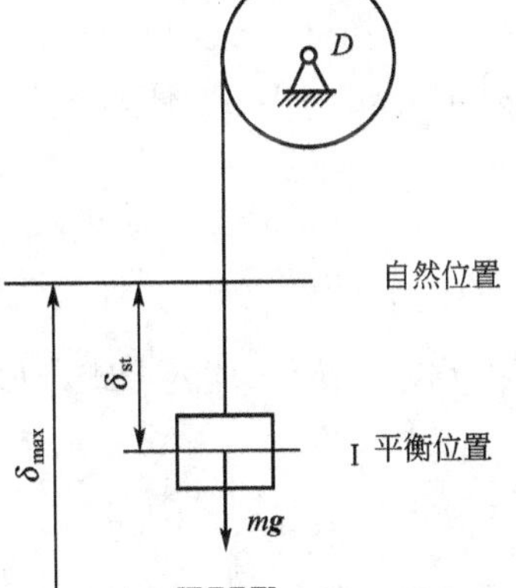

图 12.21　鼓轮

如果质点系还受到非保守力的作用，称为非保守系统，非保守系统的机械能不守恒。从广义的能量观点来看，无论什么系统，总能量是不变的，这是能量守恒原理。质点系运动过程中，机械能的增或减，说明机械能与其他形式的能量(如热能、电能等)有相互转化。

【例 12.9】 图 12.21 所示鼓轮 D 匀速转动，钢索的刚性系数 $k=3.35\times10^6\text{N/m}$，下端重物质量为 $m=250\text{kg}$，以 $v=0.5\text{m/s}$ 匀速下降。求鼓轮突然被卡住时，钢索的最大张力。

解：鼓轮匀速转动时，重物处于平衡状态，卡住前瞬时钢索的伸长量 $\delta_{st}=\dfrac{mg}{k}$，钢索的张力为

$$F=k\delta_{st}=mg=2.45\text{kN} \tag{a}$$

鼓轮被卡住后，由于惯性，重物将继续下降，钢索继续伸长，钢索对重物作用的弹性力逐渐增大，重物的速度逐渐减小。当速度等于零时，弹性力达最大值，即为钢索的最大张力。

因重物只受重力和弹性力的作用，因此系统的机械能守恒。取重物平衡位置Ⅰ为重力和弹性力的零势能点，则在Ⅰ、Ⅱ两位置系统的动能、势能分别为

$$T_1=\frac{1}{2}mv^2,\quad V_1=0;$$

$$T_2=0,\ V_2=\frac{k}{2}(\delta_{max}^2-\delta_{st}^2)-mg(\delta_{max}-\delta_{st})$$

根据机械能守恒定律(12-33)，有

$$\frac{1}{2}mv^2=\frac{k}{2}(\delta_{max}^2-\delta_{st}^2)-mg(\delta_{max}-\delta_{st})$$

注意到 $k\delta_{st}=mg$，上式可以改写为

$$\delta_{max}^2-2\delta_{st}\delta_{max}+\left(\delta_{st}^2-\frac{v^2}{g}\delta_{st}\right)=0$$

解得

$$\delta_{max}=\delta_{st}\left(1\pm\sqrt{\frac{v^2}{g\delta_{st}}}\right)$$

因 δ_{max}应大于 δ_{st}，因此上式应取正号。钢索的最大张力为

$$F_{max}=k\delta_{max}=k\delta_{st}\left(1+\sqrt{\frac{v^2}{g\delta_{st}}}\right)=mg\left(1+\frac{v}{g}\sqrt{\frac{k}{m}}\right)=16.9\text{kN} \tag{b}$$

比较式(a)、式(b)知，鼓轮被突然卡住后，钢索的张力增大了5.9倍。

请读者考虑，是否可取平衡位置为重力场的零势能点，而取弹簧自然位置为弹性力场的零势能点，计算结果是否相同?

【例12.10】 求第二宇宙速度。

解： 第二宇宙速度是使宇宙飞船能脱离地球引力场，从地面发射所需的最小速度。

取宇宙飞船为研究的质点，设飞船质量为 m_1，地球质量为 m_2。飞船仅受地球引力的作用，在引力场内运动时机械能守恒。取离地球无限远处为零势能点，设在地球表面附近飞船的速度为 v_1，此后某一时刻的速度为 v_2，根据机械能守恒定律有

$$\frac{1}{2}m_1v_1^2-\frac{fm_1m_2}{r_1}=\frac{1}{2}m_1v_2^2-\frac{fm_1m_2}{r_2}$$

欲使宇宙飞船脱离地球引力场飞向太空，应在 $r_2\to\infty$ 处时，$v_2=0$，又有 $r_1=R=6370\text{km}$(地球半径)，代入上式，可求得第二宇宙速度为

$$v_1=\sqrt{\frac{2fm_2}{R}}$$

在地球表面，地球引力等于重力，即 $m_1g=\frac{fm_1m_2}{R^2}$，所以 $fm_2=gR^2$。代入上式，得

$$v_1=\sqrt{2Rg}=11.2\text{km/s}$$

由以上各例可见，应用机械能守恒定律解题的步骤如下。

(1) 选取某质点或质点系为研究对象，分析研究对象所受的力，所有做功的力都应为有势力。

(2) 确定运动过程的始、末位置。

(3) 确定零势能位置，分别计算两位置的动能和势能。

(4) 应用机械能守恒定律求解未知量。

12.6 综合应用

质点和质点系的普遍定理包括动量定理、动量矩定理和动能定理，这些定理可分为两

类：动量定理和动量矩定理属于一类，动能定理属于另一类，前者是矢量形式，后者为标量形式，两者都用于研究机械运动，后者还可用于研究有能量转化的问题。

质心运动定理与动量定理一样，也是矢量形式，常用来分析质点系受力与质心运动的关系；它与相对质心的动量矩定理联合，共同描述了质点系所受的外力。

动能定理是标量形式，在很多实际问题中约束反力不做功，因而应用动能定理分析系统的速度变化比较方便。应注意，在有些情况下质点系的内力做功并不等于零，应用时要仔细分辨。

基本定理提供了解决动力学问题的一般方法。求解较复杂的问题时，往往需要根据各定理的特点，联合运用。

【例 12.11】 图 12.22(a)所示系统中，A、B 二轮质量皆为 m_1，转动惯量皆为 J；大轮半径皆为 R，小轮半径皆为$\dfrac{R}{2}$。两啮合齿轮压力角为 α。如 B 轮的大轮上绕有细绳，挂一质量为 m_2 的重物；A 轮小轮上绕有细绳连一刚度为 k 的无重弹簧。现于弹簧的原长处自由释放重物，试求重物下降 h 时的速度、加速度以及齿轮间的切向啮合力和轴承 B 处的约束力。

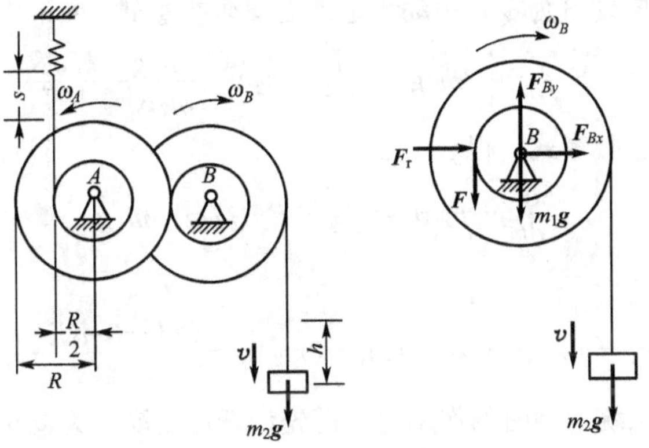

(a) (b)

图 12.22 转动系统

解： 为求重物下降 h 时的速度和加速度，可用动能定理。系统初动能为零，重物速度为 v 时，两轮角速度为 $\omega_A=\dfrac{v}{R}$，$\omega_A=\dfrac{\omega_B}{2}=\dfrac{v}{2R}$。系统动能为

$$T=\frac{1}{2}m_2v^2+\frac{1}{2}J\omega_A^2+\frac{1}{2}J\omega_B^2=\frac{1}{2}\left(m_2+\frac{5J}{4R^2}\right)v^2$$

重物下降 h 时弹簧拉长 $s=\dfrac{h}{4}$，系统中力做功为

$$W=m_2gh-\frac{1}{2}ks^2=m_2gh-\frac{1}{32}kh^2$$

根据动能定理，有

$$\frac{1}{2}\left(m_2+\frac{5J}{4R^2}\right)v^2=m_2gh-\frac{1}{32}kh^2 \tag{a}$$

求得重物速度

$$v=\sqrt{\frac{(32m_2g-kh)hR^2}{16m_2R^2+20J}}$$

为求重物加速度，可应用动能定理的微分形式(12-19)或功率方程(12-24)。这里可将式(a)两端对时间取一次导数，整理后得重物的加速度$\left(注：v=\frac{\mathrm{d}h}{\mathrm{d}t}，a=\frac{\mathrm{d}v}{\mathrm{d}t}\right)$

$$a=\frac{(16m_2g-kh)R^2}{16m_2R^2+20J} \tag{b}$$

为求齿轮啮合力，可取B轮及重物为研究对象，受力如图12.22(b)，其中$F_r=F\tan\alpha$。写出此系统对轴B的动量矩定理

$$\frac{\mathrm{d}}{\mathrm{d}t}\left(J\frac{v}{R}+m_2vR\right)=m_2gR-F\frac{R}{2}$$

得切向啮合力为

$$F=2m_2g-2\left(\frac{J}{R^2}+m_2\right)a=2m_2g-\left(\frac{J}{R^2}+m_2\right)\frac{(16m_2g-kh)R^2}{8m_2R^2+10J}$$

而径向啮合力为

$$F_r=F\tan\alpha=\left[2m_2g-\left(\frac{J}{R^2}+m_2\right)\frac{(16m_2g-kh)R^2}{8m_2R^2+10J}\right]\tan\alpha$$

此系统沿x轴方向动量为零，由动量定理沿x轴投影式$0=F_r+F_{Bx}$，得

$$F_{Bx}=-F_r=-\left[2m_2g-\left(\frac{J}{R^2}+m_2\right)\frac{(16m_2g-kh)R^2}{8m_2R^2+10J}\right]\tan\alpha$$

由动量定理沿y轴投影式，得

$$\frac{\mathrm{d}}{\mathrm{d}t}(-m_2v)=F_{By}-F-m_2g-m_1g$$

则有

$$F_{By}=F+(m_1+m_2)g-m_2a=(m_1+3m_2)g-\frac{(2J+3m_2R^2)(16m_2g-kh)}{4(4m_2R^2+5J)}$$

由此可见，为求系统运动时的作用力，需先计算加速度，为此可用动能定理的微分形式。而求作用力时，应用动量定理或动量矩定理。当然，对此问题，也可以分别对二轮以及重物各列出其相应的微分方程，再联立求解力与加速度。

【例12.12】 均质细杆长为l，质量为m，静止立于光滑水平面上。当杆受微小干扰而倒下时，求杆刚刚达到地面时的角速度和地面约束力。

解： 由于地面光滑，直杆沿水平方向不受力，倒下过程中质心将铅直下落。设杆端A点左滑任一角度θ，如图12.23(a)所示，P为杆的瞬心。由运动学知，杆的角速度

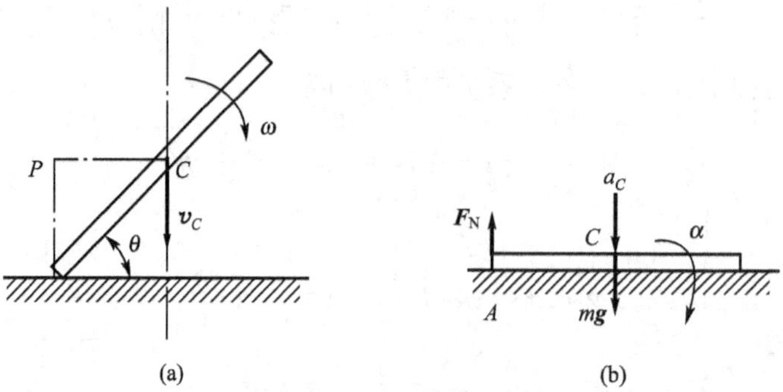

图12.23 匀质杆倒地

$$\omega=\frac{v_C}{CP}=\frac{2v_C}{l\cos\theta}$$

此时杆的动能为

$$T=\frac{1}{2}mv_C^2+\frac{1}{2}J_C\omega^2=\frac{1}{2}m\left(1+\frac{1}{3\cos^2\theta}\right)v_C^2$$

初始动能为零，此过程中只有重力做功，由动能定理

$$\frac{1}{2}m\left(1+\frac{1}{3\cos^2\theta}\right)v_C^2=mg\frac{l}{2}(1-\sin\theta)$$

当 $\theta=0$ 时解出

$$v_C=\frac{1}{2}\sqrt{3gl},\quad \omega=\sqrt{\frac{3g}{l}}$$

杆刚刚达到地面时受力及加速度如图 12.23(b)所示，由刚体平面运动微分方程得

$$mg-F_N=ma_C \tag{a}$$

$$F_N\frac{l}{2}=J_C\alpha=\frac{ml^2}{12}\alpha \tag{b}$$

点 A 的加速度 $\boldsymbol{a}_A$ 为水平，由质心守恒，$\boldsymbol{a}_C$ 应为铅垂，由运动学知

$$\boldsymbol{a}_C=\boldsymbol{a}_A+\boldsymbol{a}_{CA}^n+\boldsymbol{a}_{CA}^t$$

沿铅垂方向投影，得

$$a_C=a_{CA}^t=\alpha\frac{l}{2} \tag{c}$$

联立式(a)、(b)及(c)，解出

$$F_N=\frac{mg}{4}$$

由此可见，求解动力学问题，常要按运动学知识分析速度、加速度之间的关系；有时还要先判明是否属于动量或动量矩守恒情况。如果守恒，则要利用守恒条件给出的结果，才能进一步求解。

本章小结

1. 力的功是力对物体作用在一段路程内的累积效应的度量。

$$w=\int_s F\cos\theta\mathrm{d}s \quad 或 \quad w_{12}=\int_{M_1}^{M_2}\boldsymbol{F}\cdot\mathrm{d}\boldsymbol{r}=\int_{M_1}^{M_2}(F_x\mathrm{d}x+F_y\mathrm{d}y+F_z\mathrm{d}z)$$

2. 动能是物体机械运动的一种度量。

质点的动能 $T=\frac{1}{2}mv^2$

质点系的动能 $T=\sum\frac{1}{2}m_iv_i^2$

平动刚体的动能 $T=\frac{1}{2}mv_C^2$

绕定轴转动刚体的动能 $T=\frac{1}{2}J_z\omega^2$

平面运动刚体的动能 $T=\frac{1}{2}mv_C^2+\frac{1}{2}J_C\omega^2$

3. 动能定理：微分形式 $dT=\sum\delta W$；积分形式 $T_2-T_1=\sum W_{12}$

4. 功率是力在单位时间内做的功。

5. 功率方程：$\frac{dT}{dt}=\sum P_{输入}-P_{有用}-P_{无用}$

6. 机械效率：$\eta=\frac{有效功率}{输入功率}$

7. 势能：在势力场中，有势力对物体从某位置到一任选的零势能位置所做的功。

8. 机械能守恒：$T+V=$常值。

思考题

1. 3个质量均为 m 的质点，某瞬时各位于等边三角形 ABC 的一个顶点上，速度的大小都等于 v，方向如图12.24所示。求此瞬时该质点系的动能。

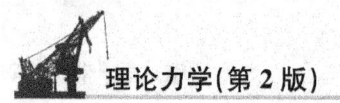

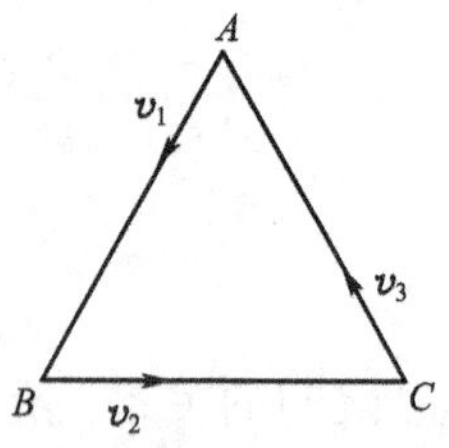

图12.24 三质点瞬时位置及方向

2. 摩擦力可能做正功吗？举例说明。

3. 弹簧由其自然位置拉长10mm或压缩10mm，弹簧力做功是否相等？拉长10mm和再拉长10mm，这两个过程中位移相等，弹性力做功是否相等？

4. 比较质点的动能与刚体绕定轴转动的动能的计算式，指出它们相似的地方。

5. 运动员起跑时，什么力使运动员的质心加速运动？什么力使运动员的动能增加？产生加速度的力一定做功吗？

6. 为什么说没有指明零势能点的势能的数值是没有意义的？

7. 试总结质心在质点系动力学中有什么特殊的意义。

8. 质量为 m 的质点，其矢径的变化规律为 $\boldsymbol{r}=x\boldsymbol{i}+y\boldsymbol{j}+z\boldsymbol{k}$，其中 $\boldsymbol{i}$、$\boldsymbol{j}$、$\boldsymbol{k}$ 为沿固定直角坐标轴的单位矢量，x、y、z 为时间的已知函数。试给出动能、动量、对坐标原点 O 的动量矩、质点承受的力以及该力的功率的表达式。

9. 两个均匀质圆盘，质量相同，半径不同，初始时平置于光滑水平面上。如在此二盘上同时作用有相同的力偶，在下述情况下比较二圆盘的动量、动量矩和动能大小，(1)经过同样的时间间隔；(2)转过同样的角度。

10. 在距地面高为 h 处，以大小相等、方向不同的速度分别抛出质量相同的小球。问这些球落地时，它们的动量、动能是否相等，为什么？(空气阻力不计)

习 题

1. 如图12.25所示，将车厢置于斜坡上的 A 点，让其无初速下滑。已知坡轨道长为

l，倾角为 α。车厢运动中所受的摩擦阻力与轨道的法向反力成正比，即 $F=fN$，f 为摩擦系数。求车厢滑至 B 处的速度 v 及停止前沿水平轨道所滑行的距离 s。

2. 如图 12.26 所示，半径为 r，质量为 m 的均质圆柱体在固定的圆柱面内滚动而不滑动，如图所示。固定圆柱面的半径为 R，试将圆柱体的动能表达为 φ 角的函数。

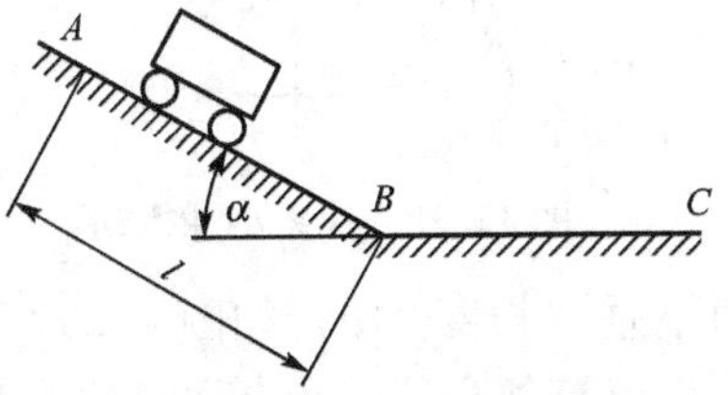

图 12.25 车厢下滑

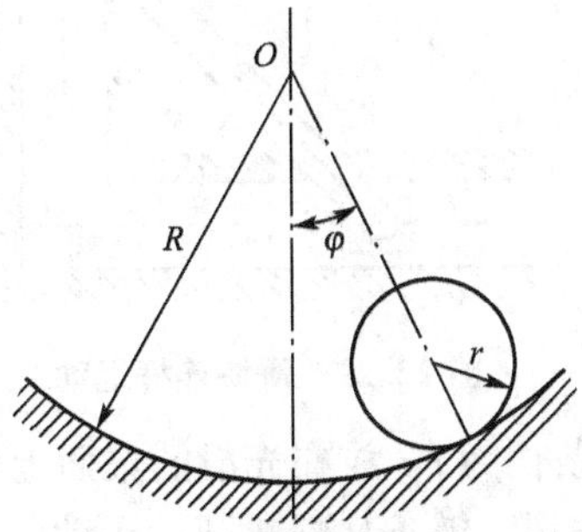

图 12.26 滚动匀质圆柱体

3. 如图 12.27 所示滑道连杆机构的曲柄 OA 长为 r，以匀角速度 ω 绕 O 轴转动。曲柄 OA、滑块 A 和连杆 BCD 的质量分别为 m_1、m_2 和 m_3，试求此机构在图示瞬时的动能。

4. 如图 12.28 所示，一弹性绳的刚性系数为 c，上端固定不动，下端悬挂质量为 m 的物体 B。设在弹性绳原长为 l_0 时，物体 B 被无初速地释放，若绳的质量略去不计，试求物体下降的最大距离 λ_{max}。

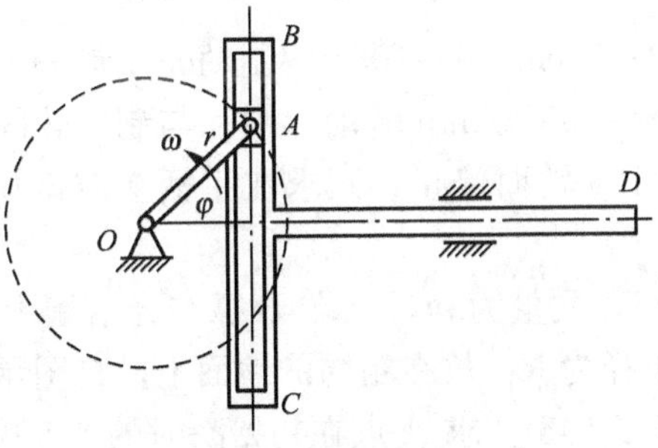

图 12.27 滑道连杆机构

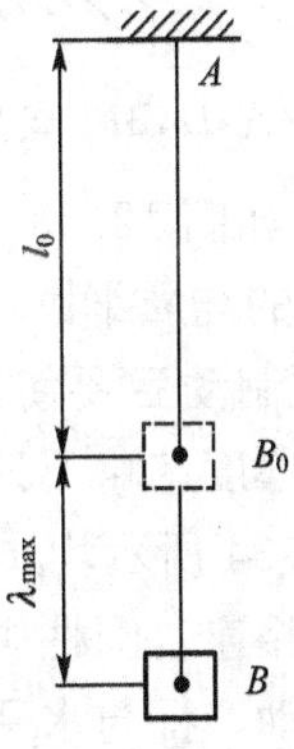

图 12.28 弹性绳悬物

5. 如图 12.29 所示，杆 AB 长为 0.9m，质量为 0.5kg，两端分别与质量均为 1kg 的滑块 A 和 B 铰接。两滑块各自在竖直槽和水平槽内运动。系统在杆 AB 与水平线成 45°角处无初速释放，摩擦不计，求当 A 滑块下滑到水平位置时的速度 v_A。

6. 如图 12.30 所示，线 OA 上系一个小球，在位置 A 无初速释放小球。当小球运动到固定点 O 的铅垂下方时，绳的中点被钉子 C 所阻，只有下半段线随小球继续摆动。求球摆到最右边位置 B 时，下段线与铅垂线所成的夹角 α。

7. 长为 l、重为 P 的均质杆 AB，放在以 O 为中心、半径为 r 的固定光滑半圆槽内，如图 12.31 所示，且 $l=\sqrt{2}r$。设初瞬时 $\varphi=\varphi_0$，并由静止释放。求 AB 杆的角速度与 φ 角的关系。

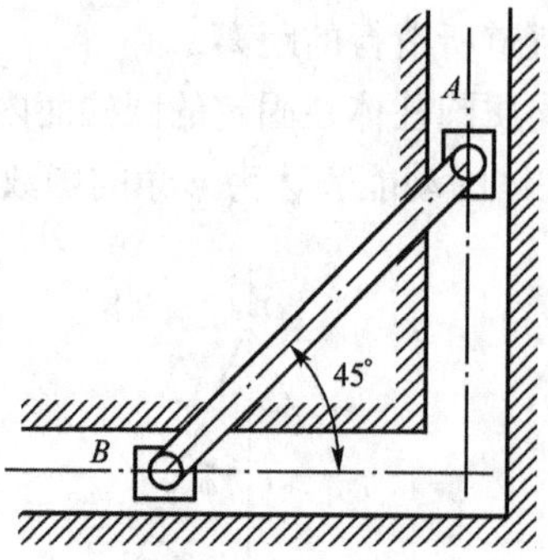

图 12.29　滑块连杆运动

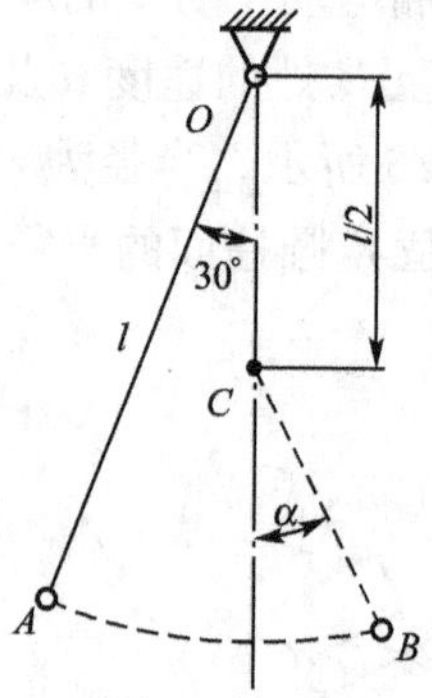

图 12.30　线系小球摆动

8. 链条长为 l，放在光滑的桌面上，由桌边下垂一长度为 a，如图 12.32 所示。由于下垂段的作用，链条从静止开始运动，不计摩擦，求链条全部离开桌面时的速度。

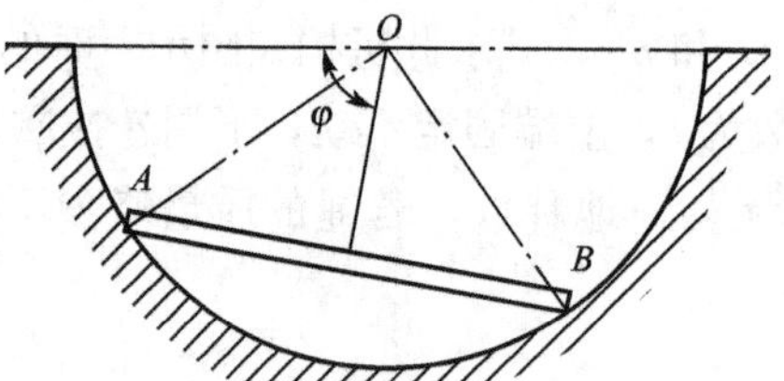

图 12.31　匀质杆运动

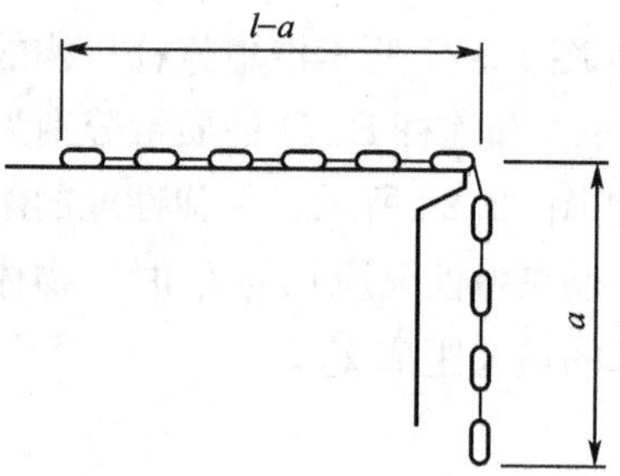

图 12.32　链条下滑

9. 制动装置如图 12.33 所示。已知 $l=50\text{cm}$，$a=10\text{cm}$。制动轮质量 $m=20\text{kg}$，可视为半径 $r=10\text{cm}$ 的均质细圆环，以转速 $n=1000\text{r/min}$ 转动。闸瓦与制动轮间的滑动摩擦系数 $f=0.6$。现制动后要使制动轮转过 100 转而停止，试求在手柄上应该加的铅直力 $\boldsymbol{P}$ 的大小。闸瓦的厚度忽略不计。

10. 如图 12.34 所示均质细杆 AB 长 l，质量为 m，上端 B 靠在光滑墙上，下端 A 以铰链与圆柱中心相连。圆柱质量为 M，半径为 R，放在粗糙的地面上，自图示位置由静止开始滚动而不滑动，杆与水平方向的夹角 $\alpha=45°$。求 A 点在初始瞬时的加速度。

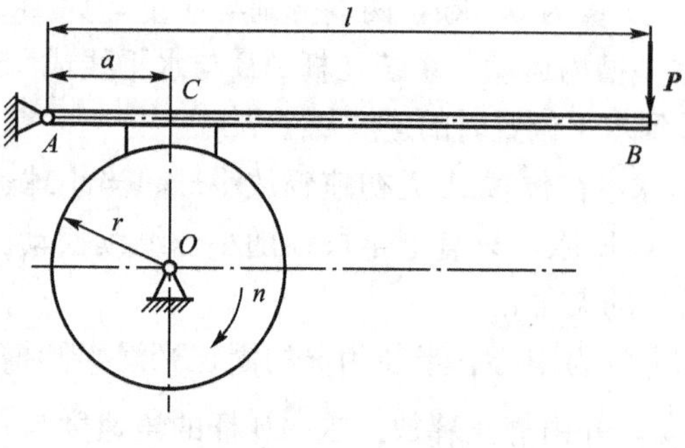

图 12.33　制动装置

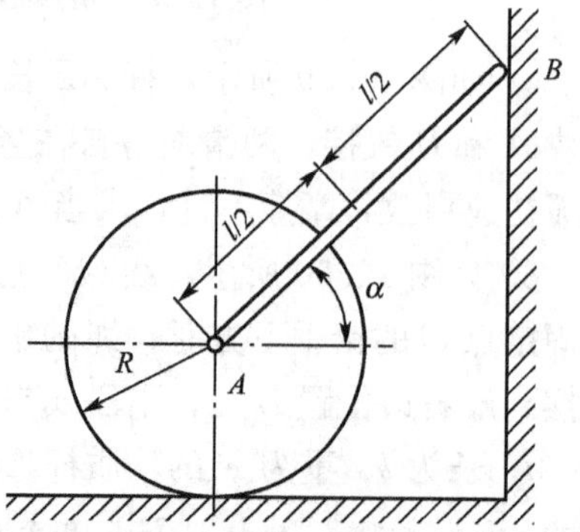

图 12.34　圆柱连杆机构

11. 如图 12.35 所示，外啮合的行星齿轮机构放在水平面内，今在曲柄 OA 上作用一不变力偶，其矩为 M，带动齿轮沿定齿轮滚动而不滑动。已知动齿轮和定齿轮的质量分别 m_1 和 m_2，且均可视为半径分别为 r_1 和 r_2 的均质圆盘；曲柄质量为 m，并可视为均质杆。假设此机构由静止开始运动，各摩擦忽略不计，试求曲柄转过 φ 角后的角速度。

12. 如图 12.36 所示，行星轮系放在水平面内，曲柄 O_1O_2 带动行星齿轮 2，齿轮 2 又使和它相啮合的中心齿轮 1 绕定轴 O_1 转动。已知齿轮 1 的角速度是曲柄角速度的 10 倍，转向相同；齿轮 1 的质量为 m_1，半径为 r_1；各齿轮均视为厚度相等且由相同材料制成的均质圆盘。曲柄上作用有不变力偶，其矩为 M_0，齿轮 1 上作用有阻力矩为 M_1。若曲柄的质量和摩擦均忽略不计，试求曲柄的角加速度。

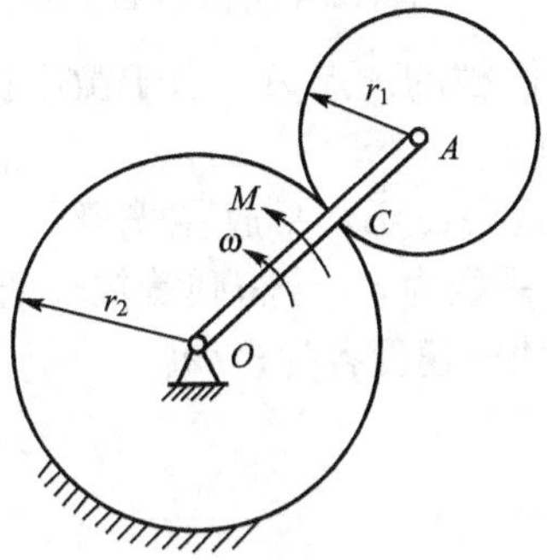

图 12.35　啮合齿轮机构

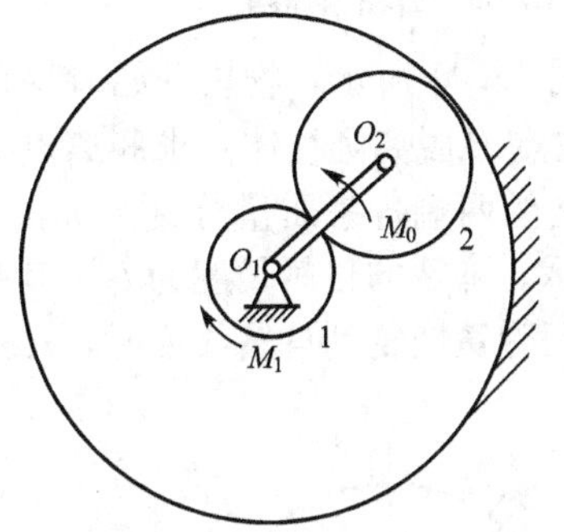

图 12.36　行星轮系

13. 一质量为 m 的重物 A 连在一根不计质量不可伸长的绳子上，如图 12.37 所示。绳子绕过固定滑轮 D 并绕在鼓轮 B 上。由于重物 A 下降，带动轮 C 沿水平面滚动而不滑动。鼓轮 B 的半径为 r，轮 C 的半径为 R，两者固连在一起，总质量为 M，对于水平轴 O 的回转半径为 ρ。滑轮 D 的质量不计，求轮 C 的角加速度。

14. 如图 12.38 所示，已知皮带轮半径 $R=250\text{mm}$，转速 $n=150\text{r/min}$，用以传递功率 $P=10\text{kW}$。若带轮主动边拉力的大小 T_1 为从动边拉力大小 T_2 的 2 倍。求此两边拉力的大小。

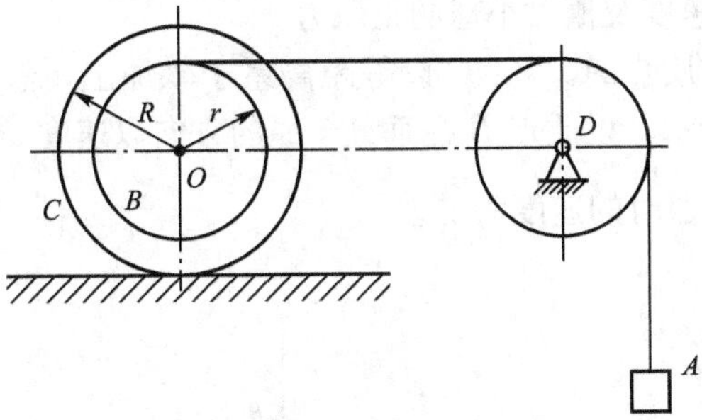

图 12.37　滑轮系统

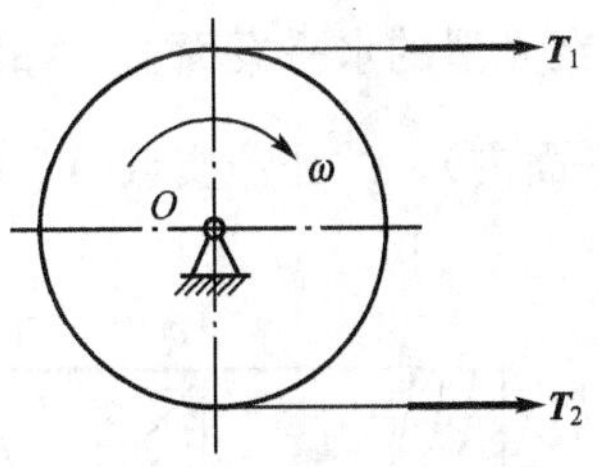

图 12.38　皮带轮

15. 如图 12.39 所示，单级齿轮减速箱的电机功率为 $P=7.5\text{kW}$，转速 $n=1450\text{r/min}$，已知齿轮的齿数 $Z_1=20$，$Z_2=50$，减速箱的机械效率 $\eta=0.9$。试求输出轴Ⅱ所传递的功率。

16. 图 12.40 所示胶带运输机由电动机带动，每秒输送质量 $m=100\text{kg}$ 的煤到 $h=1\text{m}$

的高处。已知胶带速度 $v=1\text{m/s}$。摩擦损失忽略不计。求电动机的输出功率。

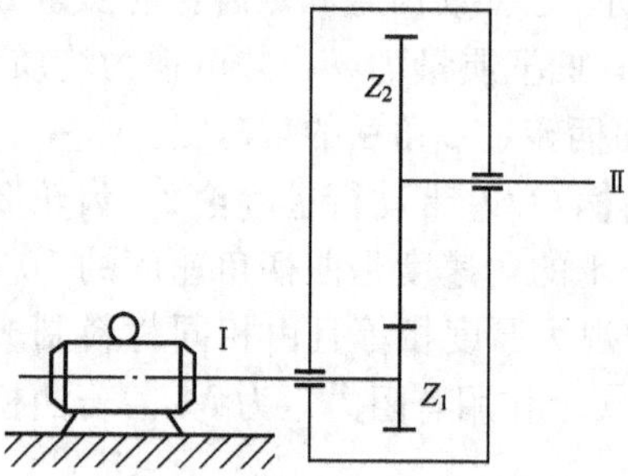

图 12.39　齿轮减速箱

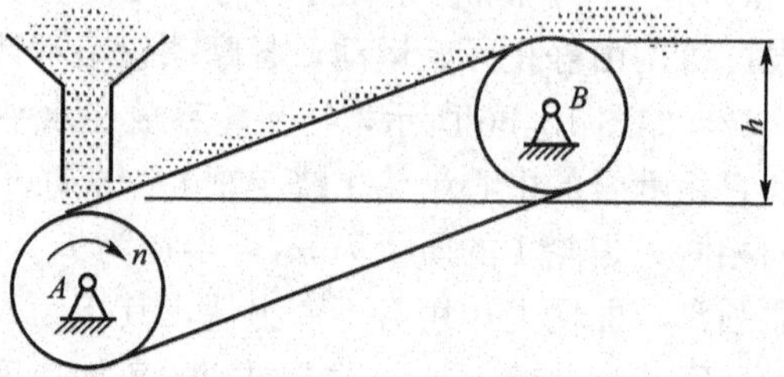

图 12.40　胶带输送机

17. 如图 12.41 所示，物块开始时静止在光滑圆柱的顶点 A，由于微小扰动而沿圆弧 AB 滑下，在点 B 脱离圆柱体。求脱离点 B 的偏角 φ。

18. 弹簧的两端各系质量分别为 m_1、m_2 的物块 A、B，平放在光滑的水平面上，如图 12.42 所示。弹簧的自然长度为 l_0，其弹簧刚性系数为 c。今将弹簧拉长到 l，然后无初速地释放，问弹簧恢复到自然长度时，A、B 两物块的速度各为多少？

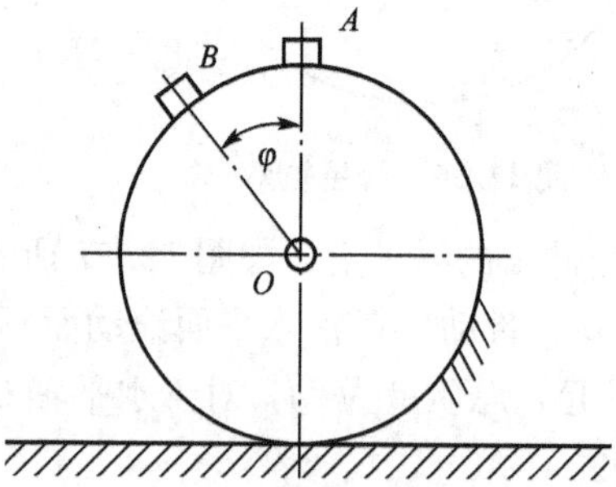

图 12.41　滑动物块

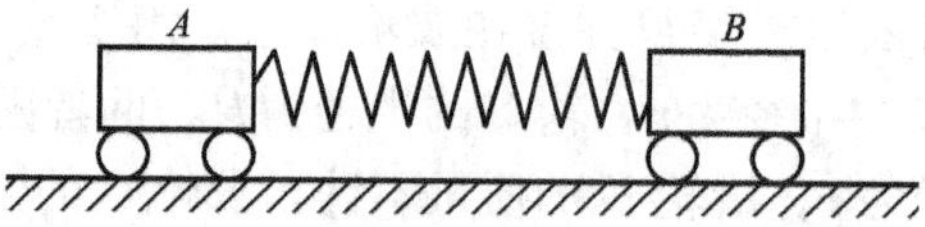

图 12.42　弹簧

19. 如图 12.43 所示，质量为 m_0 的物体上刻有半径为 r 的半圆槽，放在光滑水平面上，原处于静止状态。在一质量为 m 的小球自 A 处无初速地沿光滑半圆槽下滑。若 $m_0=3\text{m}$，求小球滑到 B 处时相对于物体的速度及槽对小球的正压力。

20. 如图 12.44 所示质量相同的三质点 A、B、C 以等距离系于软绳上，然后将此系统伸直放在光滑的水平桌面上，如图所示。设质点 B 在垂直于绳的方向以速度 v 开始运动(在水平平面内)，试证：质点 A、C 相遇时的速度为$\frac{2v}{3}$。

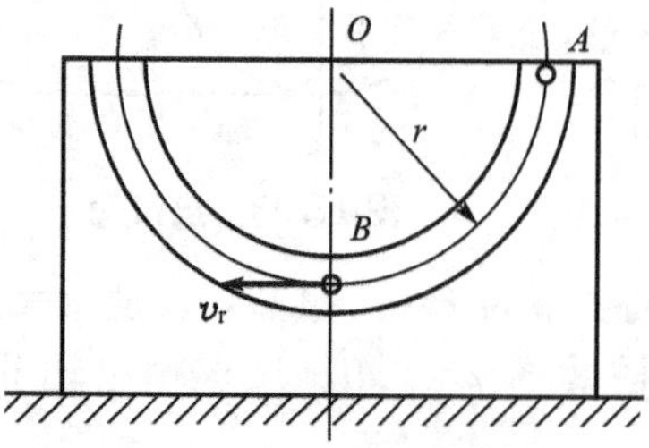

图 12.43　滑动小球

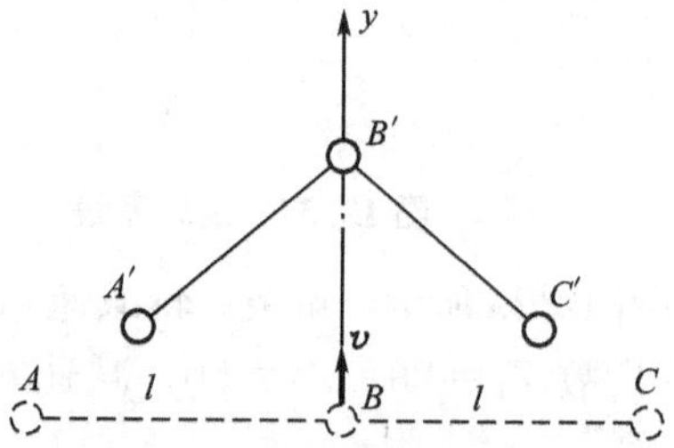

图 12.44　质点运动

21. 均质细杆 OA 可绕水平轴 O 转动，另一端铰接一均质圆盘，圆盘可绕铰 A 在铅垂面内自由旋转，如图 12.45 所示。已知杆 OA 长为 l，质量为 m_1；圆盘半径为 R，质量为 m_2，摩擦忽略不计。初始时杆 OA 水平，杆和圆盘静止。求杆与水平线成 α 角的瞬时，杆的角速度和角加速度。

22. 两个匀质轮子 A 和 B，质量分别为 m_1 和 m_2，半径分别为 r_1 和 r_2，用细绳连接，如图 12.46 所示。轮 A 绕固定轴 O 转动。细绳的质量与轴承摩擦忽略不计。求轮 B 下落时两个轮子的角加速度、B 轮质心 C 的加速度以及绳的张力。

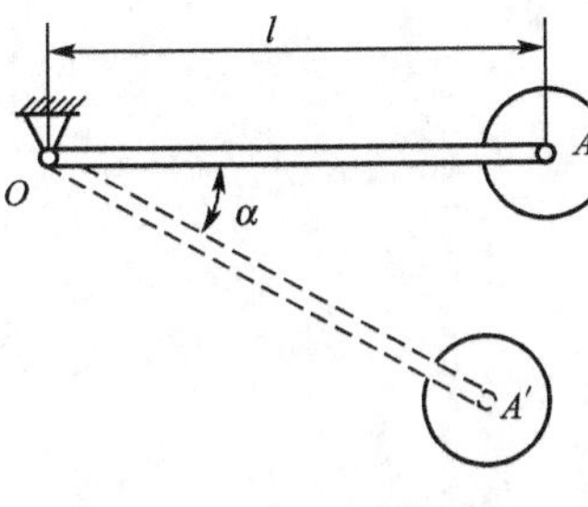

图 12.45 圆盘连杆机构

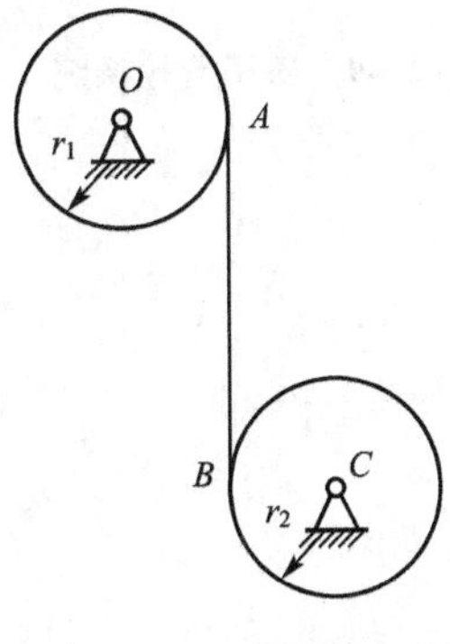

图 12.46 细绳相连的匀质轮子

23. 如图 12.47 所示匀质半圆盘的质量为 m，半径为 r，可以在水平面上作无滑动的摆动。现把半圆盘由直径 AB 铅直时的位置无初速地释放，求当直径水平时半圆盘的角速度及这时半圆盘对水平面的正压力。

24. 均质细杆 AB 长为 l，质量为 m，由于不计摩擦，杆 AB 由直立位置开始滑动，上端 A 沿墙壁向下滑，下端 B 沿地板向右滑，如图 12.48 所示。求细杆在任一位置 θ 时的角速度、角加速度和 A、B 处的约束反力。

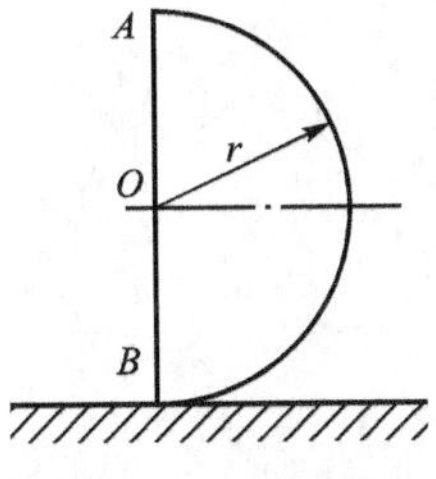

图 12.47 均质半圆盘

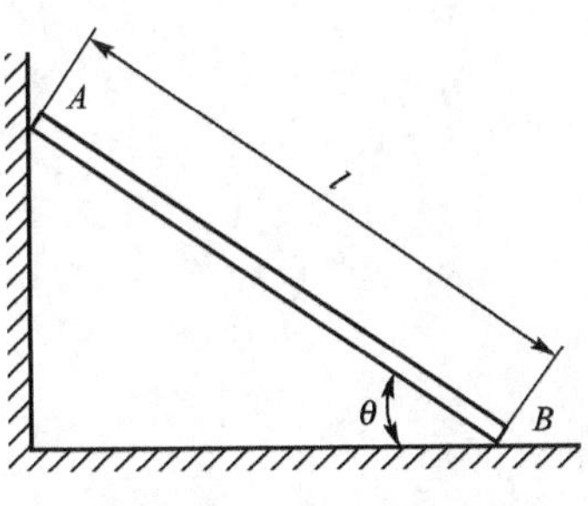

图 12.48 均质细杆 AB

25. 如图 12.49 所示，跨过定滑轮 B 的绳索，两端分别系在磙子 A 的中心 D 和物块 C 上。磙子 A 和定滑轮均可视为半径为 r 的匀质圆盘，质量均为 m；物块 C 的质量为 m_1。磙子 A 沿倾角为 α 的斜面无滑动地向下滚动。试求磙子 A 的质心加速度及绳索 AB 段的拉力。

26. 如图 12.50 所示，光滑的水平面上放置一个质量为 m_1 的三棱柱 ABC，质量为 m_2 的物块 D 沿三棱柱的光滑斜面 AB 滑下。已知系统从静止开始运动，斜面的倾角为 α，试求：(1)三棱柱的加速度 $\boldsymbol{a}_1$；(2)物块相对于三棱柱的下滑加速度 $\boldsymbol{a}_r$；以及(3)水平面对三

棱柱的反力 N_1 的大小。

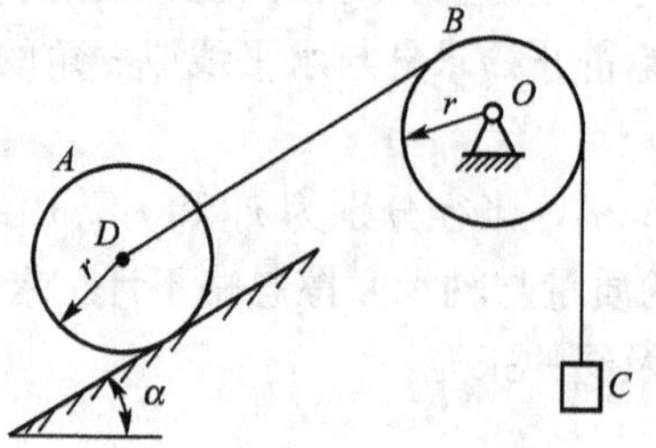

图 12.49　碾子滑轮系统

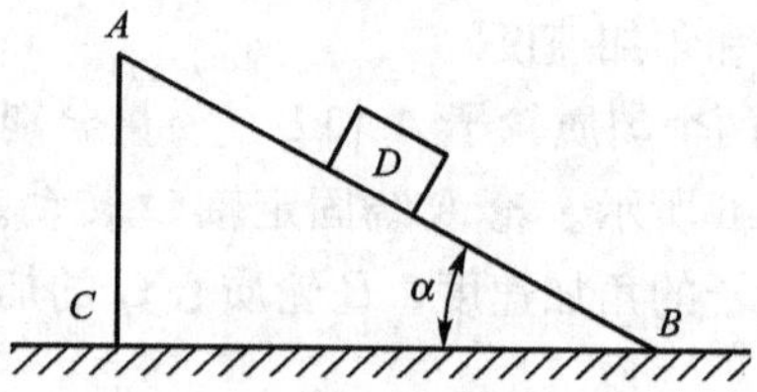

图 12.50　沿三棱柱下滑的物块

第13章

达朗伯原理

教学目标

本章提供了解决动力学问题的另一种方法，即把动力学问题在形式上化为静力学问题来求解，这种方法也称为动静法。通过本章的学习，应达到以下目标。

(1) 掌握惯性力计算。

(2) 熟悉刚体平移、对称刚体定轴转动和平面运动时惯性力系简化的结果。

(3) 掌握达朗伯原理(动静法)在动力学问题中的应用。

教学要求

知识要点	能力要求	相关知识
惯性力系简化	(1) 正确理解惯性力的概念 (2) 熟悉刚体平移、对称刚体定轴转动和平面运动时惯性力系简化的结果	(1) 惯性力与惯性力系 (2) 惯性力系向简化中心简化、主矢、主矩
达朗伯原理	(1) 通过假想地加上惯性力的方法把动力学问题在形式上转化为静力学问题 (2) 应用达朗伯原理求解工程实际问题	(1) 研究对象、受力分析、受力图 (2) 平衡力系求解

基本概念

惯性力的概念；质点和质点系的达朗伯原理(动静法)；刚体作平移、定轴转动、平面运动(平行于质量对称平面)时惯性力系的简化；刚体绕定轴转动时轴承的动反力。

引例

本章是用静力学的方法求解动力学问题，与静力学问题求解不同处在于，需要对研究的物体虚加上惯性力，把动力学问题转化为静力学问题。而在研究物体上如何虚加惯性力以及什么样的惯性力？这要求需熟练掌握惯性力的概念以及刚体作平移、定轴转动、平面运动(平行于质量对称平面)时惯性力系的简化结果。应用达朗伯原理(动静法)求解动力学问题是本章的要点。

例如，一个均质滑轮对轴O的转动惯量为J_O，轮缘上跨过的软绳一端挂重物，另一端受拉力。重物质量为m，拉力大小为F，绳与轮间不打滑。当重物以等速$\boldsymbol{v}$上升和下降，或以加速度$\boldsymbol{a}$上升和下降时，这两种情况下轮两边绳的拉力大小是否相同。若不同，各为多少?

13.1 惯性力·质点的达朗伯原理

13.1.1 惯性力

任何物体都有保持静止或匀速直线运动的属性，称为惯性。当物体受到外力作用而产生运动状态的变化时，运动物体即对施力物体产生反作用力，由于这种反作用力是因运动物体的惯性所引起的，故称为运动物体的惯性力，力的作用对象是施力物体。

下面举例说明什么是惯性力。设工人沿着光滑地面用手推车，车的质量为m，手对车的推力为$\boldsymbol{F}$，车子获得的加速度为$\boldsymbol{a}$，如图13.1所示。根据动力学基本定律有

$$\boldsymbol{F}=m\boldsymbol{a}$$

同时，车对工人的手作用一反作用力$\boldsymbol{F}'$，根据作用力与反作用力的关系有

$$\boldsymbol{F}'=-\boldsymbol{F}=-m\boldsymbol{a}$$

这个反作用力$\boldsymbol{F}'$就是小车的惯性力。

再如图13.2所示，用绳的一端系住质量为m的小球，另一端固结于光滑水平平台的

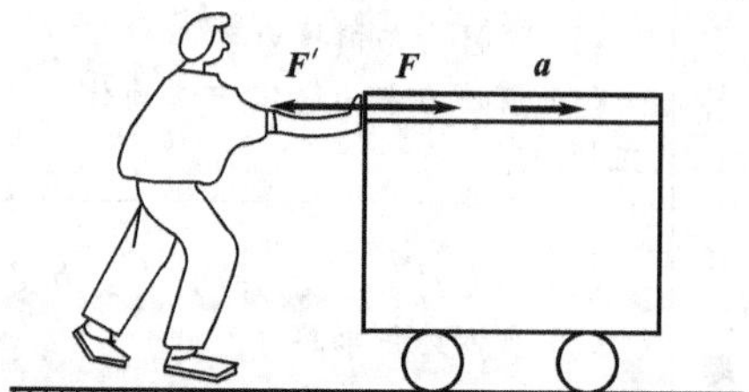

图13.1　用手推车

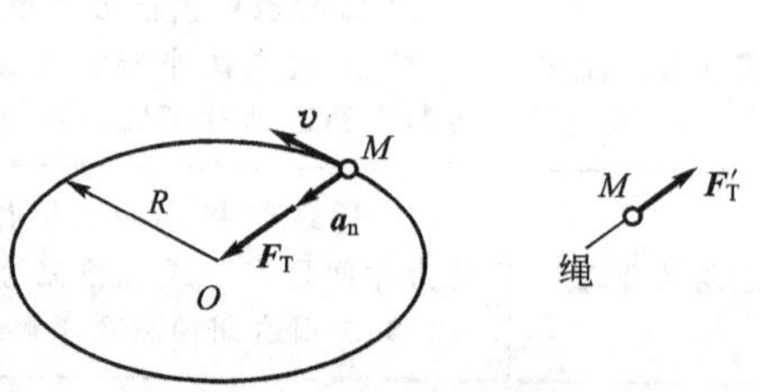

图13.2　小球作圆周运动

O点，让小球在平台上作圆周运动。设绳长为l，在绳子拉力$\boldsymbol{F}_T$的作用下，小球以速度$\boldsymbol{v}$在水平面内作匀速圆周运动，则有

$$F_{\mathrm{T}}=ma_{\mathrm{n}}=m\frac{v^2}{l}$$

同时，小球对绳子必作用有一反作用力$\boldsymbol{F}'_{\mathrm{T}}$，这个力就是小球的惯性力，它是由于小球的惯性运动遭到破坏而表现出其惯性的力，若没有绳子拉住小球，它将沿切线方向作匀速直线运动。显然，小球的惯性力$F'_{\mathrm{T}}=-ma_{\mathrm{n}}$。

综上所述，可将惯性力概括为：质点惯性力的大小等于质点的质量与加速度的乘积，方向与加速度的方向相反，它不作用于运动质点本身，而是质点作用于周围施力物体上的力。用统一符号$\boldsymbol{F}_{\mathrm{I}}$来表示惯性力，即惯性力$F_{\mathrm{I}}=-ma$。

惯性力是客观存在的，例如，高速飞行的子弹能把钢板击穿，是由于子弹的惯性力；又如锤锻金属使锻件产生变形，也是由于锤子的惯性力。

13.1.2 质点的达朗伯原理

设一质点的质量为m，加速度为$\boldsymbol{a}$，作用于质点的力有主动力$\boldsymbol{F}$和约束力$\boldsymbol{F}_{\mathrm{N}}$，如图13.3所示。根据动力学基本定律有

$$\boldsymbol{F}_{\mathrm{R}}=\boldsymbol{F}+\boldsymbol{F}_{\mathrm{N}} \qquad (13-1)$$

或

$$\boldsymbol{F}+\boldsymbol{F}_{\mathrm{N}}-m\boldsymbol{a}=\boldsymbol{0} \qquad (13-2)$$

令

$$\boldsymbol{F}_{\mathrm{I}}=-m\boldsymbol{a}$$

则有

$$\boldsymbol{F}+\boldsymbol{F}_{\mathrm{N}}+\boldsymbol{F}_{\mathrm{I}}=\boldsymbol{0} \qquad (13-3)$$

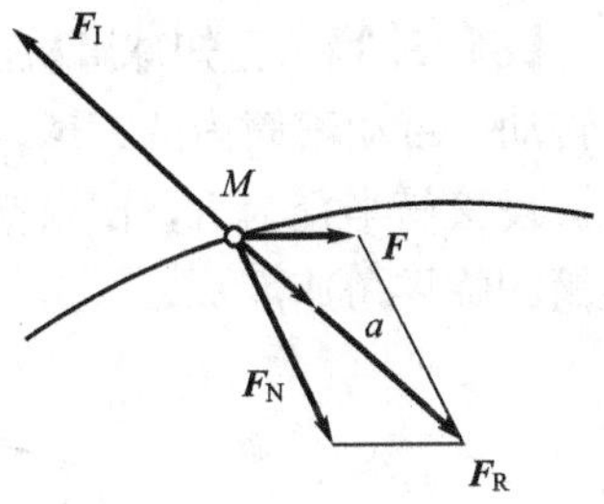

图13.3 质点的作用力

上式在形式上是力系的平衡方程。实际上质点并没有受到惯性力$\boldsymbol{F}_{\mathrm{I}}$的作用，它也不处于平衡状态，即“平衡力系”并不存在，但当质点上假想地加上惯性力后，则作用于质点的主动力$\boldsymbol{F}$、约束力$\boldsymbol{F}_{\mathrm{N}}$和惯性力$\boldsymbol{F}_{\mathrm{I}}$就构成一个假想的平衡力系。

式(13-3)表明在质点运动的任一瞬时，作用于质点上的主动力、约束力和假想加在质点上的惯性力在形式上组成一平衡力系，这就是质点的达朗伯原理。

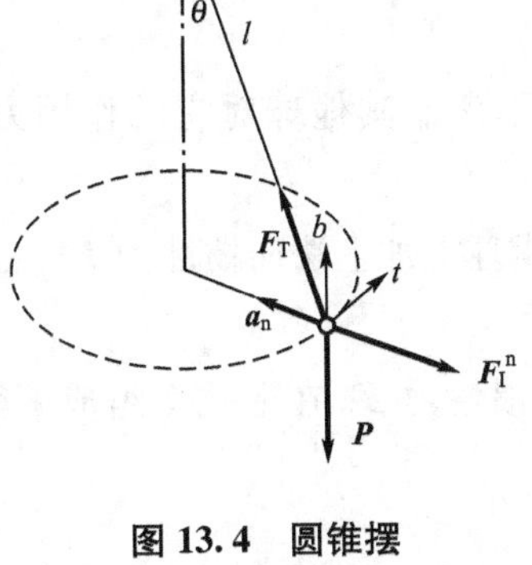

图13.4 圆锥摆

在研究质点动力学问题时，除作用于质点的主动力、约束力外，再虚加上质点上的惯性力，就可得到一假想的平衡力系，列出该力系的平衡方程，其实质是质点的动力学基本方程，可求出未知力或加速度。于是，质点动力学问题就可以在形式上化为静力学问题来求解，这种方法称为动静法。动静法只是一种方法，但它在动力学问题中有十分广泛的应用。

【例13.1】 有一圆锥摆，如图13.4所示。质量$m=1\mathrm{kg}$的小球系于长$l=30\mathrm{cm}$的绳上，绳的另一端则系于固

定点O，并与铅直线成$\theta=60°$角。如小球在水平面内作匀速圆周运动，求小球的速度$\boldsymbol{v}$与绳的张力$\boldsymbol{F}_T$的大小。

解：以小球为研究对象，它受到重力$\boldsymbol{P}$及绳的拉力$\boldsymbol{F}_T$的作用。

以地面为参考系，小球在水平面内有法向加速度$a_n=\frac{v^2}{l\sin\theta}$。在小球上加上法向惯性力$\boldsymbol{F}_I^n$，其大小$F_I^n=ma_n=m\frac{v^2}{l\sin\theta}$，方向与法向加速度$\boldsymbol{a}_n$相反。

根据达朗伯原理，作用在小球上的主动力$\boldsymbol{P}$、约束力$\boldsymbol{F}_T$和法向惯性力$\boldsymbol{F}_I^n$在形式上组成平衡力系。

取自然坐标轴如图13.4所示，写出平衡方程

$$\sum F_b=0,\quad F_T\cos\theta-P=0$$
$$\sum F_n=0,\quad F_T\sin\theta-F_I{}^n=0$$

解得

$$F_T=\frac{mg}{\cos\theta}=19.6\text{N}$$

$$v=\sqrt{\frac{F_T l\sin^2\theta}{m}}=2.1\text{m/s}$$

【例13.2】 已知球磨机的滚筒如图13.5所示，当球磨机滚筒以等角速度ω绕水平轴O转动，带动滚筒内的钢球，使之旋转到一定的θ角后脱离筒壁，沿抛物线下落来打击物料。设滚筒半径为R，试求钢球脱离球磨机滚筒时的角θ及钢球总随滚筒转动而不落下时滚筒的临界角速度ω_{cr}。

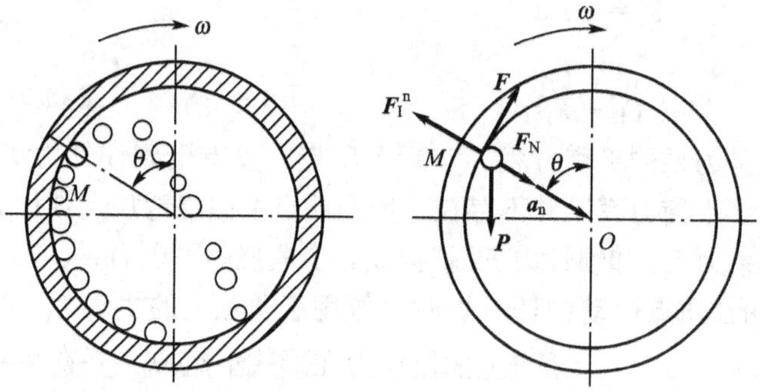

图13.5 球磨机滚筒

解：以未脱离筒壁的最外层一个小球M为研究对象，不考虑其他球对它的作用力，它受到重力$\boldsymbol{P}$、摩擦力$\boldsymbol{F}$和法向约束力$\boldsymbol{F}_N$的作用。

钢球随筒作匀速圆周运动，有法向加速度$a_n=R\omega^2$。在钢球上加上法向惯性力$\boldsymbol{F}_I^n$，其大小$F_I^n=ma_n=mR\omega^2$，方向与法向加速度$\boldsymbol{a}_n$相反。

根据达朗伯原理，作用在钢球上的力$\boldsymbol{P}$、$\boldsymbol{F}$、$\boldsymbol{F}_N$和法向惯性力$\boldsymbol{F}_I^n$在形式上组成平衡力系。

取自然坐标轴，写出平衡方程：

$$\sum F_n=0,\ P\cos\theta+F_N-F_I^n=0$$

即 $$F_N=mR\omega^2-mg\cos\theta$$

这是钢球在任一位置 θ 时受到的法向约束力 $\boldsymbol{F}_N$，由上式可知，随着钢球的上升，θ 减小，$\boldsymbol{F}_N$ 将逐渐减小。当钢球即将脱离筒壁时，$\boldsymbol{F}_N=0$，由此可求出脱离筒壁时的夹角 θ

$$\theta=\arccos\left(\frac{R\omega^2}{g}\right)$$

若增大滚筒转速，则钢球能和滚筒一起转到最高点，且此时 $\boldsymbol{F}_N=0$，即钢球在 $\theta=0$ 时，因此

$$\cos 0°=\frac{R\omega^2}{g}=1$$

求出球磨机滚筒的临界角速度为

$$\omega=\sqrt{\frac{g}{R}}$$

设计计算中，一般球磨机的工作角速度选取为 $0.76\omega_{cr}\sim0.88\omega_{cr}$。

13.2 质点系的达朗伯原理

设有 n 个质点组成的质点系，其中第 i 个质点的质量为 m_i。在主动力 $\boldsymbol{F}_i$ 和约束力 $\boldsymbol{F}_{Ni}$ 的作用下，其加速度为 $\boldsymbol{a}_i$，根据质点的达朗伯原理，在第 i 个质点上假想地加上它的惯性力 $\boldsymbol{F}_{Ii}=-m_i\boldsymbol{a}_i$，则有

$$\boldsymbol{F}_i+\boldsymbol{F}_{Ni}+\boldsymbol{F}_{Ii}=0\quad(i=1,\ 2,\ \cdots,\ n)\tag{13-4}$$

即作用在每个质点上的主动力、约束力和假想加上的该质点的惯性力在形式上构成一个平衡力系。对整个质点系来说，共有 n 个这样的平衡力系，它们综合在一起仍构成平衡力系。因此，在质点系运动的任一瞬时，作用于质点系的主动力、约束力和假想地加在每个质点上的惯性力构成一个平衡力系，这就是质点系的达朗伯原理。

把作用于第 i 个质点上的所有力分为外力的合力 $\boldsymbol{F}_i^{(e)}$，内力的合力 $\boldsymbol{F}_i^{(i)}$，则式(13-4)可改写为

$$\boldsymbol{F}_i^{(e)}+\boldsymbol{F}_i^{(i)}+\boldsymbol{F}_{Ii}=0\quad(i=1,\ 2,\ \cdots,\ n)$$

这表明，质点系中每个质点上作用的外力、内力和它的惯性力在形式上组成平衡力系。由静力学知，空间任意力系平衡的充分必要条件是力系的主矢和对于任意一点的主矩等于零，即

$$\sum\boldsymbol{F}_i^{(e)}+\sum\boldsymbol{F}_i^{(i)}+\sum\boldsymbol{F}_{Ii}=0$$
$$\sum M_O(\boldsymbol{F}_i^{(e)})+\sum M_O(\boldsymbol{F}_i^{(i)})+\sum M_O(\boldsymbol{F}_{Ii})=0$$

由于质点系的内力总是成对存在，且等值、反向、共线，因此有 $\sum\boldsymbol{F}_i^{(i)}=0$ 和 $\sum M_O(\boldsymbol{F}_i^{(i)})=0$，于是有

$$\sum\boldsymbol{F}_i^{(e)}+\sum\boldsymbol{F}_{Ii}=0\tag{13-5a}$$
$$\sum M_O(\boldsymbol{F}_i^{(e)})+\sum M_O(\boldsymbol{F}_{Ii})=0\tag{13-5b}$$

式(13-5)表明，作用在质点系上的所有外力与虚加在每个质点上的惯性力在形式上

组成平衡力系，这是质点系达朗伯原理的又一表述。

在静力学中称$\sum \boldsymbol{F}_i$为主矢，$\sum M_O(\boldsymbol{F}_i)$为对点$O$的主矩，现在称$\sum \boldsymbol{F}_{\mathrm{I}i}$为惯性力系的主矢，$\sum M_O(\boldsymbol{F}_{\mathrm{I}i})$为惯性力系对点$O$的主矩。与静力学中空间任意力系的平衡条件

$$\boldsymbol{F}_{\mathrm{R}}=\sum \boldsymbol{F}_i=\sum \boldsymbol{F}_i^{(e)}=0,\quad M_O=\sum M_O(\boldsymbol{F}_i)=\sum M_O(\boldsymbol{F}_i^{(e)})=0$$

比较式(13-5)中分别多出了惯性力的主矢$\sum \boldsymbol{F}_{\mathrm{I}i}$与主矩$\sum M_O(\boldsymbol{F}_{\mathrm{I}i})$，由质点系的达朗伯原理，这在形式上也是一个平衡力系，因而可用静力学各章所述的求解各种平衡力系的方法，求解动力学问题。

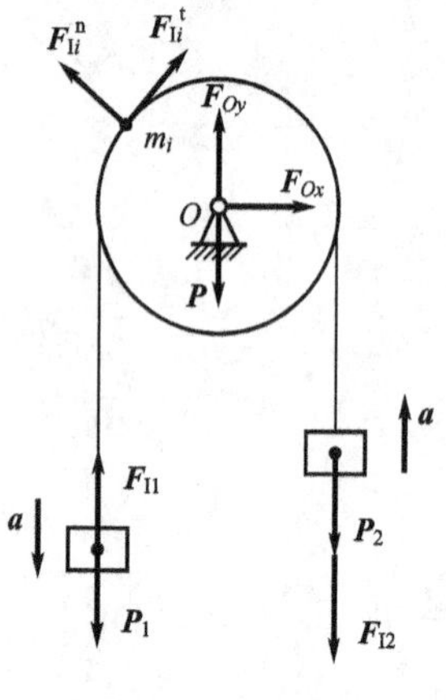

图 13.6　滑轮

【例 13.3】 滑轮半径为r，重量为$\boldsymbol{P}$，可绕水平轴转动，轮缘上跨过的软绳两端各挂重量为$\boldsymbol{P}_1$和$\boldsymbol{P}_2$的重物，且$P_1>P_2$，如图13.6所示。设开始时系统静止，绳的重量不计，绳与滑轮之间无相对滑动，滑轮的质量全部均匀地分布在轮缘上，轴承的摩擦忽略不计。求重物的加速度。

解： 以滑轮与重物所组成的质点系为研究对象。它受到重力$\boldsymbol{P}_1$、$\boldsymbol{P}_2$、$\boldsymbol{P}$和轴承约束力$\boldsymbol{F}_{Ox}$、$\boldsymbol{F}_{Oy}$的作用。

由于$P_1>P_2$，设重物的加速度大小为$\boldsymbol{a}$，方向各自如图13.6所示。在质点系中每个质点上假想地加上惯性力，惯性力的方向与各自的加速度方向相反，大小分别为

$$F_{\mathrm{I}1}=\frac{P_1}{g}a,\quad F_{\mathrm{I}2}=\frac{P_2}{g}a$$

由于绳与滑轮间无相对滑动，所以轮缘上各点的切向加速度$a_i^{\mathrm{t}}=a$，法向加速度$a_i^{\mathrm{n}}=\frac{v^2}{r}$。设滑轮边缘上各点的质量为$m_i$，在各质点上加上其切向惯性力的大小$F_{\mathrm{I}i}^{\mathrm{t}}=m_ia_i^{\mathrm{t}}=m_ia$，方向沿轮缘切线，指向如图所示；法向惯性力的大小$F_{\mathrm{I}i}^{\mathrm{n}}=m_ia_i^{\mathrm{n}}=m_i\frac{v^2}{r}$，方向沿半径背离中心。

应用质点系达朗伯原理，有平衡方程

$$(P_1-P_2)r-F_{\mathrm{I}1}r-F_{\mathrm{I}2}r-\sum F_{\mathrm{I}i}^{\mathrm{t}}\cdot r=0$$

因为

$$\sum F_{\mathrm{I}i}^{\mathrm{t}}\cdot r=\sum m_iar=ar\sum m_i=ar\frac{P}{g}$$

解得

$$a=\frac{P_1-P_2}{P_1+P_2+P}g$$

13.3 刚体惯性力系的简化

应用达朗伯原理求解刚体动力学问题时，需要对刚体内每个质点加上它的惯性力，这些惯性力组成一惯性力系。如果用静力学的方法将刚体的惯性力系加以简化，对于解题就

方便得多。下面分别对刚体作平移、绕定轴转动和平面运动的惯性力系进行简化。

1. 刚体作平移

刚体作平移时，每一个瞬时刚体内各质点的加速度相同，都等于刚体质心的加速度 $\boldsymbol{a}_C$，即 $\boldsymbol{a}_i=\boldsymbol{a}_C$。将平移刚体的各质点加上其惯性力 $\boldsymbol{F}_{\mathrm{I}i}=-m_i\boldsymbol{a}_C$。各质点的惯性力的方向相同，组成一同向的平行力系，如图 13.7(a)所示。此惯性力系与刚体内各质点所受重力分布规律相似，因而这些同向平行的惯性力就可以简化为一个通过质心(重心)的合力，以 $\boldsymbol{F}_{\mathrm{IR}}$来表示，如图 13.7(b)所示。

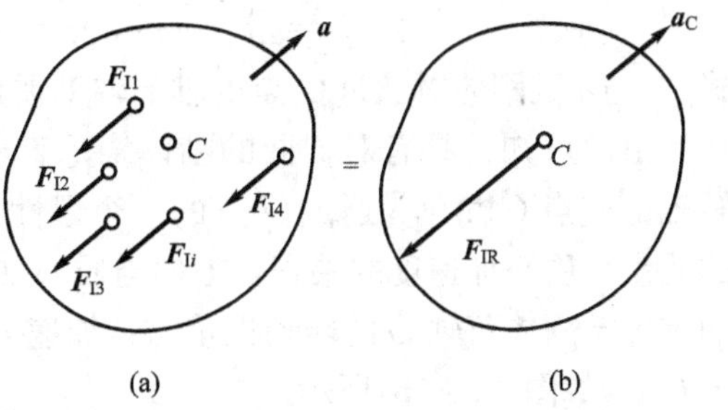

图 13.7 刚体平移

$$\boldsymbol{F}_{\mathrm{IR}}=\sum\boldsymbol{F}_{\mathrm{I}i}=-\sum m_i\boldsymbol{a}_i=-M\boldsymbol{a}_C \tag{13-6}$$

式中，M 是刚体总的质量。

于是得到如下结论：刚体平移时，其惯性力系可简化为一通过质心的合力，其大小等于刚体的质量与质心加速度的乘积，其方向与质心加速度方向相反。

2. 刚体绕定轴转动

这里只讨论刚体具有质量对称面而且转轴垂直于此对称面的情形。由于刚体具有一个垂直于转轴的对称面，就可将刚体所含的全部质点简化为对称面上的平面质点系，然后再将此平面质点系惯性力系向转轴与对称面内的交点 O 简化，即得到刚体惯性力系的简化结果。

设某瞬时刚体绕定轴 O 转动，转动的角速度为 ω，角加速度为 α。在对称平面上任取一质点，其质量为 m_i，到转轴 O 点的距离为 r_i，则质点的切向加速度为 $a_i^{\mathrm{t}}=r_i\alpha$，法向加速度为 $a_i^{\mathrm{n}}=r_i\omega^2$，与之相对应的切向惯性力 $F_{\mathrm{I}i}^{\mathrm{t}}=-m_ir_i\alpha$，法向惯性力 $F_{\mathrm{I}i}^{\mathrm{n}}=-m_ir_i\omega^2$，如图 13.8(a)所示。由于 O 点以外的各质点均绕 O 点作圆周运动，各质点均加上相应的切向与法向惯性力，就形成一个平面的惯性力系。现将此平面力系向转轴 O 点简化，由静力学中平面任意力系向平面内任一点简化理论可知，惯性力系可得到一力和一力偶，此力即为惯性力系的主矢 $\boldsymbol{F}_{\mathrm{IR}O}$，主矢为

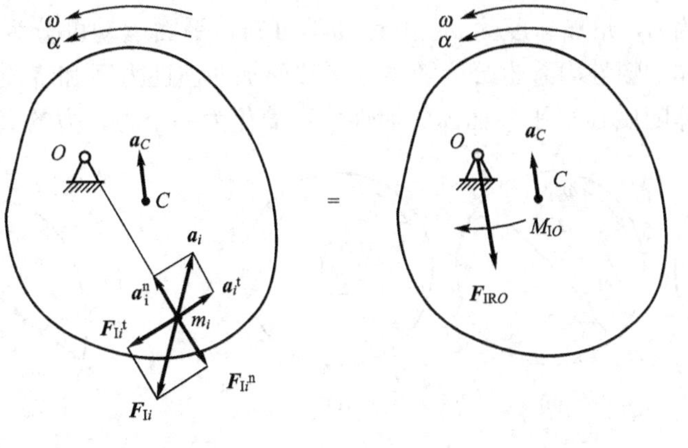

图 13.8 刚体绕定轴转动

$$\boldsymbol{F}_{IRO}=\sum\boldsymbol{F}_{Ii}=\sum(-m_i\boldsymbol{a}_i)=-\sum m_i\boldsymbol{a}_i=-M\boldsymbol{a}_C \quad (13-7)$$

式中，$\boldsymbol{a}_C$ 为质心 C 点的加速度；M 是刚体总的质量。惯性力系的主矢作用于简化中心 O。

此力偶矩即为惯性力系的主矩 M_{IO}，主矩等于惯性力系对 O 点的矩，即

$$\begin{aligned}M_{IO}&=\sum m_O(\boldsymbol{F}_{Ii})=\sum m_O(F_{Ii}^{t})\\&=\sum(-m_ir_i\alpha)r_i=-\alpha\sum(m_ir_i^2)=-J_O\alpha\end{aligned} \quad (13-8)$$

式中，J_O 是刚体对通过 O 点的轴的转动惯量。

由此可知：具有对称面的刚体绕垂直于该平面的轴转动时，其惯性力系向对称面与转轴的交点 O 简化为通过 O 点的一个惯性力和一个惯性力偶，此惯性力的大小等于刚体的质量与质心加速度的乘积，方向与质心加速度方向相反，即 $\boldsymbol{F}_{IRO}=-M\boldsymbol{a}_C$；此惯性力偶的矩等于刚体对轴 O 的转动惯量与角加速度的乘积，转向与角加速度转向相反，即 $M_{IO}=-J_O\alpha$，如图 13.8(b)所示。

若惯性力系向质心 C 简化，则得到一通过质心的惯性力 $\boldsymbol{F}_{IRO}=-M\boldsymbol{a}_C$ 和一惯性力偶，惯性力偶的矩 $M_{IC}=-J_C\alpha$。读者可自行证明。

下面讨论几种特殊情形。

(1) 若转轴通过质心 C，则 $\boldsymbol{a}_C=0$，$\boldsymbol{F}_{IRO}=-M\boldsymbol{a}_C=0$，惯性力系简化为一惯性力偶，力偶的矩等于刚体对质心轴的转动惯量与角加速度的乘积，转向与角加速度的转向相反，如图 13.9(a)所示。

(2) 若刚体偏心匀速转动，即转轴 O 不通过质心 C，质心到转轴的距离为 e，且 $\alpha=0$，则 $M_{IO}=0$，惯性力系简化为一惯性力，其大小 $F_{IRO}=Me\omega^2$，方向沿 OC 并背离 O 点，如图 13.9(b)所示。

(3) 若刚体绕质心 C 作匀速转动，即转轴通过质心 C，且 $\alpha=0$，则惯性力系的主矢和主矩均为零，即 $F_{IR}=0$，$M_{IC}=0$，如图 13.9(c)所示。

3. 刚体作平面运动

这里只讨论作平面运动的刚体具有质量对称面、且平行于此平面运动，这种情形下的惯性力系的简化。

与刚体绕定轴转动类似，作平面运动的刚体上各质点的惯性力系可简化为在质量对称面内的平面力系。质量对称面内的平面图形如图 13.10 所示。研究此对称面内的平面图形的运动，显然质心 C 在此平面图形上。取质心 C 为基点，设某瞬时质心加速度为 $\boldsymbol{a}_C$，平面图形的角速度为 ω，角加速度为 α。由运动学可知，平面运动可分为随基点的平移和绕基点的转动。刚体的惯性力系也分为随质心平移而加的惯性力系和绕质心转动而加的惯性力系两部分。刚体随质心 C 平移而加的惯性力可简化为一个力，力的大小：

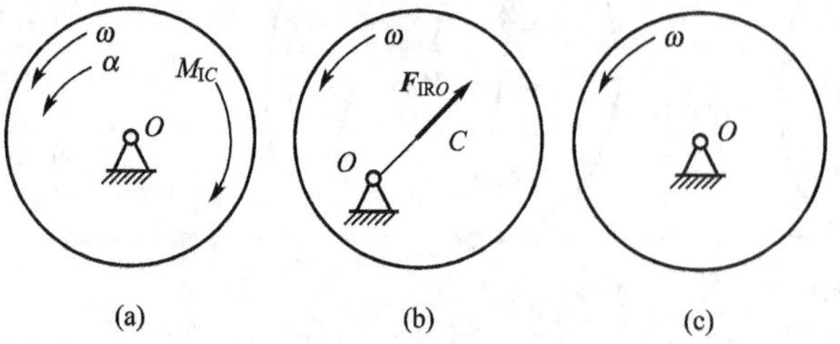

图 13.9　刚体转动的几种特殊情形

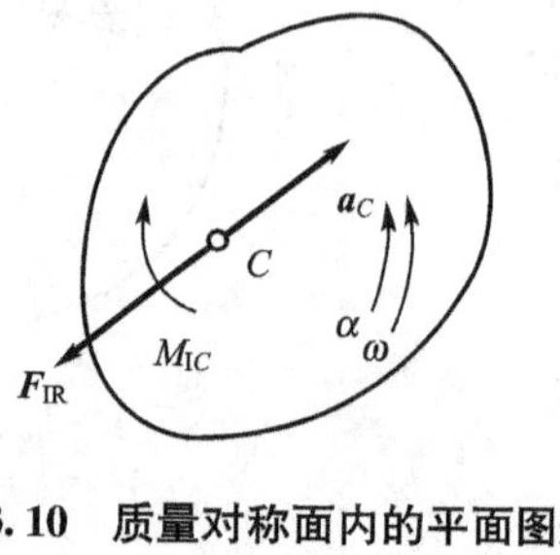

图 13.10　质量对称面内的平面图形

$$F_{IR}=Ma_C$$

方向通过质心 C，与质心加速度 $\boldsymbol{a}_C$ 反向。

刚体绕质心 C 转动而加的惯性力可简化为一力偶，力偶矩的大小：

$$M_{IC}=J_C\alpha$$

式中，J_C 是刚体对通过质心轴的转动惯量，其转向与角加速度的转向相反。

于是有结论：具有质量对称面的刚体平行于此平面运动时，刚体的惯性力系简化为在此平面内的一个惯性力和一个惯性力偶，此惯性力通过质心，其大小等于刚体的质量与质心加速度的乘积，方向与质心加速度方向相反，即 $\boldsymbol{F}_{IR}=-M\boldsymbol{a}_C$；此惯性力偶的矩等于刚体对通过质心且垂直于对称面的轴的转动惯量与角加速度的乘积，转向与角加速度转向相反，即 $M_{IC}=-J_C\alpha$。

【例 13.4】 电动绞车安装在梁上，梁的两端搁在支座 A、B 上，如图 13.11 所示。若梁与绞车共重 P，绞盘半径为 r，并与电动机转子固结，它们总的转动惯量为 J，质心位于 O 处。今绞车以加速度 $\boldsymbol{a}$ 提升质量为 m 的重物，各尺寸如图 13.11 所示，求加速提升中梁对支座 A 和 B 的动压力。

解： 以梁、绞车和重物为研究对象，质点系受到重力 $\boldsymbol{P}$、$m\boldsymbol{g}$ 和支座 A、B 的约束力 $\boldsymbol{F}_{NA}$、$\boldsymbol{F}_{NB}$ 的作用。

重物作平移，惯性力的合力通过质心，大小为 $F_I=ma$，方向与 $\boldsymbol{a}$ 反向；绞车的固定转轴通过质心 O，只有惯性力偶，其力偶矩的大小为 $M_{IO}=J\alpha=J\dfrac{a}{r}$，方向与 α 的转向相反；梁不动，惯性力为零。

根据达朗伯原理，作用在质点系上的力 $\boldsymbol{P}$、$m\boldsymbol{g}$、$\boldsymbol{F}_{NA}$、$\boldsymbol{F}_{NB}$ 和惯性力系 $\boldsymbol{F}_I$、M_{IO} 在形式上组成平衡力系。

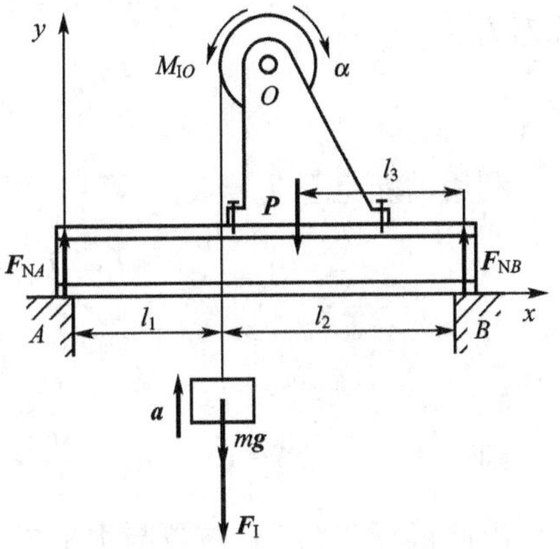

图 13.11 电动绞车

取图示坐标轴，写出平衡方程

$$\sum M_B=0,\quad -F_{NA}(l_1+l_2)+F_I l_2+mgl_2+Pl_3+M_{IO}=0 \tag{1}$$

$$\sum F_y=0,\quad F_{NA}+F_{NB}-mg-F_I-P=0 \tag{2}$$

由式(1)解得

$$F_{NA}=\frac{1}{l_1+l_2}\left[mgl_2+Pl_3+a\left(ml_2+\frac{J}{r}\right)\right]$$

由式(2)解得

$$F_{NB}=\frac{1}{l_1+l_2}\left[mgl_1+P(l_1+l_2-l_3)+a\left(ml_1-\frac{J}{r}\right)\right]$$

求得约束力 $\boldsymbol{F}_{NA}$、$\boldsymbol{F}_{NB}$ 即为支座对梁的动反力，梁对支座的动压力与动反力大小相等，方向相反。动压力中包含加速度的项，即 $\dfrac{a}{l_1+l_2}\left(ml_2+\dfrac{J}{r}\right)$ 和 $\dfrac{a}{l_1+l_2}\left(ml_1-\dfrac{J}{r}\right)$ 是由加速提升中梁对支座 A 和 B 的动压力。

【例 13.5】 匀质细杆长 l，重 P，在水平位置 OA 从静止开始绕通过 O 端的水平轴转动，如图 13.12(a)所示。求杆转到 OB 位置与水平成 θ 角时的角速度、角加速度和固定铰链支座O的约束力。

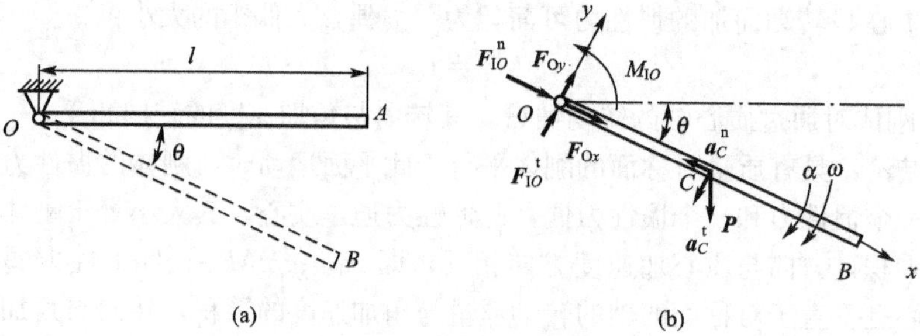

图 13.12　匀质细杆绕定轴转动

解：以杆为研究对象，杆受到重力$\boldsymbol{P}$和约束力$\boldsymbol{F}_{Ox}$、$\boldsymbol{F}_{Oy}$的作用。

设杆转到OB位置时具有角速度ω、角加速度α，则质心的切向加速度和法向加速度分别为

$$a_C^t=\frac{l}{2}\alpha,\ a_C^n=\frac{l}{2}\omega^2$$

利用动能定理$T_2-T_1=W_{12}$，可求出任意位置时的速度或角速度。由题意可知：

$$T_2=\frac{1}{2}\cdot\frac{P}{3g}l^2\omega^2,\ T_1=0$$

$$W_{12}=P\frac{l}{2}\sin\theta$$

则
$$\frac{1}{2}\cdot\frac{P}{3g}l^2\omega^2-0=P\frac{l}{2}\sin\theta$$

由此得杆转到OB位置与水平成θ角时的角速度为

$$\omega=\sqrt{\frac{3g\sin\theta}{l}}$$

以转轴O为简化中心，假想地加上惯性力系F_{IO}^t、F_{IO}^n和M_{IO}，它们的大小分别为

$$F_{IO}^t=\frac{P}{g}\frac{l}{2}\alpha,\quad F_{IO}^n=\frac{P}{g}\frac{l}{2}\omega^2=\frac{3}{2}P\sin\theta$$

$$M_{IO}=\frac{Pl^2}{3g}\alpha$$

其方向均如图13.12(b)所示。

取图示投影轴列出平衡方程：

$$\sum F_x=0,\quad F_{Ox}+F_{IO}^n+P\sin\theta=0 \tag{1}$$

$$\sum F_y=0,\quad F_{Oy}+F_{IO}^t-P\cos\theta=0 \tag{2}$$

$$\sum M_O=0,\quad M_{IO}-P\frac{l}{2}\cos\theta=0 \tag{3}$$

将F_{IO}^t、F_{IO}^n和M_{IO}的表达式代入上式(1)、式(2)、式(3)中，得到$\alpha=\frac{3}{2}\frac{g}{l}\cos\theta$，方向与假设方向相同，为逆时针方向。

$$F_{Ox}=-\frac{5P}{2}\sin\theta,\quad F_{Oy}=\frac{P}{4}\cos\theta$$

【例 13.6】 一匀质圆柱重 P，半径为 L，沿倾角为 θ 的斜面无滑动地滚下，如图 13.13 所示，不计滚动摩擦，求质心的加速度 a_C 及斜面的法向反力 $\boldsymbol{F}_N$ 和摩擦力 $\boldsymbol{F}$。

解：以圆柱体为研究对象。它受到重力 $\boldsymbol{P}$、斜面的法向反力 $\boldsymbol{F}_N$ 和摩擦力 $\boldsymbol{F}$ 的作用。

圆柱作平面运动，设质心加速度为 $\boldsymbol{a}_C$，角加速度为 α。因为圆柱只滚不滑，有 $a_C=r\alpha$。在质心上加惯性力 $\boldsymbol{F}_I$，其大小等于 ma_C，方向与 $\boldsymbol{a}_C$ 反向；还有惯性力偶，力偶矩的大小 $M_{IC}=J_C\alpha$，转向与 α 的转向相反。

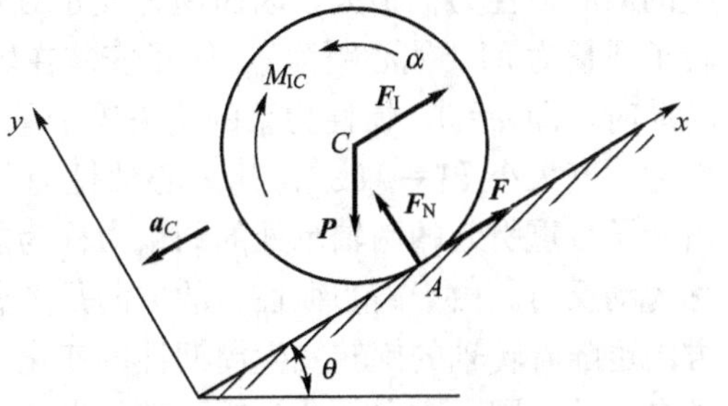

图 13.13 圆柱的滚动

根据达朗伯原理，作用在圆柱上的力 $\boldsymbol{P}$、$\boldsymbol{F}$、$\boldsymbol{F}_N$ 和惯性力系 $\boldsymbol{F}_I$、$\boldsymbol{M}_{IC}$ 在形式上组成平衡力系。

取图示坐标轴，写出平衡方程

$$\sum F_x=0,\quad F+F_I-P\sin\theta=0 \tag{1}$$

$$\sum F_y=0,\quad F_N-P\cos\theta=0 \tag{2}$$

$$\sum M_A=0,\quad (P\sin\theta-F_I)r-M_{IC}=0 \tag{3}$$

将 F_I 和 M_{IC} 的表达式代入式(3)中，得到

$$\left(P\sin\theta-\frac{P}{g}a_C\right)r-\frac{P}{2g}r^2\alpha=0$$

由于 $a_C=r\alpha$，得

$$a_C=\frac{2}{3}g\sin\theta$$

代入式(1)，得

$$F=\frac{1}{3}P\sin\theta$$

由式(2)，得

$$F_N=P\cos\theta$$

根据静摩擦的性质，$F\leqslant fF_N$，得

$$\frac{1}{3}P\sin\theta\leqslant fP\cos\theta$$

或

$$\tan\theta\leqslant 3f \tag{4}$$

式(4)是圆柱只滚不滑的条件。

13.4 绕定轴转动的刚体轴承动反力

高速绕定轴转动刚体(简称转子)的转轴都要求垂直于对称平面并通过质心，这样在转动过程中，刚体的惯性力就等于零。但实际上，由于材料的不均匀，会产生刚体的质量中心和几何中心的不重合；而制造安装等因素，会最终导致转动刚体质心偏离转轴，即偏

心。在高速运转时，即使偏心量很小，但质心有一个很大的法向加速度，这样因偏心所产生的离心惯性力仍很大，因而使得支承处的轴承引起附加动反力而影响机器运行。例如，转子质量为M，偏心距为e，转子安装在转轴长度中心。如图13.14所示。当转子作匀速转动时，即$\alpha=0$，惯性力系的主矢等于零。惯性力系简化为一个向转轴简化的径向离心惯性力，其大小$F_{I}^{n}=Me\omega^2$。此离心惯性力与两支承处约束力及转子自重组成一平衡力系。由转子自重引起的两轴承处的约束力称为静反力；由离心惯性力引起的两轴承处的约束力称为动反力。由于离心惯性力的方向是随着转轴的旋转而周期性变化的，相应地动反力的方向也随着转轴的旋转发生周期性的变化，当质心转到最低位置，离心惯性力的方向与转子自重处于同一方向，此时轴承的最大约束力等于静反力与动反力的和，即

$$F_{NA}=F_{NB}=\frac{1}{2}(Mg+Me\omega^2)$$

由于轴承动约束力的大小和方向时刻变化，这将引起机器振动，促使轴承磨损加快，因此在设计、加工、安装过程中要尽量消除或减小偏心，使动反力减小到允许程度。为了避免出现轴承动约束力，确保机器运行安全可靠，在有条件的地方，可在专门的静平衡与动平衡试验机上进行静、动平衡试验，根据试验数据，在刚体的适当位置附加一些质量或去掉一些质量，使其达到静、动平衡。对于转子，若其质心在轴线上，除重力外没有其他外力作用时，转子能静止于任何位置的现象称为静平衡。当转子转动时，不出现轴承动约束力的现象称为动平衡。应注意的是，经过静平衡的转子，不一定实现动平衡。如图13.15所示的情况是静平衡，但转动时，由于曲轴的结构形状引起的两个惯性力，且它们不在同一垂直于转轴的平面内，这两个惯性力形成一惯性力力偶，仍使轴承产生相当大的轴承动反力，也须采取平衡措施来消除这种动不平衡现象。

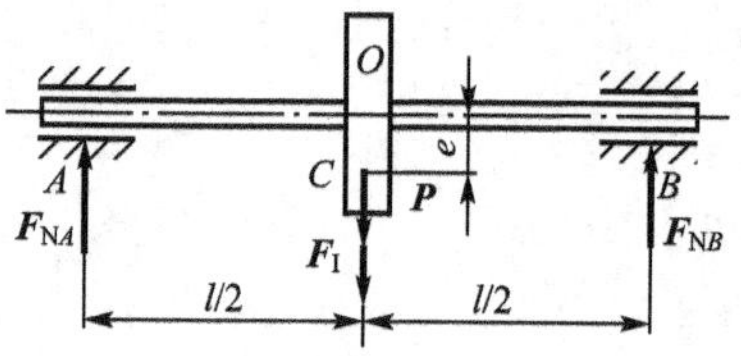

图13.14 偏心转子

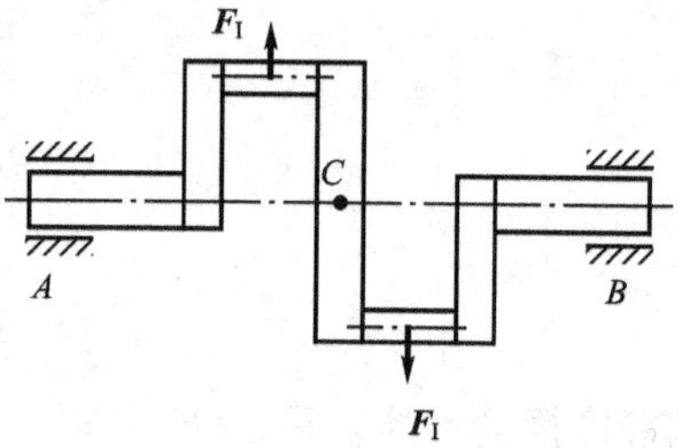

图13.15 曲轴

【例13.7】 已知转子的质量为$M=20$kg，质心C不在转轴上，偏心距为$e=0.1$mm(图13.14)。当转子以匀转速$n=12000$r/min转动时，求轴承的动反力。

解： 以转子与转轴AB为研究对象，它受到重力$\boldsymbol{P}$和约束力$\boldsymbol{F}_{NA}$、$\boldsymbol{F}_{NB}$的作用。

转子作匀速转动，惯性力系简化为一向转轴简化的径向离心惯性力，其大小：

$$F_I=Me\omega^2=20\times0.1\times10^{-3}\times\left(\frac{12000\pi}{30}\right)^2=3160(\text{N})$$

方向如图13.14所示。

这样，作用在转子和轴上的力有$\boldsymbol{P}$、$\boldsymbol{F}_{NA}$、$\boldsymbol{F}_{NB}$和$\boldsymbol{F}_I$组成一平衡力系。

取坐标轴，写出平衡方程可得

$$F_{NA}=F_{NB}=\frac{1}{2}(Mg+Me\omega^2)=\frac{1}{2}(20\times9.81+3160)=1678(\text{N})$$

其中轴承动反力为$\frac{1}{2}F_{\mathrm{I}}=1580\mathrm{N}$。若只考虑重力的作用，轴承的静反力$\frac{1}{2}Mg=98\mathrm{N}$。由此可见，在高速运转下，0.1mm的偏心距引起的轴承动反力是静反力的16倍之多。因而，对一些高速、精密机器，消除轴承的动反力是一个十分重要的问题。

本章小结

1. 设质点的质量为m，加速度为$\boldsymbol{a}$，则质点的惯性力$\boldsymbol{F}_{\mathrm{I}}$定义为

$$\boldsymbol{F}_{\mathrm{I}}=-m\boldsymbol{a}$$

2. 质点的达朗伯原理：质点上除了作用有主动力$\boldsymbol{F}$和约束力$\boldsymbol{F}_{\mathrm{N}}$外，如果假想地认为还作用有该质点的惯性力$\boldsymbol{F}_{\mathrm{I}}$，则这些力在形式上形成一个平衡力系，即

$$\boldsymbol{F}+\boldsymbol{F}_{\mathrm{N}}+\boldsymbol{F}_{\mathrm{I}}=0$$

3. 质点系的达朗伯原理：在质点系中每个质点上假想地加上各自的惯性力$\boldsymbol{F}_{\mathrm{I}i}$，则质点系的所有外力和惯性力在形式上构成一个平衡力系，即

$$\sum\boldsymbol{F}_i^{(e)}+\sum\boldsymbol{F}_{\mathrm{I}i}=0$$

$$\sum M_O(\boldsymbol{F}_i^{(e)})+\sum M_O(\boldsymbol{F}_{\mathrm{I}i})=0$$

4. 刚体惯性力系的简化结果如下。

(1) 刚体作平移，其惯性力系可简化为一通过质心C的合力，即$\boldsymbol{F}_{\mathrm{IR}}=-M\boldsymbol{a}_C$。

(2) 刚体绕定轴转动，若刚体具有对称面且绕垂直于该平面的轴转动，其惯性力系向对称面与转轴的交点O简化为通过O点的一个惯性力和一个惯性力偶，此惯性力为$\boldsymbol{F}_{\mathrm{IRO}}=-M\boldsymbol{a}_C$；惯性力偶的矩为$M_{\mathrm{IO}}=-J_O\alpha$。

(3) 刚体作平面运动，若刚体具有质量对称面且平行于此平面运动，其惯性力系简化为在此平面内通过质心C的一个惯性力和一个惯性力偶，此惯性力为$\boldsymbol{F}_{\mathrm{IR}}=-M\boldsymbol{a}_C$；此惯性力偶的矩为$M_{\mathrm{IC}}=-J_C\alpha$。

5. 质心在转轴上，刚体能静止于任何位置的现象称为静平衡。当刚体转动时，不出现轴承动约束力的现象称为动平衡。

思考题

1. 在加速行驶的一列火车中，哪一节车厢挂钩受力最大？为什么？

2. 应用达朗伯原理时，是否运动着的质点都需加上惯性力？若质点作匀速圆周运动时是否存在惯性力？

3. 匀质圆环绕通过中心且与圆环平面垂直的轴转动。试问圆环上各质点的离心力是否相等？为什么？

4. 物体系统由质量分别为m_A和m_B组成，放置在光滑水平面上。今在此系统上作用

一如图 13.16 所示的力 $\boldsymbol{F}$，试用达朗伯原理说明 A、B 之间相互作用力的大小是否等于 F。

5. 如图 13.17 所示的质点 M 沿位于铅直面内的固定光滑圆弧轨道运动，当到达最高点时，质点没有向下落，能否说此时质点在主动力即重力 $\boldsymbol{G}$、约束反力 $\boldsymbol{F}_N$ 和惯性力 $\boldsymbol{F}_I$ 的作用下处于平衡？

6. 一匀质圆轮的质量为 m，半径为 r。试指出下列各种情况下的惯性力的简化结果：(1)绕质心匀速转动；(2)绕质心加速转动；(3)偏心匀速转动；(4)偏心加速转动。

7. 半径为 r、质量为 m 的匀质圆盘，沿水平直线轨道作纯滚动，如图 13.18 所示。已知圆盘质心 C 在某瞬时的速度 $\boldsymbol{v}_C$ 和加速度 $\boldsymbol{a}_C$，试计算该瞬时惯性力系向瞬心 O 的简化结果。

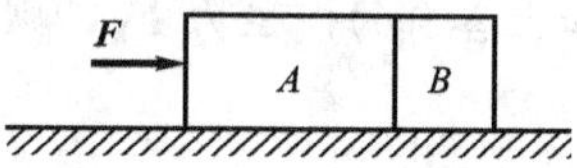

图 13.16　力 $\boldsymbol{F}$ 作用于 A、B

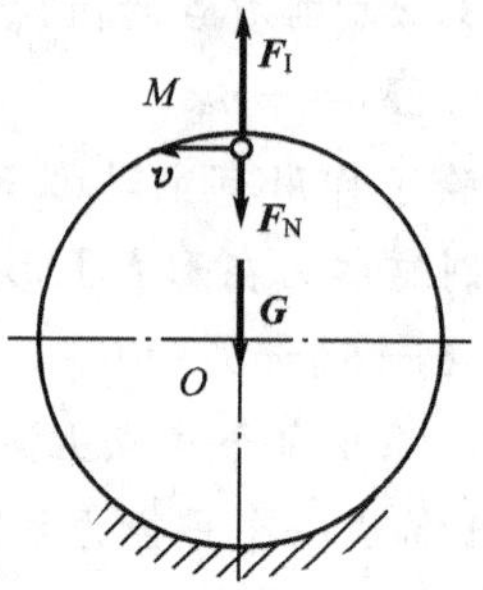

图 13.17　质点运动

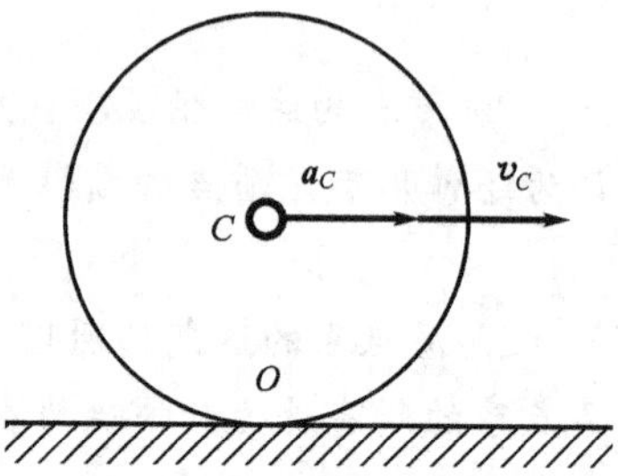

图 13.18　圆盘纯滚动

习　　题

1. 一滑块重 $P=2\text{N}$，从点 A 无初速地沿铁丝下滑，铁丝由直线段 AD 和圆环 DE 构成，如图 13.19 所示。已知 $AD=h=60\text{cm}$，圆环半径 $r=14\text{cm}$，不计摩擦，求滑块滑至圆环上点 B 时，铁丝对滑块的约束力。

2. 有相同的两鼓轮，鼓轮重为 $G=800\text{N}$，半径 $r=25\text{cm}$，对于转轴的回转半径 $\rho=37\text{cm}$，如图 13.20 所示。在鼓轮 O_1 上悬挂一重为 M 的重物，在鼓轮 O_2 上作用一力 $F=160\text{N}$。若摩擦忽略不计，试分别求两鼓轮的角加速度。

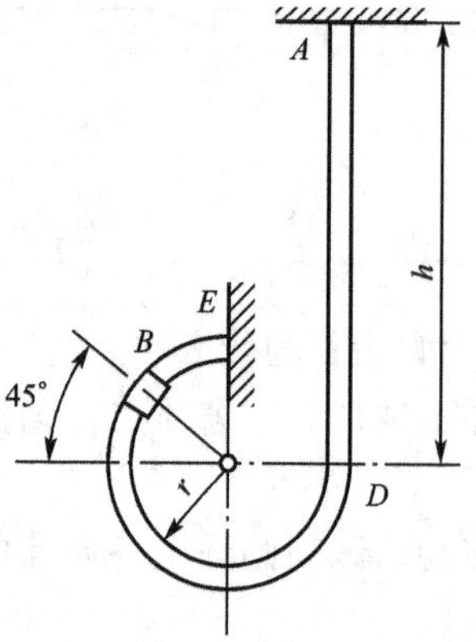

图 13.19　滑块下滑

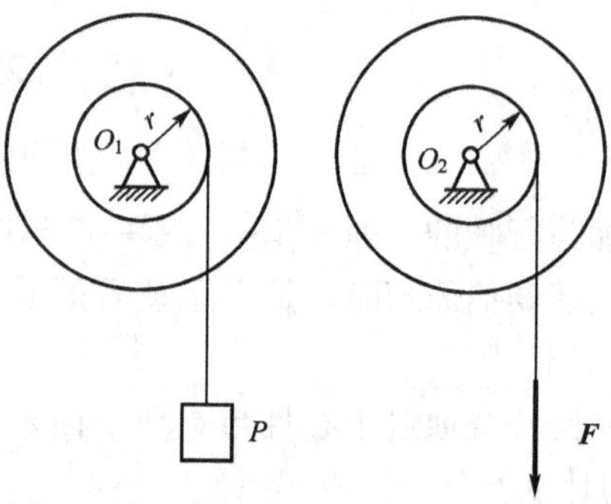

图 13.20　鼓轮

3. 一平板车运送货物如图 13.21 所示，已知货箱可视为匀质长方体，质量为 M。货箱与平板车之间的摩擦系数 $f=0.35$，其尺寸如图所示。试求货物在车上既不滑动也不翻倒的条件下，所容许平板车的最大加速度。

4. 偏心轮以匀角速度 ω 绕 O 轴转动，推动杆 AB 沿铅垂滑道运动，如图 13.22 所示。杆的顶部放有一质量为 m 的物体。设偏心距 $OC=e$，开始时 OC 在铅垂线上，即 O、C、B、A 共线，求物体对杆 AB 的压力及保证物体不离开杆的最大角速度 ω。

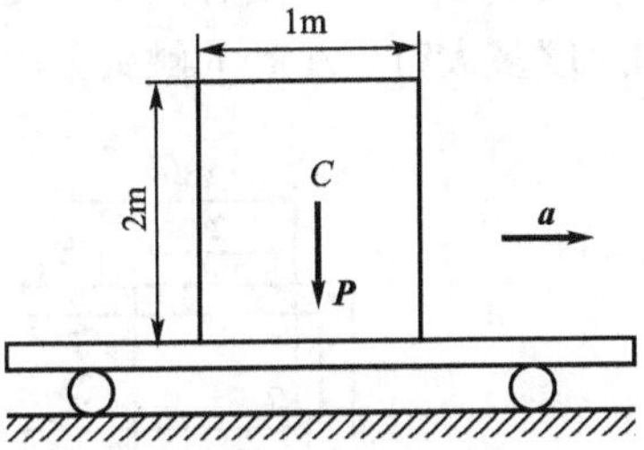

图 13.21 平板车运货

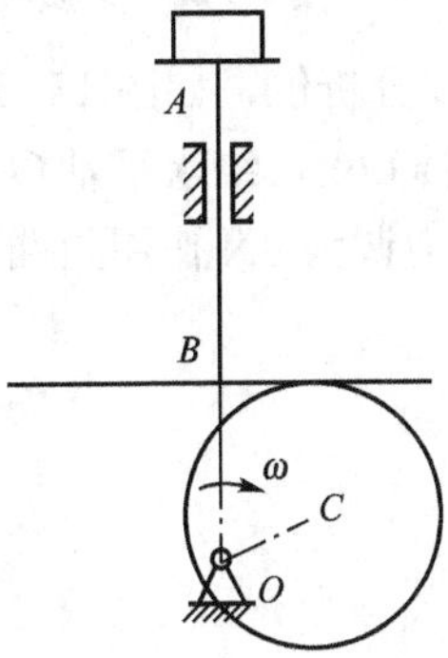

图 13.22 偏心轮

5. 振实土壤的振动器由两个相同的偏心块和机座组成，如图 13.23 所示。已知底座重为 P，重心在 C；每个偏心块重为 Q，重心分别在 C_1 和 C_2，偏心距 $O_1C_1=O_2C_2=e$。两偏心块由电机带动以等角速度 ω 朝相反的方向转动，转动时两偏心块始终保持对称位置，试求振动器对地面的压力。

6. 电动机的定子与外壳总质量为 M，质心为 O，安装在水平的基础上，转轴 O 与水平基础间的距离为 h；转子质量为 m，其质心为 C，偏心距为 $OC=e$，运动开始时质心 C 位于最低位置。今转子以匀角速度 ω 转动，求电动机对基础的正压力。

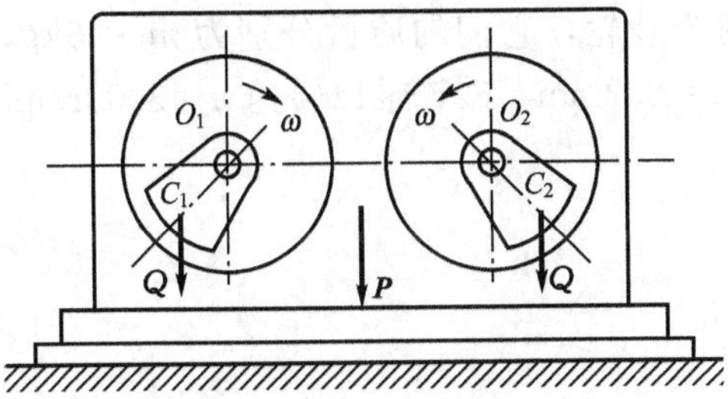

图 13.23 振动器

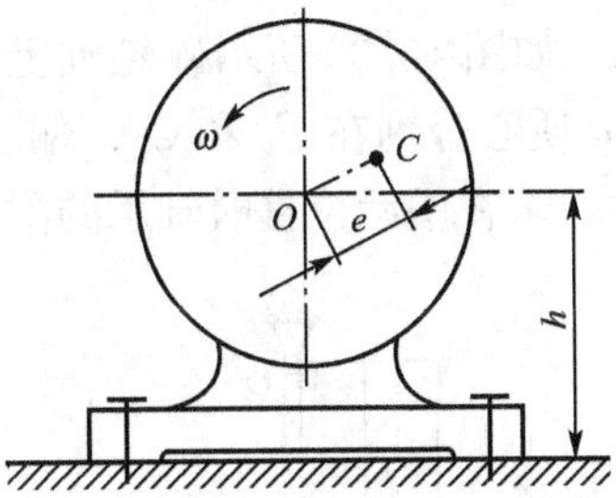

图 13.24 电动机

7. 水平匀质杆 AB，质量为 M，长为 l，A 端用铰链连接，B 端用铅直绳吊住，如图 13.25 所示。现绳子突然断掉，求此时杆的角加速度和铰链 A 处的约束力。

8. 如图 13.26 所示，长方形匀质平板，质量 $M=50\text{kg}$，由两个销钉 A 和 B 悬挂。若突然撤去销 B，求在撤去销 B 的瞬时平板的角加速度和销 A 的约束力。

9. 如图 13.27 所示，直径为 0.2m 的钢管，置于小车上，设钢管与小车间的滚动摩擦系数为 0.5cm。问小车以多大加速度运动时，钢管将在车上滚动？

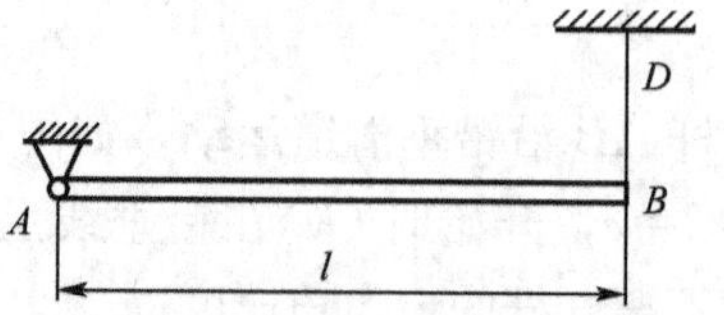

图 13.25　匀质杆

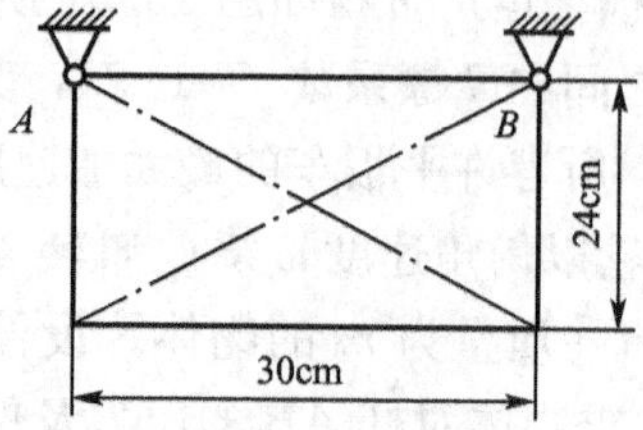

图 13.26　匀质平板

10. 加速度分析仪，如图 13.28 所示，当机体加速度到达规定值时，A 处接触触头会脱开。已知曲臂 OA 可绕水平轴 O 转动，其质量为 0.2kg，其质心位于 C 处。现由调节螺钉将 B 处弹簧力调为 8N 作用给曲臂，求当加速度多大时，A 处的触头会脱开？

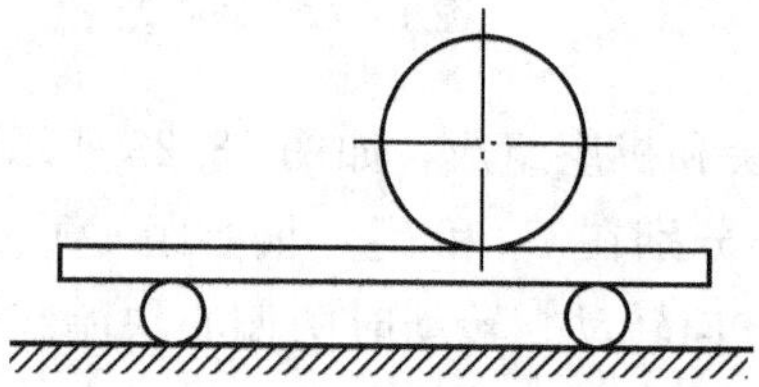

图 13.27　小车载运钢管

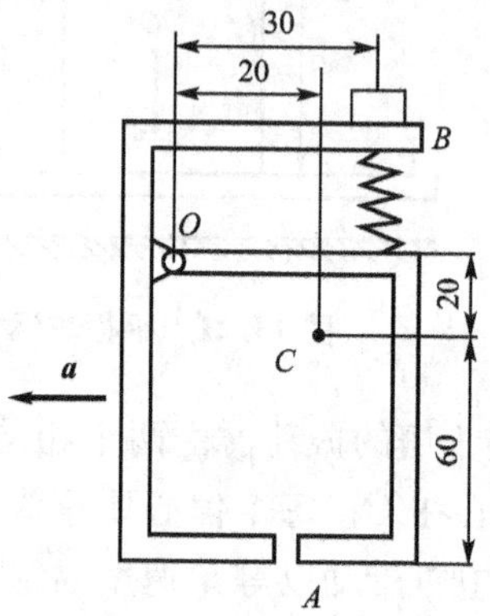

图 13.28　加速度分析仪

11. 如图 13.29 所示，一长为 l，质量为 m 的匀质杆 OA，可绕水平轴 O 转动。当 OA 杆静止于铅垂位置时，一水平力 $\boldsymbol{F}$ 突然作用到 B 点。试求该初瞬时轴承 O 的水平约束反力。又当距离 h 为何值时，轴承 O 的水平约束力等于零。

12. 如图 13.30 所示砂轮轴上安装有两个砂轮，它们的质量分别为 $m_1=3\text{kg}$，$m_2=5\text{kg}$，其质心分别在 C_1 和 C_2，偏心距都是 $e=0.2\text{mm}$，砂轮轴以转速 $n=3000\text{r/min}$ 作匀速转动，求在图示位置时轴承的附加动反力。

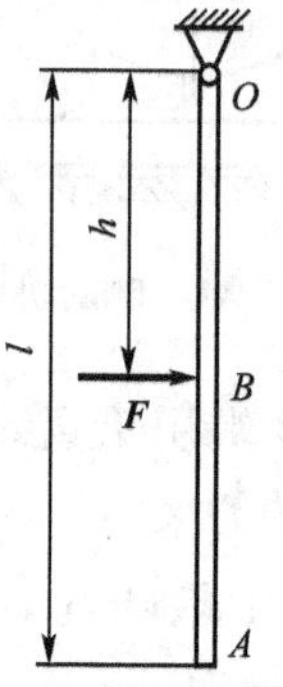

图 13.29　匀质杆绕轴转动

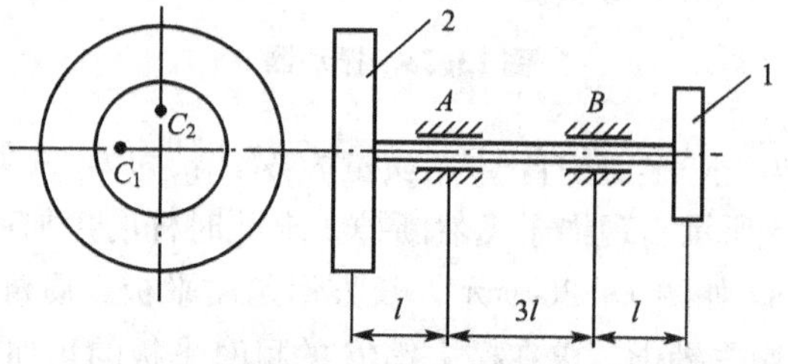

图 13.30　砂轮

13. 如图 13.31 所示，一长为 l，重量为 P 的匀质杆 AB 在 A 处用光滑销钉联结在半

径为 R 的轮缘上，并与长也为 R 的杆 BC 铰接于 B 处，$OC=AB$，BC 杆质量不计。若轮子被驱动，当 $\theta=0$ 时其角速度为 ω，角加速度为 α。求当 $\theta=0$ 时，A、B 处销钉施加于杆的力。

14. 匀质圆柱体的质量为 m，在圆柱中部缠绕有细绳，绳的一端 B 固定，如图 13.32 所示。圆柱体因细绳解开而下降，设在此过程中细绳已解开部分 AB 保持铅垂。求圆柱中心的加速度和细绳所受的拉力。

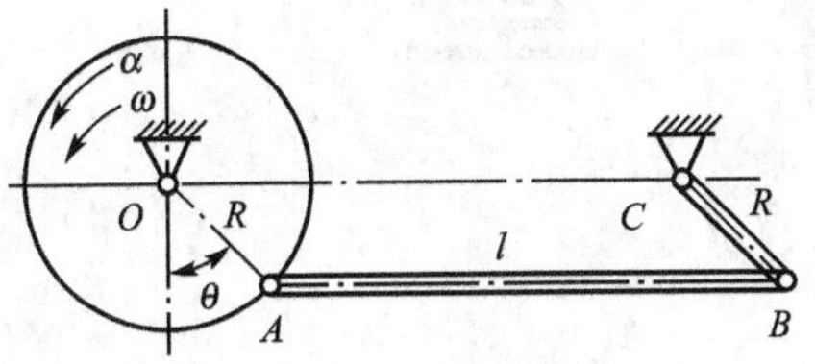

图 13.31　转轮连杆机构

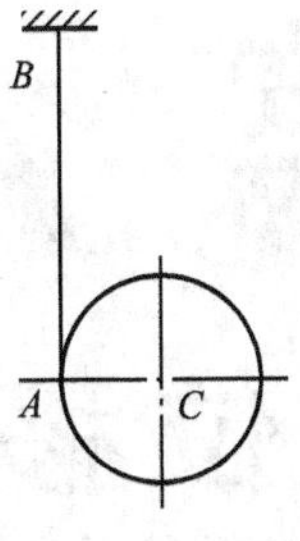

图 13.32　匀质圆柱体

15. 如图 13.33 所示曲柄 OA 质量为 m_1，长为 r，以等角速度 ω 绕水平轴 O 逆时针方向转动。曲柄 A 端推动水平板 B，使滑杆 C 沿铅直方向运动，滑杆质量为 m_2，摩擦忽略不计。当曲柄与水平方向夹角 $\theta=30°$时，求曲柄的力偶矩，以及轴承 O 的约束力。

16. 匀质磙子重为 P，半径为 R，放在粗糙的地面上，在磙子的鼓轮上绕以软绳，并在绳的一端作用一常力 $\boldsymbol{F}$，其方向与水平成 θ 角，如图 13.34 所示。鼓轮的半径为 r，磙子对中心 O 的回转半径为 ρ。当磙子由静止开始沿地面作纯滚动时，试求其中心 O 的运动规律。

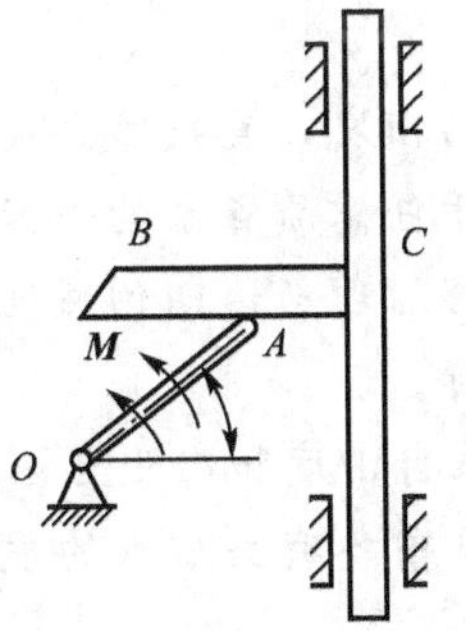

图 13.33　曲柄、平板、滑杆系统

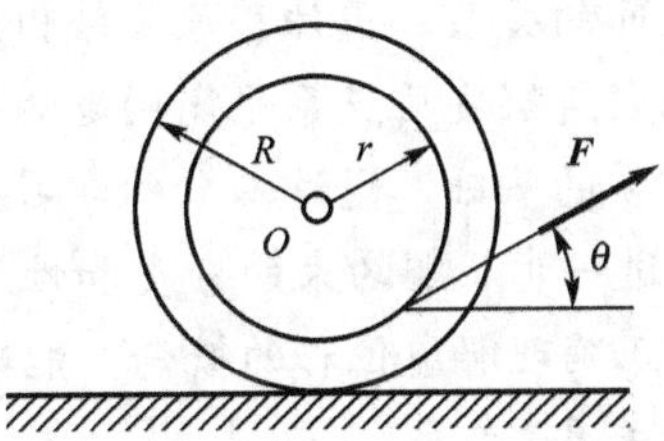

图 13.34　磙子

第14章 虚位移原理

教学目标

本章是用动力学方法求解静力学问题，它从力的功出发，直接建立质点系处于平衡时主动力之间的关系。虚位移原理给出的平衡条件，对于任意质点系的平衡都是必要与充分的，因此它是解决质点系平衡问题的普遍原理。虚位移原理与达朗伯原理结合起来构成了分析动力学的基础。通过本章的学习，应达到以下目标。

(1) 进一步了解约束的分类和性质，会判断质点系自由度和广义坐标。

(2) 正确理解虚位移的概念，能熟练地计算质点系中各有关质点的虚位移，并找出它们之间的关系。

(3) 熟练应用虚位移原理求解非自由质点系的平衡问题。

教学要求

知识要点	能力要求	相关知识
虚位移	(1) 正确理解虚位移的概念 (2) 熟练地计算质点系中各有关质点的虚位移，并找出它们之间的关系	(1) 各类约束和约束方程、实位移 (2) 运动学相关知识
虚位移原理	(1) 掌握虚功的概念和计算 (2) 熟练应用虚位移原理求解质点系的平衡问题	(1) 理想约束、自由度和广义坐标 (2) 广义力、变分

基本概念

约束、理想约束、自由度、广义坐标的概念；虚位移、虚功的概念及其计算；虚位移原理。

引例

虚位移原理应用功的概念分析质点系的平衡问题，是研究静力学平衡问题的另一途径。它不需要列平衡方程，只需计算系统中力所做的功，即可建立质点系处于平衡时主动力之间的关系。虚位移原理的计算最后大多归结为运动关系的确定问题，因而要掌握好虚位移原理，需要能熟练运用运动学的知识。应用虚位移原理求解质点系的平衡问题是本章的要点。

例如，水平梁 AB 长为 l，在梁的中心 C 作用集中力 $\boldsymbol{F}$，其方向与梁的轴线垂直。梁自重忽略不计。试用虚位移原理求解固定铰链支座 A 和滚动铰支座 B 所受的约束力。

14.1 约束·虚位移·虚功

14.1.1 约束与约束方程

一质点系不受任何限制可在空间作自由运动，这样的质点系称为自由质点系；若质点系中各质点的位置和运动受到一定限制，则称此质点系为非自由质点系。限制质点或质点系位置和运动的各种条件，称为约束，这些限制条件用数学方程表示出来，称为约束方程。根据约束的形式和性质，约束可分为如下几类。

1. 几何约束和运动约束

只限制质点或质点系在空间的几何位置的约束称为几何约束。例如图 14.1 所示的无重刚杆为摆杆的单摆，其中质点 M 可绕固定点 O 在平面 Oxy 内摆动，摆长为 l。由于刚杆 OM 的限制，质点 M 必须在以点 O 为圆心、以 l 为半径的圆周上运动。若以 x、y 表示质点的坐标，则其位置坐标必须满足条件

$$x^2+y^2=l^2$$

上式称为约束方程。

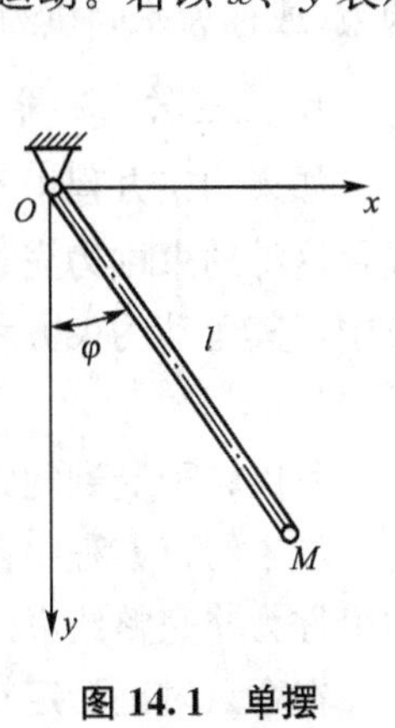

图 14.1 单摆

又如，质点 M 在图 14.2 所示半径为 r 的球面上运动，那么球面方程就是质点 M 的约束方程，即

$$x^2+y^2+z^2=r^2$$

几何约束的约束方程建立了质点间几何位置的相互联系。

除几何约束外，限制质点系运动情况的运动学条件，称为运动约束。如图 14.3 所示，半径为 r 的圆轮在水平面上沿直线轨道只滚不滑，由于约束的限制，轮子与轨道接触点 A 的速度为零。

设轮心 C 的速度为 $\dot{x}_C$，轮子的角速度为 $\dot{\varphi}$，则轮子在每一瞬时有：

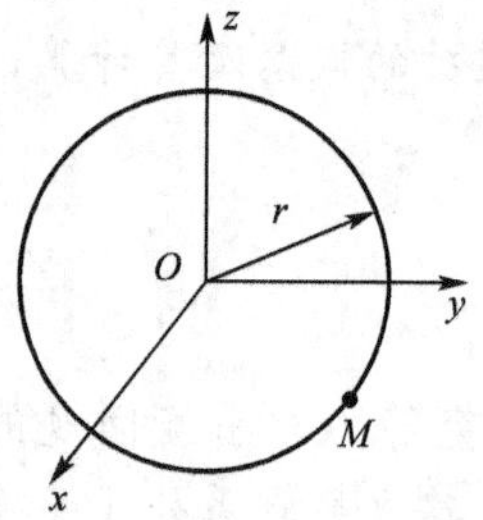

图 14.2　质点在球面上的运动

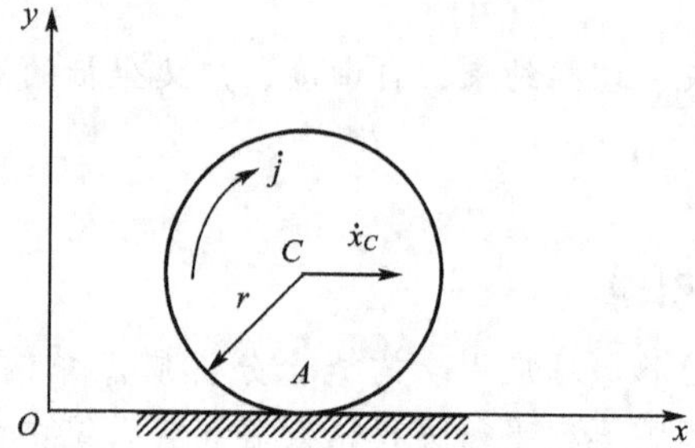

图 14.3　运动约束

$$\dot{x}_C - r\dot{\varphi} = 0$$

上式建立了轮心速度与轮子角速度之间的关系，该方程即为运动约束方程。

2. 定常约束和非定常约束

如果约束方程中不显含时间 t，即约束不随时间而变，这种约束称为定常约束。如前述单摆的约束方程不显含时间 t，属于定常约束。

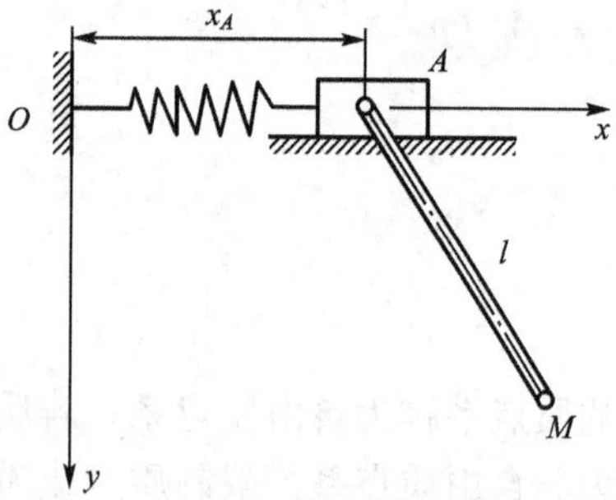

图 14.4　非定常约束

若约束方程中显含时间 t，约束条件随时间变化，这种约束称为非定常约束。如图 14.4 所示，一与弹簧相连的滑块 A 可沿光滑水平面往复滑动，设其运动规律为 $x_A = a\sin\omega t$。又在滑块上连接一单摆，摆杆长为 l，则质点 M 的约束方程为

$$(x - a\sin\omega t)^2 + y^2 = l^2$$

上式中显含时间 t，所以是非定常约束。

3. 双面约束和单面约束

在如图 14.1 所示的单摆例子中，摆杆是一刚杆，它限制质点沿杆的拉伸方向位移，又限制质点沿杆的压缩方向位移，这种约束称为双面约束(或称为固执约束)。双面约束的约束方程是等式。如图 14.3 所示的轮子，轨道只限制它向下的运动，这种约束称为单面约束(或称为非固执约束)。单面约束的约束方程是不等式。

4. 完整约束和非完整约束

如果约束方程中不包含坐标对时间的导数，或者约束方程中的微分项可积分为有限形式，这种约束称为完整约束。例如，在上述图 14.3 所示的轮子沿直线轨道作纯滚动的例子中，其运动约束方程 $\dot{x}_C - r\dot{\varphi} = 0$ 可以积分为有限形式，即

$$x_C = r\varphi + C$$

所以轮子受到的约束是完整约束。

如果约束方程中包含坐标对时间的导数，而且约束方程不可能积分为有限形式，这种约束称为非完整约束。非完整约束总是微分方程的形式。

本章只讨论受定常的双面几何约束的质点系的平衡问题。

14.1.2 虚位移

由于约束的存在，非自由质点系中各质点的位移受到一定的限制，有些位移是约束所允许的，另一些位移是约束所不允许的。在某瞬时，质点系在约束所允许的条件下，可能实现的任何无限小的位移称为虚位移。虚位移可以是线位移，也可以是角位移。虚位移用变分符号 δ 表示。例如，在如图 14.5 所示的被约束在固定曲面上的质点 M，过 M 点的切面内任何微小位移 δr 都是约束所允许的，是质点 M 的虚位移。

虚位移与实位移是两个不同的概念。虚位移是约束允许条件下可能发生的任意的无限小的位移。而实位移是质点系在一定初始条件下，由于力的作用在一定时间内实现的真实位移，它也是约束所允许的。对于无限小的实位移，一般用微分符号 d 表示。

在定常约束条件下，如图 14.5 中的曲面为固定曲面，由于约束条件不随时间而改变，实位移只是所有虚位移中的一个，而虚位移视约束情况，可以有多个，甚至无穷个。在非定常约束情况下，如图 14.6 所示的曲面是运动的，设 t 瞬时曲面的位置为Ⅰ，经过 $\mathrm{d}t$ 时间后的位置为Ⅱ，在 $\mathrm{d}t$ 时间内质点 M 的实位移为 $\mathrm{d}\boldsymbol{r}$。而某瞬时的虚位移是将时间固定后，约束所允许的位移，质点 M 在 t 瞬时的虚位移为 $\delta\boldsymbol{r}$、$\delta\boldsymbol{r}'$、…实位移不能固定时间，所以这时的实位移不一定是虚位移中的一个。

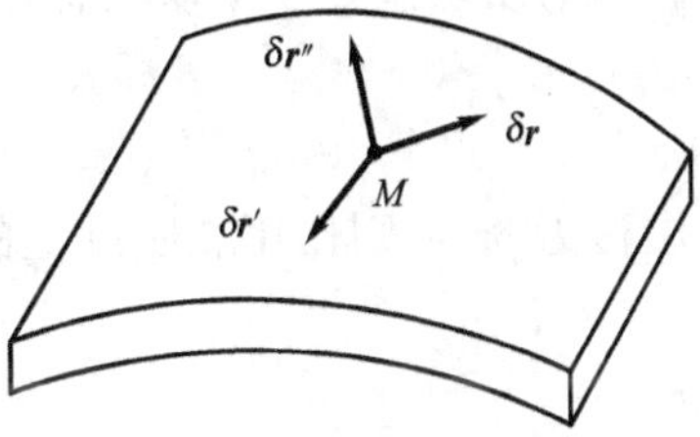

图 14.5 固定曲面

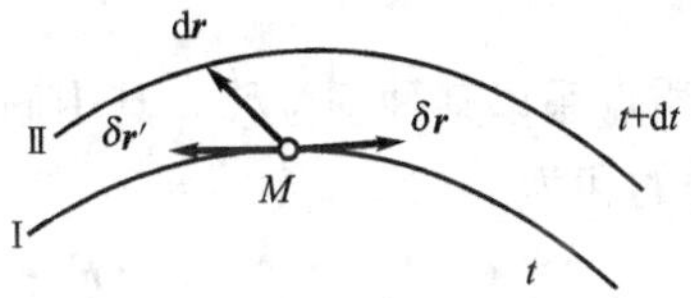

图 14.6 运动曲面

14.1.3 虚功

设某质点受力 $\boldsymbol{F}$ 作用，假想地给质点一虚位移 $\delta\boldsymbol{r}$，则力 $\boldsymbol{F}$ 在虚位移 $\delta\boldsymbol{r}$ 上所做的功称为虚功，即

$$\delta W=\boldsymbol{F}\cdot\delta\boldsymbol{r}$$

也可用虚功的解析表达式

$$\delta W=F_x\delta x+F_y\delta y+F_z\delta z$$

式中，F_x、F_y、F_z 为作用于质点上的力 $\boldsymbol{F}$ 在直角坐标轴上的投影；δx、δy、δz 为虚位移 $\delta\boldsymbol{r}$ 在直角坐标轴上的投影。

由于虚功是在假想的虚位移中所做的功，因而虚功是假想的，是虚的。如图 14.7 所示曲柄连杆机构。按图示虚位移，力 $\boldsymbol{F}$ 作的虚功为 $\delta W=-\boldsymbol{F}\cdot\delta\boldsymbol{r}_B$，力偶 M 做的虚功为 $\delta W=M\delta\varphi$。图示机构处于静止平衡状态，显然任何力都没做实功，但力可以做虚功。

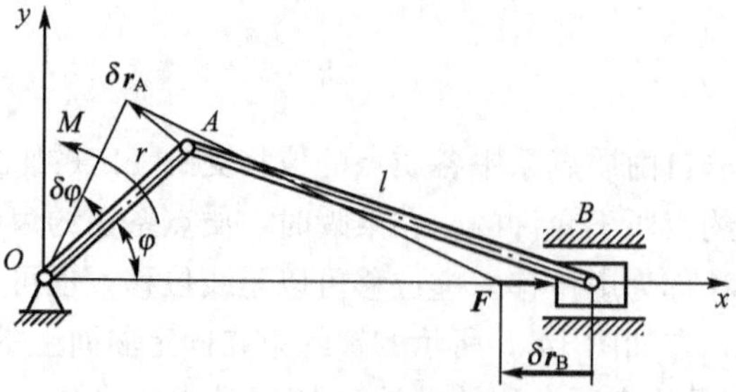

图 14.7　曲柄连杆机构

如果在质点系的任何虚位移中，约束力所做虚功的和为零，则这种约束称为理想约束。例如光滑固定面约束、光滑铰链、无重刚杆、不可伸长的柔绳、固定端等约束均为理想约束。

14.2 虚位移原理

设有一个质点系处于静止状态，取质点系中任一质点 M_i，如图 14.8 所示，作用在该质点上的主动力的合力为 $\boldsymbol{F}_i$，约束力的合力为 $\boldsymbol{F}_{Ni}$。因为质点系处于平衡状态，则该质点也处于平衡状态，因此有

$$\boldsymbol{F}_i+\boldsymbol{F}_{Ni}=0$$

若给质点系以某种虚位移，其中质点 M_i 的虚位移为 $\delta\boldsymbol{r}_i$，则作用在质点上的力 $\boldsymbol{F}_i$ 和 $\boldsymbol{F}_{Ni}$ 的虚功的和为

$$\boldsymbol{F}_i\cdot\delta\boldsymbol{r}_i+\boldsymbol{F}_{Ni}\cdot\delta\boldsymbol{r}_i=0$$

对于质点系内所有质点，都可得到与上式同样的等式。将这些等式相加，得

$$\sum\boldsymbol{F}_i\cdot\delta\boldsymbol{r}_i+\sum\boldsymbol{F}_{Ni}\cdot\delta\boldsymbol{r}_i=0$$

如果质点系具有理想约束，则约束力在虚位移中所做虚功的和为零，即 $\sum\boldsymbol{F}_{Ni}\cdot\delta\boldsymbol{r}_i=0$，代入上式得

$$\sum\boldsymbol{F}_i\cdot\delta\boldsymbol{r}_i=0 \tag{14-1}$$

用 $\sum\delta W_{F_i}$ 代表作用在质点上的主动力的虚功，由于 $\sum\delta W_{F_i}=\sum\boldsymbol{F}_i\cdot\delta\boldsymbol{r}_i$，则上式可写为

$$\sum\delta W_{F_i}=\sum\boldsymbol{F}_i\cdot\delta\boldsymbol{r}_i=0 \tag{14-2}$$

可以证明，上式不仅是质点系平衡的必要条件，也是充分条件。

因此可得到结论：具有理想约束的质点系，在某一位置处于平衡的必要和充分条件是作用于质点系的所有主动力在此位置的任何虚位移中所做虚功的和为零。上述结论称为虚位移原理，又称为虚功原理。

式(14-1)、式(14-2)也称为虚功方程。

为了方便，也可将式(14-1)写成解析表达式，即

$$\sum(F_{xi}\delta x_i+F_{yi}\delta y_i+F_{zi}\delta z_i)=0 \tag{14-3}$$

式中，F_{xi}、F_{yi}、F_{zi} 为作用于质点上的主动力 $\boldsymbol{F}_i$ 在直角坐标轴上的投影；δx_i、δy_i、δz_i 为虚位移 $\delta\boldsymbol{r}_i$ 在直角坐标轴上的投影。

虚位移原理的优势在于讨论质点系平衡时直接给出了主动力之间的关系而无需涉及理想约束力。若求解受到有摩擦或弹簧存在的非理想约束的质点系的平衡问题，只要把摩擦力或弹性力当作主动力，在虚位移原理中计入其在虚位移中所做的虚功即可。

【例 14.1】 如图 14.8 所示的曲柄式压榨机的铰链 B 上作用有水平力 $\boldsymbol{F}$，此力作用于平面 ABC 内。若 $AB=BC$，$\angle ABC=2\theta$，各处摩擦与杆重均忽略不计。求图示平衡位置作用于 C 处的对物体的压榨力。

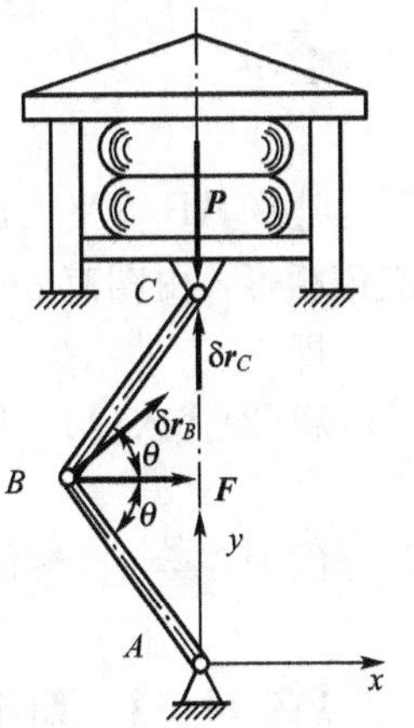

图 14.8 曲柄式压榨机

解：取机构 ABC 为研究对象，作用于机构的主动力有水平力 $\boldsymbol{F}$ 和物体对机构的反作用力 $\boldsymbol{P}$。给 B 点一虚位移 $\delta\boldsymbol{r}_B$，$\delta\boldsymbol{r}_B$ 垂直于 AB；C 点的虚位移 $\delta\boldsymbol{r}_C$ 竖直向上，如图 14.8 所示。由虚位移原理有

$$F\delta r_B\cos\left(\frac{\pi}{2}-\theta\right)-P\delta r_C=0 \tag{1}$$

由速度投影定理，BC 杆上任意两点的速度在此两点连线的投影相等，B、C 两点的虚位移在 BC 连线上的投影也应该相等，由图有

$$\delta r_C\cos\left(\frac{\pi}{2}-\theta\right)=\delta r_B\cos\left(2\theta-\frac{\pi}{2}\right)$$

即

$$\delta r_C\sin\theta=\delta r_B\sin 2\theta$$

或

$$\delta r_C=2\delta r_B\cos\theta \tag{2}$$

将式(2)代入(1)，得

$$F\delta r_B\sin\theta-2P\delta r_B\cos\theta=0$$

因为 δr_B 是任意的，$\delta r_B\neq 0$，解得

$$P=\frac{F}{2}\tan\theta$$

此题也可用坐标法求解。选取坐标系如图 14.8 所示，θ 角为广义坐标，令 $AB=BC=l$，则 B、C 两点的坐标为

$$x_B=-l\cos\theta,\quad y_C=2l\sin\theta$$

对坐标求变分，得

$$\delta x_B=l\sin\theta\delta\theta,\quad \delta y_C=2l\cos\theta\delta\theta$$

由虚位移原理的解析表达式，则

$$F\delta x_B-P\delta y_C=0$$

解得

$$P=\frac{F}{2}\tan\theta$$

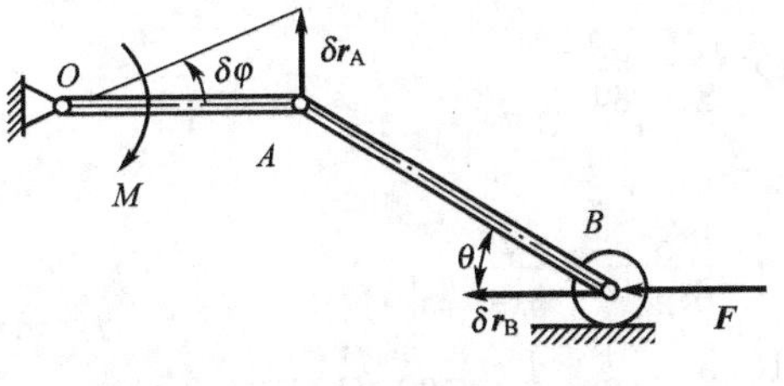

图 14.9 曲柄连杆机构

【例 14.2】 如图 14.9 所示，曲柄 OA 长为 r，连杆 AB 长为 l，杆重和水平面、铰链的摩擦力均忽略不计。当曲柄 OA 位于水平位置时，连杆 AB 与水平面的夹角为 θ。求在此位置平衡时转矩 M 和水平力 $\boldsymbol{F}$ 之间的关系。

解：取整个系统为研究对象，系统的约束为理想约束。作用于系统的主动力有力偶 M 和力 $\boldsymbol{F}$。给曲柄 OA 以逆时针方向的虚位移 $\delta\varphi$，则点 A 和 B 的虚位移分别为 $\delta\boldsymbol{r}_A$、$\delta\boldsymbol{r}_B$。如图 14.10 所示，由虚位移原理有

$$\sum\delta W_{F_i}=0,\quad -M\delta\varphi+F\delta r_B=0 \tag{1}$$

其中

$$\delta r_A=r\delta\varphi$$

连杆 AB 作平面运动，且 AB 杆为刚性杆，A、B 两点的虚位移在 AB 连线上的投影应该相等，由图有 $\delta r_B\cos\theta=\delta r_A\sin\theta=r\delta\varphi\sin\theta$

即

$$\delta r_B=r\delta\varphi\tan\theta \tag{2}$$

将(2)代入(1)，得

$$-M\delta\varphi+Fr\delta\varphi\tan\theta=0$$

因为 $\delta\varphi\neq0$，解得

$$M=Fr\tan\theta$$

【例 14.3】 如图 14.10(a)所示的无重静定多跨梁 AF，已知：$F_1=25\text{kN}$，$F_2=30\text{kN}$，$q=5\text{kN/m}$，$M=12\text{kN}\cdot\text{m}$。求支座 E 的约束力。

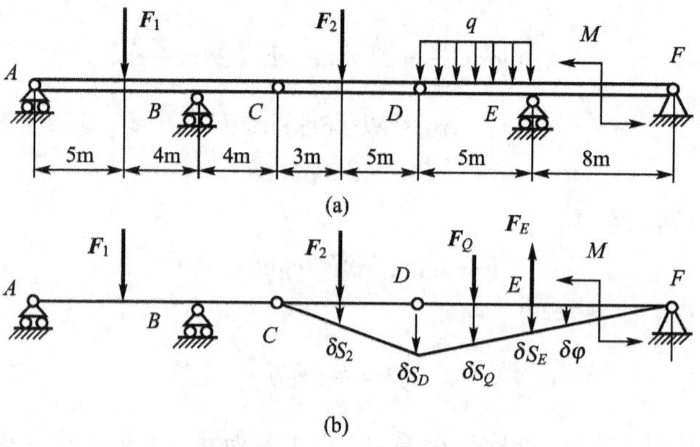

图 14.10 无重静定多跨梁

解：解除支座 E 的约束，代之以约束力 $\boldsymbol{F}_E$，并将 $\boldsymbol{F}_E$ 看作主动力。这样，梁的自由度为 1。假想支座 E 产生如图所示的虚位移，则在约束允许的条件下，各点虚位移如图 14.10(b)所示，由虚位移原理有

$$\sum\delta W_{F_i}=0,\quad -F_E\delta s_E+F_1\delta s_1+F_2\delta s_2+F_Q\delta s_Q+M\delta\varphi=0$$

由图可看出

$$\delta s_1=0,\quad \frac{\delta s_Q}{\delta s_E}=\frac{10.5}{8},\quad \frac{\delta\varphi}{\delta s_E}=\frac{1}{8}$$

$$\frac{\delta s_2}{\delta s_E}=\frac{\delta s_2}{\delta s_D}\frac{\delta s_D}{\delta s_E}=\frac{3}{8}\times\frac{13}{8}=\frac{39}{64}$$

代入虚功方程，得

$$F_E=F_1\frac{\delta s_1}{\delta s_E}+F_2\frac{\delta s_2}{\delta s_E}+F_Q\frac{\delta s_Q}{\delta s_E}+M\frac{\delta\varphi}{\delta s_E}$$

$$=30\times\frac{39}{64}+5\times5\times\frac{10.5}{8}+12\times\frac{1}{8}=52.6(\text{kN})$$

14.3 自由度和广义坐标

确定一个具有几何约束的质点系在空间的位置所需独立坐标的数目，称为质点系的自由数目，简称为自由度。如图 14.7 所示曲柄连杆机构，机构简化为销 A 和滑块 B 两个质点组成的质点系。它们受到的约束：销 A 只能以点 O 为圆心，以 r 为半径作圆周运动；滑块 B 与销 A 间的距离保持为杆长 l；滑块 B 始终沿滑道作直线运动。这 3 个约束用约束方程表示为

$$x_A^2+y_A^2=r^2$$
$$(x_B-x_A)^2+(y_B-x_B)^2=l^2$$
$$y_B=0$$

在二维坐标系中上述质点系有 4 个直角坐标而只有 3 个约束方程，所以它只有一个独立坐标，即只有一个自由度。

一般地说，具有 n 个质点的质点系，如果受到 s 个约束，有 s 个独立的约束方程，则在三维直角坐标系中其自由度的数目是

$$\delta=3n-s$$

由于约束的存在，用以确定质点系位置的直角坐标并不是彼此独立的，因此，可适当选用 δ 个独立参变量来确定质点系的位置。用来确定质点系位置的独立参变量，称为质点系的广义坐标。对于受完整约束的质点系，广义坐标的数目等于自由度数目。

如上所示的曲柄连杆机构，只需一个广义坐标便可唯一地确定其位置。选用曲柄与水平线的夹角 φ 来表示系统的位置，当给定 φ 就能唯一地确定整个系统的位置时，角 φ 即为此机构的广义坐标。

14.4 以广义坐标表示的质点系平衡条件

从虚位移原理应用的例子，可以总结利用虚位移原理解决系统平衡问题的过程。首先写出所有主动力的虚功的表达式；由于各点的虚位移不独立，通过运动学关系或速度关系，或位置关系，作变分运算，得出各虚位移与广义坐标变分的关系式；最后代入虚功的表达式，得到只含广义坐标变分的等式，从而得到主动力(包括平衡状态)间的关系。本节根据上述方法导出质点系平衡条件的一般形式。

设由 n 个质点 $M_k(k=1,\ 2,\ \cdots,\ n)$ 组成的质点系。质点 M_k 的矢径为 $\boldsymbol{r}_k$，其在惯性参考坐标系的坐标矩阵为 $\boldsymbol{r}_k=(x_k\quad y_k\quad z_k)^{\mathrm{T}}$。质点系在惯性参考坐标系的位置由如下坐标矩阵确定

$$\boldsymbol{q}=(\boldsymbol{r}_1^{\mathrm{T}}\quad \boldsymbol{r}_2^{\mathrm{T}}\quad \cdots\quad \boldsymbol{r}_n^{\mathrm{T}})^{\mathrm{T}} \tag{14-4}$$

由于存在 s 个独立的约束方程，系统的广义坐标为 δ 个，可以将它们构成一个 δ 阶广义坐标矩阵列阵 $\boldsymbol{w}$，即

$$\boldsymbol{w}=(w_1\quad w_2\quad \cdots\quad w_\delta)^{\mathrm{T}} \tag{14-5}$$

而质点系的坐标矩阵 $\boldsymbol{q}$ 总可表示为这些广义坐标的函数，即有

$$\boldsymbol{q}=\boldsymbol{q}(\boldsymbol{w},\ t) \tag{14-6}$$

展开式(14－7)，质点 M_k 的矢径 $\boldsymbol{r}_k$ 的坐标矩阵与广义坐标矩阵 $\boldsymbol{w}$ 的关系可表示为

$$\boldsymbol{r}_k=\boldsymbol{r}_k(\boldsymbol{w},\ t) \quad (k=1,\ 2,\ \cdots,\ n) \tag{14-7}$$

取等时变分，有

$$\delta\boldsymbol{r}_k=\sum_{j=1}^{\delta}\frac{\partial\boldsymbol{r}_k}{\partial w_j}\delta w_j \quad (k=1,\ 2,\ \cdots,\ n) \tag{14-8}$$

若作用在质点 M_k 上的主动力在参考坐标系的坐标矩阵为 $\boldsymbol{F}_k^{\mathrm{a}}$，根据定义，系统的虚功可表示为 $\delta W=\sum_{k=1}^{n}\boldsymbol{F}_k^{\mathrm{aT}}\cdot\delta\boldsymbol{r}_k$，则其矩阵形式为

$$\delta W=\sum_{k=1}^{n}\boldsymbol{F}_k^{\mathrm{aT}}\cdot\delta\boldsymbol{r}_k \tag{14-9}$$

推导出虚功表达式为

$$\delta W=\sum_{j=1}^{\delta}\left(\sum_{k=1}^{n}\boldsymbol{F}_k^{\mathrm{aT}}\frac{\partial\boldsymbol{r}_k}{\partial w_j}\right)\delta w_j \tag{14-10}$$

令

$$Q_j=\sum_{k=1}^{n}\boldsymbol{F}_k^{\mathrm{aT}}\frac{\partial\boldsymbol{r}_k}{\partial w_j} \quad (j=1,\ \cdots,\ \delta) \tag{14-11}$$

称其为作用于系统所有主动力关于广义坐标 w_j 的广义力。由于 $Q_j\delta w_j$ 的量纲为功的量纲，故广义力的量纲取决于广义坐标的量纲。当 w_j 为长度时，Q_j 为力的量纲；当 w_j 为角度时，Q_j 为力偶的量纲。将式(14－11)代入式(14－10)，系统的总虚功可表示为

$$\delta W=\sum_{j=1}^{\delta}Q_j\delta w_j \tag{14-12}$$

将式(14－12)代入虚位移原理的表达式(14－2)，有

$$\delta W=\sum_{j=1}^{\delta}Q_j\delta w_j=0 \tag{14-13}$$

对于完整约束系统，广义坐标的变分 $\delta w_j\,(j=1,\ \cdots,\ \delta)$ 相互间为独立变量，故由上式得

$$Q_j=0 \quad (j=1,\ \cdots,\ \delta) \tag{14-14}$$

因此虚位移原理又可表述为：具有双面理想约束的质点系，其平衡的充分必要条件为所有关于广义坐标的广义力均为零。

具体计算系统主动力关于广义坐标的广义力的计算方法如下。

(1) 根据定义 $Q_j=\sum_{k=1}^{n}\boldsymbol{F}_k^{\mathrm{aT}}\dfrac{\partial\boldsymbol{r}_k}{\partial w_j}$，写成分量形式为：

$$Q_{jx}=\sum_{k=1}^{n}F_{kx}^{\mathrm{aT}}\frac{\partial x_k}{\partial w_j},\quad Q_{jy}=\sum_{k=1}^{n}F_{ky}^{\mathrm{aT}}\frac{\partial y_k}{\partial w_j},\quad Q_{jz}=\sum_{k=1}^{n}F_{kz}^{\mathrm{aT}}\frac{\partial z_k}{\partial w_j} \tag{14-15}$$

(2) 由于广义坐标的变分的独立性，取某广义坐标的变分 δw_k，令其他广义坐标的变分为零，系统的元功保持不变，即

$$\delta W=\sum_{j=1}^{\delta}Q_j\delta w_j=Q_k\delta w_k \tag{14-16}$$

由此，只要计算出系统元功 δW，系统各主动力关于广义坐标的广义力为

$$Q_k=\frac{\delta W}{\delta w_k}\quad (k=1,\ \cdots,\ \delta) \qquad (14-17)$$

【例 14.4】 如图 14.11 所示一平面双摆，摆长分别为 l_1 与 l_2，设质量集中于摆的末端，分别为 m_1 和 m_2。在摆端 B 受到一水平力 $\boldsymbol{F}$。试确定广义力，并求系统平衡时，双摆的位形。

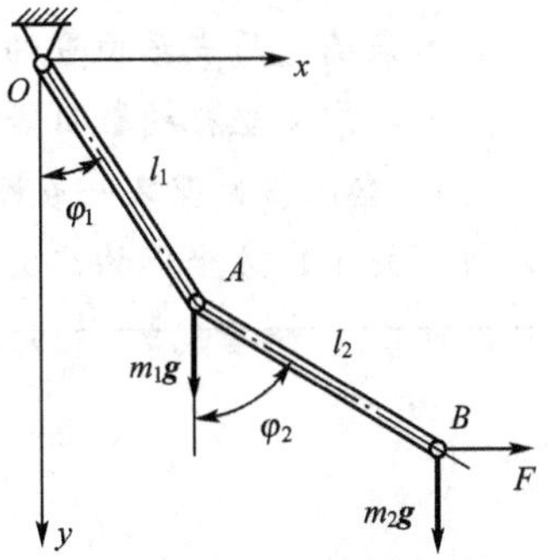

图 14.11 平面双摆

解：建立图 14.11 所示惯性参考坐标系。系统有两个自由度，选取广义坐标 φ_1 与 φ_2。

系统中质点 A 和 B 的坐标矩阵分别为

$$\boldsymbol{r}_1=(x_1\quad y_1)^{\mathrm{T}}=(l_1\sin\varphi_1\quad l_1\cos\varphi_1)^{\mathrm{T}}$$

$$\boldsymbol{r}_2=(x_2\quad y_2)^{\mathrm{T}}=(l_1\sin\varphi_1+l_2\sin\varphi_2\quad l_1\cos\varphi_1+l_2\cos\varphi_2)^{\mathrm{T}}$$

作用在质点系上的各主动力在参考坐标系的坐标矩阵 $\boldsymbol{F}_k^{\mathrm{a}}$ 为

$$\boldsymbol{F}_1=(0\quad m_1g)^{\mathrm{T}},\quad \boldsymbol{F}_2=(0\quad m_2g)^{\mathrm{T}},\quad \boldsymbol{F}_3=(F\quad 0)^{\mathrm{T}}$$

主动力方向上的虚位移有

$$\delta y_1=-l_1\sin\varphi_1\delta\varphi_1,$$
$$\delta x_2=l_1\cos\varphi_1\delta\varphi_1+l_2\cos\varphi_2\delta\varphi_2,$$
$$\delta y_2=-l_1\sin\varphi_1\delta\varphi_1-l_2\sin\varphi_2\delta\varphi_2$$

现计算系统的广义力。

系统对于广义坐标 $w_1=\varphi_1$ 时的广义力为

$$Q_1=\sum_{k=1}^{3}\left(F_{kx}\frac{\partial x_k}{\partial\varphi_1}+F_{ky}\frac{\partial y_k}{\partial\varphi_1}\right)=F_{1y}\frac{\partial y_1}{\partial\varphi_1}+F_{2y}\frac{\partial y_2}{\partial\varphi_1}+F_{3x}\frac{\partial x_2}{\partial\varphi_1}$$
$$=(F\cos\varphi_1-m_1g\sin\varphi_1-m_2g\sin\varphi_1)l_1$$

同理，系统对于广义坐标 $w_2=\varphi_2$ 时的广义力为

$$Q_2=(F\cos\varphi_2-m_2g\sin\varphi_2)l_2$$

求双摆平衡时的位形。

由平衡条件式(14－14)，以上两式均为零，从而得到平衡位置的位形坐标为

$$\varphi_1=\arctan\frac{F}{m_1g+m_2g},\quad \varphi_2=\arctan\frac{F}{m_2g}$$

本 章 小 结

1. 虚位移·虚功·理想约束

在某瞬时，质点系在约束所允许的条件下，可能实现的任何无限小的位移称为虚位移。虚位移可以是线位移，也可以是角位移。

力 $\boldsymbol{F}$ 在虚位移 $\delta\boldsymbol{r}$ 上所做的功称为虚功，即 $\delta W=\boldsymbol{F}\cdot\delta\boldsymbol{r}$。

在质点系的任何虚位移中，约束力所做虚功的和为零，则这种约束称为理想约束。

2. 虚位移原理：对于具有理想约束的质点系，在某一位置处于平衡的必要和充分条件是作用于质点系的所有主动力在此位置的任何虚位移中所做虚功的和为零，又称为虚功原理。其一般表达形式：$\sum\delta W_{F_i}=\sum\boldsymbol{F}_i\cdot\delta\boldsymbol{r}_i=0$。

3. 自由度·广义坐标

确定一个具有几何约束的质点系在空间的位置所需独立坐标的数目，称为质点系的自由数目，简称为自由度。

用来确定质点系位置的独立参变量，称为质点系的广义坐标。对于受完整约束的质点系，广义坐标的数目等于自由度数目。

4. 虚位移原理又一表述为：具有双面理想约束的质点系，其平衡的充分必要条件为所有关于广义坐标的广义力均为零。即质点系平衡条件的一般形式：$Q_j=0$。

思考题

1. 在应用虚位移原理给质点系以虚位移时，为什么特别强调虚位移必须是为约束所允许的无限小的位移?

2. 虚位移原理是否只适用于具有理想约束的系统?

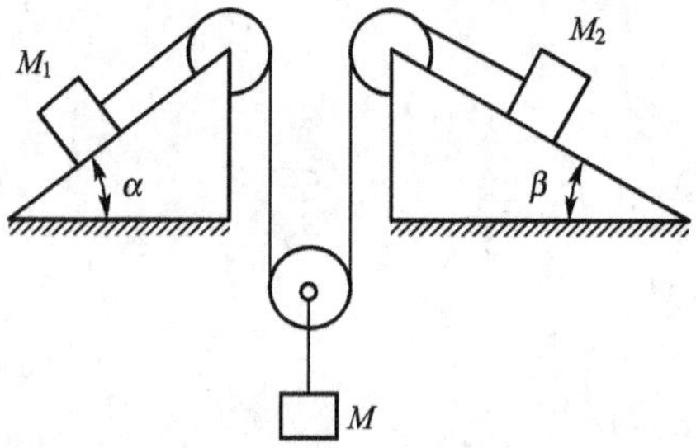

图 14.12 滑轮组

3. 虚位移原理所建立的平衡条件与静力学所建立的平衡条件相比较，有哪些缺点和优点?

4. 如图 14.12 所示的滑轮组，不计各滑轮质量，且绳子不可伸长，试写出系统的约束方程。并求此系统有几个自由度? 重物 M、M_1、M_2 的虚位移之间有何关系?

5. 试分析如图 14.13 所示平面机构的自由度数。

6. “不可伸长的绳索是理想约束”，但在如图 14.14 所示的情况下，绳索穿过一圆环，它对物体 A 的约束力 $\boldsymbol{F}_{\mathrm{T}}$ 不与虚位移 $\delta\boldsymbol{r}$ 垂直，力 $\boldsymbol{F}_{\mathrm{T}}$ 的元功不为零，这是否说明，绳索不是理想约束? 为什么?

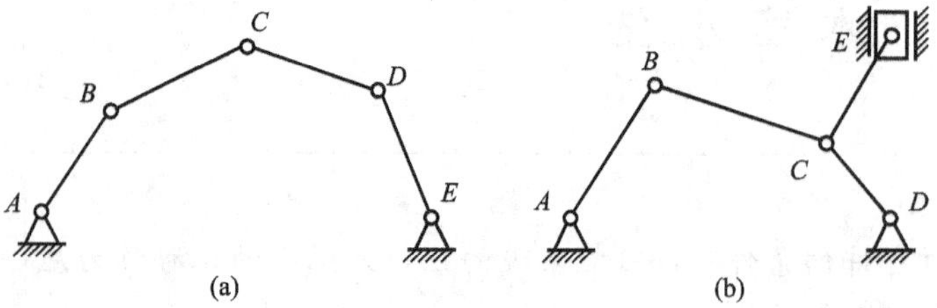

图 14.13 平面机构

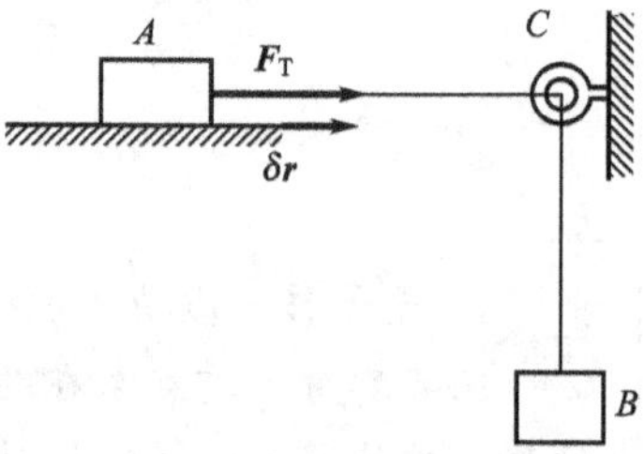

图 14.14 不可伸长的绳索

习 题

1. 如图 14.15 所示为一夹紧装置，设缸体内的压强为 p，活塞直径为 d，杆重忽略不计，尺寸如图所示。试求作用在工件 E 上的压力 $\boldsymbol{F}_N$。

2. 如图 14.16 所示已知差动滑轮的半径为 r_1、r_2，滑轮重量和轴承处的摩擦忽略不计，求平衡时力 $\boldsymbol{P}$ 和 $\boldsymbol{Q}$ 间的关系。

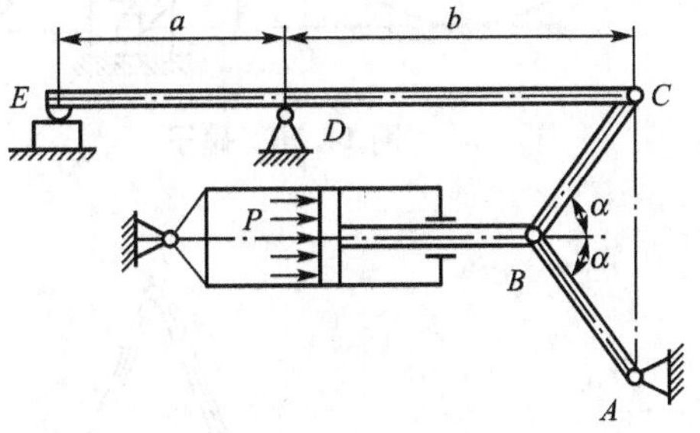

图 14.15 夹紧装置

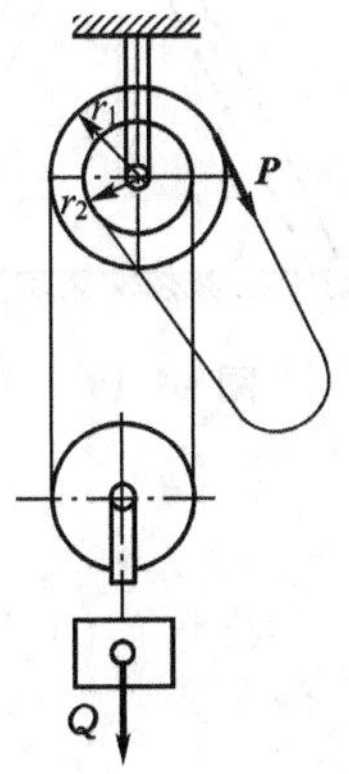

图 14.16 差动滑轮

3. 图 14.17 所示机构中，曲柄 OA 上作用一力偶，力偶矩的大小为 M，曲柄长为 a。滑块 D 上作用一水平力 $\boldsymbol{F}$。求当机构平衡时，力 $\boldsymbol{F}$ 与力偶矩 $\boldsymbol{M}$ 的关系。

4. 图 14.18 所示摇杆机构，位于水平面内。已知 $OO_1=OA=l$。求在任意夹角 θ 处于平衡时，力偶矩 M_1 和 M_2 的关系。

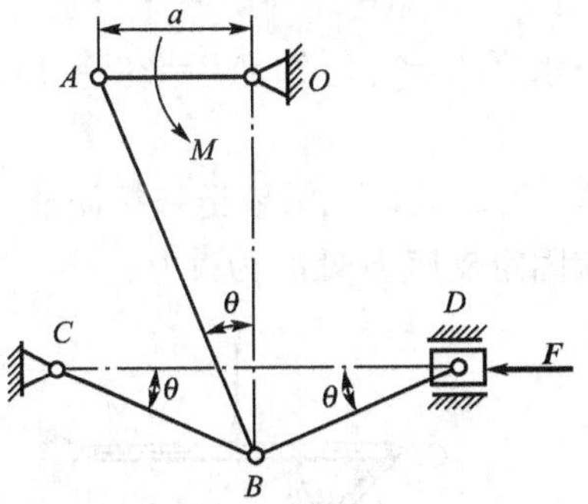

图 14.17 曲柄连杆机构

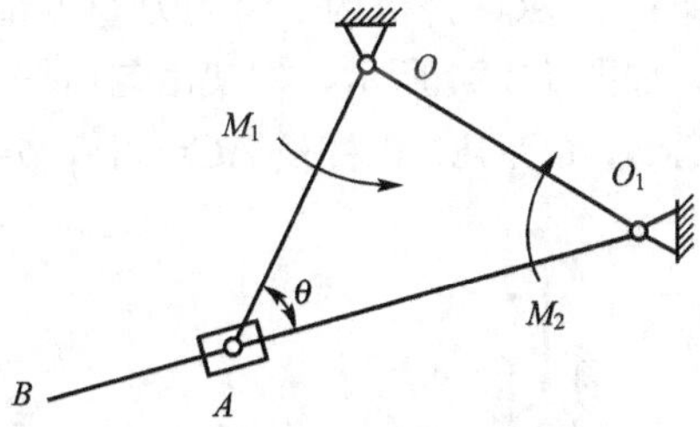

图 14.18 摇杆机构

5. 一折梯放在粗糙的水平地面上，如图 14.19 所示。设梯子与地面间的滑动摩擦系数为 f，求平衡时梯子与水平面所成的最小夹角 φ。

6. 如图 14.20 所示，半径为 R 的碌子放在粗糙水平面上，连杆 AB 的两端分别与轮缘上的 A 点和滑块 B 铰接。现碌子上施加力偶，滑块上施加力 $\boldsymbol{F}$，系统于图示位置处于平衡。设力 $\boldsymbol{F}$ 为已知，忽略滚动摩擦，滑块和各铰链处的摩擦及连杆 AB 与滑块 B 的重量均忽略不计，碌子重量 P 为足够大。求施加在碌子上力偶的矩 M 以及碌子与地面间的摩擦力 $\boldsymbol{F}_s$。

7. 图 14.21 所示机构中，杆 $AB=BC=0.6\text{m}$，在 B 处作用一铅垂力 $\boldsymbol{P}$，大小为 200N。设杆自重不计，滑块与水平面间为光滑接触。求当 $\theta=45°$ 机构平衡时，弹簧受力的大小。

8. 机构如图 14.22 所示，$AB=BC=l$，$BD=BE=b$，弹簧的刚度系数为 k，当 $AC=a$ 时，弹簧内拉力为零。设在 C 处作用一水平力 $\boldsymbol{F}$，机构处于平衡，求 A、C 间的距离 x。

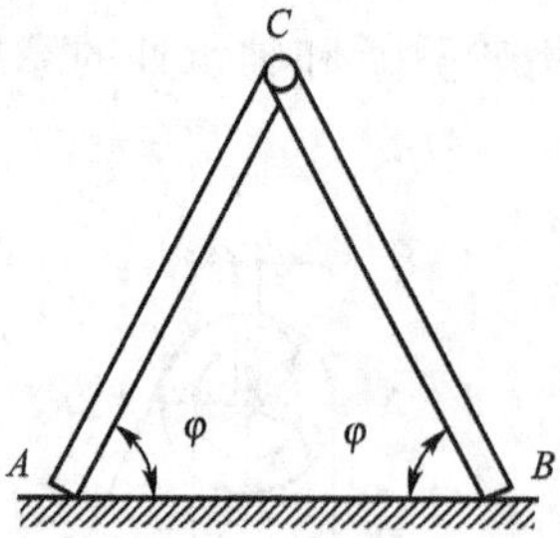

图 14.19　折梯

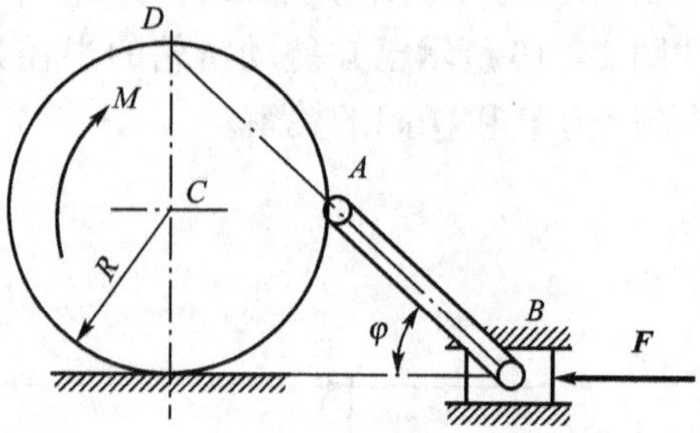

图 14.20　碾子

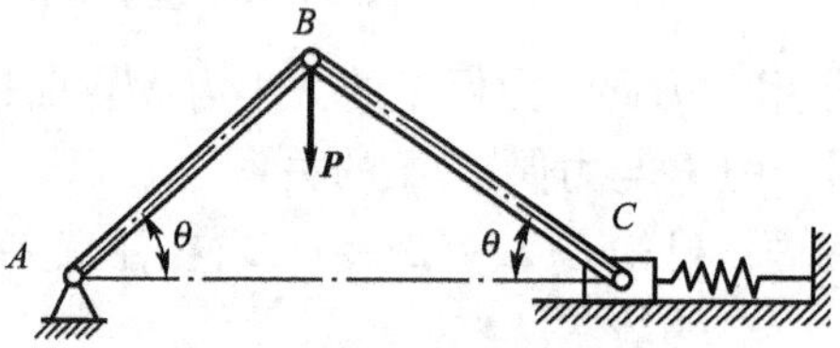

图 14.21　机构平衡

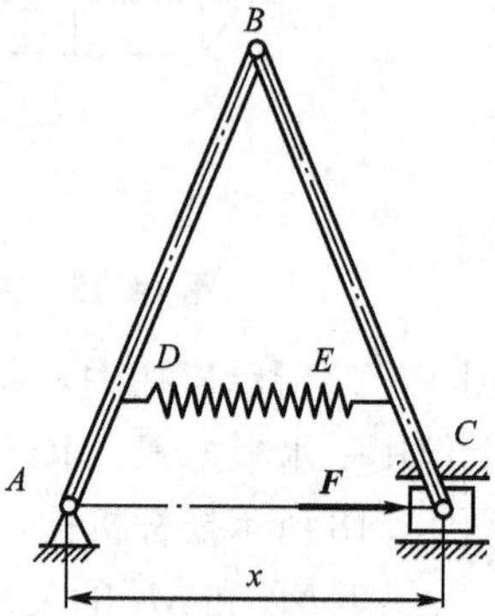

图 14.22　机构平衡

9. 在如图 14.23 所示，机构的点 D 处作用一水平力 $\boldsymbol{P}$，已知 $AB=BC=EC=FC=DE=EF=l$，求保持机构平衡的力 $\boldsymbol{Q}$ 的值。

10. 如图 14.24 所示，构架由匀质杆 AC 和 BC 在 C 处以光滑铰链铰接而成。已知杆重 $P=2\text{kN}$，$Q=4\text{kN}$，杆长 $AC=2\text{m}$，$\theta=45°$，求固定支座 B 处的约束力。

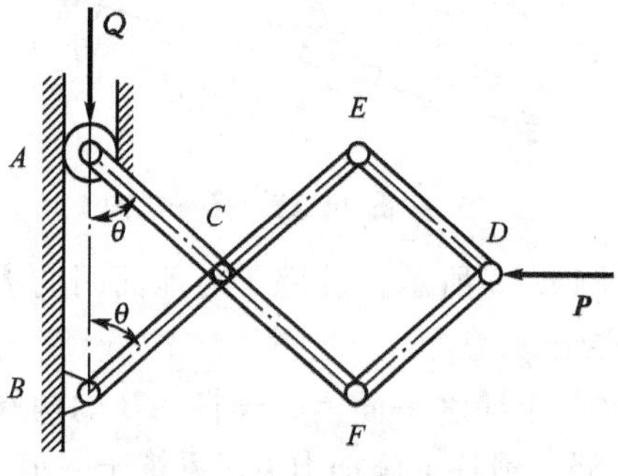

图 14.23　机构平衡力

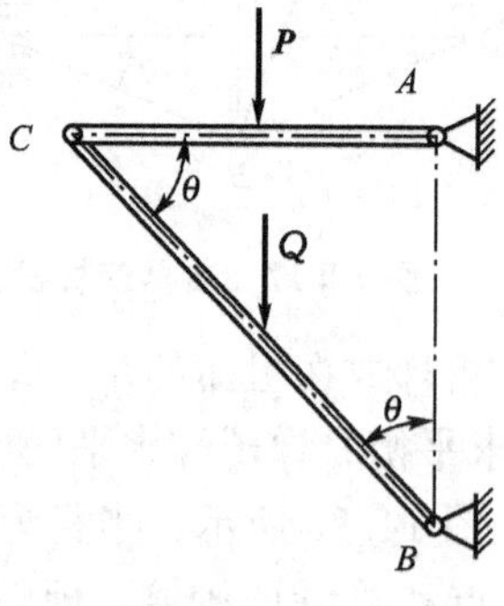

图 14.24　连杆

11. 如图 14.25 所示为三铰拱支架。C 点和 D 点处分别作用有水平力 $\boldsymbol{F}_1$ 和铅垂力 $\boldsymbol{F}_2$，求铰链 B 处的约束力。

12. 如图 14.26 所示，均质杆 AB 长 $2l$，一端靠在光滑的铅直墙壁上，另一端放在固定光滑曲面 DE 上。若使该杆能静止在铅垂平面的任意位置，曲面 DE 的曲线应是怎样的形状？

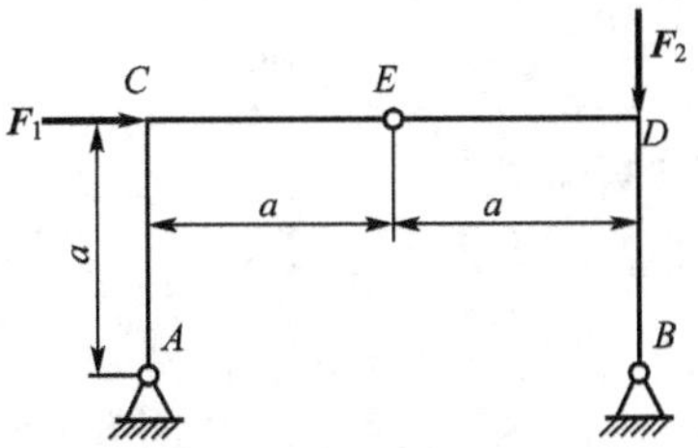

图 14.25 三铰拱

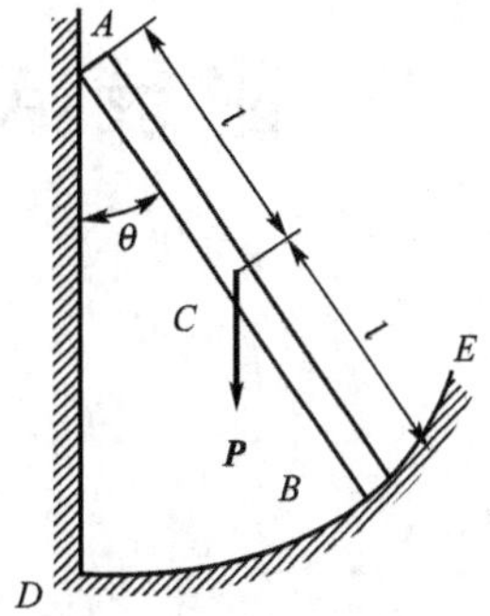

图 14.26 匀质杆静止

13. 多跨静定梁如图 14.27 所示。梁上作用 3 个铅直力，这 3 个力的大小分别为 $\boldsymbol{F}_1=2\text{kN}$，$\boldsymbol{F}_2=6\text{kN}$，$\boldsymbol{F}_3=3\text{kN}$。求支座 A、B、D 的约束力。

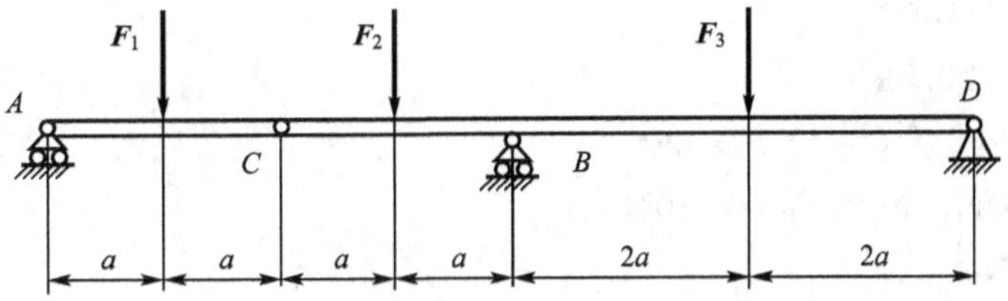

图 14.27 多跨静定梁

14. 多跨静定梁由 AB、BC、CE 构成，梁重不计，载荷分布如图 14.28 所示。已知 $P=5\text{kN}$，均布载荷 $q=2\text{kN/m}$，力偶矩 $M=12\text{kN}\cdot\text{m}$。求固定端 A 的支座反力。

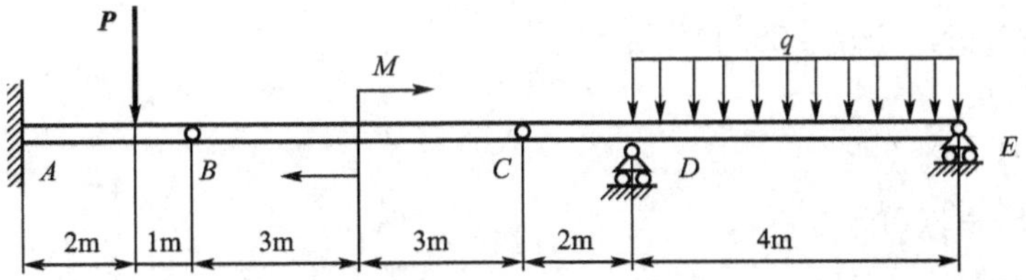

图 14.28 多跨静定梁

15. 图 14.29 所示的平面桁架中，已知 $AD=DB=6\text{m}$，$CD=3\text{m}$，$P=10\text{kN}$。试用虚位移原理求杆 3 的内力。

16. 求图 14.30 所示桁架中杆件 1、2 的内力。

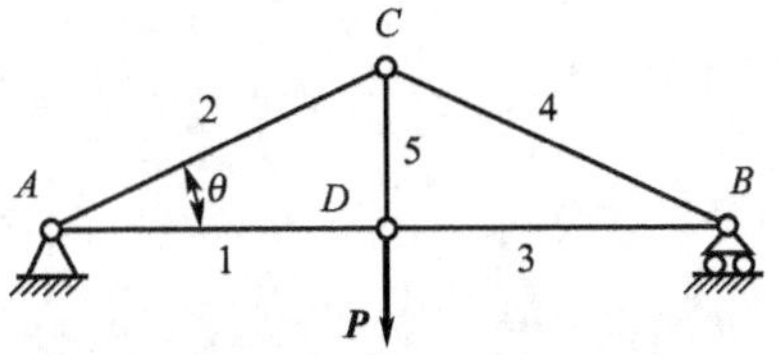

图 14.29 平面桁架

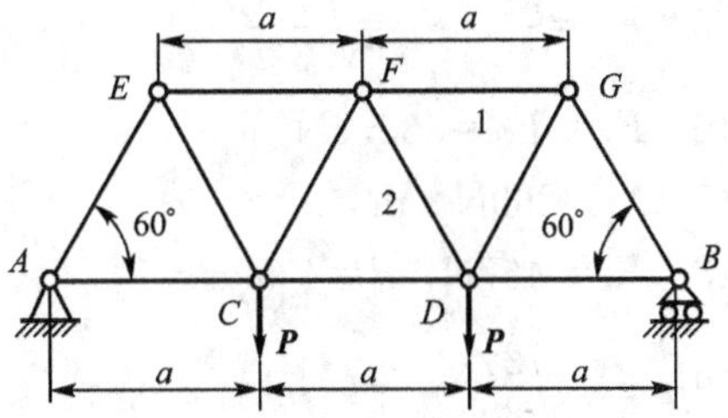

图 14.30 桁架

附录A　习题参考答案

第1章

（略）

第2章

1　$F_R = F_{Rx} = 1\text{kN}$

2　$F_A = F_B = 20.5\text{kN}$

3　$F_2 = P\cos\theta$，$F_Q = P - F_1\sin\theta$

4　$F_C = 2000\text{N}$，$F_A = F_B = 2010\text{N}$

5　$W = 130\text{N}$

7　$F_D = \dfrac{Pl}{2h}$

6　$F_{AB} = 7.321\text{kN}$，$F_{BC} = 27.32\text{kN}$

8　$F_H = \dfrac{F}{2\sin^2\theta}$

9　$F_{NA} = 38.9\text{N}$，$F_{NB} = 25.4\text{N}$，$\alpha = 24.1°$

10　$s = \dfrac{lP_1}{\sqrt{P_1^2 + P_2^2}}$

11　$F_A = F_B = 200\text{N}$

12　$F_A = \sqrt{2}\dfrac{M}{l}$

13　(a)$F_A = F_B = \dfrac{M}{2l}$；(b)$F_A = F_B = \dfrac{M}{l}$

14　$F = \dfrac{M}{a}\cos 2\theta$

15　$F_A = \dfrac{M}{l}$，$F_E = \sqrt{\dfrac{7}{3}}\dfrac{M}{l}$

16　$F_A = F_B = 333.3\text{N}$

17　$M = 260\text{N}\cdot\text{m}$

18　$F_R = 467\text{N}$，$d = 4.59\text{cm}$

19　$\dfrac{b}{h} = \sqrt{\dfrac{2\gamma}{3q}}$

20　$F_x = 6.13\text{kN}$，$F_y = 2.87\text{kN}$，$F_{BC} = 8.65\text{kN}$

21 $F_{Ax}=20\text{kN}$，$F_{Ay}=100\text{kN}$，$M_A=130\text{kN}\cdot\text{m}$

22 $P>60\text{kN}$

23 (a)$F_{Ax}=2.12\text{kN}$，$F_{Ay}=0.33\text{kN}$，$F_B=4.23\text{kN}$；(b)$F_{Ax}=0$，$F_{Ay}=15\text{kN}$，$F_B=21\text{kN}$；(c)$F_{Ax}=0$，$F_{Ay}=17\text{kN}$，$M_A=33\text{kN}\cdot\text{m}$；(d)$F_{Ax}=3\text{kN}$，$F_{Ay}=5\text{kN}$，$F_B=-1\text{kN}$

24 $F_A=6.7\text{kN}$，$F_{Bx}=6.7\text{kN}$，$F_{By}=13.5\text{kN}$

25 $F_{DE}=F_{FG}=14.1\text{kN}$(压)，$F_{Ax}=10\text{kN}(\leftarrow)$，$F_{Ay}=5\text{kN}(\downarrow)$，$F_{Cx}=10\text{kN}(\rightarrow)$，$F_{Cy}=5\text{kN}(\downarrow)$

26 $l=1\text{m}$

27 $W_{\min}=2W\left(1-\dfrac{r}{R}\right)$

28 (a) $F_A=10\text{kN}$，$F_{Cy}=42\text{kN}$，$M_C=164\text{kN}\cdot\text{m}$；
(b) $F_{Ay}=4.83\text{kN}$，$F_B=17.5\text{kN}$，$F_D=5.33\text{kN}$；
(c) $F_A=35\text{kN}$，$F_B=80\text{kN}$，$F_C=25\text{kN}$，$F_D=5\text{kN}$；
(d) $F_{Ax}=F_{Cx}=\dfrac{\sqrt{2}}{2}F$，$F_{Ay}=F_{Cy}=\dfrac{\sqrt{2}}{4}F$，$M_A=\dfrac{\sqrt{2}}{2}Fa+M$，$F_D=\dfrac{\sqrt{2}}{4}F$

29 $F_{Ax}=F_{Bx}=120\text{kN}$，$F_{Ay}=F_{By}=300\text{kN}$

30 $F_{NFA}=367\text{kN}$(拉)，$F_{NFB}=82\text{kN}$(压)，$F_{NFG}=358\text{kN}$(拉)

31 $F_A=48.33\text{kN}$，$F_B=100\text{kN}$，$F_D=8.33\text{kN}$

32 $M=60\text{N}\cdot\text{m}$

33 $F_{Ax}=-2.25\text{kN}$，$F_{Ay}=-3\text{kN}$，$F_{Dx}=2.25\text{kN}$，$F_{Dy}=4\text{kN}$

34 $F_{Ax}=12\text{kN}$，$F_{Ay}=1.5\text{kN}$，$F_B=10.5\text{kN}$，$F_{BC}=-15\text{kN}$

35 (a) $F_{NAB}=-20\text{kN}$，$F_{NAC}=F_{NAC}=33.3\text{kN}$，$F_{NAD}=-33.3\text{kN}$，$F_{NBE}=-13.3\text{kN}$，$F_{NCD}=50\text{kN}$，$F_{NDE}=10\text{kN}$，$F_{NCF}=F_{NEH}=F_{NFG}=0$，$F_{NCG}=-83.3\text{kN}$，$F_{NEG}=-16.67\text{kN}$，$F_{NGH}=-40\text{kN}$
(b) $F_{NAD}=F_{NDF}=F_{NFC}=17.32\text{kN}$，$F_{NBE}=F_{NEG}=F_{NGC}=-20\text{kN}$，$F_{NAE}=F_{NDE}=F_{NDG}=F_{NFG}=0$

36 (a) $F_{N1}=-125\text{kN}$，$F_{N2}=53\text{kN}$，$F_{N3}=-87.5\text{kN}$
(b) $F_{N1}=30\text{kN}$，$F_{N2}=-12.5\text{kN}$，$F_{N3}=12.5\text{kN}$，$F_{N4}=70\text{kN}$

第 3 章

1 $F_{1x}=F_{1y}=0$，$F_{1z}=6\text{kN}$，$F_{2x}=-1.414\text{kN}$，$F_{2y}=1.414\text{kN}$，
$F_{2z}=0$，$F_{3x}=F_{3z}=2.31\text{kN}$，$F_{3y}=-2.31\text{kN}$；

2 $M_x(F)=-43.3\text{N}\cdot\text{m}$，$M_y(F)=-10\text{N}\cdot\text{m}$，$M_z(F)=-7.5\text{N}\cdot\text{m}$

3 $F_\text{N}=0.5\text{kN}$，$F_A=0.75\text{kN}$，$F_B=0.433\text{kN}$

4 $F_\text{T}=1\text{kN}$，$F_{OA}=519.6\text{N}$，$F_{OB}=692.8\text{N}$

5 $M_1=\dfrac{M_3d+M_2b}{a}$，$\boldsymbol{F}_A=\dfrac{M_3}{a}\boldsymbol{j}+\dfrac{M_2}{a}\boldsymbol{k}$，$\boldsymbol{F}_D=-\dfrac{M_3}{a}\boldsymbol{j}-\dfrac{M_2}{a}\boldsymbol{k}$

6 $F_T=707N$，$F_{Ax}=400N$，$F_{Ay}=800N$，$F_{Az}=500N$，$F_{By}=-500N$，$F_{Bz}=0$

7 $F'_R=1076.3N$，与 x、y、z 轴夹角分别为 139.78°、121.4°、67.6°

$M_O=994.8N\cdot m$，与 x、y、z 轴夹角分别为 55.7°、145.7°、90°

8 $F'_R=2\sqrt{2}F$，与 x、y、z 轴夹角分别为 90°、45°、45°、$M_O=2\sqrt{2}Fa$，与 x、y、z 轴夹角分别为 90°、135°、45°

9 $F_T=11kN$，$F_{Ax}=0$，$F_{Ay}=-3.6kN$，$F_{Az}=14kN$

10 $a=350mm$

11 $F_{T1}=F_{T3}=\frac{W}{2}$，$F_{T2}=0$

12 $P=207.84N$，$F_A=183.92N$，$F_B=423.92N$

13 $F_T=200N$，$F_{Ax}=86.6N$，$F_{Ay}=150N$，$F_{Az}=100N$，$F_{Bx}=F_{Bz}=0$

14 $F_{Ax}=-100N$，$F_{Ay}=-240N$，$F_{Az}=130N$，$F_{Bx}=0$，$F_{Bz}=0$，$F_C=130\sqrt{5}N$

15 $F_{Ax}=4kN$，$F_{Az}=-1.46kN$，$F_{Bx}=7.9kN$，$F_{Bz}=-2.88kN$

16 $F=-0.15kN$，$F_{Ax}=F_{Bx}=0$，$F_{Ay}=-1.25kN$，$F_{By}=-3.75kN$，$F_{Az}=1kN$

17 $F_{N1}=F$，$F_{N2}=-\sqrt{2}F$，$F_{N3}=-F$，$F_{N4}=F_{N5}=\sqrt{2}F$，$F_{N6}=-F$

18 $\alpha=\arctan\frac{\mu a}{\sqrt{l^2-a^2}}$

19 (a) $x_C=0$，$y_C=153.6mm$；(b) $x_C=19.74mm$，$y_C=39.74mm$

20 (a) $x_C=0$，$y_C=OC=36.78mm$；(b) $x_C=y_C=23.3mm$

21 (a) $x_C=0$，$y_C=\frac{11}{18}a$；(b) $x_C=-\frac{r^2R}{2(R^2-r^2)}$，$y_C=0$

22 (a) $x_C=\frac{c^2}{2(a+b+c)}$，$y_C=\frac{b(b+2c)}{2(a+b+c)}$；(b) $x_C=y_C=-\frac{2R}{\pi}$

23 (a) $x_C=2.31cm$，$y_C=3.85cm$，$z_C=-2.81cm$，(b) $x_C=2.02cm$，$y_C=1.16cm$，$z_C=0.72cm$

第4章

1 (a) $F_s=77.9N$；(b) $F_s=90N$；(c) $F_s=77.5N$

2 $M\geqslant\frac{F_sPr(1+f_s)}{1+f_s^2}$

3 $P\frac{\sin\alpha-f_s\cos\alpha}{\cos\alpha+f_s\sin\alpha}\leqslant F\leqslant P\frac{\sin\alpha+f_s\cos\alpha}{\cos\alpha-f_s\sin\alpha}$

4 能；$F_{sb}=201N$

5 先倾倒；$F=1.5kN$

6 $b=f_Sa>0.4a$

7 $P=500N$

8 $F_t=26kN$，$F'_t=21kN$

9 $b=11cm$

10 $a<\dfrac{b}{2f_s}$

11 $f_s=0.176$

12 $\varphi_{mA}=16°6'$，$\varphi_{mB}=\varphi_{mC}=30°$

13 $F_1=F_2\geqslant 800\text{N}$

14 $0.5<\dfrac{l}{L}<0.559$；$\alpha<\varphi_m$

15 $\theta=28.07°$

16 $F_{\min}=\dfrac{rWa}{Rf_s(a+b)}$

17 $f_s\geqslant 2-\sqrt{3}$

18 $P\dfrac{\sin\theta-f_s\cos\theta}{\cos\theta+f_s\sin\theta}\leqslant F\leqslant P\dfrac{\sin\theta+f_s\cos\theta}{\cos\theta-f_s\sin\theta}$

19 $f_s\geqslant\dfrac{\delta}{2R}$

20 $nf_s>\dfrac{\delta}{R}n$，$\left(\sin\alpha-\dfrac{\delta}{R}\cos\alpha\right)P\leqslant Q\leqslant\left(\sin\dfrac{\delta}{R}+\cos\alpha\right)P$

$nf_s<\dfrac{\delta}{R}n$，$(\sin\alpha-f_s\cos\alpha)P\leqslant Q\leqslant(\sin\alpha+f_s\cos\alpha)P$

21 滚动时 $F=0.1\text{kN}$；滑动时 $F=0.4\text{kN}$

第 5 章

1 （1）半直线：$\left.\begin{array}{l}3x-4y=0\\ s=25t^2\end{array}\right\}$

（2）直线段：$\left.\begin{array}{l}\dfrac{x}{4}+\dfrac{y}{3}=1\quad(0\leqslant x\leqslant 4,\ 0\leqslant y\leqslant 3)\\ s=5\sin^2 t\end{array}\right\}$

（3）圆：$\left.\begin{array}{l}x^2+y^2=25\\ s=25t^2\end{array}\right\}$

（4）半抛物线：$\left.\begin{array}{l}x=\dfrac{1}{4}y^2\quad(y\geqslant 0)\\ s=t\sqrt{t^2+1}+\ln(t+\sqrt{t^2+1})\end{array}\right\}$

2 $\left.\begin{array}{l}x=200\cos\dfrac{\pi}{5}t\\ y=100\sin\dfrac{\pi}{5}t\end{array}\right\}$，轨迹：$\left(\dfrac{x}{200}\right)^2+\left(\dfrac{y}{100}\right)^2=1$

3 $\left.\begin{array}{lll}t=0, & t=4\text{s}, & a=10\text{m/s}^2\\ t=1\text{s}, & a_t=10\text{m/s}^2, & a_n=106.5\text{m/s}^2\\ t=1\text{s}, & a_t=10\text{m/s}^2, & a_n=83.3\text{m/s}^2\end{array}\right\}$

4 $x=40\cos 2t$，$y=50(1+\sin 2t)$，$\left(\frac{x}{40}\right)^2+\left(\frac{y-50}{50}\right)^2=1$

5 对地：$y_A=0.01\sqrt{64-t^2}$(式中 y 以 m 计)，$v_A=\frac{0.01t}{\sqrt{64-t^2}}$(式中 v_A 以 m/s 计)，方向铅垂向下。对凸轮：$x_A'=0.01t$(式中 x_A'以 m 计)，$y_A'=0.01\sqrt{64-t^2}$(式中 y_A'以 m 计)，$v_{x'}=0.01\text{m/s}$，$v_{y'}=-\frac{0.01t}{\sqrt{64-t^2}}$(式中 $v_{y'}$ 以 m/s 计)

6 $\frac{(x-a)^2}{(b+l)^2}+\frac{y^2}{l^2}=1$

7 $y=e\sin\omega t+\sqrt{R^2-e^2\cos^2\omega t}$，$v=e\omega\left(\cos\omega t+\frac{e\sin 2\omega t}{2\sqrt{R^2-e^2\cos^2\omega t}}\right)$

8 自然法：$s=2r\omega t$，$v=2r\omega$，$a_t=0$，$a_n=4r\omega^2$；
直角坐标法：$x=r(1+\cos 2\omega t)$，$y=r\sin 2\omega t$；$v_x=-2r\omega\sin 2\omega t$，$v_y=2r\omega\cos 2\omega t$；
$a_x=-4r\omega^2\cos 2\omega t$，$a_y=-4r\omega^2\sin 2\omega t$

9 (1) $x=\frac{l}{2}(1+\cos 2kt)$，$y=\frac{l}{2}\sin 2kt$；$v_x=-lk\sin 2kt$，$v_y=lk\cos 2kt$；
(2) $x_r=l\cos kt$，$v_r=-lk\sin kt$

10 $a_t=0$，$a_n=10\text{m/s}^2$，$\rho=250\text{m}$

11 证明略

12 $v=\frac{ds}{dt}=ct$，$a_t=\frac{dv}{dt}=c$，$a_n=\frac{v^2}{\rho}=\frac{c^2t^2}{r}$，$\tan\theta=\frac{a_t}{a_n}=\frac{r}{ct^2}$

13 $$\left.\begin{aligned}a_t&=\frac{\omega^2(a^2-b^2)\sin\omega t\cos\omega t}{\sqrt{a^2\sin^2\omega t+b^2\cos^2\omega t}}\\ a_n&=\frac{ab\omega^2}{\sqrt{a^2\sin^2\omega t+b^2\cos^2\omega t}}\end{aligned}\right\}$$

14 证明略

15 $v=600t\text{mm/s}$，$a_t=600\text{mm/s}^2$，$a_n=4800t^2\text{mm/s}^2$

16 $y^2-2y=4x$，$v=2.24\text{m/s}$，$a_t=0.894\text{m/s}^2$，$a_n=1.79\text{m/s}^2$

17 $\rho=\frac{v_0}{\omega_0}\varphi$

第6章

1 $x=0.2\cos 4t$(式中 x 以 m 计)，$v=-0.4\text{m/s}$，$a=-2.771\text{m/s}^2$

2 $v=706.5\text{mm/s}$，$a=3327.6\text{mm/s}^2$

3 $\omega=\frac{a_0}{R}t$，$\alpha=\frac{a_0}{R}$

4 $v_M=\frac{\pi Rn}{300}$，$a_M=\frac{\pi^2Rn^2}{900}$

5 $n_4=117\text{r/min}$

6 $v=1680\text{mm/s}$，$a_{AB}=a_{CD}=0$，$a_{AD}=33000\text{mm/s}^2$，$a_{BC}=13200\text{mm/s}^2$

7 $z_3=8$

8 $\varphi_1=\arctan\dfrac{r\sin\omega t}{h+r\cos\omega t}$，$\omega_1=\dfrac{r^2\omega+hr\omega\cos\omega t}{h^2+r^2+2hr\cos\omega t}$，$\alpha_1=\dfrac{hr(h^2-r^2)\omega^2\sin\omega t}{(h^2+r^2+2hr\cos\omega t)^2}$

9 $\omega=\dfrac{v}{2l}$，$\alpha=-\dfrac{v^2}{2l^2}$

10 (1) $\alpha_2=\dfrac{5000\pi}{d^2}\text{rad/s}^2$；(2) $a=592.2\text{m/s}^2$

11 $\varphi=\dfrac{80\pi}{9}t^3$，$\omega=\dfrac{80\pi}{3}t^2$，$\alpha=\dfrac{160\pi}{3}t$

12 (1) $a_n=6.66\text{m/s}^2$；(2) 6 圈

第 7 章

1 $v_A=\dfrac{lhv}{x^2+h^2}$

2 $v_C=\dfrac{av}{2l}$

3 $v_a=1.98\text{m/s}$

4 $\omega_1=2.67\text{rad/s}$

5 $v_{AB}=e\omega$

6 $v_M=0.529\text{m/s}$

7 $v_{e1}=R\omega_0$，$v_{e2}=v_{e4}=\sqrt{5}R\omega_0$，$v_{e3}=3R\omega_0$

8 当 $\varphi=0°$时，$v=\dfrac{\sqrt{3}}{3}r\omega$，向左；当 $\varphi=30°$时，$v=0$；当 $\varphi=60°$时，$v=\dfrac{\sqrt{3}}{3}r\omega$，向右

9 (a) $\omega_2=1.5\text{rad/s}$；(b) $\omega_2=2\text{rad/s}$

10 $a_A=7.4645\text{m/s}^2$

11 $v_{CD}=1\text{m/s}$，$a_{CD}=3.46\text{m/s}^2$

12 $x=0.1t^2$，$y=h-0.05t^2$；$2y=2h-x$；$v=0.1\sqrt{5}t$，$a=0.1\sqrt{5}\text{m/s}^2$

13 $a_A=0.746\text{m/s}^2$

14 $a_M=35.56\text{cm/s}^2$

15 $a_M=27.78\text{cm/s}^2$

16 $a_C=51\text{m/s}^2$

17 $v_a=\dfrac{1}{\sin\theta}\sqrt{v_1^2+v_2^2-2v_1v_2\cos\theta}$

18 $a_a=2.28\text{m/s}^2$

19 (1) $v_{aM}=2\text{m/s}$；(2) $v_{rM}=1\text{m/s}$；(3) $a_{aM}=8.25\text{m/s}^2$

第8章

1 $\omega=\dfrac{v\sin^2\theta}{R\cos\theta}$

2 两铅垂位置：$v_B=0.6\text{m/s}$；两水平位置：$v_B=0.0603\text{m/s}$

3 $\omega=4\text{rad/s}$，$v_O=4\text{m/s}$

4 $\omega_{AB}=\omega_{O_2B}=1.73\text{rad/s}$

5 $v_B=10.4\text{m/s}$，$\omega_{CB}=1.73\text{rad/s}$

6 $\omega=2.6\text{rad/s}$

7 $\omega_{O_2B}=3.75\text{rad/s}$，$\omega_{\text{I}}=6\text{rad/s}$

8 $\omega_{DE}=0.5\text{rad/s}$

9 $v_F=1.295\text{m/s}$

10 $\omega_{AB}=2\text{rad/s}$，$\alpha_{AB}=16\text{rad/s}^2$，$v_B=2.828\text{m/s}$，$a_B=5.657\text{m/s}^2$

11 $v_O=\dfrac{R}{R-r}v$，$a_O=\dfrac{R}{R-r}a$

12 $v_B=2\text{m/s}$，$v_C=2.828\text{m/s}$，$a_B=8\text{m/s}^2$，$a_C=11.31\text{m/s}^2$

13 $v_C=\dfrac{3}{4}\omega_0 r$，$a_C=\dfrac{\sqrt{3}}{12}\omega_0^2 r$

14 $\omega_{EF}=1.33\text{rad/s}$，$v_F=0.4619\text{m/s}$

15 $v_M=\dfrac{br\omega\sin(\theta+\beta)}{a\cos\beta}$

16 $a_{\text{n}}=2r\omega_0^2$，$a_{\text{t}}=r(\sqrt{3}\omega_0^2-2\alpha_0)$

17 $a_B=\dfrac{\sqrt{2}}{2}\omega_0^2 r$，$\alpha_{O_2B}=-\dfrac{1}{2}\omega_0^2$

第9章

1 $F_{\text{Nmax}}=714.44\text{N}$，$F_{\text{Nmin}}=461.78\text{N}$

2 $T=4.12\text{s}$

3 3.584m，3614N

4 $F_{\text{T}}=\dfrac{\sqrt{2}}{2}mg$

5 $\varphi=0°$时，$F=2369\text{N}$，向左；
$\varphi=90°$时，$F=0$

6 $n_{\max}=\dfrac{30}{\pi}\sqrt{\dfrac{fg}{r}}\text{r/min}$

7 $N=m(g+a)$，铅垂向下

8 $N=11.7\text{kN}$，铅垂向下

9 $V_{max}=246.3\text{m/s}$

10 $f_{min}=3.15\text{Hz}$

11 $h=78.4\text{mm}$

12 $F=17.2\text{N}$

13 $t=3.4\text{s}$，$s=17\text{m}$

14 $s=19.6\text{m}$，$t=2.61\text{s}$

15 $v=v_0\sqrt{\dfrac{p}{p+uv_0^{\ 2}}}$

16 $x=\dfrac{v_0}{k}(1-e^{-kt})$；$y=h-\dfrac{g}{k}t+\dfrac{g}{k^2}(1-e^{-kt})$；

轨迹方程：$y=h-\dfrac{g}{k^2}\ln\dfrac{v_0}{v_0-kx}+\dfrac{gx}{kv_0}$

17 圆；半径为$\dfrac{mv_0}{eH}$

18 $\theta+\omega^2\sin\theta=0$

19 $\alpha=\dfrac{m_1\sin2\theta}{2(m_2+m_1\sin^2\theta)}g$

20 $\cos\theta=\dfrac{g}{\omega^2 r}$

第 10 章

1 $v=-\dfrac{m}{M}v_0$

2 $v=v_0-\dfrac{m}{M+m}v_r$

3 $T=1.246\text{kN}$

4 $f=0.17$

5 向左移动 0.266m

6 向左移动 0.138m

7 向左移动$\dfrac{a-b}{4}$

8 椭圆 $4x^2+y^2=l^2$

9 椭圆$\dfrac{x^2}{\left(\dfrac{m_1}{m_1+m_2}\right)^2}+\dfrac{y^2}{R^2}=1$

10 $\boldsymbol{p}=\dfrac{v_b}{2g}[\sqrt{3}(P+2Q)\boldsymbol{i}-P\boldsymbol{j}]$

11 $v=22.5\text{m/s}$

12 $9(x-2)^2+y^2=90(3\leqslant x\leqslant 2+2\sqrt{2},\ 3\sqrt{2}\leqslant y\leqslant 9)$

13 $x_C=\frac{v_1}{3}t+\frac{2}{3}l_0$，$x_b=\frac{v_1}{3}\left(t-\frac{1}{k}\sin kt\right)+l_0$

14 $x=\frac{m}{(M+m)}l\sin\theta_0$，方向向左

15 $\frac{(x_B-l\cos\varphi_0)^2}{l^2}+\frac{{y_B}^2}{4l^2}=1$

16 $R_x=0.1386\text{kN}$

第11章

1 (a) $L_O=18\text{kgm}^2/\text{s}$；(b) $L_O=20\text{kgm}^2/\text{s}$；(c) $L_O=16\text{kgm}^2/\text{s}$

2 (1) $L_B=[J_A-me^2+m(R+e)^2]\cdot\frac{v_A}{R}$，(2) $L_B=(J_A-m\text{Re})\omega+m(R+e)\cdot v_A$

3 $t=\frac{l}{k}\ln 2$

4 $\alpha=\frac{m_1r_1-m_2r_2}{m_1r_1^2+m_2r_2^2+m_3\rho^2}g$

5 $\varphi=\frac{\delta_0}{l}\sin\left(\sqrt{\frac{k}{3(m_1+3m_2)}}\cdot t+\frac{\pi}{2}\right)$

6 $\omega=0.721\omega_0$

7 $M=76.9\text{N}\cdot\text{m}$

8 $\omega_1=\frac{m_1r_1\omega_{O1}+m_2r_2\omega_{O2}}{(m_1+m_2)r_1}$，$\omega_2=\frac{m_1r_1\omega_{O1}+m_2r_2\omega_{O2}}{(m_1+m_2)r_2}$

9 $a=\frac{(M-mgr)rR^2}{J_1r^2+J_2R^2+mr^2R^2}$

10 $a=\frac{4}{7}g\sin\theta$，$F=-\frac{mg\sin\theta}{7}$

11 $\alpha_1=\frac{MR^2}{J_1R^2+J_2r^2}$，$\alpha_2=\frac{MRr}{J_1R^2+J_2r^2}$

12 $F_{Ox}=-96\text{N}$，$F_{Oy}=32.2\text{N}$

13 $J_O=1060\text{kg}\cdot\text{m}^2$

14 $\alpha=4.6\text{rad/s}$

15 $a_C=\frac{2[2M-(m_2+m_3)gR]}{(4m_1+3m_2+2m_3)R}$

16 $\rho=90\text{mm}$

17 $a_C=1.29\text{m/s}^2$

18 $F_N=\frac{mg}{3}(7\cos\theta-4\cos\theta_0)$，$\theta_1=\arccos\left(\frac{4}{7}\cos\theta_0\right)$

19 $a=\frac{4}{5}g$

20 $\alpha=\frac{3g}{2l}\cos\varphi$，$\omega=\sqrt{\frac{3g}{l}(\sin\varphi_0-\sin\varphi)}$，$\varphi_1=\arcsin\left(\frac{2}{3}\sin\varphi_0\right)$

21 $a=\frac{F-f(m_1+m_2)g}{m_1+\frac{m_2}{3}}$

22 $t=\frac{v_0-\omega_0 r}{3fg}$，$v=\frac{2v_0+r\omega_0}{3}$

23 $a_A=\frac{3bh}{4b^2+h^2}g$（向左），$F_A=\frac{b^2+h^2}{4b^2+h^2}mg$

第 12 章

1 $v=\sqrt{2gl(\sin\alpha-f\cos\alpha)}$，$s=l\left(\frac{\sin\alpha}{f}-\cos\alpha\right)$

2 $T=\frac{3}{4}m(R-r)^2\dot{\varphi}^2$

3 $T=\frac{1}{6}r^2\omega^2(m_1+3m_2+3m_3\sin^2\varphi)$

4 $\lambda_{\max}=\frac{2mg}{c}$

5 $v_A=3.66\text{m/s}$

6 $\alpha=42°56'$

7 $\omega=\sqrt{\frac{3g}{l}(\sin\varphi-\sin\varphi_0)}$

8 $v=\sqrt{\frac{(l^2-a^2)g}{l}}$

9 $P=2.9\text{N}$

10 $a=\frac{3m}{4m+9M}g$

11 $\omega=\frac{2}{r_1+r_2}\sqrt{\frac{3M\varphi}{2m+9m_1}}$

12 $\varepsilon=\frac{M_0-10M_1}{650m_1r_1^2}$

13 $\varepsilon=\frac{m(R+r)g}{M(\rho^2+R^2)+m(R+r)^2}$

14 $T_1=5.1\text{kN}$，$T_2=2.55\text{kN}$

15 $P_{出}=6.75\text{kW}$

16 $P_{出}=1.03\text{kW}$

17 $\varphi=48°11'$

18 $v_1=(l-l_0)\sqrt{\frac{cm_2}{m_1(m_1+m_2)}}$，$v_2=(l-l_0)\sqrt{\frac{cm_1}{m_2(m_1+m_2)}}$

19 $v_r=\sqrt{\frac{8}{3}gr}$，$N=\frac{11}{3}mg$

20 略

21 $\omega=\sqrt{\frac{(3m_1+6m_2)g\sin\alpha}{(m_1+3m_2)l}}$，$\varepsilon=\frac{(3m_1+6m_2)g\cos\alpha}{2(m_1+3m_2)l}$

22 $\varepsilon_1=\frac{2m_2g}{r_1(3m_1+2m_2)}$，$\varepsilon_2=\frac{2m_1g}{r_2(3m_1+2m_2)}$；$a_c=\frac{2(m_1+m_2)g}{3m_1+2m_2}$，$T=\frac{m_1m_2g}{3m_1+2m_2}$

23 $\omega=4\sqrt{\frac{g}{(9\pi-16)r}}$，$N=mg\left(1+\frac{64}{3\pi(9\pi-16)}\right)$

24 $\omega=\sqrt{\frac{3g(1-\sin\theta)}{l}}$，$\varepsilon=\frac{3g}{2l}\cos\theta$；

$N_A=\frac{9}{4}mg\cos\theta\left(\sin\theta-\frac{2}{3}\right)$，$N_B=\frac{mg}{4}\left[1+9\sin\theta\left(\sin\theta-\frac{2}{3}\right)\right]$

25 $a=\frac{m\sin\alpha-m_1}{2m-m_1}g$，$T=\frac{3m_1+(2m_1+m)\sin\alpha}{2(2m+m_1)}mg$

26 $a_1=\frac{m_2\sin2\alpha}{2(m_1+m_2\sin^2\alpha)}g$，$a_r=\frac{(m_1+m_2)\sin\alpha}{m_1+m_2\sin^2\alpha}g$，$N_1=\frac{m_1g(m_1+m_2)}{m_1+m_2\sin^2\alpha}$

第13章

1 $N=11.8\text{N}$

2 $\alpha_1=3.28\text{rad/s}^2$；$\alpha_2=3.58\text{rad/s}^2$

3 $a=3.43\text{m/s}^2$

4 $N=mg-me\omega^2\cos\omega t$，$\omega_{\max}=\sqrt{\frac{g}{e}}$

5 $N=2Q+P+\frac{2Q}{g}e\omega^2\cos\omega t$

6 $N_x=-me\omega^2\sin\omega t$，$N_y=(M+m)g+me\omega^2\cos\omega t$，

$M=mge\sin\omega t+me\omega^2h\sin\omega t$

7 $\alpha=\frac{3}{2l}g$，$X_A=0$，$Y_A=\frac{1}{4}Mg$

8 $\alpha=29.9\text{rad/s}^2$，$X_A=-179\text{N}$，$Y_A=266\text{N}$

9 $a=49\text{cm/s}^2$

10 $a=69.8\text{m/s}^2$

11 $X_O=\left(\frac{3h}{2l}-1\right)F$，$h=\frac{2}{3}l$

12 $X_A=19.7\text{N}$，$Z_A=-131.6\text{N}$，$X_B=-78.9\text{N}$，$Z_B=32.9\text{N}$

13 $X_A=\frac{PR\alpha}{g}$，$Y_A=\frac{P}{2}\left(1+\frac{R}{g}\omega^2\right)=N_{BC}$

14 $a_C=\frac{2}{3}g$，$T=\frac{1}{3}mg$

15 $M=\frac{\sqrt{3}}{4}[(m_1+2m_2)gr-m_2r^2\omega^2]$，

$X_O=-\frac{\sqrt{3}}{4}m_1r\omega^2$，$Y_O=(m_1+m_2)g-(m_1+2m_2)\frac{r\omega^2}{4}$

16 $x=\frac{FRg(R\cos\theta-r)}{2P(\rho^2+R^2)}t^2$

第 14 章

1 $N=\frac{pbd^2\pi}{8a}\tan\theta$

2 $\frac{P}{Q}=\frac{r_2-r_1}{2r_2}$

3 $M=Fa\tan2\theta$

4 $M_2=2M_1$

5 $\varphi=\arctan\frac{1}{2f}$

6 $M=2RF$，$F_s=F$

7 $F=100\text{N}$

8 $x=a+\frac{F}{k}\left(\frac{l}{b}\right)^2$

9 $Q=\frac{3}{2}P\cot\theta$

10 $X_B=-3\text{kN}$，$Y_B=5\text{kN}$

11 $X_B=-\frac{F_1}{2}$，$Y_B=\frac{F_1}{2}+F_2$

12 曲线方程为：$\frac{x^2}{4l^2}+\frac{y^2}{l^2}=1$

13 $N_A=1\text{kN}$，$N_B=10.5\text{kN}$，$N_D=-0.5\text{kN}$

14 $X_A=0$，$Y_A=3\text{kN}$，$m_A=-4\text{kN}\cdot\text{m}$

15 $F_3=10\text{kN}$

16 $F_1=-\frac{2\sqrt{3}}{3}P$，$F_2=0$

附录 B　主要符号表

$\boldsymbol{a}$　加速度
$\boldsymbol{a}_{\mathrm{n}}$　法向加速度
$\boldsymbol{a}_{\mathrm{t}}$　切向加速度
$\boldsymbol{a}_{\mathrm{r}}$　相对加速度
$\boldsymbol{a}_{\mathrm{e}}$　牵连加速度
$\boldsymbol{a}_{\mathrm{C}}$　科氏加速度
A　面积，自由振动振幅
e　恢复系数
f　动摩擦因数
f_{s}　静摩控因数
$\boldsymbol{F}$　力
$\boldsymbol{F}_{\mathrm{R}}'$　主矢
$\boldsymbol{F}_{\mathrm{s}}$　静滑动摩擦力
$\boldsymbol{F}_{\mathrm{N}}$　法向约束力
$\boldsymbol{F}_{\mathrm{Ie}}$　牵连惯性力
$\boldsymbol{F}_{\mathrm{IC}}$　科氏惯性力
$\boldsymbol{F}_{\mathrm{I}}$　惯性力
$\boldsymbol{g}$　重力加速度
h　高度
$\boldsymbol{i}$　x 轴的基矢量
$\boldsymbol{I}$　冲量
$\boldsymbol{j}$　y 轴的基矢量
J_z　刚体对 z 轴的转动惯量
J_{xy}　刚体对 x，y 轴的转动惯量
J_C　刚体对质心的转动惯量
k　弹簧刚度系数
$\boldsymbol{k}$　z 轴的基矢量
m　质量
M_z　对 z 轴的矩
M　力偶矩，主矩
l　长度
L　拉格朗日函数
$\boldsymbol{L}_O$　刚体对点 O 的动量矩
$\boldsymbol{L}_C$　刚体对质心的动量矩
$\boldsymbol{M}_O(\boldsymbol{F})$　力 $\boldsymbol{F}$ 对点 O 的矩
$\boldsymbol{M}_{\mathrm{I}}$　惯性力的主矩
n　质点数目
O　参考坐标系的原点
p　动量
P　重量，功率
q　载荷集度，广义坐标
Q　广义力
r　半径
$\boldsymbol{r}$　矢径
$\boldsymbol{r}_O$　点 O 的矢径
$\boldsymbol{r}_C$　质心的矢径
R　科氏惯性力
s　弧坐标
t　时间
T　动能，周期
$\boldsymbol{v}$　速度
$\boldsymbol{v}_{\mathrm{a}}$　绝对速度
$\boldsymbol{v}_{\mathrm{r}}$　相对速度
$\boldsymbol{v}_{\mathrm{e}}$　牵连速度
$\boldsymbol{v}_C$　质心速度
V　势能，体积
W　力的功
x，y，z　直角坐标
α　角加速度
β　角度坐标
δ　滚阻系数，阻尼系数
δ　变分符号
ξ　阻尼比
η　减缩系数
λ　本征值
Λ　对数减缩
ρ　密度
φ　角度坐标
φ_{f}　摩擦角
ψ　角度坐标
ω_{o}　固有角频率
ω　角速度
ω_{a}　绝对角速度
ω_{r}　相对角速度
ω_{e}　牵连角速度

参考文献

[1] 哈尔滨工业大学理论力学教研室. 理论力学：上册，下册 [M]. 5 版. 北京：高等教育出版社，1997.
[2] 哈尔滨工业大学理论力学教研室. 理论力学：Ⅰ册 [M]. 6 版. 北京：高等教育出版社，2002.
[3] 哈尔滨工业大学理论力学教研室. 理论力学：Ⅰ册 [M]. 7 版. 北京：高等教育出版社，2009.
[4] 郝桐生. 理论力学 [M]. 2 版. 北京：高等教育出版社，1993.
[5] 西北工业大学，等. 理论力学 [M]. 北京：高等教育出版社，1989.
[6] 王铎. 理论力学解题指导及习题集 [M]. 北京：高等教育出版社，1989.
[7] 王家荣. 理论力学 [M]. 北京：高等教育出版社，1994.
[8] 张祥东. 理论力学 [M]. 重庆：重庆大学出版社，2002.
[9] 贾书惠. 理论力学教程 [M]. 北京：清华大学出版社，2004.
[10] 陈长征，等. 理论力学 [M]. 北京：科学出版社，2004.
[11] 尹冠生. 理论力学 [M]. 西安：西北工业大学出版社，2000.
[12] 王月梅. 理论力学 [M]. 北京：机械工业出版社，2004.
[13] 范钦珊. 理论力学 [M]. 北京：高等教育出版社，2000.
[14] 黄安基. 理论力学 [M]. 北京：人民教育出版社，1981.
[15] 程燕平. 静力学 [M]. 哈尔滨：哈尔滨工业大学出版社，1999.
[16] 和兴镇. 理论力学：工程静力学 [M]. 西安：西北工业大学出版社，2001.
[17] 华东水利学院工程力学教研室. 理论力学(上册) [M]. 2 版. 北京：高等教育出版社，1987.
[18] 哈尔滨工业大学理论力学教研室. 理论力学(上册) [M]. 4 版. 北京：高等教育出版社，1986.
[19] 中国矿业学院理论力学教研组. 理论力学 [M]. 2 版. 北京：高等教育出版社，1986.
[20] 蒋平. 工程力学基础(Ⅰ)：理论力学 [M]. 2 版. 北京：高等教育出版社，2008.
[21] 北京科技大学，等. 工程力学：运动学和动力学 [M]. 北京：高等教育出版社，1997.
[22] 张俊彦，黄宁宁. 理论力学 [M]. 北京：北京大学出版社，2006.